家具与室内装饰材料安全评价及检测技术

The Safety Assessment and Analytical Technology for Furniture and Decorative Material

郭仁宏　主编　　陆瑞强　张志辉　梁柏清　副主编

化学工业出版社
·北京·

本书以家具与装饰装修材料中的人造板及其制品、涂料、陶瓷砖、卫生陶瓷、壁纸、石膏板、装饰铝型材、装饰铝塑复合板等为研究对象，分别阐述其定义、分类、行业概况和发展趋势，并通过收集、整理、比较、分析这类产品的主要技术法规、标准和合格评定程序，进行家具与装饰装修材料的安全评价分析，找到解决影响产品质量安全控制的关键技术，形成一套为完善消费品质量安全而建立的消费品质量安全合格评定体系。本书可为政府职能部门的决策提供风险分析结果和依据，为家具生产企业的安全技术、安全管理提供标准化和科学化创造条件和提供技术支持。

本书适合家具与装饰材料进出口检验和监管人员、生产或销售企业的技术人员阅读参考。

图书在版编目（CIP）数据

家具与室内装饰材料安全评价及检测技术/郭仁宏主编.—北京：化学工业出版社，2018.6

（食品与消费品安全监管技术丛书）

ISBN 978-7-122-31915-9

Ⅰ.①家… Ⅱ.①郭… Ⅲ.①家具-安全评价-世界②家具-安全性-检测-世界③室内装饰-建筑材料-装饰材料-安全评价-世界④室内装饰-建筑材料-装饰材料-安全性-检测-世界 Ⅳ.①TS664②TU56

中国版本图书馆 CIP 数据核字（2018）第 073864 号

责任编辑：成荣霞　　文字编辑：孙凤英

责任校对：吴　静　　装帧设计：王晓宇

出版发行：化学工业出版社（北京市东城区青年湖南街 13 号　邮政编码 100011）

印　　刷：三河市航远印刷有限公司

装　　订：三河市宇新装订厂

710mm×1000mm　1/16　印张 30　字数 583 千字　2018 年 8 月北京第 1 版第 1 次印刷

购书咨询：010-64518888（传真：010-64519686）　售后服务：010-64518899

网　　址：http：//www.cip.com.cn

凡购买本书，如有缺损质量问题，本社销售中心负责调换。

定　　价：168.00 元

《食品与消费品安全监管技术丛书》编委会

《家具与室内装饰材料安全评价及检测技术》编写人员

主　　编：郭仁宏

副 主 编：陆瑞强　张志辉　梁柏清

编写人员：（按姓氏汉语拼音排序）

郭仁宏　李政军　梁柏清　刘亚民

刘卓钦　陆瑞强　项署临　肖海洋

肖景红　袁芳丽　张志辉　赵江伟

序

食品与消费品的质量安全与消费者的健康安全和环境安全息息相关，因此备受民众的关注。食品、消费品种类繁多，质量安全影响因素复杂，伴随人们生活水平的提高和经济全球化的进程，庞大的生产、贸易体系和复杂的消费环境使得食品、消费品质量安全问题益发严峻，人们面临越来越多来自化学品危害、放射性危害、微生物污染等方面的风险，这不仅威胁消费者的健康和权益，打击消费者信心，也削弱了政府监管威望，并给产业带来严重的负面影响。

中国现已成为世界第二大经济体，尤其在食品和消费品领域，无论是生产、贸易还是消费总量，中国均位居世界前列，但在食品、消费品质量安全状况总体趋好的同时，中国所面临的食品、消费品质量问题仍不容忽视。近年来，食品、消费品质量安全事件时有发生，而中国食品和消费品生产中小企业居多，地区发展不均衡、城乡发展水平差距大、民众质量安全意识薄弱的现实使得这一问题愈发凸显。以出口为例，欧盟非食用消费品快速预警通报系统（RAPEX）对华产品通报的占比总体呈现上升趋势，由2006年的50%、2012年的58%上升到2013年的64%。2013年，美国消费品安全委员会（CPSC）共发布不安全产品召回通报290起，其中198起产品召回的产地在中国（含中国台湾和中国香港），约2947万件，占其全球召回总量的68.28%，同比增长5.5%。可以说，质量安全问题已成为制约中国食品、消费品走向世界的重要影响因素。

食品和消费品质量安全的敏感性和复杂程度，使得应对食品和消费品质量安全问题不仅在中国，同时在国际上也是一项极具挑战性的任务。近年来，各国政府、企业和研究机构不断加大投入，积极开展食品和消费品质量安全的研究和控制工作，针对食品、消费品的技术法规及标准一直处在快速发展和更新中，这对食品、消费品的管理和检验检测工作提出了更高的要求和挑战。相对于国际发达国家的水平，我国现阶段针对食品和消费品质量安全的管理和研究工作，尤其在风险评估、市场监管、分析检测技术等方面，与国际先进水平相比较仍还有不小的差距。作为中国检验检疫系统重要的技术支撑机构，广东检验检疫技术中心长期跟踪和研究食品、消费品质量安全问题，依托下设的多个食品、消费品国家检测重点实验室和高素质专家队伍，一直积极参与食品、消费品的风险评估和检测技术研究，积累了大量的信息和经验，致力于为中国的食品、消费品质量安全控制提供技术支撑。

为了促进食品、消费品质量提升，加强检验检测技术交流，提高我国食品、消费品检验检测技术水平，我们编撰了这套《食品与消费品安全监管技术丛书》。

丛书涉及食品、消费品质量安全管理和分析技术的诸多方面。丛书的编者均系国内消费品检验检测行业的知名专家，书中不仅有相关产品安全评估和检验检测的基础知识，还有他们多年来工作经验的总结和国内外最新研究成果的分享。因此本丛书既具有较高的学术水平，又具有很强的实践价值，不仅对于消费品监管和检测从业人员是一套能提供理论和实践经验的工具书，而且对从事食品、消费品研发、生产、贸易、销售工作，以及有关专业的大专院校师生也有着很高的参考价值。

由于编者水平有限，丛书中不足之处在所难免，敬请读者批评指正。

郑建国

2018 年 1 月

前言

整个建筑装饰工程中，家具与室内装饰材料占有极其重要的地位（通常说半基建半装饰），家具与装饰装修材料是集材性、艺术、造型设计、色彩、美学、实用为一体的材料，其发展速度的快慢、品种的多少、质量的优劣、款式的新旧、配套水平的高低，决定着建筑物装饰档次的高低，对美化城乡建筑、改善人们居住环境和工作环境有着十分重要的意义。

家具与室内装饰是同工程、技术和艺术相结合的，所以家具和装饰材料是随着人类社会生产力的发展和科学技术水平的提高而不断发展的，这使得我国家具与装饰材料的发展水平与国际先进水平同步发展，基本形成了产品齐全、产业链完整的大行业。目前，中国已经成为世界上家具和装饰材料生产、消费和出口大国，其中家具总产值已超过万亿元，占全球家具生产总值的20%多，仅次于美国，人造板、木地板、木门、家具等持续保持世界出口第一地位。但是在这高消费高销量的同时也引发了许多问题，家具与装饰材料引起的环境污染、对人体健康安全的影响已成为人们必须要面对并且重视的问题。随着消费者健康、环保意识的提高，消费品质量安全问题越来越成为社会关注的焦点，成为一个涉及国计民生的重要的公共问题，政府部门、行业组织、消费者以及国内外的新闻媒体均从不同的角度和层面对此给予高度关注。国务院颁布的《质量发展纲要2011—2020年》明确将安全作为质量发展的基本要求，要求加强质量安全风险管理，提高质量安全保障能力，切实保障消费者的身体健康和生命财产安全。

绿色、节能、环保成为了当今家具与装饰业的主流，人们越来越热衷于无毒无害节能环保的家具与装饰材料，在满足物质条件的情况下人们会更多地注意到自然环境的发展以及自身的健康，环保材料将会拥有广阔的发展空间。任何产品或多或少存在着质量安全风险，特别是与人类生活工作密切相关的室内装饰材料、家具等消费品，有产品自身存在或潜在的安全风险，有因技术标准不完善或欠缺等监管因素造成的安全风险，也有消费者使用不当引起的安全风险。

因此，本书以家具与装饰装修材料中的人造板及其制品、涂料、陶瓷砖、卫生陶瓷、壁纸、石膏板、装饰铝型材、装饰铝塑复合板等为研究对象，分别阐述其定义、分类、行业概况和发展趋势，并通过收集、整理、比较、分析这类产品的主要技术法规、标准和合格评定程序，进行家具与装饰装修材料的安全评价分析，找到解决影响产品质量安全控制的关键技术，形成一套为完善消费品质量安全而建立的消费品质量安全合格评定体系。书中结合国内外装饰装修材料和家具产品安全的相关技术法规、标准要求，重点对其检测技术和方法进行比较、整理和解读，以此建立家具与装饰材料的安全评价（风险评估），建立产品系统安全的最优方案，满足产品安全的相关技术法规、标准的要求。本书可为政府职能部门的决策提供风险分析结果和依据，为家具生产企业的安全技术、安全管理提供标准化和科学化的条件和技术支持。

全书共分为8章。具中第1章和第2章由张志辉、陆瑞强编写；第3章由肖海洋、张志辉编写；第4章由李政军、陆瑞强编写；第5章由肖景红、袁芳丽编写；第6章由刘亚民、赵江伟编写；第7章由项署临编写；第8章由刘卓钦编写。全书由陆瑞强、张志辉进行整理、校订，刘卓钦协助核校和修改。

在编写过程中，我们得到了广东出入境检验检疫局技术中心郑建国主任、广东出入境检验检疫局科技处相大鹏处长和广东出入境检验检疫局技术中心技术部谢力部长的大力支持和帮助，在此表示由衷的感谢！

由于编者水平和时间有限，且国内外检测技术发展和标准更新较快，书中难免存在不足之处，恳请读者批评指正。

编者

2018年1月

目录

Chapter 01

第1章 绪论

1.1 家具与室内装饰材料的范围

1.1.1 家具范围

家具，顾名思义就是家用器具，是指在生活、工作或社会实践活动中供人们坐、卧或支承与储存物品的器具与设备。

根据海关编码及品目注释，家具的海关编码范围包括了 HS：9401、9402 和 9403 三大类产品，共分为 38 个子类目，包括了任何材料（木、柳、竹、藤、塑料、贱金属、玻璃、皮革、石、陶瓷等）制成的家具。家具的主要特征是供放置在地上，或悬挂或固定在墙壁上，并具有实用价值，用于民宅、旅馆、戏院、影院、博物馆、办公场所、教堂、学校、实验室、医院、医疗、饭店、咖啡厅、交通运输工具（如飞机、船舶、车辆等）、户外（广场、庭院、公园等）场所用品，等等。因此，家具的范围是非常广泛的，只要具有坐、卧、支承与储存功能的器具与设备都可认为是家具，甚至也包含了纯粹作为观赏/欣赏的家具，可以说有人类活动的地方就有家具，不管在家居场所、工作场所还是在公共场所，人类都会接触、使用或者欣赏家具。

1.1.2 室内装饰材料范围

室内装饰材料是指用于建筑内部墙面、顶棚、柱面、地面等的表面材料。室内装饰材料不仅能改善室内的使用环境，使用更方便、舒适、安全，而且还能改善艺术环境，使人们得到美的享受，另外还兼有绝热、防潮、防火、吸声、隔声等多种功能，起着保护、延长使用寿命以及满足某些特殊要求的作用，是现代建筑装饰的重要材料。

1.1.2.1 室内装饰材料分类

室内装饰材料按使用部位可以分为三种：内墙装饰材料、地面装饰材料、吊顶（天花）装饰材料（对应空间的上、中、下部位）。在海关编码及品目注释中因涉及不同材料而有较多海关编码，有化工材料（如涂料、胶黏剂等）、木质材料类、塑料类、石材类、玻璃类、陶瓷类、金属材料类等。室内装饰材料分类见表1-1。

表1-1 室内装饰材料分类

大类	品种	细分
墙面装饰材料	涂料类	墙面漆、有机涂料、无机涂料等
	墙(壁)纸	纸基类壁纸、纺织物类壁纸(玻璃纤维贴墙布、麻纤无纺墙布、化纤墙布等)、天然材料类壁纸、塑料类壁纸等
	装饰板	木质装饰人造板、树脂浸渍纸高压装饰层积板、塑料装饰板、金属装饰板、矿物装饰板、陶瓷装饰板、穿孔装饰吸声板、植绒装饰吸声板、石材类饰面板(天然大理石饰面板、天然花岗石饰面板、人造大理石饰面板、水磨石饰面板等)等
	墙面砖	陶瓷釉面砖、陶瓷墙面砖、陶瓷锦砖、玻璃马赛克等
地面装饰材料	涂料类	地板漆、水性地面涂料、乳液型地面涂料、溶剂型地面涂料等
	木质类	实木地板、实木复合地板、强化地板、集成地板、竹地板等
	塑料类	印花压花塑料地板、碎粒花纹地板、发泡塑料地板、塑料地面卷材等
	水泥陶瓷类	水泥花阶砖、水磨石预制地砖、陶瓷地面砖、马赛克地砖、现浇水磨石地面等
	聚合物类	聚醋酸乙烯地面材料、环氧地面材料、聚酯地面材料、聚氨酯地面材料等
	纺织纤维类	纯毛地毯、混纺地毯、合成纤维地毯、塑料地毯、植物纤维地毯等
天花装饰材料	塑料吊顶板	钙塑装饰吊顶板、PS装饰板、玻璃钢吊顶板、有机玻璃板等
	木质装饰板	木丝板、软质穿孔吸声纤维板、硬质穿孔吸声纤维板等
	矿物吸声板	珍珠岩吸声板、矿棉吸声板、玻璃棉吸声板、石膏吸声板、石膏装饰板等
	金属吊顶板	铝合金吊顶板、金属微穿孔吸声吊顶板、金属箔贴面吊顶板等

木质类装饰材料类内容见第1章的1.1.2.2条款和第3章，涂料类装饰材料内容见第4章，陶瓷类装饰材料内容见第5、6章，纸类装饰材料内容见第7章，石膏板、铝合金等装饰材料内容见第8章。

1.1.2.2 木质装饰材料

（1）装饰材料的功能

整个建筑工程中，室内装饰材料占有极其重要的地位，建筑装饰装修材料是集材性、艺术、造型设计、色彩、美学、实用为一体的材料，也是品种门类繁多、更新周期快、发展过程活跃、发展潜力巨大的一类材料。其发展速度的快慢、品种的多少、质量的优劣、款式的新旧、配套水平的高低，决定着建筑物档次的高低，对美化城乡建筑、改善人们居住环境和工作环境有着十分重要的意义。装饰材料的功能表现为：

① 具有装饰功能　建筑物的内外墙面装饰是通过装饰材料的质感、线条、色彩来表现的。质感是指材料质地的感觉；色彩可以影响建筑物的外观和城市面貌，也可以影响人们的心理。

② 具有保护功能　适当的建筑装饰材料对建筑物表面进行装饰，不仅能起到良好的装饰作用，而且能有效地提高建筑物的耐久性，降低维护保养成本，具有很好的保护性。

③ 具有改善环境功能　如内墙和顶棚使用的石膏装饰板，能起到调节室内空气的相对湿度、降低噪声、改善环境的作用；又如木地板、地毯等能起到保温、隔声、隔热的作用，使人感到温暖舒适，改善了室内的生活环境。

（2）木质装饰材料特点

木质装饰材料是目前建筑装饰领域中应用最多的材料。木质室内装饰材料是指包括木、竹材以及以木、竹材为主要原料加工而成的一类适合于家具和室内装饰装修的材料（以下简称木质材料）。可由普通木材、竹材、强化木、胶合板、纤维板、刨花板（碎料板）或类似材料制成的产品，如门、窗、地板、楼梯、门窗框架、木线、装饰木制品等。

根据海关编码及品目注释，木制品的海关编码范围包括了HS：4410（碎料板类）、4411（纤维板类）、4412（胶合板类）、4413（强化木类）、4414～4421（木制品类），木质材料包括了木、竹、柳、藤等类似材料。

木质材料是人类最早应用于建筑以及装饰装修的材料之一。木质材料具有许多其他材料不可替代的优良特性，它们至今在建筑装饰装修中仍然占有极其重要的地位。其特点如下：

① 天然美观　木质材料是天然的，有独特的质地与构造，其天然纹理、色泽、气味等能够给人们一种回归自然、返朴归真的感觉，深受人们所喜爱。

② 绿色环保　木材本身不存在污染源，其散发的清香和纯真的视觉感受有益于人们的身体健康。与塑料、钢铁等材料相比，木、竹材是可循环利用、可再生和永续利用的材料。

③ 材性优良　木材是质轻而高强度的材料，具有良好的吸声、隔热、吸湿和绝缘性能。同时，木材与钢铁、水泥和石材相比具有一定的弹性，可以缓和冲击力，提高人们居住和行走的舒适和安全。

④ 加工性好　木材可以方便地进行锯、刨、铣、钉、剪等机械加工和贴、粘、涂、画、烙、雕等装饰加工。

木质装饰材料迄今为止仍然是装饰领域中应用最多的材料。它们有的具天然的花纹和色彩，有的具有人工制作的图案，有的体现出大自然的本色，有的显示出人类巧夺天工的装饰本领，为装饰带来了清新、欢快、淡雅、华贵、庄严、肃静、活泼、轻松等各种各样的氛围。

人造板工业的发展极大地推动了木质装饰材料的发展，中密度纤维板、刨花板、微粒板、细木工板、竹质板等材料的迅猛发展，以及新的表面装饰材料和新的表面装饰工艺与设备的不断出现，使木质装饰材料从品种、花色、质地到产量都大大向前推动了一步。木质装饰材料以其优良的特性和广泛的来源，广泛应用于宾馆、饭店、影剧院、会议厅、居室、车船、机舱等各种建筑的室内装饰中。

（3）木质装饰材料种类

木质装饰材料按其结构与功能不同可分为木质（竹）地板、装饰薄木、人造板、装饰人造板、装饰型材五大类。其中以装饰人造板和地板的品种及花色最多，应用也最广。在地板的六大系列中，多层复合地板、竹地板和复合强化地板是近几年发展较快的木制装饰产品，其中尤以复合强化地板发展很快，它以优良的性能和合适的价格吸引了广大的消费者，占领了地板市场的半壁江山。装饰人造板不仅产量增长迅猛、花色品种层出不穷，其中以不同材料的贴面装饰人造板发展最快。装饰薄木中，由于珍贵树种的日渐减少，天然刨切薄木增长减慢，人造薄木的品种和产量却增加了。近年来装饰型材也大量涌向装饰市场，品种和花色更新极快，成为消费新热点。

① 木质地板类　木质地板的基材最初为实木，采用质地坚硬、花纹美观、不易腐烂的木材。这种以木材直接加工的实木地板，由于其本身天然纹理构造，至今仍然受消费者喜欢。近些年来，由于人造板的迅速发展和资源的合理化应用，采用胶合板、刨花板、硬质纤维板和中密度纤维板为基材进行二次加工制造地板已日渐风行。特别是采用中密度纤维板为基材，经三聚氰胺浸渍纸贴面加工而成的所谓复合强化地板，已成为人造板结构类地板中的佼佼者。我国有着丰富的竹类资源，因此近些年来采用竹材为基材的地板发展也相当快，竹材质地坚硬，色泽淡雅而一致，尺寸稳定而耐用，制成的地板档次较高。

a. 木质地板的种类　木质地板常见有实木地板、竹地板、实木复合地板、强化地板、木塑地板等。其实，木质地板有多种分类方法，主要有以下几种：

（a）按材料分：有竹材类地板、木质类地板、竹木复合类地板、人造板复合类地板等。

（b）按结构分：有条状地板（如长条地板、短条地板）、块状拼花地板（如正方形地板、菱形地板、六角形地板、三角形地板）、粒状地板（又称木质马赛克）、毯状地板、穿线地板、编制地板等。

（c）按构造分：有顺纹地板，即木竹材纹理顺地板长边的地板；立木地板，即地板表面的纹理为木、竹材的横断面的地板；斜纹地板，即地板表面的纹理方向与木、竹材纹理成一定角度的地板。

（d）按接口分：有平口式地板、沟槽式地板、榫槽式地板、燕尾榫式地板、斜边式地板、插销式地板。

（e）按层数分：有单层地板、双层地板、多层地板。

（f）按用途分：室内用地板、户外用地板、体育馆用地板、舞台用地板等。

b. 木质地板的主要特点

（a）质感优越。作为地面材料，坚实而富弹性，冬暖而夏凉，自然而高雅，舒适而安全。

（b）装饰性好。纹理美观，色泽丰富，装饰形式多样。

（c）物理性能好。有一定硬度但又具一定弹性，绝热绝缘，隔声防潮，不易老化。

（d）原料易得。木竹原料可再生、品种繁多易得，加工性能良好。

（e）局限性。本身不耐水、火，需经过专业处理；干缩湿涨性强，处理与使用不当时易开裂变形，保护和维护要求较高。

地板用材是地板档次和价格的最重要的考虑因素，应考虑的因素包括木材树种、来源和产地。名贵树种和普通树种当然不在同一档次和价格。即使是同一树种，由于产地不同，质地也有相当大的差别，自然也有高低之分（如柚木地板因产地不同而档次差别很大）；地板的色泽十分讲究，天然材料的色调差别很大，如不顾色差，装饰后的地面显得杂乱无章，十分刺眼，装饰效果差，即使同一棵树，心材到边材往往也存在较大色差，所以地板出厂前一般会按照颜色纹理等级挑选和归类。

② 木质人造板　木质人造板是装饰装修中大量应用的基本材料，也是装饰人造板采用最多的板材。它们是木材、竹材、植物纤维等材料经不同加工制成的纤维、刨花、碎料、单板、薄片、木条等基本单元经干燥、施胶、铺装、热压等工序制成的一大类板材。这类板材品种很多，包括胶合板、软质纤维板、硬质纤维板、中密度纤维板、普通刨花板、定向刨花板、微粒板、实心细木工板、空心细木工板、集成材、指接材、层积材等等，大多采用木材采伐剩余物、加工剩余物、间伐材、速生工业用材或非木材植物如竹材、蔗渣、棉秆、麻秆、稻草、麦秸、高粱秆、玉米秆、葵花秆、稻壳等作主要原料，资源广泛，成本低廉，是建筑和装饰装修目前和今后应当大力发展的材料。

胶合板：普通胶合板、细木工板、层积胶合板、特殊用途胶合板等；

纤维板：中密度纤维板、轻质纤维板、硬质纤维板、特殊用途纤维板等；

刨花板：普通刨花板、定向刨花板、华夫板、特殊类（石膏、水泥、模压）刨花板等；

层积材：单板层积材、指接材、集成材、重组材等。

③ 饰面人造板　装饰人造板是将木质人造板进行各种装饰加工而成的板材。由于色泽、平面图案、立体图案、表面构造、光泽等等的不同变化，大大提高了材料的视觉效果、艺术感受和材料的声、光、电、热、化学、耐水、耐候、耐久等性能，增强了材料的表达力并拓宽了材料的应用面，因而成为装饰领域应用最广泛的材料之一。

装饰人造板种类：装饰单板贴面人造板、浸渍纸贴面人造板、微薄木贴面人造板、树脂类装饰人造板、印刷装饰人造板等。

④ 装饰薄木　装饰薄木基材一般为花纹美观、质地优良的珍贵树种，而且生产要求材料直径较粗大，这往往限制了它的发展。因此，随着技术的进步和生产的发展，出现了一种新的人造基材——人工木方。它是采用普通树种经过机械加工、漂白、染色等一系列工序后再经重新排列组合和胶压而成。人工木方的构成有无数种方式，用它来刨切的薄木花纹也千姿百态，模拟的天然木材花纹惟妙惟肖，自创的人工图案则巧夺天工。这样不仅大大扩展了装饰薄木基材的来源，而且使装饰薄木又出现了一个装饰图案变化多端的新品种。

⑤ 科技木　科技木是以普通木材（速生材）为原料，利用仿生学原理，通过对普通木材、速生材进行各种改性物化处理生产的一种性能更加优越的全木质的新型装饰材料。与天然材相比，几乎不弯曲、不开裂、不扭曲。其密度可人为控制，产品稳定性能良好，在加工过程中，它不存在天然木材加工时的浪费和价值损失，可把木材综合利用率提高到85%以上。

a. 科技木特点

(a) 色彩丰富，纹理多样。科技木产品经电脑设计，可产生天然木材不具备的颜色及纹理，色泽更鲜亮，纹理立体感更强，图案更具动感及活力。充分满足人们需求多样化的选择和个性化消费心理的实现。

(b) 产品性能更优越。科技木的密度及静曲强度等物理性能均优于其原材料——天然木材，且防腐、防蛀、耐潮又易于加工；同时，还可以根据不同的需求加工成不同的幅面尺寸，克服了天然木径级的局限性。

(c) 成品利用率高，装修更节省。科技木没有虫孔、节疤、色变等天然木材固有的自然缺陷，是一种几乎没有任何缺憾的装饰材料，同时其纹理与色泽均具有一定的规律性，因而在装饰过程中很好地避免了如天然木产品因纹理、色泽差异而产生的难以拼接的烦恼，可使消费者充分利用所购买的每一寸材料。

(d) 绿色环保。科技木产品的诞生，是对日渐稀少的天然林资源的绝佳代替。既满足了人们对不同树种装饰效果及用量的需求，又使珍贵的森林资源得以延续。同时，科技木生产过程中使用E1环保胶，科技木制成的胶合板、贴面板、实木复合地板、科技木锯材、科技木切片全部达到GB 18580—2001标准要求，并全部获得“中国环境标志产品认证”，是真正的绿色环保产品。

b. 科技木分类

(a) 化学木材。可注塑成型化学木材是用环氧树脂聚氨酯和添加剂配合而成，在液态可注塑成型，因而容易形成制品形状。该木材物理化学特性和技术指标与天然木材一样，可对其进行锯、刨、钉等加工，成本只有天然木材的25%左右。

(b) 原子木材。原子木材是将木料塑胶混合，再经钴60加工处理制成。由于经塑胶强化的木材，比天然木材的花纹和色泽更美观，并容易锯、钉和打磨，用普通木工工具就可以对其进行加工。

(c) 阻燃木材。一种不会燃烧的木材。它是在抗火材料中添加了无机盐，并把木材选后浸入含有钡离子和磷酸离子的溶液中，达到使木材防腐、防白蚁的目的。用其制成的床、家具、天花板等，即使房间地毯着火，也不会被火烧着。

(d) 增强木材。陶瓷增强木材是将木材浸入四乙氧基硅烷或水玻璃溶液中，待吸足后放入500℃的固化炉中，使木材细胞内充满热量和水分。该木材形似木材，既保留了木材纹理，又可接受着色，硬度和强度大大高于原有木材。

(e) 复合木材。PVC硬质高泡复合材料木材是在聚氯乙烯中加入适量的耐燃剂，使木材具有防火功能。该木材结构为单位独立发泡体，具有不连续、不传导、不传透等特性，可发挥隔热、隔间、防火、耐用等特点，其可取代天然木材，用作房屋壁板、隔间板、天花板等其他装饰材料。

(f) 彩色木材。彩色木材是用特殊处理法将色料渗透到木材内部的一种新式材料，锯开就可呈现彩虹般的色彩，因而不需要再上色。这种木材很适用于制造日用品及家具等。

(g) 合成木材。采用木屑和树脂制成一种段质合成木材，既有天然木材的质感，又有树脂的可塑性，其特点是防水性强、便于加工、不易变形、防蛀性能好，是建筑装饰装修和制作家具的优质材料。

(h) 人造木材。用聚苯乙烯废塑料制造出的人造木材，主要为85%的聚苯乙烯废塑料、4%加固剂、滑石粉以及黏合剂等9种添加剂，制成一种仿木材制品，其外观、强度及耐用性等均可与松木相媲美。

c.科技木应用　科技木是天然木材的“升级版”，“源于自然、胜于自然”，可广泛用于家具、装饰、地板、贴面板、门窗、体育用材、木艺雕刻、工艺品等领域。其中销量最大的产品是作为装饰用材的科技木装饰单板，以其无可阻挡的魅力受到越来越多的家具、装饰、音箱、木线、门窗等领域生产商的青睐，这些厂家已将科技木装饰单板作为其主要原料来替代天然木材。

⑥ 装饰型材　装饰型材近些年来异军突起，成为装饰领域里发展最快的材料之一。它是采用木材、竹材、人造板、植物等原料经机械加工、模压、贴面等工艺制造而成的直接可以用于室内墙面、地面、顶棚的装饰装修以及直接用作门窗、扶梯等结构件的一类材料。这类材料有木线条、墙角线、踢脚线、吊顶板、墙裙、楼梯、扶手、木门窗等等。

(4) 木质材料的装饰方法

木质材料的装饰方法目前主要有如下几类：

① 拼花　这类装饰主要利用木材和竹材的天然花纹和色泽，人为地排列组合成一定图案的装饰件。例如地板的拼花、刨切薄木和旋切薄竹的拼花等。人造

薄木的制作与应用也可以归属于这一类装饰。

② 贴面　这是木质装饰材料目前应用最广泛的装饰方法。随着科学技术的进步和人们对生活质量要求的不断提高，表面装饰材料发展极快，木质、塑料、金属、玻璃、纺织品、无机矿、皮革、天然纤维等各种材料的装饰制品层出不穷，变化万千，使贴面装饰成为主要的装饰手段。它装饰工艺简单，图案色泽花样多，装饰效果很好，深受广大人民喜爱。其中尤以树脂浸渍材料贴面最为风行，低压短周期贴面工艺和真空负压贴面工艺的出现加快了这一装饰方法的发展。

③ 涂饰　涂饰是最古老、最普通、最易行的装饰方法，在室内装饰中也是应用最多的装饰方法之一。

1.2 家具与室内装饰材料发展展望

整个建筑装饰工程中，家具与室内装饰材料占有极其重要的地位（通常说半基建半装饰），家具与装饰装修材料是集材性、艺术、造型设计、色彩、美学、实用为一体的材料，也是品种门类繁多、更新周期快、发展过程活跃、发展潜力大的一类材料。其发展速度的快慢、品种的多少、质量的优劣、款式的新旧、配套水平的高低，决定着建筑物装饰档次的高低，对美化城乡建筑、改善人们居住环境和工作环境有着十分重要的意义。家具与室内装饰是工程、技术和艺术相结合的，所以家具和装饰材料是随着人类社会生产力的发展和科学技术水平的提高而不断发展，这使我国家具与装饰材料的发展水平与国际先进水平同步发展，基本形成了产品齐全、产业链完整的大行业。近几年家具装饰业的发展带动了家具与装饰材料行业的快速发展，新材料的研发和使用也促进了家具和装饰行业的进步。同时，房地产、建筑装饰业的飞速发展促进了我国家具与装饰材料的快速发展。目前，中国已经成为世界上家具和装饰材料生产、消费和出口大国。但是在这高消费高销量的同时也引发了许多问题，家具和装饰材料释放的挥发性有机化合物是导致室内空气污染的首因。家具和装饰材料形成的室内环境污染，对人体健康的影响已成为人们必须要面对并且重视的问题。

(1) 绿色、环保、节能、可循环利用的发展方向

如今绿色、节能、环保成为了当今家具与装饰业的主流，随着绿色、节能、环保、可回收再利用的提出，人们越来越热衷于无毒无害节能环保的家具与装饰材料，特别是装修时必不可少的带漆类材料，例如不含甲醛、芳香烃的油漆涂料、人造板等。甲醛是一种含有剧毒的气态，其释放期长达3～15年，长期吸入这种气体对人体有很大危害，甚至可以致癌。经研究，很多的漆类家具都含有甲醛。在满足物质条件的情况下人们会更多地注意到自然环境的发展以及自身的健康，环保材料将会拥有广阔的发展空间。

(2) 智能化的发展方向

将材料和产品的加工制造同以微电子技术为主体的高科技嫁接，从而实现对材料及产品的各种功能的可控与可调，有可能成为家具与装饰材料产品新的发展方向。“智能家居”产品的问世、科技的飞速进步让一切都变得可能。“智能家居”可涉及照明控制系统、家居安防系统、电器控制系统、互联网远程监控、电话远程控制、网络视频监控、室内无线遥控等多个方面，有了这些技术的帮忙，人们可以轻松地实现全自动化的家居生活。

随着科学技术的不断发展和人类生活水平的不断提高，建筑装饰向着环保化、多功能、高强轻质化、成品化、安装标准化、控制智能化和可循环利用的新型装饰材料方向发展。

1.3 家具与室内装饰材料的安全风险

2012年国务院颁布的《质量发展纲要2011—2020年》明确将安全作为质量发展的基本要求，要求加强质量安全风险管理，提高质量安全保障能力，切实保障消费者的身体健康和生命财产安全。

任何产品或多或少存在着质量安全风险，特别是与人类生活工作密切相关的室内装饰材料、家具等消费品，有产品自身存在或潜在的安全风险，有因技术标准不完善或欠缺等监管因素造成的安全风险，也有消费者使用不当引起的安全风险，所谓三方责任（第一责任自身、监管第二责任方、使用者第三责任方）。室内装饰材料、家具的质量安全风险包括了技术风险和管理风险。管理风险是除了产品自身技术质量之外的、与产品生产使用全流程（原料来源、生产、运输、销售、使用、回收利用等）的管理状况及其整个流程中涉及的多个主体（如供应商、企业、消费者、监管主体等）所可能引发的产品质量安全风险，涉及企业内部当中的生产加工、出厂检验和企业外部的监管主体、监管依据、监管制度等因子；技术风险涉及产品自身存在的物理性质量安全、化学性质量安全、生物性质量安全、产品原辅材料质量安全等因子。室内装饰材料、家具产品的物理性质量安全风险是由室内装饰材料、家具产品所使用材料、产品部件及其主要性能不符合标准要求而造成的产品质量安全问题。室内装饰材料、家具产品的化学性质量安全风险是由室内装饰材料、家具产品中所含的某些有毒有害化学物质如甲醛、重金属元素、禁限用防腐剂、挥发性有机化合物等化学项目不符合技术法规标准要求，造成的产品质量安全问题。室内装饰材料、家具产品的生物性质量安全风险是由室内装饰材料、家具产品中的病虫害风险引发的，如木质材料发生霉变、腐朽、虫蛀、微生物超标所导致疾病、传染病、病虫害发生或有害生物传入。

室内装饰材料、家具产品质量安全风险影响因子见表1-2。

表 1-2 室内装饰材料、家具产品质量安全风险影响因子及风险事件

风险类别	影响因子	风险事件
管理风险	生产加工因子	如生产工艺不规范造成产品不合格、生产中使用不符合要求的胶黏剂而造成人造板甲醛超标、婴儿床生产中使用强度不符合要求的材料而造成床板托架断裂等
	出厂检验因子	产品出厂检验不规范或未经检验出厂造成产品不合格等。
	监管制度因子	监管制度缺失或制度不完善、监管未执行或不到位、不完善而造成产品不符合安全要求等
	监管依据因子	监管依据(法律法规、规章制度、技术法规与标准)缺失或可操作性差、滞后不合理,或无产品标准、或标准不完善,无法满足监管需求等造成产品质量安全问题
	监管主体因子	监管主体未尽职责或失职、监管模式落后、消费者风险安全与防控意识弱等造成企业无证生产、假冒伪劣产品存在、公共娱乐场所使用不符合消防安全要求的装饰装修材料
	消费者因子	消费者使用产品不当等造成产品质量安全问题
技术风险	物理质量安全因子(物理性能指标)	人造板、家具等产品的材料、结构、强度、稳定性(如产品变形、结构松动、开裂)、耐久性、抗冲击性、防火阻燃性等物理性能指标不符合标准要求而造成的产品质量安全问题
	化学质量安全因子(化学性能指标)	人造板、家具等产品中的甲醛、重金属元素、禁限用防腐剂、挥发性有机化合物等化学项目不符合要求,造成产品质量安全问题
	生物质量安全因子(生物性能指标)	木质材料发生腐朽、虫蛀、霉变,床垫微生物指标超标等造成产品质量安全问题
	产品原辅材料质量安全因子	家具生产中使用不符合环保要求的人造板而使家具甲醛超标等造成产品质量安全问题

室内装饰材料、家具中含有的有毒有害物质、产品安全性对人类的健康与安全、生态、环境有直接的影响，被称为“危险杀手”。随着社会的发展和人类文明的进步，人类对健康、安全、卫生、环保、生态的要求和意识越来越高，各国先后提出了众多强制性的技术法规或标准来限制这些与人类生活密切相关的日用消费品的生产、销售、使用。欧美日等发达国家较早提出了严格的涉及安全卫生环保等方面的技术措施或要求，以及严格的市场监管措施。如我国的有毒化学品优先控制名录、美国环保署法规、美国消费品安全法案及其修正案、美国联邦危险物品法案、欧盟 REACH 法案、有害物质限制指令 76/769/EEC 及其修订法令、日本建筑基准法、消费品进口规则手册、工业品进口规则手册等国内外技术法规中都明确规定了包括木制品家具等产品中的各种有毒有害物质项目，对其进行严格限制使用范围和使用限量，切实保护消费者的身体健康与安全，保护生态环境。

目前室内装饰材料、家具产品等消费品中涉及有毒有害物质的项目，最令人关注和最普遍的项目包括了甲醛、挥发性有机化合物 VOCs、重金属（总量铅，

可溶铅、镉、铬、汞、钡、砷、硒、锑)、禁限用防腐剂(五氯苯酚、砷、杂酚油等)、有机锡化合物、禁用偶氮染料、增塑剂邻苯二甲酸酯、富马酸二甲酯、含溴阻燃剂等。

甲醛释放量、禁限用防腐剂、表面涂层有害重金属、禁用偶氮、挥发性有机化合物、家具防火阻燃安全、生物安全、物理安全性要求等成为产品质量安全的重要项目。

1.4 家具与室内装饰材料安全评价的概念

1.4.1 质量与安全

1.4.1.1 定义

① 质量 ISO 9000:2000标准对质量的定义:一组固有特性满足要求的程度。质量的对象可以是产品、过程或体系。

② 质量管理 在质量方面的指挥和控制活动,通常包括制定质量方针和质量目标,以及质量策划、质量控制、质量保证和质量改进。

③ 安全 “安全”这个概念,自古有之。有人说,安全是一种确保人员和财产不受损害的状态;也有人讲,无危则安,无缺则全,安全就是没有危险且尽善尽美。事实上,这种绝对化的安全是不存在的。

产品安全是产品质量的重要部分。产品是否安全将会影响到人民的健康安全、环境安全,进而影响经济安全、公共安全。

产品安全是指产品中涉及人体安全、卫生、健康及环保项目是否达到规定要求,所含有毒有害化学物质是否在规定范围内、使用过程中是否对消费者造成伤害或潜在危害。在家具生产中,产品安全的重要性远远超出产品质量的其他方面,所以“质量”和“安全”是产品本身共存的、互为一体。

1.4.1.2 质量安全管理

家具质量安全管理是通过建立体系实施生产和使用全程的管理而达到“产品质量安全”的有效控制。

家具质量安全控制包括质量管理制度,卫生防疫制度,供应商合格评价制度,原辅料、半成品和成品中有毒有害物质控制制度,厂检员管理制度,产品溯源管理,异常情况报告和纠偏制度,不合格品控制与召回制度等,包括了家具产品从原材料选取、生产到使用全过程的系统质量管理。

1.4.2 安全评价

1.4.2.1 安全评价

安全评价(safety assessment),也称为风险评价或危险评价,它是以实现家具产品安全为目的，应用安全系统原理和方法，辨识和分析家具生产经营使用活动中的危险、有害因素，预测发生事故或造成职业危害的可能性及其严重程度，提出科学、合理、可行的安全对策措施和建议，做出评价结论的活动。安全评价可针对一个特定的对象（如家具、装饰材料等），也可针对一定区域范围（如我国制造或广东产区的或某一家具企业的产品）。安全评价按照实施阶段的不同分为三类：安全预评价、安全验收评价、安全现状评价。

1.4.2.2 安全评价目的和作用

安全评价目的是查找、分析和预测家具产品及其相关活动（如生产、运输、经营、使用、回收等）中存在的危险、有害因素及可能导致的危险、危害后果和程度，提出合理可行的安全对策措施，指导危险源监控和事故预防，以达到最低事故率、最少损失和最优的安全投资效益。

因此，进行家具安全评价（风险评估），是系统地从家具设计、制造、储运、使用、维修、回收等全过程进行有效监控，建立使家具系统安全的最优方案，为满足目标市场对家具产品安全的相关技术法规、标准的安全要求，以进行以科学为根据的风险分析，为政府职能部门的决策提供风险分析结果和依据、为家具生产企业的安全技术、安全管理提供标准化和科学化创造条件和提供技术支持、分析，促进企业实现本质安全化、为消费者提供安全可靠的家具产品。

进行家具安全评价作用：可以系统有效地减少事故和职业危害；可以系统地进行安全管理；可以用最少投资达到最佳安全效果；可以促进各项安全标准制定和可靠性数据积累；可以迅速提高安全技术人员业务水平；可以为消费者提供安全可靠放心的产品；可以减少环境污染；可以促进家具产业健康有序发展。

1.4.2.3 家具安全评价程序

进行家具安全评价可分为准备工作、实施评价和评价结论 3 个阶段。

（1）准备工作

① 确定本次评价的对象和范围（如某一类家具产品），编制安全评价计划。

② 准备有关安全评价所需相关的法律法规、标准、规章、规范等资料（依据）。

③ 评价组织方提交相关材料，说明评价目的、评价内容、评价方式、所需资料（包括图纸、文件、资料、档案、数据）的清单、拟开展现场检查的计划，及其他需要各单位配合的事项。

④ 被评价方应提前准备好评价组织方需要的资料。

（2）实施评价

① 对相关技术和资料进行审查、确认。

② 对产品中存在的危险、有害因素进行辨识与分析，评价产品的安全是否符合相关技术法规、标准的要求。这是评价工作的重点。

③ 进行安全评价总体评分和安全水平划分。

④ 编制评价报告和安全评价结论。

(3) 评价结论(编制评价报告)

① 评价报告内容应全面，条理应清楚，数据应完整，提出建议应可行，评价结论应客观公正。

② 评价报告的主要内容应包括：评价对象的基本情况、评价范围和评价重点、安全评价结果及安全管理水平、安全对策意见和建议，存在问题以及明确整改时限。

③ 形成安全评价报告。

1.4.3 家具质量安全的监管(包括市场准入、技术法规、标准、合格评定)

1.4.3.1 技术性贸易措施

随着时代的发展、科技的进步、人类环境意识的增强，世界政治经济格局不断发生分化重组，国际经济一体化运动，使得整个国际贸易呈现出贸易自由化趋势的同时，国际贸易中的保护措施发生了较大的变化，从过去传统的关税壁垒发展到今天多种多样的非关税壁垒，如外汇管制、进口配额制度、许可制度、反倾销、反补贴、装运前检验、社会责任壁垒、贸易技术壁垒、绿色生态壁垒等，表现出人们对安全、健康、环境意识空前加强，越来越关心产品质量、安全对人类身体健康的影响、对生态环境的影响，以致在国际贸易中以健康、安全和卫生、生态为主要内容的新贸易壁垒日益增多。

特别是近几年来，越来越多的国家趋向于采用隐蔽性较强、透明度较低、不易监督和预测的保护措施——贸易技术措施，给他国尤其是发展中国家的对外贸易造成很大的障碍，同时也成为阻挡外国产品进入本国市场的屏障，是当今国际贸易中最隐蔽、最难对付的一种贸易壁垒。就目前国际贸易中技术壁垒的具体情况来看，主要是发达国家如欧美日等国凭借其自身的技术、经济优势，制定了苛刻的技术标准、技术法规和技术认证制度等，对发展中国家的出口贸易产生了巨大的限制作用。

技术性贸易措施是指成员政府以维护国家安全、保障人类健康、保护生态环境、防止欺诈行为及保证产品质量等为目的，所采取的技术性措施。它是通过颁布法律、条例、规定、建立技术标准、认证制度、卫生检验检疫制度等方式而制定的关于商品的技术、卫生检疫、商品包装和标签等要求，它是提高生产效率、保证产品质量和推进国际贸易的不可缺少的手段和依据。

从《TBT 协定》所管辖的技术性贸易措施和主要贸易国家技术性贸易措施体系来看，任何技术性贸易措施体系都可包括三个基本要素，即技术法规、技术标准与合格评定程序。

世界贸易组织《TBT 协定》中要求各成员在制定技术性贸易措施时，首先要基于五大合理目标，即：①维护国家安全；②保护人类健康与安全；③保护动植物生命健康；④保护环境；⑤防止欺诈。

技术性贸易措施同时也是一把“双刃剑”，既有其积极的一面，也会形成负面的影响。技术性贸易措施就是WTO各成员在国际贸易中市场准入的门槛，具有二重性（措施与壁垒）。合理的技术性贸易措施对贸易是有积极作用的，比如它保证了合格产品的市场准入机制，确保了不同国家合格产品之间的公平竞争，充分保护了消费者的合法权益；合理的技术性贸易措施可以促进发展中国家提高科学技术水平、增加产品的技术含量、保证产品的技术安全、甚至可以促进本国产业发展、保护国家经济安全，从而使产品可以达到或满足其他WTO成员市场准入的技术要求，顺利地进入目标市场。因此，在正常状态下，技术性贸易措施并不总是对贸易产生负面影响。但是，如果技术性贸易措施制定或实施不当时，它们就会对正常国际贸易造成不必要的障碍，因此把这种措施称为贸易技术壁垒。

合理制定和运用技术性贸易措施的积极影响表现在：

① 维护国家安全　《技术性贸易壁垒协议》指出：“不应阻止任何国家采取必要的措施以保护其基本安全利益。”因此，适当、合理建立有效的技术措施可以帮助本国维护国家基本安全，促进科技进步，促进调整和优化产业结构。

② 保障人类健康和安全　合理的技术性贸易措施可以保障人类的健康和安全，提高生活质量。

③ 保护生态环境，实现可持续发展　在国际贸易中，以保护环境为目的而采取限制甚至禁止贸易的措施，一方面限制甚至禁止了严重危害生态环境产品的国际贸易和投资，根据世贸组织规则，运用技术措施，可以防范和禁止有损国家安全、不利于人类和动植物健康和安全、污染环境等产品和服务的进口。另一方面，又为有利于可持续发展的产业创造了新的发展空间，促进这些产业成为国际贸易和投资的新的增长点。采取合理的技术性贸易措施，通过采用国际标准和取得国际认证，是调整和优化企业出口产品结构的重要手段，是进入国际市场的通行证，也是提升企业竞争力的重要工具，提高企业出口竞争力。

但是，在许多情况下，技术性贸易措施往往被某些国家特别是发达国家所利用，凭借自身的技术、经济优势，制定了苛刻的技术措施让发展中国家很难达到，或技术标准、法规繁多，让出口国防不胜防，或经过精心设计和研究，专门针对某些国家的产品形成技术壁垒，或利用各国的标准的不一致性，灵活机动地选择对自己有利的标准，使受限制的国家及其产品很难达到要求，或不仅在条文上限制外国产品，而且在产品进入市场后利用市场管理对其设置重重障碍。发达国家设置的技术措施往往给受限制的进口商品增加了技术难度和成本费用负担，容易造成贸易障碍、引发贸易争端。这样，技术性贸易措施就对国际贸易产生了负面影响，阻碍了国际贸易的正常发展。此时，技术性贸易措施就成为了技术性贸易壁垒。

目前，国外技术性贸易措施在家具贸易方面主要是提高产品技术标准，提高家具产品有害物质含量的要求，提高产品阻燃方面的要求，提高产品对消费者安全性保护方面的要求；加强对产品认证的要求，加强对使用原材料环保、生态方面的认证。

1.4.3.2 技术法规

根据TBT协议的定义，技术法规（technical regulations）规定强制执行的产品特性或其相关工艺和生产方法，包括适用的管理规定在内的文件。该文件还可包括或专门关于适用于产品、工艺或生产方法的专门术语、符号、包装、标志或标签要求（TBT协议附录1）。技术法规的壁垒作用是强制性的。技术法规是一类强制执行的文件，必须是规定了产品特性或是产品生产的技术上的一些规定。但是它不是一个行政文件，它的法律效力是由文件本身的性质所决定。“技术法规”这个词在WTO的定义中，不是个法律的概念，它是指某类强制性的涉及技术要求的文件，它的法律效力由文件本身的效力来决定。依据WTO的概念，“技术法规”的表现形式是多种多样的。这类文件既可以包括法律，也可以包括法规、部门规章、强制性标准等。

近年来，各国相续对家具等消费品建立了不同的监管模式，形成了各具特色的技术法规和监管制度。这些法规制度构成针对家具等消费品安全管理的核心主体，全面影响着家具产业，为了更全面了解我国与主要贸易国（地区）对家具质量安全管理要求，本章将重点介绍我国及美国、欧盟、日本、韩国等国家或地区所制定的家具等消费品的管理制度、技术法规和标准体系。

1.4.3.3 标准

标准（standard）是指经公认机构批准的、规定非强制执行的、供通用或重复使用的产品或相关工艺和生产方法的规则、指南或特性的文件。该文件还可包括或专门关于适用于产品、工艺或生产方法的专门术语、符号、包装、标志或标签要求（TBT协议附录1）。标准的壁垒作用是非强制性的。标准也是一类文件，也规定了产品的特性和生产方法，但是它是自愿的，而且制定这类文件的机构就是被认可机构，它能够反复使用。

技术法规和标准的区别在于强制性和自愿性，两者具有不同的法律效力。这种区分的主要目的在于进一步减轻技术法规对国际贸易的阻碍，相比标准而言，技术法规的强制性法律约束力更有可能给国际贸易带来极大的阻碍。

在TBT协议中，对于标准的制定、采用和实施要求应由成员方保证其中央政府标准化机构接受并遵守，关于标准的制定、采用和实施的良好行为规范、标准的制定、通过和执行的原则也必须满足合理性、统一性，其中包括按产品的性能要求来阐述标准的要求以不给国际贸易带来阻碍，在技术法规和标准的关系上，TBT协议指出，在需要制定技术法规并且有关的国际标准已经存在或制定工作即将完成时，各成员应使用这些国际标准或有关部分作为制定技术法规的基础。为尽可能统一技术法规，在相应的国际化机构就各成员方已采用或准备采用的技术法规所涉及的产品制定国际标准时，各成员方应在力所能及的范围内充分参与。

1.4.3.4　合格评定程序

合格评定程序（conformity assessment procedures）是指任何直接或间接用以确定是否满足技术法规或标准有关要求的程序（技术性贸易壁垒协议）。对于技术法规的强制性要求，相应的应有强制性的合格评定程序，因而其壁垒作用表现为强制性；对于标准中的自愿性要求，相应的有自愿性合格评定程序，其壁垒作用表现为非强制性。

符合性评定（conformity assessment）直接或间接确定是否满足相关要求的任何活动（ISO/IEC 指南 2）。在 TBT 协议中，“合格评定程序”与服务无关，因为 TBT 协议是货物贸易的协议，而“符合性评定”涵盖产品、过程和服务，TBT 协议的“合格评定程序”要评定的不仅是与标准的符合性，更重要的是与技术法规的符合性，ISO/IEC 指南 2 定义的标准可以是强制性的或自愿采用的；在 TBT 协议中，标准是自愿采用的，技术法规是强制性的。

合格评定程序包括：抽样、检测和检验程序；符合性的评价、验证和保证程序；注册、认可和批准程序以及它们的组合（TBT 协议附录 1 注脚 2）。

① 抽样（sampling）　抽样是取出部分物质、材料或产品作为整体的代表性样品进行测试或校准的规定过程。取样要求也可由物质、材料或产品的测试或校准的有关规范提出。在某种情况下（如法医鉴定），样品可能不是代表性的，而是由实际可得性决定的（ISO/IEC 17025 5.7）。

② 检测（testing）　进行一种或多种测试工作的行为（ISO/IEC 指南 2 13.1.1）。

③ 测试（test）　按照规定程序对给定产品、过程或服务的一种或多种特性加以确定的技术运作（ISO/IEC 指南 2 13.1）。

④ 检验（Inspection）　检验指通过观察和判断（适宜时辅之以测量、测试或度量）进行符合性评价。

⑤ 符合性评价（evaluation of conformity）　系统性检查某个产品、过程或服务满足规定要求的程度（ISO/IEC 指南 2 14.2）。

⑥ 验证（verification）　通过检查和提供证据来证实规定的要求已得到满足（ISO/IEC 指南 2 14.1）。

⑦ 符合性保证（assurance of conformity）　其结果是对产品、过程或服务满足规定要求的置信程度给予说明的活动（ISO/IEC 指南 25 3.8）。

⑧ 注册（registration）　由某个团体用于以某种适宜的、公众可得到的一览表指出产品、过程或服务的特性，或给出团体或人的详细资料的程序（ISO/IEC 指南 2 12.10）。

⑨ 认可（accreditation）　由权威团体对团体或个人执行特定任务的胜任能

力给予正式承认的程序（ISO/IEC 指南 2 12.11）。

⑩ 批准（approval） 允许产品、过程或服务按说明的目的或按说明的条件销售或使用（ISO/IEC 指南 2 16.1）。

⑪ 认证（certification） 由第三方用于对产品、过程或服务符合规定要求给出书面保证的程序（ISO/IEC 指南 2 15.1.2）。

从 TBT 协议给出的合格评定程序定义和对其内容的注释，可将合格评定程序分成检验程序、认证、认可和注册批准程序四个层次：第一个层次是检验程序（包括取样、检测、检验、符合性验证等）。它直接检查产品特性或与其有关的工艺和生产方法与技术法规、标准要求的符合性，属于直接确定是否满足技术法规或标准有关要求的“直接的合格评定程序”。第二个层次是认证，主要分为产品认证和体系认证。产品认证包括安全认证和合格认证等，体系认证包括质量管理体系认证、环境管理体系认证、职业安全和健康体系认证和信息安全体系认证等。第三个层次是认可，WTO 鼓励成员国通过相互认可协议（MRAs）来减少多重测试和认证，以便利国际贸易。第四个层次是注册批准，注册批准程序更多的是政府贸易管制的手段，体现了国家的权力、政策和意志。

“合格评定程序”是在 TBT 协议首次引入的新概念。合格评定程序的目的在于积极地推动各成员认证制度的相互认可。事实上，某些国家为达到限制进口的目的，都在合格评定程序上大做文章，比如收取高昂费用、制定烦琐程序。协议中有关合格评定程序的规定全面地涉及了合格评定程序的条件、次序、处理时间、资料要求、费用收取、变更通知、相互统一等内容，为了相互承认由各自合格评定程序所确定的结果，协议规定必须通过事先磋商明确出口成员方的有关合格评定机构是否具有充分持久的技术管辖权。各成员方无论是制定、采纳和实施合格评定程序，还是确认合格评定机构是否具有充分持久的技术管辖权，都应以国际标准化机构颁布的有关指南或建议为基础，如果已有国际合格评定程序或区域合格评定程序，成员方应与之一致。

在合格评定程序中值得关注的是认证问题。认证分为管理体系认证和产品质量认证，前者是对企业管理水平的认可，注重的是产品生产全过程的控制，包括加工环境条件及相关配套体系的管理（如空气污染、污水废料处理等），如 ISO 9000、ISO 14000、美国联邦法规 40 CFR 63 等；产品质量认证则偏重产品标准及产品的质量，通过检测报告及证书的方式证明本产品的实物质量，如 JIS 认证、CSA 认证、CE 认证、Oko-Tex100 生态纺织品认证、方圆产品合格标志认证、中国环境标志认证等等。认证的目的是促进国家间的相互认可，简化手续、减少浪费，同时帮助消费者识别优质产品。

在贸易实务中，产品质量认证分为“自我认证”和“第三方认证”。前者在欧洲各国比较流行，是贸易双方已对出口方企业的检测条件有了充分认可的基础上进行的，为保证质量需要在贸易过程中对拟出口的产品进行封样。“第三方认证”是经济全球化发展的必然结果，是当今国际贸易的主流形式，第三方作为“独立的检测机构（实验室）”能够客观地反映产品的质量内容，能够公平、公正地对待贸易双方。

对某一产品认证后，为明示产品质量，常使用“标志”。标志是产品达到该标志质量要求的直观表达。通常用于表达描述安全性或功能特性，如CE标志、Oko-Tex100标志、NF标志、GS标志、CCC标志等等。

Chapter 02

第2章 家具

家具是人类生活中不可缺少的消费品之一。家具行业是我国具有传统优势的劳动密集型行业，在全球同行业中具有产业链完整、产品门类齐全、流通业发达等方面的优势，已成为我国解决劳动力就业的重要行业，对经济和社会发展做出了积极贡献。改革开放以来，中国经济持续稳定高速发展、房地产行业的快速发展和人民生活水平不断提高，为家具行业提供了广阔的发展空间。我国家具行业经历了10年调整过渡期和20年高速发展期，逐步形成了以大型企业为龙头、中小型企业为主体的格局，而且作为世界家具生产与出口第一大国的地位已确定，成为世界家具业的重要组成部分，基本能够满足国内人民生活需要和国际市场要求。目前我国有家具企业5万余家，从业人员达600多万人，2012年我国家具产值超过万亿人民币、出口488亿美元，产值和出口值多年保持世界第一位。家具制造业已经成为国民经济中继食品、服装、家电后的第四大制造产业。

2.1 家具的定义与分类

2.1.1 家具的定义

从表面字意看，家具就是家庭用的器具；广东、港澳等地区又称家私，即家用杂物。然而这种概念不全面，在人类社会发展的过程中，家具一出现就超出了家庭这一狭窄的使用范围，它很早就出现在古代的庙宇、中世纪的教堂，以及历代的王宫、官邸之中，也在办公场所、公共场合等得到广泛的应用，可以说有人类活动的地方就有家具。

确切地说，家具有广义和狭义之分。广义的家具是指人类维持正常生活、从事生产实践和开展社会活动必不可少的一类器具。狭义家具是指在生活、工作或社会实践活动中供人们坐、卧或支承与储存物品的器具与设备。

根据海关编码及品目注释，家具的海关编码范围包括了HS：9401、9402和

9403三大类，共分为38个子类目，包括了任何材料（木、柳、竹、藤、塑料、贱金属、玻璃、皮革、石、陶瓷等）制成的家具。家具的主要特征是供放置在地上、或悬挂或固定在墙壁上，并具有实用价值，用于民宅、旅馆、戏院、影院、办公场所、教堂、学校、实验室、医院、医疗、饭店、咖啡厅、交通运输工具（如飞机、船舶、车辆等）、户外（广场、庭院、公园等）场所用品，等等。家具的海关编码范围见表2-1。

表2-1 家具的海关编码范围

家具海关税则号(HS:9401、9402、9403)		
序号	海关编码	分类
1	94011000	飞机用坐具
2	94012010	皮革或再生皮革面的机动车辆坐具
3	94012090	机动车辆用其他坐具
4	94013000	可调高度的转动坐具
5	94014010	皮革或再生皮革面的能作床的两用椅
6	94014090	其他能作床的两用椅庭园坐具
7	94015100	竹制或藤制的坐具
8	94015900	竹制或藤制品坐具
9	94016110	皮革或再生皮革面的带软垫的木框架坐具
10	94016190	其他带软垫的木框架坐具
11	94016900	其他木制花园家具
12	94017110	皮革或再生皮革面的带软热的金属框架坐具
13	94017190	其他带软垫的金属框架坐具
14	94017900	其他金属框架坐具
15	94018010	石制的其他坐具
16	94018090	其他坐具
17	94019011	机动车辆用座椅调角器
18	94019019	其他机动车辆用坐具零件
19	94019090	其他坐具零件
20	94021010	理发用椅及其零件
21	94021090	牙科椅和理发用类似椅及其零件
22	94029000	其他医用家具
23	94031000	办公室用金属家具
24	94032000	其他金属家具
25	94033000	办公室用木家具
26	94034000	厨房用木家具

续表

序号	海关编码	分类
27	94035010	卧室用红木家具
28	94035091	卧室用漆木家具
29	94035099	其他卧室用木家具
30	94036010	其他红木家具
31	94036091	其他漆木家具
32	94036099	未列名木家具
33	94037000	塑料家具
34	94038100	竹制或藤制的
35	94038910	藤柳条竹及类似材料制家具
36	94038920	石制家具
37	94038990	未列名材料制家具
38	94039000	家具的零件

2.1.2 家具的分类

人们的生活、工作、社会活动都与家具密不可分，不管白天与夜晚、室内与户外都要用它、接触它。家具不仅是一种简单的功能物质产品（使用功能），而且是一种广为普及的大众艺术，它既要满足某些特定的用途，又要满足供人们观赏，使人在接触和使用过程中产生某种审美快感和引发丰富联想的精神需求。所以说，家具既是物质产品，又是艺术作品，这就是人们常说的家具二重性。一般而言，可把家具产品的功能分为四个方面，即技术功能、经济功能、使用功能与审美功能。

家具的功能各不相同，形式多种多样，因此家具的分类可从不同角度进行分类：

按家具的基本功能，可分为：支承类（主要用于支承人体和物体的家具）和储存类（主要用于储存各类物品的家具）；

按家具用材分类分为：木质家具（实木类、人造板类、竹藤类）、金属家具（钢家具、钢木家具及其他金属家具）、软体家具（床垫、沙发、软包椅等）、塑料家具、玻璃家具、石料家具等；

按家具结构特点分类分为：拆装式、通用部件式、组合式、支架式、折叠式、多用式等；

按海关商品分类分为：木家具、金属家具、塑料家具、床垫、其他家具、家具零件等；

按北美产业（用途）分类分为：民用家具（家居用）、办公家具、厨房家具、公共家具（如宾馆家具，学校用家具，影剧院家具，车站码头、空港用家具、交通工具如车船机等用家具）和其他家具，民用家具又分为软体家具、木家具、床垫、其他家具。

2.2 我国家具行业概况及发展前景

2.2.1 我国家具发展概况

我国在公元前5000～7000年就已有家具了，汉朝时得到了较大的发展，而到了明朝和清朝则是我国传统家具发展的顶峰时期，明清家具达到了当时鼎立世界的水平，影响至今。但鸦片战争以来，随着西方技术文化包括西式家具的大量涌入，中国家具风格开始发生变化，逐渐演变成了仿西式、中西合璧式和中式三类，其中仿西式家具为主流。新中国成立之后，我国家具开始缓慢发展，家具的产业发展主要是在改革开放之后。改革开放以来，中国家具业从以手工业为主的生产方式迅速地向以机械化、自动化为主的工业化生产方式转变，成为了一个现代产业，在国民经济中占有一定地位。1979年我国家具产值只有13亿人民币，出口只有几千万美元，但经过三十多年的发展，2012年我国家具产值超过万亿人民币，出口488亿美元，已多年保持世界上主要的家具生产和贸易大国之一。中国家具业的发展已经越来越受到世界各国家具行业的重视。国际家具采购商来中国采购家具已成为家具贸易的重要组成部分，每年参加家具业界较高名气的广州、深圳、东莞、上海等家具展览会的采购人数呈快速增长态势。中国进口家具主要集中在中高档家具和特色家具，在一定程度上满足了国内家具市场的多元化需求。

2.2.2 我国家具产业基本情况

全国现有家具企业5万余家，从业人员达600多万人。主要产地集中在广东、浙江、江苏、山东、福建、辽宁、四川、河北等省。经过近20年的快速发展，中国家具业目前已形成5个大家具产业区，以深圳、东莞、顺德、广州、中山为主的珠三角为中心的华南家具产业区，具有产业集群、产业供应链和品牌优势；以苏、沪、浙为主的大范围的长三角为中心的华东家具产业区，包括上海、苏州、常州、杭州、温州、玉环、安吉等主产地，具有产品质量和经营管理的优势；以京津、河北、山东和辽宁为主的环渤海地区为中心的华北家具产业区，具有企业规模和市场需求较大的优势；以东北老工业基地为中心的东北家具产业区，具有实木家具生产和木材资源优势；以成都、西安为中心的西部家具产业区，具有供应三级市场产品的优势。前4个家具产业区在我国东部沿海地区由南向北分布，家具出口生产企业和大型生产企业集中，是供应我国市场和家具出口的主要地区。西部地区家具产业区主要面向国内市场。其中，广东省和浙江省是我国家具的生产大省和出口大省。广东顺德形成了家具生产、配套、销售的重要基地，乐从镇成为我国最大的家具集散地，龙江镇成为生产家具和配套材料的家具生产重镇。浙江省有家具企业2600余家，雇员数25万人，近年来涌现出一批大型家具企业，在国内外都有广泛的影响。

我国家具产品的门类和品种齐全，市场货源充足。目前我国家具市场的特点表现在：一是家具产业链配套完善，品种齐全；二是各类家具产品产量快速增长，坐椅沙发、厨房家具、办公家具、教育机构用家具、仿古家具增长较快；三是设计水平、产品质量不断提高，花色品种增多，市场供应充足；四是家具市场建设速度加快，购物环境明显改善，家具场馆建设和管理水平均有提高、创新，近年新兴的家具体验馆备受欢迎。各地家具工业全面发展，特别是欠发达地区发展迅速，中西部如成都、西安的家具企业发展很快。

据统计，中国家具工业产值1978年为13亿元，1985年为29亿元，1995年为446.21亿元，2006年为4320亿元，2010年为8700亿元，2014年为12100亿元。近年来我国家具工业总产值见表2-2和图2-1。

表2-2　近年来我国家具工业产值情况

年份	2003	2004	2005	2006	2007	2008	2009	2010	2011	2012	2013	2014
产值/亿元	2040	2730	3400	4320	5400	6480	7346	8700	10100	11300	11600	12100
同比增长/%	23.6	33.8	24.5	27.1	25	20	13.4	18.4	16.1	11.9	2.7	4.3

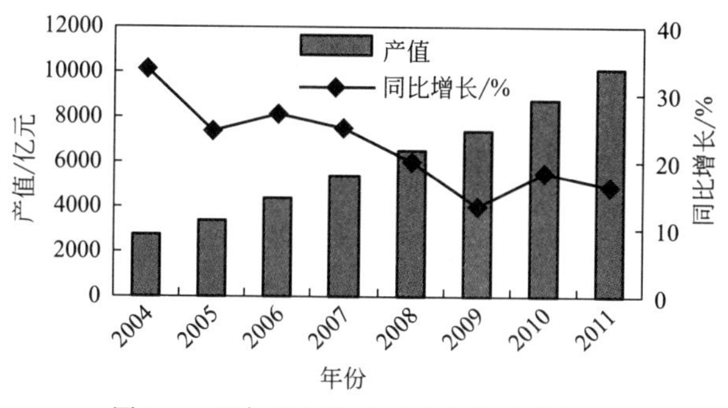

图2-1　近年我国家具工业产值年度趋势

2.2.3　我国家具的进出口情况

改革开放以来，我国家具行业的快速发展，带动了中国家具出口的迅速增长。据海关统计，1978年我国家具出口额只有几千万美元，1997年则达到18亿美元，2005年为135.92亿美元，居世界出口首位，2009年为259.58亿美元，2010年为329.86亿美元，2011年为388亿美元，2014年为581.33亿美元。具体见表2-3。

同时，我国家具进口也呈现出快速增长的态势，1995年我国家具进口仅有8913万美元，到2013年已经达到23.48亿美元，也逐渐成为世界主要家具进口国家之一。

表 2-3 我国历年家具进出口情况表

年 份	进出口		出口		进口	
	金额/亿美元	同比/%	金额/亿美元	同比/%	金额/亿美元	同比/%
2003 年	78.75	38.5	73.24	36.2	5.50	78.0
2004 年	109.18	38.7	102.15	39.5	7.04	27.8
2005 年	142.53	30.5	135.92	33.1	6.62	−6.0
2006 年	180.20	26.4	172.42	26.9	7.78	17.6
2007 年	243.40	35.1	232.68	35.0	10.72	37.7
2008 年	283.89	15.6	272.07	21.6	11.83	10.7
2009 年	271.78	−4.3	259.58	−6.0	12.2	3.3
2010 年	345.73	27.2	329.86	30.3	15.87	30.1
2011 年	408.88	18.3	388	17.6	20.88	31.6
2012 年	509.58	24.6	488.24	25.8	21.52	3.1
2013 年	554.49	8.8	531.01	6.3	23.48	9.1
2014 年	—	—	581.33	9.5	—	—

2.2.3.1 我国的家具出口情况

以 2014 年海关的统计数据，我国出口家具及其零件为 581.33 亿美元，同比增长 9.5%。

(1) 主要家具产品出口种类及单价

2012 年我国坐具类家具（HS.9401）出口额为 218.08 亿美元，占家具全部出口的 44.6%。木家具类（HS.9403）为 270.22 亿美元，占全部家具出口比重的 55.4%。(此状况基本保持)

2012 年我国家具出口每件（个或 kg）的平均单价为 18.08 美元，同比增长 20.6%。

(2) 我国家具出口市场相对比较集中

美国是我国家具出口最大的市场，2012 年对其出口 136.589 亿美元，占我国家具全部出口的 27.99%，同比增长 15.12%；其次是日本，对其出口 26.47 亿美元，占 5.42%，同比增长 14.59%；英国列第三，对其出口 23.77 亿美元，占全部出口的 4.87%；德国列第四，对其出口 19.9 亿美元，占 4.08%，同比上升 14.59%（见表 2-4 和图 2-2、图 2-3）。

表 2-4 2012 年我国家具出口金额前十名国家的情况

国家	金额/亿美元	占总量比例/%	国家	金额/亿美元	占总量比例/%
美国	136.59	27.99	英国	23.77	4.87
日本	26.47	5.42	德国	19.9	4.08

续表

国家	金额/亿美元	占总量比例/%	国家	金额/亿美元	占总量比例/%
澳大利亚	18.65	3.82	沙特阿拉伯	12.41	2.54
加拿大	17.16	3.51	阿联酋	12.31	2.52
马来西亚	17.07	3.5	其他	191.03	39.11
法国	12.88	2.64			

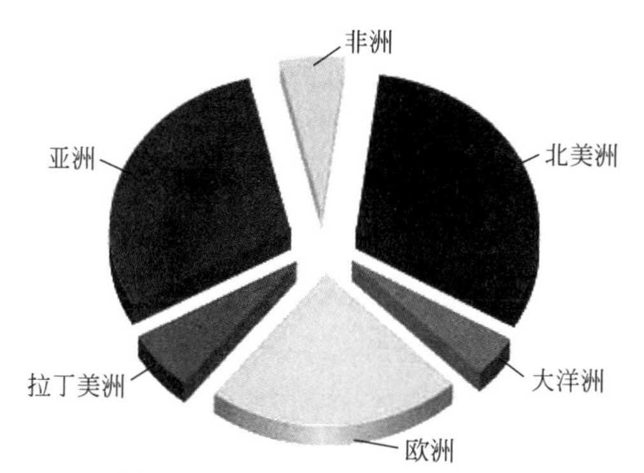

图 2-2　2012 年我国家具出口各大洲市场份额分布图

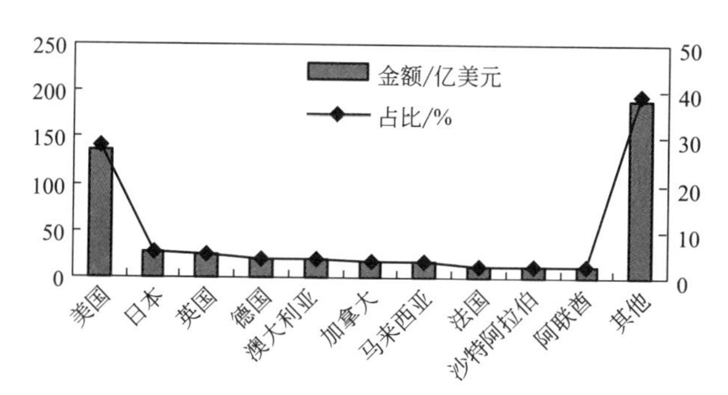

图 2-3　2012 年家具出口金额前十名国家情况

（3）我国家具出口相对集中在沿海省市，广东省居首位

以 2014 年海关的统计数据，广东省出口 196.5 亿美元，占全国家具出口总金额的 33.8%，同比增长 3.25%；其次是浙江省，第三位是江苏省。10 个省市的出口已占到全国家具出口总金额的 87.99%。表 2-5 是 2012 年我国家具出口主要省市情况。

表 2-5　2012 年我国家具出口主要省市情况

地区	出口值/亿美元	占总量比例/%	地区	出口值/亿美元	占总量比例/%
广东	154.13	31.57	江苏	43.49	8.91
浙江	80.75	16.54	福建	38.75	7.94

续表

地区	出口值/亿美元	占总量比例/%	地区	出口值/亿美元	占总量比例/%
上海	28.35	5.81	江西	15.14	3.1
重庆	21.77	4.46	安徽	11.4	2.33
山东	20.24	4.15	其他	56.68	12.01
辽宁	15.54	3.18			

(4) 民营企业发展迅猛，所占出口比重进一步增大

2012年民营企业出口金额为310.20亿美元，占63.53%，增长49.05%，增速最快。其次是三资企业出口金额为150.13亿美元，占到30.75%，增幅为5.17%；国有企业列第三位，出口金额为26.50亿美元，占5.43%，下降2.84%。民营企业出口总额和增长幅度较快，发展前景良好。

(5) 一般贸易继续占据各类贸易方式的主导地位

多年以来，一般贸易方式一直是家具出口的主要方式。2012年一般贸易出口达410.77亿美元，同比增长34.95%，占全部贸易方式的84.1%；其次是加工贸易64.61亿美元，占全部贸易方式的13.2%；特别指出的是保税仓库进出境货物同比增幅达35.98%，增长较快。具体参考表2-6。

表2-6 2012年我国家具主要出口贸易方式一览表

序号/对比	贸易方式	贸易额/亿美元	比重/%	增长率/%
1	一般贸易	410.77	84.1	34.95
2	加工贸易	64.61	13.2	0.62
3	保税仓库进出境货物	4.81	0.98	35.98
4	其他贸易	3.55	0.7	22.78

2.2.3.2 我国的家具进口情况

2012年我国进口家具达21.52亿美元，同比增长3.07%。

(1) 进口产品种类及单价

我国家具产品进口主要以坐具类家具及其零件（HS：9401）产品为主，全年进口14.84亿美元，占全部进口的68.96%；其他木家具类（HS：9403）进口6.68亿美元，占全部进口的31.04%。2012年我国家具进口平均单价为10.95美元/件（个或kg），同比增长0.42%。

(2) 进口市场分布情况

我国家具进口市场第一位是德国，2012年从其进口3.99亿美元，占进口总额的18.56%；同比增长9.89%；其次是日本进口3.04亿美元，占14.14%；第三位是美国进口1.96亿美元，占9.1%；第4～10位的进口国家或地区分别是意大利、韩国、法国、中国香港、波兰、越南及中国台湾省。

（3）上海市占我国家具进口首位

2012年上海进口家具6.79亿美元，占全国家具进口总额的31.58%；第二位是广东省，进口3.19亿美元，占14.84%；其他省市依次为北京市、福建、辽宁、江苏、吉林、天津、浙江、山东省（表2-7）。

表2-7 2012年我国家具主要进口省市一览表

序号/对比	省市	进口额/亿美元	比重/%	增长率/%
1	上海	6.79	31.58	5.38
2	广东	3.19	14.84	−15.8
3	北京	2.03	9.44	−10.55
4	福建	1.80	8.37	177.85
5	辽宁	1.71	7.95	−17.24
小计		15.52	72.2	

（4）三资企业占家具进口的主导地位

2012年三资企业进口金额为15.68亿美元，占进口总额的72.93%，同比增长13.6%；民营企业进口金额为4.12亿美元，占19.16%；国有企业进口1.72亿美元。

（5）一般贸易继续占各类贸易方式的主导地位

2012年我国家具进口一般贸易方式金额为13.78亿美元，占全部贸易方式的64.1%。其次是保税仓库进出境货物为4.51亿美元，加工贸易进口金额为1.52亿美元。

2.2.4 我国家具行业发展前景

我国家具业经过三十多年的快速发展，已成为世界上重要的家具生产和出口大国，产品出口到世界200多个国家和地区，受到世界各国消费者的喜爱。2012年我国家具进出口总额占全球家具贸易总额的35%，居美国之后，列世界第二位，其中出口列全球之首。

今后一段时期内，中国家具业面临着较为复杂的经济形势。一方面国际市场的不确定性正在增加，贸易壁垒和非贸易壁垒日益增多；另一方面国内市场由于受国家宏观调控和房地产调控政策影响将直接冲击家具产业，同时我国还不是家具生产和出口的强国，普遍存在着经营规模和实力偏小、自有品牌少、产品档次较低的现象，新产品设计和开发能力较弱，劳动力成本、原辅材料价格上升。因此我国家具生产和市场面临的不利因素不断增多，企业转型升级已迫在眉睫。未来我国家具产业虽然会比前些年的增长速度有所减缓，但从长远来看，我国家具行业发展前景十分广阔。我国拥有良好的投资环境、相对便宜的劳动力、齐全的产业配套、任何国家难以替代的大规模的生产能力等。同时，多年来国际市场对家具需求较大，我国在国际家具市场的地位不会受到撼动，我国作为全球家具主要供应国的状态不会改变。

2.3 家具的质量安全评价要素与安全风险

家具是人们生活工作中的不可缺少的日用品之一，人类大多数的时间都会与家具接触。因此，家具对人类健康安全的影响和对环境的影响早已成为人们关注的焦点。由于家具产品在生产过程中采用了大量的材料与添加剂，如木材、已加工过的木质材料（中密度板、刨花板、胶合板、木地板等）、金属材料（钢和铝为主）、塑料（包括聚丙烯、工程塑料等）、皮革、填料（如聚氨酯、聚酯、羊毛、棉花和胶乳）、纺织品（包括天然纤维、再生纤维、人造纤维及其混合物）、玻璃、油漆涂料、胶黏剂等。而这些材料存在的大量化学品、化学添加剂有可能是有毒有害的，在家具的生产、使用和处理过程中会对消费者和环境产生影响，如涂漆过程中的挥发物、胶黏剂、油漆涂料和家具成品的挥发物对工人、消费者的身体健康安全的影响。

家具的质量安全项目主要包括了以下几方面内容：产品性能要求、产品包装与标识要求、生物安全、化学安全要求（有毒有害物质）、物理安全要求、防火阻燃要求。其中前两项通常以产品标准的形式进行规定，属自愿性的，是产品的基本要求；而后三项通常以技术法规的形式进行规定，属强制性的（我国和其他国家不同，通常以国家强制性标准GB或行业强制性标准的形式进行规定），企业必须保证其产品符合这些强制要求。投放于市场上的家具产品，在按预期的或者可预见的方式使用时，应考虑到消费者的行为方式，不得危及消费者的安全和健康、不得对生态环境造成危害。

家具安全评价要素及风险主要包括生物安全、化学安全和物理/机械安全等三大方面（此文主要偏重于强制性的技术法规涉及安全方面的内容）。

2.3.1 生物安全（biological safety）

产品没有因微生物学、毒理学、物理和物理化学属性不符合规定要求而损害使用者健康或者威胁其生命的令人无法容忍的风险的状态，以及对生态环境造成损害或存在潜在危害。

2.3.1.1 有害生物（病虫害）

近年来，世界各国尤其是发达国家利用《实施卫生与植物卫生措施协定》(SPS)，与我国签署双边植物协议协定、制定植物检疫法规等，以禁止、限制有害生物传播为主要内容，要求出口国家或地区在装运前实施检疫或检疫处理，确定不带进口国规定的有害生物、禁止进境物，并出具相关证书，以达到维护自身利益和保护本国生态、限制进口、保护国内企业的目的。

（1）有害生物种类

许多国家不允许家具中有夹带树皮的木材、不允许木家具及其包装材料带有活虫及其他有害生物，无虫蛀孔、虫体及排泄物、蜕皮壳、虫卵、病斑等。木制品、木家具使用的原材料中可能携带的有害生物主要有钻蛀类和线虫类：

① 钻蛀类主要有：大牛科、吉丁虫科、蠹虫类（包括长蠹科、小蠹科、长小蠹科、粉蠹科、窃蠹科等）、象虫科、树蜂科、鼻白蚁科（大家白蚁、家白蚁）等。

② 线虫类主要有：松材线虫（主要危害针叶材）、拟松材线虫等。

家具在生产过程中，虽经初加工或深加工，但木质材料易被害虫钻蛀和发生霉变的特性，可能出现下列携带疫情疫病等情况：一是使用未经有效除害处理的带有有害生物的原材料，导致产品成品携带疫情；二是由于成品放置时间太久，出现再次感染携带疫情；三是由于储藏环境空气湿度大、木质材料含水率高等原因，导致产品感染霉菌，使产品产生霉变。

（2）木制品和家具的检疫要求

新西兰、澳大利亚等国要求输入的木制品及集装箱应进行除害处理，对除害处理后的木制品出具熏蒸/消毒证书。如果从有熏蒸/消毒证书的木制品中检出活虫或其他检疫问题，则该证书被认为无效，且出具证书的国家或地区的证书不再被接受，货物做退运处理或惩罚性除害处理。加拿大颁布的有关木制品进境检疫指令，要求来自美洲大陆以外的其他地区的木制品需完全去皮、无害虫活动迹象、不易被重新感染。带皮的装饰性木制品则需附有植物检疫证书，部分产品还需要在植物检疫证书上注明处理方法。美国、加拿大要求大部分实木产品要求进行除害处理并出具熏蒸/消毒证书。

我国《进出境动植物检疫法》及其实施条例规定，输出植物产品（包括木家具）经检疫合格或者经除害处理合格的，准予出境，检疫不合格又无有效方法做做除害处理的，不准出境。检疫要求木家具及其包装材料不带有活虫及其他有害生物，无虫蛀孔、虫体及排泄物、蜕皮壳、虫卵、病斑等。国内在口岸从进境木质材料产品中截获的有害生物主要有：光肩星天牛、松褐天牛、双钩异翅长蠹、长林小蠹、鳞毛粉蠹、竹蠹、大家白蚁、家白蚁、松材线虫等。

2.3.1.2 微生物（如大肠杆菌、致病菌、霉菌等）

婴幼儿家具中与婴儿接触的部位或可能接触的部位，以及与食品接触的家具不得检出大肠杆菌、致病菌、霉菌等。家具床垫中不得检出绿脓杆菌、金黄色葡萄球菌和溶血性链球菌等致病菌，材料无腐朽、发霉变质、霉变或霉烂等要求。

2.3.2 化学安全（有毒有害物质）（chemical safety）

家具产品中涉及许多有毒有害物质，它们对人类的身体健康安全和生态环境造成危害。我国的有毒化学品优先控制名录、美国环保署法规、美国消费品安全法案及其修正案、美国联邦危险物品法案、欧盟 REACH 法案、有害物质限制指令 76/769/EEC 及其修订法令、日本建筑基准法、消费品进口规则手册、工业品进口规则手册等国内外技术法规中都明确规定了包括家具等产品中的各种有毒有害物质，对其进行严格限制使用范围和使用限量，切实保护消费者的身体健康与安全，保护生态环境。

目前，家具产品中涉及有毒有害物质的项目，最令人关注和最普遍的项目包括了甲醛、挥发性有机化合物、重金属（总量铅、可溶铅、镉、铬、汞、钡、砷、硒、锑）、六价铬、防腐剂（五氯苯酚、砷、杂酚油等）、有机锡化合物、禁用偶氮染料、增塑剂邻苯二甲酸酯、富马酸二甲酯、含溴阻燃剂等。

2.3.2.1 甲醛

甲醛（formaldehyde 或 methanal）是一种由碳、氢、氧元素组成的带强烈刺激性气味的无色气体，化学分子式 HCHO，分子量 30.03，气体相对密度 1.067（空气为 1），液体相对密度 0.815（−20℃），熔点−92℃，沸点−19.℃，易溶于水和乙醇，甲醛在常温下是气态，通常以水溶液形式出现，常以浓度为 37%、商品名为福尔马林（formalin 或 formol）的水溶液于市场销售，此溶液沸点为 19℃，故在室温时极易挥发，随着温度的上升其挥发速度加快。

甲醛为较高毒性物质，在我国有毒化学品优先控制名录上甲醛高居第二位；被国际癌症研究机构（International Agency for Research on Cancer 简称 IARC）和世界卫生组织（WHO）确定为致癌和致畸形物质，属于致敏物质和致畸变物质，是公认的变态反应源，容易发生过敏反应，破坏肌膜，破坏中枢神经系统、肝肺和肾脏，破坏免疫功能。甲醛对人体健康的危害包括：

① 刺激作用：甲醛的主要危害表现为对皮肤黏膜的刺激作用，甲醛是原浆毒物质，能与蛋白质结合、高浓度吸入时出现呼吸道严重的刺激和水肿、眼刺激、头痛。

② 致敏作用：皮肤直接接触甲醛可引起过敏性皮炎、色斑、坏死，吸入高浓度甲醛时可诱发支气管哮喘。

③ 致突变作用：高浓度甲醛还是一种基因毒性物质。实验动物在实验室高浓度吸入的情况下，可引起鼻咽肿瘤。

甲醛对人体健康的影响主要表现在嗅觉异常、刺激、过敏、肺功能异常、肝功能异常和免疫功能异常等方面，健康危害程度依据暴露级别而定。据研究分析，甲醛能与蛋白质中氨基结合生成甲酰化蛋白，用动物试验表明，甲醛具有诱发动物细胞基因突变的作用，并对 DNA 有损伤作用，其反应速度受 pH 值和温度的影响。甲醛进入人体后代谢非常迅速，立即氧化成甲酸，并很快被氧化为 CO_2，从肺部呼出，部分甲酸从尿中排出。因此，人和动物吸入甲醛后，血液中甲醛浓度并未发现升高。

研究分析表明，甲醛在空气中浓度为 $(1\sim3)\times10^{-6}$ 时，对眼睛、鼻子和咽喉有轻微到中等刺激，皮肤直接接触甲醛可引起过敏性皮炎、色斑、坏死，达到这些级别后的症状包括咳嗽、呼吸困难、恶心、黏膜溃烂、肺部炎症等。当浓度超过 10×10^{-6} 时，会立即引起严重不适。长期处于这样的极高浓度的环境下，会导致健康受到严重影响，如引发哮喘。在所有接触者中，儿童和孕妇对甲醛尤为敏感，危害也就更大。如果儿童长期处于甲醛量高于 16×10^{-9} 的环境中，将会引起咳嗽和过敏反应；高于 50×10^{-9} 的环境将有可能引起哮喘。

据受伤害案例统计分析，当空气中甲醛浓度在 0.06～1.2mg/m^3 时，人的嗅觉有反应，儿童会发生轻微气喘；当空气中甲醛浓度在 0.01～1.9mg/m^3 时，人的眼睛有刺激反应；当空气中甲醛浓度在 0.1～3.1mg/m^3 时，人的咽喉有反应；当空气中甲醛浓度在 5.0～6.2mg/m^3 时，人的眼睛有流泪反应；当空气中甲醛浓度在 12～25mg/m^3 时，人的眼睛有强烈流泪反应，可引起恶心呕吐，咳嗽胸闷，气喘甚至肺水肿；当空气中甲醛浓度在 37～60mg/m^3 时，会危及人的生命，如发生水肿、炎症、肺炎；当空气中甲醛浓度在 60～125mg/m^3 时，人会死亡。

甲醛在众多产品的制造和合成中有悠久的应用历史，广泛用于各种家用产品，主要来源于木制品、家具产品、建筑材料和装修中。各种人造板材（刨花板、纤维板、胶合板等）中使用了大量胶黏剂，新式家具的制作，墙面、地面的装饰铺设，都要使用胶黏剂。凡是大量使用胶黏剂的地方，总会有甲醛释放。某些化纤地毯、油漆涂料也含有一定量的甲醛。在木材工业上，甲醛常用于各类人造板、尿醛树脂、胶黏剂、涂料、清洁剂、杀虫剂、皮革鞣剂、木材防腐剂印刷油墨、纸张、纺织纤维等。

作为室内装饰装修材料和家具的主要材料的各类人造板，由于要用到大量胶黏剂，而胶黏剂之一的脲醛树脂因其价格低廉、使用方便和胶合性能良好而被作为主要胶黏剂来使用。但是，使用脲醛树脂作胶黏剂，又会长期产生释放甲醛气体，这是因为生产脲醛树脂的原料，尿素和甲醛之间的反应十分复杂，受 pH 值、反应温度和时间、尿素和甲醛的摩尔比等因素影响，摩尔比一般在 1～1.8 间，当摩尔比越大，人造板的胶合强度和抗水性能越好，但甲醛含量也越大。这是一个矛盾的问题，人造板的性能指标与甲醛含量是个矛盾体，相互影响而不能非此即彼。由于家居材料中的甲醛释放期长达 3～15 年，遇热遇潮就会从材料深层挥发出来，严重污染环境，已成为难以解决的世界性难题，它对人类健康的危害已经成为当今社会最受关注的热点问题。因此，甲醛释放及其危害会在室内装饰装修材料和家具材料中长期存在，很难有根本性的改变，我们要尽可能地想办法降低它、减少它，以减少对人的危害。

甲醛清除的方法和原理有很多，人们普遍使用的方法是通过绿色植物、活性炭材料、纳米材料来吸收，或者在室内空气中喷洒甲醛清除剂和甲醛捕捉剂，或者使用一些能够立即清除甲醛异味的制剂，或者开窗通风来减少室内甲醛浓度。

还有是直接对家具表面采用封闭原理，强化封闭不让甲醛释放出来。但这些方法并不能从根本上清除甲醛，只能是减少释放。

2.3.2.2 挥发性有机化合物 VOCs（volatile organic compounds）

定义：世界卫生组织（WHO，1989）对总挥发性有机物（total valatile organic compounds，TVOC）的定义为：熔点低于室温，而沸点在 50～260℃之间的挥发性有机物的总称。在我国的国家标准 GB/T 18883—2002《室内空气质量标准》中对总挥发性有机化合物（TVOC）的定义是：利用 Tenax GC 和 Tenax TA 采样，非极性色谱柱（极性指数小于 10）进行分析，保留时间在正己烷和正十六烷之间的挥发性有机化合物。

TVOC 是总挥发性有机化合物的英文缩写，其组成成分复杂，按其化学结构，TVOC 主要分为八类：烷类、芳烃类、烯类、卤烃类、酯类、醛类、酮类和其他。造成室内空气污染的有害气体氨、苯、甲苯、二甲苯等都属于 TVOC 范畴。

室内环境中的挥发性有机物主要来自于建筑材料、家具、皮制品、清洁剂、油漆、涂料、黏合剂、化妆品和洗涤剂等，此外，吸烟和烹饪过程中也会产生一些挥发性有机物。家具作为家居、办公和公共场所中必备之物，一直与人类生活息息相关。因此，家具和室内装修材料引起了人们对室内环境安全问题的关注和不安。从消费品和商业产品（如家具、木制品）制造和使用过程中释放的挥发性有机物 VOC，不仅直接污染空气，伤害人类身体健康，而且还可以导致光化学烟雾、对植物生物造成伤害、给人类健康安全带来多方面的严重风险。

TVOC 在常温下可以蒸发的形式存在于空气中，它的毒性、刺激性、致癌性和特殊的气味性，会影响皮肤和黏膜，对人体产生急性损害。TVOC 能引起机体免疫水平失调，影响中枢神经系统功能，出现头晕、头痛、嗜睡、无力、胸闷等自觉症状；还可能影响消化系统，出现食欲不振、恶心等，严重时可损伤肝脏和造血系统，出现变态反应等。某些个别挥发性有机物可能会增加患上癌症的风险，对皮肤、黏膜和呼吸道产生刺激作用，引起呼吸困难、皮肤过敏、鼻炎、眼睛发炎、恶心，长期接触更会导致如心脏病，哮喘及肝脏、肾脏、肺和中枢神经系统受损，甚至有些 VOC 如苯、二甲苯、二氯甲烷等会致癌。

另外，挥发性有机物在阳光作用下与大气中的氮氧物、硫化物发生化学反应，生成毒性更大的二次污染物光化学烟雾，光化学分解产物像对流层的臭氧空洞一样会在全球几个人口密集的区域导致危险。

特别指出的是儿童比成年人更容易受室内空气污染的危害，儿童的身体正在成长中，呼吸量按体重比成人高 30%，而且儿童在室内活动时间达 80%以上，因此，由家具带来的室内空气质量问题引起人们的高度的重视。

为规范这些健康威胁，在欧洲、美国及其各州的立法机关都出台了多个特殊消费品和商业产品中挥发性有机物含量的限制强制性法规，如美国环保署联邦法规 EPA 40 CFR 第 9、59 和 63 部分对消费品中的 VOC 有严格限制要求，美国加州制定了比联邦法规更加严厉的 VOC 限制要求，加拿大政府也引进和采用了与美国相类似的 VOC 法规，欧洲的 2004/42/EC、1999/13/EC 等指令规定了消费品中 VOC 的限量要求。2001 年 11 月国家发布强制性标准 GB 50325—2001《民用建筑工程室内环境污染控制规范》和 GB/T 18883—2002《室内空气质量标准》对室内存在的甲醛、苯、甲苯、氨、TVOC、氡气等做出明确控制要求。

世界卫生组织（WHO）在《就对室内空气污染物的关注所达成的共识》报告中列出了常见的挥发性有机物（见表 2-8）。

表 2-8 WHO 公布的室内空气中常见的挥发性有机物

污染物	来源
甲醛	杀虫剂、压板制成品、尿素-甲醛泡沫绝缘材料(UFFI)、硬木夹板、胶黏剂、粒子板、层压制品、油漆、塑料、地毯、软塑家具套、石膏板、接合化合物、天花瓦及壁板、非乳胶嵌缝化合物、酸固化木涂层、木制壁板、塑料/三聚氰胺壁板、乙烯基(塑料)地砖、镶木地板
苯	室内燃烧烟草的烟雾、溶剂、油漆、染色剂、清漆、图文传真机、电脑终端机及打印机、接合化合物、乳胶嵌缝剂、水基胶黏剂、木制壁板、地毯、地砖胶黏剂、污点/纺织品清洗剂、聚苯乙烯泡沫塑料、塑料、合成纤维
四氯化碳	溶剂、制冷剂、喷雾剂、灭火器、油脂溶剂
三氯乙烯	溶剂、经干洗布料、软塑家具套、油墨、油漆、亮漆、清漆、胶黏剂、图文传真机、电脑终端机及打印机、打字机改错液、油漆清除剂、污点清除剂
四氯乙烯	经干洗布料、软塑家具套、污点/纺织品清洗剂、图文传真机、电脑终端机及打印机
氯仿($CHCl_3$)	溶剂、染料、除害剂、图文传真机、电脑终端机及打印机、软塑家具垫子、氯仿水
二氯苯	除臭剂、防霉剂、空气清新剂/除臭剂、抽水马桶及废物箱除臭剂、除虫丸及除虫片
乙苯	与苯乙烯相关的制成品、合成聚合物、溶剂、图文传真机、电脑终端机及打印机、聚氨酯、家具抛光剂、接合化合物、乳胶及非乳胶嵌缝化合物、地砖胶黏剂、地毯胶黏剂、亮漆硬木镶木地板
甲苯	溶剂、香水、洗涤剂、染料、水基胶黏剂、封边剂、模塑胶带、墙纸、接合化合物、硅酸盐薄板、乙烯基(塑料)涂层墙纸、嵌缝化合物、油漆、地毯、压木装饰、乙烯基(塑料)地砖、油漆(乳胶及溶剂基)、地毯胶黏剂、油脂溶剂
二甲苯	溶剂、染料、杀虫剂、聚酯纤维、胶黏剂、接合化合物、墙纸、嵌缝化合物、清漆、树脂及陶瓷漆、地毯、湿处理影印机、压板制成品、石膏板、水基胶黏剂、油脂溶剂、油漆、地毯胶黏剂、乙烯基(塑料)地砖、聚氨酯涂层

（1）苯

苯英文名称：benzene；CAS No.：71-43-2；分子式：C_6H_6；分子量：78.11；沸点为 80.1℃，常温下即可挥发、形成苯蒸气，温度愈高，挥发量愈大。它是一种碳氢化合物，也是最简单的芳烃。它是无色透明、有芳香味、易挥发的有毒液体，是煤焦油蒸馏或石油裂化的产物，是一种石油化工基本原料，本身也可作为有机溶剂。它难溶于水，易溶于醇、醚、丙酮等多数有机溶剂。

主要用途：用作溶剂及合成苯的衍生物、香料、染料、塑料、医药、炸药、橡胶等。

来源：苯主要来自建筑装饰材料中和某些产品（如鞋、皮革制品、家具等）的生产过程中使用的大量化工原料，如油漆、涂料、填料及各种有机溶剂：

① 油漆　苯、甲苯、二甲苯是油漆中不可缺少的溶剂。

② 各种油漆涂料的添加剂和稀释剂　比如天那水，主要成分都是苯、甲苯，二甲苯。

③ 各种胶黏剂　特别是溶剂型胶黏剂，其使用的溶剂多数为甲苯，其中含有30%以上的苯。如一些家庭购买的沙发、衣柜等释放出大量的苯，主要原因是在生产中使用了含苯高的胶黏剂。

④ 涂料　涂料中含有大量苯。

苯被界定为第一类致癌物质，致诱变以及毒性物质接触和呼吸都存在风险。空气中低浓度的苯经呼吸道吸入或直接皮肤接触苯及其混合物均可造成苯中毒。职业活动中，苯主要以蒸气形态经呼吸道进入人体，短时间吸入高浓度苯蒸气和长期吸入低浓度苯蒸气均可引起工人身体损害。短时间大量吸入可造成急性轻度中毒，表现为头痛、头晕、咳嗽、胸闷、兴奋等。严重者可发展为重度急性中毒，病人神志模糊、血压下降、肌肉震颤、呼吸加快、脉搏快而弱等症状，严重者也可因呼吸中枢麻痹死亡。

长期低浓度接触苯可发生慢性中毒，症状逐渐出现，以血液系统和神经衰弱症候群为主，表现为血白细胞、血小板和红细胞减少、头晕、头痛、记忆力下降、失眠等。严重者可发生再生障碍性贫血，甚至白血病、死亡。

近年我国职业性苯中毒事故多发生在家具、制鞋、箱包、玩具等行业，多由含苯的胶黏剂、天那水、清洁剂、油漆等引起。职业性急性苯中毒是劳动者在职业活动中，短期内吸入大剂量苯蒸气所引起的以中枢神经系统抑制为主要表现的全身性疾病；职业性慢性苯中毒是指劳动者在职业活动中较长时期接触苯蒸气引起的以造血系统损害为主要表现的全身性疾病。

因此，用不含苯的原料取代含苯的原料是预防苯中毒的关键。有苯的作业现场防护以加强通风排气和职工个人防护为主，工人可配戴送风式防毒面具或防毒口罩。血液系统疾患、肝肾疾病以及哮喘患者均不宜从事苯作业。

（2）甲苯

甲苯（toluene）、二甲苯属于苯的同系物，苯系物常可用作化学试剂、水溶剂或稀释剂，在工业生产中、家具制造业等行业均广泛使用。甲苯是第三类生殖毒性物质，风险为R63的有害物质。会明显释放出刺激性的、有毒的多环芳烃，对皮肤和眼睛有刺激性。

化学品限制令76/769/EEC指令要求苯和甲苯在消费品中的含量不可以超过0.1%。

2.3.2.3　重金属

重金属（heavy metals）是指密度大于5.0g/cm^{3}的金属元素，包括铁、锰、铜、锌、镉、铅、汞、铬、镍、钼、钴等。砷是一种准金属元素，但由于其化学性质和环境行为与重金属有相似之处，通常也归并于重金属的研究范围。从化学元素同期表中来看，系指原子序数大于20的过渡族元素都称为重金属。从环境污染方面所说，重金属主要是指Hg、Cd、Pb、Cr以及类金属砷（As）等生物毒性显著的元素，也包括具有一定毒性的如Zn、Cu、Co、Ni、Mn、Sn、Mo等一般元素。

重金属不能被微生物降解为无害物，它们在水体、土壤中富集起来，造成环境污染，最终危害人类身体健康。

重金属污染的特点是：

① 重金属的价态不同，其活性与毒性不同，其形态又随pH和氧化还原条件而转化。

生物从环境中摄取重金属可以经过食物链的生物放大作用，在较高级生物体内成千万倍地富集起来，然后通过食物进入人体，在人体的某些器官中积蓄起来造成慢性中毒，危害人体健康。

② 水体中的某些重金属可在微生物作用下转化为毒性更强的金属化合物。

③ 在其危害环境方面的特点是：重金属达到微量浓度即可产生毒性（一般为1～10mg/L，汞、镉为0.01～0.001mg/L）。

从环保和卫生的角度上习惯将具有毒性的金属元素称为重金属元素。由于木制品、家具中的原材料或助剂中、或原料受到污染（工艺污染）而造成可能含有重金属，如各种油漆涂料、色粉、颜料、稳定剂、防腐剂、催化剂、阻燃剂、皮革鞣制剂、着色剂等材料中可能有Pb、Hg、Sb、Cr、Cd等重金属元素。

(1) 重金属铅

铅（lead，Pb）是一种具有毒性的金属，广泛用于多种产品与材料中，包括油漆、聚乙烯百叶窗、管子、含铅水晶、餐具及陶瓷。铅是对人体危害极大的一种重金属，它对神经系统、骨骼造血功能、消化系统、男性生殖系统等均有危害。特别是大脑处于神经系统敏感期的儿童，对铅有特殊的敏感性。一般认为血铅的相对安全标准不应超过10～14μg/L；长期接触铅化合物或吸入金属铅尘埃，都会引起不同程度的“铅中毒”病症（血清中铅浓度大于40μg/L）；根据研究，儿童的智力低下发病率随铅污染程度的加大而升高。儿童体内血铅每上升10mg/100mL，儿童智力则下降6～8分。为此，美国把普遍认为对儿童产生中毒的血铅含量下限由0.25μg/mL下降到0.1μg/mL。世界卫生组织对水中铅的控制线已降到0.01μg/mL。我国食品重金属残留量限量国家标准规定铅含量最高（豆类）为0.8mg/kg。铅及其化合物通过各种渠道混入食物和空气中，进入人体呼吸道和消化道后，经过一系列的化学反应，成为干扰人体内分泌的一种力量，致使内分泌失调，表现在：对人体生殖系统产生直接的毒害作用，使女性月经紊乱、流产、早产、死胎，对男性损害或干扰精子的正常产生、性功能减退、不育或产生变异；对人体神经系统有直接毒害作用，造成心理损伤、智力损伤、感觉损伤和神经肌肉损伤；铅对人体骨骼系统、免疫系统、心血管系统、泌尿系统和造血系统等都有直接损害。

铅对婴幼儿和儿童的损害严重性更是各国学者研究的重点。因为铅中毒对六岁以下的儿童特别容易造成伤害。铅中毒会造成如下危害：损坏大脑、肝脏与肾脏；发育减慢；学习与行为方面发生问题；智力（或智商）降低；丧失听力；坐立不安。

① 铅中毒症状　除非血铅水平非常高，大多数铅中毒的儿童并不显示明显的症状；因此，很多铅中毒的儿童得不到诊断与治疗。有些中毒的症状是：头痛；胃痛；恶心；疲倦；易怒。由于铅中毒的症状与流感或病毒感染的症状相似，了解某个孩子是否中毒的唯一方法是让医生对其进行简单的验血。验血：检测铅中毒的唯一方法是进行简单的验血。六个月至两岁小孩的身体对铅的吸收能力更强；因此，化验对他们的健康来说越来越重要。

② 铅的主要来源

a. 旧的油漆　含铅油漆往往存在于1978年以前建造的旧房子里。如果这些油漆已剥落、龟裂或粉化，就变得不安全了。由于婴儿和小孩常把手和其他东西放进嘴里，他们可能会吞下铅灰或咀嚼漆片。

b. 铅灰　当门窗、楼梯边缘、护栏或其他带有含铅油漆的表面由于不断摩擦而磨损时（如门窗的开与关），有害而无形的铅灰就产生了。儿童往往由于把手放到嘴里摄入铅灰而中毒。在铅灰含量高的空气中呼吸的孕妇会把铅传给自己的胎儿，造成严重的危害。注意：当墙壁或其他带有油漆的表面被砂纸磨光、被刮拭或拆卸时，铅灰容易散播在整个屋子里。只有经过培训的专业人士才可以在房屋内把旧的油漆表面安全地除去。

c. 土壤　对屋外含铅油漆的削刮会使房屋周围的土壤受到污染。小孩在屋外（特别是在裸露的泥地上）玩耍时，可能会意外地吞入污染了的土壤或者在室内的地毯与地板上留下带泥的足迹，然后与泥迹接触。

d. 饮用水　1930年前安装在家里的铅管可能会含铅；当水通过这些旧管子时铅会进入饮用水里。非铅中毒的儿童与铅接触总量的10%～20%来自于饮用水。

e. 食物　铅会依附在食品与饮料中，而食品与饮料往往被储存在进口的瓷器与陶器中。

f. 在工作场所与铅接触　父母在与铅有关的行业工作（如油漆、汽车或回收等行业）或父母把铅用于自己的喜好中（如用于有色玻璃窗）。

g. 家庭用药　化妆品，如眼影与眼影油。

③ 防止铅中毒的措施　由于对铅中毒的治疗方案有限，最好在铅中毒发生前就加以防止。铅中毒可以用适当方式防止：

a. 营养　给孩子吃的食物要含铁量高（如蛋、熟的大豆或者红色肉类）、含钙量高（如奶酪、酸奶或熟的绿叶菜类）、维生素C成分高（如柑橘果类、青椒或西红柿）。充足地摄入此类养分可以最大限度地减少儿童身体对铅的吸收。

b.生活习惯　教孩子们养成健康的生活习惯，如吃饭、睡觉、前要洗手；脱鞋子；孩子的玩具或其他可咀嚼的东西表面要洗净；购买无铅百叶窗；用水拖地板及表面，然后再擦干地板与表面。请一位有证书的专业人员把家里的铅源安全地清除出去。家里装修时，孩子与孕妇不能待在家里。

个人保健：养成良好的卫生习惯，经常洗手并给孩子洗手，特别在吃饭与睡觉前要这样。

（2）重金属镍、镉

欧盟94/27/EC指令，限制长期与人体皮肤接触的物品中含有镍。根据相关的研究表明，金属镍的毒性小，吞入大量的镍也不会产生急性中毒，而由粪便排出。但经常接触镍制品会引起皮肤炎，如有些妇女戴镀镍的耳环，2～6周后耳垂可出现湿疹；戴镍制手表的皮肤开始出现痒和痛，继之会发生红斑。吸入金属镍的粉尘易导致呼吸器官障碍，肺泡肥大。镍盐的毒性强，镍与人体皮肤产生过敏反应。家具、鞋类产品的金属附件中如五金把手、鞋扣、拉链、装饰品可能会析出镍，欧盟指令的限量是0.5$\mu g/(cm^2 \cdot$周)。

镉是一种灰白色金属，不溶于水，密度8.64g/cm^3，熔点331.03℃，沸点767℃。金属镉毒性很低，但其化合物毒性很大。镉会破坏神经系统，食入会引起急性肠胃炎；过量食入会堆积在肾脏，造成肾小管损伤，出现糖尿病，直至肾衰竭。慢性的镉中毒可能导致人类患前列腺癌及肾癌，动物患肺癌、睾丸癌；引起血压升高，出现心血管病；镉积累会使全身骨头酸痛，镉中毒会加速骨骼的钙质流失，引发骨折或变形，患者全身酸痛；到目前为止尚无特效的方法治疗镉中毒。人体的镉中毒主要是通过消化道与呼吸道摄取被镉污染的水、食物、空气而引起的。镉在人体的积蓄作用，潜伏期可长达10～30年。

据报道，当水中镉超过0.2mg/L时，居民长期饮水和从食物中摄取含镉物质，可引起“骨痛病”。动物实验表明，小白鼠最少致死量为50mg/kg，进入人体和温血动物的镉，主要累积在肝、肾、胰腺、甲状腺和骨骼中，使肾脏器官等发生病变，并影响人的正常活动，造成贫血、高血压、神经痛、骨质松软、肾炎和分泌失调等病症。急性中毒以呼吸系统损害为主要表现；慢性中毒引起以肾小管病变为主的肾脏损害，亦可引起其他器官的改变。

镉可能存在于油漆涂料着色颜料中、鞋类产品中作为PVC的稳定剂，如主要存在于塑料鞋底、配件、皮革涂层等。欧盟91/338/EEC指令规定的镉限量是100mg/kg。预防职业性镉中毒，关键是避免直接接触镉化合物。车间需加强管理，避免镉污染作业环境，加强通风排尘和个人防护设施。

（3）铬与六价铬（Cr^{6+}）

铬及其化合物会对人体的皮肤、呼吸道、眼、胃肠道等造成损伤。铬还具有致突变性和潜在致癌性，六价铬是国际抗癌研究中心公布的致癌物，具有明显的致癌作用。

铬化合物主要有二价、三价和六价化合物。所有铬的化合物都有毒性，其中六价铬毒性最大，三价次之，二价毒性最小，六价铬的毒性比三价铬几乎大100倍。六价铬很容易被人体吸收的，它可通过消化、呼吸道、皮肤及黏膜侵入人体。研究表明，通过呼吸空气中含有不同浓度的铬酸酐时有不同程度的沙哑、鼻黏膜萎缩，严重时还可使鼻中隔穿孔和支气管扩张等。经消化道侵入时可引起呕吐、腹疼。经皮肤侵入时会产生皮炎和湿疹。六价铬（Cr^{6+}）常用于染料、黏合剂，电镀作为化合合成的触媒，以往常用于皮革印染、鞋的胶黏合成等制鞋原料和工艺中，皮肤与表面含有六价铬的物件接触会引起皮肤和黏膜溃疡，引起支气管炎、肾病和肺癌等疾病。铬的化合物常以溶液、粉尘或蒸气的形式污染环境，危害人体健康。铬可通过消化道、呼吸道、皮肤和黏膜侵入人体，对人体的毒害为全身性的，对皮肤黏膜具有刺激作用，可引起皮炎、湿疹，气管炎和鼻炎，并有致癌作用，如六价铬化合物可以诱发肺癌和鼻咽癌。皮革中残留的六价铬，可以通过皮肤、呼吸道吸收，引起胃道及肝、肾功能损害，还可能伤及眼部，出现视网膜出血、视神经萎缩等。德国食品和日用商品法规定不得含有六价铬，1996年德国公布的German § 30 of the Food and Commodities Law法令规定在纺织品和皮革等日用消费品中，六价铬的含量不能超过3mg/kg；国际皮革工艺师和化学师协会联合化学分析委员会IUC18规定按CEN/TS14495规定的检测方法检测时，皮革中六价铬（Cr^{6+}）的含量不能大于10mg/kg。目前的检测方法标准有（BS、EN、DIN）ISO 17075：2007，检测限为3mg/kg；CEN/TS 14495：2003，检测限为10mg/kg。

（4）重金属汞

① 慢性汞中毒

a. 神经衰弱症候群：头昏、头痛、失眠、多梦，记忆力明显减退，全身乏力等；易兴奋症：表现为局促不安、忧郁、害羞、胆怯、易激动、厌烦、急躁、恐惧、丧失自信心、注意力不集中、思维紊乱，甚至出现幻觉、幻视、幻听，哭笑无常等。

b. 植物神经功能紊乱：心悸、多汗、血压不稳、脸红，性欲减退、阳痿，月经失调等。

c. 口腔炎及消化道症状：口腔内金属味、齿龈可有深蓝色的汞线、流口水、口渴、齿龈充血、肿胀、溢脓、溃疡、疼痛、牙齿松动易脱落，恶心、食欲不振、嗳气、腹泻或便秘。

d. 汞毒性震颤：手指、舌、眼睑震颤，多为意向性，当注意力集中和精神紧张时震颤加重，难以完成精细动作；重症者可出现粗大震颤；语言不灵活，出现口吃，甚至饮食和行走困难。

e. 其他：少数病人可有蛋白尿、管型、全身浮肿等肾脏损害，有的病人可有鼻炎、上呼吸道炎表现；少数病人眼晶状体出现“汞性”晶体炎；亦有末梢神经炎表现，如手套、袜套样感觉减退或过敏等。

② 急性汞中毒

a. 全身症状为头痛、头晕、乏力、低度发热，睡眠障碍，情绪激动，易兴奋等。

b. 呼吸道症状表现为胸闷、胸痛、气促、剧烈咳嗽、咳痰、呼吸困难。

c. 口腔炎可在早期出现，有流涎、口渴、齿龈红肿、疼痛，在齿缘可见“汞线”，口腔黏膜肿胀、糜烂、溃疡，牙齿松动、脱落。

d. 胃肠道症状为恶心、呕吐、食欲不振、腹痛，有时出现腹泻，水样便或大便带血。

e. 汞对肾脏损伤，可造成肾小管上皮细胞坏死；出现浮肿、腰痛，尿少、甚至尿闭；尿蛋白阳性，尿中有红细胞、脱落上皮细胞等；尿汞明显增高。

f. 少数病人可出现皮炎，如红色丘疹，水疱疹，重疹者形成脓疱或糜烂。

2.3.2.4 禁限用木材防腐剂

木材防腐处理是木材表面涂层或在压力下灌注化学药剂，以达到提高木材抵御腐蚀和虫害的能力和提高使用寿命、节约木材资源的目的。木材防腐剂（五氯苯酚、砷、杂酚油等）一般分为熏剂型（如氨水、硫磺等）、焦油型（如杂酚油类）、油溶型（如五氯苯酚）和水溶型（如含铜、铬、砷的防腐剂简称CCA、硼化物、百菌清等）防腐剂，以及目前开始使用的复合型防腐剂。但其中有些药剂对环境有污染和不安全问题，有毒防腐剂通过生物浓缩和食物链，药剂在生物体内残留较高，这种微量积累可造成慢性毒害，对生态造成了污染、对人类的安全构成了威胁，因此木材防腐剂必须有严格的规范于受控条件下使用。为此，各国都十分重视木材保护工作和防腐剂使用的安全性问题，并纷纷制定各种法规、标准对防腐剂的生产使用加以严格限制，如五氯酚在大多数国家已被禁止使用，杂酚油类因含有致癌性的多环芳烃而已趋于淘汰，CCA由于含砷，美欧已颁布法规于2004年禁止在民用场合使用，美国制定了木材防腐的政策法规，并对木材防腐剂及不同木材、不同使用情况下的防腐剂的使用及保留量进行了详细的规范；欧盟、日本、对木材防腐剂也有严格规定：如对混合防腐油或五氯酚不得用于室内能与人或动物直接接触的结构，并不得用于储存食品或能与饮用水接触的结构。伴随着防腐处理，木材在建筑、海港、铁路、家具等行业发挥积极作用的同时，毫无疑问，含有毒防腐木材的大量使用也给生态环境和人体健康带来了高风险。

(1) 五氯苯酚

五氯苯酚（pentachlorophenol，PCP）也称为五氯酚，熔点187～189℃，沸点310℃，相对密度1.978，溶解度0.008，具高挥发性。五氯苯酚是一种防腐剂，它能阻止真菌的生长、抑制细菌的腐蚀作用，20 世纪 90 年代以前曾被广泛应用。

吸入或经皮肤吸收可引起头痛、疲倦、眼睛、黏膜及皮肤的刺激症状、神经痛、多汗、呼吸困难、发绀、肝、肾损害等，有因发生严重血小板减少性紫癜而致死亡的病理报告。由于残留在木材或皮革中的五氯苯酚在存放过程中有可能转变为对人体有害的二噁英，二噁英对生物、人体有高毒性，对机体、新陈代谢有严重危害，引起皮肤过敏、呼吸道疾病、中毒、重者致癌。因而很多国家禁止使用五氯苯酚，欧盟 2002/234/EC 指令规定其含量不得超过 5×10^{-6}，还有个别欧盟国家（如瑞士）规定为不超过 10×10^{-6}。

（2）杂酚油

杂酚油（creosote oil）属于危险物质（根据欧盟指令 67/548/EEC、化学品限制法令 76/769/EEC），属于第二类致癌物质，就其短期毒性而言，对眼睛、皮肤以及呼吸道都有刺激作用。欧盟指令对防腐剂杂酚油中的苯并［*a*］芘（简称 B[*a*]P）残留量有严格限制。苯并［*a*］芘是由 5 个苯环构成，是人类已知的一种强致癌物，对女性和男性生殖系统有明显的负作用。

（3）砷

砷（arsenic，As）在自然界分布很广，动物肌体、植物中都可以含有微量的砷，海产品也含有微量的砷。由于含砷农药、防腐剂的广泛使用，砷对环境的污染问题愈发严重，如以砷化合物作为饲料添加剂，过量添加至牲畜食用的饲料中，就易使牲畜体内积砷，食用了这种牲畜的肉制品后，就容易造成中毒。砷不仅具有遗传性，还是一种致癌物质，而致癌物质的影响是没有界限的。砷的化合物均有剧毒。三氧化二砷（As_2O_3）化合物就是人们熟悉的剧毒物“砒霜”。砷及其化合物可由呼吸道、消化道及皮肤吸收而进入人体。砷化物多经消化道进入人体，引起全身中毒症状，一般为四肢无力、腿反射迟钝、肌肉萎缩、皮肤角质化、黑色素沉积并出现食欲不振、消化不良、呕吐、腹泻等。急性中毒症状为咽干、口渴、流涎、持续性呕吐、腹泻、剧烈头痛、四肢痉挛等，可因心力衰竭或闭尿而死。吸入砷化氢蒸气可发生黄疸、肝硬变，肝、脾肿大等，皮肤接触可触发皮炎、湿疹，严重者可出现溃疡。

2.3.2.5 含溴阻燃剂

欧洲议会和欧盟委员会 2003/11/EC 指令规定全面禁用五溴联苯醚（$C_{12}H_5Br_5O$）和八溴联苯醚（$C_{12}H_2Br_8O$）两种阻燃剂。这两种阻燃剂常用于玩具、家具布和各种床上用品及室内装饰织物。该指令规定，禁止使用和销售五溴联苯醚或八溴联苯醚含量超过 0.1％的物质或制剂。同时，任何产品中若含有含量超过 0.1％的上述两种物质也不得使用或在市场上销售。该指令要求所有成员国在 2004 年 2 月 15 日前将此禁令转化成本国的法律、法规或行政命令，并且最迟不晚于 2004 年 8 月 15 日付诸实施。

多年来，制造商一直使用多溴联苯醚阻燃剂（PBDE）来降低日用品的易燃性，包括电子产品的外壳、地毯垫以及装有软垫的家具产品的泡沫垫等。产品中通常使用的多溴联苯醚阻燃剂是十溴联苯醚、八溴联苯醚和五溴联苯醚。虽然这些耐燃产品挽救了不少生命，防止了财产的损失，但是溴化阻燃剂（BFR），尤其是各种多溴联苯醚阻燃剂对环境和健康的影响也受到越来越多的关注。长期与含有含溴和含氯阻燃剂的材料（如软体家具中面料、填充料：纺织品、皮革、海绵、泡沫等）接触，会对人体产生危害，会影响人体的内分泌系统及胎儿的生长：如免疫系统功能的恶化、生殖系统障碍、甲状腺功能不足、记忆力丧失等。当含有这些阻燃剂的材料时，可能会产生溴化二苯二噁英或呋喃（PBDD/F），这些产物已被认为是强致癌物质，并可造成严重的水、土、空气污染。

在溴化阻燃剂的整个生命周期中存在多种进入环境的可能途径。生产溴化阻燃剂的工业设备和将溴化阻燃剂掺入消费品中的制造设备会在聚合物的形成、加工或制造过程中释放出此类化合物。泡沫产品的分解、挥发、洗烫或使用时产品的滤除都会释放出溴化阻燃剂。最后，产品的处置，包括废品的燃烧和回收，以及掩埋的垃圾的释放等，是溴化阻燃剂进入环境的最终途径。

2.3.2.6 有机锡化合物

有机锡化合物（如 TBT、TPT、TBTO 等）常被作为杀虫剂、稳定剂、防污剂使用，如被用作聚氯乙烯 PVC 的稳定剂，工业催化剂、农药、木材防腐剂、船底涂料防止海洋生物的生长和腐蚀。但有机锡化合物对生物、人体有很大的毒性，破坏人体淋巴细胞、致癌，可造成人体的内分泌系统紊乱；同时，有机锡化合物对环境和生物会造成危害。因此，国际上有些发达地区为确保人类身体健康安全、保护环境和生物安全，已限制使用有机锡化合物。有机锡化合物包括有三丁基锡（TBT）、二丁基锡（DBT）、单丁基锡 MBT 及三苯基锡（TPhT）等。

2.3.2.7 增塑剂

邻苯二甲酸酯类物质一般呈无色油状黏稠液体，有微弱特殊性气味，难溶于水，但易溶于有机溶剂和类酯，常温下不易挥发。广泛应用于食品包装材料、塑料制品等产品以及软塑料玩具和塑胶环和摇铃等其他婴儿产品中，增大塑料的可塑性和提高强度，是环境中常见的有机污染物之一。邻苯二甲酸二辛酯（DEHP）、邻苯二甲酸二丁酯（DBP）、邻苯二甲酸丁苄酯（BBP）、邻苯二甲酸二异壬酯（DINP）、邻苯二甲酸二异癸酯（DIDP）及邻苯二甲酸二正辛酯（DnOP）等邻苯二甲酸酯，其浓度超过 0.1%时为禁用。此类邻苯二甲酸酯对人类身体健康有很大危害，它们会干扰动物和人体正常内分泌功能，引起男性精子量减少、生殖器官畸形，女性不孕不育，可致癌。因此，欧盟指令、美国消费品安全法修正案等都对邻苯二甲酸酯类有严格的限制。

2.3.2.8 富马酸二甲酯（DMF）

富马酸二甲酯（dimethylfumarate，简称 DMF）具有很强的广谱杀菌效果，能抑制 30 多种常见的细菌、酵母菌及霉菌，被广泛用于皮革、鞋类、纺织品、竹木制品等的杀菌及防霉处理。如果超量使用富马酸二甲酯（DMF），可能引起消费者皮肤过敏、皮疹或灼伤疼痛。该决定的实施将影响皮革、鞋类、纺织品、竹木制品等产品出口欧盟。

富马酸二甲酯被当作一种防霉剂用来杀死可能导致家具或皮鞋在储运过程中老化的霉菌。这种物质可以装在一个小袋里，然后放置于家具和鞋类的盒子里。该物质能挥发然后浸入皮革，防止其遭受霉菌的侵蚀。富马酸二甲酯能穿过消费者的服饰直达皮肤表面，引起皮肤炎症。

2008 年，法国、芬兰、波兰、瑞典和英国等国家的很多消费者由于使用了含有富马酸二甲酯的产品而致病，如皮肤瘙痒、过敏、发炎、灼热感和严重呼吸困难。

2009 年 1 月 29 日，欧盟成员国投票支持禁止在消费品中使用能作为防霉剂和杀虫剂的富马酸二甲酯。如果这些产品已流入市场，必须立即召回，撤出市场。2009 年 3 月 17 日，欧盟委员会通过了《要求各成员国保证不将含有生物杀灭剂富马酸二甲酯（DMF）的产品投放市场或销售该产品的决定》（2009/251/EC），要求自 2009 年 5 月 1 日起，欧盟各成员国禁止将 DMF 含量超过 0.1×10^{-6} 的消费品投放或在市场上销售，已投放市场或在市场上销售的含有 DMF 的产品应从市场上和消费者处回收。该决定的有效期截至 2010 年 3 月 17 日。该禁令旨在消除慢性健康威胁，尤其是过敏反应；有些消费者在接触这种物质后便会产生过敏反应。该禁令适用于所有欧盟国家。

其实早在欧盟层面禁止 DMF 之前，一些成员国就意识到 DMF 对人体健康的危害，并颁布禁令。法国于 2008 年 12 月禁止在座椅和鞋类中使用 DMF，禁令有效期为一年；比利时于 2009 年 1 月禁止在所有产品中使用 DMF；西班牙于 2009 年 1 月禁止所有与皮肤接触的消费品中使用 DMF。

此次欧盟颁布的 DMF 禁令是依据通用产品安全指令（2001/95/EC，GPSD）的第 13 条：委员会在意识到特定产品造成严重危险，在同成员国商议之后，可批准紧急措施，该措施一般不超过一年，在相同程序下，还可延长不超过一年的时间。在该决定有效期截止之后，欧盟应该还会通过修订现有法规（如 98/8/EC）继续对 DMF 进行限制。

2.3.3 物理/机械安全

物理/机械安全（physical/mechanical safety）是指产品机械和几何属性以及性能的数量指标的综合，可以保证降低使用者健康受损和生命受到威胁的风险。物理安全要求主要包括设计、材料、结构、机械、使用等方面的安全，要控制和预防产品裹住、缠住、噎住、吞咽危害，以及窒息风险、跌落风险、火灾风险和与移动部件、轮子有关的风险或者与不适当的尺寸、危险的边缘和表面有关的风险，保证结构完整性，附着系统、锁定机制、锚定机制安全有效，性能稳定且有保护功能；有特定的警告、说明和产品信息。

2.3.3.1 防火阻燃安全

防火，顾名思义指防止火灾的发生。阻燃性（flame retardance），物质本身所具有的或经处理后所具有的明显推迟火焰蔓延的性质（材料所具有的减慢、终止或防止有焰燃烧的特性）。物质燃烧性可分为易燃性、阻燃性和不燃性，易燃性是指在规定的实验条件下，材料或制品进行有焰燃烧的能力；阻燃性是指材料所具有的减慢、终止或防止有焰燃烧的特性；不燃性是指在规定的实验条件下，材料不能进行有焰燃烧的能力。

（1）物质（材料）阻燃机理及作用模式

① 凝固相阻燃——阻燃剂在聚合物的表面能够形成一层炭化层；

② 气相阻燃——释出惰性气体，干扰燃烧链；

③ 物理效应——能够形成一种低热传导率的保护层。

（2）实现或增加阻燃的途径

① 以物理方法添加阻燃剂，这种方法成本较低，可以很快地实现，但容易对环境和人体造成负面影响，通常受到各国环保指令的限制。（RoHS 对溴类阻燃剂的限制：欧盟 RoHS 指令 2002/95/EC 规定在 2006 年 7 月 1 日起新投放欧盟市场的电子电气设备中的 PBB、PBDE 的最高限量为 1000×10^{-6}，2005/717/EC 的指令中十溴联苯醚可获得豁免。）

② 对材料进行阻燃改性。

③ 设计新的高聚物分子结构，使之具有本质高阻燃性，这种是最彻底的方法。而防火测试则主要指对材料防火性能的测试，一般是根据不同国家在防火领域制定的标准法规对具体材料的防火阻燃性能进行深入检测。

（3）阻燃的性能评价

① 点燃性和可燃性，即被引燃的难易程度；

② 火焰传播速度，即火焰沿材料表面的蔓延速度；

③ 耐火性，即火穿透材料构件的速度；

④ 自熄的难易程度；

⑤ 生烟性，包括生烟量、烟的释放速度及烟的组成；

⑥ 有毒气体的生成，包括气体量、释放速度及组成；

⑦ 释放速度（HRR），即材料燃烧时放出的热量和放出的速度。

在社会日益发展，防火阻燃日益重要的今天，许多产品（材料，如装饰装修材料厂、家具）需要进行防火测试。火灾风险是指产品达到一定的防火阻燃性能要求，包括成品的防火阻燃和原材料（面料和填充料）的防火阻燃。软体家具是指以木质材料、金属等为框架，用弹簧、绷带、海绵等作为承重材料，表面以皮、布、化纤面料包覆制成的家具，例如沙发、床垫、软垫椅等。软体家具中可能存在的可燃物质主要有纺织品、皮革、泡沫塑料（海绵）、木质材料等，为了达到阻燃性能要求，这些材料通常会添加阻燃剂达到防火阻燃的目的。目前许多国家/地区已制定了软体家具的防火阻燃法规、标准，如英国家具防火安全条例、加拿大《危险产品（床垫）条例》、美国联邦法案的《可燃纺织品法案》及其 16 CFR Part 1632 "Standard for the Flammability of Mattresses and Mattress Pads"《床垫和其衬垫物易燃性标准》、16 CFR Part 1633 "Standard for the Flammability (Open Flame) of Mattress Sets"《床垫和床架易燃性标准》、加州家具防火法规、中国强制性标准 GB 17927 等，都规定了软体家具的阻燃性能要求。

2.3.3.2　物理安全（结构安全）

家具产品的安全涉及多方面，正如美国联邦法案 16 CFR 1115《实质性产品危害报告》对产品缺陷的定义说明，缺陷有生产缺陷、标识缺陷、设计缺陷、安全警告或使用提示缺陷等。家具物理安全主要包括：稳定性、无伤性、强度、耐久性、警示标识等。

(1) 稳定性

家具不因地震、振动及其他外力而轻易倾倒、破坏，造成对消费者的危害。

(2) 无伤性

产品表面无凸起、锐角、危险锐利边缘及危险锐利尖端、家具中不存在危险的孔及间隙，不应对消费者造成伤害；可动部位的操作应顺畅不妨碍关闭，折叠机构不应在正常使用载荷下产生危险的挤压、剪切点；儿童家具在 1600mm 高度下不应使用玻璃，脚轮应有锁定功能，产品中的绳索长度不应大于 220mm，衣柜和抽屉不能轻易打开或破坏等。

① 边缘及尖端　产品不应有危险锐利边缘及危险锐利尖端，棱角及边缘部位应经倒圆或倒角处理。产品离地面高度 1600mm 以下位置的可接触危险外角应经倒圆处理，且倒圆半径不小于 10mm，或倒圆弧长不小于 15mm。

② 突出物　产品不应有危险突出物。如果存在危险突出物，则应用合适的方式对其加以保护。如，将末端弯曲或加上保护帽或罩以有效增加可能与皮肤接触的面积。保护帽或罩在拉力试验时不应脱落。

③ 孔及间隙　儿童家具应满足：产品刚性材料上，深度超过 10mm 的孔及间隙，其直径或间隙应小于 6mm 或大于等于 12mm；产品可接触的活动部件间的间隙应小于 5mm 或大于等于 12mm。

④ 折叠机构　除门、盖、推拉件及其五金件外，产品不应在正常使用载荷下产生危险的挤压、剪切点。如果产品存在折叠机构或支架，应有安全止动或锁定装置以防意外移动或折叠。按 7.5.4（折叠试验）测试时，产品不应折叠。

⑤ 翻门、翻板　产品中的翻门或翻板的关闭力应大于等于 8N。

⑥ 封闭式家具　当产品有不透气密闭空间（如门或盖与其他部件形成的空间），且封闭的连续空间大于 $0.03m^3$，内部尺寸均大于等于 150mm，则应满足

以下要求之一：

a.应设单个开口面积为650mm^{2}且相距至少150mm的两个不受阻碍的通风开口，或设一个将两个650mm^{2}开口及之间间隔区域扩展为一体的有等效面积的通风开口；将家具放置在地板上任意位置，且靠在房间角落的两个相交90°角的垂直面时，通风口应保持不受阻碍。通风口可装上透气性良好的网状或类似部件。

b.盖、门及类似装置不应配有自动锁定装置，按7.5.6（关闭件试验）测试时，开启力不应大于45N。

⑦ 力学性能　力学性能试验测试后，应满足以下要求：零、部件应无断裂、豁裂或脱落；应无严重影响使用功能的磨损或变形；用手揿压某些应为牢固的部件，应无永久性松动；连接部件应无松动；活动部件（门、抽屉等）开关应灵活；五金件应无明显变形、损坏或脱落；软体家具应面料无破损，无断簧，缝边无脱线，铺垫料无破损或移位；稳定性试验时，产品应无倾翻。

（3）强度

家具产品对静态载荷和动态载荷不致变形或破坏，包括了垂直载荷、水平载荷、偏心载荷、刚性、连续部位强度和垂直冲击、水平冲击、反复冲击等。

（4）耐久性

家具结构及表面状态在一定时期内的品质不能损伤而耐用，家具表面材料不因冲击或轻度划刮而产生伤痕，家具可以反复使用而不损伤消费者。

如家具行业著名的美国BIFMA标准，说明家具物理安全方面的关注点：安全性、耐久性和结构充足性。

（5）警示标识

对一些特殊用途的家具，如儿童家具，应有相应的警示标识，提醒和警示消费者注意安全。

儿童家具的警示标识示例：

① 应在使用说明中明确标示产品适用年龄，即：“3～6岁”、“3岁及以上”或“7岁及以上”。

② 如果产品需安装，应在使用说明中标示“注意！只允许成人安装，儿童勿近”警示语。

③ 如果产品有折叠或调整装置，应在产品适当位置标示“警告！小心夹伤”的警示语。

④ 如果是有升降气动杆的转椅，应在产品适当位置标示“危险！请勿频繁升降玩耍”的警示语。

以上警示语中“危险”、“警告”、“注意”等安全警示字体不小于四号黑体字，警示内容不应小于五号黑体字。

（6）特殊安全要求

① 玻璃　除在离地面高度或儿童站立面高度1600mm以上的区域外，产品

不应使用玻璃。

② 管口　管状部件外露管口端应封闭。

③ 拉脱装置　抽屉、键盘托等推拉件应有防拉脱装置，防止儿童意外拉脱造成伤害。

④ 连接件　所有高桌台及高度大于600mm的柜类产品，应提供固定产品于建筑物上的连接件，并在使用说明中明示安装使用方法。

⑤ 脚轮　除转椅外，安装有脚轮的产品应至少有2个脚轮能被锁定或至少有2个非脚轮支撑脚。

⑥ 绳索　产品中绳带、彩带或绑紧用的绳索，在(25±1)N拉力下，自由端至固定端的长度不应大于220mm。

⑦ 转椅　转椅气动杆不应自动升降或升降不顺，气动杆与其他配件应配合良好。

⑧ 材料pH值　纺织面料pH值应在4.0～7.5之间；皮革pH值应在3.5～6.0之间。

2.4 家具质量安全管理

随着国内外对家具等消费品质量和安全的重视程度的不断提升，消费者自我保护意识也不断增强，各国对消费品的安全技术要求不断提高，促使我国对家具等消费品的质量安全也提出了越来越高的要求。

日益提升的消费品安全标准对中国家具企业形成了巨大的推动力，有力地促进了我国家具产品的质量、安全水平的提高。但由于各国质量安全技术要求日益增加、不断推陈出新，国内家具企业对相关法律法规重视程度不够，或没有充分掌握相关规定，跟不上市场需求的变化，我国家具仍常有无法通过质量安全门槛，甚至频频发生中国家具产品因质量安全问题被召回的案例。

2.4.1 出口家具质量召回情况

我们对美国CPSC从2007～2011年召回中国产木制品、家具案例的召回原因进行分析，可以将产品风险类别分为窒息+伤害、伤害、化学危险（重金属超标）、火灾危险、卫生等，见表2-9。在2007～2011年CPSC召回中国产木制品、家具案例中（图2-4），伤害案例74起、窒息+伤害案例42起、化学危险（重金属超标）22起、火灾危险4起、卫生等其他案例1起。当中，因伤害（或存在伤害隐患，物理安全风险）引起召回的案例占了该产品的51.7%，造成召回产品数量有879.5万件；因窒息+伤害（或存在伤害隐患，物理安全风险）引起召回的案例占了该产品的29.4%，造成召回1038.0万件产品；重金属超标化学安全风险引起召回的案例占了家具产品案例的15.4%，召回产品数量206.1万件；

因家具产品存在防火安全风险而引起召回的案例占2.8%，召回产品数量0.9万件；因家具产品存在微生物安全风险而引起召回的案例占0.7%。同时，从召回产品数量最大的案例中，婴儿床产品因窒息、伤害等物理安全风险引起的召回产品数量最为巨大，达到923.3万件，占召回全部产品数量的43.5%，中国企业损失非常惨重。

表2-9　2007～2011年CPSC召回木制品、家具产品风险类别情况

产品风险类别（召回具体原因）	物理安全		化学安全	防火安全	微生物	总计
	伤害	窒息＋伤害	化学危险(重金属超标)	火灾危险	卫生等其他	
案例/起	74	42	22	4	1	143
召回产品数量/万件	879.5	1038.0	206.1	0.9	—	2124.5
占比/%	51.7	29.4	15.4	2.8	0.7	100

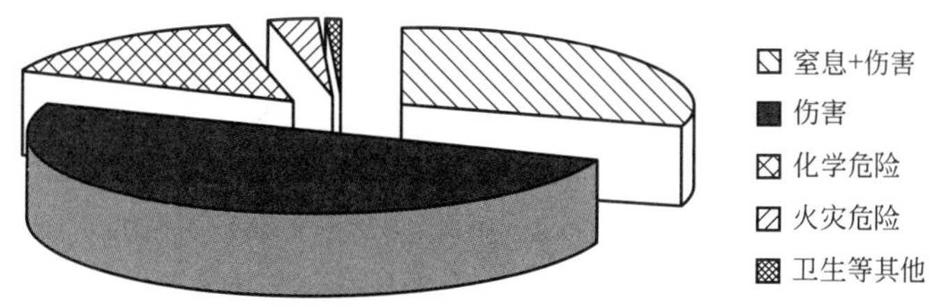

图2-4　2007～2011年CPSC召回木制品、家具产品风险类别占比情况

2.4.2　召回案例原因分析

从CPSC召回案例中来分析其直接原因，可以概括为以下几点：

（1）物理安全（窒息、伤害）案例

主要是因产品设计、结构、强度等不当容易发生产品质量、安全问题而导致容易发生婴儿窒息的危险或潜在风险。例如婴儿床的设计中有一侧的侧护栏可上下移动或分离时，这易造成侧护栏和婴儿床垫之间形成间隙，婴幼儿和初学走路的孩子可能在该间隙中被夹住、窒息的危险；某些连接件、部件易损坏或使用不当、或因设计问题可能导致床垫和床的侧边之间产生了婴儿可能滑出的间隙，这对幼儿造成了窒息和卡住的危险；木质婴儿床的板条、栏杆强度不够，可能会断裂，造成空隙，这可能对婴儿和初学走路的孩子造成夹伤和勒死的危险。

（2）化学安全（重金属超标）案例

主要是产品表面上的油漆涂料含铅量超标，违反了联邦铅涂料法规标准。产生此问题的关键是中国生产企业质量安全意识淡薄，对原材料（如油漆）的采购未能有效控制其质量，产品中使用了含有有害重金属超标的油漆涂料或颜料。

（3）防火安全（火灾危险）案例

主要是产品或其原材料未按照相关技术法规、标准要求进行防火、阻燃技术处理，造成产品易燃、存在引发火灾的危险。

现以部分出口家具召回案例说明家具安全风险问题，见表2-10。

表2-10 部分出口家具安全风险案例

出口市场	参考技术法规/标准	技术法规/标准要求	案例图片	案例说明/安全风险
美国	16 CFR 1303含铅限量法规	总铅 ≤ 90×10^{-6}		该木柜的表面油漆使用了含铅油漆，被检测出表面涂层重金属铅超过美国CPSC的含铅限量规定——16 CFR 1303法规的要求。 存在化学安全风险
芬兰	REACH法规XⅦ	不得含有被禁止的有毒化学物质如DMF ≤ 0.1mg/kg		该沙发内含有富马酸二甲酯，该物质对人体有害，会刺激皮肤，引起过敏症状，欧盟禁止将该物质用作生物灭杀剂。存在化学安全风险
美国	16 CFR 1219消费品安全法案修正案及婴儿床法规	产品及其材料必须有足够强度；婴儿床零部件之间距离有相应规定		该婴儿床的木质栏杆易断裂，所形成缝隙有致婴幼儿头部或颈部被卡住的危险。 存在物理安全风险
美国	ASTM F 404高脚椅的消费者安全规范	不得有16CFR 1501规定动作的小部件	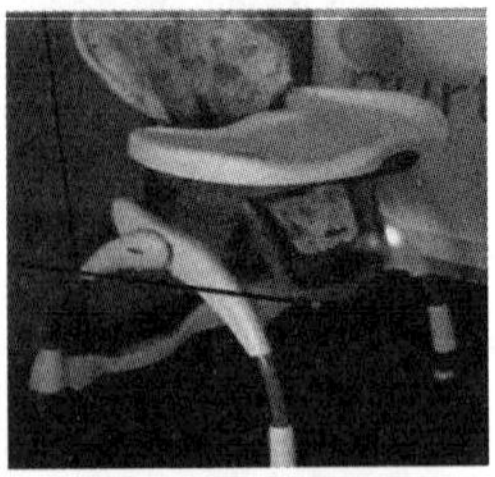	高脚椅两侧的塑料螺帽和金属螺丝易松动脱落，从而令椅子的靠背与椅子分离，有导致儿童摔伤或吞食脱落的零件窒息
欧盟	EN 747-1:2007家具 室内用双层床 安全要求与测试方法	垂直部位的突出物不能超过10mm		该双层床的床柱突出的高度为70mm，超出EN 747标准安全要求。存在物理安全风险

续表

出口市场	参考技术法规/标准	技术法规/标准要求	案例图片	案例说明/安全风险
欧盟	EN 747-1:2007 家具 室内用双层床 第1部分:安全要求;EN 747-2:2007 家具 室内用双层床 第2部分:测试方法 条款4.4	样品上不能有任何开口的管子	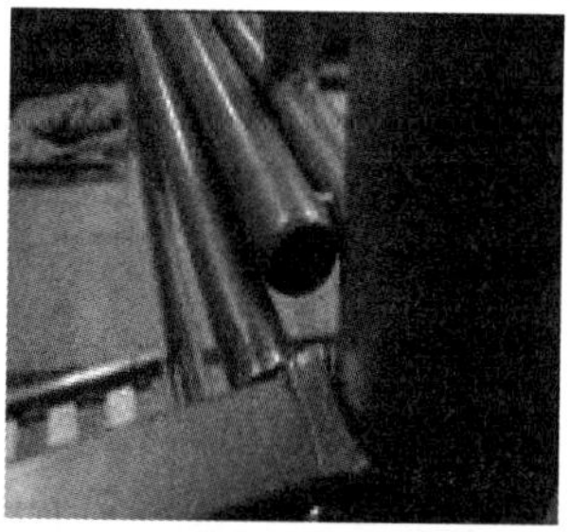	该样品上的管子端部未密封。 存在物理安全风险
欧盟	EN 747-1:2007 家具 室内用双层床 第1部分:安全要求;EN 747-2:2007 家具 室内用双层床 第2部分:测试方法 条款4.5	床板与床架尾部的距离不能大于25mm		床板与床架尾部的距离为62mm,远大于标准要求。 存在物理安全风险
欧盟	EN 1725:1998 室内家具 床和床垫 安全要求和测试方法 条款7.4	在床板上平放一个标准床垫,使得25kg的冲击锤从180mm的高度自由作用到床垫上,每点作用10次	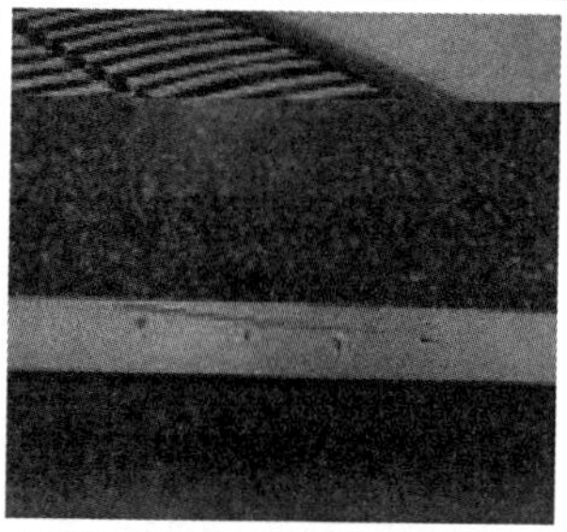	冲击测试后床板条开裂。 存在物理安全风险
澳大利亚/新西兰	AS/NZS 4220—2003 双层床 条款6.4.2	双层床楼梯至少一侧扶手的对角线尺寸不能大于45mm	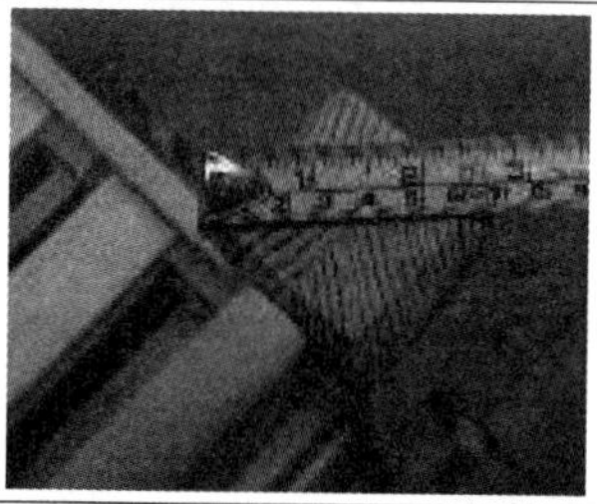	该样品楼梯两侧扶手对角线尺寸均大于45mm。 存在物理安全风险
澳大利亚/新西兰	AS/NZS 4220—2003 双层床 条款9	床垫高度标识线的长度不能小于150mm		该样品床垫高度标识线的长度为140mm,小于标准要求。 存在物理安全风险

续表

出口市场	参考技术法规/标准	技术法规/标准要求	案例图片	案例说明/安全风险
澳大利亚/新西兰	AS/NZS 4220—2003 双层床 条款 6.5.2	相连两踏板上表面之间的距离应在 250～325mm 之间； 双层床楼梯最下方的踏板离地面的距离不能小于 500mm	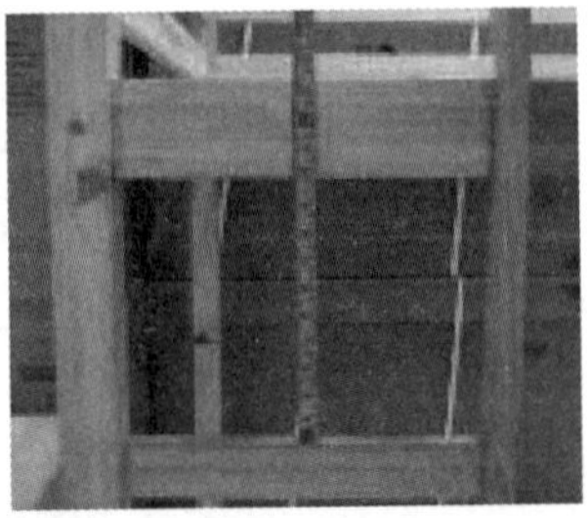 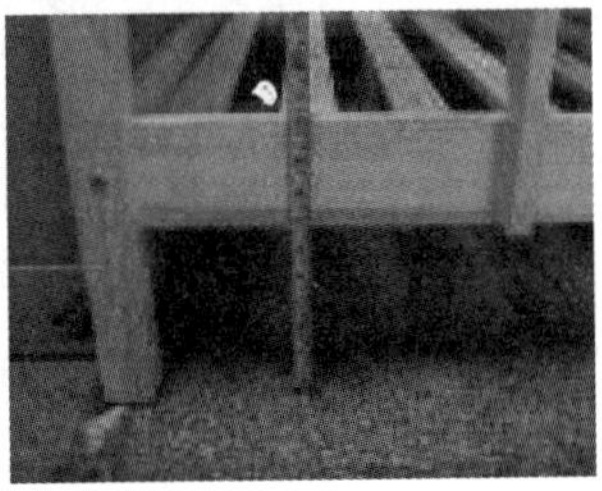	该样品楼梯相连两踏板上表面之间的距离为 340mm，超出标准范围。 双层床楼梯最下方的踏板离地面的距离为 170mm，小于标准要求的 500mm。 存在物理安全风险
欧盟	EN 581-1:2006 户外家具 露营、家用和公共场合用椅子和桌子 第 1 部分：总的安全要求 条款 5.1	在被测的桌子样品中，使用者可以直接接触的边和角等需要倒圆角或斜边，并且不能有毛刺和尖点	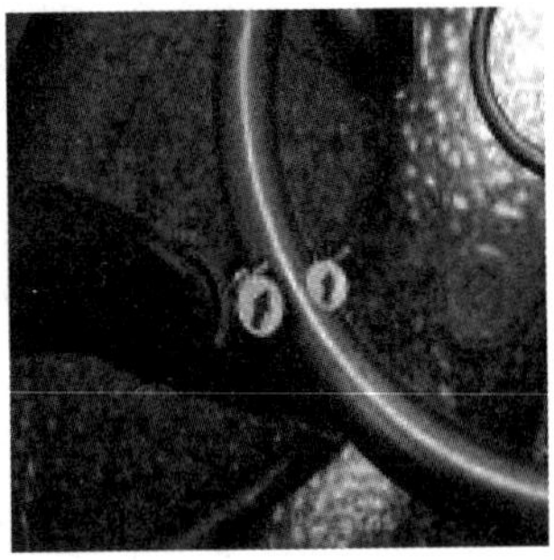	连接桌子部件的螺杆突出太长，并且有锋利的边角。 存在物理安全风险
欧盟	EN 581-3 户外家具 露营、家用和公共场合用椅子和桌子 第 3 部分：桌子的机械安全要求和测试方法 条款	使用说明应为出口目的国语言	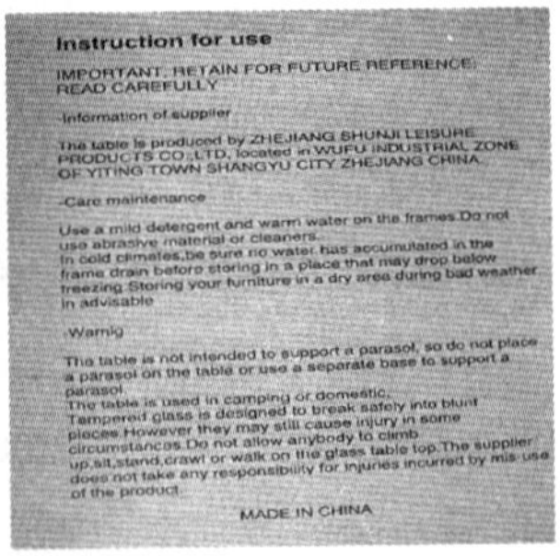	产品的出口目的国为德国，使用说明为英语而不是德语。 存在物理安全风险（使用说明）

Instruction for use

IMPORTANT. RETAIN FOR FUTURE REFERENCE. READ CAREFULLY

-Information of supplier

The table is produced by ZHEJIANG SHUNJI LEISURE PRODUCTS CO.,LTD, located in WUFU INDUSTRIAL ZONE OF YITING TOWN SHANGYU CITY ZHEJIANG CHINA.

-Care maintenance

Use a mild detergent and warm water on the frames.Do not use abrasive material or cleaners.
In cold climates,be sure no water has accumulated in the frame drain before storing in a place that may drop below freezing.Storing your furniture in a dry area during bad weather in advisable

-Warnig

The table is not intended to support a parasol, so do not place a parasol on the table or use a separate base to support a parasol.
The table is used in camping or domestic.
Tempered glass is designed to break safely into blunt pieces.However they may still cause injury in some circumstances.Do not allow anybody to climb up,sit,stand,crawl or walk on the glass table top.The supplier does not take any responsibility for injuries incurred by mis-use of the product.

MADE IN CHINA

续表

出口市场	参考技术法规/标准	技术法规/标准要求	案例图片	案例说明/安全风险
英国	BS 4875-5:2001 家具强度和稳定性 第5部分:室内和公共场所用桌类和手推车的强度、耐久性和稳定性要求 BS EN 1730:2000 条款6.6	25kg 的冲击锤从离桌面180mm的高度自由落到样品边缘50mm处10次后样品无损坏	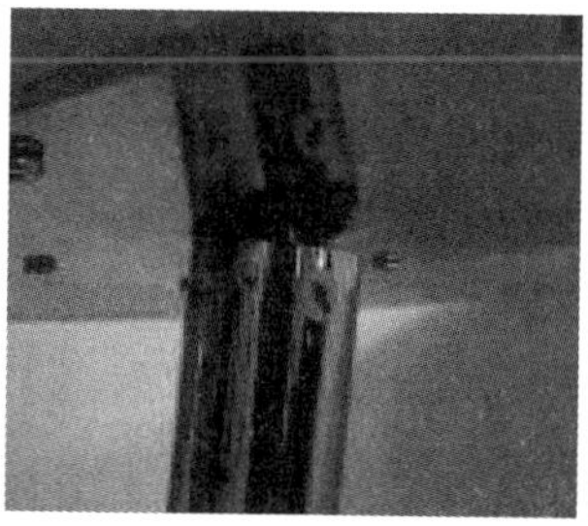	样品测试后桌腿和桌面连接处出现松动,紧固件弯曲。 存在物理安全风险
欧盟	EN 581-1:2006 户外家具 露营、家用和公共场合用椅子和桌子 第1部分:总的安全要求条款5.1	被测样品的可接触区域必须倒斜边或倒圆角	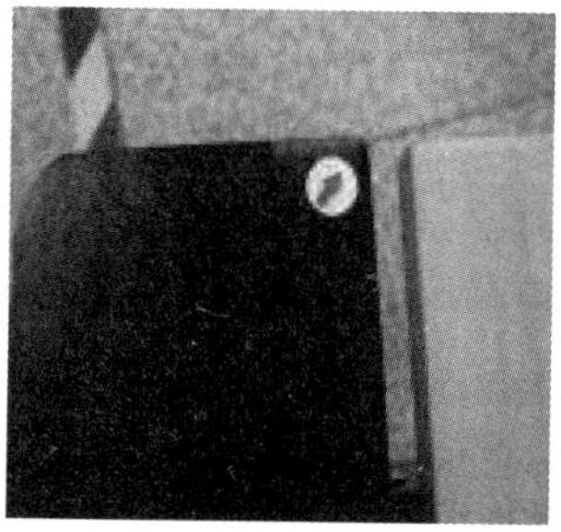	该样品的边部较锋利,未倒圆角或斜边。 存在物理安全风险
欧盟	EN 581-1:2006 户外家具 露营、家用和公共场合用椅子和桌子 第1部分:总的安全要求 条款5.3	被测样品(椅子)在使用过程中不能产生剪切点或挤压点(人为有意识地打开或折叠样品产生的剪切点和挤压点排除在外);剪切点和挤压点的评定方法:两个相对运动部件之间的距离在7～18mm之间	 	连接桌子部件的螺杆突出太长,并且有锋利的边角。 存在物理安全风险

续表

出口市场	参考技术法规/标准	技术法规/标准要求	案例图片	案例说明/安全风险
欧盟	EN 581-2 户外家具　露营、家用和公共场合用椅子和桌子　第2部分：椅子的机械安全要求和测试方法 条款6.2.2.3	50kg沙袋从100mm高度自由落到座面上20次（两个作用点，每个作用点10次）后样品无影响椅子安全使用的损坏和变形，并且功能无影响	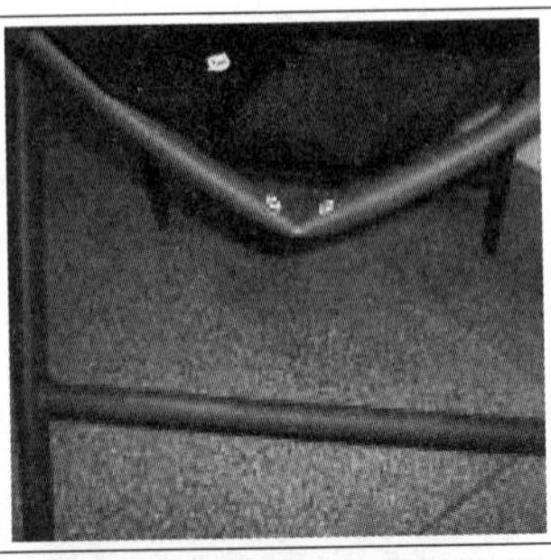	20次冲击测试后座面前端的横杆严重弯曲变形。 存在物理安全风险
欧盟	EN 1022：2005 室内用椅子的稳定性测试条款6.2	在椅面上作用600N，水平作用20N，作用时间为5s，测试后样品未倾翻		按照稳定性测试方法对该样品进行测试后发现样品倾翻。 存在物理安全风险
欧盟	ENV 12520：2000 室内用家具　椅子　机械强度和结构安全要求 条款4.2	样品在使用过程中不能产生剪切点和挤压点（两相对运动部件的间隙在8～25mm之间为剪切点和挤压点）	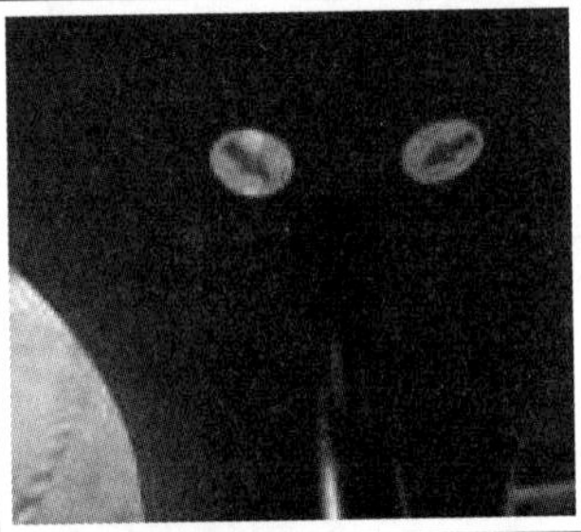	当调节座面高度时调节杆与椅子基体之间的间隙在8～25mm之间，产生剪切点和挤压点。 存在物理安全风险
英国	BS 4875-1：2007 测试方法参照EN 1728：2001 条款6.7	在椅面上作用950N，在靠背上作用330N，作用次数为50000次，测试后样品无永久变形和损坏		座面和靠背疲劳测试3548次后椅子的框架开裂损坏。 存在物理安全风险
美国	ANSI/BIFMA X 5.1 办公椅通用安全要求	办公椅椅背和底座必须有相应强度		椅子的靠背和底座易损坏，有令使用者摔倒的危险。 存在物理安全风险

续表

出口市场	参考技术法规/标准	技术法规/标准要求	案例图片	案例说明/安全风险
荷兰	EN 581-2 户外家具 露营、家用和公共场合用椅子和桌子 第2部分：椅子的机械安全要求和测试方法	折叠和打开过程中不应产生的剪切点和挤压点		该折叠凳不符合欧洲标准 EN 581，使用者的手指易被座椅下方的折叠装置卡住，有受伤的危险。存在物理安全风险
美国	16 CFR 1633	床垫应符合强制性的联邦床垫明火标准		这种床垫不符合强制性的联邦床垫明火标准，对消费者造成火灾的危险
英国	英国家具防火安全条例、通用产品安全指令	沙发等软体家具要符合英国家具防火安全条例		该沙发不符合英国标准 BS 5852，沙发背面以及坐垫内的泡沫填充物没有通过阻燃性试验，有引发火灾的危险
美国	ASTM F2050-09(Hand-Held Infant Carriers 手提式座椅)	要符合美国消费品安全法案修正案		当用做 carrier 时，手把可能会松脱，对小孩产生跌落的危险
美国	ASTM F1169-09 & 16 CFR 1508 (Full-Size Baby Crib 全尺寸婴儿床)	要符合美国消费品安全法案修正案		drop side 的五金会断裂、松脱，导致 drop side 从床上掉下来，婴儿可能会被夹到 drop side 和床垫之间的间隙。另外，当床上的 slat 断裂后，床会对小孩产生夹伤和窒息的危险

续表

出口市场	参考技术法规/标准	技术法规/标准要求	案例图片	案例说明/安全风险
美国	ASTM F1427-07 & 16 CFR 1513 or 1213（Bunk Bed 双层床）	要符合美国消费品安全法案修正案		床底板的板条和四周的栏杆可能断裂，使床产生坍塌，导致消费者从床上摔下
欧盟	EN 1130-1：1997 & EN 1130-2：1996（Cribs and Cradles 婴儿床/摇床）	摇床		当对产品的顶部施加一水平力的时候，产品的支撑脚会离开地面，从而失去平衡，造成危险

2.4.3 美国对家具产品安全的监管

2.4.3.1 美国对家具产品的监管机构及其职责

美国对家具等消费品的安全监管由美国消费品安全委员会（CPSC）负责。美国消费品安全委员会（CPSC）成立于1972年，它的责任是保护广大消费者的利益，通过减少消费品存在的伤害及死亡的危险来维护人身及家庭安全。CPSC的主要功能表现为：制定生产者自律标准，对于那些没有标准可依的消费品，制定强制性标准或禁令。对具有潜在危险的产品执行检查，通过各种渠道，包括媒体、州、当地政府、个人团体组织等将意见反馈给消费者。

CPSC的管辖范围：CPSC管辖多达15000种用于家庭、体育、娱乐及学校的消费品，其中包括了家具等消费品的安全。但车辆、轮胎、轮船、武器、酒精、烟草、食品、药品、化妆品、杀虫剂及医疗器械等产品不在其管辖范围内。

2.4.3.2 美国对家具的安全管理

（1）美国的技术性贸易措施

众所周知，美国具有完善的技术法规和严密具体的技术标准，是当今世界公认的法制比较健全的国家，其针对产品的技术法规和标准比较完善和发达，技术标准数量庞杂（九万多个），包括产品标准、性能标准和方法标准，规定了产品的性质如质量等级、安全、性能或规格、包装及标签，以及规定相应的检测方法等标准体系。美国对市场的管理规范，数量繁多，苛刻的技术标准给其他国家产品进入美国造成了巨大的障碍。如美国消费品安全委员会对市场上销售的产品一般采取市场检查或根据消费者投诉进行测试两种方式进行市场销售产品安全性的控制。一旦产品在美国市场上或在消费者使用过程中被发现一些已经存在或潜在的问题时，则强制性要求制造商或销售商回收全部产品，并依据有关法律对制造商或销售商进行严厉处罚；如在产品检查或测试中发现潜在的可能对消费者带来伤害的危险，则要求销售商自愿收回产品，或销毁。

在美国，家具既要符合各种联邦法案，还要符合美国消费品安全委员会（CPSC）根据《消费品安全法案》制定的一些相关具体法规（16CFR）与CPSA和《消费产品安全改进法案》（CPSIA）有关的法案有《含铅油漆及带有含铅油漆消费者产品的使用禁令》《供3岁以下儿童使用可能出现窒息》《吸入或吞食危险的玩具和物件的鉴别方法》《双层床防滑落夹持装置的安全标准》《正常尺寸婴儿床的要求》《便携婴儿床的要求》《床垫阻燃法规》等。需符合的各种法案和法规如表2-11，主要涉及产品有毒有害物质和产品安全两方面。

表2-11 美国家具相关法案和法规

序号	英文名称	中文名称	对家具业和家具的要求
1	Clean Air Act	清洁空气法	有害物质（VOC等）
2	Clean Water Act	清洁水法	有害物质
3	Emergency Planning and Community Right to Know Act	紧急计划和社区知情权法	有害物质
4	Federal Insecticide, Fungicide, and Rodenticide Act	联邦杀虫剂、杀真菌剂和灭鼠剂法	有害物质
5	Marine Protection, Research and Sanctuaries Act	海洋保护、研究和禁猎法	有害物质
6	Resource Conservation and Recovery Act	资源保护和回收法	有害物质（废弃物）
7	Safe Drinking Water Act	安全饮水法	有害物质
8	Toxic Substances Control Act	有毒物质控制法	有害物质
9	16 CFR Part 1213 Safety Standard for Entrapment Hazards in Bunk Beds	双层床铺夹伤危险的安全标准	产品安全
10	16 CFR Part 1303 Ban of Lead-containing Paint and Certain Consumer Products Bearing Lead-containing Paint	禁用含铅油漆以及某些带有含铅油漆的消费产品	有害物质（含铅油漆）
11	16 CFR Part 1500 Hazardous Substances and Articles; Administration and Enforcement Regulations	危险物质和商品；管理和实施条例	有害物质（含铅油漆、甲醛等）

续表

序号	英文名称	中文名称	对家具业和家具的要求
12	16 CFR Part 1513 Requirements for Bunk Beds	双层床铺要求	产品安全
13	16 CFR Part 1632 Standard for the Flammability of Mattresses and Mattress Pads	床垫和其衬垫物易燃性标准	产品安全(阻燃性)
14	16 CFR Part 1633 Standard for the Flammability (open flame) of Mattress Sets	床垫和床架易燃性标准(明火)	产品安全(阻燃性)

(2) 美国涉及家具的技术法规

① 美国国会通过《有毒物质控制法案》授权联邦环境保护局跟踪管理在美国生产或进口到美国的75000种工业化学品。联邦环境保护局对这些化学品进行检查，并可以要求对那些可能对环境和人类健康造成危害的化学品进行报告和测试。

② 美国环保总署EPA公布了33类国家级的有毒污染物质（污染源），其中包括了苯、甲醛、砷化合物、镉化合物、铬化合物、铅化合物、汞化合物、镍化合物等。

③ 在美国消费品安全领域，属于法律层次的技术法规有5个：《消费品安全法案》《联邦危险品法案》《可燃纺织品法案》《包装防毒法案》和《制冷器安全法案》。这5个法案覆盖了由美国消费品安全委员会管辖的15000余种商品。法案对各自辖下产品的安全、环保、对健康影响等方面提出了要求。其中前4个法案与家具的质量安全有关。

a.《消费产品安全法案》（CPSA，Consumer Product Safety Act）及其《消费产品安全修正案》（CPSIA，Consumer Product Safety Improvement Act，H. R. 4040）。这个法案于1972年颁布，它是CPSC的保护条例。它建立了代理机构，阐释了它的基本权力，并规定当CPSC发现了任何与消费产品有关的能够带来伤害的过分的危险时，制定能够减轻或消除这种危险的标准。它还允许CPSC对有缺陷的产品发布召回（那些不在CPSC管辖范围内的产品除外）。修正案CPSIA对儿童产品安全等提出了新的规定要求：

对家具产品中的油漆涂层重金属总铅限值变化缩小至原来的1/10，从之前的0.06%降低至0.009%（90×10^{-6}）；

对儿童家具中增塑剂的限制：永久性禁止儿童用品中含有超过0.1%的邻苯二甲酸二辛酯（DEHP）、邻苯二甲酸二丁酯（DBP）及邻苯二甲酸丁苄酯（BBP）3种物质，暂时性禁止含浓度超过0.1%的邻苯二甲酸二异壬酯（DINP）、邻苯二甲酸二异癸酯（DIDP）及邻苯二甲酸二正辛酯（DNOP）的儿童用品；

对儿童家具（婴儿床、儿童床、双层床、高脚椅、浴室椅、围栏等）产品安全要求提出了更严格要求，要符合相应安全法规要求。

b.《联邦危险品法案》（FHSA，Federal Hazardous Substances Act，16 CFR 1500）。法案对危险物质的定义：危险物质包括任何带有毒性、腐蚀性、刺激性、强过敏性等物质，以及那些在平时正常的可预见的使用过程中，被儿童误吞而造成人身伤害或疾病的物质。这个法案要求那些有一定危险性的家用产品在其标签上标出警告提示，提示消费者这种潜在的危险，并指示他们在这些危险出现时如何保护自己。任何有毒的、易腐蚀的、易燃的、有刺激的产品以及能够通过腐烂、加热或其他原因产生电的产品都需要在标签中警示出来。如果产品在正常使用中以及被儿童触摸时易引起人身的伤害及发生疾病，也应在标签中表示出来。

c.《可燃纺织品法案》（FFA）涉及了软体家具的防火阻燃安全法案，如床垫、沙发、软垫、公共场所用家具及其原材料，著名的法案有1633、1634、CAL 116、CAL 117、CAL 133等。

d.《包装防毒法案》（PPPA，Poison Prevention Packaging Act）。法案对产品包装中的有毒有害物质进行了限制，包括了4个有害重金属元素和2个有害含溴阻燃剂。该法规限定包装中铅（Pb）、镉（Cd）、汞（Hg）、六价铬（Cr^{6+}）4种重金属的总和，具体限量为：Pb、Cd、Hg、Cr^{6+}总和不超过100×10^{-6}。

针对不同商品不同的具体要求，消费品安全委员会根据上面5个法案制定了大量的属于技术法规范畴的具体规范、要求等。例如针对《消费品安全法案》，消费品安全委员会针对木制品、家具制定了大量的部门技术法规，集中汇编于《美国联邦典集》（第40卷）的63部分。对金属家具的联邦法规40CFR Part 63 RRRR、对木质建材表面涂层有毒气体污染物的国家标准40CFR Part 63 QQQQ、对木家具有毒污染物质标准40CFR Parts 9&63、对胶合板与复合木质产品中有害气体污染释放标准40 CFR Parts 63 DDDD。

① 美国住房与城市发展部（HUD）制定的联邦法规24 CFR 3280《家庭建筑及安全法规》。

该法规规定了木制品及家具用原材料的甲醛释放标准（1984），见表2-12。

表2-12 美国24 CFR 3280法案对甲醛的限量要求

产品类别	要求/$\times10^{-6}$	承载率/(m^2/m^3)
刨花板(所有级别,除了地板)	0.3	0.425
地板等级刨花板、衬垫材料	0.2	0.4
MDF中密度纤维板	0.3	0.26
硬木制胶合板(除了壁板)	0.2	0.425
壁板(硬木制胶合板)	0.2	0.95

② 美国加利福尼亚州颁布人造板中甲醛释放排放新法规。

美国加州空气资源管理委员会（CARB）于2008年4月通过有毒物质空气传播控制措施（Airborne Toxic Control Measure，ATCM），即《降低复合木制品甲醛排放的有毒物质空气传播控制措施》（California Code of Regulations，CCR）第93120节（表2-13）。

表2-13 美国加州甲醛新法案对甲醛限量要求

生效日期	硬木胶合板：单板芯	硬木胶合板：复合板芯	刨花板	中密度纤维板（厚度≥8mm）	薄型中密度纤维板（厚度<8mm）
第1阶段 释放标准/$\times 10^{-6}$					
2009.1.1	0.08	—	0.18	0.21	0.21
2009.7.1	—	0.08	—	—	—
第2阶段 释放标准/$\times 10^{-6}$					
2010.1.1	0.05	—	—	—	—
2011.1.1	—	—	0.09	0.11	—
2012.1.1	—	—	—	—	0.13
2012.7.1	—	0.05	—	—	—
HUD现行标准	0.2	0.2	0.3	0.3	0.3

注：基于主要测试方法ASTM E 1333—96（2010）。

美国加利福尼亚州空气管理署（CARB）关于木质人造板中甲醛释放量的法规（ATCM）内容十分庞杂、详尽，全文达100多页。这项法规的实施将对人造板业有着深远的影响。尽管这是在加州实施的法规，但其内容和采取的措施与最近“美国消费品安全法修正案”（H. R. 4040法案）如同出一辙，在实施周期上分阶段逐步加严，不但限量有要求，产品必须由经认可的第三方检测和认证，还有标签要求、处罚措施等。同时由于美国其他各州并没有相关的甲醛法规，所以各州很可能参照执行，实际上它有可能成为美国的一项联邦法规，甚至欧洲也将仿效，从而类似于欧盟的化学品法规（REACH）一样构筑起高高的“绿色壁垒”，可能改变整个人造板业及其相关产业如家具业、地板业等的国际贸易的格局。这就是技术壁垒，要高度重视在经济全球化的新形势下国际贸易的新的“游戏规则”。

加州新法规要求到明年比HUD标准降低60%，于2011年达到75%。这一规定将会成为美国其他各州的参考标准。此规定的实施第一阶段将从2009年1月1日正式开始。新法规甲醛限量要求，第一阶段P1的限量标准与日本的F☆☆☆标准相当，第二阶段P2的限量标准和F☆☆☆☆相当，是相当严厉的要求。

同时，该新法案指定的检测方法比国际上其他国家的检测方法更严厉、检测成本更重。加州最终产品中甲醛含量的测试方法将按照指定的检测方法——ASTM E1333大型气候箱法进行测试，零售店产品的检查将ASTM D6007小型气候箱法执行。从2009起直至2012年，美国木制品甲醛要求比欧洲还要严格，因为，该法规明确使用指定检测方法——大型气候箱法和指定第三方认可机构进行检测、认证。

③ 美国含铅油漆涂料限用法令（16 CFR PART 1303）。

禁止使用带有含铅的油漆和某些含铅油漆的消费品。

范围与应用：CPSC宣布，根据消费者安全法规CPSA的第八、第九部分规定，带有含铅量超过0.06%的油漆或类似表面涂层材料的供消费者使用的消费品是受禁的。以下消费品被认为禁止使用有害物质：带有含铅油漆的玩具或儿童用品；带有含铅油漆的供消费者使用的家具。家具是指可供支持或其他功能或装饰用家具，包括但不限于床具、书柜/书架、椅子、柜、桌、梳妆台、办公桌、钢琴、电视柜、沙发等。

总铅限量指标≤0.009%（90×10^{-6}）。

④ 美国《2008消费品安全改进法案》（H.R.4040）。

美国《2008消费品安全改进法案》（H.R.4040）于2008年7月31日在美国国会获得压倒性通过（347∶0票通过），并于8月14日由美国总统布什正式签署并生效。该法案主要是对儿童用品建立安全标准，针对消费品特别是儿童用品大幅提高了安全要求，制定了更严格的安全规定，包括铅含量和邻苯二甲酸酯的限量要求、第三方检测和认证要求、强制性追溯标签要求、违反法案的处罚要求等四方面内容。

a.新法案中对铅的限量要求

（a）法案生效180d后（2009年3月15日起），任何儿童用品中的铅≤600×10^{-6}；

（b）一年后（2009年9月15日起），铅≤300×10^{-6}；三年后（2011年9月15日起），铅≤100×10^{-6}；

（c）在该法案生效一年后（2009年9月15日起），玩具、其他儿童用品和家具表面上的油漆、涂层中的总铅从≤600×10^{-6}降低为≤90×10^{-6}。

b.新法案对邻苯二甲酸酯的限量要求

（a）法案生效180d后（2009年3月15日起），禁止儿童用品中使用含有超过0.1%的邻苯二甲酸二辛酯（DEHP）、邻苯二甲酸二丁酯（DBP）、邻苯二甲酸丁苄酯（BBP）。

（b）法案生效180d内（2008年9月15日～2009年3月15日间），临时性禁止超过0.1%的部分邻苯二甲酸酯（邻苯二甲酸二异壬酯DINP、邻苯二甲酸二异癸酯DIDP、邻苯二甲酸二正辛酯DNOP）增塑剂的使用。

我国的增塑剂中邻苯二甲酸酯类增塑剂的比例高达80%，其作用是使聚合物软化，增加柔韧性，并降低熔体温度，便于成型加工。此项要求将影响儿童产品的出口。

c.新法案强制由经认可的第三方检测和认证　儿童用品须接受经过授权的第

三方检测和认证。这些儿童用品的所有制造商在出口或销售用品之前，需提交样品并委托独立的第三方合格测试机构测试是否含铅，最后出具第三方认可证书；出口货物须随附每批适用证书，并发送证书副本至任何接收该用品的经销商或零售商；如有需要，制造商应向消费品安全委员会或海关总署提供证书副本，以便委员会对产品实施24h电子证书备案；每本证书至少须包括产品制造、测试的日期和地址、检测机构联络资料等信息。

以上强制措施必然给儿童用品出口增加成本，出口手续更加繁杂。影响成本的具体数据需视相关第三方检测和认证的具体程序及要求而定。

d. 强制性追溯标签要求　儿童用品生产商须在产品及其包装上贴上永久的清晰标记，包括这些产品的生产日期、批号信息及产品的其他识别特征，以便于采取回收行动或通报时更好地追溯来源。该要求于法案生效当日起一年后生效。

e. 加重罚则　法案规定：违反此《消费品安全法》《联邦易燃织物法》及《联邦危险物质法》的一系列民事罚款总额上限，将大幅增至1500万美元；违反单个《消费品安全法》处最高10万美元罚款。违反消费品安全委员会任何法规的刑事惩罚，将面临5年以下的监禁或罚金，或两者并罚，甚至包括资产没收。

⑤ 美国《复合木制品甲醛标准法案》。

美国国会参众二院先后通过了《复合木制品甲醛标准法案》（Formaldehyde Standards for Composite Wood Act）（S. 1660，H. R. 4805），首次确定了复合板中甲醛含量的全国性标准。美国总统奥巴马于2010年7月7日签署了《复合木制品甲醛标准法案》（S. 1660），该标准正式成为法律。此法案签署后成为美国联邦《有毒物质控制法案》（The Toxic Substances Control Act，TSCA）第Ⅵ章的修订版，并对复合木制品中的甲醛释放量设置了标准，特别是在美国出售、供应、提供用于出售或者制造的硬木胶合板、刨花板以及中纤板。

新的甲醛释放限量基于加州空气资源委员会（CARB）于2007年建立的加州甲醛标准，并达到了美国加利福尼亚空气资源委员会（California Air Resources Board，简称CARB）设立的最高标准，同时也吸收采用了其标签标注和第三方检测等方面的规定。

a. 目的甲醛是一种已知的致癌物，广泛存在于住宅、办公室和学校的建材和家具中，对人体健康产生影响。此立法表明向减少甲醛对健康的危害迈出了重要的一步，有助于使社会上的低甲醛和无甲醛材料增加。

这项法案旨在保护消费者免受木质复合板中甲醛的危害，适用于国内和国外产品。在该法律下，美国本国本土的复合木制品和从国外进口的复合木制品将处于同等竞争的地位。

b. 适用范围该法案为在美国销售的硬木胶合板、中纤板和刨花板确定了排放标准。许多家居产品，例如家具、橱柜和地板都采用复合木制品。该法案确定了在美国销售和批发的含有刨花板、中纤板和硬木胶合板的产品中的甲醛释放标准，这些产品包括橱柜、家具、壁橱系统、地板以及其他派生木制品等。

此法案不适用于若干类木制品，其中包括硬板、标准 PS 1—2007 中注明的结构胶合板、标准 PS 2—2004 中注明的结构单板、标准 ASTM D5456—2006 中注明的结构复合木材、刨花板、标准 ANSI A190.1—2002 中注明的胶合层积木材等。

c. 内容法案要求美国环保署（EPA）应在 2011 年 1 月 1 日前负责制定实施细则。该法规应包括以下内容：标签；产销监管链环节的要求；销售期的规定；超低排放甲醛树脂；不添加甲醛基树脂；制成品的定义；第三方测试和认证；第三方认证机构的审核和报告；记录保存；执行；含有很少量甲醛含量的复合木制品的产品的豁免等。

d. 实施时间　美国环保署（EPA）将在 2013 年 1 月 1 日正式颁布实施这部法律，其将在颁发之日后第 180d 正式生效。法案要求全美的家具零售商和供应商采用类似加州法律规定甲醛标准的做法，要求产品要具备供应链各个环节的详细文件，以证明该产品的甲醛释放不会超过一定的限量。

e. 要求　美国环保署须于 2013 年 1 月 1 日前颁布规例，以确保产品符合上述建议中的释放标准，并须与美国海关、海关边境保护局及其他相关的联邦部门协调合作，在同年 7 月 1 日前修订现行进口规例，以确保符合释放标准。此法案列出的释放标准从 2011 年 7 月开始（见表 2-14）。这将是世界上最严格的甲醛排放标准。该法案要求产品要经第三方检测，确保其符合规定和联邦政府执行的标准。法案提出的甲醛释放标准见表 2-14。

表 2-14　美国木制品甲醛法案对甲醛限量要求

硬木胶合板(HWPW)、刨花板(PB)和中纤板(MDF)的甲醛释放限量标准					
方法	HWPW(带单板心)/$\times 10^{-6}$	HWPW(带复合板心)/$\times 10^{-6}$	PB/$\times 10^{-6}$	MDF/$\times 10^{-6}$	薄的 MDF(<8mm)/$\times 10^{-6}$
首要方法 ASTM E1333 或次要方法 ASTM D6007	0.05				
			0.18	0.21	
			0.09	0.11	
		0.08			0.21
		0.05			0.13

⑥ 美国软体家具防火法规。

美国的加利福尼亚州技术报告 117 号（TB 117）Flame Retardants of Resilient Filling Materials 规定，所有出售在美国的皮革家具都被强制执行，包括对纤维或多孔状泡沫体填充材料的防火性能测试，TB 117 包含了成分测试。出售在加利福尼亚州的皮革家具还会被贴上符合 TB 117 性能测试的标签。床垫防火法规：美国联邦规　守则（16 CFR Part 1632 & 16 CFR Part 1633）。

a. 床垫及其衬垫物易燃性要求（香烟法）（16 CFR 1632）16 CFR Part 1632 适用于所有在美国生产的或进口到美国的床垫，包括成人、青少年、婴儿用床垫

(包括便携式婴儿床垫)、双层床床垫、装有芯子的水床及气垫床、沙发床等，但不包括睡袋、枕垫、不装芯子的水床及气垫床、睡椅等。

按照该法规中规定的方法进行测试（香烟法），如果在香烟周围任何方向上的炭化痕迹长度都不超过 2in（50.8mm），则该单支香烟的实验部位可判定为合格。一般要求至少点燃 18 支香烟进行测试，只要有一个部位不符合该标准，则该床垫不合格。此外，法规还规定经阻燃剂整理过的床垫类产品在其标签上要注明“T”。

b. 床垫和床架易燃性要求（明火）（16 CFR 1633）2006 年 2 月 16 号，美国消费品委员会一致通过了针对床垫阻燃的新的联邦标准 16 CFR 1633，该标准将从 2007 年 7 月 1 日起正式生效。早在 2004 年，美国加州政府率先通过了床垫新的阻燃安全法规 TB 603，并在 2005 年正式开始实施。法规要求 2005 年 1 月 1 日起，所有进美国加州市场的床垫必须通过 TB 603 的测试标准。规定任何主辅材料（包含面料、无纺布、填充棉、海绵、乳胶、毛毡、椰棕、滚边带和缝纫线等）无论采用任何阻燃方式，只要成品床垫能具有阻止明火蔓延燃烧的能力，在一定的时间内让火焰自行熄灭，就可被认定为通过燃烧测试，达到 TB 603 的标准。16 CFR Part 1633 是以加州 TB 603 为基础修订的，并于 2006 年 3 月 15 日推出，于 2007 年 7 月 1 日开始实施。自实施之日起，TB 603 作废。

根据联邦标准，所有在标准生效当天或以后制造、进口及翻新的床垫和床垫套装产品都必须符合该标准要求。所有在美国境内制造、进口和销售床垫的厂商都必须以文件和标签来证明产品符合或高于标准要求。厂商必须对其床垫及床垫套装产品的原型、确认样、生产中的产品都依照该项标准要求进行测试，获得相应的合格测试报告，并在产品上依照 CPSC 的要求附上永久标签。16 CFR Part 1633 适用于所有在法规实施日期之后进口、生产或翻新的床垫套装（床垫和床架），或者单独销售的床垫。16 CFR Part 1633 采用的是明火测试。法规设定了两个指标来限定火焰在床垫或床垫套装上的蔓延，这两项指标是：

在 30min 的测试时间内，床垫/床垫套装的热释放峰值不得超过 200kW；

在测试的最初 10min 内，总热释放量必须小于 15MJ。

应按照规定的方法测试至少 3 个样品，如果有 1 个样品未能同时满足上述两项要求，则判定为不合格。

所有厂商都必须以文件和标签来证明产品符合或高于标准要求。厂商必须对其床垫及床垫套装产品的原型、确认样及生产中的产品都依照该项标准要求进行测试，获得相应的合格测试报告，并在产品上依照 CPSC 的要求附上永久标签。标签应包含：

厂商的名字；

厂商的地址，包括街道、城市和州；

生产的年、月；

模型的识别号；

床垫的原型识别号；

证明床垫符合标准的证书。

c. 家具防火阻燃安全规定 46 CFR 116.423　联邦规则编码 46 CFR 116.423 规定：椅子，沙发及其类似家具，必须经测试并符合 UL 1056 的要求，即是软体家具防火测试，或符合 SEC. 72.05-55 第 H 一节中的要求；书桌、书柜、壁橱、容器、床等其他箱体式家具和有关独立式家具必须按照 SEC. 72.05-55 第 H 一节中有关要求建造；布料窗帘和其他软体家具，必须按照阻燃要求装饰，其材料必须按照国家防火协会的“软体家具防火测试标准（NFPA 701）”的要求进行测试；小地毯（毡子）、地毯，必须和甲板一起使用。

d. 美国软体家具易燃性新法规　2005 年 10 月，美国计划启动软体家具易燃性新法规的制定工作。基于“易燃织物法案（FFA）”，美国消费品安全委员会（CPSC）正在对家用软垫家具的燃烧测试标准进行提议，以便对软垫家具设立性能、测试认证、标贴等要求。相关机构已于 2008 年 3 月 4 日发布了建议法规制定通知（NPR）。

该软垫家具易燃性的新法规，就家用软垫家具制定新的强制性易燃标准，并订立适用于软垫家具的性能要求以及认证和标签规定。家具具备以下其中一项条件的符合建议标准：面料符合耐阴燃测试的规定；面料与填充料之间的防火物料符合指定的耐阴燃测试和明焰燃烧耐燃测试规定。新法规将规定软垫家具生产商和进口商：证明软垫家具产品符合建议标准；保存记录以证明符合建议标准的适用部分；对用于符合建议标准的面料及防火物料进行测试；软垫家具标签上需注明生产商名称、制造日期、家具名称和类型，以及声明产品符合标准适用规定。这项提案适用于座位和靠背或扶手装有缓冲材料（泡沫、棉絮以及相关材料）并覆盖织物（纺织、皮革或相关材料）的家用软垫座椅家具。此类家具包括：座椅、沙发、移动家具、睡眠沙发、家用-办公家具，以及用于宿舍或其他住处的软垫家具。与家具一同搭售的软垫和类似的散件也被包括。

该提案中定义的测试分为两类：香烟闷烧测试（Ⅰ类）和燃气明火测试（Ⅱ类）：

Ⅰ类　闷烧测试：织物必须保护内部填充物防止持续性闷烧和火焰蔓延。合格的织物可用于任何填充材料。

Ⅱ类　隔离层测试：隔离材料必须保护内部填充物防止持续性闷烧和覆盖织物的火焰蔓延。合格的隔离衬层可用于任何面料和填充材料。

提案明确规定上述产品须符合一类表面织物闷烧测试和二类隔离层燃气明火测试燃烧测试，要求织物和点燃的香烟接触 45min，表面织物与填充物间的隔离材料用 240mm 的丁烷气体火焰燃烧 45min，均不得出现持续闷烧和燃烧现象，合格的织物和隔离层可用于任何填充材料。制造商必须标贴产品以证明其符合Ⅰ类或Ⅱ类的要求。

对标签要求规定：制造商须在产品贴上标签以证明其符合Ⅰ类或Ⅱ类的测试要求，并声明“制造商特此证明该软垫家具符合美国联邦法规 16 CFR 的 1634 部分的所有适用要求”。除此之外，还须明显标有下列信息：

• 制造商及进口商的名称（如适用）。

• 制造商及进口商的地址。

• 制造年月。

• 型号识别。

• 类型识别（Ⅰ类或Ⅱ类）。

• 声明“制造商特此证明该软垫家具符合美国联邦法规 16 CFR 的 1634 部分的所有适用要求”。

我们要密切关注该法规生效的进展、实施日期。

⑦ 美国雷斯法案修正案。

美国野生动植物保护法（Lacey Act，简称“雷斯法案”）主旨是打击野生生物、鱼类及野生植物的非法贸易。2008 年 5 月 22 日，美国动植物检疫局又重新修订了该法案，并分步实施。此次修订主要变动如下：(a) 范围由“濒临灭绝的动植物管理”扩展到“整个野生植物及其产品”；(b) 要求 2008 年 12 月 15 日后进入美国的野生植物及其产品，需要进口商填报“植物及产品申报”单，否则不得入境；(c) 对违法植物产品要采取扣押、罚款和没收措施，对虚假信息、错误标识等行为也要采取处罚措施。美国雷斯法案修正案将于 2008 年 12 月 15 日正式实施。

a. 美国雷斯法案修正案目的　禁止非法来源于美国各州或其他国家的植物及林产品，如家具、纸、锯材的贸易，区分合法木材和非法木材，制止非法木材流入市场，增加木材和林产品交易透明度，以便美国政府更好地执行这部法律。

b. 美国雷斯法案修正案涉及植物及产品范围　该法案中“植物及产品”定义为“植物界的所有野生植物，包括根、种子、其他植株组成部分及其产品，包括自然生长的或种植在林地的树木”。由此可见，该法案要求进口商申报的产品范围非常广泛，包括活植物、植株组成部分、板材、木浆、纸、纸板，以及含有某些植物成分的产品如家具、工具、雨伞、体育用品、印刷品、乐器、植物提取物、纺织品等。

野生动植物保护法明确以下三类植物可以免除进口申报：一是除树以外的“常规栽培植物”、“常规粮食作物”（含根、种子、其他植株部分及其产品），目前美方正在组织界定“常规栽培植物”、“常规粮食作物”范围；二是供实验室或田间试验研究使用的植物繁殖材料科学样本（包括根、种子、胚质、其他植株部分及其产品）；三是拟用于种植的植物。

但是，对于上述第二、三种情况，如符合下列情况，仍需要进行申报：(a) 属于《濒危野生动植物物种国际公约》(CITES) 附件所列植物；(b) 属于 1973 年

《濒危物种法》所列的濒危或受威胁物种；（c）依据任何一个州有关物种保护的法律，属于本地物种并濒临灭绝的。

c. 美国雷斯法案修正案新要求　进口商在每次船运进口植物或林产品时都要提供基本申报。这些申报必须包括以下内容：植物种类的拉丁名学名；采伐的国家（产地来源国）；数量和尺寸；进口货值。

如果进口商不知道所采购运输的林产品材料的原产国或植物名称，美国雷斯法案修正案允许申报每一种植物可能的名称、可能的产地。

对于可回收纤维制成的纸制品、包装材料如纸板或草垫，不需要申报可回收材料的种类名称及来源地。

美国进口商被要求将于 2008 年 12 月 15 日提供申报信息。根据新修订的《雷斯法案》，一旦企业受到使用可疑木材的起诉或调查，出口商与采购商均将面临货物被没收、罚款，甚至监禁的风险。

d. 美国雷斯法案修正案对进口申报的方法　从 2008 年 12 月 15 日起，进口到美国的受限植物及植物产品，进口商需填写并提交“植物及产品申报单”。申报单上必须注明该植物及产品的学名、货值、数量、产地来源国等信息。

e. 进口申报分阶段实施计划　雷斯法案修正案将对进口植物及产品申报实施分阶段实施，具体如下。

第一阶段：2008 年 12 月 15 日（即该法案实施后 180d）～2009 年 3 月底。对进入美国的野生植物及产品开始要求提供“植物产品申报单”，此阶段只有纸质申报且为自愿提供，但进口商不得伪造申报信息。

第二阶段：2009 年 4 月 1 日（即美国电子申报系统实施日期）～7 月 1 日。包括上述受限植物及产品，进入美国的木材、装饰木材（HS 编码 44 章），活树、植物、鳞球茎、切花、观赏植物等（HS 编码 6 章）均必须强制要求提供“植物及产品申报单”，并采用电子申报系统。

第三阶段：2009 年 7 月 1 日～9 月 30 日。包括上述受限植物及产品，进入美国的树浆（HS 编码 47 章）、纸（HS 编码 48 章）、音乐器材（HS 编码 92 章）、家具（HS 编码 94 章）均必须强制要求提供“植物及产品申报单”，并采取电子申报系统。

2009 年 9 月 30 日后，美国将在进口电子申报实施基础上，针对《海关目录》其他章节的植物及产品，如油籽、杂谷、种子、果实（HS 编码 12 章），橡胶、树脂、蔬菜汁、提取物（HS 编码 13 章），软木塞、伞、玩具、铅笔、工艺品（HS 编码 45、46、66、82、93、95、96、97 章）等，研究考虑强制要求填报“植物及产品申报单”。

f. 影响　我国是美国林产品市场最大的生产国与供应国之一。我国海关统计数据表明，2007 年美国进口中国林产品总量为中国全部林产品出口量的 22%，折合原木材积达 1570 万立方米，价值 850 亿美元。美国成为中国林产品出口总量增长最快的国家。

我出口到美国的木制品所用的木材原料如原木、锯材及木浆来自于俄罗斯、巴布亚新几内亚、印度尼西亚、加蓬及所罗门群岛等国。这些国家存在非法采伐和《雷斯法案》中包含的其他违法行为，用这些木材生产的木制品出口到美国，生产商、出口商与零售商将面临货物被没收、罚款，甚至被监禁的风险。

（3）美国家具标准

在美国，与家具相关的标准主要包括BIFMA（美国办公家具协会）、NFPA（美国防火协会）、ASTM（美国材料与试验协会）和UL（美国保险商实验室）等标准组织所制定的标准，其中BIFMA和NFPA的一些标准被引用为美国国家标准（ANSI）。

① ANSI家具标准　美国国家标准学会（ANSI）目前共制定了近百个家具标准，其中引用ASTM标准18个、引用BIFMA标准10个、引用UL标准4个。ANSI家具标准重点在于家具的阻燃性能，共包括17个家具阻燃性能标准，包括装潢家具及其部件、装覆盖饰物、软垫家具、床垫及床上用品、折叠椅的阻燃性能测试，并包括木梯、折叠椅、橱柜五金、运动场的露天看台、橱柜、家用和商用家具、婴儿床、座椅和家具、汽车软垫、床垫及类似用途用软质泡沫材料等家具产品标准及家具材料标准。

② ASTM家具标准　美国试验与材料协会（ASTM）目前制定了涉及4方面100多个家具标准：

a. 家具安全标准　包括婴儿床、婴儿栏杆小床、床铺儿童座椅、豆袋椅、未成年人用弹跳座椅、高脚椅弹簧床、婴儿被垫、柜、门柜和橱柜等家具的安全技术规范。

b. 家具阻燃标准　包括软垫、装饰性家具部件、床垫等的阻燃性能。

c. 家具产品标准　户外用塑料椅子、户外用儿童塑料椅子、户外塑料躺椅等产品标准。

d. 家具材料标准　镀银平镜、家具皮革、家具和汽车软垫，床垫及类似用途用软质泡沫材料——氨基甲酸乙酯、机织装饰物、家具抛光剂、家具装饰织物、机织家具套织物、室内家具编织装饰用纤维、悬挂的装置织物、床垫及箱式弹簧、内弹簧和箱型弹簧、地板覆盖物的纺织材料等的材料标准。

③ BIFMA家具标准　美国办公家具协会BIFMA，是一个由260家办公家具生产、销售和消费公司组成的非盈利性组织，代表了北美办公家具80%市场份额的家具商的利益。BIFMA标准因内容全、技术严格而闻名，赢得世界的广泛认可，到美国的家具都被建议进行BIFMA测试，它代表着产品的安全和质量。

BIFMA5.1～5.7分别针对办公椅、文件柜、沙发、办公桌/台、屏风及小型的办公和家用家具的安全要求和测试内容、方法作了详尽的描述。如BIF-

MA5.1 对于办公椅的测试项目包括：稳定性测试、椅背强度测试、五爪强度测试、沙包自由落体冲击测试、旋转测试摆动机构疲劳性测试、椅座疲劳性冲击测试、扶手强度测试、椅背疲劳性测试、脚轮、五爪疲劳性测试、椅腿强度测试、脚踏板疲劳性测试等，且其要求远高于其他同类标准。

④ 美国涉及家具的主要标准　见表 2-15。

表 2-15　美国主要家具标准清单

标准号	名称
ANSI/ASTM E1474	通过小型耗氧热量计测定装饰家具和垫子组合件或组合材料热释放速率的试验方法
ANSI/ASTM E1537	软垫家具燃烧测试的试验方法
ANSI/ASTM E2320	热环境和室内空气条件下用办公室设施的适用性分类
ANSI/ASTM F1085	船舶舱位用床垫和弹簧床垫用规范
ANSI/ASTM F1178	上釉系统、烘干、金属连接件装置和家具的性能规范
ANSI/ASTM F1550	利用台架规模测定暴力行为后教养院用合成床垫或家具构件火焰试验响应特性试验方法
ANSI/ASTM F1870	评定拘留所和管教所装饰家具着火试验方法选择指南
ANSI/ASTM F2143	冷藏食物餐具架及工作台性能的试验方法
ANSI/BIFMA M7.1	测定从办公家具、部件和座椅中排放出的挥发性化合物(VOC)的标准试验方法
ANSI/BIFMA X5.1	办公家具、通用办公椅　试验
ANSI/BIFMA X5.4	办公家具、休息室座椅测试标准
ANSI/BIFMA X5.5	写字台试验
ANSI/BIFMA X5.6	办公家具、大板系统　试验
ANSI/BIFMA X5.9	办公室储藏用家具标准　试验
ANSI/BIFMA X7.1	低排放办公家具装置和座椅的甲醛和 TVOC 排放物用标准
ANSI/BIFMA/S6.5	小型办公室/家庭办公室家具　试验
ANSI/CPA A135.6	硬纸壁板
ANSI/NFPA 102	支架、折叠和伸缩椅、帐篷和隔板结构的标准
ANSI/NFPA 260	已装潢家具的部件对香烟烟火的阻燃性
ANSI/NFPA 261	已装潢家具材料组件对香烟烟火的阻燃性
ANSI/UL 1315	金属制废纸容器安全标准
ASTM D2097	家具皮革表层挠曲测试的标准试验方法
ASTM D2336	涂料厂对涂覆于木制品的涂层由液态至固态的标准指南
ASTM D2555	建立无结疤木材强度值的标准规范
ASTM D5517	工美材料中金属萃取性测定的标准试验方法
ASTM D5764	木和木基制品榫支承强度评定的标准试验方法
ASTM D5764	木和木基制品榫支承强度评定的标准试验方法

续表

标准号	名称
ASTM D6007	用小型室测定空气中来自木制品的甲醛浓度的标准试验方法
ASTM D6801	艺术品和其他材料最大自发加热温度的测量用标准试验方法
ASTM D6957	测量漆刷子填充材料卷曲度的标准实施规程
ASTM D7016	暴露于明火后床垫的边缘连接组件评定的标准试验方法
ASTM D7023	与家用家具相关的标准术语
ASTM E1352	模型化装软垫的组合家具的抗烟卷点燃性的标准试验方法
ASTM E1353	装饰性家具部件的耐香烟点燃性的标准试验方法
ASTM E1375	作为隔声屏障的家具面板的区间衰减测量用测试方法
ASTM E1474	用小型耗氧热量计测定装饰家具和床垫部件或组件的放热率的标准试验方法
ASTM E1537	软垫家具着火测试的标准试验方法
ASTM E1590	床垫耐火试验标准试验方法
ASTM E1822	折叠椅的着火测试用标准试验方法
ASTM F1004	扩展门和可扩展外罩的消费者标准安全规范
ASTM F1169	全尺寸婴儿床的标准规范
ASTM F1235	便携式钩接式座椅的消费者安全标准规范
ASTM F1427	床铺使用的消费者标准安全规范
ASTM F1550	用实验室耗氧热量计测定遭破坏后修复设施中床垫或家具用部件或合成材料燃烧试验响应特性的标准试验方法
ASTM F1561	户外用塑料椅子标准性能要求
ASTM F1821	婴儿床的消费者安全标准规范
ASTM F1838	户外用儿童塑料椅的标准性能要求
ASTM F1858	户外用带有可调节背或活动靠背结构的多位塑料椅的标准性能要求
ASTM F1870	在滞留和校正设备中评定选择装饰家具的着火试验方法的标准指南
ASTM F1912	豆袋椅安全标准规范
ASTM F1967	幼儿浴室椅用消费者安全标准规范
ASTM F1988	户外用带可调节底座的、有或没有活动臂的塑料躺椅的标准性能要求
ASTM F2050	手提式婴儿床的消费者安全性能标准规范
ASTM F2057	柜、门柜和橱柜标准安全规范
ASTM F2058	家用燃烧蜡烛警示标签的标准规范
ASTM F208	活动式床围栏的消费者安全标准规范
ASTM F2155	扣锁或密封用搭扣和其他固定装置性能的标准规范
ASTM F2194	摇篮车和摇篮的消费者安全标准规范
ASTM F223	软的婴儿运载工具的消费者安全标准规范
ASTM F2285	商用花纹图案变化桌的消费者安全性能标准规范

续表

标准号	名称
ASTM F2367	消费者和公共机构用立式扫帚标签的标准规范
ASTM F2388	家用婴儿可调桌子的消费者标准安全规范
ASTM F2613	儿童折叠椅的消费者安全标准规范
ASTM F381	蹦床的部件、安装、使用和标签的消费者标准安全规范
ASTM F404	高脚椅的消费者安全标准规范
ASTM F966	全尺寸和非全尺寸的婴儿床角柱延伸件的消费者安全规范

2.4.4　欧盟及成员国对家具的安全管理

欧盟对安全产品的定义："安全产品"是指在正常的或可预见的情况下使用并无危险的产品。作为一个涵盖27个国家的国家联合体，欧盟委员会对家具等消费品的质量安全负责监管，它们在职权范围内均参与针对产品的立法、实施和监督工作。

2.4.4.1　欧盟对家具安全的监管机构与职责

到目前为止，欧盟经济价值占世界经济的四分之一，是世界上最大的贸易实体，占世界货物贸易的22.8%，服务贸易的27%，为世界第一大货物出口商。

欧洲是全球家具工业的中心。目前，欧盟27国家具总产值993亿欧元（市场规模1400亿美元），雇员100万人。欧洲家具产量和消费量都占到全球家具总产量和总消费量的40%左右。欧洲许多国家在国际家具贸易中扮演了重要的角色。位于全球十大家具出口国的有4个国家：意大利、德国、法国和丹麦；位于十大家具进口国的有7个国家：德国、法国、英国、比利时、荷兰、瑞典和奥地利。我国对欧盟国家的出口相对集中在英国、德国、法国、荷兰、西班牙、意大利、比利时，以上七国已占到我对欧盟全部出口的80%以上。其中对英国出口最多，其次为德国。

2012年我国家具出口欧盟103.06亿美元，占我国出口家具总量的21%。其中出口英国23.77亿美元，出口德国19.90亿美元，出口法国12.88亿美元。

欧盟层面针对家具等消费品的立法和实施由欧盟健康与消费者保护总司（中文简称消保总司，Directorate General for Health and Consumers，英文简称DG SANCO）负责。现消保总司共有员工960人，其中660人工作地在布鲁塞尔，120人工作地在卢森堡，另180人工作地在都柏林附近。

消保总司现设总司长1名、副总司长1名、总司长助理2名、副总司长助理1名，在总司长层面设立有审计和评估处以及战略和分析处；在副司长层面设立科学和利益方关系处和兽医控制计划处，此外有植物健康政策顾问1名。

欧盟委员会消保总司的职责：目前欧盟委员会在家具等消费品质量安全管理方面的职责和日常工作主要集中在以下几方面：一是在立法层面，即起草制定并报欧盟议会和理事会通过实施家具等消费品安全方面的新法规；二是在司法层面，即督促各成员国有效执行法规、指令等安全法规，组织开展执法活动，并负责相关法律解释；三是在协调层面，即组织欧盟范围内家具安全风险信息交流，协调各国开展风险产品控制和查处，协调各成员国利益，使各国关于家具安全的技术法规尽可能趋于一致；四是在推动层面，以资金投入和人员培训等方式，推动欧盟各国特别是新成员国加强产品安全管理机构建设，同时支持欧盟和各成员国消费者保护组织的发展。

2.4.4.2 欧盟对家具的安全管理

(1) 欧盟技术法规与标准体系

欧盟针对产品的法律体系主要由三大部分组成：①欧盟的基础条约和后续条约，如1987年的《统一欧洲法案》、1992年的《欧洲同盟条约》和1997年的《阿姆斯特丹条约》；②欧盟理事会和委员会制定的各种条例、指令、决定等法律文件；③不成文形式的欧洲联盟法。其中涉及商品技术层面的最常用、最常见的是条例、指令、决定、建议和意见等。

欧盟技术法规通常由欧盟委员会提出、然后经欧盟理事会和欧洲议会讨论通过，然后再颁布实施。目前，欧盟技术法规有2000多个，内容涉及机械设备、交通运输、农产食品、医疗设备、化学产品、建筑建材、通信设备以及动植物检验检疫等许多方面。而涉及安全、健康、环境和消费者保护的新方法指令则是欧盟技术法规的一个重要组成部分。欧盟指令规定的是"基本要求"，即商品在投放市场时必须满足的保障健康和安全的基本要求。而欧洲标准化机构的任务是制定符合指令基本要求的相应的技术规范（即"协调标准"）。符合这些技术规范便可以推定（产品）符合指令的基本要求。

欧盟及其成员国是最先意识到国际贸易中技术性贸易壁垒存在和作用的国家，同时这些成员国也是设置技术壁垒最严重的国家。另外，随着欧盟组织的不断强大，其技术性贸易壁垒也不断完善和统一。欧盟技术性贸易壁垒对国际贸易的影响越来越大。

欧盟及其成员国由于普遍经济、技术实力较高，因而各国的技术标准水平较高，法规较严，尤其是对产品的环境标准要求，让一般发展中国家的产品望尘莫及。仅环境保护指令欧盟现已正式通过了两百多条，且皆在各成员国中成功实施。大多数指令用于防止空气及水污染并鼓励废物处理，其他重大问题包括自然保护与危险工业过程监管。欧盟十分关注运输业、工业、农业、渔业、能源业及旅游业发展对自然资源的破坏。以欧盟新方法指令中的89/106/EC指令为例，对进入欧盟市场的建筑产品中的木质材料，不但要求检验木质材料的常规性能、甲醛、五氯苯酚、包装等，还对产品的生产流通过程中的卫生、环保条件和废物回收等方面提出严格要求。

欧盟不仅有统一的技术标准、法规，而且各国也有各自的严格标准，它们对进口商品可以随时选择对自己有利的标准，从总体来看，要进入欧盟市场的产品必须至少符合或达到三个条件之一，即：①符合欧洲标准 EN，取得欧洲标准化委员会 CEN 认证标志；②进入欧盟市场的生产厂商，要取得 ISO 9000 体系认证；③与人身安全有关的产品，要取得欧盟安全认证标志 CE。欧盟明确要求进入欧盟市场的产品凡涉及欧盟指令的，必须符合指令的要求并通过一定的认证，才允许在欧洲统一市场流通。加贴了 CE 标志的商品表示其符合安全、卫生、环保和消费者保护等一系列欧洲指令所要表达的要求。

在技术标准、法规方面，德国目前应用的工业标准约有 1.5 万个，其他标准有 1.2 万个，虽然这些标准并非全部属于强制性规定，即并非要求进口商品全部符合这些标准，但许多德国客户喜欢符合这些标准的商品，因而进口产品是否符合德国工业标准，实际上已成为推销产品的一个重要因素。除工业标准外，德国法律规定，某些进口产品必须符合特别安全规定或其他强制性技术要求，例如，LMBG（Lebensmittel-und Bedarfsgegenstaende-Gesetz）、BGVO（Bedarfsgegenstaendererordnung）是德国《食品与日用品法》和《日用品法令》的简称，是德国食品和日用品卫生安全管理方面最重要的基本法律文件，是其他专项卫生法律、法规制定的准则和核心。它们做了总的和基本性的规定，所有在德国市场上的食品、日用品都必须符合 LMBG、BGVO 的基本规定。与食品接触的日用品通过测试，符合德国《食品与日用品法》第三十条和三十一条的，可以得到授权机构出具的 LMBG 检测报告证明为“不含有化学有毒物质的产品”，并能在德国市场销售。英国法律规定所有在英国销售的软体家具必须符合英国防火安全技术法规要求，标签上应说明。法国政府规定，凡进口或在法国销售的所有进口木质产品防腐剂必须符合法国政府颁布的木质产品防腐处理 NFB 51-297—2004 强制性标准，所有进口玩具必须符合政府颁布的 NFS 51-202 和 NFS 51-203 法令中强制性安全标准。

欧盟及其成员国对卫生、安全技术要求不尽相同，质量一般要求较高，对涉及安全、生态环保、卫生等方面的要求特别严格，如对不同形态软体家具的耐燃性安全要求特别严格。软体家具使用的材料必须满足欧共体建筑产品的指令和各种防火试验，对软体家具有统一的防火安全规则。意大利制定了旅馆家具覆盖物、褥（垫）和地板覆盖物等纺织品的安全法规。英国、爱尔兰制定安全法规的依据是香烟试验和火柴试验，并禁止使用聚氨酯材料。在质量标准方面，欧洲共同体规定进口商品的质量必须符合 ISO 9000 国际质量标准体系的规定。随着欧盟对食品安全和消费者健康安全的日益重视，有关安全、卫生、环保和消费者保护的技术法规、标准也将越来越严格。如最近欧盟通过的 REACH 制度（《关于化学品注册、评估、授权与限制制度》），从 2007 年 4 月 1 日起正式生效。这是一个空前的绿色贸易壁垒，中国的制药、农药以及广泛应用化学品的纺织、服装、鞋、玩具、家具等下游产业都将受到牵连，如家具在生产过程中因使用到许多化学用品而受到 REACH 制度的约束。

(2) 欧盟涉及家具的主要技术法规

① 通用产品安全指令 2001/95/EC（The General Product Safety Directive，GPSD） 2001 年，欧共体部长理事会通过了一项决议，即 2001/95/EC 指令，要求对输入欧共体的产品加强安全检查，不管从哪个成员国的口岸进来，均需根据统一标准接受安全和卫生检查，任何一个海关，只要在检查时发现进口的产品不符合欧共体的标准，可能会危及消费者的健康和安全，不仅有权中止报关手续，还应该立即通知其他海关口岸。这就是近几年来出现土耳其等一些欧洲国家加强了对我出口产品海关检查的主要原因，以前是未出现过此种现象的。欧盟主要加强对进口玩具、食品、药品、自行车、家具、灯具等日用消费品的卫生、安全检查。

GPSD 共有七章、二十四条、四个附件，界定了产品安全等基本概念，规定了产品安全基本要求、合格评定程序和标准的采用，明确了产品生产、经营者以及各成员国关于产品安全的法律责任。同时，它还规定了风险产品的信息交流和对风险产品采取的紧急措施，决定由各成员国主管机构组成欧盟食品安全委员会，并规定了委员会的工作职责和程序。GPSD 目的是为了确保欧盟市场产品的质量安全，即确保投放在欧盟市场上的产品在正常或可预见的条件下使用时不会出现危险，并将产品附带的风险提醒使用者或消费者，从而保护消费者的健康安全，同时促进欧盟内部统一市场的正常运行。其适用于一切消费产品或可能被消费者使用的产品。GPSD 是一系列产品安全专门法规的基础，从产品风险控制、产品安全责任等方面对这些专门法规进行了补充和完善。

a. 2001/95/EC 指令关键内容（摘要）

(a) 只允许符合安全标准的产品进入市场；

(b) 产品符合成员国的国家法律规定或自愿性执行国家标准，才可视为符合安全；

(c) 产品如未能通过一般安全条例而引致风险，生产商及分销商必须向执法机关汇报；

(d) 生产商必须于情况需要时，有效处理回收工作；

(e) 分销商必须保存文件纪录，以便发现不安全产品时，可追踪产品的流向或来源；

(f) 如有需要，执法机关可下令进行产品召回；

(g) 在紧急措施执行期间（例如产品召回），有关产品不得从欧盟地区出口。

b. 解读 根据通用产品安全指令规定，生产商或流通者有责任确保在市场上销售的产品均属安全（符合安全要求）。这项规定适用于在市场销售的所有产品，或以其他方式向消费者供应的一切产品。有关当局或法庭（倘有争议）须根据下列几项因素确定产品是否安全：

(a) 产品的特点，包括成分、包装以及装配、安装及保养说明；

(b) 外观，包括标签、有关使用及弃置的任何警告或说明以及任何其他说明或资料（如生产商资料）；

(c) 产品可能对其产生危险的消费者类别（儿童或长者）。

生产商必须承担责任，确保在市场供应及销售的产品安全可靠，例如提供资料及警告。此外，假如产品可能引起危险，生产商必须采取适当行动，例如将产品从市场收回、给予消费者足够或有效警告，或向消费者收回产品。

《欧盟通用产品安全指令》(2001/95/EC) 在欧盟内是一项规章性的指令。这指令适用于在欧盟规定中没有适合的产品安全规定的情况下以确保在市场上销售的产品都是安全的。如果产品已存在具体的产品安全法律要求，例如欧盟内的《玩具指令》，那么，《欧盟通用产品安全指令》将仅适用于这《玩具指令》中没有涉及的产品危险。如产品出现欧盟指令中没有涉及的产品危险，有关机构单位可根据《欧盟通用产品安全指令》阻止这些不安全产品的流通。

(a) 产品　《欧盟通用产品安全指令》适用于消费者在可预见或无意间的情况下有可能使用的产品。并包括在提供服务过程中使用的产品安全。例如，健身中心供消费者使用的健身设备就是在提供服务过程中使用的产品。

(b) 安全产品　"安全产品"是指在正常的或可预见的情况下使用并无危险的产品。

生产安全产品时，应尤其注意以下内容：

• 产品特性，包括产品的成分、包装、组装说明及如需要，可附安装及保养说明；

• 在可预见情况下，与其他产品一起使用时对该产品的影响；

• 产品介绍，即任何有关产品使用及处理的警告和说明，任何涉及产品的指示或信息；

• 消费者类别或年龄组别，尤其是使用产品时较易遭受危害的类别，如儿童和老人。

(c) 安全评估　生产安全产品应遵循以下步骤：

• 在没有明确的欧盟安全法律规定的情况下，产品生产应遵守所在销售地的国家安全法律。

• 在销售国没有国家安全法律的情况下，产品生产应遵守相关的《欧洲共同体公报》刊登的欧洲标准。

• 在没有相关的《欧洲共同体公报》刊登的欧洲标准的情况下，安全评估应考虑如下因素：

* 由相关欧洲标准译制的自愿性的国家标准；

* 产品销售地的国家标准；
* 根据欧盟建议及指引进行产品安全评估；
* 产品安全法则和产品相关领域的良好生产及设计规范；
* 技术发展水准；
* 消费者对产品安全的合理的期望。

在上述因素均具备，盟国仍有可能会对危险产品的销售进行限制。

《欧洲共同体公报》刊登的欧洲标准：

随着《欧盟一般产品安全指令》的颁布，《欧洲共同体公报》有可能刊登根据《欧盟一般产品安全指令》制定的相关的欧洲标准。这些被刊登的标准均为《欧盟一般产品安全指令》的共识标准。如果某产品符合了这一标准，那么该产品即被认为是安全产品。

2006年7月22日，欧委员公布了第2001/95/EC号指令（通用产品安全指令）的欧洲安全标准清单，取代以前公布的所有官方标准清单。有关标准由欧洲标准化组织按欧委会指示制定，2011年4月23日，欧盟更新了指令下的最新标准清单，共覆盖23类产品（如家具、儿童专用护理用品、奶咀、儿童服装、运动设备、自行车、打火机等）。家具属于该指令的管辖范围：

公布的新欧洲安全标准清单（家具部分）：

• 户外家具——供露营、家居使用及租用的桌、椅——第1部分：一般安全规定（参照欧洲标准化委员会EN 581-1）；

• 家具——折叠床——安全规定及测试——第1部分：安全规定（参照欧洲标准化委员会EN 1129-1）；

• 家具——折叠床——安全规定及测试——第2部分：测试方法（参照欧洲标准化委员会EN 1129-2）；

• 家具——家用童床及摇篮——第1部分：安全规定（参照欧洲标准化委员会EN 1130-1）；

• 家具——家用童床及摇篮——第2部分：测试方法（参照欧洲标准化委员会EN 1130-2）。

② 欧盟新方法指令　在欧盟统一市场建立过程中，为了消除各成员国间的众多繁杂不一的贸易技术壁垒，规范和协调其成员之间的技术法规和标准，1985年5月，欧盟颁布实施了《技术协调和标准化新方法》，并相继出台了一系列指令，即“新方法指令（The New Approach Directives）”。新方法指令是欧盟委员会依据CE条约（欧共体条约）第95条的规定，按照新方法的原则和要求提出指令建议，由理事会和欧洲议会启动立法程序，并依据CE条约第251条规定的联合决策程序批准的欧共体技术法规。目的是履行与欧盟有关的条约上的义务。

根据规定，新方法指令的效力是以成员国执行为条件，在指令被批准、公布后，成员国应在规定的期限内，通过国内立法程序，将指令规则过渡、转化为本国法律。同时规定，各成员国必须采取适当的实施措施，确保得到充分的贯彻，并将所采取的措施通告欧盟委员会。如果成员国在过渡期内没有采取措施、或没有采取正确的措施或没有转换指令，均属于违反欧共体法律的行为。

新方法指令属于完全协调化的指令，成员国在进行转换时，必须废除所有与之抵触的本国法律法规。另外，原则上不允许成员国保留或引入超越指令要求的更为严格的措施。当然，成员国可依据 CE 条约的有关规定，出于保护工人、其他用户或环境的目的，对特殊产品的投放市场和投入使用可保持或采取附加的国家规定，但这些规定不得要求对符合相关指令规定的产品进行改造，也不得影响其在欧共体市场投放和投入使用时的条件。

新方法指令协调一致的只限于基本要求。“新方法指令”规定的一个重要原则就是只规定有关安全、健康、消费者权益及可持续发展的基本要求。这些基本要求包括了实现指令目标的必要内容，是强制性的，其宗旨是规定和确保对使用者有严格的保护。

只有满足基本要求的产品方可投放市场或投入使用。产品只有满足了基本要求，在正确安装、维护适宜，并按设计目的使用时，才不会危害人身安全和健康、不损害相关指令所涉及的其他利益，才具备了在欧盟市场上投放和投入使用的基本条件。

新方法指令不仅规定产品必须满足的基本要求，还规定其他相关市场准入条款，包括投放市场前应采取适当的合格评定程序、加贴 CE 标志等。因此，产品满足了基本要求，只是“可”但还不能投放市场和投入使用，必须完全满足了指令的所有相关条款要求，才能投放市场和投入使用。

在新方法指令批准后，欧盟委员会协议要求欧洲标准组织组织制定详细的参考性技术标准，由欧盟委员会批准，这些参考性技术标准主要表现为协调标准。协调标准对指令所确立的基本要求提供可担保程度的保证，为指令的实施提供技术支撑。因此，新方法指令赋予协调标准以特殊的法律地位：协调标准可直接作为符合相关指令基本要求的推论，也就是说，满足了协调标准，就可推论为满足了相关指令的有关基本要求，而其他标准或技术规范一般不具备这一效力。新方法指令中的建筑产品指令（Directive 89/106/EEC）涉及的协调标准有 50 多个。

新方法指令规定，产品加贴 CE 标识前，必须按照相应指令规定的合格评定程序进行合格评定，确保新方法指令的执行得到验证和确认。制造商通过合格评定程序来声明产品与指令规定的相符合。根据全球方法及补充文件，合格评定程序被划分为 8 种基本模式［即：内部生产控制、CE 型式试验、符合型式声明、生产质量保证、产品质量保证、产品验证、单元（单件）验证和完全质量保证］和 8 种变种模式，这些模式可以任何方式结合，从而形成了新方法指令中采用的合格评定程序基础。

产品投放市场前必须加贴CE标志。CE标志是欧盟理事会强制性实施的一种安全合格标志，是产品符合新方法指令规定的有关安全、健康、环境保护以及保护消费者基本要求的、且实施了指令规定的合格评定程序的特殊证明。新方法指令范围内的绝大部分产品，无论是否由欧盟成员国生产，在欧共体市场投放和投入使用前都必须贴附CE标志（除非特殊指令另有要求）。产品一经贴附CE标志，则表示贴附CE标志或对贴附CE标志负有责任的责任人声明该产品符合欧共体所有适用的规则，并且已完成必要的合格评定程序。产品接受合格评定程序，并且确保符合所有指令的规定后，才能贴附CE标志；CE标志必须由制造商或其在欧共体的授权代表自行加贴，不需要任何官方当局、认证机构或测试试验机构核发，同时，必须对CE标志的正确性或合理性负责；成员国不得引入表示符合CE标志相关目标的其他合格标志；投放市场的产品上，不能使用与CE标志在图形相类似的其他标识；CE标志应贴附到产品上、或者包装上，或所附的文件上，并确保容易读、可见、坚实耐磨损。

到目前为止，欧盟一共颁布了24个新方法指令，其中包括玩具安全指令、建筑产品指令89/106/EEC。

③ 建筑产品指令89/106/EEC　建筑产品指令（89/106/EEC，CPD-construction products directive）是1988年12月21日颁布、并于1992年12月31日前实施的新方法指令之一。指令中对建筑产品的定义是“包括建筑物和土木工程制品在内的建筑场所的永久性装用的产品”。指令的基本要求涉及以下6个方面：机械强度和稳定性、消防安全、卫生、健康及环境、使用中的安全、噪声防护、节能与保温。

这些要求综合反映了欧洲地理与人口特点以及欧洲人的文明程度、文化观念和环境保护意识，正是由于这些因素促使他们十分重视建筑物及其内部用品的质量和性能。依规定EC各成员国须在1991年6月27日前将建筑产品指令纳入各自的国家法规中。目前，EC成员国都设立了与之相应的建筑产品的试验与认证机构。由某一成员国签发的合格证书为EC各国所承认。合格证书表明了产品的安全、可居住性、安装、适用性、质量、耐久性和维护等性能符合有关要求、是可接受的。合格证书是发给企业生产的某一产品的，该产品的生产过程应接受独立的质量控制监督。生产企业有责任保证指令的所有条款获得彻底实施。依建筑产品指令制定的CNE与ELEC标准，其产品的认证应符合EC型式试验和认证的有关政策。CE认证为厂家的一致性评估提供了具体的程序和模式。模式的选择依EC有关的要求而定，产品符合要求的声明一般情况下由指定机构作出，个别情况亦可由企业自身作出。一旦满足了要求，产品就可获准使用EC合格标志（CE）。

CE认证名义上是欧洲联盟所推行的一种产品标签，实际上是欧盟在WTO规则允许条件下，实施的一种合法的市场保护技术壁垒。按照欧盟建筑用人造板产品准则 89/106/EEC 的规定，从 2004 年 4 月 1 日起对建筑用人造板产品强制实行 CE 认证制度。凡是欧盟以外国家向欧盟成员国地区销售的建筑用人造板产品，都必须获得 CE 认证。

国内企业开展产品 CE 认证，主要在于两个方面，一是攻克欧盟 CE 标志设置的技术壁垒，为产品通向欧盟市场打通脉络、减少障碍；二是借鉴、参考欧盟市场成功的企业经营管理模式、产品质量控制标准的严谨性等多方面，全面提升我国人造板企业产品生产的全过程管理，提高产品品质，向国际接轨、做大做强，牢固树立中国企业品牌，适应未来经济发展形势的需要。

④ 木材防腐剂五氯苯酚限制指令　欧盟对木材防腐剂五氯苯酚的限制指令包括了 89/106/EEC、91/173/EEC、1999/51/EC 等。这几个指令规定，用五氯苯酚防腐剂处理的木材不能用于：建筑室内使用于装饰或其他目的（居住、使用、休闲）；制造有更多用途和任何可回收使用的容器，和制造任何可回收的食品包装和材料，这些食品包装和材料可能接触或污染与人类或动物的食品接触的原材料、媒介物和制成品或家具中。

在木材处理中。

经过处理的木材不可用于：

a. 在建筑物内，不管是装饰用途还是其他任何用途（居住、租用、休闲）。

b. 下列用途的加工、利用及再生：

（a）用于生长的容器；

（b）可能与人或动物所消费的原材料、媒介物、制成品接触的包装；

（c）可能污染上述（a）和（b）提及产品的其他材料。

浸入纤维或纺织品后任何情况下不可用于服装或装饰用品；

对特殊的例外，成员国可以在针对个案的基础上，诸如对文化、艺术、历史价值的建筑，授权在其领土上，由专业的专家对被腐败菌和真菌感染的木材采取补救措施。

在任何情况下：

五氯苯酚单独或作为制品的组分使用时，在上述例外的框架下，总的 HCDD 含量必须不超过 2×10^{-6}。

此类物质或制品不可：

a. 进入市场，除大于或等于 20L 的包装之外；

b. 售与普通大众。

为不损害执行欧盟关于危险物质和制品的分类、包装、标签的规定，此类制品的包装应作如下的清晰不易磨损的标记：

1999/51/EC 指令（有机锡化合物、五氯酚、镉限制指令）；

该指令明确限制了木材杀菌防霉剂中的有机锡化合物的限量：TBT$\leqslant0.5\times10^{-6}$；1999/51/EC 和 91/338/EC 指令中规定涂料中重金属镉：Cd$\leqslant$0.01%。

⑤ 木材防腐剂杂酚油限制指令 76/769/EEC、2001/90/EC　2001/90/EC 指令中明确规定了木材防腐剂杂酚油在工业用途（如枕木、电线杆等）中的有害物质限量：苯并［*a*］芘质量分数低于 0.005%；水溶性酚质量分数低于 3%；同时规定，用防腐剂杂酚油处理过的木材不可用于下列用途：室内，不管何种用途；玩具；操场上；存在皮肤频繁接触风险的公园、花园、户外娱乐休闲设施；在加工花园设施，如野餐桌等；包装材料上等。

⑥ 木材防腐剂禁砷指令 2003/2/EC　经常与无机砷接触，可能危害人的健康。欧盟毒性、生态污染和环境科学委员会（CSTEE）的风险评估认为，使用含有铜、铬、砷等木材防腐剂处理的木材对人身健康存在威胁；在运动场所使用铬化砷铜（CCA）处理的木材对儿童健康存在威胁；使用 CCA 处理的木材对特定海域的水环境也存在风险，并将使用 CCA 处理的木材废料归类为危险性废料。CSTEE 认为，砷不仅具有遗传性，还是一种致癌物质，并且可以认为致癌物质的影响是没有界限的。为此，2003 年 1 月 6 日，欧盟委员会通过了 2003/2/EC 指令，严格限制经过砷防腐处理的木材进入市场，这项指令于 2004 年 6 月 30 日起生效。规定要求所有防腐处理过的木材、木制品在投放市场前，需加贴标签“内含有砷，仅作为专业或工业用途”。另外，包装上也应该加贴标签“在搬运这些木料时，请戴上手套；在切削这些木料时，请戴上口罩并保护眼睛，这些木材的废料应作为危险性废料，经过授权后进行适当处理”。而且禁止在以下方面的使用：无论何种用途的家用木制品；任何可能存在皮肤接触风险的设备；农业上用于牲畜的围栏；在海水中；可能接触到人畜使用的木制品或其半成品；不可用于任何用途的工业用水处理。

⑦ 挥发性有机物限制指令 1999/13/EC　本指令的目的在于防止和减少挥发性有机物释放到环境——主要是空气中的直接和间接影响，和对人类健康的潜在危害，通过对附件Ⅰ定义的活动实施提供的措施和程序，尽量使其在高于附件Ⅱ列出的溶剂消耗标准的条件下运作。范围包括了胶黏剂、涂层、木制品制造、皮革制品、鞋类制造、涂层制剂、清漆、油墨和胶黏剂的生产、木材中添加防腐剂的活动等。

⑧ REACH 法规　欧盟议会和理事会法规 No 1907/2006/EC《化学品注册、评估、许可和限制制度》（简称 REACH 法规），于 2006 年 12 月颁布，2007 年 6 月 1 日开始正式生效，2008 年 6 月正式运行。这项法规是欧盟关于管理化学品注册、评估、授权和限制的一个新法规，也是一项涉及产品质量、人体健康和生态环境安全的新型技术性贸易措施。该法规主要包括注册、评估和许可 3 个管理监控系统，适用于欧盟市场上约 3 万种化工产品和其下游 500 多万种制成品，这些制成品主要涉及纺织、轻工、制药等领域。法规正式运行后，凡在欧盟境内生产的、用于出口的和从国外进口的所有数量超过每年 1t 的化工产品及其下游制品，都必须按照其所含化学物质的成分进行注册并被许可，同时要证明产品所含

化学物质不会对人体健康和环境产生危害风险，才能在欧盟市场流通。其中销售和使用特定的高度关注的化学物质，需要申请特别的授权，含有可能造成人体健康和环境危害风险的产品将会被彻底限制进入欧盟所有市场。由于大多与食品接触竹木制品在生产过程中会使用防腐剂、胶黏剂、油漆等化学品，属于下游制品，因此该法规也将对输欧与食品接触竹木制品产生一定影响。

家具制造业作为化工产品的下游产业，在加工中所应用的胶黏剂、油漆等化工产品都在 REACH 法规的约束中。产品中某些化学物质需要注册和评估的要求将对我国这些最终产品的出口产生重大影响，且一旦某些化学物质被欧盟禁止，最终产品的出口将受到冲击。因此，家具出口企业必须高度重视 REACH 法规所带来的影响。对于家具生产企业特别要关注 REACH 法规第 8 篇“对某些危险物质、混合物、物品在制造、投放市场和使用过程中的限制”的规定，任何物质，不管是其本身或含在混合物、物品中，只要该物质的使用对人类健康和环境具有不可接受的风险，都必须在欧盟范围内进行限制。

REACH 法规附件ⅩⅦ中列出了具体限制的物质清单和限制条件。2009 年 6 月 22 日，欧盟委员会为了将已作废的 76/769/EEC 指令附件Ⅰ中的限制条款转移到 REACH 法规附件ⅩⅧ：“确认持久性、生物累积性和毒性物质及高持久性和高生物累积性物质的标准”之中。之后，欧盟委员会又多次对法规附件ⅩⅦ限制物质进行修订，目前该附件中共涉及 58 类限制物质，涉及家具方面的限制物质有重金属铅、铬、木材防腐五氯苯酚、含砷化合物、增塑剂（DEHP，BBP 及 DBP)、短链氯化石蜡等。

所谓高关注物质是指对环境、人体毒性较大且风险高的化学物质。根据化学品的注册、评估、限制和授权（REACH）法规，高关注物质（SVHC）是除了限制物质以外需要加以控制的有害物质（附录ⅩⅧ）。它们是第 1 和 2 类致癌、致诱变、致生殖毒性物质（Cat. 1 and 2 CMR）；持久性、生物累积性、毒性物质（PBT）；高持久性、生物累积性物质（vPvB）或需相等关注物质（如：扰乱内分泌物质）。由于供应链和生产过程的复杂性，SVHC 可能会不经意地被引入到各种各样的原料、半成品、成品中。

⑨ 有机锡化合物限制指令 2009/425/EC　2009 年 5 月 28 日，欧盟通过了 2009/425/EC 决议，进一步限制对有机锡化合物的使用。决议 2009/425/EC 指出自 2010 年 7 月 1 日起欧盟将在所有消费品中限制使用某些有机锡化合物。新的欧盟指令（2009/425/EC）关注的三取代基有机锡化合物（TBT&TPT），二取代基有机锡化合物（DBT&DOT），被广泛地应用于消费品中。例如鞋的内底、袜子和运动衣的抗菌整理，聚氨酯泡沫生产过程中的添加剂，PVC 生产过程中的稳定剂或硅橡胶生产过程中的催化剂等。由于有机锡化合物对人类健康和环境都会造成不良的影响，因此含有机锡化合物的产品被严格地限制。

⑩ 富马酸二甲酯限制指令 2009/251/EC　2009 年 3 月 17 日，依据 GPSD 指

令的第13条，欧盟委员会通过了《要求各成员国保证不将含有生物杀灭剂富马酸二甲酯（DMF）的产品投放市场或销售该产品的决定》（2009/251/EC），要求自2009年5月1日起，欧盟各成员国禁止将DMF含量超过0.1mg/kg的消费品投放或在市场上销售，已投放市场或在市场上销售的含有DMF的产品应从市场上和消费者处回收。该决定为过渡性指令，有效期截至2010年3月15日。期间若未发现更好的解决方案，欧委会将考虑延长执行（目前已延长至2012年）。富马酸二甲酯（DMF）常用于皮革、鞋类、纺织品、木竹制品等保存、运输过程中的杀菌防霉处理。人体接触、吸入或摄取后会对皮肤、眼睛、黏膜和上呼吸道产生刺激甚至伤害。多见于放置在皮鞋或鞋盒、箱包内或皮沙发内的干燥袋、防霉片、防潮袋中。因此，出口欧盟市场的皮鞋、沙发、皮革制品等消费品中禁止使用DMF。

迄今为止，由于产品中富马酸二甲酯（DMF）超过限值，欧盟各国已发起了60多起召回。其中，沙发、座椅与鞋类等占召回总量的九成以上。

⑪ 软体家具中的禁用含溴阻燃剂指令（79/769/EEC、83/264/EC、2003/11/EC） 该指令规定，禁止使用和销售五溴联苯醚或八溴联苯醚含量超过0.1%的物质或制剂。同时，任何产品中若含有含量超过0.1%的上述两种物质也不得使用或在市场上销售。

该指令要求所有成员国在2004年2月15日前将此禁令转化成本国的法律、法规或行政命令，并且最迟不晚于2004年8月15日付诸实施。

⑫ 欧盟木材法案 “欧盟木材法规（规则）”是英文European Union Timber Regulation的缩写。欧盟委员会早在2003年便已开始了相关保护森林资源、促进森林资源可持续发展的立法工作并逐步推进，在2010年10月20颁布了木材法规EU No.995/2010，这是一个强制性法规，于2013年3月开始生效，明确了将木材和木制品投放市场的进口商的义务。欧盟木材法规EU No.995/2010主要内容包括：欧盟木材法规基本要求；认证计划的作用；怎样强制实施欧盟木材法规；实施这个法规的时间表。

欧盟于2012年7月6日颁布了该法规的实施细则EU No.607 /2012。该细则包含了对运营商的相关要求、风险评估工作相关程序、对监督机构的相关规定等内容。

欧盟木材法规要求所有出口到欧盟的木制品都要有相关的合法来源证明，即要求将使所有大小型森林公司、第一级和第二级木材加工商、木制品的外贸商和零售商们必须承担执行尽责调查的法律义务，最大程度地证明他们所经营的产品是按照原产国相关法规合法采伐的。但并不是说必须要有FSC认证，FSC只是其中的一种，欧盟目前也没有明确具体的要求。法规要求进入欧盟市场的木材及木制产品的企业承担一种义务，即能证明木材不是来自非法采伐的森林。它还对欧盟内部的从事这些产品贸易的机构提出了要求。

a. 法规的基本要求 该法规的基本要求为，对进入欧盟市场的木材制品的第一个订（供）货人（定义为“运营人”）实行“尽责调查”程序，以最大限度地减少来源于“非法采伐”木材制品进入欧盟市场的风险。但是，在欧盟内部采购的贸易商并不要求进行“尽责调查”，不过必须保存从其他机构运输过来的记录。

b.“尽责调查”程序 为了符合欧盟木材法规，要求每一个运营者执行记录制度，进行“尽责调查”。这可以是他们自己已经建立的制度，或者是由第三方制定的制度。所有相关的记录必须保存5年，如果需要的话还必须提供合格的证据。但是向一般公共部门和最终消费者的销售记录不属于该项法规规定的范围。

欧盟木材规则制定的“尽责调查”制度包含3要素：资料、风险评估程序和风险减轻程序。资料包括：

（a）产品描述。

（b）树种（常用名称和拉丁文学名）。

（c）采伐地的国家和可能应用的地区/在这个国家的特许采伐权（相当于准采证之类的政府许可证明）。

（d）数量，或以材积、重量或某个单位的数量来表述。

（e）供应商（至运营者）的姓名和地址。

（f）贸易商的姓名和地址（至接受木材/木基制品的人）。

（g）表述符合（出产木材/木制品地区的国家的）森林法规的文件。

（h）常用名称，特别是俗称可能形成混乱，在可能的情况下根据 BS EN 13556《原木和锯材》标准用学名表示，以对树种提供更准确的资料，在欧洲使用的木材术语可以在木材名称上提供指导。

c. 风险评估程序 风险评估程序的目的是一个含有木材的产品可能存在非法采伐的风险，应该评估以下方面：

（a）以合用的法规即核查、鉴定计划，FLEGT 许可，CITIES 许可等来保证符合性。

（b）特殊树种非法采伐的普遍性。

（c）在资源国/资源国中的地区的非法采伐活动的普遍性。

（d）对原产国的任何制裁/武装冲突。

（e）供应链的复杂性，即锯材的采购，很明显，来自单个锯木厂的单块木材可以直接拿去评估，但是一个带抽屉的衣柜，它的零部件可能来自好几个工厂或者好几个锯木厂，甚至可能来自不同的国家，这就使问题复杂得多。如果评估程序和相关的书面证据表明从非法采伐来源地来的家具的风险是可忽略不计的，那么它就可能引入欧盟市场。但是如果存有疑问，还必须进入“风险减轻”程序。

d. 风险减轻程序 为了最大限度地降低从非法采伐来源地来的家具的风险，这个制度设计了进一步采取的措施和程序，必须提供或进行：

（a）附加资料；

(b) 附加文件;

(c) 第一方(指供货方)走访和核查;

(d) 第三方核查。

(3) 欧盟对家具产品的主要标准

欧盟成员国均有自己的国家标准，如德国的 DIN、意大利 UNI 标准、英国 BS 标准、法国 NF 标准等。德国的技术标准是由德国标准研究院(Deutsches Institut fuer Normung e. v. DIN)公布的 DIN 标准。德国是欧洲标准组织重要成员国，它规定凡是来自国际标准组织、有欧洲采纳为欧洲标准的国际标准，必须成为德国标准，其标志为 DIN-EN-ISO。同时，DIN 可以直接将其认可的国际标准收进 DIN 标准，标志为 DIN-ISO。同时，德国标准是世界上最严格的标准之一，非常注重保护自然环境和消费者健康，德国政府参照欧盟有关规定制定了一系列法律、法规。例如在皮革业，德国政府率先于 1994 年推出关于禁止使用对人体有害的偶氮染料的规定，并于 1996 年 4 月正式实施。正是在德国的影响下，欧盟于 2002 年 9 月颁布了 2002/61/EEC 指令，在整个欧洲全面禁止使用偶氮染料以及使用了偶氮染料的皮革、皮革制品以及纺织品。

欧盟家具标准 EN 有 148 个；DIN 是德国的标准化主管机关。DIN 共制定了 138 个家具标准，其中起草 48 个标准，采用 EN 标准 68 个，采用 ISO 标准 4 个，采用 VDE 标准 3 个；AFNOR 是法国标准化协会的简称。AFNOR 共制定了 40 个家具标准；BSI 是英国标准协会的简称。BSI 共制定了 153 个家具标准，其中起草 52 个标准，采用 EN 标准 87 个，采用 ISO 标准 4 个。

欧洲标准组织非常重视产品安全的规定和检测方法标准的制定，产品质量标准相对较少。欧盟主要家具标准目录，见表 2-16(标准年份以最新版本为准):

表 2-16 欧盟主要家具标准清单

标准号	名称
BS 1186-3	细木工用木材与制品质量　第 3 部分:门窗框类细木工及其固定规范
BS 1694	医院儿科病床规范
BS 1765-1	医院床头柜规范　第 1 部分:医院用一般用途床头柜
BS 1765-2	医院床头柜规范　第 2 部分:可挂日常衣物的一般木制床头柜
BS 1895	医院用有轮金属架屏风规范
BS 1979	精神病院用病房床架规范
BS 2099	医院设备用脚轮规范
BS 2483	跨床式小桌规范
BS 2838-1	诊查床　第 1 部分:固定高诊查床规范
BS 2992	当局机构和公共机关油漆工和装饰工用刷子(填料质量除外)规范
BS 3044	办公室家具设计和选择的人类工效学原理指南
BS 3129	家具用胶乳泡沫橡胶部件规范

续表

标准号	名称
BS 3173	床垫用弹簧组合件规范
BS 3475	医院用碗架规范
BS 3622	医院一般用途凳子和麻醉师用椅子规范
BS 3962-1	木制家具漆面的试验方法　用85°角的镜面光泽测量做低角度眩光的评定
BS 3962-5	木制家具精整试验方法　第5部分:表面耐冷凝油和脂肪性评定
BS 3962-6	木制家具精整试验方法　第6部分:耐机械损伤性评定
BS 4438	文件柜和悬挂式文件袋规范
BS 4680	小衣柜规范
BS 4723	装饰家具用弹性罩布规范
BS 4751	活动卫生椅
BS 4875-1	家具的强度和稳定性　家用座椅结构的强度和耐久性要求
BS 4875-5	家具的强度和稳定性　家用和定做用桌子及小台车的强度、耐用性和稳定性要求
BS 4875-7	家具的强度和稳定性　家用和定做储藏家具.性能要求
BS 4875-8	家具　家具的强度和稳定性　测定非家用储存家具稳定性的方法
BS 4948	室内装饰织物的身体接触可见污染度的评定方法
BS 5128	形象艺术用薄膜尺寸规范
BS 5223-3	医院用床褥规范　第3部分:聚氨基甲酸乙酯软枕
BS 5223-4	医院用床褥规范　第4部分:覆盖尼龙的聚氨基甲酸乙酯床垫罩
BS 5459-2	办公室家具的性能要求与试验规范　体重在150kg和其以下人员坐的,每天使用时间达24h的办公室脚踏椅型号批准试验,包括单个部件
BS 5852-1	家具的防火试验　第1部分:座椅软垫合成物燃烧材料可燃性的试验方法
BS 5852	用闷燃和燃烧点火源对软座进行易燃性评价的试验方法
BS 5852-2	英国标准的家具用防火试验　第2部分:用燃烧源测定座椅用软垫合成物可燃性的试验方法
BS 5873-4	教育用具　第4部分:教育机构用储存柜强度及稳定性规范
BS 6222-3	家用厨房设备　表面光饰的耐久性及表面处理和边饰材料附着力的性能要求规范
BS 6222-5	家用厨房设备　第5部分:半岛状厨房用具、岛状厨房用具和早餐台的强度要求和测试方法
BS 6261	装饰性家具构件之间的配合及应用评估方法
BS 6807	一次和二次点火源燃烧类型床垫、装饰沙发床及装饰软床座可燃性评估的试验方法
BS 7176	采用测试复合料的非家用座椅用装饰家具的耐燃性规范
BS 7423	床身长度不小于900mm的儿童旅行帆布床安全要求规范
BS 7972	家用儿童床护栏的安全要求和试验方法
BS 8474	家具　带电力驱动支持表面的椅子　要求

续表

标准号	名称
BS CWA 14249	FunStep(家具产品和商业数据) FunStep应用参考模型 ARM
BS CEN/TS 14175-5	通风柜橱 安装和维修推荐标准
BS CEN/TS 15185	家具 表面耐摩擦性评定
BS DD CEN/TS 15186	家具 表面耐擦伤性的评定
BS DD ENV 12520	家具 座椅 机械和结构安全性要求
BS DD ENV 12521	家具 桌子 机械和结构安全性要求
BS DD ENV 13759	家具 座椅 活动沙发床斜靠和/或微倾机构以及操作机构的耐用性能测定的试验方法
BS DD ENV 14443	家用家具 座椅 家具覆盖饰物耐用性测定的试验方法
BS DD ENV 581-2	室外家具 野营、家用和工作用桌椅 桌椅的机械安全性要求和试验方法
BS EN 1021-1	家具 装饰家具着火性的评估 燃着的香烟火源
BS EN 1021-2	家具 装饰家具着火性的评估 与火柴火焰等同的火源
BS EN 1022	居室家具 座椅 稳定性测定
BS EN 1023-1	办公家具 遮板 尺寸
BS EN 1023-2	办公家具 遮板 机械安全性要求
BS EN 1023-3	办公家具 遮板 试验方法
BS EN 1047-1	安全存储装置 耐火性能的分类和试验方法 资料柜和磁盘衬套
BS EN 1047-2	安全存储装置 耐火试验方法和分类 资料库和资料箱
BS EN 1129-1	家具 折叠床 安全技术要求和检验方法 安全性要求
BS EN 1129-2	家具 折叠床 安全技术要求和检验方法 试验方法
BS EN 1130-1	家具 家用框形物和摇篮 安全性要求
BS EN 1130-2	家具 家用框形物和摇篮 试验方法
BS EN 12221-1	家用更换部件 安全要求
BS EN 12221-2	家用更换部件 试验方法
BS EN 12227-1	家用婴儿围栏 安全要求
BS EN 12227-2	家用婴儿围栏 试验方法
BS EN 12522-1	家具搬运业 私人家具搬运 服务规范
BS EN 12522-2	家具搬运业 私人家具搬运 服务条款
BS EN 12720	家具 表面抗冷液性评估
BS EN 12721	家具 表面湿热抗性评估
BS EN 1272	儿童护理产品 装有椅子的桌子 安全性要求和试验方法
BS EN 12722	家具 表面抗干热性评估
BS EN 12727	家具 成排座椅 强度和耐久性试验方法和要求
BS EN 12790	护理儿童用品 摇篮
BS EN 13150	试验室工作台 尺寸 安全性要求和试验方法

续表

标准号	名称
BS EN 13209-2	儿童使用和护理用品 婴儿运载工具 安全要求和检验方法 软式运载工具
BS EN 1334	家具 床和床垫测量方法和推荐公差
BS EN 1335-1	办公家具 办公椅 尺寸 尺寸的测定
BS EN 1335-2	办公家具 办公椅 安全性要求
BS EN 1335-3	办公家具 办公椅 安全性试验方法
BS EN 13453-1	家具 非家用双层床和高床 安全、强度和耐用性要求
BS EN 13453-2	非家用双层床和高床 试验方法
BS EN 13721	家具 表面反射性的评定
BS EN 13722	家具 表面光泽度的评定
BS EN 13761	办公家具 来访者用座椅
BS EN 14036	儿童使用及看护用品 婴儿吊椅 安全要求及试验方法
BS EN 14056	实验室家具 设计和安装建议
BS EN 14073-2	办公家具 储存用家具 安全要求
BS EN 1415	粘合拉锁 带材切边区域的性能
BS EN 1416	粘合拉锁 曲率的测定
BS EN 14175-3	通风柜橱 定型试验方法
BS EN 14175-4	通风柜橱 现场试验方法
BS EN 14175-6	通风柜橱 空气变量通风柜橱
BS EN 14183	脚踏凳
BS EN 1466	儿童用品 便携式帆布床和支架 安全要求和试验方法
BS EN 14703	家具 非家用座椅连成一排的连接 强度要求和试验方法
BS EN 14727	实验室设备 实验室用存储设备 要求和试验方法
BS EN 14749	家具和厨房储藏设备和橱柜台面 安全要求和试验方法
BS EN 14873-1	家具拆卸工作 家具的存储以及人为影响 第1部分:存储设施规范
BS EN 14873-2	家具的存储以及对不同部分的人为影响 服务条款
BS EN 14988-1	儿童用高脚椅子 安全要求
BS EN 14988-2	儿童用高脚椅子 试验方法
BS EN 15187	家具 曝光量的影响评估
BS EN 15373	家具 强度、耐久性和安全 非家用座椅安全
BS EN 1728	家具 座椅 强度和耐久性测定方法
BS EN 1730	家具 桌子 强度、耐久性和稳定性测定的试验方法
BS EN 1929-1	篮式推车 带或不带儿童乘坐设备的篮式推车的试验和要求
BS EN 1929-3	篮式手推车 有或无儿童乘坐设备的带附加载货设施的篮式手推车的要求和试验

续表

标准号	名称
BS EN 1929-4	篮式手推车　用于载客传送带的有或无儿童乘坐设备的带附加载货设施的篮式手推车的要求和试验
BS EN 1957	家具　床和床垫　功能特性测定方法
BS EN 1970	残疾人用可调整的床　要求和试验方法
BS EN 527-1	办公家具　工作桌和写字台　尺寸
BS EN 527-2	办公家具　工作台和写字台　机械安全要求
BS EN 527-3	办公家具　工作台和写字台　结构的稳定性和机械强度测定的试验方法
BS EN 581-1	户外家具　野营、家用和指定用座椅和桌子　一般安全要求
BS EN 581-3	户外家具　野营、家用和办公用座椅和桌子　桌子的机械安全要求和试验方法
BS EN 597-1	家具　床垫和装饰床具的可燃性评定　火源:阴燃卷烟
BS EN 597-2	家具　床垫和装饰床具的可燃性评定　火源:与火柴火焰同等的火源
BS EN 716-1	家具　家用儿童帆布床和折叠床　安全性要求
BS EN 716-2	家具　家用儿童帆布床和折叠床　试验方法
BS EN 747-1	家具　家用床具　安全要求
BS EN 747-2	家具　家用床具　试验方法
BS PAS 126-1	家具拆卸工作　商业运输　服务规范
DB 35/325	漆器食用具
DD ENV 1178-1	家具　家用儿童高座椅　第1部分:安全技术要求
DD ENV 1178-2	家具　家用儿童高座椅　第2部分:试验方法
DD ENV 12520	家用家具　座椅　机械和结构安全要求
DD ENV 12521	家用家具　桌子　机械和结构安全要求
DD ENV 1300	安全存储装置　防止擅自开启的高安全性要求锁具的分类
DD ENV 13759	家具　座椅　活动沙发床向后靠和/或微倾机构以及操作机构的耐用性测定的试验方法
DD ENV 14027	涂覆金属和组合式眼镜架的镍脱掉检测之前的磨损模拟方法
DD ENV 581-2	户外家具　野营、家用和定做的座椅和桌子　座椅的机械安全要求和试验方法
DIN 16550-1	办公家具　腰背挺直式工作位置写字台　第1部分:尺寸
DIN 32623	医院儿童用金属和塑料制小床　安全性测定和试验
DIN 4544	带或不带盖卡片盒　卡片规格　卡片盒内部尺寸
DIN 4547	钢制衣柜
DIN 4548	钢制车间用柜子
DIN 4550	办公家具　调节办公座椅高度用自承重增能装置　安全要求和检验
DIN 4556	办公室家具　工作位置的搁脚板　要求、尺寸
DIN 68707	胶合板制座椅模型

续表

标准号	名称
DIN 68840	家具五金件　橱柜悬架　标称承载量的测定
DIN 68841	家具五金件　折板支撑　要求和检验
DIN 68851	家具五金件　家具锁和锁紧系统　术语和定义
DIN 68852	家具五金件　家具锁　要求和检验
DIN 68856-1	家具五金件　术语和定义　第1部分:组合配件、搁板支撑物和吊架轨
DIN 68856-2	家具五金件　术语和定义　第2部分:家具铰链和襟翼铰链
DIN 68856-4	家具用五金件　家具装配附件术语　闩、挂钩　调节器
DIN 68856-5	家具用五金件　家具装配附件术语　高度调节螺钉、家具腿、底架
DIN 68856-6	家具五金件　术语和定义　第6部分:橱柜悬架托架
DIN 68856-7	家具用五金件　家具装配附件术语　拉手、球形把手、钥匙孔盖、钥匙孔盖镶件
DIN 68856-8	家具用五金件　术语和定义　第8部分:推拉门齿轮
DIN 68856-9	家具用五金件　家具装配附件术语　家具用小脚轮和滑道
DIN 68859	家具五金件　推拉门用滑轮配件　要求和检验
DIN 68861-1	家具表面　第1部分:受化学制品影响的性能
DIN 68861-2	家具表面　耐磨性能
DIN 68861-4	家具表面　耐划痕性能
DIN 68861-6	家具表面　耐香烟烧灼性能
DIN 68861-7	家具表面　第7部分:干热反应
DIN 68861-8	家具表面　第8部分:湿热反应
DIN 68871	家具名称
DIN 68872	室内塑料椅的外层　要求　检验
DIN 68874-1	柜橱家具用隔板和隔板拖架　要求和检验
DIN 68876	家务活用的可调转椅　安全性要求　试验
DIN 68877	工作转椅　安全要求、检验
DIN 68880-1	家具　第1部分:概念
DIN 68881-1	厨房家具的概念　橱柜
DIN 68890	家用衣橱　功能尺寸、要求和检验
DIN 68930	厨房用具　要求和试验
DIN 68935	浴室家具、浴具和卫生设备的配合尺寸
DIN 8380	钢制工具柜
DIN CEN/TS 15185	家具　表面抗磨性的评定
DIN CEN/TS 15186	家具　表面耐划性的评定
DIN CWA 14248	Fun Step(家具和商务数据)　Fun Step 应用活动模型 AAM
DIN EN 1021-1	家具　装潢家具可燃性的评定　第1部分:火源:炽热的香烟

续表

标准号	名称
DIN EN 1021-2	家具　装潢家具可燃性的评定　第2部分:火源　火柴火焰等同物
DIN EN 1022	居室家具　座椅　稳定性测定
DIN EN 1023-1	办公室家具　隔板　第1部分:尺寸
DIN EN 1023-2	办公室家具　隔离屏障　第2部分:机械安全要求
DIN EN 1023-3	办公室家具　隔离屏障　第3部分:试验方法
DIN EN 1116	厨房家具　厨房家具和厨房用具的协调尺寸
DIN EN 1116	厨房家具　厨房家具和器具的协调尺寸
DIN EN 1129-1	家具　折叠床　安全要求和检验　第1部分;安全要求
DIN EN 1129-2	家具　折叠床　安全要求和检验　第2部分:试验方法
DIN EN 1130-1	家具　摇篮和带围栏童床　第1部分:安全性要求
DIN EN 1130-2	家具　摇篮和带围栏童床　第2部分:试验方法
DIN EN 12227-1	家用婴儿围栏　第1部分:安全要求
DIN EN 12227-2	家用婴幼儿围栏　第2部分:试验方法
DIN EN 12472	对涂层零部件上脱离的镍进行检测时使用的磨损和腐蚀模拟试验方法
DIN EN 12529	回旋脚轮和轮子　家具用回旋脚轮　转椅用回旋脚轮　要求
DIN EN 12720	家具　表面抗冷液体能的评定
DIN EN 12721	家具　表面耐湿热性能评定
DIN EN 1272	儿童照料用品　带小桌的椅子　安全性要求和试验方法
DIN EN 12722	家具　表面耐干热性能的评定(ISO 4211-3—1993,修改采用)
DIN EN 12727	家具　排列座位　强度和寿命的试验方法和要求
DIN EN 12790	育儿用品　摇篮
DIN EN 13210	儿童使用和护理用品　儿童安全带和绳及类似用品　安全要求和试验方法
DIN EN 1334	居室家具　床和床垫　测量方法和公差建议
DIN EN 1335-1	办公家具　办公椅　第1部分:尺寸、尺寸的测定
DIN EN 1335-2	办公家具　办公椅　第2部分:安全要求
DIN EN 1335-3	办公家具　办公椅　第3部分:安全试验方法
DIN EN 13453-1	家具　非家用双层床和高床　第1部分:安全、强度和耐久性要求
DIN EN 13453-2	家具　非家用双层床和高床　第2部分:试验方法
DIN EN 13545	托板上部结构　托板卡套　试验方法和要求(德文版本 EN 13545:2002)
DIN EN 13721	家具　表面反射的评估
DIN EN 13722	家具　表面光泽度的评估
DIN EN 13761	办公家具　访客座椅
DIN EN 13780	粘接拉链　纵向剪切强度测定
DIN EN 14036	儿童看护和使用用品　婴儿吊椅　安全要求和试验方法

续表

标准号	名称
DIN EN 14073-2	办公室家具　储存家具　第2部分:安全要求
DIN EN 14073-3	办公室家具　储存家具　第3部分:结构稳定性和强度测定的试验方法
DIN EN 14074	办公室家具　工作台、办公桌和储存家具　移动部件的强度和耐用性测定的试验方法
DIN EN 14344	儿童用护理用品　自行车用儿童座椅　安全要求和试验方法
DIN EN 1466	婴幼儿用品　便携式帆布吊床和支杆　安全性要求和试验方法
DIN EN 14703	家具　非家用座椅连成一排的连接件　强度要求和试验方法
DIN EN 14749	家用和厨房存储装置和工作台　安全要求和试验方法
DIN EN 14873-1	家具拆卸工作　家具的存储以及人为影响　第1部分:存储设施规范以及相关存储规定
DIN EN 14873-2	家具拆卸工作　家具的存储以及对不同部分的人为影响　第2部分:服务条款
DIN EN 14988-1	儿童高位座椅　第1部分:安全要求
DIN EN 14988-2	儿童高位座椅　第2部分:试验方法
DIN EN 15338	家具五金件　加长组件及其构成的强度和耐久力
DIN EN 15373	家具　强度、耐久性和安全　非家用座椅安全
DIN EN 1725	家具　床和床垫　安全性要求和试验方法
DIN EN 1728	家具　座椅　强度和耐久性测定的试验方法
DIN EN 1729-1	家具　教育机构用桌椅　第1部分:功能尺寸
DIN EN 1729-2	家具　教育机构用桌椅　第2部分:安全要求和试验方法
DIN EN 1730	家具　桌子　测定强度、寿命和稳定性的试验方法
DIN EN 1929-1	超市购物车　第1部分:带或者不带儿童座位的超市购物车的要求和试验
DIN EN 1957	家具　床和床垫　功能特性测定的试验方法
DIN EN 1970	残疾人用可调整床　要求和试验方法
DIN EN 310	木基板材　弯曲弹性模量和弯曲强度测定
DIN EN 350-1	木材和木材制品耐久性　全木自然耐久性　第1部分:木材自然耐久性试验和分类指南
DIN EN 527-1	办公家具　工作台和写字台　第1部分:尺寸
DIN EN 527-2	办公家具　工作台和写字台　第2部分:机械安全性要求
DIN EN 527-3	办公家具　工作台和写字台　第3部分:测定结构稳定性和机械强度的试验方法
DIN EN 581-1	室外家具　野营区、住宅区和商业区用桌椅　第1部分:一般安全要求
DIN EN 581-3	室外家具　野营区、居住区和商业区用座椅和桌　第3部分:桌子机械安全要求和试验方法
DIN EN 597-1	家具　床垫和装饰床座的可燃性评估　第1部分:点火源:闷火的香烟
DIN EN 597-2	家具　床垫和装饰床座的可燃性评估　第2部分:点火源:当量的火柴焰
DIN EN 747-1	家具　家用双层床和高床　第1部分:安全、强度和耐久性要求

续表

标准号	名称
DIN EN 747-2	家具　家用双层床和高床　第2部分:试验方法
DIN EN ISO 16000-10	室内空气　第9部分:建筑产品和家具释放挥发性有机化合物的测定.释放试验容器法
DIN ISO 7170	家具　储物柜　强度和耐久性的测定
DIN V 68874-2	储藏柜家具的搁板和搁板支撑　第2部分:搁板支撑的要求和试验
DIN V ENV 12520	家具　座椅　机械和结构安全要求
DIN V ENV 12521	家具　桌子　机械和结构安全要求
DIN V ENV 13759	家具　座椅　测定活动沙发床斜靠力和/或微倾力以及操作力耐久性的试验方法
DIN V ENV 14443	家用家具　座椅　陈设织物耐久性测定的试验方法
DIN V ENV 581-2	户外家具　野营、家用和指定用座椅和桌子　第2部分:座椅的机械安全性要求和试验方法
DIN-147	办公家具的要求和试验　工作台和储藏家具安全要求
DIN-CEN/TR 15119	木材和木基产品的耐久性　经防腐处理的木材对环境的排放物的估测　处理后存于堆场的木材以及3级(未遮盖,不与地面接触)木制商品、4或5级木制商品　实验室法
DIN-CEN/TR 581-4	户外家具　野营、家用和租用座椅和桌子　第4部分:气候条件影响下耐久性的要求和试验方法

2.4.5 日本对家具的安全管理

日本是2012年我国家具出口的第二大目标市场，出口值为26.47亿美元，同比增长14.59%。家具在日本纳入消费品范畴。

2.4.5.1 日本对家具安全的监管机构与职责

日本的经济产业省、环境省、海关和消费品安全协会等部门负责家具消费品的质量安全监管。其中海关负责进口环节的管理，经产省商业与信息政策局消费者事务部消费者保护处负责家居用品的质量标签，经产省商业与信息政策局消费者事务部消费者处和消费品安全协会负责家具的质量安全、S标志。

2.4.5.2 日本对家具的技术法规

日本没有制定专门的家具技术法规，把家具当作消费品来管理。家具在日本销售时，依据不同的产品种类，需要符合的技术法规有：

日本的《消费品安全法》《消费品进口规程和程序要求》《工业品进口规程和程序要求》《食品与农产品进口规程和程序要求》《农林产品的JAS体系认证指南》《家用产品质量标签法规》《反不正当补贴与误导表述法》《工业标准化法》《建筑基准法》《华盛顿公约》(即《濒危野生动植物种国际贸易公约》)等技术法规，规定了家具等消费品的相关质量安全的技术要求，以及加贴的标志和标签提出了要求。

《消费品进口规程和程序要求》内容涉及日本的消费品市场准入规则，其中包括42大类产品、96项产品市场准入具体技术要求，包括产品大类的总体要求、具体产品的进口要求以及进口规程等，家具在日本归属于消费品。《工业品进口规程和程序要求》内容涉及日本的工业品市场准入规则，其中包括40大类产品、88项产品市场准入的具体技术要求。《食品与农产品进口规程和程序要求》内容涉及日本的食品、农产品市场准入规则，其中包括13大类产品、141项产品市场准入具体技术要求。同时，使用源于某些野生动物物种的皮革或龟壳制成的家具，以及使用了公约中限制使用的植物，如濒危木材等，要遵守《华盛顿公约》（《濒危野生动植物种国际贸易公约》）的规定。在家具标志和标签中，较重要的是SG标志。

（1）家用产品质量标签法

《家用产品质量标签法》要求制造商和进口商必须确保产品质量标签包含足够的信息，以使消费者做出是否购买的决定。产品必须在其标签和说明书上标示其性能、使用方法、储存条件以及其他质量要求。所适用的“家居用品”目前共有90种，包括35种纺织品、8种塑料产品、17种电气产品以及30种杂项产品。家具属于其中的杂项产品，共有3种：书桌和桌子、椅子、衣柜和橱柜。

（2）消费者产品安全法

《消费品安全法》将一些因结构、材料或使用方法而引起特殊安全问题的消费品归为“特定产品”（specified products），并为每种特定产品制定了安全标准。如果认为某些特定产品不足以仅由制造商或进口商保证其安全问题，则将其归为“特定产品中的特别类别”（special category of specified products）。特殊产品可通过自我声明以符合法规的要求，而特定产品中的特别类别必须由第三方机构进行合格评定。

符合标准的特殊产品可加贴PSC（product safety consumer）标志，其中“特定产品”加贴的是圆形PSC标志，“特定产品中的特别类别”加贴的是菱形PSC标志。目前共有6种产品需要加贴PSC标志，分别是：家用电子压力壶和高压锅、摩托车头盔和登山绳属于“特定产品”，需加贴圆形PSC标志；婴儿床、便携式激光笔和浴缸热水循环器属于“特定产品中的特别类别”，需加贴菱形PSC标志。

根据《消费品安全法》成立的消费品安全协会（Consumer Product Safety Association，CPSA）制定了一系列标准，以确保那些由于结构、材料等易产生危险的产品的安全，符合标准要求的产品可以加贴SG（Safety Goods）标志。

日本SG（Safety Goods）标志由消费品安全协会（CPSA）依据《消费品安全法》制定。CPSA针对那些可能造成人身伤害和危及生命的消费者产品制定安全标准，这些伤害是由产品的结构、材料和使用方法等引起的。CPSA允许符合安全标准的产品加贴SG标志，并对已加贴SG标志产品造成的伤害进行赔偿。CPSA和制造商、销售商和其他利益相关者合作，通过提供产品资料和培训活动，向广大消费者宣传如何防止事故的发生。而且，CPSA 还针对很多消费者产品向消费者提供投诉和事故方面的咨询和中介服务。

CPSA 所制定的安全标准是产品能否加贴 SG 标志的准则。对于已加贴 SG 标志的产品造成伤害或死亡的事件，CPSA 将承担赔偿的责任，这也是 SG 标志体系一个非常重要的特点。赔偿的金额根据伤害原因和伤害程度而有所不同，最大赔偿金额是每人 1 亿日元。

SG 标志的产品认证有两种模式：批量认证、工厂注册与型式试验。批量认证指每个产品都必须由 CPSA 指定的检测机构进行检验。工厂注册与型式试验中，制造商必须证明其具有持续生产合格产品的能力。对于通过认证的注册工厂和认证产品，CPSA 将不定期进行检查，以确保符合安全标准。

截至 2008 年 7 月，共有 123 种产品可以加贴 SG 标志。各种产品的认证标准可参考官方网站的认证标准栏目（日文版）。在这 123 种产品中，涉及的家具产品主要包括婴儿桌椅床、双层床、厨房用柜子、弹簧床等。

(3) 工业标准法

《工业标准法》通过制定和实施相应的产品工业标准，以达到提高产品质量，提高生产效率，使生产过程更合理等目的。符合标准的产品可加贴 JIS 标志。

2004 年 6 月，日本对《工业标准法》进行了修订，相应的 JIS 标志体系也发生了很大的改变。新的 JIS 标志从 2005 年 10 月 1 日起实施，而之前已获得的旧 JIS 标志可使用至 2008 年 9 月 30 日。

(4) 建筑基准法

2003 年 7 月 1 日开始，日本政府开始实施新的经过修改的《建筑基准法》，以防止室内装修污染综合征，减轻“慢性杀手”危害。《建筑基准法》将散发有害物质甲醛的建筑装饰装修材料分为三大类，第一类 F☆禁止使用，第二类 F☆☆严格限制使用量，第三类 F☆☆☆适当限制使用量。

(5) 日本农林水产部门 JAS 建筑材料标准

根据《建筑基准法》，胶合板、集成材、地板、单板层积材及结构板标准，于 2006 年 3 月 1 日强制实施，必须说明甲醛释放量。其中，修订的甲醛要求为：胶合板、地板、层积材（LVL）和结构板（OSB）为：F☆☆☆☆，F☆☆☆，F☆☆，F☆。对集成材：F☆☆☆☆，F☆☆☆，F☆☆，F☆S。

(6) 日本对刨花板、纤维板、油漆、胶黏剂

要符合 F☆☆☆☆，F☆☆☆，F☆☆要求（表 2-17）。

表 2-17　日本对甲醛限量要求

等级(classification)	符号(symbol)	甲醛释放量(formaldehyde emission quantity)	
		平均值(mean)	最大值(maximum)
F☆☆☆☆	F☆☆☆☆	≤0.3mg/L	≤0.4mg/L

续表

等级(classification)	符号(symbol)	甲醛释放量(formaldehyde emission quantity)	
		平均值(mean)	最大值(maximum)
F☆☆☆	F☆☆☆	≤0.5mg/L	≤0.7mg/L
F☆☆	F☆☆	≤1.5mg/L	≤2.1mg/L
F☆S	F☆S	3.0mg/L	4.2mg/L
F☆	F☆	5.0mg/L	7.0mg/L

(7)“消费品进口规程和程序要求”(Handbook for consumer Products Import Regulations)和“工业品进口规程和程序要求”(Handbook for Industrial Products Import Regulations)

依据规定，日本对进口家具规定家具产品包括桌、椅、沙发、双层床、床垫、儿童柜，进口、销售时必须符合华盛顿条约、家用产品质量标签法、消费者产品安全法等。

日本对家具用材的木质材料要求为：材料为胶合板、纤维板、刨花板的甲醛释放量必须符合相应日本农林标准JAS规定的F☆☆☆（平均值0.5mg/L，最大值0.7mg/L）和F☆☆☆☆（平均值0.3mg/L，最大值0.4mg/L）。

2.4.5.3 日本家具标准

日本家具标准在工业标准系列中属于A系列（土木、建筑）和S系列（日用品），主要涉及产品标准和方法标准二大类，相对其他国家的家具标准，日本家具标准可以说是较为简略、清晰，这与日本的家具使用情况相配衬（简洁、实用，实木制作为主）。日本涉及家具的标准情况，见表2-18。

表2-18 日本家具标准清单

标准号	标准名称
JIS A1531	家具 表面抗冷液的评估
JIS A4401	梳妆台和药品柜
JIS A5901	草编塌塌米和草编芯材塌塌米(日本席垫芯材)
JIS A5902	塌塌咪(日本席垫)
JIS A5914	非稻草的塌塌米
JIS L1911	卧具(futon,蒲团)绝热特性的试验方法
JIS S1010	办公室书写桌的标准尺寸
JIS S1011	办公用椅标准尺寸
JIS S1015	教室连椅课桌的尺寸
JIS S1017	家具性能试验方法通则
JIS S1018	家具抗振动和地震翻倒的测试方法
JIS S1031	办公家具 桌

续表

标准号	标准名称
JIS S1032	办公家具　椅
JIS S1033	办公家具　储存柜
JIS S1038	办公椅的小脚轮
JIS S1039	搁板和支架
JIS S1061	家用家具　学习桌
JIS S1062	家用家具　学习椅
JIS S1102	家用床
JIS S1103	木制婴儿床
JIS S1104	家用双层床
JIS S1200	家具　存储单元件　强度和耐用性测定
JIS S1201	家具　存储单元件　稳定性测定
JIS S1202	家具　桌子　稳定性测定
JIS S1203	家具　椅子和凳子　强度和耐用性测定
JIS S1204	家具　椅子　稳定性测定　第1部分：直立式椅子和凳子
JIS S1205	家具　桌子　强度和耐用性测定

2.4.6 加拿大家具产品的安全监管

加拿大是2012年我国家具出口的第六大目标市场（国家），出口值为17.16亿美元，同比增长22.99%。

加拿大对于入境货物具有一整套完善和严格的管理制度，通过进口管制（controls）、法规体系（regulations）和标准体系（standards）共同构筑了入境货物管理的有序运作。

2.4.6.1 进口管制

加拿大推行自由贸易政策，大部分商品进入加拿大不需要特别许可或批准，但仍有一些商品受到《进口管制目录》或配额的限制而需要进口许可，还有一些商品则禁止进口。《进口管制目录》中所列商品的出口商必须通过本国政府或加外交国贸部获得特别许可，进口商也需要取得进口许可证，这些商品不包括家具类。

2.4.6.2 技术法规

加拿大关于家具的技术法规，主要有标签和产品安全这两方面。在标签方面，加拿大主要是针对床垫、软垫家具等产品所使用的纺织品的标签进行了规定，所适用的法案和条例是《纺织品标签法案》和《纺织品标签与广告条例》。

在安全方面，主要是针对特定的产品，如婴儿和儿童用家具、床垫和软垫家具（易燃性）等制定了危险品条例，所适用的法案包括《消费品安全法案》《危险产品法案》《表面涂层材料条例》《婴儿床和摇篮条例》《危险产品（床垫）条例》和《婴儿用围栏条例》。

加拿大规范进出口贸易最重要的法规就是1974年通过的《进出口许可法》，由外交国贸部专门负责管理对外贸易的进出口管制局按照该法规定的特别目录对所列商品的进出口进行控制。违反《进出口许可法》及其相关规定者，将受到起诉和处罚。还有适用于所有进口商品的法律有《海关关税法》等等。

（1）加拿大消费品安全法案（CCPSA）

2011年6月20日，《加拿大消费品安全法案》（Canada Consumer Product Safety Act，简称CCPSA）正式实施。该法案主要包括33个与消费品相关的法案（regulation），涉及表面涂层材料、儿童睡衣、玩具、蜡烛、儿童首饰、婴儿哺乳瓶奶嘴、安慰奶嘴、纺织材料易燃性、婴儿车、婴儿床和摇篮、便携式围栏、与嘴接触的含铅消费品法规、邻苯二甲酸酯、上釉陶瓷和玻璃器皿、帐篷、科学教育用具、地毯、带绳窗帘（罗马帘）、玻璃门和隔断等。其中，与家具产品有关的为表面涂层材料、纺织材料易燃性、婴儿床和摇篮、便携式围栏、帐篷、科学教育用具、地毯、带绳窗帘（罗马帘）、玻璃门和隔断等法案。

该法案对原有的消费产品范围进行了扩充，旨在整合、更新和加强现有的相关法案，包括部分取代或更新现行的《危险产品法》和《儿童玩具安全法提案》，以进一步保障消费者安全。

CCPSA新法案的主要措施包括：禁止生产、进口或销售可能造成消费者伤害的消费产品；禁止涉及健康及安全的错误或误导性包装、标签、认证标志和广告；强化了对消费产品的意外伤害和事故的报告和追踪机制；特别加强了对危险消费品的召回和纠正措施要求，并增加了对违法行为的罚款和处罚力度；当前《危险产品法》中的特殊产品规定（如婴儿床等）在新法案中继续有效，并可根据需要将新的消费品纳入特殊产品监管等。

此外，新法案还新增了禁用双酚A聚碳酸酯奶瓶提案、含铅和含邻苯二甲酸酯的儿童用品限制提案、危险产品（水壶、床垫）修订提案、全球化学品分类和标注提案（GHS）等特殊产品要求。新法案的实施将会影响加拿大所有生产、进口、分销玩具等消费产品的相关行业，包括其部件及包装。

（2）加拿大表面涂层材料法规（Surface Coating Materials Regulations ［SOR/2005-109］）

基于《危险产品法案》，加拿大于2005年4月19日对《危险产品（液体涂料）条例》［Hazardous Products（Liquid Coating Materials）Regulations］进行了修订，并更名为《表面涂层材料法规》（Surface Coating Materials Regulations）。结合新《加拿大消费品安全法案》正式实施，规定：在良好实验室规范下测试，干燥样品表面涂层材料中总量铅不得超过90mg/kg、总量汞不得超过10mg/kg。

豁免：不适用的表面涂层材料；用作农业或工业用途的建筑内表面或外表面的防腐或防风化涂层；除建筑物外用作农业、工业或公共用途的物品外部防腐或防风化涂层；作为金属表面的润色涂层；交通标志；广告牌或类似展示物上的版画；工业建筑上的识别标志；或不是给儿童用的，以艺术、工艺或爱好为目的的材料。

(3) 婴儿床和摇篮条例 [Cribs and Cradles Regulations (SOR/86-962)]

为避免婴儿因攀爬而跌伤，婴儿床或摇篮不能设计有婴儿可以踩踏、攀爬的突出部位；除床垫之外的可移动部分应有锁扣装置；产品可摇动或摇摆的部分，其摇动或摇摆的角度不能超过垂直20°；标准婴儿床的侧边高度不小于660mm，便携式婴儿床的不小于560mm；标准摇篮的侧边高度（底部最高处到侧边最低处的高度）不小于230mm，便携式摇篮的侧边高度不小于130mm；板条之间的空隙，以及床垫上表面和围栏之间的空隙不允许60mm×100mm×100mm大小的物品穿过；摇篮床垫上方不能有可缠到使用者衣物的突出部位；床垫不应比产品的内部尺寸短或者窄30mm以上，且婴儿床的床垫厚度不能超过150mm，摇篮的床垫厚度不能超过80mm；产品任何突出的金属、木制或塑料部位应光滑，无利角利边；产品的装饰性或保护性涂层不得使用含铅颜料，涂层中的铅含量不得超过0.5%，不得含有汞；产品中使用的纺织品应符合ASTM D1230的阻燃性标准，即火焰蔓延时间不得超过7s。

(4) 危险产品（床垫）条例 [Hazardous Products (Mattresses) Regulations (SOR/80-810)]

适用于用来垫着睡觉、包含弹性材料并以套子包着的产品，不管这些产品是否是通常意义上的床垫，但不包括以下产品：空气垫、睡袋、弹簧垫、家具沙发上用来睡觉的垫子、婴儿产品的衬垫、婴儿的床垫以及某种特殊规定的垫子。

条例规定，在加拿大出售或进口到加拿大的床垫，或者在加拿大做广告的床垫，都要根据相应标准（METHOD 27.7—1979 of CAN 2-4.2 M77）进行检测，应符合以下阻燃性要求：

如果仅有一个试样在试验时表现出其表面熔融或炭化现象，在水平的任一方向上，从香烟起始位置最近点算起，产品表面融化或炭化的长度大于50mm；或如果在香烟熄灭后，仅有一个试样表现出继续燃烧，燃烧时间累计为10min。

2.4.6.3 标准体系

标准已成为全面提高产品质量、增强竞争力的重要因素，加拿大对此也有很高的要求。加拿大标准委员会是协调加拿大有关机构和组织参与国际标准体系的一家联邦国有公司，经他鉴定合格的标准发展（development）组织有4家，还有225家在认证（certification）、测试（testing）和管理体系（management system）注册三大评估（assessment）领域合格的组织。

对于输出到加拿大的具体商品来说，需受到各自不同的适用于该类别商品规定的规范。加拿大对家具的质量标准要求非常高，在世界上仅次于日本，两套最重要的标准是由加拿大通用标准局（Canadian General Standards Board，CGSB）和加拿大标准协会（Canadian Standards Association，CSA）制定的。在大多数情况下，这些标准是行业自愿遵守的标准，但它们和 ISO 一样，在加拿大市场上具有较高的认知度。有一个需要特别关注的问题是易燃性问题。不符合《危险产品法》（Hazardous Products Act）的规定在加拿大市场销售家具是不合法的。加拿大家具制造商理事会（Canadian Council of Furniture Manufacturers，CCFM）实施了一项自愿计划，该计划是参照美国家具装饰行动理事会（Upholstered Furniture Action Council）推行的指导手册，鼓励生产商在家具装饰和填充物中使用烟蒂阻燃材料。

2.4.7 澳大利亚和新西兰对家具产品质量安全的监管

2.4.7.1 监管机构与职责

澳大利亚是联邦制的国家，联邦政府和各州/地区都享有立法、司法和行政权。当这些不一致时则以联邦法规为准。澳大利亚竞争和消费者委员会（Australian Competition and Comsumer Commission，ACCC）根据《竞争和消费者法案》《贸易惯例法》（Trade Practices Act）等法案负责产品安全和信息标准，各州和各地区消费者事务/公平贸易机构在他们自己的管辖区对产品安全发挥着重要作用。ACCC 和制造商、进口商及零售商一起，通过市场调查、回应投诉以及迅速应对违反规定的供应商，积极执行安全标准和禁令。澳大利亚竞争和消费者委员会不检查或批准货物，旨在培养企业遵守贸易惯例法的文化。

不遵守强制性产品标准或受禁的货物供应商将被裁定违反《贸易惯例法》，澳大利亚竞争和消费者委员会往往力求立即撤回待售商品和从消费者处召回商品，可能处以最高达 110 万美元的公司罚款和 22 万美元的个人罚款。其他补救措施可能包括法院强制执行令、禁令、纠正广告的命令、退款或修理商品和诉讼费用。同样的罚款也适用于不遵守强制召回令的情况。

2.4.7.2 家具技术法规

澳大利亚是 2012 年我国家具出口的第五大目标市场（国家），出口值为 18.65 亿美元，同比增长 28.36%。

澳大利亚涉及家具的技术法规主要有《竞争和消费者法案》。《竞争和消费者法案》于 2011 年 1 月 1 日起开始实施，并取代之前的《贸易行为法案》，《竞争和消费者法案》是一个涉及面非常广的法案，澳大利亚相关的贸易惯例法规和保护消费者公告中有明确规定了儿童用品（含家具）的安全要求和标签信息，如 Consumer Protection Notice No. 4 of 2006（based on AS 2432—1991）规定了婴孩用品为防止窒息和勒杀危险的最低安全要求、婴儿沐浴辅助产品（baby bath aids）（TP Regulation-SLI 2005 No. 83）规定了所有婴儿沐浴辅助产品及包装必须随附关于婴儿沐浴辅助产品危险性的明显警告、双层床（bunk beds）（Consumer Protection Notice No. 1 of 2003-based on AS/NZS 4220）规定了一系列用以防止跌倒和其他夹伤危险的关键性安全规定、儿童床（children's household cots）（Consumer Protection Notice No. 6 of 2005-based on AS/NZS 2172—2003）规定一系列防止夹伤危险的关键安全要求，等等。

2.4.7.3 家具标准

澳大利亚和新西兰标准 AS/NZS 4266 中对各种木制品、家具产品提出了甲醛释放量的限制要求（表 2-19），AS/NZS ISO 8124.3 对表面涂层重金属提出了限量要求，对儿童用家具的安全性能提出了相应要求（表 2-20），AS/NZS 3744 对软体家具的防火阻燃安全提出了相应要求。

表 2-19 澳大利亚/新西兰对家具中的有害物质限量要求

有害物质类别	元素	限量要求
重金属（AS/NZS ISO 8124.3）	可溶砷（As）/（mg/kg）	≤25
	可溶钡（Ba）/（mg/kg）	≤1000
	可溶镉（Cd）/（mg/kg）	≤75
	可溶铬（Cr）/（mg/kg）	≤60
	可溶汞（Hg）/（mg/kg）	≤60
	可溶铅（Pb）/（mg/kg）	≤90
	可溶锑（Sb）/（mg/kg）	≤60
	可溶硒（Se）/（mg/kg）	≤500
	总量铅（Pb）/（mg/kg）	≤90
甲醛释放量（AS/NZS 4266.16）	E0/（mg/L）	≤0.5
	E1/（mg/L）	≤1.5
	E2/（mg/L）	≤4.5

表 2-20 澳大利亚/新西兰家具标准情况

标准号	标准名称
AS/NZS 2172	家用童床安全要求
AS/NZS 2195	可折叠童床安全要求
AS/NZS 3744	家具 软垫家具的可燃性评价
AS 2281	坐垫和床垫用软质聚氨酯泡沫塑料
AS 3590.2	屏基工作站 工作站家具
AS/NZS 3629	儿童安全座椅
AS/NZS 3813	塑料整体椅子
AS 4069	浴椅 产品要求
AS/NZS 4088	软垫家具的燃烧性能规范 家用家具的软垫材料

续表

标准号	标准名称
AS/NZS 4220	双层床
AS/NZS 4438	可调节高度转椅
AS/NZS 4442	办公桌
AS/NZS 4443	办公屏风系统　工作台
AS/NZS 4610.2	家具　教育机构家具　强度、耐久性及稳定性测试
AS/NZS 4610.3	家具　教育机构家具　桌子和储物柜　强度、耐久性及稳定性
AS/NZS 4790	家具　存储装置　强度和耐久性测定
AS/NZS 4688.2	固定高度的椅子　强度及疲劳测试
AS/NZS 4688.3	固定高度的椅子直椅的稳定性测试
AS/NZS 4688.4	固定高度的椅子、带倾斜机构的椅子和摇椅的稳定性测试
AS 5079.1	lateral filing cabinets 水平式文件柜
AS 5079.2	vertical filing cabinets 垂直式文件柜
AS 5079.3	mobile pedestals 移动式储物柜

2.4.8　中国对家具的质量安全监管

2.4.8.1　家具的质量安全监管机构

我国的产品质量安全分别由国家质检总局、工商总局、农业部等部门负责管理。家具产品质量安全的生产（在工厂内）由质检机构负责监管，在流通领域时（在工厂外）由工商行政管理部门监管。

2.4.8.2　技术法规与标准

（1）家具技术法规

我国家具产品质量安全管理主要依靠相关法律法规和技术标准。相对应的技术法规包括：《进出口商品检验法》及其实施条例、《产品质量法》《国务院关于加强食品等产品安全监督管理的特别规定》等相关法律法规，以及国家质检总局下发的相关规章制度、文件。

（2）家具标准

我国的标准体系，如按标准性质可分为强制性标准和推荐性标准，其中强制性标准相当于国外技术法规的一部分；如按标准类别分可分为基础通用标准、产品标准、方法标准、管理标准，如按标准级别可分国家标准、行业标准、企业标准等分类方法。20多年来，我国家具产业发展迅猛，家具生产和出口已成为全球第一，这其中家具标准起了重要作用。目前我国有100多项家具标准，由国家标准、行业标准组成，涉及家具通用技术与基础标准（如木家具、金属家具、软体家具等通用技术标准，家具设计、尺寸、名词术语等基础标准）；家具产品质量标准（如木制写字桌、厨房家具等标准）；试验方法标准（如家具力学性能试验方法、漆膜理化性能方法、有毒有害物质测试方法等）；家具用原辅材料（含五金配件）及其试验方法标准等。家具基础标准主要包括安全技术规范、通用技术要求、名词术语、尺寸要求等方面，这些方面反映出家具产品的共性及最基本的要求，是各种家具应当共同遵守的基本准则。

中国家具强制性标准有：

GB 5296.6—2004《消费品使用说明 第6部分：家具》；

GB 7059《便携式木梯安全要求》；

GB 10409—2001《防盗保险柜》；

GB 17927—1999《软体家具 弹簧软床垫和沙发抗引燃特性的评定》；

GB 18584—2001《室内装饰装修材料 木家具中有害物质限量》；

GB 22792《办公家具 屏风 第2部分：安全要求》；

GB 22793《家具 儿童高椅 第1部分：安全要求》；

GB 24430《家用双层床 安全 第1部分：要求》；

GB 24820《实验室家具通用技术条件》；

GB 26172《折叠床 安全要求》；

GB 28007《儿童家具通用技术条件》；

GB 28008《玻璃家具安全技术要求》；

GB 28010《红木家具通用技术条件》；

GB 28481《塑料家具中有害物质限量》；

GB 28487《户外休闲家具安全性能要求 桌椅类产品》；

QB 1952.2—2004《软体家具 弹簧软床垫》；

QB 2453.1—1999《家用的童床和折叠小床 第1部分：安全要求》。

……

我国家具强制性标准相对于国外家具技术法规、标准而言，表现为松散型、小而不全，过多考虑个别产品，往往是当某类新产品出现质量安全问题又无法套用其他标准时才参考国外要求来制定，不像国外先进的技术法规、标准，有一个通用的安全技术要求。

2.5 家具质量安全管理之认证（体系认证与产品认证）

合格评定程序分成检验程序、认证、认可和注册批准程序四个层次，第二个层次是认证。对于家具质量安全管理的合格评定活动值得关注的是检验和认证问题。认证主要分为产品认证和体系认证。本节主要介绍目前涉及家具生产企业常见的几种管理体系认证标准和产品认证标准，即质量管理体系、环境管理体系、职业健康和安全管理体系、社会责任管理体系、森林产品认证、生态与环保家具的标签认证等。

申请这些管理体系及产品认证的程序一般包括：建立体系、有效运行、提出申请、文件评审与现场审核、评定发证。

目前企业通常采用第三方的认证。由于企业自查很可能出现纰漏，企业自查的措施和结论的公信力不如第三方，不同的市场、不同的客户要求企业提供的质量证明往往不尽相同，需要企业邀请第三方认证机构为企业资质和产品质量提供国家认可或国际互认的认证。

持续改进：质量管理是不断循环上升和持续改进的。因为市场的不断发展会推动新的质量要求产生，质量标准会不断更新、改进。企业不能因为自身已经获得了质量管理体系认证或其他相关认证就认为管理体系已经得到认可，就以为质量安全管理工作已经完善，从此停滞不前。企业在质量管理体系运行中，一定要长期坚持贯标，定期审查，对质量管理制度、标准化体系的适用性、有效性和运行情况进行定期审核评价，保证质量管理相关制度和体系跟企业、市场和产品的发展相适应，在体系运行得到有效落实和持续改进。

2.5.1 家具企业体系认证

体系认证是对企业管理水平的认可，注重的是产品生产全过程的控制，包括加工环境条件及相关配套体系的管理（如空气污染、污水废料处理等）。目前体系认证主要有质量管理体系认证、环境管理体系认证、职业安全和健康体系认证、社会道德责任标准、信息安全体系认证等，如 ISO 9000、ISO 14000、美国联邦法规 40 CFR 63、SA 8000 等。各种认证都有其完整的体系标准，这些标准是企业建立和实施相应管理的基础，也是认证机构开展认证活动的技术依据。

目前，获得有关管理体系认证已成为企业发展进程中的一项重要工作。企业通过认证可以证实企业有能力稳定地提供满足顾客和适用的法律法规要求的产品。企业取得管理体系认证，意味着该企业已在管理、实际工作、供应商和分销商关系及产品、市场、售后服务等所有方面建立起一套较为完善的管理体系。良好的质量管理，有利于企业提高效率、降低成本、提供优质产品和服务，增强顾客满意。

2.5.1.1 质量管理体系 ISO 9000

国际标准化组织于 2000 年 12 月 15 日发布了 2000 版 ISO 9000 正式标准，我国于 2000 年 12 月 28 日发布等同采用 2000 版 ISO 9000 标准的国家标准，标准号为 GB/T 19000：2000，并从 2001 年 6 月 1 日开始实施。ISO 9000 标准由以下标准组成：ISO 9000：2000《质量管理体系基础和术语》、ISO 9001：2000《质量管理体系要求》、ISO 9004：2000《质量管理体系业绩改进指南》、ISO 19011《质量和环境管理体系审核指南》、ISO 10012《测量控制系统》等。其中 ISO 9001：2000《质量管理体系要求》是 ISO 9000 标准的核心标准，包括质量方针、职责与权限、人员质量培训、质量信息交流、质量文件控制、不符合、纠正和预防措施、质量记录、内部审核、管理评审等内容。

（1）ISO 9001 标准对建立质量管理体系的总要求

ISO 9001 标准对建立质量管理体系的总要求就是要形成文件，文件必须受控，并按文件规定加以实施和保持。持续改进是指“增强满足要求的能力的循环活动”，即在原有的水平上不断改进和提高。

（2）实施

为了实施质量管理体系的总要求，组织必须做好以下工作：

① 首先识别组织建立质量管理体系所需的全部过程及其应用。这些过程与组织的类型、规模和所生产的产品或所提供的服务密切相关。组织可采用“以过程为基础的质量管理体系模式”，结合本组织的实际来识别这些过程。

② 在识别全部过程中，某一项过程的输入通常是其前过程的输出，某一过程的输出通常是其后过程的输入，因此，还要合理确定这些过程之间的接口、顺序及其相互作用。

③ 为了确保这些过程的有效运行和控制，达到预期的目标和要求，必须对过程的输入、输出、投入的资源和开展的活动进行策划，做出明确规定，提出过程控制的准则和方法，如××过程控制计划、控制程序、作业方法等。

④ 为了支持这些过程的运行和监视，应确保每一过程可以获得必要的资源（如人力资源、基础设施和工作环境等）以及必要的信息（包括标准、规范、图样、工艺、作业指导等）。

⑤ 对这些过程运行的信息，包括输入活动和输出的情况及结果，进行监视、测量（检查）和分析。

⑥ 根据监视、测量和分析结果，对这些过程实施必要的纠正、预防或改进措施，以实现对这些过程所策划的结果和持续改进。

（3）质量管理体系的要求和产品要求

ISO 标准区分了质量管理体系要求和产品要求。

ISO 9001 标准规定了质量管理体系的最低要求。它是通用的，适用于所有行业或经济领域。ISO 9001 并没有规定产品要求。

产品要求可由顾客规定，也可由组织根据预期顾客要求规定，或由法规规定。产品要求在有些情况下的相关过程要求可包括在如技术规范、产品标准、过程标准、合同协议和法规要求中。

（4）质量管理体系方法

建立和实施质量管理体系的方法包括以下步骤：

① 确定顾客和其他相关方的需求；

② 建立组织的质量方针和质量目标；

③ 确定实现质量目标所需的过程和职责；

④ 确定和提供实施质量目标所需的资源；

⑤ 建立测量每个过程有效性和效率的方法；

⑥ 应用测量方法确定每个过程的有效性和效率；

⑦ 确定防止不合格并消除其原因的措施；

⑧ 建立和应用持续改进质量管理体系的过程。

上述方法也适用于保持和改进现有的质量管理体系。组织采用上述方法能对其过程和产品增强信心，并为持续改进提供基础，从而增进顾客和其他相关方的满意，并组织成功。

(5) 过程方法

任何适用资源将输入转化为输出的活动或一组活动可以视为一个过程。

为使组织有效运行，必须识别和管理许多相互关联和相互作用的过程。

ISO 标准鼓励采用过程方法管理组织。

(6) 质量方针和质量目标

建立质量方针和质量目标为组织提供关注点。质量方针为建立和审评质量目标提供框架。质量目标需要与质量目标保持一致，且其实现是可以测量的。质量目标的实现对产品的质量、运行的有效性和财务业绩都有积极影响，因此对相关方的满意和信任也产生积极影响。

(7) 最高管理者在质量管理体系中的作用

最高管理者通过其领导和各种措施可以创造一个使员工充分参与的环境，质量管理体系能在这个环境中有效地运行。最高管理者可以运用质量管理体系原则作为发挥以下作用的基础：

① 建立并保持组织的质量方针和质量目标；

② 通过增强员工的意识、积极性和参与程度；

③ 确保整个组织关注顾客的需求；

④ 确保实施适宜的过程以满足顾客和其他相关方的要求并实现质量目标；

⑤ 确保建立、实施和保持一个有效性和有效率的质量管理体系以实现这些质量目标；

⑥ 确保获得必要的资源；

⑦ 定期评审质量管理体系；

⑧ 决定有关质量方针和质量目标的措施；

⑨ 决定改进质量管理体系的措施。

(8) 文件

文件的价值：质量体系文件确定了职责的分配和活动的程序，是企业内部的“法规”，是企业开展内部培训、质量审核的依据，使质量改进有章可循。

质量管理体系中适用的文件类型：形成文件的质量方针和质量目标，质量手册，形成文件的程序，组织为确保其过程有效策划、运行和控制所需的文件，标准所要求的记录。

(9) 持续改进

质量管理体系持续改进的目的是增强顾客的和其他相关方满意的可能性。

(10) 统计技术的作用

统计技术可以帮助组织了解变异，从而有助于组织解决问题并提高有效性和效率。这些技术也有助于更好地利用可获得的数据做出决策。

在许多活动的状态和结果中，甚至是明显的稳定条件下，均可观察到变异。这种变异可通过产品和过程可测量特性观察到，并且在产品的整个寿命期均可看到其存在。

即使数据有限，统计技术也有助于对这类变异进行测量、描述、分析、解释和建立模型。

(11) 家具生产企业应特别关注的几个要求

① 识别和确定顾客和其他相关方的需求　顾客和其他相关方的需求包括潜在的需求和顾客合同明示的需求。潜在的需求一般包括顾客合同没有规定的法律法规要求，以及在正常使用条件下应当具备的其他相关质量性能。因此家具企业的设计人员、外贸业务人员除了应明确顾客的合同规定的质量要求外，还应掌握国外涉及家具产品的法律法规要求（这些内容在本手册第 2 章中详细介绍），多了解有关家具产品的使用要求，以保证产品安全质量等符合市场的需求，减少外贸中不必要的纠纷。

② 明确责任，加强培训，提高人员素质　要明确规定设计、外贸业务、采购、检验、仓库、生产车间等部门和人员的职责，加强对上述部门人员的技能培训，提高其业务能力，保证每个岗位人员熟悉其业务或操作要求。同时要建立测量每个过程有效性和效率的方法，应用测量方法确定每个过程的有效性和效率。

③ 加强采购管理，保证进厂原料的质量　采购人员要熟练掌握顾客的明示和潜在质量要求，尤其是原料中的有害化学物质限量要求。完善对合格供方的评估和管理，保证供方有持续提供合格原料的能力。在采购合同中要全面规定顾客的明示和潜在质量要求信息。建立完善的进料检验制度，对进料进行检验检测。

④ 实行定置管理，保证物流畅通　要规划仓库、生产车间中各类物品的放置位置，实行分类堆放，建立检验状态和不合格品的标识制度，避免物品取放混乱。

⑤ 加强对关键工序的管理，保证安全质量　要加强对工装器具，如冲刀模具的发放、针车、合包、撑包、成品检验等工序的管理，在针车、合包、撑包等工序中设立检验岗位，严格对半成品和成品检验，保证产品的质量。

⑥ 建立质量分析制度，持续提高产品质量　做好进厂原料、半成品和成品检验的统计工作，加强对质量情况的分析，提出并实施纠正和预防不合格的措施，不断提高产品质量。

2.5.1.2 环境管理体系 ISO 14000

(1) ISO 14000 环境系列标准

ISO 14000 环境管理系列标准是国际标准化组织（ISO）发布的一系列用于规范各类组织的环境管理的标准。

国际标准化组织为了制定 ISO 14000 环境管理系列标准于 1993 年 6 月设立了第 207 技术委员会（TC 207）。它是在国际环境保护大趋势下，在 1992 年联合国环境与发展大会之后成立的，下设了 6 个分委员会和一个工作组，内容涉及环境管理体系（EMS）、环境管理体系审核（EA）、环境标志（EL）、生命周期评估（LCA）、环境行为评价（EPE）等国际环境管理领域的研究与实践的焦点问题，是近十年来环境保护领域的新发展、新思想，是各国采取的环境经济贸易政策手段的总结，内容非常丰富。TC 207 的工作是卓有成效的，用 3 年时间完成了环境管理体系和环境审核标准制定工作，其他标准因内部分歧较大，作为正式国际标准出台尚需时日。我国于 1995 年 10 月成立了全国环境管理标准化委员会，迅速对 5 个标准进行了等同转换，因而环境管理体系及环境审核也就构成了今天意义上的 ISO 14000 的主要内涵。这 5 个标准是：GB/T 24001—ISO 14001《环境管理体系—规范及使用指南》、GB/T 24004—ISO 14004《环境管理体系—原理、体系和支撑技术通用指南》、GB/T 24010—ISO 14010《环境审核指南—通用原则》、GB/T 24011—ISO 14011《环境管理审核—审核程序-环境管理体系审核》、GB/T 24012—ISO 14012《环境管理审核指南—环境管理审核员资格要求》。其中 ISO 14001 是系列标准的龙头标准，也是唯一可用于第三方认证的标准，包括环境方针、组织结构和职责、人员环境培训、环境信息交流、环境文件控制、应急准备和响应（部分与消防安全的要求相同）、不符合、纠正和预防措施、环境记录、内部审核、管理评审等。

(2) ISO 14001 标准的主要内容

ISO 14001 为各类组织提供了一个标准化的环境管理模式，即环境管理体系（EMS）。标准对环境管理体系的定义是："环境管理体系是全面管理体系的组成部分，包括制定、实施、实现、评审和维护环境方针所需的组织结构、策划活动、职责、操作惯例、程序、过程和资源。"实际上，环境管理体系就是企业内部对环境事务实施管理的部门、人员、管理制度、操作规程及相应的硬件措施。一般地，企业对环境事务都进行着管理，但可能不够全面不系统，不能称之为环境管理体系。另一方面，这套管理办法是否能真的对环境事务有效，是否能适合社会发展需求，适应环境保护的要求，在这些问题上各企业之间差异很大。环境问题的重要性日益显著，特别是它在国际贸易中的地位越来越重要，国际标准化组织总结了 ISO 9000 的成功经验，对管理标准进行了修改，针对环境问题，制定了 ISO 14001 标准。可以认为 ISO 14001 标准所提供的环境管理体系是管理理论上科学、实践中可行、国际上公认，且行之有效的。

ISO 14001 所规定的环境管理体系共有 17 个方面的要求，根据各条款功能的类似性，可归纳为 5 方面的内容：环境方针、规划（策划）、实施与运行、检查与纠正措施、管理评审等。这五个方面逻辑上连贯一致、步骤上相辅相承，共同保证体系的有效建立和实施，并持续改进，呈现螺旋上升之势。

首先，实施环境管理体系必须得到最高管理者的承诺，形成环境管理的指导原则和实施的宗旨，即环境方针，要找出企业环境管理的重点，形成企业环境目标和指标；其次，贯彻企业的环境方针目标，确定实施方法、操作规程，确保重大的环境因素处于受控状态；再次，为保证体系的适用和有效，设立监督、检测和纠正机制；最后通过审核与评审，促进体系的进一步完善和改进提高，完成一次管理体系的循环上升和持续改进。

2.5.1.3 职业健康安全管理体系 OHSAS 18000

（1）产生背景和发展趋势

职业健康安全管理体系是 20 世纪 80 年代后期在国际上兴起的现代安全生产管理模式，它与 ISO 9000 和 ISO 14000 等一样被称为后工业化时代的管理方法，其产生的一个主要原因是企业自身发展的要求。随着企业的发展壮大，企业必须采取更为现代化的管理模式，将包括质量管理、职业健康安全管理等管理在内的所有生产经营活动科学化、标准化和法律化。国际上的一些著名的大企业在大力加强质量管理工作的同时，已经建立了自律性的和比较完善的职业健康安全管理体系，较好地提升了自身的社会形象和大大地控制和减少了职业伤害给企业所带来的损失。职业健康安全管理体系产生的另一个重要原因是国际一体化进程的加速进行而引起的，由于与生产过程密切相关的职业健康安全问题正日益受到国际社会的关注和重视，与此相关的立法更加严格，相关的经济政策和措施也不断出台和完善。在 80 年代，一些发达国家率先研究和实施职业健康安全管理体系活动，其中，英国在 1996 年颁布了 BS 8800《职业安全卫生管理体系指南》，此后，美国、澳大利亚、日本、挪威的一些组织也制定了相关的指导性文件，1999 年英国标准协会、挪威船级社等 13 个组织提出了职业健康安全评价系列（OHSAS）标准，即 OHSAS 18001《职业健康安全管理体系——规范》、OHSAS 18002《职业健康安全管理体系——OHSAS 18001 实施指南》，尽管国际标准组织（ISO）决定暂不颁布这类标准，但许多国家和国际组织继续进行相关的研究和实践，并使之成为继 ISO 9000、ISO 14000 之后又一个国际关注的标准。

目前，我国的职业健康安全现状不容乐观，例如，我国在接触职业病危害人数、职业病患者累计数量、死亡数量和新发病人数，均达世界首位。尽管我国经济高速增长，但是，职业健康安全工作远远滞后，特别是加入 WTO 后，这种状况很不好解决，作为技术壁垒的存在，必将影响到我国的竞争力，甚至可能影响我国的经济管理体系运行，因此，我国政府正大力加强这方面的工作，力求通过工作环境的改善，员工安全与健康意识的提高，风险的降低，及其持续改进、不断完善的特点，给组织的相关方带来极大的信心和信任，也使那些经常以此为借口而形成的贸易壁垒不攻自破，为我国企业的产品进入国际市场提供有力的后盾，从而也充分利用加入 WTO 的历史机遇，进一步提升我国的整体竞争实力。

（2）职业健康安全管理体系概况

① 特点 建立管理体系来进行绩效控制、采用 PDCA 循环、预防为主、持续改进和动态管理、遵守法规的要求贯穿体系始终、适用于所有行业、自愿原则。

② 职业健康安全管理体系标准组成 包括范围、规范性引用文件、术语和定义、职业健康安全管理体系要素、总要求、职业健康安全方针、策划、实施和运行、检查和纠正措施、管理评审等。

（3）实施职业健康安全管理体系的作用

① 为企业提供科学有效的职业健康安全管理体系规范和指南。

② 安全技术系统可靠性和人的可靠性不足以完全杜绝事故，组织管理因素是复杂系统事故发生与否的最深层原因，系统化，预防为主，全员、全过程、全方位安全管理。

③ 推动职业健康安全法规和制度的贯彻执行。

④ 使组织职业健康安全管理转变为主动自愿性行为，提高职业健康安全管理水平，形成自我监督、自我发现和自我完善的机制。

⑤ 促进与国际标准接轨，消除贸易壁垒和加入 WTO 后的绿色壁垒。

⑥ 有助于提高全民安全意识。

⑦ 改善作业条件，提高劳动者身心健康和安全卫生技能，大幅减少成本投入和提高工作效率，产生直接和间接的经济效益。

⑧ 改进人力资源的质量。根据人力资本理论，人的工作效率与工作环境的安全卫生状况密不可分，其良好状况能大大提高生产率，增强企业凝聚力和发展动力。

⑨ 在社会树立良好的品质、信誉和形象。因为优秀的现代企业除具备经济实力和技术能力外，还应保持强烈的社会关注力和责任感、优秀的环境保护业绩和保证职工安全与健康。

⑩ 把 OHSMS 和 ISO 9000、ISO 14000 建立在一起将成为现代企业的标志和时尚。

（4）建立职业健康安全管理体系的方法

① 明确基本要求 主要包括建立该体系的组织要有合法的法律地位和遵守国家有关的法律法规。

② 进行人员技术培训 对有关人员进行技术培训时，要有针对性，对管理层的培训着重是职业健康安全管理方针、高层意识；对特殊层培训的要求是了解岗位基本职业健康安全处理技术；对员工层培训的要求是具有一定基础的职业健

康安全意识。

③ 进行初始评审　包括对组织现有管理制度、各种职业健康安全影响确定和遵守有关法律法规的情况等进行评审。

④ 方针　制定职业健康安全管理体系方针，指出职业健康安全管理体系的建立和保持总的目标和承诺。

⑤ 策划　策划主要包括危险源识别、风险评估和风险控制策划，法律法规和其他要求，目标、管理方案。进行策划时，要求具有组织管理特色和反映企业文化。

⑥ 实施和运行　根据策划结果实施风险控制的活动，实施职业健康安全管理方案并保留各种运行证据。

⑦ 检查和纠正措施　包括检查日常运行情况、实施内审和管理评审和纠正预防不合格行为。

2.5.1.4　社会道德责任标准 SA 8000

社会道德责任标准（Social Accountability 8000 或简称 SA 8000）自 1997 年问世以来，受到了公众极大的关注，在美欧工商界引起了强烈反响。专家们认为，SA 8000 是 ISO 9000、ISO 14000 之后出现的又一个重要的国际性标准，并迟早会转化为 ISO 标准；通过 SA 8000 认证将成为国际市场竞争中的又一重要武器。有远见的组织家应未雨绸缪，及早检查本组织是否履行了公认的社会责任，在组织运行过程中是否有违背社会公德的行为，是否切实保障了职工的正当权益，以把握先机，迎接新一轮的世界性的挑战。当今，各组织的年度报告和公司宣传册中关于道德责任的陈述逐年增多。这一现象表明，管理与社会责任相结合的需求日益增大。尽管许多组织在运营中并无不道德行为，但却无从评判。而今天，组织行为是否符合社会公德已经可以根据该组织与 SA 8000 要求的符合性予以确认和声明。

SA 8000 是世界上第一个社会道德责任标准，是规范组织道德行为的标准，已作为第三方认证的准则。SA 8000 认证是依据该标准的要求审查、评价组织是否与保护人类权益的基本标准相符。在全球所有的工商领域均可应用和实施 SA 8000。

（1）SA 8000 标准诞生的背景

由于社会审核领域在全球范围内不断扩展，有必要对社会道德责任进行审核，同时在工商界也应确立与公众相同的价值观和道德准则，为此，需要制定社会道德责任标准或规范，并开展审核认证活动。1996 年 6 月欧美的商业及相关组织召开了制定规范的初次会议。该会议在商业组织和非政府组织中引起了强烈反响。商界和非政府组织对新标准规范的制定极为关注。会议拟订了制定新标准的备忘录。基地设在伦敦和纽约的英美非政府组织。经济优先领域理事会（CEP）积极参加了制定新标准的最初几次会议，并被指定为维护新标准的组织。

随后CEP设立了标准和认可咨询委员会（CEPAA），任务是跟踪、监督、审查新标准制定的进展情况。美国等国家的很多公司对应用新标准反应非常积极。在纽约召开的第一次会议上产生了该标准的草案。

（2）制定SA 8000标准的宗旨

制定SA 8000标准的宗旨是为了保护人类基本权益。SA 8000标准的要素引自国际劳工组织（ILO）关于禁止强迫劳动、结社自由的有关公约及其他相关准则、人类权益的全球声明和联合国关于儿童权益的公约。标准首先给出了对组织和公司进行独立审核的定义和核心要素，确认审核评判的基本原则。例如“儿童劳工”是该标准的核心要素之一，该要素的原则为“公司不能或支持剥削性使用儿童劳工，公司应建立有效的文件化的方针和程序，从而推进未成年儿童的教育，这些儿童可能是当地义务教育法范围内应受教育者或正在失学的未成年儿童”。标准规定了具体的保证措施，如在学校正常上课时间，不得使用未成年儿童劳工；未成年儿童劳工的工作时间、在校时间、工作与学习活动往返时间每天不得超过8h；不得使用儿童劳动力从事对儿童健康有害、不安全和有危险的工作等。

（3）SA 8000的主要内容

童工（child labour）：公司不应使用或者支持使用童工，应与其他人员或利益团体采取必要的措施确保儿童和应受当地义务教育的青少年的教育，不得将其置于不安全或不健康的工作环境和条件下。

强迫性劳工（forced labour）：强迫性劳动。公司不得使用或支持使用强迫性劳动，也不得要求员工在受雇起始时交纳“押金”或寄存身份证件。

健康与安全（health & safety）：公司应具备避免各种工业与特定危害的知识，为员工提供安全健康的工作环境，采取足够的措施，降低工作中的危险因素，尽量防止意外或健康伤害的发生；为所有员工提供安全卫生的生活环境，包括干净的浴室、洁净安全的宿舍、卫生的食品存储设备等。

组织工会的自由与集体谈判的权利（freedom of association and right to collective bargaining）：公司应尊重所有员工结社自由和集体谈判权。

歧视（discrimination）：公司不得因种族、社会阶层、国籍、宗教、残疾、性别、性取向、工会会员或政治归属等而对员工在聘用、报酬、训练、升职、退休等方面有歧视行为；公司不能允许强迫性、虐待性或剥削性的性侵扰行为，包括姿势、语言和身体的接触。

惩戒性措施（disciplinazy practices）：公司不得从事或支持体罚、精神或肉体胁迫以及言语侮辱。

工作时间（working hours）：公司应在任何情况下都不能经常要求员工一周工作超过48h，并且每7d至少应有一天休假；每周加班时间不超过12h，除非在特殊情况下及短期业务需要时不得要求加班；且应保证加班能获得额外津贴。

工资（compensation）：公司支付给员工的工资不应低于法律或行业的最低标准，并且必须足以满足员工的基本需求，并以员工方便的形式如现金或支票支付；对工资的扣除不能是惩罚性的；应保证不采取纯劳务性质的合约安排或虚假的学徒工制度以规避有关法律所规定的对员工应尽的义务。

管理体系（management systems）：公司高管层应根据本标准制定符合社会责任与劳工条件的公司政策，并对此定期审核；委派专职的资深管理代表具体负责，同时让非管理阶层自选一名代表与其沟通；建立适当的程序，证明所选择的供应商与分包商符合本标准的规定。

（4）SA 8000 认证的优点

① 使公司能建立、维持及推行所需业务守则；

② 作为第一底线，即最低要求的标准；

③ 提供一个达到全球共识的国际标准；

④ 减少对供货商的第二方审核，可明显节省费用；

⑤ 适合各地方和行业应用，提供共通的比较准则；

⑥ 考虑及根据当地法规及要求作为审核准则；

⑦ 建立国际性公信力；

⑧ 使消费者对产品建立正面情感；

⑨ 对合作伙伴建立较长期价值。

2.5.2 家具产品认证

产品认证包括安全认证和合格认证等，偏重产品标准及产品的质量安全，通过检测报告及证书的方式证明本产品的实物质量安全符合技术要求，如 JIS 认证、CSA 认证、CE 认证、家具生态标签认证、中国环境标志认证等等。产品认证目的是为了促进国家间的相互认可，简化手续、减少浪费，同时帮助消费者识别优质产品。

对某一产品认证后，为明示产品质量，常使用“标志”。标志是产品达到该标志质量要求的直观表达。通常用于表达描述安全性或功能特性，如 CE 标志、Oko-Tex100 标志、NF 标志、GS 标志、十环认证标志，等等。

产品认证分为“自我认证”和“第三方认证”。前者在欧洲各国比较流行，如 CE 标志，是贸易双方已对出口方企业的检测条件有了充分认可的基础上进行的。“第三方认证”是经济全球化发展的必然结果，是当今国际贸易的主流形式，第三方作为“独立的检测机构（实验室）”能够客观地反映产品的质量内容，能够公平、公正地对待贸易双方。

2.5.2.1 森林产品认证

森林是重要而又非常独特的战略资源，具有可再生性、多功能性、多样性，可形成潜力巨大的生态产业链。

近年来，随着森林可持续经营的发展，将森林和森林管理纳入应对气候变化的战略成为全球共识，世界森林和林产品认证体系相继建立，世界自然基金会等国际组织和许多国家成立了森林和林产品认证机构，并逐步开展了森林和林产品的认证工作。它包括森林经营认证和产销监管链认证，是由一个独立的第三方按照一套国际上认可的森林可持续经营标准和指标体系，对森林的经营管理方式进行评估，并签发一个书面证书，从经过“森林认证”的森林中采伐出来的木材及其制品可以贴上“绿色标签”，表明该木材和木材产品是来自世界上那些经营良好的森林，方便木制品生产厂家和消费者了解木材和木制品的来源，方便他们以环保的行为选购木材、纸张等林产品，从而支持森林的可持续经营和林业向良性的方向发展。

所谓林产品认证，就是一个对森林进行检验的过程，以检验其是否按照公认的原则和标准进行经营。确切地说，林产品的认证是促进和保证森林可持续经营的一种市场的经营措施，其目的是提高和加强合理利用森林资源的意志，提高森林可持续经营的水平。这种认证属于“绿色标签”、“环境标签”或“生态标签”，以向消费者传递有关生产的木材是否来自可持续经营的森林的消息，即认证体系用标签来明确地注明木材和林产品是来自世界上那些可持续经营的森林，用标签使用户对木材和林产品的来源更清楚，并且更容易识别，以此促进森林向可持续方向发展。

现在，国际上森林认证主要是采用以下 2 种方法：一种是国际森林管理委员会（FSC）认证法。该法是以评价森林管理为基础，进行连续监测，必须达到各个方面的森林管理标准。现在，国际森林管理委员会正在继续扩大国家包括的范围，并制作一个森林管理委员会的标签，把它贴在被认证的林产品上，作为认证的标记。凡经过国际森林委员会任命的认证员均可使用这种认证标签。有些国家现在正在研制各国应用的认证书，如荷兰和德国在研究如何验证其市场的供应单位的认证书，并把证书与市场上的产品联系起来，把最后的产品打上标签。美国森林和纸张协会发起一项可持续林业运动，通过这项运动，使其成员公司承诺转向可持续林业，这是一项强制性的要求。它不但是公司本身承担的原则和准则，而且也可作为今后一个独立的认证的基础。另一种是国际标准化组织认证法。该法也是以评价森林管理标准为基础，但应建立具体的管理系统，并要遵循一些手续。国际标准化组织也写了一份技术报告，以帮助林业组织实施 ISO 14001 环境管理标准，并介绍了其他一些团体制定的森林原则、标准和可持续森林经营标准。加拿大标准协会建立了一个以国际标准化组织认证法为基础的认证系统。这一系统允许第三者认证员按照加拿大标准协会制定的标准对公司进行认证。

森林认证作为一种通过市场需求推动森林经营者实行良好经营的工具，近 10 年来，瑞典、德国、英国、荷兰、波兰、俄罗斯、美国、巴西、玻利维亚、日本、印度尼西亚、马来西亚、越南及其他国家获得了快速发展。全球经过认证的林木产品数量正在迅速扩大。一些国际知名的大家具和装饰建材零售商都已声明要购买认证产品。

为推动认证林产品贸易，世界银行和世界自然基金会（WWF）建立了全球林产品贸易网络，目前已有900余家会员，包括世界十大林产品公司（如美国惠好公司）及各大商业连锁店（如瑞典宜家、法国家乐福），一些欧洲国家已将认证作为林产品森林进口的一个必要条件，还有一些国家将认证林产品采购纳入政府采购。英、法、德三国政府相继宣布，他们将改变自己的公共采购政策，包括优先购买经森林认证的木材。德国政府向森林管理委员会承诺，来自热带的木材将只能通过公共办公室购买，以确认是否来自经FSC认证的森林。瑞士联邦委员会决定，避免购买可能来自非法采伐的木材。德国纸业联合会庄重承诺：抵制一切来自加拿大不列颠哥伦比亚省的木材制品，直至大熊森林的自然保护问题获得圆满解决。

森林认证就是给符合环保标准的木材贴上“标签”，确保森林的可持续发展。获得森林认证，保持企业保护环境的社会形象，也成为越来越多国际林产品企业的选择。全球家居零售业界巨头之一的宜家家居公司（IKEA）的长期目标，就是使所采用的木材全部来自经营良好的森林。而宜家公司目前在全球最大的原料采购地就是中国，他们也开始对中国提供的木材提出了森林认证要求。

目前世界上较有影响的森林认证体系主要有：森林管理委员会体系（FSC）、泛欧森林认证认可体系（PEFC）、泛非森林认证体系（PAFC）、美国可持续林业倡议体系（SFI）、加拿大标准化协会体系（CSA）等。其中在中国开展认证最多的是FSC，这里将主要介绍FSC认证。

（1）FSC认证

1992年联合国环境发展大会后，国际上对森林可持续经营的标准和指标进行了广泛的研究讨论，成立了全球森林管理委员会（FSC），制定了一套关于森林可持续经营的国际性原则。目前，以森林管理委员会为代表的森林认证体系已经得到了欧洲和北美国家的普遍认同，世界银行和世界自然基金会（WWF）还专门成立了一个联盟，积极推动FSC的认证进程。

目前FSC认证有两种，即森林管理认证（forest management，FM）和产销监管链认证（chain of custody，CoC）。

FSC：FM认证：适用于所有的森林，根据公认的原则和标准，对申请认证的森林经营单位的森林经营管理进行评估，评估内容包括森林调查、规划、造林、营林、采伐、森林基础设施及有关的环境、经济和社会各个方面。

FSC：CoC认证：是对林产品从原产地的森林经营，到采伐的原木及其运输、加工、流通直至终端消费者的整个过程进行认证。

对于家具生产、销售和出口企业来说，影响较大的是FSC：CoC认证。在环境较为敏感的欧美市场，一些没有FSC：CoC认证标志的木材产品不能获得市场准入，FSC：CoC认证成为这些产品必备的“绿卡”。

FSC：CoC认证：产销监管链是指对产品从森林到消费者的全过程监管，包括所有的生产、转换和分销环节。产销监管链认证是为了证明在供应链的任何一点，来自经过认证森林的产品没有与非认证森林的产品相混合，从而向购买者和消费者保证，他们所购买的经过认证的货物是来自管理优良的森林的真实产品。

安全的产销监管链要求在所有阶段对被认证的产品进行标识和单独储运，并附有适当的文件。

在产销监管链认证的评估中，QUALIFOR审核员要审核产品生产、转换和分销的每一个场所。在每一点他们将检查：

产品识别：保证所有森林地区的产品都有清晰的标识，有成文的程序来控制认证产品的标识。

产品隔离：保证所有已认证的森林产品都与其他产品进行隔离，单独储运。

记录：对认证产品的购买、交付、装运、验收和开具发票进行记录备案，并保证有成文的程序控制记录跟踪的流程。

FSC认证标志如图2-5所示，其使用者分为两种：认证持有人和非认证持有人。

认证持有人是指通过FSC的审核，并被授予FSC：FM或FSC：CoC或兼获两种认证的企业。认证持有人与认证机构签订协议后，可以在产品上印刷FSC标志。

图2-5 FSC认证标志

非认证持有人包括三种情况：①商业用途包括零售商和批发商，如果他们销售的是获得过FSC认证的产品，则可以使用FSC标志；②推广用途包括非政府组织和FSC会员；③媒体和教育性的推广活动。

目前在环保意识较强的欧洲，消费者承诺只购买经过认证的、源自经营良好森林的木材和林产品，即便是这些产品的价格高于未经认证的产品。另外，随着人们环保意识的增强，全球会有更多的消费者通过购买认证产品的方式来保护人类赖以生存的森林。众多跨国公司开始生产和销售FSC认证林木产品以迎合消费者的需求，树立公司的绿色形象。

无疑，木材或家具生产商一旦贴上FSC的标签，等于拿到了在全球林业市场畅通无阻的“通行证”。因为FSC这面招牌表明了他们的木材及其产品是来自那些经营良好的森林。这样用户对木材及其产品市场的来源也就更清楚，并且容易识别。消费者就可以在选购木材、纸张和投资的过程中能够支持林业向良性的方向发展。

近年来欧盟对包括林产品在内的一些进口商品制定了具体政策。一方面，要求政府采购必须购买生产过程符合欧盟要求的商品；另一方面，采取所谓“贸易鼓励安排”政策，即如果出口到欧盟国家的商品包括林产品，其生产过程符合欧盟的要求，贴上FSC标签，就可以享受一定比例的关税折扣。我国政府正在向欧盟申请林产品的“贸易鼓励安排”。

（2）木材合法性验证

在全球气候变化、保护森林资源、促进低碳经济的背景下，国际市场对林产品的合法性和可持续性的要求越来越高。为打击木材的非法采伐、非法贸易，发达国家/地区采取了一系列措施，如最近几年著名的已颁布实施的美国《雷斯法案修正案》《欧盟木材法规》等，都是对木材的合法性提出了严厉要求。这些法规/法案的实施，产生并推动了木材合法性验证的工作。

木材合法性验证是验证木材合法来源以及在流通过程中的合法性，保证木材的采伐是符合当地法律法规的，并且在流通领域也符合所在国家或地区的相关规定，同时也满足相关国际公约或标准的要求。

因此，木材合法的采伐必须是：森林经营单位中林权拥有者是经政府授权进行了的采伐；是计划批准的采伐；是经有正当手续批准的或有特许权或有类似文件的采伐；以上这些权利都是根据具有司法权机构颁布的法律法规授予的。

合法采伐的木材必须是：森林经营单位按照合法权利在其林地采伐的木材，遵守所在国家和地区有关森林资源的经营和采伐的法律法规要求并缴纳了规定税费后所采伐的木材。

合法贸易的木材必须是：木材及其制品，其出口遵守出口国有关法律，包括支付出口税、关税或罚款；其进口遵守进口国有关法律，包括支付进口税、关税或罚款。

森林认证和木材合法性验证是两种不同的认证。森林认证是一种自愿性认证，是一客观要求的主观自愿行为；而木材合法性验证分强制性认证与自愿性认证。强制性认证如美国《雷斯法案修正案》《欧盟木材法规》等，自愿性认证如第三方提供的认证，如SGS、BV、SW、SCS等。我国国家林业局设有木材合法性管理部门，专门负责制定并执行《中国木材合法性认定体系》，结合我国实际情况对木材资源及其加工严格实行木材采伐许可证管理、木材运输管理证管理、木材加工许可证管理的“三证”制度。

（3）中国的森林认证

森林认证对中国森林经营和林产品贸易的影响是机遇与挑战并存。森林认证对中国林产品贸易的影响非常大，中国木材产品在国际贸易中占有重要地位。中国是世界上林产品进、出口量值最大的国家之一，木材的进口量、出口量逐年递增。例如2002年，我国的工业原木进口量为1600万立方米，是1997年进口量的11倍，2005年进口量为2937万立方米。到2010年，预计我国将进口1亿立方米的木材。2001年中国胶合板的出口量首次超过了进口量，已成为胶合板的净出口国。中国家具出口额近年来增长非常迅速，2005年家具出口为135亿美元，2006年为170多亿美元。

我国的森林认证工作属于刚刚起步阶段，已经开始被有关方面认识和接受。据悉，目前中国有几十家森林经营单位、木材加工企业通过了FSC森林认证和FSC产销监管链认证，它们都是外向型木材加工企业，其产品主要出口到欧美国家。对森林经营水平较好的森林经营单位以及外向型的木材加工企业，森林认证意味着其原木和木材产品有着广泛的国内外市场，而对于森林经营水平较低的森林经营单位以及没有能力进行产销监管链认证的木材加工企业，其木材产品出口到国际市场特别是欧美环境敏感市场的前景就将面临严峻的挑战。

因此，要使我国森林经营及林产工业的发展更好地与国际接轨，解决我国林产品在国际市场的准入问题，森林认证是当前森林可持续经营和林产品市场准入的有效手段。开展森林认证工作是我国森林经营和管理工作与国际接轨的重要内容，将对实现林业跨越式发展起到重要的推动作用。促进森林的可持续经营，保护生态环境和生物多样性；开拓国际市场、消除绿色壁垒，促进林产品的国际市场准入。通过建立森林认证制度，不仅会使中国林业和家具企业可以借此扩大市场份额，在认证产品贸易中获得超额利润，也将是中国在国际上建立和维护一个负责任的林产品消费大国形象、保证进口木材来源安全的重要手段。

2.5.2.2 家具产品生态标签认证

当前，国际间对生态标签产品未有明确统一的定义规范，有些又称环境标志产品、绿色产品、环境友好产品，等等。但它们的规范基本以“能资源节约”、“危害物质管制”及“废弃物回收”等议题为主，如欧盟的生态家具标签决议和我国的《环境标志产品技术要求家具》标准的目标就是减少家具在生产、使用和处置过程中对人体健康和环境的影响，减少有害物质的使用，提高家具材料的可回收性。中国对环境标志的说明：用来表达产品或服务的环境因素的声明。环境标志是一种标在产品或其包装上的标签，是产品的“证明性商标”，它表明该产品不仅质量合格，而且在生产、使用和处理处置过程中符合特定的环境保护要求，与同类产品相比，具有低毒少害、节约资源等环境优势。

实施生态标签产品或环境标志产品认证，实质上是对产品从设计、生产、使用到废弃处理处置，乃至回收再利用的全过程（也称“从摇篮到摇篮”）的环境行为进行控制。它由国家指定的机构或民间组织依据环境产品标准（也称技术要求）及有关规定，对产品的环境性能及生产过程进行确认，并以标志图形的形式告知消费者哪些产品符合环境保护要求，对生态环境更为有利。

发放环境标志的最终目的是保护环境，它通过两个具体步骤得以实现：一是通过环境标志向消费者传递一个信息，告诉消费者哪些产品有益于环境，并引导消费者购买、使用这类产品；二是通过消费者的选择和市场竞争，引导企业自觉调整产品结构，采用清洁生产工艺，使企业环保行为遵守法律、法规，生产对环境有益的产品。

(1) 欧盟生态家具标签

① 欧盟生态标签制度　近年来，欧盟出台了一系列的环保性政策法规，通过“绿色壁垒”来抬高产品进入欧盟市场的门槛。欧盟对产品规定了相应的环保性能标准。这些标准主要是关于自然资源与能源节省情况、废气（液、固体）排放情况及废物和噪声排放情况。如果产品获得生态标签，则企业可以不用担心产品被欧盟的环保性法规阻于欧盟大门之外。在欧盟一个成员国申请的生态标签将成为欧洲其他国家消费者所认可的产品环保标志。生态标签符合了国际消费品市场发展的潮流。目前，国际贸易已进入“绿色时代”。2000 年来，欧洲“贴花产品”的销售额增长了 300%，并呈持续迅速增长之势。生态标签是欧盟规定的一种自愿性产品标志，为鼓励在欧洲地区生产及消费“绿色产品”，欧盟于 1992 年出台了生态标签体系。因该标签呈一朵绿色小花图样，获得生态标签的产品也常被称为“贴花产品”。经过 10 年来的发展，“贴花产品”已在欧洲市场上享有了很高的声誉。生态标签是产品畅销“大欧洲”的通行证。欧盟所制定的生态标签在其成员国内都予以认可。为使政府带头使用“绿色产品”，欧盟出台了一项《政府采购应符合生态标准》的指南，鼓励政府采购并使用“绿色产品”。如 2004 年希腊雅典奥运村室内用漆全部都是贴加“生态标签”的产品。生态标签制度面向所有日常消费产品，生态标签已授予以下 21 类产品：各种用途的去污剂；灯泡；床垫；个人电脑；复印及画图用纸；手提电脑；洗碗机用洗涤剂；手用餐具洗涤剂；冰箱；洗碗机；土壤改良剂；鞋类；电视机；纺织品；棉纸；硬地板；室内用油漆涂料；旅游住宿服务；衣物清洁产品；真空吸尘器；洗衣机。在近期，欧盟规定环保标志商品要扩大为 30 种，新增加的有：吸尘器、旅游用品、家具、轮胎、垃圾袋、纸制品、日常生活用干电池等。

② 欧盟生态家具标签决议　在人们日益关注环境保护的今天，生产及消费“绿色产品”已成为趋势，成为世界制造业及服务业的潮流。我国企业要想在包括欧盟在内的国际市场上占有一席之地，应对生产过程及产品的环保特性予以足够的重视，申请包括欧盟生态标签认证在内的环保认证，应是一种明智之选择。目前，欧盟已经批准实施生态家具标签决议——2009/894/EC“委员会在 2009 年 11 月 30 日关于建立对木制家具授予欧盟生态标签的生态准则的决议”（表 2-21）。在木制品、家具生产过程中，必须使用油漆、涂料、胶黏剂、防腐剂等化学用品，这些配套辅助材料都不同程度地含有甲醛、甲苯、苯酚、重金属等有毒有害物质，处理不好将引起消费者身体不适、环境污染，欧盟对木制品、家具的生产都有关于自然资源与能源节省情况、废气（液、固体）排放情况及废物和噪声排放情况的严格规定。因此，要积极倡导绿色概念，尽量少用或不用含有害物质的材料，保障人民身体健康，注重环保安全。与其他生态要求一样，欧盟对生态家具的限制物质包括：禁用偶氮染料；五氯苯酚（PCP）；甲醛；阻燃剂；有机锡化合物；其他杀虫剂，分散染料；pH 值；重金属含量。

表 2-21 已实施的生态木家具标准对化学物质要求

限用物质	砷	镉	铬	铜	铅	汞	氟利昂	氯化物	五氯苯酚	杂酚油
限量值/(mg/kg)	2	25	25	20	30	0.4	100	600	5	0.5

③ 欧盟生态标签申请的具体步骤

a. 向欧盟成员国生态标签管理机构递交申请 来自欧盟以外的第三国的生产商，可以向欧盟任何一个成员国的生态标签管理机构递交申请。

b. 管理机构审核申请材料 成员国生态标签管理机构有权力根据申请材料审核产品是否达到欧盟制定的生态标准，而无须再征求欧盟的意见。

c. 签订使用合同并获得生态标签的使用权 如果产品的环保标准及性能达到要求，则成员国生态标签管理机构会与生产商签订可以使用生态标签的标准合同。

d. 生态标签的申请费用 欧盟各成员国生态标签的申请费用是不同的，一般在 300～1300 欧元之间。如果申请者是中小企业或来自发展中国家企业，则可以获得 25%的价格优惠。

e. 生态标签的使用费用 产品被允许贴上生态标签后，生产商还应支付生态标签的年度使用费。目前，欧盟为生态标签年付费的最高收费标准为 25000 欧元，对于中小企业及发展中国家企业可相应减少。如果是获得 ISO 14001 认证或 EMAS（欧盟生态管理及审计体系）认证企业，则可以减免 25%的标签使用费用。所有上述减少的使用费最多不能超过名义应缴金额的 50%。如果企业在一种生态标签产品类别中是前三个申请者之一，还可获得 25%的年使用费优惠。

f. 生态标签的使用及监督 授予生态标签的欧盟成员国机构有权抽查生产商的生产车间及产品，以保证产品的环保真实性。一般而言，生态标签授予机构都有帮助生产商向消费者宣传其产品环保特点的义务，一旦产品贴有生态标签，生产商可以与标签授予机构联系，向其寻求市场宣传的帮助。

（2）德国蓝天使认证

“绿色环境标志”是一种在产品或其包装上的图形。它表明该产品不但质量符合标准，而且在生产、使用、消费、处理过程中符合环保要求，对生态环境和人类健康均无损害。德国的环境标志认证制度起源于 1978 年，是由联邦政府的内政部长和各洲的环境保护部部长共同建立的，也称为“蓝天使”标志认证。蓝天使标志采用于 UNEP 的标识语，其人形图形标志代表渴望高贵生活环境的人类和“为人类规划和保存适宜的居住环境”的环境政策的契合点。作为世界上最为古老的环境标志，目前已有 80 种产品类别的 10000 个产品和服务拥有了“蓝天使”标志，其中有 17%的产品来自国际市场，在国际市场和欧洲市场上都具有很高的市场认知度。德国“蓝天使”标志隶属于德国联邦环保局、自然保护部和核安全部，由联邦环保部门、质量和产品认证委员会（RAL）德国协会共同发起，所有受理产品和服务的技术标准均由独立的环境标志委员会来决定，其认证主要通过文件审核依据标准的检测报告和企业自我声明的形式来进行。

德国“蓝天使”于1986年颁布实施的认证标准《低释放人造板和木制品》（UZ38）对“室内使用的成品（家具、室内木门、板，表面涂漆的地板、碾压地板、镶木地板）”在产品的整个生命周期阶段提出了环境性能的要求，这个标准覆盖了产品的整个生命周期的阶段，包括产品的制造工艺、所使用的原材料、废旧产品的处置、实际使用周期、用于运送产品的包装材料等过程；此外，在环境性能的要求方面除了对产品原材料甲醛释放量提出了基本要求外（甲醛浓度的稳定状态测试为0.1×10^{-6}）；还对产品在使用阶段的室内空气质量提出了要求，比如VOC、甲醛释放量、CMT物质的排放等，而且也规定了禁止添加欧盟相关指令中的违禁物质，比如“67/548/EEC指令”附录1所划分的产品或者依据“有害物质条例4a部分”制定的“有害物质清单”，如“剧毒（T+）”“有毒（T）”“致癌物质”“诱导机体突变物质”“产生畸形物质”。

《德国蓝天使环保标志授予的标准 低排放人造板和木制品》标准简介　德国“蓝天使”环保标志授予的标准《低排放人造板和木制品》（UZ38）对低排放人造板和木制品的整个生命周期阶段提出了环境性能的要求，这个标准覆盖了产品的整个生命周期的阶段，包括产品的制造工艺、所使用的原材料、废旧产品的处置、实际使用周期、用于运送产品的包装材料等过程。

a.编制的原则和依据　UZ38标准基于认证产品的全生命周期过程评价，旨在减少人造板和木制品（如家具、装饰板及木地板）在生产、使用和处置过程中可能造成的环境负担，通过对可再生木质原材料的选择和使用；对涂装过程环境影响的识别和评价；生产地对居民的环境影响；不含有任何“使循环恶化的有害物质以及支持可持续发展林业”的考虑；对产品的制造工艺、所使用的原材料、废旧产品的处置、实际使用周期、用于运送产品的包装材料等生命周期的评估并提出了要求。

b.标准的主要内容

（a）范围：适用于室内使用的成品（例如，家具、室内木门、板，表面涂漆的地板、碾压地板、镶木地板），其主要原材料超过50%为木材、木屑或木头材料（纸板、碎木版芯、纤维板、薄板，没有涂层或涂层的）。不包括门窗框和半成品。

（b）生产：木头来源：紧密材、层压板、饰面板以及用于生产胶合板的原材料禁止使用原始森林资源（北方和热带原始森林）。在购买木材时，申请人承诺考虑使用可持续森林的木材。

（c）木质材料中的甲醛：标识有环境标志RAL-UZ 76的木质原材料可作为第2条要求产品的生产。没有标识环保标志RAL-UZ 76的木质材料不得超过其原始状况。也就是说，在加工或涂层之前，甲醛浓度的稳定状态测试为

0.1×10^{-6}。

(d) 涂装系统：适用于保护和设计表面的涂装系统，包括着色、上漆、装饰纸、黏合剂等。

(e) 一般要求：涂装系统禁止使用“67/548/EEC指令”附录1所划分的产品或者依据“有害物质条例4a部分”制定的“有害物质清单”，如“剧毒（T+）”“有毒（T）”“致癌物质”“诱导机体突变物质”“产生畸形物质”。

TRGS905或者“MAK-VALUE清单”中划分的物质，如下：

依据MAK清单中Ⅲ1或Ⅲ2，EC指令carc. cat1或carc. cat2或K1或K2中的致癌物质；

依据EC指令carc. cat1或carc. cat2或M1或M2中的诱导机体突变物质；

依据EC指令carc. cat1或carc. cat2或RE/F1或RE/F2中的产生畸形物质。

(f) 液体涂装系统：

• 液体涂装系统的涂装材料应不超过：VOC 250g/L（平面产品，如室内门、板材、地板）；VOC 420g/L（立体产品，如家具和其他立体产品）。

• 液体涂装系统特殊要求：液体涂装系统应满足木材涂装系统VdL指令para. 3的要求。

c. 产品的使用　对室内空气质量、平面产品，如室内门、板材、地板的要求见表2-22。

表2-22　对室内门、板材、地板的要求

限用物质	初始值(24h±2h)	最终值(第28d)
甲醛	—	0.05×10^{-6}
有机化合物(沸点50～250℃)	—	300μg/m^3
有机化合物(沸点>250℃)	—	100μg/m^3
CMT物质	<1μg/m^3	<1μg/m^3

对立体产品，如家具和其他立体产品的要求见表2-23。

表2-23　家具和其他立体产品的要求

物质	初始值(24h±2h)	最终值(第28d)
甲醛	—	0.05×10^{-6}
有机化合物(沸点50～250℃)	—	600μg/m^3
有机化合物(沸点>250℃)	—	100μg/m^3
CMT物质	<1μg/m^3	<1μg/m^3

包装：如果条件允许，产品的包装应尽可能使用有利于产品排除挥发性物质的包装。

易损件：所使用的易损件如铰链、锁应保证至少在五年的期限可以易于更换。

循环和处置：关于再生和处置，产品中（木质材料、黏合剂和涂料）禁止使用木材保护剂（防真菌剂、防虫剂和阻燃剂）和卤代有机溶剂。

消费者信息：提供的产品信息应包括的基本信息；关于易损件维修和更换的信息；关于主要木材的类型、产地的相关信息；关于其他原材料（质量分数>3%）的信息；关于产品组装的信息；关于产品分解或者循环使用的信息；关于产品耐磨性能的信息。

广告声明：产品的广告不允许进行包括任何诸如“经检测符合生态居住”或者将减少关于有毒有害物质风险的内容；产品的名字不允许使用“生物”或者“生态”的内容。

(3)《澳大利亚环境友好选择 家具和装置》

澳大利亚自2001年依据ISO 14024环境标志标准建立并实施自愿性认证程序以来，在澳大利亚取得了一定的影响，目前已成为澳大利亚市场确认的环境友好产品的唯一性标识。澳大利亚环境友好选择（ECAM）致力于促进绿色采购减少环境影响，为消费者提供清晰、可信、独立的标准，鼓励可持续资源的管理。目前已有180个制造商的1600种产品通过了澳大利亚环境友好选择标准。

《澳大利亚环境友好选择标准 家具和装置》（GECA 28—2006）规定了室内家具和装置的环境友好选择要求，对产品所使用的主要原材料，比如木材及木制品、纺织面料、玻璃、填料、塑料等提出了环境性能的要求；并对产品因为所使用的原材料而造成的环境负荷提出了要求；同时也对产品的环境友好设计、环境管理和劳动用工管理提出了要求。

① 编制原则和主要依据：旨在促使家具通过产品的革新，减少其生命周期的主要影响来保证产品在生产阶段、使用阶段和处置阶段的环境负荷，并鼓励促进可再生利用材料的使用。

② 标准主要内容

a.范围：适用于家用和办公用的室内家具产品，包括办公椅、办公桌、家用椅、家用桌（书桌、餐桌）、床架、衣橱、未经过涂饰的白色家具、隔断、屏风以及吊顶用板材产品等。

b.质量性能的要求：产品应满足其固有的质量和使用性能。制造商应确保其产品满足或超过相关澳大利亚标准的要求，并应对产品提供至少五年的质量保证。

c.原材料的要求：

(a) 木材：对使用的木材的来源、再生木材的来源、甲醛释放量、木材的处理提出了要求；

(b) 塑料：对使用塑料的编码提出了要求；

(c) 填料：对填料中的1,3-丁二烯含量、生产过程的COD和TOC排放水平、并对PU聚氨酯发泡剂、颜料和催化剂提出了要求；

(d) 织物：对所使用超过重量10%的纺织品提出了符合欧洲之花或北欧白天生态标志认证的要求；

(e) 玻璃：对玻璃的类别和所使用的颜料及其他添加物提出了要求；

(f) 黏合剂：对所使用超过重量10%的黏合剂提出了符合欧盟之花、新西兰环境友好选择或者北欧白天鹅标志的要求。

d. 有毒有害物质的含量　为减少产品回收处理阶段的污染物排放，禁止在产品的制造阶段使用砷、镉、铜、铅、汞、氟、氯等元素，五氯苯酚和焦油类物质，并不得使用含有“国际癌症研究委员会”所确认的致癌物质，同时不得添加有机卤化物溶剂、胺、邻苯二甲酸酯、氮丙啶、吖丙啶，含有铅、锡、砷、镉、汞和其化合物的颜料和添加剂，溴化联苯醚或者短链氯化石蜡等有机阻燃剂。

e. 消费后回收管理　易于拆解：对铝、钢、塑料、玻璃提出了易于拆解的要求，以促进组成材料的可循环使用；可回收性管理：对制造商提出了产品回收处理的要求，要求产品应由有资质的回收机构实施回收，不允许自行处置或者填埋或者焚烧；涂饰：对有可能阻止产品回收处理的方式比如浸泡、标识、涂饰提出了要求；可更换的部件：对于易损件提出了易于移动和至少5年的质量保证期限；可循环使用家具：对产品的再生含量提出了要求；包装：对塑料包装的材料和回收提出了要求；产品信息：对产品的功能、如何使用和存储、维护保养、回收管理提出了要求。

f. 环保规定的符合性和符合劳动、反歧视和安全法规的要求　要求申请者须满足当地环保法律法规、职业健康安全和劳动用工法律法规的要求。

近年来，随着我国和澳大利亚经贸合作的全方位的发展，双边贸易持续发展。2007年，中国首度成为澳大利亚的第一大贸易伙伴。为帮助中国企业进入澳大利亚市场，提高我国产品在澳大利亚市场的影响力，中国环境标志积极开展与澳大利亚环境友好选择的对外合作和互认，双方各自认可和接受对方的环境标志认证体系，并作为各自的代理机构在各自国家按照对方的标准接受申请和实施审核。通过互认和合作，减少了我国企业取得澳大利亚环境友好选择认证的成本，为中国产品走向澳大利亚市场搭建绿色的桥梁。

(4) 中国家具环保认证

①“十环认证”　十环认证是中国环境标志产品认证的俗称（图2-6），是标示在产品或其包装上的一种“证明性商标”，它表明产

图2-6　中国环境认证标志

品不仅质量合格，而且符合特定的环保要求，与同类产品相比，具有低毒少害、节约资源能源等环境优势。中国环境标志的图形由中心的青山、绿水、太阳及周围的十个环组成。图形的中心表示人类赖以生存的环境，外围的十个环紧密结合，环环紧扣，表示公众参与，共同保护环境。整个标志寓意为“全民联合起来，共同保护人类赖以生存的环境”。“十环认证”并不是强制性标准，因为此标准较高，要求企业产品的原材料、设计、生产、销售、使用、处理、储存等都要符合环境保护的要求。“十环认证”可认证产品分类包括：办公设备、建材、家电、日用品、办公用品、汽车、家具、纺织品、鞋类等。

中国环境标志已经与澳大利亚、韩国、日本、新西兰、德国、泰国、北欧等国家和地区环境标志机构签署了互认合作和代理协议，同时中国环境标志也已加入到 GEN（全球环境标志网）、GED（全球环境产品声明网），成为环境标志国际大家庭中的一员，这为中国企业跨越绿色贸易壁垒提供了有力的武器。

② 十环认证流程　中国环境标志认证（十环认证、十环标志认证）的程序和 ISO 9001 等管理体系认证类似，也是分为初次认证、年度监督检查和复评认证等，具体如下：

a. 初次认证　企业将填写好的《环境标志产品认证申请表》连同认证要求中有关材料报给我们中环联合（北京）认证中心。我们中心收到申请认证材料后，会对文件进行初审，符合要求后发放《受理通知书》（这意味着如果材料提交不全，就取得不了受理的资格，更谈不上签合同缴费了。这一点请申请认证的企业和十环认证咨询辅导机构的工作人员给以足够重视，以免因此影响进度），申请认证的企业根据《受理通知书》来与我中心签订合同。

我们认证中心收到企业的全额认证费后，向企业发出组成现场检查组的通知，并在现场检查一周前将检查组组成和检查计划正式报企业确认。

现场检查按环境标志产品保障措施指南的要求和相对应的环境标志产品认证技术要求进行，对需要进行检验的产品，由检查组负责对申请认证的产品进行抽样并封样，送指定的检验机构检验。

检查组根据企业申请材料、现场检查情况、产品环境行为检验报告撰写环境标志产品综合评价报告，提交技术委员会审查。

认证中心收到技术委员会的审查意见后，汇总审查意见，报认证中心总经理批准。

认证中心向认证合格企业颁发环境标志认证证书，组织公告和宣传。

获证企业如需标识，可向认证中心订购；如有特殊印制要求，应向认证中心提出申请并备案。

年度监督审核每年一次。

b. 年度监督检查　认证中心根据企业认证证书发放时间，制定年检计划，提前向企业下发年检通知。企业按合同要求缴纳年度监督管理费，认证中心组成检查组，到企业进行现场检查工作。

现场检查时，对需要进行检验的产品，由检查组负责对申请认证的产品进行抽样并封样，送指定的检验机构检验。

检查组根据企业材料、检查报告、产品检验报告撰写综合评价报告，报认证中心总经理批准。

年度监督检查每年一次。

c. 复评认证　3 年到期的企业，应重新填写《环境标志产品认证申请表》，连同有关材料报认证中心。其余认证程序同初次认证。

③ 十环认证所需资料

a. 生产企业废水、废气、噪声监测报告；注意：监测报告必须由通过计量认证环境监测部门出具，报告时间为申请认证前一年之内；废水至少监测 pH、COD、BOD、SS、石油类等常规性指标，洗涤剂类则加测 LAS 一项指标，水性涂料类加测色度一项指标，有磷化工艺的冰箱等生产企业加测 PO_4^{3-} 一项指标；锅炉废气至少监测 SO_2、烟尘、林格曼黑度三项指标；噪声则不少于厂界东、西、南、北四个测点；境外企业请出具 ISO 14001 认证证书或 EMAS 认证证书、环境标志认证证书（如无，则需提供当地环保部门出具的守法证明或承诺书）。

b. 环境影响评价报告、“三同时”验收报告。

c. 环境标志产品保障体系文件及该体系运行的相关记录（体系需运行三个月以上）。

d. 企业法人营业执照副本复印件。注意：请提供与申请书填写的企业名称、法人相符的营业执照；申请认证产品在营业执照规定范围之内；通过工商局当年的年检。

e. 产品商标注册证明复印件。注意：商标注册类别应与申请认证产品一致；若注册人名称与申请企业名称不符，请提供注册人同意申请人使用该商标的说明性文件；若商标尚处于受理、公告阶段，请提供商标局受理证明，并出具承担商标责任的承诺书。

f. 产品执行的质量、安全、卫生标准。注意：执行国标可不必提供；企业标准必须经过当地技术监督局备案。

g. 产品质量、安全、卫生检验报告。注意：请提供经国家或省级技术监督部门认可且通过计量认证产品检验机构出具的一年内合格的产品质量、安全、卫生检验报告；报告内容及检测指标应与产品执行的标准相符，并合格；强制性认证产品应提供 3C 证书；国家免检产品可不提供质量检测报告，提供免检证书。

h. 申请认证产品生产工艺流程。注意：简图即可，请注明过程中的关键工序和特殊工序，工艺相近只需提供一份。

i. 企业组织结构图。

j. 厂区平面图（简图）。

k. 生产许可证。注意：在《工业产品生产许可证发证产品目录》中规定的行业提交生产许可证。

l. 境外产品在国内无生产企业的自我声明。

④《环境标志产品认证技术要求　家具》（HJ/T 303—2006）、《环境标志产品技术要求 橱柜》HJ/T 432—2008。这两个标准的目的是为了减少家具的生产、使用和处置过程对人体健康和环境的影响，特别强调减少对环境有害物质的使用及家具的可回收性。该技术要求对家具使用的木材、木质板材、金属、塑料、涂料（油漆）、胶、填料、纺织品和玻璃提出了要求，同时对生产过程中的废物最小化以及包装和随家具提供的使用说明书提出了要求。

2.6 家具产品质量安全要求

2.6.1 我国大陆及台湾地区木制品、家具产品质量安全要求

木制品、家具产业能得以健康快速发展，标准所起的作用非常重要。我国的家具标准化工作由全国家具标准化技术委员会归口管理，近年来家具标准化工作有较大发展。我国的家具标准由国家标准、行业标准、地方标准和企业标准组成，其中包括产品标准、基础标准、方法标准等，标准体系较为完整。家具国家标准 70 多项、家具行业标准（QB、SN、HJ 等）60 多项，其中强制性标准有近 20（17）项，如《儿童家具通用技术条件》《室内装饰装修材料 木家具中有害物质限量》《家用双层床安全要求与试验》等。我国的木制品标准由全国人造板标准化技术委员会（SAC/TC 198）等归口管理，由国家标准、行业标准、地方标准和企业标准组成，标准类别分为产品标准、基础标准、方法标准等，标准体系较为完整，其中强制性标准有《室内装饰装修材料 人造板及其制品中甲醛释放限量》《难燃胶合板》。

台湾经济部标准检验局（2013 年改组为经济及能源部标准检验局）负责台湾地区的标准政策及法规的起草，以及对“台湾地区标准”（CNS）的研究、制定、修订、转订、确认、废止、实施及推行事项。台湾地区制定实施了家具性能试验法总则、家具——表面材料有害物质之安全要求及试验法、办公室用桌等各家具标准。按照台湾地区相关公告，合板类、中密度纤维板类、粒片板（刨花板类）、层积材类、木质地板类、集成材类等为应施检验商品。

2.6.1.1 我国大陆与台湾地区涉及木制品、家具产品的主要强制性安全技术要求

表 2-24 为我国大陆与台湾地区涉及木制品、家具产品的主要强制性安全技术要求。

表 2-24 我国大陆与台湾地区木制品、家具强制性标准技术要求

<table>
<tr><th>要求</th><th>法规及标准</th><th colspan="6">技术要求及试验方法</th></tr>
<tr><td rowspan="20">化学安全</td><td rowspan="7">GB 18580</td><td colspan="2">产品名称</td><td>甲醛限量值</td><td>试验方法</td><td>使用范围</td><td>限量标志</td></tr>
<tr><td colspan="2" rowspan="2">中密度纤维板、高密度纤维板、刨花板、定向刨花板</td><td>≤9mg/100g</td><td rowspan="2">穿孔萃取法</td><td>可直接用于室内</td><td>E1</td></tr>
<tr><td>≤30mg/100g</td><td>必须饰面处理后可允许用于室内</td><td>E2</td></tr>
<tr><td colspan="2" rowspan="2">胶合板、装饰单板贴面胶合板、细木工板</td><td>≤1.5mg/L</td><td rowspan="2">干燥器法(9～11L)</td><td>可直接用于室内</td><td>E1</td></tr>
<tr><td>≤5.0mg/L</td><td>必须饰面处理后可允许用于室内</td><td>E2</td></tr>
<tr><td colspan="2" rowspan="2">饰面人造板(包括浸渍纸层压木质地板、实木复合地板、竹地板、浸渍胶膜纸饰面人造板等)</td><td>≤0.12mg/m^3</td><td>气候箱法</td><td rowspan="2">可直接用于室内</td><td rowspan="2">E1</td></tr>
<tr><td>≤1.5mg/L</td><td>干燥器法(40L)</td></tr>
<tr><td rowspan="5">GB 18584</td><td colspan="2">甲醛释放量</td><td colspan="2">≤1.5mg/L</td><td colspan="2" rowspan="5">GB 18584</td></tr>
<tr><td rowspan="4">重金属含量</td><td>可溶性铅(Pb)</td><td colspan="2">≤90mg/kg</td></tr>
<tr><td>可溶性镉(Cd)</td><td colspan="2">≤75mg/kg</td></tr>
<tr><td>可溶性铬(Cr)</td><td colspan="2">≤60mg/kg</td></tr>
<tr><td>可溶性汞(Hg)</td><td colspan="2">≤60mg/kg</td></tr>
<tr><td rowspan="8">GB 28481</td><td colspan="2">邻苯二甲酸酯:
DBP、BBP、DEHP、DINP、DNOP、DIDP</td><td colspan="2">≤0.1%</td><td colspan="2">GB/T 22048</td></tr>
<tr><td rowspan="4">重金属</td><td>可溶性铅(Pb)</td><td colspan="2">≤90mg/kg</td><td colspan="2" rowspan="4">GB 6675</td></tr>
<tr><td>可溶性镉(Cd)</td><td colspan="2">≤75mg/kg</td></tr>
<tr><td>可溶性铬(Cr)</td><td colspan="2">≤60mg/kg</td></tr>
<tr><td>可溶性汞(Hg)</td><td colspan="2">≤60mg/kg</td></tr>
<tr><td colspan="2" rowspan="2">多环芳烃</td><td colspan="2">苯并[a]芘≤1.0mg/kg</td><td colspan="2" rowspan="2">SN/T 1877.2</td></tr>
<tr><td colspan="2">16种多环芳烃(PAH)总量≤10mg/kg</td></tr>
<tr><td colspan="2">多溴联苯(PBB)和多溴联苯醚(PBDE)</td><td colspan="2">≤1000mg/kg</td><td colspan="2">GB/T 24279
SN/T 2005.2
SN/T 2787</td></tr>
<tr><td>生物安全</td><td>GB 19790</td><td colspan="2">微生物等指标</td><td colspan="2">SO_2≤600mg/kg
大肠杆菌不得检出
致病菌不得检出
霉菌≤50cfu/g</td><td colspan="2">GB 19790 等</td></tr>
<tr><td rowspan="3">物理安全</td><td>GB 5296.6</td><td colspan="6">具备合规的使用说明,必须符合国家有关安全、健康、环保方面的强制性规定</td></tr>
<tr><td>GB 7059</td><td colspan="4">便携式木梯安全要求</td><td colspan="2">GB 7059</td></tr>
<tr><td>GB 17927.1</td><td colspan="4">软体家具 弹簧软床垫和沙发 抗引燃特性的评定 第1部分:阴燃的香烟</td><td colspan="2">GB 17927.1</td></tr>
</table>

续表

要求	法规及标准	技术要求及试验方法		
物理安全	GB 17927.2	软体家具 弹簧软床垫和沙发 抗引燃特性的评定 第2部分：模拟火柴火焰		GB 17927.2
	GB 18101	难燃胶合板		GB 18101
	GB 22792.2	办公家具 屏风 第2部分：安全要求		GB/T 22792.3
	GB 22793.1	家具 儿童高椅 第1部分：安全要求		GB/T 22793.2
	GB 24430.1	家用双层床 安全 第1部分：要求		GB/T 24430.2
	GB 26172.1	折叠床 安全要求和试验方法		GB/T 26172.2
	GB 28478	户外休闲家具安全性能要求 桌椅类产品		GB 28478
安全（化学、生物、物理等）	GB/T 3324	木家具通用技术条件		GB/T 3324
	GB/T 3325	金属家具通用技术条件		GB/T 3325
	GB 24820	实验室家具通用技术条件		GB 24820
	GB 24977	卫浴家具		GB 24977
	GB 28007	儿童家具通用技术条件		GB 28007
	GB 28008	玻璃家具安全技术要求		GB 28008
	GB 28010	红木家具通用技术条件		GB 28010
	GB 28481	塑料家具中有害物质限量		GB 28481
化学安全	CNS 1349	普通合板：甲醛释放量	甲醛限量值/(mg/L)≤ F1：平均值0.3；最大值0.4 F2：平均值0.5；最大值0.7 F3：平均值1.5；最大值2.1	CNS 1349
	CNS 9909	中密度纤维板：甲醛释放量		CNS 9909
	CNS 2215	刨花板：甲醛释放量		CNS 2215
	CNS 11341	地板：甲醛释放量		CNS 11341
	CNS 11342	复合木质地板：甲醛释放量		CNS 11342
	CNS 2871	方块地板及镶嵌地板：甲醛释放量		CNS 2871
	CNS 11818	集成材：甲醛释放量		CNS 11818
	CNS 11677	家具 表面材料有害物质之安全要求及其试验法	甲醛达到F2级（同上） 8个可溶元素（同ASTM F963） 皮革：不得含有Cr^{6+} DMF：≤0.1mg/kg	CNS 11677
	CNS 14729	木材中五氯酚类防腐剂检测法	禁用	CNS 14729

续表

要求	法规及标准	技术要求及试验方法		
安全要求	CNS 10894	家具性能试验法总则	安全性 无毒性(如甲醛) 无害性(如有害重金属)	CNS 10894
	CNS 11674	家用学生书桌	甲醛≤0.5mg/L 安全要求	CNS 11674
	CNS 11675	家用学生椅	甲醛≤0.5mg/L 安全要求	CNS 11675
	CNS 14430	学校用课桌椅	甲醛≤0.5mg/L 安全要求(稳定性、强度)	CNS 14430
	CNS 15017	儿童用高脚椅	甲醛≤0.5mg/L 安全要求(稳定性、强度)	CNS 15017
	CNS 15416-1	家具 包衬家具燃烧性评估试验法 第1部:燃烧源:闷烧香烟	阻燃	CNS 15416-1
	CNS 15416-2	家具 包衬家具燃烧性评估试验法 第2部:燃烧源:火柴焰相当物	阻燃	CNS 15416-2
	CNS 15418-1	家庭用双层床 安全要求及试验 第1部:安全要求	甲醛≤0.5mg/L、安全要求	CNS 15418-2
	CNS 15419-1	折叠床 安全要求及试验法 第1部:安全要求	安全要求	CNS 15419-2
	CNS 15503	儿童用品安全一般要求(儿童家具类,包括化学安全、生物安全和物理安全),物理安全含耐燃性安全、物理性安全和警示等,具体见标准		CNS 15503
		化学安全包括: 木质材料甲醛释放量≤0.5mg/L 表面涂层8个可溶重金属元素限量(同ASTM F 963) 金属和塑胶镀层Cr^{6+}不得含有 皮革材料Cr^{6+}≤10mg/kg、DMF≤0.1mg/kg 塑胶制品增塑剂≤0.1% 苯并芘≤1.0mg/kg、16种多环芳烃总量≤10mg/kg 纤维和纸制品不得含有荧光物质 纺织制品和皮革Azo≤30.mg/kg 纺织制品有机锡(TBT、TPT)≤0.5(婴儿)~1mg/kg		
		生物安全: 液态物大肠杆菌不得检出 生菌数≤3000cfu/g		

2.6.1.2 我国大陆与台湾地区木制品、家具安全要求对比差异

(1) 家具物理安全对比

对比我国大陆GB和台湾地区CNS标准，GB和CNS在家具物理安全方面基本相同，如家具的稳定性、强度、耐久性等方面的要求及测试方法基本与国际接轨。

(2) 家具化学安全要求差异

① GB的甲醛释放量要求E1≤1.5mg/L，明显低于CNS甲醛释放量F2级要求（平均值≤0.5mg/L，最大值≤0.7mg/L）；

② GB 只限于 4 个可溶重金属元素限量，而 CNS 是 8 个可溶重金属元素限量；

③ 家具用皮革 GB 对游离甲醛和禁用偶氮有要求，而 CNS 对 Cr^{6+}、DMF、色牢度有要求；

④ GB 对塑料家具中有害物质如增塑剂、重金属元素、苯并芘、多环芳烃、含溴阻燃剂等有要求，CNS 未见有。

(3) 软体家具差异

GB 是非等效采用 ISO 8191、EN 597 标准，CNS 是等效采用 ISO 8191 标准。GB 17927.1 适用于家居用软体家具（相当于非等效采用 ISO 8491.1)、GB 17927.2 适用于公共场所用软体家具（相当于非等效采用 ISO 8491.2)，并对应相应测试方法，而 CNS 15416-1（等效 ISO 8491.1)、CNS 15416-2（等效 ISO 8491.2）和 ISO 标准一样，作为两个软体家具燃烧性的评估方法。双方在测试时试样燃烧时间的规定上有差异：GB 为（15±1）s，CNS 为（20±1）s，GB 要求略低。

(4) 儿童家具要求差异

双方对儿童家具都很重视，制定儿童家具通用技术要求，对一些特殊儿童用家具如高脚椅、双层床、童床等又制定了相应标准，规定了其安全要求、警示标识、试验方法等；儿童家具的物理安全性能基本相同，与国际接轨。但在儿童家具的化学安全方面存在差异：

① 大陆 GB 对木质材料甲醛释放量 E1≤1.5mg/L，而台湾地区 CNS 要求≤0.5mg/L；

② 大陆 GB 只对家具表面油漆涂层 8 个可溶重金属元素有要求，而台湾地区 CNS 不仅对表面涂层 8 个可溶重金属元素有限量要求，而且对金属和塑胶镀层中 Cr^{6+} 有要求（不得含有）；

③ 大陆 GB 对纺织面料和皮革中的游离甲醛（≤30mg/kg）和禁用 Azo 有限量要求，而台湾地区 CNS 对皮革中的 Cr^{6+}、DMF、色牢度有要求，对纤维和纸制品不得含有荧光物质，纺织制品和皮革 Azo≤30mg/kg，纺织制品有机锡（TBT、TPT)；

④ 大陆 GB 对塑料家具中增塑剂有要求，台湾地区 CNS 对塑胶制品中增塑剂、苯并芘、16 种多环芳烃总量等有要求；

⑤ 台湾地区 CNS 对儿童用品中液态物的大肠杆菌、生菌数有限制要求，大陆 GB 无；

⑥ 大陆 GB 中阻燃性要符合 GB 17927，而台湾地区 CNS 对阻燃性要符合玩具 CNS 4794 要求。

2.6.2 美国、加拿大涉及木制品、家具的安全要求

美国、加拿大对木制品、家具产品的安全技术要求见表 2-25。

表 2-25 美国和加拿大对木制品、家具产品的安全技术要求和检测方法

<table>
<tr><th>要求</th><th>法规及标准</th><th colspan="6">技术要求及试验方法</th></tr>
<tr><td rowspan="17">化学安全</td><td rowspan="5">S.1660复合木制品甲醛新法案，17CCR 93120
加利福尼亚州规则法典</td><td colspan="3">产品类别</td><td colspan="2">甲醛限量值</td><td>测试方法</td></tr>
<tr><td colspan="3">刨花板(所有级别，除了地板)</td><td colspan="2">≤0.09mg/kg</td><td rowspan="4">首要方法 ASTM E1333，次要方法 ASTM D6007，自控方法 ASTM D5582</td></tr>
<tr><td colspan="3">中密度纤维板 MDF(厚度≥8mm)</td><td colspan="2">≤0.11mg/kg</td></tr>
<tr><td colspan="3">中密度纤维板 MDF(厚度<8mm)</td><td colspan="2">≤0.13mg/kg</td></tr>
<tr><td colspan="3">硬木制胶合板</td><td colspan="2">≤0.05mg/kg</td></tr>
<tr><td>《联邦危险品法案》21 CFR 178.3800</td><td colspan="3">木材防腐剂如杂酚油、五氯苯酚、砷</td><td colspan="2">禁限用</td><td>ANSI/ASTM D2085
ANSI/ASTM D1035
SN/T 3025</td></tr>
<tr><td>16 CFR 1303、CPSIA美国消费品安全法改进法案(H.R.4040)</td><td colspan="3">木制品、家具表面油漆涂层总铅限量</td><td colspan="2">≤90mg/kg</td><td>CPSC-CH-E1003-09
ASTM F963</td></tr>
<tr><td>消费品安全法案修正案</td><td colspan="3">与儿童接触的(家具)产品中零部件含铅量</td><td colspan="2">100mg/kg</td><td>CPSC-CH-E1002-08</td></tr>
<tr><td>消费品安全法案修正案</td><td colspan="3">儿童家具中的聚合物、塑料中邻苯二甲酸酯增塑剂 DBP、BBP、DEHP、DINP、DNOP、DIDP</td><td colspan="2">所有产品的 DBP、BBP 或 DEHP：0.1%；若可放入口中的产品 DINP、DNOP 或 DIDP：0.1%</td><td>CPSC-CH-C1001-09；GB/T 22048</td></tr>
<tr><td>40 CFR Part 63</td><td colspan="5">木质建筑产品表面涂层：
①门、窗和杂项的有机化合物≤231g/L；
②地板的有机化合物≤93g/L；
③室内墙壁用的镶嵌板和花砖饰板的有机化合物≤183g/L；
④其他室内用的镶嵌板的有机化合物≤20g/L；
⑤围边和首层门皮的有机化合物≤7g/L</td><td>ASTM D2697</td></tr>
<tr><td rowspan="3">clean air act
清洁空气法
ANSI/BIFMA X7.1</td><td>产品</td><td>总挥发性有机化合物 TVOC</td><td>甲醛/$\times 10^{-12}$</td><td>醛类/$\times 10^{-12}$</td><td>苯基环己烯/(mg/m^3)</td><td rowspan="3">ANSI/BIFMA M 7.1</td></tr>
<tr><td>办公家具及部件</td><td>≤0.5mg/m^3</td><td>≤50</td><td>≤100</td><td>≤0.0065</td></tr>
<tr><td>座椅</td><td>≤0.25mg/m^3</td><td>≤25</td><td>≤50</td><td>≤0.003</td></tr>
<tr><td rowspan="2">包装防毒法案</td><td rowspan="2">产品包装</td><td colspan="2">产品包装中的有毒有害物质</td><td colspan="2">Pb、Cd、Hg、Cr^{6+}总和不超过100×10^{-6}</td><td>IEC 62321</td></tr>
<tr><td colspan="2">五溴联苯醚、八溴联苯醚</td><td colspan="2">≤0.1%</td><td rowspan="3">参考 GB/T 24279，SN/T 2787</td></tr>
<tr><td>加利福尼亚州、纽约等11个州立法</td><td>家具等消费品</td><td colspan="2">五溴联苯醚、八溴联苯醚</td><td colspan="2">禁用</td></tr>
<tr><td>斯德哥尔摩公约</td><td>软体家具</td><td colspan="2">五溴联苯醚、八溴联苯醚</td><td colspan="2">禁用</td></tr>
</table>

续表

要求	法规及标准	技术要求及试验方法	
防火阻燃安全	可燃纺织品法案（FFA）产品安全（易燃性）	16 CFR Part 1632 床垫和其衬垫物易燃性标准 Standard for the Flammability of Mattresses and Mattress Pads	16 CFR Part 1632
		16 CFR Part 1633 床垫和床架易燃性标准 Standard for the Flammability(Open Flame)of Mattress Sets	16 CFR Part 1633
	ANSI/ASTM E1537	软体家具耐火试验	ANSI/ASTM E 1537
	ANSI/ASTM E1590	床垫耐火试验	ANSI/ASTM E 1590
	加州家具防火法规	CAL 116、117	CAL 116、117
物理安全	16 CFR 1213、1500、1513	双层床安全法规	ASTM F 1427
	16 CFR 1217	幼儿床安全法规	ASTM F 1821
	16 CFR 1219	全尺寸婴儿床安全法规	ASTM F 1169
	16 CFR 1220	非全尺寸婴儿床安全法规	ASTM F 406
	ANSI/UL 1286	办公家具安全标准	ANSI/UL 1286
	ASTM F 404	儿童高脚椅消费者安全标准规范	ASTM F 404
	ASTM F 1561	户外用塑料椅消费者安全标准规范	ASTM F 1561
	ASTM F 1838	户外用儿童塑料椅的消费者安全标准规范	ASTM F 1838
	ASTM F 1858	户外用可调节塑料椅的消费者安全标准规范	ASTM F 1858
	ASTM F 1912	豆袋椅安全标准规范	ASTM F 1912
	ASTM F 1967	幼儿浴室椅消费者安全标准规范	ASTM F 1967
	ASTM F 2057	抽屉式衣柜、门式衣柜和梳妆台消费者安全标准规范	ASTM F 2057
	ASTM F 2085	便携式床围栏消费者安全标准规范	ASTM F 2085
	ASTM F 2194	婴儿摇篮和摇篮消费者安全规范	ASTM F 2194
	ASTM F 2388	家用婴儿可变桌子消费者标准安全规范	ASTM F 2388
	ASTM F 2598	衣柜消费者标准安全规范	ASTM F 2598
	ASTM F 2613	儿童折叠椅标准消费者安全规范	ASTM F 2613
化学安全	加拿大消费品安全法案表面涂层材料条例	Canada Consumer Product Safety Act;Surface Coating Materials Regulations 重金属：总铅≤90×10^{-6}，总量汞≤10×10^{-6}	CPSC-CH-E1003-09，ASTM F 963
	加拿大环境保护法 CEPA 1999 第93(1)斯德哥尔摩公约	多溴联苯醚：禁止	参考 GB/T 24279，SN/T 2787
物理安全	婴儿床和摇篮条例	Cribs and Cradles Regulations(婴儿床和摇篮安全性能)要求	SOR/86-962
	危险产品(床垫)条例	Hazardous Products (Mattresses) Regulations(床垫安全性能要求)	SOR/80-810
	婴儿用围栏条例	Playpens Regulations(安全性能要求)	ASTM F 2085

2.6.3 欧盟涉及木制品、家具安全要求

欧盟木制品、家具安全技术要求见表 2-26。

表 2-26 欧盟木制品、家具安全技术要求

要求	法规及标准	技术要求及试验方法			
		产品	甲醛释放量要求	试验方法	
化学安全	建筑产品安全指令 EN 13986	表面未处理： 刨花板 定向刨花板 中密度纤维板	初始检验： ≤0.124mg/m^3 空气	EN 717-1	E1 级
			工厂生产控制： ≤8mg/100g 绝干板	EN 120	
			初始检验： >0.124mg/m^3 空气	EN 717-1	E2 级
			初始检验及工厂生产控制： >8mg/100g 绝干板～≤30mg/100g 绝干板	EN 120	
		表面未处理： 胶合板 实木板 贴面或饰面： 刨花板 定向刨花板 中密度纤维板 胶合板 实木板 湿处理纤维板	初始检验： ≤0.124mg/m^3 空气	EN 717-1	E1 级
			工厂生产控制： ≤3.5mg/(m^2·h)或≤5mg/(m^2·h)生产后 3d 内	EN 717-2	
			初始检验： >0.124mg/m^3 空气	EN 717-1	E2 级
			初始检验及工厂生产控制： >3.5mg/(m^2·h)释放量≤8mg/(m^2·h)或>5mg/(m^2·h)释放量≤12mg/(m^2·h)生产后 3d 内	EN 717-2	
	阻燃剂量限制指令	软体家具、塑料家具材料中含溴阻燃剂	五溴联苯醚和八溴联苯醚≤0.1%	参考 GB/T 24279，SN/T 2787	
	杂酚油指令	禁限用木材防腐剂	杂酚油：禁用	EN 1014	
	砷指令	禁限用木材防腐剂	含砷化合物：禁用	BS 5666-3	
	REACH 法规 XVII	禁限用木材防腐剂	五氯苯酚≤5×10^{-6}	BS 5666-6、PD CEN/TR 14823	
		(聚氨酯泡沫、涂层)有机锡化合物含量	TBT&TPT≤0.1%，DBT≤0.1%，DOT≤0.1%	ISO 17353	
		重金属镉含量	≤0.01%	EN 71-3	
	REACH 法规 XVII	儿童家具中的聚合物、塑料中邻苯二甲酸酯 DBP、BBP、DEHP、DINP、DNOP、DIDP	所有产品的 DBP、BBP 或 DEHP：0.1%；若可放入口中的产品的 DINP、DNOP 或 DIDP：0.1%	CPSC-CH-C1001-09 GB/T22048	
	REACH 法规 XVII	家具等	富马酸二甲酯(DMF)≤0.1mg/kg	GB/T 27717	
	REACH 法规 XVII	家具等	全氟辛磺酸(PFOS)： 纺织品及涂层 1μg/m^2，其他材料 0.1%	SN/T 2396	

续表

要求	法规及标准	技术要求及试验方法		
化学安全	与食品接触材料限制指令	与食品接触的木制品	防腐剂砷 As 残留/(mg/kg):不得检出	BS 5666
			防腐剂五氯苯酚残留量/(mg/kg)≤0.15	BS 5666 SN/T 2278
			五氯苯酚迁移量/(ng/kg 或 ng/L)≤150	SN/T 2204
			三氯苯酚迁移量/(ng/kg 或 ng/L)≤2000	
	生态家具指令	生态家具通用技术要求	甲醛: 4mg/100g(穿孔萃取法), 0.062mg/m^3(气候箱法)	EN 120 EN 717-1
			VOC:35g/m^3	BS EN ISO 16000-9
			禁用偶氮染料≤30×10^{-6}	BS EN ISO 17234
			有机锡化合物≤0.5×10^{-6}	ISO 17353
			五溴联苯醚和八溴联苯醚≤0.1%	SN/T 2787
			可溶铅(Pb)/(mg/kg)≤90	EN 71-3
			可溶镉(Cd)/(mg/kg)≤50	
			可溶铬(Cr)/(mg/kg)≤25	
			可溶汞(Hg)/(mg/kg)≤25	
			砷(As)/(mg/kg)≤25	
			铜(Cu)/(mg/kg)≤40	
			五氯苯酚(PCP)/(mg/kg)≤5	BS 5666.6
			杂酚油(苯并芘)/(mg/kg)≤0.5	EN 1014
防火安全	英国家具防火安全条例;通用产品安全指令	软体家具	防火阻燃	BS 5852-1 BS 5852-2 BS 6807 EN 1021-1 EN 1021-2
物理安全	BS 4875-1	家具的强度和稳定性　家用座椅结构的强度和耐久性要求		
	BS 4875-5	家具的强度和稳定性　家用和定做用桌子及小台车的强度、耐用性和稳定性要求		
	BS 4875-7	家具的强度和稳定性　家用和定做储藏家具　性能要求		
	BS 5852-1	家具的防火试验　第 1 部分:座椅软垫合成物燃烧材料可燃性的试验方法		
	BS 5852-2	家具用防火试验　第 2 部分:用燃烧源测定座椅用软垫合成物可燃性的试验方法		
	BS 5873-4	教育用具　第 4 部分:教育机构用储存柜强度及稳定性规范		
	BS 6807	一次和二次点火源燃烧类型床垫、装饰沙发床及装饰软床座可燃性评估的试验方法		

续表

要求	法规及标准	技术要求及试验方法
物理安全	BS 7972	家用儿童床护栏的安全要求和试验方法
	BS 8509	家用儿童床 安全性要求和试验方法
	EN 527-2	办公家具 工作台和写字台 机械安全要求
	EN 581-1	户外家具 野营、家用和指定用座椅和桌子 一般安全要求
	ENV 581-2	室外家具 野营、家用和工作用桌椅 桌椅的机械安全性要求和试验方法
	EN 581-3	户外家具 野营、家用和办公用座椅和桌子 桌子的机械安全要求和试验方法
	EN 597-1	家具 床垫和装饰床具的可燃性评定 火源：阴燃卷烟
	EN 597-2	家具 床垫和装饰床具可燃性评定 火源：与火柴火焰同等的火源
	EN 716-1	家具 家用儿童帆布床和折叠床 安全性要求
	EN 747-1	家具 家用床具 安全要求
	EN 1021-1	家具 装饰家具着火性的评估 燃着的香烟火源
	EN 1021-2	家具 装饰家具着火性的评估 与火柴火焰等同的火源
	EN 1023-2	办公家具 遮板 机械安全性要求
	EN 1129-1	家具 折叠床 安全技术要求和检验方法 安全性要求
	EN 1130-1	家具 家用框形物和摇篮 安全性要求
	EN 1272	儿童护理产品 装有椅子的桌子 安全性要求和试验方法
	EN 1335-2	办公家具 办公椅 安全性要求
	EN 1466	儿童用品 便携式帆布床和支架 安全要求和试验方法
	EN 1725	家具 床和床垫 安全要求和试验方法
	EN 1728	家具 座椅 强度和耐久性测定方法
	EN 1729-2	家具 教育机构用桌椅 第2部分：安全要求和试验方法
	EN 1730	家具 桌子 强度、耐久性和稳定性测定的试验方法
	EN 12227-1	家用婴儿围栏 安全要求
	EN 12520	家具 座椅 机械和结构安全性要求
	EN 12521	家具 桌子 机械和结构安全性要求
	EN 12727	家具 成排座椅 强度和耐久性试验方法和要求
	EN 12790	护理儿童用品 摇篮
	EN 13150	试验室工作台 尺寸 安全性要求和试验方法
	EN 13453-1	家具 非家用双层床和高床 安全、强度和耐用性要求
	EN 14073-2	办公家具 储存用家具 安全要求
	EN 14749	家具和厨房储藏设备和橱柜台面 安全要求和试验方法
	EN 14988-1	儿童用高脚椅子 安全要求
	EN 15373	家具 强度、耐久性和安全 非家用座椅安全

2.6.4 日本木制品、家具安全技术要求

日本木制品、家具安全技术要求和检测方法见表2-27。

表2-27 日本木制品、家具安全技术要求和检测方法

<table>
<tr><th>要求</th><th>法规及标准</th><th colspan="4">技术要求及试验方法</th></tr>
<tr><td rowspan="9">化学安全</td><td rowspan="9">工业品进口规则手册，消费品进口规则手册，消费品安全法，建筑基准法，家居用品质量标签法</td><td>甲醛等级符号</td><td>平均值/(mg/L)</td><td>最大值/(mg/L)</td><td>方法</td></tr>
<tr><td>F☆☆☆☆不限制</td><td>0.3</td><td>0.4</td><td rowspan="5">JIS A 1460
JIS A 1901</td></tr>
<tr><td>F☆☆☆适当限制使用面积</td><td>0.5</td><td>0.7</td></tr>
<tr><td>F☆☆严格限制使用面积</td><td>1.5</td><td>2.1</td></tr>
<tr><td>F☆S禁止使用</td><td>3.0</td><td>4.2</td></tr>
<tr><td>F☆禁止使用</td><td>5.0</td><td>7.0</td></tr>
<tr><td colspan="4">胶合板、地板、层积材和结构板限量要求：
F☆☆☆☆(≤0.3/≤0.4) F☆☆☆(≤0.5/≤0.7)
F☆☆(≤1.5/≤2.1) F☆(≤5.0/≤7.0)</td></tr>
<tr><td colspan="4">中纤板、刨花板的限量要求：
F☆☆☆☆(≤0.3/≤0.4) F☆☆☆(≤0.5/≤0.7)
F☆☆(≤1.5/≤2.1)</td></tr>
<tr><td colspan="4">集成材的限量要求：
F☆☆☆☆(≤0.3/≤0.4) F☆☆☆(≤0.5/≤0.7)
F☆☆(≤1.5/≤2.1)
F☆S(≤3.0/≤4.2)</td></tr>
<tr><td rowspan="10">物理安全</td><td rowspan="10">工业品进口规则手册，消费品进口规则手册，消费品安全法，建筑基准法，家居用品质量标签法</td><td rowspan="10">安全要求、标签要求</td><td colspan="2">JIS S1021 学校用家具 一般学习场所用桌椅</td><td>JIS S1021/JIS S 1017</td></tr>
<tr><td colspan="2">JIS S1031 办公家具 桌</td><td>JIS S1031/JIS S 1017</td></tr>
<tr><td colspan="2">JIS S1032 办公家具 椅</td><td>JIS S1032/JIS S 1017</td></tr>
<tr><td colspan="2">JIS S1033 办公家具 储存柜</td><td>JIS S1033/JIS S 1017</td></tr>
<tr><td colspan="2">JIS S1061 家用家具 学习桌</td><td>JIS S1061/JIS S 1017</td></tr>
<tr><td colspan="2">JIS S1062 家用家具 学习椅</td><td>JIS S1062/JIS S 1017</td></tr>
<tr><td colspan="2">JIS S1102 家用床</td><td>JIS S1102/JIS S 1017</td></tr>
<tr><td colspan="2">JIS S1103 木制婴儿床</td><td>JIS S1103/JIS S 1017</td></tr>
<tr><td colspan="2">JIS S1104 家用双层床</td><td>JIS S1104/JIS S 1017</td></tr>
<tr><td colspan="2">JIS S 1017 家具性能测试方法通则</td><td>JIS S 1017</td></tr>
</table>

2.6.5 澳大利亚/新西兰木制品、家具安全要求

澳大利亚、新西兰木制品、家具安全技术要求和检测方法见表2-28。

表 2-28 澳大利亚、新西兰木制品、家具安全技术要求

要求	法规及标准	技术要求及试验方法	
化学安全	AS/NZS 1860.1 刨花板地板	甲醛/(mg/L)：E1≤1.8 E2≤5.4	AS/NZS 4266.16
		甲醛/(mg/100g)：E1≤10 E2≤30	EN 120
	AS/NZS 2098.11 胶合板 AS/NZS 1859.1 刨花板 AS/NZS 1859.2 纤维板	甲醛/(mg/L)：E0≤0.5 E1≤1.5 E2≤4.5	AS/NZS 2098.11（胶合板） AS/NZS 4266.16（刨花板、纤维板）
	AS/NZS ISO 8124.3 玩具的安全性 第3部分：特点元素的迁移	表面油漆涂层：总铅≤90×10^{-6} 8个可溶重金属	AS/NZS ISO 8124.3
	AS 5605 Supp 1 防腐处理木材	防腐处理木材的安全使用指南；消费者安全信息表；铜铬砷(CCA)处理木材	AS 5605 Supp 1
防火阻燃安全	AS/NZS 3744 软体家具 软垫家具的可燃性评价	防火阻燃性能(软体家具的可燃性评价)	AS/NZS 3744
	AS/NZS 4088.1 软体家具	软体家具的燃烧性能规范	AS/NZS 4088.1
物理安全	AS/NZS 4610.2 椅子	家具 学校和教育 椅子的强度、耐用性和稳定性	AS/NZS 4610.2
	AS/NZS 4610.3 桌子	家具 学校和教育 桌子和储物用家具的强度、耐用性和稳定性	AS/NZS 4610.3
	AS/NZS 4688 椅子	家具 椅子 一般要求和测试方法	AS/NZS 4688
	AS/NZS 4790 储藏家具	家具 储藏家具 强度和耐久性测定	AS/NZS 4790
	AS/NZS 2130 小床	托儿所、医院和公共机构用的小床安全要求	AS/NZS 2130
	Conumer protection Notice No.6 of 2005	AS/NZS 2172 家用小床 安全要求	AS/NZS 2172
	Conumer protection Notice No.4 of 2008 折叠床	AS/NZS 2195 折叠床 安全要求	AS/NZS 2195
	AS/NZS 3973 卫浴椅	卫浴椅	AS/NZS 3973
	AS 4069 浴椅	浴椅 产品要求	AS 4069
	消费者保护法 Consumer protection Notice No.1 of 2003	AS/NZS 4220 双层床	AS/NZS 4220

2.6.6 国际（ISO）木制品、家具安全要求

国际标准（ISO）对木制品、家具产品的安全技术要求，具体见表 2-29。

表 2-29 国际（ISO）木制品、家具安全技术要求

要求	法规及标准	技术要求及试验方法
微生物	ISO 10718 软木塞等	氧化剂残留量/(mg/只)≤0.2
		霉菌/(cfu/只)≤5
		酵母菌/(cfu/只)≤1
		菌落总数/(cfu/只)≤1

续表

要求	法规及标准	技术要求及试验方法	
化学安全	ISO 12465 胶合板　规范	甲醛 E1 级≤0.124mg/m^3 或 0.7mg/L 或 3.5mg/(m^2·h) 或 8mg/100g	ISO 12460
	ISO 8724—2009 装饰板　规范		
	ISO 16893-2 人造板　刨花板　第 2 部分：要求		
	ISO 16894 人造板　定向刨花板（OSB）　目录，分类和规范		
	ISO 16895-2 人造板　干法纤维板　第 2 部分：要求		
	ISO 18776—2008 层积材（LVL）　规范		
	ISO 27769-2 人造板　湿法纤维板　第 2 部分：要求		
物理安全	ISO 7175-1 家用儿童床和折叠床 第 1 部分：安全要求	安全要求	ISO 7175-2
	ISO 8191-1 家具　装潢家具可燃性的评定 第 1 部分：火源：燃着的香烟		ISO 8191-1
	ISO 8191-2 家具　装潢家具可燃性的评定 第 2 部分：火源：火柴火焰等同物		ISO 8191-2
	ISO 9098-1 家用双层床 安全要求和试验 第 1 部分：安全要求		ISO 9098-2
	ISO 10131-1 折叠床 安全要求和试验 第 1 部分：安全技术要求		ISO 10131-2
	ISO 9221-1 家具　儿童高椅　第 1 部分：安全要求		ISO 9221-2

2.7 家具安全要求检测技术和发展趋势

家具检测是依照国家法律法规和有关技术标准，用科学的分析方法检验测试家具产品及其原材料的技术性能指标，确定其特有的特性是否符合所规定的要求或家具本身必须具备的特性，适用于家具的质量评定和安全评价。家具检测体系在家具产品质量安全评价、市场监管和产品贸易等方面担负着重要的技术支撑责任，对保证家具产品质量安全、保护消费者权益、促进家具产业健康有序发展起着重要的保障作用。

2.7.1 化学安全要求（有毒有害物质项目）的检测

2.7.1.1 甲醛释放量的主要检测方法

（1）甲醛释放量的前处理方法

木制品、家具的甲醛释放量接受处理方法常见有：穿孔萃取法、干燥器法、气体分析法和气候箱法。

① 穿孔萃取法　原理：通过沸腾甲苯的方式从试样中萃取甲醛，然后将其转移至蒸馏水或软化水中。该水溶液的甲醛含量通过乙酰丙酮光度法测定。

方法：称量约110g试样（精确至0.1g），放入圆底烧瓶中，加入600mL甲苯。随后，将圆底烧瓶与穿孔器连在一起。穿孔器配件中灌入1000mL蒸馏水，在水和虹吸管出口之间留有20～30mm的空间。然后连接冷凝管和气体吸收装置，气体吸收装置的吸收球体内填入约100mL蒸馏水，并与设备连在一起。

当设备（图2-7）组装完毕后，冷却水和加热开始进行。整个穿孔期间甲苯应有规律地流回，回流率每分钟70～90滴。应该注意在萃取期间和萃取完成后不要让水从吸收瓶内倒回流入装置的其他部分。萃取历时2h，以第一个气泡通过内滤芯开始计时。启动加热装置后，加热应充分，确保在20～30min之间产生沸腾。

2h后关闭加热装置，移走气体吸收瓶。穿孔器内含有的水冷却至室温后，通过活塞转入容量瓶内。清洗穿孔器两次，每次用200mL蒸馏水，洗液注入容量瓶内并弃掉甲苯。将气体吸收装置的吸收瓶内含有的水注入容量瓶。容量瓶内水的体积用蒸馏水补充定容至2000mL。

萃取液中甲醛的测定：使用乙酰丙酮光度法测定溶于水的萃取物的甲醛含量。在一个50mL细颈瓶中，用一移液管从水溶液中吸取10mL溶液，并加入10mL乙酰丙酮溶液和10mL醋酸铵溶液。塞住细颈瓶，振荡并置于40℃水浴锅中温浴15min。将黄绿色溶液冷却至室温，避免光照（约1h）。蒸馏水作为对照，用分光光度计于412nm波长处测定该溶液的吸光率。用蒸馏水平行测定空白值并将该值考虑进穿孔器测定值中。

做两份试样的平行测定，同时进行空白试验和试样含水率测试。

测定值：称为“穿孔器法测定值”的甲醛含量用每100g烘箱干燥木板含多少毫克甲醛表示，其值通过下列公式计算：

$$\text{烘干木板的穿孔器法测定值}=\frac{(A_S-A_B)f(100+H)V}{m_H}(\text{mg}/100\text{g})$$

式中 A_S——被分析的萃取液吸光率；

A_B——蒸馏水分析吸光率；

f——标准曲线的斜率，mg/mL；

H——人造板的含水量，%；

m_H——试样的质量，g；

V——容量瓶的体积，2000mL。

一块人造板的“穿孔器法测定值”可视为两次或三次萃取结果的平均值，结果应表达到小数点后一位。

穿孔萃取法是最早被用来检测人造板甲醛含量的方法，此方法检测的是人造板中的甲醛含量，不是甲醛释放量，不会随着板子使用环境的变化而不同，但不能真正反映板子实际使用情况时的甲醛释放状态，因此穿孔萃取法只是作为基础性研究和部分国家/地区使用。目前国际上有欧盟、中国等国家或地区较为普遍采用穿孔萃取法，这是因为欧洲是中密度纤维板和刨花板工业较发达的地区，他

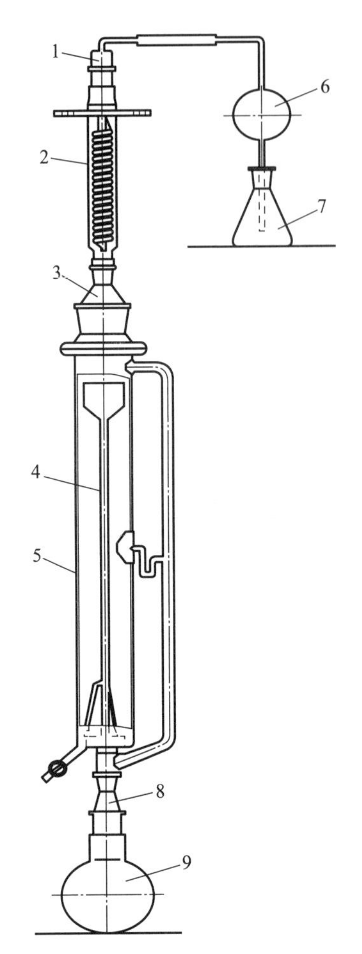

图 2-7 穿孔萃取法萃取装置

1—锥形接头 29mm/32mm；2—内管呈螺旋状冷凝管；3—锥形接头 45mm/40mm～71mm/51mm；4—内滤芯；5—穿孔器配件；6—（双头）球形管；7—锥形瓶 250mL；8—锥形接头 29mm/32mm～45mm/40mm；9—带接口 45mm/40mm 圆底烧瓶 1000mL

们的标准具有一定的先进性，中国是参考采用欧盟标准。主要测试标准有 EN 120：1992、BS EN 120：1992、DIN EN 120：1992、GOST 27678：1988、ISO 12460-5：2011、SNI 01-7142：2005、GB/T 17657：1999、GB 18580：2001、KS M 1998-3：2005、NF B51-271：1992 等。

穿孔萃取法主要针对中纤板和刨花板，测试的是甲醛总量。该方法作为纤维板和刨花板的甲醛含量测定方法已得到国际业界的认可。方法特点：所需设备简单易得、操作简便、成本较低，萃取过程相对较短，为 3～4h，重现性较好，常用于实验室间的比对验证。主要存在问题：所用的萃取液是高毒的甲苯溶剂，长期使用会对检测人员的健康造成影响，检测过程中不可避免的甲苯逸出对环境造成较大污染，因此从环保和健康的角度看，这种检测方法是不值得提倡使用的。

② 干燥器法原理：一定表面积的试样放置于盛有定量蒸馏水或去离子水的干燥器中，控制环境相应温度 24h 后，通过乙酰丙酮光度法测定蒸馏水或去离子水中的甲醛浓度，从而得到甲醛释放量。

方法：试样应放置于温度为 20℃±2℃、相对湿度为 65%±5% 的标准条件下，直到试样达到质量恒定为止。两组 5cm×15cm 试样规格各 10 块，分别做平行样，按照标准规定确定有无需要封边，放置于 9～11L（或 40L）干燥器内，干燥器内放置盛有 300mL（按标准确定蒸馏水数量）蒸馏水的结晶皿，将干燥器置于 20℃±1℃ 的环境中 24h，试样中释放出来的甲醛被蒸馏水吸收，用分光光度法定量测定蒸馏水中的甲醛含量。

计算：干燥器内玻璃结晶皿中的水的甲醛浓度依照如下公式计算：

$$G=F(A_d-A_b)\times 1800/S$$

式中 G——从试样中释放的甲醛浓度，mg/L；

A_d——吸收溶液的吸光度；

A_b——背景甲醛的吸光度；

F——甲醛标准曲线的斜率，mg/L；

S——试样的表面积，cm^2。

甲醛的浓度应分别从两组试样计算，其浓度用 mg/L 表示，并保留至小数点后一位。两组试样的测试结果与平均值的偏差不应大于 20%。试样的甲醛释放量，以 mg/L 表示。

该方法适用于胶合板、刨花板、纤维板、饰面板等所有木制品。干燥器法含量有 9～11L 干燥器和 40L 干燥器法之分。只有我国 GB 标准对饰面人造板、地板、木门和台湾地区 CNS 标准对集成材、层积材才采用 40L 干燥器法，其他采用 9～11L 干燥器法。

另外，美国标准 ASTM D5582—2000（2006）干燥器法与其他干燥器法不同：样品规格为（70±2）mm×（127±2）mm 八块，封四边；在温度为（24±1.7）℃［（75±3）℉］和相对湿度为（50±10）%的环境中，预处理 7d±4h。在（24±0.6）℃试验条件下放置于干燥器内 2h，在波长为 580nm 的分光光度计分析吸收液的甲醛。25mL 蒸馏水吸收温度变化时，结果按照修正系数修正。

主要测试标准有 AS/NZS 4266.16—2004、ASTM D5582—2000（2006）、ISO 12460-4：2008（2011）、JIS A1460：2001、NF B51-271：1992、SNI 01-7140：2005、SNI 01-7147：2005、GB 18580—2001、GB 18584—2001、CNS 11971—1987 等。

干燥器法的优点：测试方法简单，干燥器容易购置，测试时间短，成本低、可较广泛地应用等。同时，干燥器测试法精度较低，准确性完全取决于测试时间的长短。但由于干燥器法是采用小面积样品测试、不能真实反映大件物品如家具等的甲醛释放状态、存在许多弊病：

a. 真实性较差。由于小样的释放量并不等于大覆面人造板的甲醛释放量，零部件的甲醛释放量总和并不等于整个家具的甲醛释放量。因此测试结果与实际家具的甲醛释放量相差较大。因此，以小样的甲醛释放量来代替一套家具的甲醛释放量，不是很合理。

b. 模拟性较差。不能真实地模拟家具实际使用时的条件，如温度、湿度、承载率、换气数等，因此，测试值代表性较差，而且不能动态地反映家具甲醛释放量随影响它的主要因子变化而变化的规律。

c. 连贯性和可比性较差。由于干燥器法与穿孔萃取法、气候箱法之间的关系还不十分明确，而材料、家具与室内空气质量是一个系统中的不同环节，如果各个环节各成体系，缺乏可比性，对改进材料和改善空气质量都不利，并且给相关研究也会带来困难。

d. 经济损失较大。干燥器法本身的试验费用很低，但由于必须破坏性取样，对于企业和消费者经济损失就会很大。因此，干燥器法（图 2-8）常用于产品成本质量控制。

(a) 干燥器

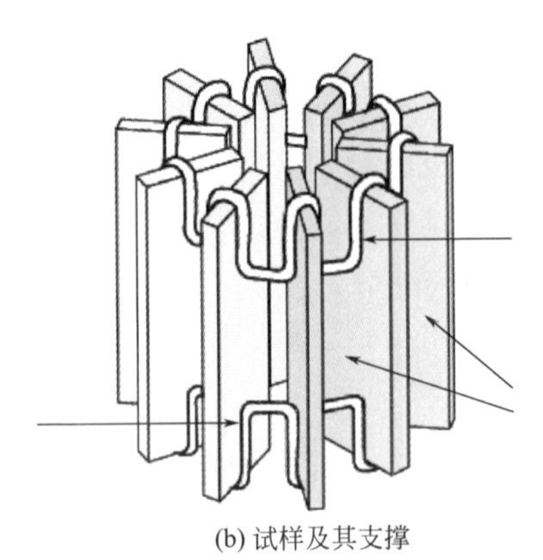

(b) 试样及其支撑

图 2-8　干燥器法用检测器装置

③ 气体分析法　原理：将稳定的热空气以 60L/h 的流量持续送入已放置有 1 件 50mm×400mm×厚度试样的试样舱中，保持试样舱温度为 60℃，试样中释放的甲醛和试样舱中的空气混合，混合气体中的甲醛不断地被与试样舱连接的 4 组串联的吸收瓶中的蒸馏水所吸收，每组吸收瓶吸收时间为 1h。用分光光度法或碘量法定量测定蒸馏水中的甲醛浓度，通过该甲醛浓度、吸收时间和试样的表面积来计算试样的甲醛释放量，以 $mg/(m^2 \cdot h)$ 表示。

方法：以 EN 717-2 测定木制品甲醛释放量的基本过程为例。将尺寸为 400mm×50mm×厚度的 1 件试样四周用不含甲醛的材料封边后（封边后试样表面积 $0.04m^2$）置于已预热至 60℃的试样舱中释放试样中的甲醛，甲醛释放过程保持试样舱温度 (60±0.5)℃、相对湿度≤3%、过压力 1000～1200Pa，试样舱内空气流量保持在 (60±3)L/h。试样舱中含有甲醛的混合气体经连接管依次连续导入 4 组吸收瓶中，每组吸收瓶有 2 个串联并装有 20～80mL 吸收液（蒸馏水）的吸收瓶。每组吸收瓶吸收混合气体的时间为 1h，4 组串联吸收瓶吸收采样连续自动切换。吸收采样结束后，将每组吸收瓶的吸收液（蒸馏水）分别移至 250mL 容量瓶中，作为测试液。用分光光度法测定测试液中的甲醛浓度，通过该甲醛浓度、甲醛吸收时间和试样的表面积来计算试样的甲醛释放量，以 $mg/(m^2 \cdot h)$ 表示。按以上步骤进行平行测试。

计算：每小时试样中甲醛释放量测量值 G_i 由下式计算：

$$G_i=\frac{(A_s-A_0)fV}{F}$$

式中　G_i——每小时试样的甲醛释放量测量值，精确至 $0.1mg/(m^2 \cdot h)$；

i——1～4，分别为第 1、2、3、4h；

A_s——测试液的吸光度；

A_0——蒸馏水的吸光度；

f——标准甲醛溶液的校准曲线的斜率，mg/mL；

V——测试液定容体积，mL；

F——封边后试样暴露表面积。

试样甲醛释放量的计算：

因试样温度不能迅速达到60℃，当试样第1h的甲醛释放量分析值小于第2h甲醛释放量分析值时，试样的甲醛释放量按式(2-1）计算；当试样第1h甲醛释放量分析值达到最大值时，试样的甲醛释放量按式(2-2）计算：

$$G_M=\frac{G_2+G_3+G_4}{3} \tag{2-1}$$

$$G_M=\frac{G_1+G_2+G_3+G_4}{4} \tag{2-2}$$

式中　G_M——试样甲醛释放量，精确至0.1mg/(m^2·h)。

气体分析法（图2-9）最早是由欧洲刨花板工业联合会（European Federation of Associations of Particleboard Manufacturers，FESYP）提出，经过不断完善和改进，于1984年成为德国的木制品甲醛释放量测定方法标准DIN 52368。由于DIN 52368测试方法具有快捷、操作简易、测定结果与产品实际使用过程甲醛释放具有较好的相关性等优势，因此该测定方法在欧洲得到广泛应用，并于1994年成为欧洲标准EN 717-2：1994，欧洲许多国家同时将该标准转化为本国的标准如BS EN 717-2：1995。我国国家标准GB/T 23825—2009和行业标准为SN/T 2307—2009。

图2-9　气体分析法用检测装置示例

气体分析法测试仪具体参数见表2-30。

表2-30　气体分析法测试技术要求

序号	技术项目	主要技术参数
1	试样舱尺寸和容积	长度：555mm；直径：96mm；容积：4017mL

续表

序号	技术项目	主要技术参数
2	试样舱材质	不锈钢或玻璃
3	试样舱(气流)温度	60℃±0.5℃
4	试样舱(气流)相对湿度	≤3%
5	试样舱(气流)过压力	1000～1200Pa
6	空气流量	60L/h±3L/h
7	甲醛吸收转换时间	每隔1h转换1次,共4次
8	吸收液(蒸馏水)量	20～80mL

该方法适用于胶合板、刨花板、纤维板、饰面板等所有木制品。方法特点：测试方法操作简便，提高测试环境温度来加快甲醛的释放而使测试时间缩短，可较广泛应用；但需要专用的气体分析仪，增加了检测成本。

气体分析法主要方法标准有：EN 717-2：1994、BS EN 717-2：1995、DIN EN 717-2：1995、GOST R 53867：2010、ISO 12460-3：2008、NF B51-272-2：1995、SNI 01-7206：2006、DIN 52368、SN/T 2307—2009、GB/T 23825—2009 等。

④ 气候箱法　气候箱法依据气候箱有效容积大小可分为大气候箱法和小气候箱法。气候箱法又分为大型气候箱法和小型气候箱法两种。小型气候箱法通常指气候箱容积≤$5m^3$，气候箱容积大于$5m^3$时被认为大型气候箱。

小气候箱法原理：将一定数量表面积（按照标准要求的承载率）的样品放入温度、相对湿度、空气流速和空气置换率控制在一定值的气候箱内。甲醛从样品中释放出来，与箱内空气混合，定期抽取箱内空气，将抽出的空气通过盛有蒸馏水的吸收瓶，空气中的甲醛全部溶入水中；测定吸收液中的甲醛量及抽取的空气体积，计算出每立方米空气中的甲醛量。其特点是可最大限度地模拟室内气候环境，检测结果更贴近现实环境，因而真实、可靠。气候箱法主要是局限于板材而对家具不合适。因为家具是由不同种类板材混合构成的，而气候箱法的试样仅针对一种均匀的板材。

大气候箱法原理：用模拟实际使用环境条件下测试木制品和家具在空气中的甲醛浓度和甲醛释放率。即将一定数量表面积的试件，先在一定温度、湿度的环境下进行预处理（7d），后放入温度、相对湿度、空气流速和空气置换率控制在一定值和最小尺寸为$22m^3$（$800ft^3$）的大气候箱内。甲醛从试件中释放出来，与箱内空气混合，在一定时间（16～20h）内抽取箱内空气，并通过盛有水的吸收瓶后测定水中吸收的甲醛浓度，以mg/m^3或mg/kg表示。

方法（以ASTM D6007小气候箱法为例）：试样在24℃±3℃（75℉±5℉）、相对湿度50%±5%条件下平衡处理2h±15min；让气候箱空载运行或使用过滤装置降低空气中的甲醛背景浓度来清洁，使气候箱内甲醛背景浓度低于0.02×10^{-6}；将试样放入箱内，在25℃±1℃(77℉±2℉)、相对湿度50%±4%条件下运行气候箱。连续记录测试期间的温度、相对湿度和气压。试样保持在运行中的气候箱内，直到内部甲醛浓度达到稳定状态。空气取样：在各取样点，将空气通入一个盛有20mL、1% $NaHSO_3$ 溶液的吸收瓶，在吸收瓶与流量计间放置一个过滤气水阀，用流量计使平均气体流量保持1L/min±0.05L/min至少30min±5s。空气取样后分析吸收液和空白液：分别用移液管从吸收瓶各取4mL$NaHSO_3$ 溶液到3个16mm×150mm带螺纹塞试管中，对每个吸收液样进行分析；用移液管将4mL、1%的 $NaHSO_3$ 溶液取到1个16mm×150mm带螺纹塞试管中，作为空白样本；每个试管加入0.1mL、1%铬变酸，摇匀；小心缓慢地加入6.0mL浓硫酸到试管中，让它流到试管底部，使移液管内液体流尽，不能吹，塞上试管塞前，检查一下PTFE塞衬，确保干净，未老化；缓缓地轻轻地摇动试管，混合均匀至无分层现象。在580nm处分析吸收液和空白试剂的吸光度。

计算：气候箱内甲醛浓度。

$$C_L=(C_t\times 24.47)/(V_s\times 30.03)$$

式中 C_L——每百万份空气中的甲醛份数，×10^{-6}；

30.03——甲醛分子量；

24.47——101kPa、298K条件下1mol甲醛气体的体积，L。

甲醛浓度四舍五入精确到0.01×10^{-6}。如气候箱温度与25℃（77℉）相差0.25℃(0.5℉）或更多时，用Berge等的公式将气候箱内甲醛浓度换算成25℃时的标准浓度。

气候箱法设备较复杂、昂贵，设备运行维护成本高，检测时间长达两周。

小型气候箱法主要方法标准有：EN 717-1：2004、BS EN 717-1：2005、DIN EN 717-1：2005、GOST 30255：1995、ISO 12460-1：2007、JIS A1905-1：2007、JIS A1905-2：2007、NF B51-272-1：2005、SN/T 3026—2011、SNI 01-7141：2005、KS M 1998-2：2005、ISO 16000-25：2011等。大型气候箱法的方法标准主要有：ASTM E1333—2010、JIS A1911：2006、JIS A1912：2008、GOST 30255：1995、KS I 2007：2009、SN/T 3026：2011、EN 717-1、ISO 16000-9：2006、COR.1：2007等。大型气候箱测试法（图2-10）属动态型的无损检测，设备复杂，精度高。

气候箱法主要是模拟木制品、家具等待测样品在实际使用环境情况下的甲醛释放状态，较为真实地反映了待测样品的甲醛释放状况，已成为业界作为评价木制品、家具甲醛释放量的最权威方法，通常作为甲醛释放量检测的仲裁法。表2-31是这几个甲醛测试主要方法的对比。

图 2-10 大气候箱法用气候箱示例

表 2-31 木制品家具甲醛主要测试方法对比

方法	主要标准	方法摘要	适用对象	存在问题
穿孔萃取法	GB/T 17657、GB 18580、ISO 12460-5、EN 120、BS EN 120、DIN EN 120、GOST 27678、SNI 01-7142、KS M 1998-3、NF B51-271	将 20mm×20mm×厚度的试样约100g，与甲苯一起加热，通过液相-固相萃取，使甲醛从试样中分解出来混合于甲苯中，同时将溶有甲醛的甲苯溶液通过穿孔器与蒸馏水进行液-液萃取，将甲醛转溶于水中，用分光光度法或碘量法定量测定水溶液中的甲醛含量，计算试样的甲醛释放量。该方法测定的是试样的甲醛含量而不是甲醛释放量，以 mg/100g 表示	刨花板、纤维板	试验用甲苯是高毒化学品，易对检验人员和环境造成不利
干燥器法	GB 18580、GB 18584、ISO 12460-4、CNS 11971、AS/NZS 4266.16、ASTM D5582、JIS A 1460、SNI 01-7140、SNI 01-7147	将 50mm×150mm×厚度的试样 10 件(表面积约 $450mm^2$)悬挂于 9～11L(或 40L)的干燥器内，干燥器中放置盛有 300mL 蒸馏水的结晶皿，将干燥器置于 20℃的环境中 24h，试样中释放出来的甲醛被蒸馏水吸收，用分光光度法或碘量法定量测定蒸馏水中的甲醛含量，计算试样的甲醛释放量，以 mg/L 表示	家具、胶合板、刨花板、纤维板、饰面板等木制品	方法及仪器简便，实用，应用广泛
气体分析法	GB/T 23825、SN/T 2307、ISO 12460-3、EN 717-2、BS EN 717-2、DIN EN 717-2、GOST R53867、NF B51-272-2、SNI 01-7206、DIN 52368	将稳定的热空气以 60L/h 的流量持续送入已放置有 1 件 50mm×400mm×厚度试样的试样舱中，保持试样舱温度为 60℃，试样中释放的甲醛和试样舱中的空气混合，混合气体中的甲醛不断地被与试样舱连接的 4 组串联的吸收瓶中的蒸馏水所吸收，每组吸收瓶吸收时间为 1h。用分光光度法或碘量法定量测定蒸馏水中的甲醛浓度，通过该甲醛浓度、吸收时间和试样的表面积来计算试样的甲醛释放量，以 $mg/(m^2 \cdot h)$表示	胶合板、刨花板、纤维板、饰面板	释放-吸收仪是该测定方法的关键设备，要求较高，有较广泛的应用

续表

方法	主要标准	方法摘要	适用对象	存在问题
小型气候箱法（S≤5m^3）与大型气候箱法（L＞5m^3）	GB 18584、HJ/T 303（环保）、ASTM D6007（S）、ASTM E1333(L)、EN 717-1、BS DIN EN 717-1、GOST 30255、ISO 12460-1（S）、JIS A 1901(S)、JIS A 1911 (L)、JIS A1905-2、NF B51-272-1、SN/T 3026、SNI 01-7141、KS M 1998-2、DIN ISO 16000-25、BS（DIN、KS、MS）EN ISO 16000-9	将有一定释放表面积（一般为1m^2）的试样置于温度、相对湿度、空气流速和空气置换率控制在一定范围的有效容积为1m^{3}的气候箱内。甲醛从试样中释放出来，与箱内空气混合，定期抽取箱内空气，将抽出的空气通过盛有蒸馏水的吸收瓶，空气中的甲醛被蒸馏水吸收，测定吸收液中的甲醛量及抽取的空气体积，计算出每立方米空气中的甲醛量，以毫克每立方米（mg/m^3）表示，一般情况下，抽气是周期性的，直到气候箱内空气中甲醛浓度达到稳定状态为止，以 mg/m^3 或 mg/kg 表示。 大气候箱法是试样按一定比例的承载率（m^2/m^3）将试样或样品整体置于气候箱（＞5m^3）内，其他相同	家具、胶合板、刨花板、纤维板、饰面板	适用范围广，试验结果与实际使用相关性较好，设备复杂，价格贵，运行成本高

(2) 甲醛定量方法

木制品、家具中甲醛的释放是一个长期的过程，其甲醛释放受到其使用过程中所处环境的温度、湿度、空气流动、空间、使用面积等综合因素的影响。甲醛的化学性质十分活泼，因此适用于甲醛的定量分析方法有多种，主要可归纳为五大类：滴定法、重量法、分光光度法（也有称比色法）、气相色谱法和液相色谱法。其中，滴定法和重量法适用于高浓度甲醛的定量分析，分光光度法、气相色谱法和液相色谱法适用于微量甲醛的定量分析。甲醛测定的定量分析方法主要有分光光度法、色谱法、电化学法、化学滴定法等，木制品中甲醛定量分析多采用比色法。国内外标准常用的有：

① 比色法　比色法是测定甲醛的经典方法，也是环境中甲醛测定的标准方法。采用紫外-可见光吸收分光光度计（UV-VIS）的分析方法，在分析极限、准确度和重现性方面都有很大的优越性，只是操作比较烦琐。

木制品中甲醛定量分析属超微量分析，常采用比色法。纺织品中甲醛定量分析也有采用高效液相色谱法（HPLC技术）的，但是该方法在样品的预处理、仪器分析的技术条件设定以及它们之间适应性方面存在一些难以协调一致的问题，目前并未普及使用。

比色法根据显色剂的不同可以分为：

a. 乙酰丙酮法　乙酰丙酮法是利用甲醛与乙酰丙酮及乙酸铵反应生成黄色化合物二乙酰基二氢卢剔啶后，在波长412nm下（其吸光度最大）、进行分光光度测定。乙酰丙酮法在中国GB、日本、欧盟等木制品标准中常被采用，为最常见方法，对低浓度甲醛释放量的木制品，优先采用乙酰丙酮法测定。优点：重现性好，显色液稳定，性能稳定，且干扰少，操作简便，应用极为广泛。缺点：灵敏度较低，最低检出浓度较高。

b. 亚硫酸品红法（Schiff 试剂法，又称副品红法 PRA） 亚硫酸品红法是将品红（玫瑰红苯胺）盐酸盐与酸性亚硫酸钠和浓盐反应，生成品红-酸式亚硫酸盐。然后在强酸性（硫酸或盐酸）条件下与乙酰丙酮甲醛反应，生成玫瑰红色（偏紫）的盐，在 552～554nm 的最大吸收波长下进行比色测定。该方法操作简便，但灵敏度偏低，显色液不稳定，重现性较差，适用于较高甲醛含量的定量分析。

c. 间苯三酚法（又称酚试剂法） 间苯三酚法是利用甲醛与间苯三酚在碱性（2.5mol/L 氢氧化钠）条件下生成橘红色化合物，在最大吸收波长 460nm 处进行比色分析。此法的优缺点与 Schiff 试剂法类似。

d. 变色酸法（CTA，又称铬变酸法） 甲醛在浓硫酸溶液中可与铬变酸（1,8-二羟基萘-3,6-二磺酸）作用形成紫色化合物，该化合物最大吸收波长在 580nm 处，用分光光度法进行分析测定。该法的灵敏度较高，且显色液稳定性好，适用于测定低甲醛含量的样品，但该法易受干扰，适用于气相法萃取的样品处理方法，在美国标准 ASTM D6007、ASTM E1333 采用。优点：操作简便、快速灵敏。缺点：在浓硫酸介质中进行，不易控制，且醛类、烯类化合物及 NO_2 等对测定有干扰。

② 色谱法 甲醛含量的测定按样品制备不同又可分为两类：液相萃取法和气相萃取法。高效液相色谱法（HPLC）：甲醛与 2,4-二硝基苯肼（DNPH）反应生成腙，衍生化产物醛腙，用有机溶剂萃取富集后，在一定温度下旋蒸、浓缩，再以甲醇或乙腈溶解或稀释，后进行色谱测定。液相萃取法测定的是样品中游离的和经水解后产生的游离甲醛的总量，用以考察木制品在生产和使用过程中因温度、湿度等因素可能造成的游离甲醛逸出对人体的危害。气相萃取法测定的是样品在一定温湿度条件下释放出的游离甲醛含量，用以考察木制品在储存、运输、陈列和压烫过程中所能释放出的甲醛的量，以评估其对环境和人体可能造成的危害。

采用不同的预处理方法，所得的测定结果是完全不同的，甲醛含量对应液相法的结果通常高于甲醛释放量对应的气相法。

由于甲醛分子太小，直接进行 GC 分析时出峰太快，且在 FID 检测器无响应；液相色谱法也因甲醛极性太大而与溶剂峰同时流出，而且在紫外无吸收无法检测。因此采用色谱法测定甲醛时一般先将甲醛衍生，再用 GC 或 LC 法进行测定。

2,4-二硝基苯肼作为一种较稳定的甲醛衍生剂被广泛用于甲醛的色谱测定，甲醛与 2,4-二硝基苯肼的反应均需在强酸性条件下进行，而后再用有机溶剂液萃取或固相萃取反应产物。由于液液萃取或固相萃取不但增加操作步骤，而且会造成衍生物的损失。通常直接采用甲醛与 2,4-二硝基苯肼在弱酸性条件下进行反应来用于液相色谱分析，不需要有机溶剂萃取，避免了萃取过程的损失。该方法应用于实际样品中甲醛的测定，操作简便，结果准确。高效液相色谱法缺点：有其他醛、酮存在，也与DNPH反应，将导致分析时间延长及要求流动相梯度。HPLC通常用在皮革、纺织品中的甲醛含量的测定，在木制品、家具甲醛释放量的检测中很少使用。

③ 各定量方法的优缺点比较　色谱法：该方法选择性好，干扰因素小，测试成本高。但测试过程中需用活性炭吸附甲醛后再用二硫化碳脱洗，由于活性炭品质不同，重现性较差。比较适用于微量甲醛的测定。

乙酰丙酮比色法：该方法操作简易、重现性较好，适用于产品预期有较高甲醛释放量时。但当甲醛含量测定值高于预期值或对较高的测试结果存在怀疑时，需补充双甲酮确认试验，以排除其他物质引起的吸光度吸收。由于家具中的原材料比较复杂，当存在异丁醇、乙醛时，会干扰测定，易产生错误结果。

变色酸比色法：该方法显色稳定，操作简便、快速，定量准确。但在显色及测量过程中要使用浓硫酸，产生的气泡不易消除，曲线稳定性不好，重现性较差，对共存的酚有干扰。

酚试剂比色法：该方法能在常温下显色，且灵敏度比乙酰丙酮比色法和变色酸比色法好；具有操作简便、测定干扰小、稳定好、精准度和采样效率较高的特点。

根据甲醛各种测试方法的试验结果，同时借鉴空气中甲醛检测方法，研究确定家具中甲醛测试方法。

④ 甲醛释放量检测中应注意的问题　不同国家的甲醛释放量检测方法有明显差异；测试前样品应处于密封保存状态；测试前试样是否要求预平衡处理；样品的测试用量/承载率要准确、要符合对应标准方法要求；测试环境（温度、湿度等）控制情况；待测样液中甲醛的浓度超过标准曲线的范围时，应适当稀释后再测定；标准工作溶液的准确制备；标准工作曲线的线性相关系数 R^2 值应大于0.99，该曲线才有效，结果计算与温湿度的调整系数，等等。

2.7.1.2　有害重金属的检测

家具产品有害重金属的检测分为家具表面油漆涂层重金属的检测、儿童用家具用品中铅含量的检测、家具材料如塑料和聚氯乙烯人造革中可迁移重金属元素的检测、皮革中六价铬的检测，等。

（1）可溶重金属元素的测定

可溶重金属元素的测定适用于家具表面油漆涂层或塑料家具、家具皮革中可迁移重金属元素测定。

① 原理　将家具表面涂层刮取粉碎后（试样剪碎），模拟该涂层被吞咽后在消化道停留的条件，对涂层中可迁移的确定元素进行提取，然后采用电感耦合等离子发射光谱（ICP-AES）或其他满足限量要求的检测设备对这些元素进行

测定。

② 方法　涂层试样从单个家具样品的可接触部分刮下，样品上的同一种材料可以放在一起作为单一试样进行检测，不同材料和颜色的试样应分别单独进行检测。应注意不要刮到样品的基体材料，并应有间隔地从样品上不同位置均匀刮取试样，使其具有代表性。作为参考，样品可以取自原材料而不是从样品上刮下。将刮取下来的涂层试样在不超过环境温度条件下进行粉碎，过金属筛，获得均匀磨碎的试样用于测定。

做两份试样的平行测定，同时进行空白试验。

称取 0.5g 的试样，精确至 0.1mg，置于 50mL 锥形瓶中，用移液管加入 25mL 的 0.07mol/L 盐酸溶液，摇动 1min，检查溶液的酸度，如果溶液 pH 值大于 1.5，逐滴加入 2mol/L 盐酸溶液，调节溶液 pH 值使之达到 1.0～1.5 之间，称量所加入 2mol/L 盐酸溶液的质量。将该混合液置于恒温水浴振荡器中，控制水浴温度为（37±2)℃，振荡频率为 120～150 次/min，振荡 1h±5min，然后静置 1h±5min，该过程，混合液应避光。此后立即将溶液经 0.45μm 滤膜过滤。必要时，可通过离心分离，离心分离应在静置后尽快完成，离心时间不能超过 10min，分离后溶液转移至合适的容器中用于测定。仪器分析：根据仪器操作手册设定参数，绘制标准工作曲线；测定空白溶液、待测溶液中铅、镉、铬、汞、砷、锑、硒、钡原子的浓度。结果计算和校正：计算结果应参照 BS EN 71-3：1995 进行校正，各元素的校正因子见表 2-32，如果校正后的结果小于或等于表 2-33 和表 2-34 中的限值，则可以认为材料是符合本标准的要求。

表 2-32　校正因子

元素	Sb	As	Ba	Cd	Cr	Pd	Hg	Se
校正因子/%	60	60	30	30	30	30	50	60

表 2-33　家具涂层中确定元素迁移量的限值

元素	Sb	As	Ba	Cd	Cr	Pd	Hg	Se
迁移量限值/(mg/kg)	60	25	1000	75	60	90	60	500

表 2-34　家具涂层中确定元素迁移量的检测低限

元素	Sb	As	Ba	Cd	Cr	Pd	Hg	Se
检出限/(mg/kg)	2.0	1.5	1.0	0.5	0.5	2.5	2.0	2.5

(2) 总铅含量的测定

① 原理　家具涂层试样经过消解（常压消解、微波消解或高压消解），所得消解溶液采用火焰原子吸收分光光度法，或采用其他适合的方法在合适的条件下测定铅的浓度，并计算试样中总铅含量。

② 方法　涂层试样从样品表面刮取下来，同一种材料可以放在一起作为单一试样进行检测，不同材料和颜色的试样应分别单独进行检测。应注意不要刮到样品的基体材料，并应有间隔地从样品上不同位置均匀刮取试样，使其具有代表性。作为参考，样品可以取自原材料而不是从样品上刮下。

三种试样的消解方法，实验室可根据条件选用其中一种。

a. 高压消解法　做两份试样的平行测定，同时进行空白试验。称取约 0.2g 的试样，精确至 0.1mg，放入压力消解罐的聚四氟乙烯内罐中，加入 10mL 的浓硝酸，将压力消解罐放入烘箱，升温至 (95±2)℃，保持 1h，再继续升温至 (185±2)℃，保持 4h。关闭电源，在烘箱中自然冷却至室温，取出压力消解罐，并小心地在通风柜中打开，将消解内罐中的溶液用水适当稀释，过滤转移至 50mL 的容量瓶中，用 10mL 硝酸溶液洗消解罐和滤纸 3 次，溶液转移至上述容量瓶中，用水定容至刻度，所得溶液当日内进行分析测定。

b. 微波消解法　做两份试样的平行测定，同时进行空白试验。称取约 0.2g 的试样，精确至 0.1mg，放入微波消解仪聚四氟乙烯的内罐中，加入 10mL 浓硝酸，敞开盖子约 15min，待反应平息后，盖好盖子放入微波消解仪。根据仪器使用说明书，选择适当的控制方式至消解完全，冷却，取出消解罐，并在通风柜中打开。将消解内罐中的溶液用水适当稀释，过滤转移至 50mL 的容量瓶中，用 10mL 硝酸溶液洗消解罐和滤纸 3 次，溶液转移至上述容量瓶中，用水定容至刻度，所得溶液当日内进行分析测定。

c. 常压消解法　做两份试样的平行测定，同时进行空白试验。称取试样 0.2g，精确至 0.1mg，置于硬质消化管或 250mL 圆底烧瓶中，加入 8mL 浓硝酸，放入 2～3 颗玻璃珠，接上冷凝管（无需冷凝水）或摆放一个小漏斗，加热使溶液保持微沸，消化约 15min，停止加热，冷却约 5min，缓慢滴加 2mL 的过氧化氢，再次加热至试样消解完全，得到澄清或微黄色溶液（如果消化不完全，可适当增加硝酸的量，重复此步骤，直至溶液澄清或微黄色为止），停止加热，冷却到室温。用少量水稀释，过滤转移至 50mL 容量瓶中，再用 10mL 硝酸溶液洗硬质消化管或圆底烧瓶和滤纸 3 次，溶液转移至上述容量瓶中，用水定容至刻度，所得溶液当日内进行分析测定。

(3) 家具产品中有害重金属元素的主要检测标准

GB 18584、GB 6675、GB 21027、EN 71-3、ASTM F 963、CPSC-CH-E1003-09、16 CFR 1303、ISO 8124-3、AS/NZS ISO 8124-3、加拿大 CCPSA 等。

(4) 六价铬的测定

铬是自然界中广泛存在的一种元素，主要分布于岩石、土壤、大气、水及生物体中。自然界铬主要以三价铬和六价铬的形式存在。三价铬是人体必需的微量元素，主要参与糖与脂肪的代谢；六价铬则是明确的有害元素。六价铬的化合物有毒，具有致癌并诱发基因突变的作用。美国 EPA 将六价铬确定为 17 种高度危险的毒性物质之一。六价铬的长期摄入会引起扁平上皮癌、腺癌、肺癌等疾病。来源：铬盐常用于皮革制品的生产加工，含铬的染料及助剂，铬盐在纺织品中用作染色固色剂。

目前六价铬通常采用分光光度法来测试。样品准备：先将待测样品剪碎或将样品剪成 5mm×5mm 小碎块，混匀，称取 2.5g 样品于消化管中，精确至 0.001g。向样品管中加入 pH 值在 7.5～8.0 之间的磷酸盐溶液（偏碱性液），振荡萃取约 3h，过滤。分别移取 2 份 10mL 消化液至 25mL 容量瓶中，一份作试剂空白，直接定容至 25mL；另一份加显色剂，调 pH 值在 7.5～8.0 之间。用 2cm 比色皿在 540nm 处测试吸光度。注意样品采集后应放在容器里，不能放在不锈钢容器里，由于六价铬的活性，样品和萃取液应储存在 4℃条件下直到分析，并应尽可能尽快分析。几个六价铬测试标准的对比，见表 2-35。

表 2-35　六价铬主要测试方法标准的对比

标准	GB/T 17593—2006	BSDIN EN ISO 17075:2007 GB/T 22807—2008 EN 420　:2003
适用范围	纺织品类	皮革类
试样/g	4±0.01	2±0.01
萃取液	磷酸氢二钾缓冲液	
萃取温度/℃	常温	常温
萃取时间	1h	3h
过滤方式	普通过滤	固相萃取
显色剂	二苯卡巴肼	
显色时间/min	15	
主要仪器	分光光度计	
波长/nm	540	
回收率/%		80～105
限量/(mg/kg)	0.5	10
检出低限/(mg/kg)	0.2	3

六价铬的主要测定标准：

EN 420：2003《防护手套　一般要求和试验方法》；

BSDIN EN ISO 17075：2007《皮革　化学试验　铬（Ⅵ）含量的测定》；

GB/T 17593.3—2006《酸性人工汗液萃取》（同 ISO 105 E04）；

GB/T 22807—2008《皮革和毛皮　化学试验　铬（Ⅵ）含量的测定》（参考 ISO 17075）。

2.7.1.3　禁限用木材防腐剂五氯苯酚的测定

五氯苯酚（pentachlorophenol，PCP），分子式 C_6Cl_5OH，分子量 266.32，熔点 191℃，沸点 310℃/分解，相对密度（水=1）1.98，薄片或结晶状，有臭味，难溶于水，比较稳定，在通常条件下不被氧化，也难于水解溶于大多数有机溶剂。$pK_a=4.71$，在中性和碱性溶液中可解离成离子形态，而在酸性溶剂中主要以分子形态存在。五氯苯酚是一种高毒农药，具有防腐、杀真菌和杀虫的作用，是木材及木制品中常用防腐剂。由于其化学性质稳定、残留时间长，在动植物体内的富集率高，能抑制生物代谢过程中氧化磷酸化作用，可导致动物肺、肝、肾脏以及神经系统的损伤而导致癌症。许多国家和地区已禁止或限制与人体接触的木材使用五氯苯酚作为防腐剂。另外还可通过在自然环境条件下，由其他物质的合成或降解生成。尽管 PCP 可以在自然光条件下分解或被生物降解，但大部分的 PCP 还是存在于城市固体废弃物、污染的垃圾沥出液以及沉积物中。PCP 的广泛使用已造成世界范围内的土壤和地下水污染问题。PCP 的毒性在所有酚类中最大，同时也是最难降解的，具有很强的“三致”（致癌、致畸、致突变）效应，由于其在生物体中的高累积性和危害性，在环境中的持久性，被包括我国在内的许多国家列入优先污染物和持久性有机污染物黑名单。因而，对 PCP 的生物危害性、在自然环境中的迁移转化以及降（分）解方面的研究一直是全世界关注的热点。

目前，测定木材及木制品中五氯苯酚残留的分析方法有高效液相色谱法、气相色谱法、气相色谱质谱法（GC/MS）和串联质谱仪（GC/MS/MS）。高效液相色谱法样品无需气化，也不需衍生化，是高沸点、热稳定性较差的五氯苯酚较理想的分析方法，但 HPLC 方法灵敏度低，检出限难于达到要求。气相色谱法是目前分析各类物质中 PCP 含量最常用的一种分析方法。气相色谱法具有高效、高选择性、高灵敏度以及操作简单、分析速度快等特点而被广泛应用于有机物的分析，特别是电子俘获检测器（ECD），能俘获电子的化合物如卤代烃，含 N、O 和 S 等杂原子的化合物有响应，多年来被广泛应用于样品中有机污染物的分析。串联质谱仪具有减少样品净化程序、选择性好、分析速度快等优点，但一般实验室很难配置这样昂贵的仪器。乙酰衍生化、毛细管柱分离、电子俘获检测器检测是目前测定五氯苯酚最常用的气相色谱法。通常情况下，五氯苯酚与乙酸酐在碳酸根或碳酸氢根介质中，生成稳定的乙酰化衍生物，用电子俘获检测（ECD）灵敏检出。因此，目前主要采用丙酮提取，浓硫酸净化、乙酸酐衍生、用气相色谱（带电子捕获检测器）测定木材及木制品中五氯苯酚残留的方法。吹扫捕集技术、固相微萃取技术以及质谱检测技术在气相色谱分析中的应用有效提高了测定五氯苯酚的准确度和灵敏度。目前离子选择性电极法测五氯苯酚仍处于研究阶段。

原理：防腐处理的木材用甲醇萃取出五氯苯酚，或用甲醇稀释含有五氯苯酚的防腐剂溶液，用碳酸钾提取，然后用无水乙酸酐进行乙酰化反应，用正己烷萃取，通过带有电子俘获检测器（ECD）的气相色谱仪测定。用艾氏剂作内标进行定量。

方法：用木刨刨取试料，或用空心钻钻取待测木样的中部。将试料加以粉碎，碎片尺寸在0.5～1.0mm间，充分混合后取不少于10g作为待测试样，并储存于棕色带PTFE内衬的可旋盖的锥形瓶中。称取1g木材试样，加入到锥形瓶中，加入250μL的艾氏剂工作溶液，盖紧瓶塞，静置30min。加入50mL甲醇至瓶中，摇动，确保所有试样湿润。将锥形瓶置于超声波发生器的水池中（40℃）超声1h。然后取出锥形瓶，擦干外部，称量，得到提取过程前后的蒸发损失量，转移溶液至容量瓶，并用甲醇清洗锥形瓶，合并以上滤液，用甲醇定容到50mL。加30mL±1mL碳酸钾到分液漏斗中，分别移取提取液1mL到分液漏斗中，充分振荡并不断放气，在分液漏斗中加入（2±0.2）mL的乙酸酐，摇动2min，再加入10mL正己烷，振荡10min，静置分层后，移取正己烷上层溶液，通过内置有无水硫酸钠的一叠滤纸的漏斗到一个25mL容量瓶中；用10mL正己烷重复以上步骤，合并滤液。用正己烷定容至刻度。

木材防腐剂五氯苯酚的主要测试标准有：

ANSI/ASTM D2085《溶液或木材中计算五氯苯酚用氯化物测定方法》；

BS 5666-6《木材防腐剂与防腐处理分析方法　第6部分：含五氯苯酚、五氯苯基月桂酸、六六六和狄氏剂的防腐剂溶液与防腐处理定量分析》；

NF B51-297：2004《木材和木基产品的耐久性　五氯苯酚的定量测定　气体色谱法　木材和木基产品的应用》；

CEN/TR 14823：2003《木材和木材制品的耐久性　木材中五氯苯酚的定量测定　气体色谱法》；

SN/T 2145《木材防腐剂与防腐处理木材及其制品中五氯苯酚的测定　气相色谱法》；

DB 43/T 642：2011《竹木制品中五氯苯酚含量的测定》；

LY/T 1985：2011《防腐木材和人造板中五氟苯酚含量的测定方法》等。

2.7.1.4　禁限用木材防腐剂砷的测定

原理：木材防腐剂与防腐处理后的木材试样经稀硫酸和过氧化氢混合液处理，定量浸出铜、铬和砷化合物并过滤，滤液中加入硫酸钠溶液后用原子吸收光谱仪测定铜、铬和砷元素的含量。

方法：称取约5g粉碎好的试样，置于250mL锥形瓶中，加入50mL硫酸溶液和10mL过氧化氢溶液，搅拌均匀，于（75±1）℃的水浴中振荡30min，用慢速滤纸将溶液过滤至250mL锥形瓶中，并用100mL水彻底清洗残渣和滤纸。加热滤液至停止冒泡（即过氧化氢全部分解），冷却至室温，将滤液转移至250mL容量瓶中，加入25mL硫酸钠溶液，用水定容至刻度，摇匀。待测液用原子吸收光谱测定。

防腐剂砷的主要测试标准有：

BS 5666-3：1991《木材防腐剂与木材防腐处理分析方法 第3部分：含铜、铬、砷配方的防腐剂与防腐处理后木材的定量分析》；

SN/T 2308《木材防腐剂与防腐处理后木材及其制品中铜、铬和砷的测定 原子吸收光谱法》等。

2.7.1.5 禁限用木材防腐剂杂酚油

原理：试样经适当切割，以甲苯为溶剂索氏提取其中杂酚油并净化。杂酚油经乙腈与水混合液稀释后，通过反相液相色谱柱分离，苯并［*a*］芘用配有荧光检测器的液相色谱仪测定。

方法：在250mL圆底烧瓶中加入约200mL甲苯，适量样品装入抽提套管中，盖上金属筛网，将抽提套管、圆底烧瓶分别装入索氏萃取装置和电热套中，装好萃取装置后加热圆底烧瓶使甲苯以至少一滴每秒的速度从冷凝管底部回滴。至少持续回流3h，如果索氏萃取装置中的甲苯仍然有颜色，那么继续萃取直到甲苯变成无色，萃取最多进行6h。如果抽提套管不能一次装下全部样品，可将样品分为2份或多份，待甲苯冷却后，更换抽提套管样品，以按以上程序多次提取。杂酚油的净化：全部试样提取结束后，取下索氏萃取装置，将盛有杂酚油的圆底烧瓶与蒸馏装置相连接，蒸去约175mL甲苯，再将甲苯与杂酚油的混合液体全部转移至蒸发皿中，在水浴将溶剂甲苯全部蒸发掉。剩余残渣为提取出的杂酚油，将其装入具塞玻璃或者金属的容器待分析。

防腐剂杂酚油的主要测试标准有：

BS EN 1014《杂酚油及用杂酚油防腐处理木材取样及分析方法》；

SN/T 3025—2011《木材防腐剂杂酚油及杂酚油处理后木材、木制品取样分析方法 杂酚油中苯并［*a*］芘含量的测定》。

2.7.1.6 防霉剂富马酸二甲酯（DMF）的测定

原理：DMF通常采用脱水乙酸乙酯对试样中的富马酸二甲酯进行超声提取，提取液净化后，用气相色谱/质谱联用仪（GC/MS）测定。

方法：对于皮革样品，取有代表性的样品，并将样品剪成约5mm×5mm的小试片约10g，并从中称取约5.0g（精确至0.01g）的试样，将试样置于具塞锥形瓶中，加入30mL经5A分子筛脱水处理的乙酸乙酯，将锥形瓶密闭，用力摇荡，使所有试样浸于液体中，在超声波提取器中超声萃取10min，将萃取液滤进圆底烧瓶中；再用20mL脱水乙酸乙酯重复上述步骤1次，合并萃取液；最后用10mL脱水乙酸乙酯淋洗锥形瓶和样品，用力振摇，合并萃取液。在旋转蒸发仪上将萃取液浓缩至约1mL。取5mL正己烷倒入中性氧化铝小柱中活化柱子，再加入5mL脱水乙酸乙酯润洗柱子，然后把之前浓缩好的萃取液转移到柱子中，经柱子净化后的试液用具塞比色管收集，用少量脱水乙酸乙酯淋洗圆底烧瓶几次，洗液分别倒入柱子中，合并净化液，定容至5mL。若试液混浊或有沉淀，取少量试液进行离心5min（转速为8000r/min），离心后的上层清液经针式过滤头过滤，立即进行气相色谱/质谱分析。对于纺织品及其他类样品，则相对简单些，不用过柱。若试液不能马上分析，需要密封后在低温冰箱中冷冻保存。

富马酸二甲酯的测定方法标准有：

GB/T 26702—2011《皮革和毛皮　化学试验　富马酸二甲酯含量的测定》；

GB/T 27717—2011《家具中富马酸二甲酯含量的测定》；

GB/T 28190—2011《纺织品　富马酸二甲酯的测定》；

GB/T 28486—2012《防霉剂中富马酸二甲酯含量的测定》；

SN/T 2446—2010《皮革及其制品中富马酸二甲酯的测定　气相色谱/质谱法》；

SN/T 2450—2010《纺织品中富马酸二甲酯的测定　气相色谱-质谱法》；

SN/T 2454—2010《防霉剂中富马酸二甲酯的测定　气相色谱法》等。

2.7.1.7　禁用偶氮的测定

凡是经过还原裂解，能释放出致癌芳香胺的染料，即为禁用偶氮染料。通常我们说的禁用偶氮染料，就是在一定条件（穿着或模拟穿着环境）下可以分解产生禁用芳香胺的染料。目前纺织品上禁用偶氮染料检测的技术已相当成熟，主要手段为GC/MS（气相-质谱联用仪），和HPLC/DAD（高效液相色谱）技术，检测方法的检出限仅为百万分之几。

原理：天然纺织品、皮革、有分散染料着色的纺织品、混合纺织品中的偶氮染料在柠檬酸盐缓冲溶液（pH=6）介质中用连二亚硫酸钠还原分解，聚酯纤维经有机溶剂抽提后再在柠檬酸盐缓冲溶液（pH=6）介质中用连二亚硫酸钠还原分解，以产生可能存在的违禁芳香胺，应用适当的液-液分配或溶剂直接提取溶液中的芳香胺，浓缩定容后，采用GC/MS定性分析，将HPLC/DAD与标准样品比照进行定量定性分析。

方法（以天然纺织品材料、色粉为例）：从尽可能相同的材料制备有代表性的试样（不同颜色的样品要分别制样），剪成25mm^{2}以下的碎片，混合，称取1.0g（准确至1mg）试样到Schott瓶中，加入2mL甲醇以及事先预热到70℃±2℃的柠檬酸盐缓冲液17mL后，盖上旋塞，使密封，用力振摇，并置于70℃±2℃的水浴摇床中，振摇30min，使所有织物样品被充分湿润。用针筒加入3.0mL新配制的连二亚硫酸钠溶液，用力振摇，将Schott瓶再次放入70℃±2℃的水浴摇床中振摇30min，使其充分还原。然后从水浴中取出Schott瓶，置流动的冷水中，使其于2min内冷却到室温（20～25℃）。过柱提取：打开Schott瓶旋盖，用玻棒挤压Schott瓶中的样品，将反应液全部移入预先装好的层析柱中，让其充分吸收15min，加入0.2mL的10%的氢氧化钠溶液，再分别用10mL叔丁基甲醚洗涤Schott瓶中的样品，洗涤液全部慢慢倒入提取柱中，提取液流速控制在3～4mL/min，收集于圆形烧瓶中。然后再加入60mL叔丁基甲醚到提取柱进行洗脱，洗脱液应该为透明溶液，如果不是，重做，直至提取液为透明溶液为止。然后将提取液置于旋转蒸发器中在50℃以下浓缩成约1mL，用微弱氮气吹干，再加入甲醇溶解，用吸管将甲醇转移到2mL具塞比色管中，分多次用少量甲醇洗涤圆底烧瓶，洗液转移到比色管中，直到比色管2mL的刻度，加塞混匀，立即进行分析。要等待24h后分析的样品需要在－18℃冷冻保存。

禁用偶氮Azo的主要测试标准有：

CEN ISO/TS 17234：2003《皮革制品　化学测试　皮革中某些偶氮染料测定》；

EN 14362-1：2003《皮革制品　偶氮染料释放出的某些芳香胺测定方法　第1部分：对有色皮革品的直接测试　使用某些无需萃取的某些偶氮染料的测定》；

EN 14362-2：2003《皮革制品　偶氮染料释放出的某些芳香胺测定方法　第2部分：萃取测试　在用可萃取染料染色的纤维上使用某些偶氮染料（颜料）的测定》；

DIN 53316：1997《皮革试验　皮革中偶氮化合物测定》；

GB/T 17592—2011《纺织品　禁用偶氮染料的测定》；

GB/T 19942—2005《皮革和毛皮　化学试验　禁用偶氮染料的测定》。

2.7.1.8　禁用物质邻苯二甲酸酯安全的测定

在塑料家具和儿童用品中，邻苯二甲酸酯被许多国家作为禁用物质，如欧盟REACH法规和美国消费品安全改进法案中规定所有产品中的DEHP、BBP、DBP的总含量不得超过增塑材料的0.1%、可放入口中的产品中的DINP、DIDP、DNOP的总含量不得超过增塑材料的0.1%。邻苯二甲酸酯为挥发性很低的黏稠液体，无色无味，是一类能起到软化作用的化学品，普遍应用于玩具、食品包装材料、清洁剂、润滑油和个人护理用品等产品中。邻苯二甲酸二（2-乙基）己酯（DEHP）、邻苯二甲酸二异壬酯（DINP）、邻苯二甲酸二丁酯（DBP）、邻苯二甲酸二正辛酯（DNOP）、邻苯二甲酸二异癸酯（DIDP）、邻苯二甲酸丁苄酯（BBP）统称邻苯二甲酸酯类，是塑料制品（尤其是聚氯乙烯）常用的增塑剂，可改进塑料制品的柔软性、耐寒性、增进光稳定性。邻苯二甲酸酯在人体和动物体内发挥着类似雌性激素的作用，对生殖和发育产生不良影响。

原理：用二氯甲烷在索氏（Soxhlet）抽提器或者用正己烷∶丙酮（2∶1）溶液在微波消解仪中对试样中的邻苯二甲酸酯进行提取，对提取液定容后，用气相色谱/质谱联用仪（GC/MS）测定，采用总离子流色谱图（TIC）进行定性，选择离子检测（SIM）进行定量。

方法（索氏抽提法）：取约10g待测样品，制成5mm×5mm以下试样，混匀。准确称取1g（精确至0.0001g）试样两份供平行测定用。将试样置于索氏抽提器的纸筒中，在萃取瓶中加入80mL二氯甲烷，80℃浸提1.5h，然后再淋洗1.5h，最后进行溶剂回收，直至剩下约10mL，准备定容。在提取液出现黏稠、浑浊的情况下，可以将提取液经过固相萃取柱进行净化处理（净化前，先用3mL二氯甲烷预洗柱进行活化），再用3×3mL二氯甲烷淋洗，收集过柱和淋洗后的洗脱液准备定容。用二氯甲烷定容至25mL，试液经有机系微孔滤膜过滤后，供GC/MS测定。

方法（微波消解法）：取约10g待测样品，制成5mm×5mm以下试样，混匀。准确称取1g（精确至0.0001g）试样两份供平行测定用。将试样置于微波消解仪的反应瓶里，加入正己烷：丙酮（2∶1）溶液10mL。设定微波消解仪的升温程序：9min升温至100℃，保持100℃10min，再在15min内降至室温，准备定容。用正己烷：丙酮（2∶1）溶液定容至25mL，试液经有机系微孔滤膜过滤后，供GC/MS测定。

邻苯二甲酸酯主要检测方法标准有：

BS EN 15777《纺织品　邻苯二甲酸酯的试验方法》；

CNS 15138-1《塑料制品中邻苯二甲酸酯类试验法　第1部分：气相质谱法》；

GB/T 20388《纺织品　邻苯二甲酸酯的测定》；

GB/T 22048《玩具及儿童用品　聚氯乙烯塑料中邻苯二甲酸酯增塑剂的测定》。

2.7.1.9　禁限用溴系阻燃剂的测定

软体家具及其原材料中通常添加使用了防火阻燃剂，如皮革、纺织品、海绵、泡沫塑料地毯垫、窗帘等，而阻燃剂中就有国内外被禁限制使用的溴系阻燃剂，多溴联苯醚阻燃剂中的十溴联苯醚、八溴联苯醚和五溴联苯醚等。

原理：样品经剪碎后，用正己烷和二氯甲烷的混合溶剂对样品进行超声提取，提取液（经固相硅胶净化）浓缩定容后，用（GC/MS或GC/ECD）HPLC进行定量分析。

方法（以HPLC法为例）：将家具产品中所用的面料（如皮革、纺织品）和填充料（如海绵、泡沫塑料等）制成小于5mm×5mm×5mm的小块，混合均匀，根据样品密度的大小，称取0.1～1.0g样品（精确至0.1mg），放入Schott反应瓶中，加入20mL正己烷和二氯甲烷混合溶剂，使溶剂完全淹没样品，旋紧瓶盖，常温下超声30min；用5mL正己烷和二氯甲烷混合溶剂润洗硅胶固相萃取柱；将提取液移入硅胶固相萃取柱进行净化，分别用20mL正己烷和二氯甲烷混合溶剂洗涤样品两次，洗涤液均通过硅胶固相萃取柱净化，合并净化后的提取液于100mL圆底烧瓶中，用旋转蒸发仪浓缩至近干，用甲苯定容至2.5mL，经0.22μm薄膜过滤后，用高效液相色谱仪分析。

经查，目前国内外尚无现成的家具及其材料中禁限用溴化阻燃剂的检测标准，检验检疫行业标准（SN）正在制定中。

2.7.1.10 挥发性有机化合物（VOCs）的测定

从消费品和商业产品（如家具、木制品）制造和使用过程中释放的挥发性有机物VOC，不仅直接污染空气伤害人类身体健康，而且还可以导致光化学烟雾、对植物生物造成伤害、给人类健康安全带来多方面的严重风险。

原理：将一定数量表面积的试样放入温度、相对湿度、空气流速和空气置换率控制在规定条件下的气候箱内，挥发性有机化合物（VOC）从样品中释放出来，与箱内空气混合，在一定时间时采集箱内空气样品，测试空气样品中VOC浓度，计算各VOC总和得到样品的TVOC释放率。

方法（摘要）：环境气候箱测试前清洁干净，调整气候箱及其装置，使其温度、相对湿度、试样表面空气流速、空气流量（L/s）等满足测试标准要求。在每次进行新的测试前应进行气候箱内空白浓度的测定，确保符合标准要求。测试样品准备和加载：在测试样品放进气候箱关门后记录时间，这个时间作为释放测试的时间零点；空气取样前先清洁和处理吸附管；在空气样品采集前吹扫取样口；在第72h和168h在气候箱排气和回风管处取空气样本平行样，采样1～6L（根据样品挥发性有机化合物释放量大小确定采样体积，5L的采样体积能满足绝大多数样品测试），使用吸附管来分析VOC；记录采样开始和结束的时间、采样流量、温度和压力。

木制品、家具中挥发性有机化合物的主要测定方法标准有：

ANSI/BIFMA M 7.1《办公家具系统、组件和座椅中VOC释放率的标准试验方法》；

ASTM D6330《用小型环境室测定由人造板挥发性有机化合物（甲醛除外）的标准规程》；

ASTM D6670《用大型气候箱法测定室内用材料/产品中的挥发性有机物的标准规程》；

ASTM D7706《用小型室法快速探测产品排放的挥发性有机化合物的规程》；

BS EN ISO 16000-9《室内空气　第9部分：建筑产品和家具释放挥发性有机化合物的测定　气候箱法》；

BS EN ISO 16000-10《室内空气　第10部分：建筑产品和家具释放挥发性有机化合物的测定　散发试管法》；

GB/T 29899《人造板及其制品中挥发性有机化合物释放量试验方法　小型释放舱法》；

JIS A1901《建筑产品中挥发性有机化合物和醛类排放量的测定　小型气候箱法》；

JIS A1912《建筑产品中挥发性有机化合物和醛类排放量的测定　大型气候箱法》。

2.7.1.11 有机锡化合物的测定

原理：样品经醋酸钠缓冲盐和甲醇混合溶液萃取后，用气相色谱/质谱联用仪（GC/MS）对萃取液进行定性定量测定。

方法：取有代表性的样品并剪成约5mm×5mm的小试片，称2.5g试样（或2.00mL有机锡标准工作溶液）至Schott瓶，加15mL甲醇+15mL醋酸钠缓冲溶液，超声30min；加2mL四乙基硼酸钠溶液，激烈振荡1min；加10mL正己烷摇荡30min；静置分层，正己烷经无水硫酸钠漏斗转入150mL平底烧瓶；用3×20mL正己烷洗涤，静置分层，合并上层的正己烷到上述烧瓶中；旋转蒸发至0.3mL，转移到5mL的比色管中，用色谱纯的正己烷色谱纯的洗涤并定容2.5mL；用一次性针管和0.45μm的滤头过滤到棕色样品瓶中，用气相色谱/质谱联用仪（GC/MS）对萃取液进行定性定量测定。

有机锡化合物测定的主要标准有：

GB/T 20385—2006《纺织品 有机锡化合物的测定》；

GB/T 22932—2008《皮革和毛皮 化学试验 有机锡化合物的测定》；

SN/T 3361—2012《木材及木制品中有机锡化合物的测定 气相色谱-质谱法》；

SN/T 3706—2013《进出口纺织品中有机锡化合物的测定方法 气相色谱-质谱法》。

2.7.2 防火阻燃性能检测

防火，顾名思义指防止火灾的发生。阻燃性（flame retardance），物质本身所具有的或经处理后所具有的明显推迟火焰蔓延的性质（材料所具有的减慢、终止或防止有焰燃烧的特性）。物质燃烧性可分为易燃性、阻燃性和不燃性，易燃性是指在规定的实验条件下，材料或制品进行有焰燃烧的能力；阻燃性是指材料所具有的减慢、终止或防止有焰燃烧的特性；不燃性是指在规定的实验条件下，材料不能进行有焰燃烧的能力。

(1) 实现或增加阻燃的途径

① 以物理方法添加阻燃剂，这种方法成本较低，很快可以实现，但容易对环境和人体造成负面影响，通常受到各国环保指令的限制（欧美对溴类阻燃剂都有限制：PBB、PBDE的最高限量为1000×10^{-6}等）。

② 对材料进行阻燃改性。

③ 设计新的高聚物分子结构，使之具有本质高阻燃性，这种是最彻底的方法。而防火测试则主要指对材料防火性能的测试，一般是根据不同国家在防火领域制定的标准法规对具体材料的防火阻燃性能进行深入检测。

(2) 阻燃的性能评价

① 点燃性和可燃性，即被引燃的难易程度；

② 火焰传播速度，即火焰沿材料表面的蔓延速度；

③ 耐火性，即火穿透材料构件的速度；

④ 自熄的难易程度；

⑤ 生烟性，包括生烟量，烟的释放速度及烟的组成；

⑥ 有毒气体的产生，包括气体量、释放速度及组成；

⑦ 释放速度（HRR），即材料燃烧时放出的热量和放出的速度。

经过多年的发展，阻燃性测试已经形成多种标准，成为相关业界非常重要和被关注的安全检测项目。阻燃测试方法因原理、设备和目的的不同而造成阻燃性能测试方法有多种，根据试样与火焰的相对位置，可分为垂直法、倾斜法和水平法。不同产品（材料）有不同的测试方法，传统上目前评价物质（材料）阻燃性方法很多，如氧指数测定法、水平燃烧试验法、45°倾斜燃烧试验法、垂直燃烧试验法等。阻燃实验方法主要用来测试试样的燃烧广度（炭化面积和损毁长度）、续燃时间和阴燃时间。各国几乎都有自己的国家标准，各种测试方法的测试结果之间难以相互比较，实验结果仅能在一定程度上说明试样燃烧性能的优劣。

（3）阻燃测试评定原理

一是用燃烧速率来进行评判，即经过阻燃处理的材料按规定的方法与火焰接触一定的时间，然后移去火焰，测定面料继续有焰燃烧和无焰燃烧的时间，以及材料被损毁的程度来评定其阻燃性能。当然，有焰燃烧的时间和无焰燃烧的时间越短，被损毁的程度越低，则表示材料的阻燃性能越好；反之，则表示材料的阻燃性能不佳，如GB/T 17927、BS 5852、EN 1021、CA TB 117等标准。另一种是通过测定样品的极限氧指数来进行评判，氧指数（LOI）是指样品燃烧所需氧气量的表述，故通过测定氧指数即可判定材料的阻燃性能，氧指数越高则说明维持燃烧所需的氧气浓度越高，即表示越难燃烧。该指数可用样品在氮、氧混合气体中保持烛状燃烧所需氧气的最小体积分数来表示，如美国联邦法案16 CFR Part 1633整体床垫的燃烧性测试。

快速、准确测试样品的阻燃性能是阻燃测试的发展趋势。纵观国内外的各种阻燃性能测试方法，特别是燃烧法的原理基本是一致的，只是在点火源、试样大小及放置位置和测试指标之间有差异。

① 垂直法：该方法是将试样垂直放置在试样箱中，在试样下方用规定的燃烧器点燃，控制火焰标准高度和点火时间（如40mm±2mm、12s），测定规定点火时间后的续燃时间、阴燃时间及损毁长度，同时观察是否有熔融、滴落物引起试验箱底部脱脂棉的燃烧或阴燃，此方法操作简单，是最为常用的测定阻燃性能的方法之一，如CA TB 117 Section A，Part Ⅰ的海绵测试（foam test）。

② 水平法：实验时，将试样放在试样夹上，水平放置于试验箱中，在试样的头端点火15s，测定火焰在试样上蔓延的距离以及蔓延此距离所用的时间，计

算出燃烧速率，水平法主要用于对汽车内饰装饰材料进行考核。

③ 倾斜法：倾斜法有两种方法：一种是测定损毁面积和接焰次数，另一种是测定燃烧速率，前者适用于测定阻燃材料：将试样放入试样夹，与水平呈45°角放置在试验箱中，在试样下端施加规定的点火源，火焰高度为45mm±2mm；点火时间为30s，点火时间结束后，测量织物的续燃时间、阴燃时间、损毁面积及损毁长度，如CA TB 117 Section C人造纤维填充材料测试。

④ 氧指数法：该方法是将试样夹于试样夹上垂直放在燃烧筒内，在向上流动的氧、氮气流中，点燃试样上端，观察其燃烧特性，并于规定的极限值（续燃时间或阴燃时间为2min；损毁长度为40mm）比较其续燃时间或损毁长度。通过在不同氧浓度中的一系列试验，可以测得维持试样燃烧时氧气的最低氧浓度值。氧指数法灵敏度高，对试验条件以及操作人员的要求也比较高。

(4) 国内外主要软体家具及其材料阻燃性能测试标准

① 我国软体家具抗引燃特性的评价标准方法为GB 17927及相关产品标准中规定软体家具的阻燃性要求：GB 17927.1—2011《软体家具 床垫和沙发 抗引燃特性的评定 第1部分：阴燃的香烟》是非等效采用ISO 8191-1和EN 597-1；GB 17927.2—2011《软体家具 床垫和沙发 抗引燃特性的评定 第2部分：模拟火柴火焰》是非等效采用ISO 8191-2和EN 597-2。

② 美国联邦法案《可燃纺织品法案》FFA涉及了软体家具的防火阻燃安全法案，如床垫、沙发、软垫、公共场所用家具及其原材料，著名的法案有1632、1633、CA TB 116、CA TB 117、CA TB 133等。

③ 美国联邦床垫防火法规16 CFR Part 1632《床垫和其衬垫物易燃性要求（香烟法）》：16 CFR Part 1632适用于所有在美国生产的或进口到美国的床垫，包括成人用、青少年用、婴儿用床垫（包括便携式婴儿床垫）、双层床床垫、装有芯子的水床及气垫床、沙发床等，但不包括睡袋、枕垫、不装芯子的水床及气垫床、睡椅等。按照该法规中规定的方法进行测试（香烟法），如果在香烟周围任何方向上的炭化痕迹长度都不超过2in（50.8mm），则该单支香烟的实验部位可判定为合格。一般要求至少点燃18支香烟进行测试，只要有一个部位不符合该标准，则该床垫不合格。此外，法规还规定经阻燃剂整理过的床垫类产品在其标签上要注明“T”。

④ 美国联邦床垫防火法规16 CFR Part 1633《床垫和床架易燃性要求（明火，整体燃烧）》：规定任何主辅材料（包含面料、无纺布、填充棉、海绵、乳胶、毛毡、椰棕、滚边带和缝纫线等）无论采用任何阻燃方式，只要成品床垫能具有阻止明火蔓延燃烧的能力，在一定的时间内让火焰自行熄灭，就可被认定为通过燃烧测试。16 CFR Part 1633采用的是明火测试，法规设定了两个指标来限定火焰在床垫或床垫套装上的蔓延，这两项指标是：在30min的测试时间内，床垫/床垫套装的热释放峰值不得超过200kW；在测试的最初10min内，总热释

放量必须小于 15MJ。按照规定的方法测试至少三个样品，如果有一个样品未能同时满足上述两项要求，则判定为不合格。

⑤ 美国加利福尼亚州家具阻燃性法规（California Flammability Law）：美国加利福尼亚州要求所有家用纺织品的填充物必须阻燃，此类产品须贴“阻燃”（flame resistant），“延缓燃烧”（flame retardant）和/或类似词句的标签，且必须按加利福尼亚州家具阻燃性法规通过测试。该法规适用于：装软垫的家具（upholstered furniture）包括坐垫、大于 26in（1in＝2.54cm）的枕头、床垫。

⑥ 英国家具防火安全法规［UK Furniture & Furnishings（Fire）（Safety）Regulations］：英国家具防火安全法规要求所有进口到英国的家用装软垫的家具、家具和其他装软垫的产品必须达到阻燃要求，并要求符合防火标签规定。此法案的适用范围：私人用途的家具（包括儿童家具），床，床头板、垫（任意尺寸），沙发床，育婴家具，能用于室内的花园家具，分散的坐垫和软垫、枕头，用于家具的松动的、可延伸的覆面。此法案不适用于：睡袋、睡衣（包括 duvets）、床垫的松动覆面、枕套、窗帘、地毯。

此法案采用的防火检测标准：

a. BS 5852《用闷燃和燃烧点火源对软座进行易燃性评价的试验方法》（Methods of Test for Assessment of the Ignitability of Upholstered Seating by Smouldering and Flaming Ignition Sources）。

b. BS 6807《一次和二次点火源燃烧类型床垫、装饰沙发床及装饰软床座可燃性评估的试验方法》（Methods of test for assessment of ignitability of mattresses, upholstered divans and upholstered bed bases with flaming types of primary and secondary sources of ignition）。

BS 5852 标准描述了单个材料组合件可点燃性的评定方法。例如软体坐具或整件座椅中使用的面料和填料，在使用时可能因偶尔而落上闷烧的香烟或放热量等同从一根燃着的火柴到燃着大约四层双页全尺寸的报纸之间的有焰点火源。BS 5852 具体检测方法见表 2-36。

表 2-36　BS 5852 测试方法

测试样品	测试方法
面料(如:布、皮革)	Part1:Ignition Source 0(香烟)(1 号火源也可测试,明火燃烧)
块状海绵	Part2:Ignition Source 5 引燃源:木块　引燃方式:明火燃烧
碎状海绵	Part2:Ignition Source 2 引燃源:丁烷气体　引燃方式:明火燃烧
乳胶棉	Part2:Ignition Source 2 引燃源:丁烷气体　引燃方式:明火燃烧
非海绵类	Part2:Ignition Source 2 引燃源:丁烷气体　引燃方式:明火燃烧

软体家具及其原材料的主要阻燃测试标准：

GB 17927.1《软体家具 床垫和沙发 抗引燃特性的评定》，非等效采用 ISO 8191-1：1987《家具　软体家具可燃性的评定　第 1 部分：点火源：阴燃的香烟》；

GB 17927.2《软体家具 床垫和沙发 抗引燃特性的评定》，非等效采用 ISO 8191-2：1988《家具　软体家具可燃性的评定　第 2 部分：点火源：火柴火焰等同物》；

ANSI/ASTM E 1537《软体家具耐火试验》；

ANSI/ASTM E 1590《床垫耐火试验》；

AS/NZS 3744 《软体家具　软垫家具的可燃性评价》；

AS/NZS 4088.1 《软体家具的燃烧性能规范　家用家具的软垫材料》；

BS 5852-1 《家具的防火试验　第 1 部分：座椅软垫合成物燃烧材料可燃性的试验方法》；

BS 5852-2 《家具的防火试验　第 2 部分：测定座椅用软垫可燃性的试验方法》；

BS 6807 《床垫、装饰沙发床及装饰软床座可燃性评估的试验方法》；

BS EN 1021-1《家具　装饰家具着火性的评估　燃着的香烟火源》；

BS EN 1021-2《家具　装饰家具着火性的评估　与火柴火焰等同的火源》。

2.7.3 物理安全的检测

各国都制定有相应的物理安全要求和性能测试标准，测试方法大同小异，基本上都涉及外伤性测试（如锐利边缘及尖端、突出物等）、稳定性测试、强度测试和耐久性测试等。

（1）稳定性测试

测试后家具不因地震、振动及其他外力而轻易倾倒、破坏，造成对消费者的危害。稳定性测试的目的是评价椅子前端和后端的稳定性。测试时将椅子放置在测试平台上，在物品中心位置的座部上或最接近椅子中心的座部位置施加一个 79kg 的重物，前置一个高度为 13mm 的挡块，以推或者拉的方式施加一个向后的力于椅子的靠背上，力的方向位于重物顶部平面或者靠背的顶部平面（后端稳定性），施加一个力直至整个物品重量转移至后端支撑组件。具体方法见标准。

（2）无伤性测试

① 边缘及尖端测试　使用专用测试仪测试后产品不应有危险锐利边缘及危险锐利尖端，棱角及边缘部位应经倒圆或倒角处理。产品离地面高度 1600mm 以下位置的可接触危险外角应经倒圆处理，且倒圆半径不小于 10mm，或倒圆弧长不小于 15mm。

② 突出物测试 测试后产品不应有危险突出物。如果存在危险突出物，则应用合适的方式对其加以保护。如，将末端弯曲或加上保护帽或罩以有效增加可能与皮肤接触的面积。保护帽或罩在拉力试验时不应脱落。

③ 孔及间隙测试 儿童家具应满足：产品刚性材料上，深度超过 10mm 的孔及间隙，其直径或间隙应小于 6mm 或大于等于 12mm；产品可接触的活动部件间的间隙应小于 5mm 或大于等于 12mm。

④ 折叠机构测试 除门、盖、推拉件及其五金件外，产品不应在正常使用载荷下产生危险的挤压、剪切点。如果产品存在折叠机构或支架，应有安全止动或锁定装置以防意外移动或折叠。按折叠试验测试时，产品不应折叠。

⑤ 翻门、翻板 产品中的翻门或翻板的关闭力应大于等于 8N。

⑥ 封闭式家具测试 当产品有不透气密闭空间（如门或盖与其他部件形成的空间），且封闭的连续空间大于 $0.03m^3$，内部尺寸均大于等于 150mm，则应满足以下要求之一：

a. 应设单个开口面积为 $650mm^2$ 且相距至少 150mm 的两个不受阻碍的通风开口，或设一个将两个 $650mm^2$ 开口及之间间隔区域扩展为一体的有等效面积的通风开口；将家具放置在地板上任意位置，且靠在房间角落的两个相交 90°角的垂直面时，通风口应保持不受阻碍。通风口可装上透气性良好的网状或类似部件；

b. 盖、门及类似装置不应配有自动锁定装置，按关闭件试验测试时，开启力不应大于 45N。

⑦ 力学性能测试 力学性能试验测试后，应满足以下要求：零部件应无断裂、豁裂或脱落；应无严重影响使用功能的磨损或变形；用手揿压某些应为牢固的部件，应无永久性松动；连接部件应无松动；活动部件（门、抽屉等）开关应灵活；五金件应无明显变形、损坏或脱落；软体家具应面料无破损，无断簧，缝边无脱线，铺垫料无破损或移位；稳定性试验时，产品应无倾翻。

(3) 强度测试

包括了垂直载重、水平载重、偏心载重、刚性、连续部位强度和垂直冲击、水平冲击、反复冲击等测试，测试后家具产品对静态载重和动态载重不致变形或破坏。如桌面垂直冲击试验，按照 GB/T 10357.1 中的 7.1.3 冲击试验 10 次后，应满足零部件无断裂、豁裂或脱落；无严重影响使用功能的磨损或变形；无永久性松动；连接部件应无松动；活动部件（门、抽屉等）开关灵活；五金件无明显变形、损坏或脱落；软体家具面料无破损，无断簧，缝边无脱线，铺垫料无破损或移位等要求。

(4) 耐久性测试

进行家具耐久性测试，主要是使用施加一定的载荷以相应频率进行循环测试，测试开始时先给家具施加一个载荷，这个载荷以一定的频率（如 20 次/

min）循环加力 n 次（如 25000 次）。循环测试过程中或结束后观察评估家具所达到的水平和破坏发情况，或对测试试样再增加一定量载荷，然后再循环 n 次（如 25000 次）。沙发框架或部件破坏时测试才结束。用此方法可定量分析家具在破坏前整个使用过程中的力学特性，及早发现一些原本不知道的问题和缺陷，及时改进产品，消除潜在的质量问题，提高产品的耐久性和可靠性。测试后家具结构及表面状态在一定时期内的品质不能损伤而耐用，家具表面材料不因冲击或轻度划刮而产生伤痕，家具可以反复使用而不损伤消费者。

Chapter 03

第3章 人造板及其制品

3.1 人造板与地板的定义及范围

3.1.1 人造板

人造板（wood based panel），以木材或其他非木材植物为原料，经一定机械加工分离成各种单元材料后，施加或不施加胶黏剂和其他添加剂胶合而成的板材或模压制品。主要包括胶合板、刨花（碎料）板和纤维板等三大类产品，其延伸产品和深加工产品达上百种。人造板的诞生，标志着木材加工现代化时期的开始，使过程从单纯改变木材形状发展到改善木材性质。这一发展，不但涉及全部木材加工工艺，更需要吸收纺织、造纸等领域的技术，从而形成独立的加工工艺。此外，人造板还可提高木材的综合利用率，$1m^3$ 人造板可代替 $3\sim5m^3$ 原木使用。

据《2013—2017年中国人造板制造行业产销需求与投资预测分析报告》数据显示，自2004年开始，我国人造板行业进入了一个飞速发展阶段。每年新增的企业数均在500家左右，行业资产规模也逐年扩大，其环比增速均在12%以上。2010年，我国人造板制造行业企业数量达到6175家，同比增长585家；行业销售收入4095.37亿元，同比增长33.35%；产量为1.84亿立方米，产值达到4127.71亿元，同比增长31.98%。2005～2010年行业整体集中度变化不大，略有上升后，反而下降。这表明行业竞争环境还没有淘汰小企业，行业资源并没有向规模企业进一步集聚。由于大量小企业生产的人造板存在各种质量问题，如甲醛超标等；另外大量人造板厂存在大量的空气、废弃物以及水污染等问题，人们正在寻求新的可替代产品。同时随着居民消费能力的增强和消费观念的转变以及环保意识的增强，渐渐使消费者更多地选择实木家具。

3.1.1.1 历史渊源

它的发明，可以上溯到公元前3000年。公元前1世纪初，罗马人已熟知单板制造技术与胶合板制造原理。

1812 年，法国人发明了单板锯切机。

1834 年，法国又颁布了刨切机专利。

1844 年以后，经过改进的旋切机在工业生产中正式使用。此后旋切机不断改进，促进了胶合板工业的发展，19 世纪中叶，德国首先建立了胶合板厂。

1898 年，英国首先在圆网造纸机上制造成半硬质纤维板。

1914 年，美国用磨木浆下脚料生产绝缘板，并建成绝缘纤维板工厂。

1916 年，干法成型工艺首次在奥地利出现。

1924 年，美国创造了马松奈脱法（爆破法）纤维分离技术，1928 年，已能生产出高质量的硬质纤维板。

1931 年，瑞典发明阿斯普伦德法，次年在瑞典建立了第一个用此法生产的硬质纤维板厂，至此纤维板制造工业就脱离了造纸业而成为独立的工业门类。

1943 年，美国研究干法和半干法制造工艺获得成功，20 世纪 50 年代初，在美国、联邦德国、捷克斯洛伐克和奥地利分别建厂，用上述两法生产硬质纤维板。

20 世纪 60 年代初，以干法生产工艺为基础制成中密度纤维板，1966 年，美国建成第一个中密度纤维板厂。

3.1.1.2　发展历史

1887 年，德国用锯屑加血胶制成板材，是为刨花板之始。

1889 年，德国用木工刨花制成刨花板获得第一个专利。20 世纪初合成树脂胶黏剂的出现，为刨花板工业生产准备了条件。

1935 年，法国用废单板制成长条刨花，在铺装成型中使各层刨花垂直相交排列组成板坯，是刨花板中定向技术的先导。

1937 年，瑞士提出三层刨花结构的制造工艺。

1941 年，在德国建立了第一个装备齐全的刨花板工厂，就使刨花板工业完成了它的技术准备阶段。

20 世纪 40 年代末，随着英国和德国分别研究出刨花板连续生产的巴德列夫法和奥卡尔法，并制成相应的成套连续式生产设备，刨花板生产遂进入工业体系。

刨花板在 1949 年前仅有水泥木丝板，1952 年开始生产蛋白胶刨花板，1956 年才出现树脂胶黏剂刨花板。1958 年开始试制纤维板，20 世纪 60 年代初在北京、上海建立湿法纤维板厂，70 年代初建成干法和软质纤维板生产线，1980 年开始生产中密度纤维板。现在全部人造板生产能力已超过 8000 万立方米。

3.1.1.3　分类

（1）分类

人造板的新品种日益增多，其分类方法也随之不断变化。常用的分类方法有下述几种：

按所用树种分：有针叶材胶合板、阔叶材胶合板等；

按用途性质分：有室外用胶合板、室内用胶合板、结构用胶合板、装饰用胶合板等；

按成型工艺分：有湿法、干法、半干法纤维板；

按加压方式分：有平压、挤压、辊压刨花板等；

按产品密度分：有低密度、中密度、高密度刨花板；软质、中密度、高密度（硬质）纤维板等；

按胶合材料分：有机胶合人造板、无机胶合人造板等。

（2）胶合板

定义：由一组单板或单板与细木工芯板及其他人造板材料胶合而成的板材。胶合板层数一般为奇数，相邻层单板纹理互相垂直，最外层单板和全部奇数层单板的纹理方向一般与胶合板的长度方向平行。胶合板的海关编码为 HS：4412。

细木工板有许多品种，内部芯条或其他材料密集排列的为实心细木工板，内部芯条或其他材料间断排列的为空心细木工板。用胶黏剂将内部芯条或其他材料粘接在一起的称拼板芯细木工板，板芯材料之间的连接不用胶黏剂粘接的称不胶拼细木工板。在家具和室内装修中应用较多的是实心细木工板，内部板芯材料胶拼或不胶拼的则都有采用，板芯胶拼细木工板多用于家具和高档装修中，板芯不胶拼细木工板多用于一般装修中。

由于结构的特殊性和材料几何形状的多样性等因素影响，细木工板与其他人造板相比，在生产中容易引起板材表面不平和厚度偏差。也就是说，细木工板要在表面平整度和厚度偏差等有关指标方面，达到刨花板和中密度纤维板同等水平，难度要大得多。

（3）刨花板

刨花板是用木材或非木材植物纤维原料制成的刨花（或碎料），施加胶黏剂（或不施加胶黏剂）后压制成的人造板材。刨花板的名称在国内外也有叫碎料板、微料板等。刨花板主要包括了普通刨花板、定向刨花板、华夫板及其他特殊刨花板（如水泥刨花板、石膏刨花板、阻燃刨花板）等。刨花板的海关编码为 HS：4410。

（4）纤维板

纤维板是以植物纤维为原料制成的板材。纤维板的海关编码为 HS：4411。

（5）装饰人造板

装饰人造板的方法有贴面装饰和表面加工装饰两种，其中贴面装饰是家具和室内装饰装修中最常见和应用最广泛的装饰方法。这是因为贴面材料来源广泛，变化多端，贴面工艺和设备较为简单。表面加工装饰除油漆外应用相对较少，但在家具和高档装饰装修中则较为常见。

人造板装饰的目的：增强板材美观性，遮盖人造板表面的部分缺陷，提高使用价值；改善人造板的功能，保护表面，使人造板具有耐磨、耐热、耐水等性能；增强板材的新特性，提高人造板的强度，尺寸稳定性，扩大人造板作为结构材料的应用范围。

人造板装饰对基材的要求：人造板装饰前一定要对人造板基材进行表面处理，如砂光，打磨等。表面处理后的板材一般应具备如下要求：要有较高耐水性和强度；含水率均匀；基材厚度均匀；表面平滑，质地均匀；基材结构对称。

① 贴面装饰人造板　薄木贴面是一种高级装饰，它由天然纹理的木材制成各种图案的薄木与人造板基材胶黏而成，装饰自然而真实，美观而华丽。由于薄木装饰加工工艺不断革新，新产品不断出现，是一种前景广阔的装饰方法。其装饰板材在建筑装饰、家具、车船装修等方面得到广泛应用。

树脂浸渍纸贴面装饰板是将装饰纸及其他辅助纸张经树脂浸渍后直接粘于基材上，经热压贴合而成装饰板，浸渍树脂有三聚氰胺、酚醛树脂等。

② 涂饰人造板　印刷木纹装饰板，它是用凹板花纹胶辊转印套色印刷机，在人造板基材上直接印以各种花纹制成。花纹色泽鲜艳，深浅均匀，层次清晰，质感强烈。

大漆装饰板是一种不透明涂饰装饰板，为我国特有的品种之一。它以大漆技术，将中国大漆漆于各种木材或人造板基材上制成。漆膜明亮，花色繁多，而且不怕水烫、火烫。有的品种在油漆中掺以各种宝砂，漆成各种花色，美不胜收。

③ 表面加工装饰板　模压浮雕装饰板是通过刻有花纹的模辊或模板对人造板进行压制使其表面出现立体花纹的装饰材料。有平压法和辊压法。辊压法是使人造板基材通过一对上辊被加热的压模辊，在人造板表面压出某种图案花纹。平压法是在人造板板坯在热压过程中或人造板制成之后，在板坯或人造板基材上附上一张刻有图案的模板，通过热压而使其表面产生浮雕效果。

木纹烙印装饰板是利用一种特殊的木纹烙印机在人造板基材上连续烙印出各种图案花纹的装饰方法。它可用于处理胶合板、刨花板、纤维板等各种人造板。与木纹直接印刷相比，它的成本低，耐用性能好。烙印的图案不仅精美逼真，而且还可以模拟珍贵树种的纹理进行涂饰处理，使装饰效果进一步提高。

3.1.1.4　特点

（1）优点

与锯材相比，人造板的优点是：幅面大，结构性好，施工方便；膨胀收缩率低，尺寸稳定，材质较锯材均匀，不易变形开裂；作为人造板原料的单板及各种碎料易于浸渍，因而可做各种功能性处理（如阻燃、防腐、抗缩、耐磨等）；范围较宽的厚度级及密度级适用性强；弯曲成型性能比锯材好。人造板的缺点是胶层会老化，长期承载能力差，使用期限比锯材短得多，抗弯和抗拉强度均次于锯材。但终因木材短缺，人造板被用来代替锯材的许多传统用途，其产量也迅速增加。西欧国家锯材与人造板产量之比已从 1950 年的 20∶1 下降到 1983 年的 2.1∶1；中国的二者之比，也从 1950 年的 34∶1 降到 1983 年的 10∶1，下降趋势尚在继续。

胶合板、刨花板和纤维板三者中，以胶合板的强度及体积稳定性最好，加工工艺性能也优于刨花板和纤维板，因此使用最广。硬质纤维板有可以不用胶或少用胶的优点，但环境污染是纤维板工业的严重问题。刨花板的制造工艺最简，能源消耗最少，但需用大量胶黏剂。

（2）人造板的本身特性

① 表面特性　胶合板表层保持了木材旋切面的木材纹理和构造特点，即具有空隙面、导管、节子和表面不平。由于旋切加工，表面还有裂隙。刨花板根据刨花形态和构成，表面性状差别很大。由于刨花相互交织，形成很多沟槽，使表面高低不平，尤其是单层结构板材，表层极为粗糙。三层结构的刨花板表面由于采用了较细原料，表面较平整。硬质纤维板表面没有导管、节子等缺陷，表面平整度较高，但常有石蜡等浮于纤维板表面，使胶合性能下降。湿法纤维板背面还有铁丝网痕，比较疏松，易引起使用中的变形。中密度纤维板的纤维分离度高，单元细小，表面光滑细腻，内部质地均匀，是质量较好的家具和装饰装修材料。细木工板和指接集成材，由于结构类似天然的木材，又有较好的尺寸稳定性和耐潮性，在家具和装饰装修中得到了广泛的应用，特别是细木工板，在人造板中已成为产量很高的板种之一。

② 膨胀与收缩　胶合板由于相邻层单板纹理互相垂直，吸湿或干燥时，相邻层单板互相牵制，故尺寸形状稳定性好。硬质纤维板经高温处理，纤维尺寸稳定性较一般木纤维有所改善，在相同温度下其平衡含水率较木材低。刨花板尺寸稳定性与使用胶种、施胶量、防水剂用量、热压条件、密度等有关，在相同的工艺条件下，它的尺寸稳定性较胶合板和纤维板差。人造板的尺寸稳定性不仅影响到其直接使用性，也影响到表面装饰时的工艺与产品质量。在人造板含水率变化时，随板材的收缩和膨胀，装饰后的板材反复受到拉应力或压应力，在饰面材料和人造板的界面间会产生相应的应力，致使饰面材料产生剥落、裂纹。因此，在人造板装饰中，除了设法提高人造板基材的稳定性外，也要求装饰材料具有一定的弹性和韧性，以补偿人造板基材的湿胀和干缩。

③ 厚度不均　人造板都是在热压条件下制成，由于平面层上的基材厚度不均或铺装不均，会产生压缩的不一致。这样，即使基材表面经过砂光，厚度进行了调整，但是在湿涨或干缩时，由于各部分的压缩不均会造成凹凸不平。因此，胶合板的单张单板厚度应当尽可能一致，刨花板、纤维板铺装应当尽可能均匀，使板坯厚度公差减小到最小程度。

④ 基材含水率　含水率不均的人造板易产生变形，故压制好的板材要放置一段时间，使内部含水率趋于均匀。进行装饰的人造板，装饰前要根据装饰材料

及工艺要求，将基材人造板的含水率调整到一定范围，一般为8%～10%。含水率过低胶黏剂或涂料在基材表面的湿润性差，得不到应有的胶合强度和附着力。过高的含水率则不但得不到应有的胶合强度，还易造成装饰表面的缺陷。

3.1.1.5 工艺

(1) 胶合板

胶合板是由蒸煮软化的原木，旋切成大张薄片，然后将各张木纤维方向相互垂直放置，用耐水性好的合成树脂胶黏结，再经加压、干燥、锯边、表面修整而成的板材。其层数成奇数，一般为3～13层，分别称三合板、五合板等。用来制作胶合板的树种有椴木、桦木、水曲柳、榉木、柳桉木等。

(2) 纤维板

纤维板是将树皮、刨花、树枝等废料经破碎、浸泡、研磨成木浆，再经加压成型、干燥处理而制成的板材。因成型时温度和压力不同，可以分为硬质、半硬质、软质三种。

(3) 刨花板

刨花板是利用施加或未施加胶料的木刨花或木纤维料压制成的板材。刨花板密度小、材质均匀，但易吸湿、强度低。

(4) 细木工板

细木工板是利用木材加工过程中产生的边角废料，经整形、刨光施胶、拼接、贴面而成的一种人造板材。板芯一般采用充分干燥的短小木条，板面采用单层薄木或胶合板。细木工板不仅是一种综合利用木材的有效措施，而且得到的板材构造均匀、尺寸稳定、幅面较大、厚度较大。除作表面装饰外，亦可兼作构造材料。

(5) 其他关于人造板制作工艺的解说版本及新兴工艺

人造板所用原料，除胶合板需用原木外，大部分来自采伐和加工剩余物，以及小径材（直径在8cm以下）。经破碎或削片、再碎后制成的片状、条状、针状、粒状材料可用于刨花板制造。木片经纤维分离后用于纤维板制造。这样可使木材利用率较传统利用方式提高20%～25%。20世纪70年代开始注意利用树皮、木屑作人造板原料，但树皮只能用在刨花板中层，用量不能超过8%，否则会降低产品强度。此外，非木质材料也日益受到重视，除蔗渣、麻秆等在人造板生产中早已被利用外，已扩大到多种植物茎秆及种子壳皮。

(6) 人造板制造工艺特点

① 切削加工　原材料处理和产品最终加工，都要应用切削工艺，如单板的旋切、刨切，木片、刨花的切削，纤维的研磨分离，以及最终加工中的锯截、砂磨等。将木材切削成不同形状的单元，按一定方式重新组合为各种板材，可以改善木材的某些性质，如各向异性、不均质性、湿胀及干缩性等。大单元组成的板材力学强度较高，小单元组成的板材均质性较好。精确控制旋切单板的厚度误

差，可提高出材率 2%～3%。切削出的刨花形态影响刨花板的全部物理力学性能；纤维形态对纤维板的强度同样有密切关系。板材最终的锯切、磨削等也影响产品的规格质量。

② 干燥　包括单板干燥、刨花干燥、干法纤维板工艺中的纤维干燥及湿法纤维板的热处理。干燥的工艺和过程控制与成材干燥有所不同。成材干燥的过程控制是以干燥介质的相对湿度为准，必须注意防止干燥应力的产生；而人造板所用片状、粒状材料的干燥则是在相对高温、高速和连续化条件下进行的，加热阶段终了立即转入减速干燥阶段。单板及刨花等材料薄，表面积大，干燥应力的影响甚小或者不存在。加之在切削过程中木材组织发生不同程度的松弛，水分扩散阻力小，木材内部水分扩散规律对单板、刨花等就失去意义。干燥的热源，大都是用蒸汽或燃烧气体。红外线干燥能量消耗太大，每蒸发 1kg 水需要 5500～18000kJ；而蒸汽干燥仅需 4200～5000kJ。高频干燥优点是被干物料含水率高时的干燥速度快、终含水率均匀，但干燥成本过高。若与蒸汽联合使用实现复式加热则非常有利。真空干燥不仅费用大，生产效率也低。当以蒸汽为热源时，每蒸发 1kg 水分，单板干燥需 1.75～2kg 蒸汽，刨花干燥需 1.8kg 左右的蒸汽，软质纤维板坯干燥需 1.6～1.8kg 蒸汽。

③ 施胶　包括单板涂胶、刨花及纤维施胶。单板涂胶在欧洲仍沿用传统的滚筒涂胶，美国自 20 世纪 70 年代起许多胶合板厂已改用淋胶。中国胶合板厂也用滚筒涂胶。刨花及纤维施胶现在主要用喷胶方法。70 年代末期，欧美一些国家研究无胶胶合技术，较有进展的是使木质素分子活化，在一定条件下利用木质素胶合；或者利用木材或其他材料中的半纤维素，经处理使之转化为胶结物质进行胶合。80 年代初，加拿大成功地利用蒸渣制成了无胶刨花板。中国的研究院和大学也都在进行无胶胶合技术的研究，已取得初步成果。

④ 成型和加压　胶合板的组坯，刨花板纤维板的板坯成型和加压都属于人造板制造的成型工艺。木材学对木材构造的研究揭示了木纤维在天然木材中的排列方式有层次性和方向性，因而能承受自然界对木材所施加的一定限度的外力。人造板制造工艺的演变，无疑受到这一认识的影响：刨花板、纤维板板坯层次由单层改变为 3 层及多层结构；板坯中刨花及纤维的排列也由随机型趋向于定向型；而胶合板的相邻层纤维方向互相垂直排列则改善了木材在自然生长条件下形成的各向异性缺点，提高了尺寸稳定性。

⑤ 加压分预压及热压　使用无垫板系统时必须使板坯经过预压。它使板坯在推进热压机时不致损坏。热压工序是决定企业生产能力和产量的关键工序，人造板工业中常用的热压设备主要是多层热压机，此外，单层大幅面热压机和连续热压机也逐渐被采用。刨花板工厂多用单层热压机，中密度纤维板制造中使用单层压机就可以实现高频和蒸汽联合使用的复式加热，有利于缩短加压周期和改善产品断面密度的均匀性。

⑥ 最终加工　板材从热压机卸出后，经过冷却和含水率平衡阶段，即进行锯边、砂光，硬质纤维板需经热处理及调湿处理。过去板材锯边都是冷态锯切，现在也用热态锯切法，但决不能采用热态砂光方法，热砂会损坏成品表面质量。根据使用要求，有些板材还需进行浸渍、油漆、复面、封边等特殊处理。

由于各种人造板之间互相渗透，加上复合板的出现，分类概念逐渐模糊，各种板材之间的界限也将逐渐打破。新一代的人造板，其组成单元和结构方式将会按特定的要求经过预先设计制成，产品设计概念将进入人造板工业，复合结构和定向结构尤将经过产品设计。这将在更大程度上提高木质材料的利用率并扩大其用途范围。

人造板工业所用的材料，也将由单一型向复合型发展，此时人造板在数量上和品种上定会急剧增长。现在人造板所用的木质材料可按其形状从单板直到最小的木纤维分成 14 种。如果人造板板坯结构由单一型改变为二元型和三元型（即用 2 种或 3 种不同形状的木质材料组成板坯），则 14 种形状的材料可制出上千种产品。而当前国际市场上的人造板品种仅有 64 种，中国包括正在试产的品种在内仅 18 种。已有的产品大都系单一结构。这说明人造板开发的潜力还很大，如果再进一步发展木质材料与金属、塑料、非金属矿物等组成的复合结构，则人造板工业的前景将更为广阔。

3.1.2 地板

木地板是指用木材制成的地板，中国生产的木地板主要分为实木地板、强化木地板、实木复合地板、竹材地板和软木地板五大类。

木地板最早发源：鲁班乃木工开山鼻祖，木地板自然也是鲁班始创。鲁班符咒记载：伏以，自然山水，镇宅地板，抵抗一切灾难，家宅吉祥如意，家庭兴旺发达安康。

3.1.2.1 发展

《2015 年中国木地板制造行业产销需求与投资预测分析报告》显示，2010 年，我国地板生产企业销售量约 3.99 亿平方米，同比增长 9.6%。其中强化木地板销售量约为 2.38 亿平方米，同比增长 12.3%；实木地板约为 4300 万平方米，同比增长 2.4%；实木复合地板约为 8900 万平方米，同比增长 7.2%；竹地板约为 2530 万平方米，同比增长 1.2%；其他地板约 320 万平方米，同比增长 45%。国内木地板市场中强化地板占据的市场份额较大，达到近 60%。虽然国内木地板的产销量较往年有大幅提升，但是受我国人口、木地板价格等一系列因素影响，我国人均木地板面积较西方发达国家仍处于较低水平。据统计，2010 年欧洲仅强化地板和实木地板的人均面积就达 0.79m^2，而我国人均木地板面积仅为 0.03m^2，差距巨大。这也从侧面反映出我国木地板市场潜在需求量巨大。除此之外，受保障房建设规划及建材下乡等一系列国家政策刺激，未来我国国内木地板市场需求量将激增。巨大的市场份额吸引了众商家的青睐，国内不同规模的木地板生产企业达 5000 多家，多为粗放型生产的小规模企业，其中不乏一些不法商贩。他们无视行业规范，扰乱行业价格，地板产品层次混乱，抄袭风盛行，商家间的恶意竞争成了行业发展的软肋。前瞻网分析认为，随着新规的出台，地板企业品牌集中度将会加速，大量的劣势企业将被淘汰，国内木地板企业将迅速迎来重新洗牌。最后国内地板的品牌数量将会控制在 100 家左右，其中，前十名地板品牌将占据 60%的市场份额。

中国木地板行虽起步较晚，但发展速度很快，在短短 20 年的时间已形成了多种类、多规格，从生产到销售、铺设、售后服务配套，具备了一定规模的产业体系。中国木地板行业的发展过程大致经历了以下三个阶段：

① 20 世纪 80 年代初～90 年代初：最初的 10 年，市场上的木地板种类主要为不上漆的实木地板块（俗称素板）；这个时期的地板块规格较小，平接地板较多。

② 90 年代初～1994 年：这个时期市场上出现了带漆的企口实木地板，有滚漆、淋漆两种工艺；小规格的地板逐渐减少，占市场主导地位的为中长规格地板；另外，市场上的木地板种类丰富了很多，出现了竹材地板、三层实木复合地板和多层实木复合地板。

③ 1994 年至今：1994 年，浸渍纸层压木质地板（俗称强化木地板）进入中国市场，开始以进口产品为主，主要从欧洲进口，以德国企业的产品居多；1996 年，中国开始自行生产强化木地板；最近几年，市场上又出现了指接地板、集成材地板和竹材复合地板、石塑地板等新产品，其中竹材复合地板和石塑地板处于起步阶段还未形成批量生产，其他产品均呈逐渐增长趋势。

中国未来的木地板行业将沿着以下方向发展：一是向规模化、标准化、科技化、环保化、服务化方向发展；二是通过科技手段逐步提高木地板的使用功能，提高木地板的尺寸稳定性，使木地板更耐磨、美观、防燃、耐水、抗静电等；三是实木地板的表面加工会出现各种形式，如使用高耐磨表面化油漆或使用耐磨透明材料进行覆面；四是复合木地板（强化木地板和实木复合地板的统称）将成为木地板行业发展的趋势，复合木地板将来复合的方式主要有木材与其他材料的复合，优质阔叶木与速生材的复合，优质硬木的下脚料和小径木通过加工成规格料并复合成地板，生材通过改性处理加工成地板，优质地板的复合，优质木材与人造板的复合等。复合木地板不仅能有效节省木材资源，而且具有环保优势，相信随着世界环保潮流的进一步发展，复合木地板也将得到更快的发展。

3.1.2.2　定义

如今市面上出售的木地板，已经不再限于实木地板了，而是一个类的概念，包括众多的木地板品种。目前建材市场中，木地板主要有实木地板、强化复合地板和实木复合地板，还有一些“另类”地板，如软木地板、竹地板等。强化木地板一般可分为以中、高密度纤维板为基材的强化木地板和以刨花板为基材的强化木地板两大类。实木复合地板一般可分为三层实木复合地板、多层实木复合地板和细木工复合地板三大类。竹材地板一般可分为全竹地板和竹材复合地板两大类。

（1）实木地板

追求舒适享受传统的实木地板仍然魅力无限，取材自天然木料，价格按照树种的不同有高低差异。实木地板在工艺上，不需要经过任何黏结处理，用设备加工而成。常见的有平口、企口、指接、集成指接地板。实木地板价格较贵，是地板中的高档产品。

（2）实木复合地板

实木复合地板又可分为多层实木、三层实木复合地板，特点是尺寸稳定性较好。多层实木复合地板以多层实木胶合板为基材，然后在上面覆贴一定厚度的珍贵木材薄片镶拼板或刨切单板为面板，再通过合成树脂胶——脲醛树脂胶或酚醛树脂胶热压而成，再加工成地板。顾名思义，三层实木复合地板拆开看是由三层木料组成，表层采用优质珍稀硬木规格板条的镶拼板，中心层的基材采用软质的速生材，底板采用速生材杨木或中硬杂木。三层板材通过合成树脂胶热压而成，再加工成地板。实木复合地板据专家介绍，不易变形。

（3）强化木地板

它也是三层压制，表层是含有耐磨材料的三聚氰胺树脂浸渍装饰纸，中间层为中、高密度纤维板或刨花板，底层为浸渍酚醛树脂的平衡纸。三层通过合成树脂胶热压而成，此类地板的耐磨性与尺寸稳定性较好。强化木地板由于采用高密度板为基材，材料取自速生林，2～3年生的木材被打碎成木屑制成板材使用，从这个意义上说，强化木地板是最环保的木地板。同时由于强化木地板有耐磨层，可以适应较恶劣的环境，如客厅、过道等经常有人走动的地方。其缺点是强化木地板通常只有8mm厚，似乎弹性不如前两种那么好，价格相对便宜。

3.1.2.3 分类

（1）以木材形状划分

条形木地板：顾名思义，条形木地板是一块块呈长方形单一的木板，按一定的走向、图案铺设于地面。条形板长短不一，种类也各有不同。条形木地板接缝处有平口与楔口之分。平口就是上下、前后、左右六面平齐的木条。楔口就是用专用设备将木条有断面加工成榫槽状，便于固定安装。条形木地板的优点有两点：一是铺设图案选择余地大；二是可以铺设完毕后找平，故对地面平整度要求不及拼花严格，便于施工铺设。缺点是：工序多，操作难度大，难免粗糙。

拼花形木地板：这种木地板是事先按一定图案、规格，在设备良好的车间里，将几块（一般是4块）条形木地板、带图案木地板拼装完毕，呈正方形。消费者购买后，可将拼花形的板块再拼铺在地面上（有些拼花地板背后粘有底胶，可直接贴在地面上)。这种地板由于经过了一道加工，因此拼装程序质量上有一定的保证，方便施工。但由于几块条形木板事先拼装，故对地面的平整要求较高，否则会立即出现翘曲现象。

(2) 以木材的质地划分

软木地板块：一般有松木或杉木，这种地板块适合一般简单的装修。此种材料温暖而具弹性，颜色由浅黄到深棕色，高档的软木料有条纹图案。规格也较多，有长条形（宽度一般小于12cm，厚度2～3cm)、板形和长方形。这种地板的缺点是耐磨性较差。另外，如果干燥不够，易变形、开裂。这种木地板块一般称之为普通地板块。

硬木地板块：一般有柚木、香红木、柞木、橡木。硬木地板块主要运用于宾馆、体育馆、餐厅、会议室、公寓等民用建筑和工业建筑的室内地面装饰。如今人民生活水平提高了，硬木地板也进入普通百姓家庭。这种材料价格较贵，但给人一种温暖与舒适的感觉，而且硬木地板质地坚硬，纹理细腻，耐磨性又好，浸过油的硬木还可防潮。规格有板条、板块、长条和拼成不同图案的拼花地板等。

(3) 以木材的树种划分

针叶树材：针叶树材又叫针叶材或松柏材，国外号称软材，系指由松杉目和红豆杉目树种生产的商品木材。针叶树材适宜做木地板的有柏木、竹叶松、竹柏、油杉、黄杉、铁杉、松木等。我国南方过去多用杉木做地板，但它的质地太软，不耐磨，且不美观，不是太理想的材料。针叶树材多做普通地板材料使用。

阔叶树材：阔叶树材又名阔叶材，国外多称硬木，系指由双子叶植物树种生产的商品木材。阔叶树材多制成拼花地板、长条形地板，以装饰居室为主。最好的有柚木、香红木、柞木及从国外引种的桃花心木、石樟等。具有高强度和耐久性强的有荔枝木、铁梨木、龙眼木等。较好的材料有白青冈、核桃木、香樟、水曲柳、油楠等。制作普通地板使用的有桦木、青檀、楸木、山枣木、槐木等。

3.1.2.4　木地板产品的特点

(1) 美观自然

木材是天然的，其年轮、纹理往往能构成一幅美丽画面，给人一种回归自然、返朴归真的感觉，广受人们喜爱。

(2) 无污物质

木材是最典型的双绿色产品，本身没有污染源，有的木材有芳香酊，发出有益健康、安神的香气；它的后生是极易被土壤消纳吸收的有机肥料。

(3) 质轻而强

一般木材通常都浮于水面上，除少数例外。这样，用木材作为建材与金属、石材相比便于运输、铺设，据实验结果显示，松木的抗张力为钢铁的3倍、混凝土的25倍、大理石的50倍，抗压力为大理石的4倍。尤其是作为地面材料（木地板）就更能体现出其特点。

（4）容易加工

木材可以任意锯、刨、削、切乃至于钉，所以在建材方面更能灵活运用，发挥其潜在作用，而金属混凝土、石材等因硬度之故，没有此功能，所以用料时也会造成浪费或出现不切合实际的情况。

（5）保温性强

木材不易导热，混凝土的热导率非常高，钢铁的热导率为木材的300倍。

（6）调节温度

木材可以吸湿和蒸发蒸汽，人体在大气中最适的湿度在60％～70％之间，木材的特性可维护湿度在人舒适的湿度的范围内。

（7）不易结露

由于木材保湿，调湿的性能比金属、石材或混凝土好。所以当天气湿润，或温度下降时不会产生表面化结成水珠的出汗现象。这样，当木材作木地板的时候，不会因为地面滑而造成不必要的麻烦。

（8）耐久性强

木材的抗震性与耐磨性经科技的处理不次于其他建筑材料，有许多著名的老建筑物经千百年的风吹雨打仍然屹立如初，许多以前的木制船长期浸泡在水里到现在仍然坚固。

（9）缓和冲击

木材与人体的冲击、抗力都比其他建筑材料柔和、自然、有益于人体的健康，保护老人和小孩的居住安全。

（10）木材可以再生

煤炭、石油、钢材、木材均是人类的重要资源，然而其中只有木材可以通过种植再生。只要把树林保护好，可以取之不尽、用之不竭。

3.2 我国人造板与地板行业概况及发展展望

随着建筑装饰和家具业的快速发展，国内木材需求量急剧增长，木材供应的缺口越来越突出。发展人造板工业有利于缓解中国木材供需矛盾，是节约木材资源的重要途径。2006年全年中国规模以上人造板加工行业实现累计工业总产值154571924000元，比2005年同期增长32.49％，全年实现累计产品销售收入147444650000元，比2005年同期增长32.10％，全年实现累计利润总额7039148000元，比2005年同期增长38.84％。2007年全年中国规模以上人造板加工行业实现累计工业总产值221905431000元，比2006年同期增长41.72％，2008年1～10月中国规模以上人造板加工行业实现累计工业总产值240548404000元，比2007年同期增长34.17％。人造板行业在发展的同时也存在产品结构不合理，产品技术含量较低；企业管理水平低，产品合格率较低；资源短缺，产业集中度低等问题。为此，发展人造板行业要根据行业的实际情况实施提高产品技术含量、扩大规模生产、规范化经营管理等措施，提高中国人造板行业的整体水平。2015 年行业的产品结构更趋向合理，产品质量稳步提高，劣质产品逐渐退出市场，产品价格更趋向理性。再加上中国人造板产品的国家标准或行业标准在过去的一两年中大都进行了修订，水平有新的提高，使我们的产品质量更加接近世界水平，指标更为合理。随着人们生活水平的提高，人造板在社会发展中的地位越来越重要，2007～2015 年人造板将有着巨大的市场发展空间。

3.2.1 我国木地板行业的市场现状

我国现今的木地板市场非常活跃，呈现出一派欣欣向荣的景象。目前，各大城市市场上的实木地板以进口材为主，国产材价位和销售量均呈下降趋势。进口材在市场上名称各异，同一树种有若干个名称且价格不同，部分大城市市场上的实木地板名称较为规范，其他城市亟待规范。长条地板在目前上海市场上颇为流行，而且素板的销售也占市场很大的份额，在北京市场上短条地板较为流行。广东是我国实木地板较为集中的地区，生产实木地板的规模较大，生产企业多以进口材为原料，通过精加工，包装供应全国各地，而且价位比北京、上海等城市低；很多企业专做加工，而不搞营销，很好地实现了生产与销售的分工；一些大型企业对提高产品质量、增加花色品种等，做了大量卓有成效的工作，从而赢得了消费者的青睐，知名品牌也正在形成。但由于原料日趋紧张、进货渠道越来越远、加工质量越来越高等因素，价格上扬已是无可争辩的事实。

强化木地板进入我国虽只有几年的历史，但在木地板市场上所占的份额已由原来的第二位上升到现在的第一位，初步形成了国产产品、进口产品、进口纤维板产品三大格局。其主要特点：一是销售企业大量增加，品牌达 160 多种；二是强势企业和品牌开始浮现；三是产品平均销售价格下降，出现低价竞争；四是国际跨国集团的产品多方位渗透到我国市场。

实木复合地板在中国市场增长率最高，目前主要出口日本、韩国和东南亚、欧美等国，北京、上海等较为发达地区的消费者也开始逐渐接受，国内市场的潜力还很大。

我国是世界上竹材资源较为丰富的国家，竹材又属于速生材，加大对竹材制品的开发利用，符合当今世界的环保潮流，因此我国的竹材地板生产呈逐年扩大的趋势，出口量也逐年增加，在欧美和一些东南亚国家受到广泛的欢迎。在国内市场上，竹材地板在东北较为流行，其他地区市场前景将更为广阔。

目前，中国已经发展成为世界地板生产大国，排在前面的 40 多家企业多是区域性厂商，投资少，实力弱。地板市场竞争长期陷于低价泥潭，从而导致低价不保质的短视经营，整个地板市场普遍缺乏品牌、质量建设和规划。中国地板业已经走到了十字路口，要做强我国地板业，必须走质量和品牌建设的道路。应该提倡和鼓励大力发展适应消费趋势的实木复合地板，走节约资源的协调发展道路。中国地板产业要向健康发展，的确需要一批以质量和品牌为竞争力的强势公司作为引领。

3.2.2 进出口状况

随着中国木地板行业在工艺标准、花色品种等方面的进步与发展，国产木地板正在成为国际市场的抢手货。据海关总署统计，2014 年 1～6 月份我国出口木地板 19.3 万吨，价值 2.4 亿美元，分别比去年同期增长 77%和 51%。国产木地板出口的种类主要包括强化木地板、实木地板和复合地板，其中木制拼花地板出口一枝独秀，前 6 个月出口数量超过木地板出口总量的 70%。中国木地板的主要出口目的地是经济比较发达、人们生活水平较高的西方国家。如 2014 年前 6 个月，出口美国 5.7 万吨，同比增长 99%；出口加拿大 4.7 万吨，同比增长 3.5 倍；出口日本 1.9 万吨，增长 21%；出口英国 1.1 万吨，增长 83%。前 6 个月对上述 4 个国家的出口总量达到 13.4 万吨，占同期中国木地板出口总量的近四分之三。天津海关分析认为，国产木地板之所以受国际市场青睐，主要原因在于：一是中国木地板产业成熟，设备先进，产品质量高。经过近十年的发展，中国木地板生产行业逐步形成了成熟的产业链。现在，出口木地板的生产厂家遍布 20 多个省市自治区，强化木地板生产厂家约有 350 家，生产线 440 余条，预计年产量可达 1800 万立方米。同时，借助内资与外资的合作经营、引进国外同行业先进技术、下大力研发新产品等，许多木地板生产企业初步具备了国际先进水平，特别是在强化木地板生产领域已具有较高的生产水平和创新能力，其产品居世界领先地位。二是国产木地板成本较低。国内企业在劳动力使用、土地占用、煤水电消耗等方面的成本远比国外同行低廉，因此具有很强的价格竞争优势。西方许多消费者对质优价廉、品种多样、环保指标有保证的中国产木地板情有独钟。三是关税优惠政策的倾斜和人民币汇率相对稳定，使国产木地板的出口有了坚强后盾。现阶段中国对原木进口实行零关税政策，对木地板成品实行出口退税补贴优惠，极大地鼓励了国内木地板生产企业扩大出口。

3.2.3 出口市场新机遇

我国强化木地板产业从 1996 年开始引进生产设备，标志着强化木地板从单纯的进口向“进口替代”转变；2002 年部分厂家开始批量出口，标志着产业的成熟，我国制造的强化木地板具备了国际竞争力，逐步从“进口替代”向“出口替代”过渡，强化木地板总产量甚至有望在五年内超过欧洲，成为世界第一。具体分析，有三个主要因素使我国强化木地板出口正逢良机。首先，经过 7 年的产业化的市场竞争，行业内骨干企业脱颖而出。行业成熟的标志是品牌的成熟和骨干企业的形成，品牌的成熟反映了质量的稳定、产品的系列化、人力资源的有效支撑。部分远东客户转向我国采购强化木地板的理由之一是：中国强化木地板技术上已完全适应欧洲的工艺和标准，产品质量始终比较稳定。企业通过 ISO 9001、ISO 14001 和环境标志产品等认证，表明行业整体水平在提高，也有利于克服国外市场设置的技术壁垒和绿色壁垒等非关税壁垒，客观上促进了出口扩张。其次，地域优势使欧洲地板难以占领亚太地区中低档强化木地板市场。我国在亚太地区有海运费用和运输周期优势，保证了交货及时。在强化木地板的中低端市场，我国地板的成本和交货优势不言而喻。最后，亚太地区经济平稳增长，强化木地板消费方兴未艾，提供给我们广阔的市场。根据 NWFA 预测，亚太地区的强化木地板 2015 年总需求量将在 3.7 亿～3.9 亿平方米之间，我国优秀的地板企业将大有作为。

3.3 全球主要人造板生产贸易国概况

近年来全球人造板工业发展迅猛，其生产能力和消费能力不断刷新。尤其是在中国，近两三年数十条超大规模中密度纤维板（MDF）生产线建成投产消息捷报频传，由此，中国成了世界三大人造板设备供应商（美卓、迪芬巴赫和辛北尔康普）的乐土。中（高）密度纤维板生产线引进方兴未艾，全球市场又掀起一股定向结构刨花板（OSB）需求高潮，而且中密度稻草（秸秆）板生产也崭露头角。截至 2012 年底，MDF、OSB 和刨花板三种人造板的全球产量就已超过 1.5 亿立方米。其实，人造板工业飞速发展的背后是全球可再生资源的匮乏：人造板具有提高林木资源利用率的优点，通常 $1m^3$ 人造板可替代 $3\sim3.3m^3$ 原木，而且其中的 MDF 刨花板还可以利用木材的“三剩物”做原料，实现木材资源的综合利用。

其中，OSB 的生产和消费主要在北美，其产量占世界的 86%。主要用于木结构建筑和包装等；中国是 MDF 第一大生产国，刨花板产量较小且发展缓慢，OSB 目前虽然产量很小，但前景可与 MDF 一比高下，欧盟的人造板生产能力最大，其 MDF、OSB 和刨花板产量三分天下，其中 OSB 年生产能力目前超过 3100 万立方米。

另外，据北美人造板协会（Composite Panl Association）最新统计，在美国和加拿大的 MDF、PB 和 OSB 的生产厂家数量和产量见表 3-1。

表 3-1　美国和加拿大的 MDF、PB 和 OSB 的生产厂家数量和产量

国家	中密度纤维板(MDF)		刨花板(PB)		定向刨花板(OSB)	
	厂家数量	年产量/万立方米	厂家数量	年产量/万立方米	厂家数量	年产量/万立方米
美国	21	360.1	49	1011.5	40	1242.5
加拿大	7	149.6	14	395.7	22	898.6

可见，在北美的人造板市场，OSB占有很大份额，其产量比MDF和PB之和还大；虽然厂家数量不多，但规模都较大。

3.3.1 定向刨花板

自从OSB在1964年初于北美问世以来，越来越受到人们的欢迎，尤其是在建筑行业，OSB作为首选的建筑材料，用于墙、地面和屋顶等部位。同时也有相当一大部分OSB是用于包装行业，用来作为包装箱的箱板和托盘。据美国板业协会（APA）的统计，北美的年产量以从1999年的1700万立方米增加到2002年的2140万立方米；从20世纪80年代初期，当OSB刚投放市场时，所占的市场份额为0%，在短短的十几年中，OSB的用量已经猛增到了占建筑业用料的70%以上，而且OSB的用量也超过了胶合板的用量。目前，美国OSB的产量已占到了人造板总量的48%以上，而在80年代，OSB只占总量的4%。OSB在北美和欧洲地区被认为是技术成熟、发展速度最快、最有生机的一种板材。

OSB甲醛释放量极低，能有效降低装修后的室内游离甲醛释放量，因此是真正的绿色环保产品。源于天然本色，有更逼真的颜色和木纹，更接近自然；极好的可塑性和可加工性，可以制成任意形状，是制作房门、门框、窗帘盒、暖气罩、踏脚板、屋面板、地板及地板基材等的好材料，也是船舶、客运火车制造业的好材料。

3.3.2 中密度纤维板

中国在全球MDF的生产和消费方面处于领先地位，截至2012年年底，中国共有324条中密度纤生产线，总生产能力达到年产近990万立方米，已经成为世界第一大中密度纤维板生产国。2012年，中国在建的中密度纤维板生产线为58条，总设计能力为404万立方米，相当于中国前20年中密度纤维板总生产能力的49%；平均单纯生产能力为年产6.8万立方米，而2001年底之前技改的生产线平均单纯生产能力仅为年产2.8万立方米。截至2013年6月底，全国已建和在建中密度纤维板生产线超过370条，年生产能力超过1400万立方米。

从中国的宏观经济发展情况来看，未来几年中国的GDP增长率都将保持在8%左右，而中国房地产行业的蓬勃发展以及人民对生活水平要求的不断提高，中纤板市场的增长速度将大大超过GDP的增长速度。2013年，中国家具行业完成的产值达5040亿元，比上年增长23.7%，创历史新高，其中出口173.33亿美元，同比增长35.4%。家具业的飞速发展大大拉动了对MDF的需求；从人均MDF消费量来看，中国还远远低于欧美等发达国家，而中国又是一个森林资源非常贫乏的国家，因此MDF市场还有非常大的发展空间。

中国MDF在人造板市场中占有较大份额，2002年在全部人造板产量中所占比例超过26%，产品总体分为三大类。12mm以上厚度的板材，主要用于家具制作，约占全部中密度纤维板产品的85%；2.8mm厚强化木地板基材，约占全部中密度纤维板产品的10%；3.3～6mm厚度范围的板材，主要用于室内装修、模压门生产和家具制作，该类不足全部中密度纤维板产品的5%。

诚然，中国的MDF市场存在着结构性失衡；低端市场产能严重过剩，而高端市场供给能力不足，由于进口产品价格过高，高端市场规模不大，应用领域狭窄。2012年中国的中密度纤维板的市场需求在1800万立方米左右，虽然只有3600万立方米的行业总产能的一半，但由于绝大部分生产线规模小，产品质量差、规格少，因此进口的超大规模中密度板生产线在拓展产品应用领域、取代进口等方面有着较大的空间。总的来说，MDF市场容量的增长主要源自3个方面：一是国民经济的增长；二是MDF价格的下降；三是MDF应用领域的拓宽。

3.3.3 刨花板

就全球范围看，刨花板的生产和消费一直比较稳定，世界年产量在8000万立方米左右，其中欧洲地区产量最大，超4500万立方米；北美次之，年产1500万立方米左右；中国年产不到600万立方米；澳大利亚地区产量最小，仅有100万立方米左右，但就其人口数量和经济结构而言，却呈现相当大的生产和消费能力。中国刨花板的发展始于20世纪50年代，在80年代以后得以快速发展，从1981年的年产不足8万立方米猛增到1995年的435万立方米；到2012年，刨花板年生产能力达到1370万立方米。近两年，由于中国房地产业和家具行业发展势头迅猛，拉动了刨花板的消费需求，即使如此，也远不能和MDF的发展速度相提并论。

3.4 人造板质量安全评价

中密度板、刨花板、胶合板、木地板等人造板及其制品在加工过程中会使用尿醛树脂、酚醛树脂、三聚氰胺树脂等胶黏剂和油漆涂料。而这些材料存在的大量化学品、化学添加剂有可能是有毒有害的，在人造板的生产、使用和处理过程中会对消费者和环境产生影响。

3.4.1 人造板质量安全的主要评价要素

人造板的质量安全项目主要包括了以下几方面内容：产品性能要求、有毒有害物质、防火阻燃要求。其中产品性能要求通常以产品标准的形式进行规定，是产品的一般要求；防火阻燃要求只是对有特殊用途的人造板才有相应要求；而有毒有害物质以技术法规的形式进行规定，属强制性的，企业必须保证其产品符合这些强制要求。人造板安全评价要素主要包括有害生物、有毒有害物质两大方面。投放于市场上的人造板及其制品，在按预期的或者可预见的方式使用时，应考虑到消费者的行为方式，不得危及消费者的安全和健康、不得对生态环境造成危害。

3.4.1.1 有害生物

近年来，世界各国尤其是发达国家利用《实施卫生与植物卫生措施协定》(SPS)、与我国签署双边植物协议协定、制定植物检疫法规等形式，以禁止、限制有害生物传播为主要内容，要求出口国家或地区在装运前实施检疫或检疫处理，确定不带进口国规定的有害生物、禁止进境物，并出具相关证书，以达到维护自身利益和保护本国生态、限制进口、保护国内企业的目的。

许多国家不允许人造板和其制品和其包装材料带有活虫及其他有害生物，无虫蛀孔、虫体及排泄物、蜕皮壳、虫卵、病斑等。人造板及其制品可能携带的有害生物主要有钻蛀类和线虫类：

钻蛀类有害生物种类主要有：天牛科、吉丁虫科、蠹虫类（包括长蠹科、小蠹科、长小蠹科、粉蠹科、窃蠹科等）、象虫科、树蜂科、鼻白蚁科（大家白蚁、家白蚁）等。

线虫类：松材线虫（主要危害针叶材）、拟松材线虫等。

各国对木制品、家具的检疫要求：新西兰、澳大利亚等国要求输入的木制品及集装箱应进行除害处理，对除害处理后的木制品出具熏蒸/消毒证书。如果从有熏蒸/消毒证书的木制品中检出活虫或其他检疫问题，则该证书被认为无效，且出具证书的国家或地区的证书不再被接受，货物做退运处理或惩罚性除害处理。加拿大颁布的有关木制品进境检疫指令，要求来自美洲大陆以外的其他地区的木制品需完全去皮、无害虫活动迹象、不易被重新感染。带皮的装饰性木制品则需附有植物检疫证书，部分产品还需要在植物检疫证书上注明处理方法。美国、加拿大要求大部分实木产品进行除害处理并出具熏蒸/消毒证书。

我国《进出境动植物检疫法》及其实施条例规定，输出植物产品（包括木家具）经检疫合格或者经除害处理合格的，准予出境，检疫不合格又无有效方法做除害处理的，不准出境。检疫要求木家具及其包装材料不带有活虫及其他有害生物，无虫蛀孔、虫体及排泄物、蜕皮壳、虫卵、病斑等。国内在口岸从进境木质材料产品中截获的有害生物主要有：光肩星天牛、松褐天牛、双钩异翅长蠹、长林小蠹、鳞毛粉蠹、竹蠹、大家白蚁、家白蚁、松材线虫等。

3.4.1.2 有毒有害物质

人造板及其制品中涉及许多有毒有害物质，它们对人类的身体健康安全和生态环境造成危害。我国的有毒化学品优先控制名录、美国环保署法规、美国消费品安全法案及其修正案、美国联邦危险物品法案、欧盟 REACH 法案、有害物质限制指令 76/769/EEC 及其修订法令、日本建筑基准法、消费品进口规则手册、工业品进口规则手册等国内外技术法规中都明确规定了包括人造板及其制品中的各种有毒有害物质，对其进行严格限制使用范围和使用限量，切实保护消费者的身体健康与安全，保护生态环境。

目前，人造板及其制品中涉及有毒有害物质的项目，最令人关注和最普遍的项目包括了甲醛、防腐剂（五氯苯酚、砷、杂酚油）等。

3.4.2　人造板及其制品安全风险

随着国内外对人造板及其制品质量和安全的重视程度不断提升、消费者自我保护意识不断增强，各国对消费品的安全技术要求不断提高，对我国出口人造板及其制品等消费品的质量安全提出了越来越高的要求。

日益提升的消费品安全标准对中国家具出口企业形成了巨大的推动力，有力地促进了我国出口家具产品的质量、安全水平的提高。但由于进口国质量安全技术要求日益增加、不断推陈出新，国内企业对相关法律法规重视程度不够，或没有充分掌握相关规定，跟不上市场需求的变化，我国出口人造板及其制品仍常有无法通过质量安全门槛，甚至频频发生因质量安全问题被召回的案例。

召回案例原因分析：有毒有害物质超标案例，主要是产品表面上的表层油漆涂料含铅量超标，违反了联邦铅涂料法规标准。产生此问题的关键是中国生产企业质量安全意识淡薄、对原材料（如油漆）的采购未能有效控制其质量，产品中使用了含有有害重金属超标的油漆涂料或颜料。防火安全案例，主要是产品或其原材料未按照相关技术法规、标准要求进行防火、阻燃技术处理，造成产品易燃、存在引发火灾的危险。

3.5　人造板质量安全管理

根据 WTO《技术性贸易壁垒协议》（简称《TBT 协议》），技术性贸易壁垒措施可以分为三类，即技术法规、技术标准和合格评定程序。

技术法规指规定强制执行的产品特性或其相关工艺和生产方法（包括适用的管理规定）的文件，以及规定适用于产品、工艺或生产方法的专门术语、符号、包装、标志或标签要求的法律文件。这些文件可以是国家法律、法规、规章，也可以是其他的规范性文件，以及经政府授权由非政府组织制定的技术规范、指南、准则等。技术标准指经公认机构批准的，非强制执行的，供通用或重复使用的产品或相关工艺和生产方法的规则、指南或特性的文件。该文件还可包括专门适用于产品、工艺和生产方法的专门术语、符号、包装、标志或标签要求。虽然按照 WTO《TBT 协议》，技术标准是自愿性的，但也常有一些国家将标准分为强制标准和推荐标准两种，其强制标准具有技术法规的性质。合格评定程序指任何直接或间接以确定是否满足技术法规或标准中相关要求的程序。《TBT 协议》规定的合格评定程序包括：抽样、检测和检验程序；符合性评估、验证和合格保证程序；注册、认可和批准以及它们的组合。合格评定程序方式有认证、认可和相互承认。其中值得关注的是认证问题。认证分为管理体系认证和产品质量认证，前者是对企业管理水平的认可，注重的是产品生产全过程的控制，包括加工环境条件及相关配套体系的管理，如ISO 9000、ISO 14000等，后者则偏重于产品标准及产品的质量，通过检测报告及证书的方式证明本产品的实物质量。产品的质量认证包括“自我认证”和“第三方认证”。前者曾在欧洲各国比较流行，是在贸易双方已对出口方企业的检测条件有了充分认可的基础上进行的，为保证质量需要在贸易过程中对拟出口的产品进行封样。影响较大的当数“第三方认证”，即由授权机构出具证明，认可和证明产品符合技术规定或标准的规定。许多国家尤其是发达国家都有强制性认证要求，否则不准进入市场。

欧盟技术法规的主体是由新方法指令和旧方法指令所构成。在1985年以前，欧共体已在食品、化学品、机动车和药品等具有潜在危险的行业制定了大量的技术协调指令。1985年，欧盟理事会批准、发布了“关于技术协调和标准化新方法”的文件。该办法规定，欧盟发布的指令是对成员国有约束力的法律，欧盟各国需制定相应的实施法规。指令内容仅限于卫生和安全的基本要求，只有涉及产品安全、工业安全、人体健康、消费者权益保护等内容时才制定相关的指令。指令只规定基本要求，具体内容由基本技术标准规定。这些技术标准被称为“协调标准”。欧盟技术标准分为两层。一层是欧洲标准，即包括欧洲标准化委员会在内的欧洲区域标准化组织制定、发布的标准；另一层是各国标准，包括各成员国制定的标准以及各国行业协会、专业团体制定的标准。目前，这类标准有10多万项。标准是推荐性的，企业自愿执行，进口商也不一定要全部符合这些标准。但是，许多欧洲消费者喜欢符合这些标准的产品。因此，进口商品符合他们的标准，成为推荐商品的一个重要因素。

美国对进口商品的要求，专门制定了各种法律条例，美国食品和药物管理局（FDA）根据《食品、药品、化妆品法》《公共卫生服务法》《公平包装和标签法》等对进口食品的管理除市场抽样外，主要在口岸检验，如不合要求，将被扣留，然后以改进、退回或销毁等方式处理。美国的技术法规在世界上属于比较健全和完善的。美国的技术法规分布于联邦政府各部门颁布的综合性的长期使用的法典中。法典按照政治、经济、工农业、贸易等方面分为50卷，共140余册。每卷根据发布的部门分为不同的章，每章再根据法规的特定内容分为不同的部分。与进出口有关的法规很多，如第15卷商业和对外贸易，第16卷商业，第17卷商品与安全贸易，第40卷环境保护等。从一些部门的情况看，美国消费产品安全委员会颁布的法规有：“消费产品安全法”“联邦有害物质法”“防毒包装法”“易燃纤维法”“冷冻设备安全法”等。此外，美国职业安全与健康管理局、环境保护局、联邦贸易委员会、商业部、能源效率标准局等都各自颁布法规，如《联邦危险品法》。美国有400多个行业协会、专业团体、政府部门制定技术标准，其中一些标准在国际上很有影响。例如美国试验与材料学会（ASTM International）成立于1898年，是世界上最大的制定自愿性标准的组织，ASTM International的成员来自全世界100多个国家，这些成员隶属于一个或多个委员会、每个委员会负责某个领域的项目，例如钢铁、石油、医疗器材、财产管理、消费产品以及许多其他标准。正是这些技术委员会才制定了超过11000项ASTM标准，这些标准可以在77卷的《ASTM标准年鉴》上查到。ASTM的标准虽然是自愿性的，即它们并不是由ASTM强制推行的。然而，政府法规常常通过把这些自愿性标准收录到法律、条例和法规中，使之具有法律效力。另外，根据美国国会授权，美国标准学会（ANSI）将其中一些行业标准、专业标准、政府部门标准上升为美国标准。

日本的《建筑基准法》颁布于1950年，其主要目的是以保护国民的健康和提高文化生活质量为目的而制定的建筑物基本理念的法律。2003年7月1日，颁布了《建筑基准修改法》。新法对建筑物防震、材料、环境及环保等方面作了详尽的规定。日本国家标准分为工业标准（JIS）和农林标准（JAS）。另外，日本众多的行业协会也制定行业标准。依据1949年制定的工业标准法，制定了《日本工业规格JIS》和《JIS标记制度》。为了适应近年来认证制度的全球化和技术水平的迅速发展，日本于1997年3月修改了工业标准化法。目前，JIS体系涉及机械、电器、汽车、船舶、冶金、化工、纺织、矿山、医疗器械等几十个行业。日本的农业标准化管理制度，即JAS制度，是基于日本农林水产省制定的《关于农林物质标准化及质量标识正确化的法律》（简称“JAS法”）所建立的对日本农林产品及其加工产品进行标准化管理的制度。任何在日本市场上销售的农林产品及其加工品（包括食品）都必须接受JAS制度的监管，遵守JAS制度的管理规定。因此，JAS制度成为日本农业标准化最重要的管理制度。JAS法包括“农林物质标准化”和“质量标识标准化”两大内容，由农林水产大臣指定需制定JAS（Japanese Agricultural Standards）标准的物品目录。利益相关方可向农林水产大臣申请制定某JAS标准，由“农林物质规格调查委员会”审议批准是否制定该标准。JAS调查委员会由来自消费、生产和流通各环节的代表和专家组成。JAS标准复审时应考虑到国际标准（食品法典标准）的发展趋势以及生产、贸易、应用和消费各方面的现状及未来发展方向。JAS标准覆盖的产品种类包括：食品、饮料和油脂；农业、林业、家畜和水产品及以此为原料的加工品。所有属于这两大门类的农产品都包括在JAS标准系统中，不管它是国产的还是进口的。至2004年1月，JAS标准已经为81类产品制定了292个标准。

从抽样方案和合格评定程序来看，欧盟标准中EN 326-1、EN 326-2专门对人造板的取样和合格评定进行了规定。另外，较为重要的是目标市场的认证制度，如欧盟的CE认证、美国的UL认证、日本的JAS认证等。

3.6 企业管理体系认证与产品认证

3.6.1 我国的人造板生产许可制度

根据国家质检总局2011年第10号公告《关于公布61类工业产品生产许可证实施细则的公告》：

为规范工业产品生产许可证工作，完善工业产品生产许可证法制体系，推动生产许可工作法制化、规范化、科学化，根据《中华人民共和国工业产品生产许可证管理条例》（国务院令第440号）、《工业产品生产许可证管理条例实施办法》（国家质检总局令第80号）、《国家质检总局规范性文件管理办法》（国家质检总局令第125号）规定，国家质检总局对61类工业产品生产许可证实施细则进行了修订，现将修订后的61类工业产品生产许可证实施细则予以公布。请各省级质量技术监督部门认真贯彻实施，依法加强对发证产品和生产的监督管理。

根据制定的人造板产品生产许可证实施细则，包括以下产品，见表3-2。

表3-2 人造板产品生产许可证产品目录

单元序号	产品单元	产品品种	备注
1	胶合板		不包括室外条件系使用的Ⅰ类胶合板（耐气候胶合板）
2	刨花板		在潮湿状态下使用的结构用板除外，未执行GB/T4897标准的甘蔗渣、亚麻屑、麦秸秆、竹材刨花板等其他刨花板除外
3	中密度纤维板		室外用中密度纤维板除外
4	装饰单板贴面人造板		不包括室外条件系使用的Ⅰ类装饰单板贴面人造板（耐气候装饰单板贴面人造板）
5	浸渍胶膜纸贴面人造板		以刨花板、纤维板等人造板为基材，以浸渍胶膜纸为饰面材料的装饰板材
6	细木工板		不包括室外用细木工板
7	实木复合地板	涂饰实木复合地板	涂饰实木复合地板生产许可证可覆盖未涂饰实木复合地板
		未涂饰实木复合地板	
8	浸渍纸层压木质地板		
9	竹地板	涂饰竹地板	涂饰竹地板生产许可证可覆盖未涂饰竹地板
		未涂饰竹地板	

续表

单元序号	产品单元	产品品种	备注
10	实木地板	漆饰实木地板	漆饰实木地板生产许可证可覆盖油饰实木地板和未涂饰实木地板；油饰实木地板生产许可证可覆盖未涂饰实木地板
		未涂饰实木地板	
		油饰实木地板	

3.6.2　CE 认证

3.6.2.1　CE 认证简介

"CE"标志是一种安全认证标志，被视为制造商打开并进入欧洲市场的护照。凡是贴有"CE"标志的产品就可在欧盟各成员国内销售，无须符合各成员国的要求，从而实现了商品在欧盟成员国范围内的自由流通。在欧盟市场"CE"标志属于强制性认证标志，不论是欧盟内部企业生产的产品，还是其他国家生产的产品，要想在欧盟市场上自由流通，就必须加贴"CE"标志，以表明产品符合欧盟《技术协调与标准化新方法》指令的基本要求。这是欧盟法律对产品提出的一种强制性要求。CE 两字，是从法语"Communate Europpene"缩写而成，是欧洲共同体的意思。欧洲共同体后来演变成了欧洲联盟（简称欧盟）。近年来，在欧洲经济区（欧洲联盟、欧洲自由贸易协会成员国，瑞士除外）市场上销售的商品中，CE 标志的使用越来越多，CE 标志加贴的商品表示其符合安全、卫生、环保和消费者保护等一系列欧洲指令所要表达的要求。

在过去，欧共体国家对进口和销售的产品要求各异，根据一国标准制造的商品到别国极可能不能上市，作为消除贸易壁垒之努力的一部分，CE 应运而生。因此，CE 代表欧洲统一（Conformite Europeenne）。事实上，CE 还是欧共体许多国家语种中的"欧共体"这一词组的缩写，原来用英语词组 European Community 缩写为 EC，后因欧共体在法文是 Communate Europeia，意大利文为 Comunita Europea，葡萄牙文为 Comunidade Europeia，西班牙文为 Comunidade Europe 等，故改 EC 为 CE。当然，也不妨把 CE 视为 Conformity with European (Demand)（符合欧洲要求）。

3.6.2.2　认证模式

目前，欧盟认可的使用 CE 标志的模式有如下 9 种：

工厂自我控制和认证

① Module A（内部生产控制）　用于简单的、大批量的、无危害产品，仅适用应用欧洲标准生产的厂家。工厂自我进行合格评审，自我声明。技术文件提交国家机构保存十年，在此基础上，可用评审和检查来确定产品是否符合指令，生产者甚至要提供产品的设计、生产和组装过程供检查。不需要声明其生产过程能始终保证产品符合要求。

② Module Ab 厂家未按欧洲标准生产。测试机构对产品的特殊零部件作随机测试。

③ 由测试机构进行评审 Module B（EC 型式评审） 工厂送样品和技术文件到它选择的测试机构供评审，测试机构出具证书。注：仅有 B 不足于构成 CE 的使用。

④ Module C［与型式（样品）一致］＋B 工厂作一致性声明（与通过认证的型式一致），声明保存十年。

⑤ Module D（生产过程质量控制）＋B 本模式关注生产过程和最终产品控制，工厂按照测试机构批准的方法（质量体系，EN 29003）进行生产，在此基础上声明其产品与认证型式一致（一致性声明）。

⑥ Module E（产品质量控制）＋B 本模式仅关注最终产品控制（EN 29003），其余同 Module D。

⑦ Module F（产品测试）＋B 工厂保证其生产过程能确保产品满足要求后，作一致性声明。认可的测试机构通过全检或抽样检查来验证其产品的符合性。测试机构颁发证书。

⑧ Module G（逐个测试） 工厂声明符合指令要求，并向测试机构提交产品技术参数，测试机构逐个检查产品后颁发证书。

⑨ Module H（综合质量控制） 本模式关注设计、生产过程和最终产品控制（EN 29001）。其余同 Module D＋Module E。其中，模式 F＋B、模式 G 适用于危险度特别高的产品。

3.6.2.3 认证申请程序

① 制造商相关实验室（以下简称实验室）提出口头或书面的初步申请。

② 申请人填写 CE-marking 申请表，将申请表，产品使用说明书和技术文件一并寄给实验室（必要时还要求申请公司提供一台样机）。

③ 实验室确定检验标准及检验项目并报价；申请人确认报价，并将样品和有关技术文件送至实验室；申请人提供技术文件；实验室向申请人发出收费通知，申请人根据收费通知要求支付认证费用；实验室进行产品测试及对技术文件进行审阅。

④ 技术文件审阅包括：

a. 文件是否完善。

b. 文件是否按欧共体官方语言（英语、德语或法语）书写。如果技术文件不完善或未使用规定语言，实验室将通知申请人改进。如果试验不合格，实验室将及时通知申请人，允许申请人对产品进行改进。如此，直到试验合格。申请人应对原申请中的技术资料进行更改，以便反映更改后的实际情况。第 9～10 条所涉及的整改费用，实验室将向申请人发出补充收费通知。申请人根据补充收费通知要求支付整改费用。实验室向申请人提供测试报告或技术文件（TCF）、CE

符合证明（COC）及 CE 标志。申请人签署 CE 保证自我声明，并在产品上贴附 CE 标示。

3.6.2.4　人造板 CE 认证

按照欧盟规定，从 2004 年 4 月 1 日起，欧盟以外国家生产并在欧盟地区销售的人造板产品需要实行 CE 认证，要以 CE 认证规范欧盟市场。

（1）CE 认证的人造板产品

CE 认证产品的范围相当广泛，仅就人造板行业来看，就有胶合板、刨花板、中密度纤维板、定向刨花板、水泥刨花板、实木板、地板、单板层积材、集成材等，此外还有木门、木窗、木玩具等木制、竹材产品。若能通过 CE 认证，能为进一步拓展海外市场，特别是欧盟市场铺平道路。

（2）CE 认证的标准

CE 认证主要涉及两方面的工作，一是建立工厂生产控制体系，二是对产品质量按欧盟标准进行检验和试验。建立工厂生产控制体系和 ISO 9000 质量体系可说是相辅相成的，从文件上讲可以等同于 ISO 9000 文件体系。在对产品质量进行检验和试验时，采用 CE 认证 EN 标准及相应技术指标。EN 13986 是欧盟 CE 认证的标准，它是由英国 BM-TRADA 等单位共同组织制定的。EN 标准与我国 GB 标准在有关抽样检验和合格评定方面存在较大的差异。我国采用 GB 2828 抽样检验方案，而欧盟采用 EN 326 抽样标准。从抽样统计结果看，我国在合格评定中采用 GB 2828 时，置信率低于 EN 326；从检验结果看，欧盟 EN 326 标准除算术平均结果外，更注重标准差和板内及板间差，而板内和板间差是我国企业最难达到的。它要求企业建立日常的产品检验、试验以及采用数理统计知识对结果进行描述，国内企业限于自身的原因多数不能满足其要求。

（3）认证机构

BMTRADA 是欧盟 CE 认证发证的核心机构。在目前，北京绿奥诺建筑板材咨询中心是欧盟 BMTRADA 在中国授权设立的唯一 CE 认证咨询服务机构，在欧盟认证机关直接监督和指导下，负责对中国人造板出口欧盟的企业独立开展 CE 认证服务和现场监督检查工作。凡是要求 CE 认证的人造板企业都可以向北京绿奥诺建筑板材咨询中心提出申请，均能得到及时、周全、可靠的 CE 认证服务。对通过 CE 认证的企业，欧盟 CE 认证机关要签发 CE 认证证书和标志，并由北京绿奥诺建筑板材咨询中心转发。其认证产品在欧盟市场可以通行无阻。

（4）CE 认证的分级

建筑用人造板 CE 认证分为 1 级、1＋级、2 级、2＋级、3 级、4 级共六个等级。涉及普通人造板的通常有两个级别（2＋级和 4 级），4 级即非结构室内用人造板（通常为家具和室内装修用薄型人造板），建筑结构用人造板定为 2＋级。目前国内企业大多采用 2＋级认证，产品的适用性更广，有利于扩大产品出口范围。申请 2＋级需要授权的发证机构签发 CE 认证证书，并需要执行定期监督检查，该证书具有统一的代号，在欧盟成员国及其总部登记备案；而非结构用人造板 4 级不需要任何授权的发证机构签发证书，只需要企业自己提出公开的达到按标准质量的声明，企业自己就可以在其产品及其包装上打 CE 标记。

(5) CE 标志

标志和相关的信息可直接贴到产品上，贴于产品的标签上，也可加贴到产品的包装上，或产品附带文件上。如对非结构用人造板而言，具体标志要求如下：

① 标注在物品的显著位置（只适用于滞燃性等级 A2a，Ba 和 Ca)；

② 生产厂商名称；

③ 加贴 CE 标志的年份后两位数；

④ 符合性 CE 证书的编号（仅适用于滞燃性等级是 A2a，Ba 和 Ca 的产品)。

标志还应表明以下内容，主要包括：

① 技术等级：

② 阻燃性等级：B、C、D、E 或 F，或者对应的室内地面铺设材料的等级；

③ 甲醛释放量等级：E1 或 E2；

④ 五氯苯酚含量：五氯苯酚含量$\leqslant 5\times 10^{-6}$的不用标注。

欧盟市场实行人造板 CE 认证，一方面限制人造板的进口，以达到发展其成员国工业和经济的目的，另一方面规范并提高进入欧盟市场的人造板产品的整体水平。人造板 CE 认证对其成员国内部实为明智之举，但对人造板供应国则成为技术性贸易壁垒。近几年来，我国人造板出口欧盟的增幅较大，市场前景看好，势头强劲。面临欧盟实施 CE 认证的严峻挑战，中国企业若不及时采取有效的措施，丧失欧盟人造板市场就不可避免，势必造成巨大经济损失。

(6) CE 认证举例（实木复合地板 CE 认证）

从 2013 年 7 月 1 日年开始，所有进入欧盟市场的地面铺装材料需要符合新的欧盟建筑产品法规 CRP 305/2011/EU，通过测试，获得认证，并加贴 CE 标志 [注：欧盟建筑法规 CRP（Construction Product Regulation）305/2011/EU 全面取代欧盟建筑产品指令 CPD（Construction Product Directive）106/89/EEC，并且从 2013 年 7 月 1 日起强制执行]。

在实木复合地板上加贴 CE 标志不但可以证明其产品符合建筑产品指令（CPR 305/2011/EU）及其相关标准（欧洲协调标准 EN 14342）规定的安全，环保，卫生和消费者保护。而且可以合理规避贸易技术壁垒，在欧洲市场自由销售并打开其他国际市场。

① 实木复合地板 CE 认证——认证流程　确定需要认证的产品类型，提交申请→确定欧洲产品指令，实木地板需符合新的欧盟建筑产品法规 CRP 305/2011/EU→确定欧洲协调标准，实木复合地板需符合协调标准 EN 14342→根据 CPD 指令和协调标准 EN 14342 进行测试评估，欧盟公告机构根据体系 3 进行→

获得由欧盟公告机构办法的测试报告和证书→发放产品性能声明（declaration of performance）→在产品包装上加贴带公告机构编码的CE标志→在欧洲市场自由销售。

② 实木复合地板CE认证——需要符合的产品指令和协调标准　产品指令：建筑产品法规CPR（Construction Product Regulation）305/2011/EU；欧洲协调标准：EN 14342：2005＋A1：2008《木地板—性能，符合性评估及标志》（EN 14342：Wood Flooring Characteristics，Evaluation of Conformity and Marking）。

③ 实木复合地板CE认证——性能要求（CE marking to Engineered Wood Flooring EN 14342 Requirement）　防火性能（reaction to fire）：根据EN 13501-1进行测定评估，最低要求E级→含水率（moisture content）：根据EN 13183-1进行测试→甲醛的释放（emission of formaldehyde）：根据EN 717-1进行测定评估，要求E1级→破坏强度（breaking strength），根据EN 1533进行测试→防滑性能（slipperiness），根据CEN/TS 15676进行测试→热导性（如需隔热应用，Thermal conductivity if necessary）。

3.6.3　JAS认证

3.6.3.1　JAS认证简介

JAS标准是自愿性标准，生产商和制造商可以自己决定是否参加认证活动。没有JAS标志的产品仍可以在市场上销售，不过，日本的消费者更信赖和喜欢经过合格评定的产品，而经过认证的企业也更具有市场竞争力。

申请合格单位评定的途径：

农产品可以通过两种途径进行合格评定：由注册认证机构进行第三方认证；经注册认可机构或农林水产大臣认可的生产商和制造商自我声明，加贴JAS标志。

合格评定方法：农林水产大臣规定了每种农产品按照JAS标准认证检查的方法。农产品通过产品取样分析确定，与特定JAS标准有关的生产过程认证通过检查生产记录确定。

认证机构开展第三方认证生产商或制造商向注册认证机构递交认证申请后，认证机构组织开展认证，符合相应JAS标准的给商品加贴JAS标志。各个认证机构的认证产品范围有所不同。值得注意的是，1999年新修订的JAS标准制度向普通的赢利性机构开放了进行认证活动的门户，只要他们具备了法律所规定的设备和人员条件，并向农林水产大臣申请注册，他们也可以获得认证资格。

注册认证机构需要准备进行认证服务所需的JAS标准、收费标准，征得农林水产大臣的批准。其认证内容的任何更改也需得到大臣的批准。注册认证机构必须为其认证活动做记录并保存五年。认证机构每五年还必须进行机构复审。

经认可的制造商和生产商自我声明：1999 年的 JAS 法修正案中引入了经认可的生产商和制造商自我负责、对其自己产品依据 JAS 标准进行合格评定，加贴 JAS 标志的制度。

制造商和生产商的认可。在进行自我声明前，生产商和制造商需向注册的认可机构申请进行认可。注册认可机构接到申请后，检查申请者是否符合农林水产大臣规定的“认可技术标准”的要求，决定是否许可该生产商或制造商进行自我声明。制造商和生产商获得认可后，应按照 JAS 相关标准进行生产，如果符合 JAS 标准，则可进行自我声明，在销售时则产品上加贴 JAS 标志。

注册认可。注册认可机构依据农林水产大臣制定的标准对生产商进行认可。JAS 修正案中已允许盈利性机构经认可、注册后成为注册认可机构，开展认可活动。注册认可机构每五年需重新申请复审其认可资格。

在日本国外进行认证：JAS 也可以对进口的农林水产品认证。1999 年的 JAS 法修正案规定，具有与日本 JAS 对等认证制度，且为日本政府所承认的国家的组织，如果满足日本对国内机构所规定的同样条件，可以向农林水产大臣申请成为注册认证机构或注册认可机构，开展认证或认可活动。截至 2003 年 12 月，日本所承认的与其 JAS 标准制度对等的国家包括爱尔兰、美国、意大利、英国、澳大利亚、奥地利。荷兰、希腊、瑞士、瑞典、西班牙、丹麦、德国、芬兰、法国、比利时、葡萄牙和卢森堡 18 个国家，我国不在其承认的范围之内。

在新的 JAS 标准制度下，注册的国外认证机构可以对国外的产品认证、加贴 JAS 标志，注册的国外认可机构也可对国外的生产商和制造商进行认可，经认可的制造商和生产商也可以自我声明，加贴 JAS 标志。

3.6.3.2 认证机构

（1）日本国内

① 财团法人日本胶合板检查会（JPIC）；

② 社团法人全国木材组合会；

③ 社团法人北海道林产物检查会。

（2）日本国外（外国检查机构）

① 加拿大林产业审议会（1987 年）；

② 美国工程木材协会（APA，1989 年）；

③ 西部木材产品协会（WWPA，1993 年）；

④ TECO（美国，1993 年）；

⑤ 挪威木材工学研究所（1996 年）；

⑥ PSI（美国，1996 年）；

⑦ 美国木结构协会（1996 年）；

⑧ MAL（印度尼西亚，1996 年）；

⑨ VTTBT（芬兰，1997 年）。

3.6.3.3　处罚措施

未经合格评定而擅自粘贴 JAS 标志或滥用 JAS 标志的农林商品的销售者判处一年及以下有期徒刑或一百万及以下日元的罚金。

如果注册认证机构或认可的生产商或制造商对认证和加贴 JAS 标志的管理不适当时，农林水产大臣可责令改进完善或取消粘贴 JAS 标志。

此外，当注册认证机构和注册认可机构不能满足认证或认可标准时，农林水产大臣可取消其认证或认可资格。

农林水产大臣可签发指令或公开曝光违反质量标识标准的生产商和销售商的名单，还可对个人处以一年及以下有期徒刑或一百万日元及以下罚金，对企业则处以一亿日元的巨额罚金。

3.6.4　UL 认证

3.6.4.1　UL 认证简介

UL 是英文保险商试验所（Underwriter Laboratories Inc.）的简写。UL 安全试验所是美国最有权威的，也是世界上从事安全试验和鉴定的较大的民间机构。它是一个独立的、非营利的、为公共安全做试验的专业机构。它采用科学的测试方法来研究确定各种材料、装置、产品、设备、建筑等对生命、财产有无危害和危害的程度；确定、编写、发行相应的标准和有助于减少及防止造成生命财产受到损失的资料，同时开展实情调研业务。总之，它主要从事产品的安全认证和经营安全证明业务，其最终目的是为市场得到具有相当安全水准的商品，为人身健康和财产安全得到保证做出贡献。就产品安全认证作为消除国际贸易技术壁垒的有效手段而言，UL 为促进国际贸易的发展也发挥着积极的作用。

UL 始建于 1894 年，初始阶段 UL 主要靠防火保险部门提供资金维持运作，直到 1916 年，UL 才完全自立。经过近百年的发展，UL 已成为具有世界知名度的认证机构，其自身具有一整套严密的组织管理体制、标准开发和产品认证程序。UL 由一个有安全专家、政府官员、消费者、教育界、公用事业、保险业及标准部门的代表组成的理事会管理，日常工作由总裁、副总裁处理。目前，UL 在美国本土有五个实验室，总部设在芝加哥北部的 Northbrook 镇，同时在中国台湾和香港地区分别设立了相应的实验室。

3.6.4.2　认证机构

UL 在美国本土设有五个实验室，另外，UL 在中国香港和台湾地区，以及日本、韩国和新加坡设有分支机构。

3.6.4.3　认证步骤程序

（1）申请人递交有关公司及产品资料

书面申请：您应以书面方式要求 UL 公司对贵公司的产品进行检测。公司资料：用中英文提供以下单位详细准确的名称、地址、联络人、邮政编码、电话及传真。

(2) 根据所提供的产品资料作出决定

当产品资料齐全时，UL的工程师根据资料作出下列决定：实验所依据的UL标准、测试的工程费用、测试的时间、样品数量等，以书面方式通知您，并将正式的申请表及跟踪服务协议书寄给贵公司。申请表中注明了费用限额，是UL根据检测项目而估算的最大工程费用，没有贵公司的书面授权，该费用限额是不能被超过的。

(3) 申请公司汇款、寄回申请表及样品

申请人在申请表及跟踪服务协议书上签名，并将表格寄返UL公司，同时，通过银行汇款，在邮局或以特快专递方式寄出样品，请对送验的样品进行适当的说明（如名称、型号）。申请表及样品请分开寄送。对于每一个申请项目，UL会指定唯一的项目号码（project No.）在汇款、寄样品及申请表时注明项目号码、申请公司名称，以便于UL查收。

(4) 产品检测

收到贵公司签署的申请表、汇款、实验样品后，UL将通知您该实验计划完成的时间。产品检测一般在美国的UL实验室进行，UL也可接受经过审核的参与第三方测试数据。实验样品将根据您的要求被寄还或销毁。如果产品检测结果符合UL标准要求，UL公司会发出检测合格报告和跟踪服务细则（follow up service procedure）。检测报告将详述测试情况、样品达到的指标、产品结构及适合该产品使用的安全标志等。在跟踪服务细则中包括了对产品的描述和对UL区域检查员的指导说明。检测报告的一份副本寄发给申请公司，跟踪服务细则的一份副本寄发给每个生产工厂。

(5) 申请人获得授权使用UL标志

在中国的UL区域检查员联系生产工厂进行首次工厂检查（initial production inspection，IPI），检查员检查你们的产品及其零部件在生产线和仓库存仓的情况，以确认产品结构和零件是否与跟踪服务细则一致，如果细则中要求，区域检查员还会进行目击实验，当检查结果符合要求时，申请人获得授权使用UL标志。继IPI后，检查员会不定期地到工厂检查，检查产品结构和进行目击实验，检查的频率由产品类型和生产量决定，大多数类型的产品每年至少检查四次，检查员的检查是为了确保产品继续与UL要求相一致，在您计划改变产品结构或部件之前，请先通知UL，对于变化较小的改动，不需要重复任何实验，UL可以迅速修改跟踪服务细则，使检查员可以接受这种改动。当UL认为产品的改动影响到其安全性能时，需要申请公司重新递交样品进行必要的检测。跟踪服务的费用不包括在测试费用中，UL会就跟踪检查服务另寄给您一张发票。如果产品检测结果不能达到UL标准要求，UL将通知申请人，说明存在的问题，申请人改进产品设计后，可以重新交验产品，您应该告诉UL工程师，产品做了哪些改进，以便其决定以上是申请 UL 认证的步骤。

3.6.4.4　UL 消防行业认证

在北美地区，UL 领导着消防产品的测试、认证和研究。自 1894 年涉足消防业务以来，UL 运用现代化的检测和分析设施，在当今的消防安全领域，UL 居于领先地位。通过与权威机构、生产厂家、保险公司、零售商及消防业其他机构的长期合作，UL 一贯致力于预防和减少火灾中的人员和财产损失。

UL 服务涉足消防行业的各个方面，包括建筑防火、灭火装置、报警装置、建筑材料、通信设施、专业消防设备等。几乎涵盖所有的消防关键领域，诸如：

（1）建筑防火

防火门，烟囱风挡，建筑挡火结构，保险柜和防火建材等灭火-洒水装置，洒水管道及其接头，消防栓和固定式灭火系统。

（2）建筑材料

标准屋顶、石膏板、耐火材料、涂料、家具、塑料、发泡材料等通信设施——线缆、光纤和其他办公大楼设备。

（3）专业消防设备

云梯、水泵等火警传感器，包括烟雾、热流与水流火灾警报控制器，包括警报通信与接收设备火警信号器，包括喇叭、铃、扬声器以及可视元件（如闸门）保险，选材、零售、批发和制造咨询。UL 以其强大的科研实力向各方面提供产品研发、标准制定、系统和材料检验及新产品定型的咨询服务。

3.6.5　TECO 认证

木制品认证和测试公司（TECO）是北美一家赢利的第三方认证和建筑板材产品测试机构。从事北美、中美和南美及欧洲生产的 OSB、胶合板、刨花板、中密度纤维板的评估和认证，自 1933 年起，TECO 作为质量和创新的化身就享誉林产工业界。

TECO 的总部位于威斯康星州的桑帕尔，目前在俄勒冈州的尤金和路易斯安那州的什里夫波特开办了测试实验室，装备了测试各种工程木制品和胶黏剂的设备。TECO 注重向全球市场拓展，在加拿大、英国、日本和巴西派驻了代表。自 1993 年起，得到日本政府的认可，将 JAS 认证标识应用到日本进口的建筑木制品上。TECOTESTED® 认证标志作为合格和性能的符号得到全球的认同。木制品上出现这个标志，方便制造商在市场上识别木制品的质量及其可靠性，同时向建筑师、工程师和建筑商保证他们在建筑中设计和使用的这些产品既符合 TECO 所证明的性能要求也符合管理机构的性能要求。

由于 TECO 不是一家协会组织，所以它可以根据用户的特殊需要灵活地定制符合制造商要求的项目，无论是它所独有的 VIP+® 板材认证项目还是充实制造商的现场质量保证队伍，TECO 可以满足每家企业的特殊需要。

TECO 目前得到了以下机构的认可：美国林纸协会（AF&PA）、国际测试材料标准协会（ASTM International）、加拿大标准协会（CSA）、林产协会（FPS）、德州伐木工协会、国际板材原料组织建筑板材协会（SBA）、建筑隔热板协会（SIPA）。

TECO 的认证项目：定向刨花板（OSB）认证项目、胶合板认证项目、复合板认证项目和 JAS 认证项目。

（1）定向刨花板（OSB）认证项目（OSB certification programs）

TECO 的定向刨花板认证项目适用于木质建筑板材的认证，包括定向刨花板和华夫板。该认证项目分为奖牌认证项目（认证常用板材）和 VIP+® 认证项目（认证特殊板材），同时 TECO 还会协助企业提高其质量体系的能力。

① 奖牌认证体系（medallion certification program） 奖牌认证体系分为金、银、铜三级，旨在支持每个企业的特定需求并为符合或超过最低适用标准要求的板材提供保证。美国商务部自愿产品标准 PS2，“木质建材性能标准”和加拿大等同采用标准（CSA0325）为北美建材市场提供了最低性能标准范围。TECO 制定了自己的相关文件 PRP-133，详细说明了维持 TECO 认证的要求。在 TECO 的任何一实验室成功进行了产品质量测试后，要进行现场审核和产品复查测试，核实制造商的质量体系运作有效，有利于保证其产品符合相关标准。对缺乏生产定向刨花板或华夫板经验的制造商颁给铜奖，同时 TECO 在保证工厂所要求的质量控制方面和相关的产品测试方面发挥较大的作用。制造商建立了良好的质量体系并建设了厂内实验室，颁给金奖，TECO 则主要把精力放在质量体系的审核上。银奖则颁发给处于两者之间的制造商。无论工厂达到哪个层次的奖项，产品上都会贴上 TECOTESTED® 的商标，使得最终用户知道这些产品进行了必要的评估并适合他们的使用目的。

② VIP+® 认证项目（VIP+® certification program） TECO 的自愿检查项目（VIP+）是唯一的板材认证项目，允许制造商生产私有的板材（proprietarypanels）的性能特性高于 PS2 标准要求。VIP+项目将制造商同建筑编码联系在一起，使得它能获得其产品特定的编码审批报告。当设计特定的建筑或组件时，建筑师、工程师或设计人员就可以使用编码审批报告中所提供的设计值。如同奖牌项目一样，TECO 通过现场审核和复查测试，与制造商一道保证工厂符合认证项目的要求。

（2）胶合板认证项目

TECO 的胶合板认证项目适用于各类胶合板。它是目前世界最为全面的工业认证项目之一。TECO 根据工厂的特定需要提供两种胶合板认证项目：特有的派驻技术员项目和质量体系审核项目。胶合板生产商也可以生产专有的、高附加值、私有的板材，申请 TECO 的 VIP+® 认证项目，这是工业部门唯一可申请的此类认证。无论企业选择何种 TECO 认证，它都要协助企业提高其质量体系能力并帮助他们在生产板材过程满足或超过所采用的美国标准的要求。

① 派驻技术员认证项目（technician in the mill certification program）派驻技术员认证项目是 TECO 特有的认证项目，并有数家客户，它为企业的日常胶合板生产、过程评估和质量保证提供现场质量专家。虽然是以独立、客观的第三方身份出现，TECO 技术员成为企业质量中不可或缺的一分子。除了得到满足胶合板厂目前生产所需至关重要的适时测试数据外，派驻技术员还为企业提供了现场培训和操作意见以提高企业的生产力和产品质量。TECO 派驻技术员项目，加之 TECO 在自己的实验室进行全面产品评估和测试活动，为企业提供了最高层次的质量保证。

② 工厂审核项目（mill audit program）在 TECO 的任何一实验室进行完成产品质量测试后，要进行现场审核和产品复查测试以检验制造商的质量体系运行有效，可以保证其产品符合相关的标准。实践证明工厂审核项目适用大、小型各类工厂。

③ VIP＋认证项目（VIP＋certification program）　TECO 的自愿检查项目（VIP＋）是唯一的板材认证项目，允许制造商生产私有的板材（proprietary panels）的性能特性高于 PS2 标准要求。VIP＋项目将制造商同建筑编码联系在一起，使得它能获得其产品特定的编码审批报告。当设计特定的建筑或组件时，建筑师、工程师或设计人员就可以使用编码审批报告中所提高的设计值。如同奖牌项目一样，TECO 通过现场审核和复查测试，与制造一道保证工厂符合认证项目的要求。有几家工厂已经申请了 TECO 的 VIP＋认证项目并形成了他们自己的名牌、高附加值的产品替代普通板材。

（3）复合认证项目（composite certification programs）

TECO 的复合认证项目所列产品如下：刨花板、中密度板、硬纸板、秸秆纤维及同类产品。TECO 的复合认证体系为企业提高自身的质量体系能力而设计。

① 物理性质认证项目（physical property certification program）　TECO 的物理认证项目是为了支持每个制造商的特定需要和经认证的板材符合或超过所采用的产品标准的最低要求提供质量保证所设计的。经过 TECO 的任何一个实验室成功地进行完产品质量测试后，就要进行现场审核和产品复查测试以检查制造商所有有效运行的质量体系符合所采用标准的要求。认证产品上的 TECOTESTED® 商标，使得最终用户知道，他们所使用的产品已经通过了所需要的评估并适合作相关的用途。

② 甲醛认证项目（formaldehyde certification program）　TECO 的甲醛认证项目适用于 TECO 俄勒冈尤金实验室进行现场、小型测试和大型测试的综合项目。该项目为制造商提供 TECOTESTED® 商标以向消费者保证他们的产品符合

目前市场所需要采用的甲醛释放要求。

3.6.6 JAS认证项目（JAS certification programs）

1993年起，TECO得到了日本政府的认可，使用JAS标志并批准为经注册的外国认证机构（RFCO)。TECO的JAS认证项目为制造商的产品认证提供日本JAS标准，使用他们的产品可以出口到日本建筑木制品市场。TECO的JAS认证项目旨在指导制造商获得批准进入这一重要市场的步骤。TECO提供应用、测试和接受过程的逐步指导。TECO认证的产品类型包括：胶合板、定向刨花板（OSB)、层积胶合板（glulam）和LVL。

JAS物理、力学性质认证项目：TECO的JAS物理、力学性质认证项目为满足JAS对各类产品类型的特定要求提供必要的测试方法。在成功进行产品质量测试后，要进行现场审核和产品复查测试，以检查制造商所使用的质量体系充分地符合相关的标准。

JAS甲醛认证项目：TECO的甲醛认证项目提供日本JIS标准要求的特定产品的甲醛测试。所进行的主要质量测试地点在俄勒冈尤金市的TECO实验室，主要确定释放限度。随后要进行定期释放测试以保证总是符合JIS释放限度。

3.6.7 TECO认证所采用的标准及相关指南

TECO目前采用的美国标准主要有两个：

美国商务部自愿产品标准PS1-95：《建筑和工业胶合板》（Constructionand Industrial Plywood）用于认证胶合板；

美国商务部自愿产品标准PS2-92：《木质建材性能标准》（Performance Standard for Wood-based Structural-use Panels）用以认证OSB、华夫板、木质复合板和一些胶合板。

CAN/CSA-O325.0-M04《建筑覆盖物》（Construction Sheathing）用以认证OSB为原料的建筑覆盖物。

日本标准协会的相关标准；

TECO的PRP-133：《建筑板材性能标准和政策》（Performance Standard-sand Policies for Structural-use Panels)；

《TECO定向刨花板设计和应用指南》(OSB Design and Application Guide)；

《TECO胶合板设计和应用指南》(Plywood Design and Application Guide)。

3.6.8 森林认证

3.6.8.1 森林认证产生的背景

过去20年中，全球的森林问题越来越突出：森林面积减少，森林退化加剧。人们普遍认为引起森林问题的根本原因是政策失误、市场失灵和机构不健全。国际社会、各国政府以及非政府环境保护组织对此表示了极大关注，并采取了一系列的行动：

（1）国家政策改革

一些国家制定并实施了向森林可持续经营转变的基本政策，着手解决林业上存在的问题，优先发展林业和保护环境。

（2）国际政府间进程

通过国际政府间进程，鼓励和促进国家水平上林业的可持续发展。主要进程有：

① 联合国粮农组织：发起了《热带林业行动计划》，后改为更广泛的《国家林业行动计划》，但其影响力却越来越小。

② 国际热带木材组织（ITTO）：制定了《ITTO 热带天然林可持续经营指南》（即 ITTO 进程），并通过了 ITTO 2000 年目标，即到 2000 年，所有在国际上贸易的热带木材和木材产品都必须源自可持续经营的热带森林，但此目标没有按时实现。

③ 联合国可持续发展委员会：成立了政府间森林问题工作组及后续的政府间森林问题论坛；2000 年联合国经济与社会理事会成立了直接隶属于它的联合国森林论坛。它们为讨论全球林业政策问题提供了一个国际论坛。

④ 森林可持续经营的标准与指标体系：包括蒙特利尔进程、赫尔辛基进程、ITTO 进程等 9 个进程，共有约 150 个国家参与了各个进程。它确定了公众可接受的、良好的森林经营标准与指标。

非政府组织和其他私营部门的活动：国际非政府组织，特别是环境保护组织，如世界自然基金会、绿色和平组织和地球之友等，对上述活动促进森林良好经营的效果表示一定的怀疑，并和民间团体开始探索新的途径。如 20 世纪 80 年代非政府组织发起的抵制热带木材运动，虽然成效不大，并遭到联合国的反对，但提高了人们改善森林经营的意识。一些私营企业自行制定操作规程并“自行宣布”的持续生产标签虽然可信度差，但使工业部门开始关注社会与环境状况。

森林认证正是由环境非政府组织和民间组织在认识到一些国家在改善森林经营中出现政策失误，国际政府间组织解决森林问题效果有限，以及林产品贸易不能证明其产品源自何种森林以后，作为促进森林可持续经营的一种市场机制，在 20 世纪 90 年代初发起并逐渐发展起来的。它力图通过对森林经营活动进行独立的评估，将“绿色消费者”与寻求提高森林经营水平和扩大市场份额，以求获得更高收益的生产商联系在一起。促进森林可持续经营的传统方法（如发展援助、软贷款、技术援助和海外培训等）大多忽视了商业部门，特别是忽视了木材产品的国际贸易。在世界范围内，仅 20% 的林产品进入国际市场，但贸易对森林的直接影响是很明显的。人们认识到，以森林可持续经营为基础的林产品贸易也能促进环境保护。森林认证的独特之处在于它以市场为基础，并依靠贸易和国际市场来运作。

1992年以前，非政府组织就有认证设想，但在联合国环境与发展大会上没有取得进展。环发大会以后，他们开始大力推行这种新的体系。为了监督认证的独立性和公开性，1993年非政府保护组织成立了森林管理委员会（FSC）。1994年FSC通过了原则和标准，开始授权认证机构根据此原则和标准进行森林认证。一些国家和地区也开始了自己的认证进程。从此，森林认证在世界范围内逐渐开展起来。

3.6.8.2 森林认证的概念

森林可持续经营的认证是一种运用市场机制来促进森林可持续经营的工具，它简称森林认证、木材认证或统称认证。森林认证包括两个基本内容，即森林经营认证和产销监管链认证。森林经营认证是根据所制定的一系列原则、标准和指标，按照规定的和公认的程序对森林经营业绩进行认证，而产销监管链认证是对木材加工企业的各个生产环节，即从原木运输、加工、流通直至最终消费者的整个链进行认证。森林认证之所以由独立的第三方进行，其目的是为了保证森林认证的公正性和透明性。

3.6.8.3 森林认证内容

森林认证有两个主要内容，即森林可持续经营的认证和森林产品认证（产销监管链认证）。

(1) 森林可持续经营认证

这种认证理论上可以在木材生产国的不同水平上进行，即森林管理单位水平、森林所有者水平和国家水平，现在的认证主要在森林经营单位水平，根据公认的原则和标准，对申请认证的森林经营单位的森林经营管理进行评估，评估内容包括森林调查、经营规划、营林、采伐、森林基础设施及有关的环境、经济和社会各个方面。

(2) 森林产品认证（产销监管链认证）

产销监管链认证是对林产品从原产地的森林经营，到采伐的原木及其运输、加工、流通直至最终消费者的整个过程进行认证。由于林产品从原产地的森林到产品再到达最终消费者手中这个过程形成了一个链，所以森林产品的认证又称为产销监管链认证。

3.6.8.4 森林认证要素

森林认证和林产品标签体系一般包括以下基本要素：

① 森林可持续经营的标准：标准是认证评估的基础。

② 森林经营的认证（一致性评估）：以独立方式按照标准对森林经营单位进行正式审核。

③ 产销监管链的审核：通过对文件的评估、认证产品的销售或购买数量，以及对仓库和产品生产过程的定期检查确定产品的来源。

④ 林产品的标签：以森林经营的认证与产销监管链的审核为基础，企业可以申请标签作为传递信息的工具。

⑤ 授权：对认证机构的能力、可靠性和独立性进行认定。它是对认证和标签过程的补充，其目的是提高第三方认证机构的可信度。

3.6.8.5　森林认证标准

标准是认证的基础，认证是针对标准的评估过程。森林认证的标准有两种：

（1） 业绩标准（performance standards）

它规定了森林经营现状和经营措施满足认证要求的定性和定量目标或指标，如 FSC 原则和标准。在应用上，业绩标准具有一定的局限性，即不可能制定出适用于全球森林的详细标准，必须在一般的国际标准框架内制定区域或地方标准。不同区域的业绩标准存在一定的差别，但具有兼容性和平等性。

（2） 进程标准（procedure standards or process standards）

又称为环境管理体系标准，它规定了管理体系的性质，即利用文件管理系统执行环境政策。除法律规定的环境指标外，这种标准对企业业绩水平不做最低要求。申请认证的森林经营单位必须不断改善环境管理体系，承担政策义务，依照自己制定的目标和指标进行环境影响评估，并解决认定的所有环境问题。ISO 14001 标准就是一种环境管理体系标准。

这两种标准在概念上存在明显的差别，但在应用上又有一定的联系，它们还可以组成一套标准。首先，业绩标准体系包括许多管理体系因素，而环境管理体系的 ISO 14001 标准也明确指出森林经营单位必须制定环境业绩要求。在许多业绩标准的制定过程中，环境管理体系对森林认证体系是有帮助的。其次，这两种标准都包括了持续提高的原则。在业绩认证体系中，可以通过定期调高业绩标准来不断提高森林经营单位的经营水平。而在管理认证体系中，它要求森林经营单位不断改善经营水平并达到各阶段目标。当前的业绩标准和进程标准之所以分开设定，它有利于评估结果的审核和统一。

3.6.8.6　森林认证体系和认证机构

全球范围森林认证取得了快速的发展。目前世界上共有两大全球森林认证体系，即 FSC 体系和国际标准化组织体系；两大区域体系，即泛欧森林认证体系和泛非森林认证体系；另外还有 10 多个国家森林认证体系。建立这些认证体系的组织并不直接参与认证，他们的职责是制定认证标准和授权认证机构，通过授权的认证机构来认证森林。

每种认证体系都认可了自己的认证机构，这些机构根据各体系的认证标准开展认证。但目前，只有少数得到认可或授权的认证机构在全球开展森林认证工作。FSC 有 13 个森林认证机构，其中 9 个机构的影响很小，其森林认证的总面积只占 3%。认证机构 SGS 认证的森林面积占 FSC 认证面积的 57%，其次是 SmartWood、SCS 和 SA。认证机构在各地区的市场份额也不同：SGS 在非洲和亚太地区占优势，SmartWood 在拉美地区占 3/4。PEFC 体系各会员国也都认可了自己的认证。

3.6.8.7 森林认证的程序

到目前为止，全球已出现了多种多样的森林认证体系，在不同的体系下其认证的程序也不完全一样，但主要步骤是相同的，即申请、检查（或审计）、做出决定和颁发证书。森林经营单位在申请森林认证之前要进行自我评估，为正式认证做准备，步骤为：

第一步：评估森林认证的必要性。森林经营单位应确认本单位是否有开展认证的必要，即认证将为企业经营带来收益，诸如认证将提高产品的市场竞争力，认证的收益将超过认证成本等等。

第二步：选择合适的认证证书和认证机构。森林经营单位应根据消费者或市场对某种认证证书的需求，决定选择哪种认证体系。

第三步：开展内部评估。森林经营单位在正式认证之前，应进行内部的初步评估，包括对认证标准的选择、本地条件下标准的解释、运用标准对企业经营活动进行评估，以确定本单位符合认证要求的程度。

第四步：改进和完善森林经营管理以实现森林的良好经营。在内部评估之后，森林经营单位应对森林经营中存在的不足加以改进，例如制定明确的经营目标，采取切实可行的实施步骤。这些工作做好以后，森林经营单位就可以正式申请认证。

3.6.8.8 林产品产销监管链认证

产销监管链可以定义为“一条用以保证样本、数据和记录安全的连续责任链”。从本质上讲，产销监管链就是货物监控，它要求产品的产销过程具有透明度以便于检查。如果某个木材加工企业的林产品通过了某个认证体系的产销监管链认证，该产品就可以使用这个认证体系特有的商标，表明生产该产品的木材源自可持续经营的森林，从而提高企业和产品在消费者心目中的地位。产销监管链由许多环节组成，环节的数量要根据原料来源的范围、生产制造工艺的复杂程度和产品最终流向的市场来决定。

尽管一条完整的产销监管链具有许多环节，但可以把从森林立木到消费者之间的物流过程归纳为 3 个阶段：从森林到加工厂；加工阶段；从加工厂到市场。

认证的基本要求包括产品识别、产品区分和记录。产品识别：即提供确实的证据证明产品的原料是来自经认证的森林，并有清楚的标记。产品区分：采取了措施能够使认证的原材料及其产品与其他产品明确区分开来。记录：保存购买、库存、生产、运输和销售记录，以便核查。完整的记录是产销监管链认证获得通过的关键因素。

对于木制品出口来说，影响较大的是林产品产销监管链认证。在环境较为敏感的欧美市场，一些没有产销监管链认证标志的木材产品不能获得市场准入，产销监管链认证成为这些产品必备的“绿卡”。企业如果不立即适应这种形势，那么他们将逐渐失去他们已经拥有的欧美国家的市场份额，即使其产品质高价低也无济于事。欧盟国家还采取所谓的“贸易鼓励安排”政策，即出口到欧盟国家的商品包括林产品，其生产过程符合欧盟的要求，那么这种商品就可以享受一定比例的关税折扣。这就是说如果中国出口到欧盟的林产品贴有 FSC 标签，一旦中国加入欧盟的“贸易鼓励安排”，这样的林产品就可以享受一定比例的关税折扣。这无疑是中国外向型木材加工企业的极好机遇，一方面他们的市场份额可以得以保持，另一方面还将享受关税优惠。

3.7　人造板安全要求检测技术和发展趋势

3.7.1　中国人造板标准现状

近些年来，随着我国木材工业的发展，比较注重标准化的研究与标准的制定与修订工作，以促进木制品工业的发展和出口。目前，中国人造板、木地板的标准大多为产品标准，少数检测方法标准和术语标准。

中国胶合板标准见表 3-3、纤维板标准见表 3-4，刨花板标准见表 3-5，木地板标准见表 3-6。

表 3-3　胶合板国家标准

序号	标准号	标准名称
1	GB/T 9846.1—2004	胶合板 第 1 部分:分类
2	GB/T 9846.2—2004	胶合板 第 2 部分:尺寸公差
3	GB/T 9846.3—2004	胶合板 第 3 部分:普通胶合板通用技术条件
4	GB/T 9846.4—2004	胶合板 第 4 部分:普通胶合板外观分等技术条件
5	GB/T 9846.5—2004	胶合板 第 5 部分:普通胶合板检验规则
6	GB/T 9846.6—2004	胶合板 第 6 部分:普通胶合板标志、标签和包装
7	GB/T 9846.7—2004	胶合板 第 7 部分:试件的锯制
8	GB/T 9846.8—2004	胶合板 第 8 部分:试件尺寸的测量
9	GB/T 13123—2003	竹编胶合板
10	GB/T 17656—2008	混凝土模板用胶合板
11	GB/T 18101—2013	难燃胶合板
12	GB/T 18259—2009	人造板及其表面装饰术语
13	GB/T 19536—2004	集装箱底板用胶合板

续表

序号	标准号	标准名称
14	GB/T 22349—2008	木结构覆板用胶合板
15	GB/T 22350—2008	成型胶合板
16	GB/T 19367—2009	人造板的尺寸测定
17	GB/T 17657—2013	人造板及饰面人造板理化性能试验方法
18	GB/T 18259—2009	人造板及其表面装饰术语
19	GB 18580—2001	室内装饰装修材料 人造板及其制品中甲醛释放量
20	GB/T 5849—2006	细木工板
21	GB/T 15102—2006	浸渍胶膜纸饰面人造板
22	GB/T 15104—2006	装饰单板贴面人造板
23	GB/T 21129—2007	竹单板饰面人造板

表 3-4 纤维板国家标准

序号	标准号	标准名称
1	GB/T 11718—2009	中密度纤维板
2	GB/T 12626.1—2009	湿法硬质纤维板 第 1 部分:定义和分类
3	GB/T 12626.2—2009	湿法硬质纤维板 第 2 部分:对所有板型的共同要求
4	GB/T 12626.3—2009	湿法硬质纤维板 第 3 部分:试样取样及测量
5	GB/T 12626.4—2009	湿法硬质纤维板 第 4 部分:检验规则
6	GB/T 12626.5—2009	湿法硬质纤维板 第 5 部分:产品的标志、标签和包装
7	GB/T 12626.6—2009	湿法硬质纤维板 第 6 部分:含水率的测定
8	GB/T 12626.7—2009	湿法硬质纤维板 第 7 部分:密度的测定
9	GB/T 12626.8—2009	湿法硬质纤维板 第 8 部分:吸水率的测定
10	GB/T 12626.9—2009	湿法硬质纤维板 第 9 部分:静曲强度的测定
11	GB/T 18958—2013	难燃中密度纤维板

表 3-5 刨花板国家标准

序号	标准号	标准名称
1	GB/T 4897.1—2003	刨花板 第 1 部分:对所有板型的共同要求
2	GB/T 4897.2—2003	刨花板 第 2 部分:在干燥状态下使用的普通用板要求
3	GB/T 4897.3—2003	刨花板 第 3 部分:在干燥状态下使用的家具及室内装修用板要求

续表

序号	标准号	标准名称
4	GB/T 4897.4—2003	刨花板 第 4 部分：在干燥状态下使用的结构用板要求
5	GB/T 4897.5—2003	刨花板 第 5 部分：在潮湿状态下使用的结构用板要求
6	GB/T 4897.6—2003	刨花板 第 6 部分：在干燥状态下使用的增强结构用板要求
7	GB/T 4897.7—2003	刨花板 第 7 部分：在潮湿状态下使用的增强结构用板要求
8	GB/T 21723—2008	麦稻（草）秸秆刨花板
9	GB/T 24312—2009	水泥刨花板
10	GB/T 28996—2012	涂装水泥刨花板

表 3-6 木地板国家标准

序号	标准号	标准名称
1	GB/T 15036.1—2009	实木地板 技术条件
2	GB/T 15036.2—2009	实木地板 检验和试验方法
3	GB/T 18102—2007	浸渍纸层压木质地板
4	GB/T 18103—2013	实木复合地板
5	GB/T 20238—2006	木质地板铺装、验收和使用规范
6	GB/T 20239—2006	体育馆用木质地板
7	GB/T 20240—2006	竹地板
8	GB/T 23471—2009	浸渍纸层压秸秆复合地板
9	GB/T 24507—2009	浸渍纸层压板饰面多层实木复合地板
10	GB/T 24508—2009	木塑地板
11	GB/T 24509—2009	阻燃木质复合地板
12	GB/T 27649—2011	竹木复合层积地板
13	GB/T 28992—2012	热处理实木地板
14	GB/T 28997—2012	舞台用木质地板
15	GB/T 30364—2013	重组竹地板

3.7.2 ISO 木制品标准现状

由国际标准化组织 ISO 起草、发布的胶合板、木地板国际标准共 36 项，其中胶合板标准 16 项、木地板标准 20 项，具体见表 3-7 和表 3-8。

表 3-7 胶合板国际标准

序号	标准号	标准名称
1	ISO 1096:1999	Plywood Classification 胶合板 分类
2	ISO 1097:1975	Measurement of dimendions of panels 胶合板 板材尺寸的测量
3	ISO 1098:1975	Veneer plywood for general use:General requirements 一般用途单板胶合板 一般要求
4	ISO 1954:1999	Plywood tolerances on dimensions 胶合板 尺寸和公差
5	ISO 2074:1972	Plywood:Vocabulary Bilingual edition 胶合板词汇 双语版
6	ISO 2426-1:2000	Plywood Classification by Surface Appearance Part 1:General 胶合板 按外观分类 第 1 部分:总则
7	ISO 2426-2:2000	Plywood Classification by Surface Appearance Part 2:Hardwood 胶合板 按外观分类 第 2 部分:阔叶材
8	ISO 2426-3:2000	Plywood Classification by Surface Appearance Part 3:Softwood 胶合板 按外观分类 第 1 部分:针叶材
9	ISO 2427:1974	Plywood Veneer Plywood with Rotary Cut Veneer for General Use Classification by Appearance of Panels with Outer Veneers of Beech 胶合板 一般用途旋切单板胶合板:以青岗为表板的板材外观分类
10	ISO 2428:1974	Plywood Veneer Plywood with Rotary Cut Veneer for General Use Classification by Appearance of Panels with Outer Veneers of Birch 胶合板 一般用途旋切单板胶合板:以桦木为表板的板材外观分类
11	ISO 2429:1974	Plywood Veneer Plywood with Rotary Cut Veneer for General Use Classification by Appearance of Panels with Outer Veneers of Broad Leaved Species of Tropical Africa 胶合板 一般用途旋切单板胶合板:以热带非洲阔叶树种为表板的板材外观分类
12	ISO 2430:1974	Plywood Veneer Plywood with Rotary Cut Veneer for General Use Classification by Appearance of Panels with Outer Veneers of Panels with Outer Veneers of Poplar 胶合板 一般用途旋切单板胶合板:以杨木为表板的板材外观分类
13	ISO 7949:1985	Woodworking Machines: Veneer Pack Edge Shears: Nomenclature and Acceptance Conditions 木工机械 胶合板板叠切边机 术语和验收条件
14	ISO 9558:1989	Woodworking Machines:Veneer Slicing Machines:Nomenclature 木工机械 胶合板板切片机术语 两种语言板
15	ISO 12466-1:1999	Plywood Bonding Quality Part 1:Test Methods 胶合板 胶合质量 第 1 部分:试验方法

续表

序号	标准号	标准名称
16	ISO 12466-2:1999	Plywood Bonding Quality Part 2:Requirements 胶合板 胶合质量 第 2 部分:要求

表 3-8 木地板国际标准

序号	标准号	标准名称
1	ISO 2036:1976	Wood for Manufacture of Wood Flooring:Symbols for Marking According to Species 木地板生产用材 树种代号
2	ISO 3813:2004	Resilient Floor Coverings Cork Floor Tiles Specification 弹性地板覆盖物 软木地板砖 规范
3	ISO 631:1975	Solid Wood Parquets General Characteristics 镶嵌地板 一般特性
4	ISO 1324:1985	Solid Wood Parquets Classification of Vale Strips 实木拼花地板 栎木条分类
5	ISO 1072:1975	Solid Wood Parquets Classification of General Characteristics 实木拼花地板 一般特性
6	ISO 2457:1976	Solid Wood Parquets Classification of Beech Strips 实木拼花地板 山毛榉木的分类
7	ISO 3397:1977	Broadleaved Wood Raw Parquet Blocks General Characteristics 阔叶树拼花地板原材 一般特性
8	ISO 3398:1977	Broadleaved Wood Raw Parquet Blocks Classification of Oak Parquet Blocks 阔叶树拼花地板原材 栎木拼花地板块的分类
9	ISO 3399:1976	Broadleaved Wood Raw Parquet Blocks Classification of Beech Parquet Blocks 阔叶树拼花地板原材 山毛榉木拼花地板块的分类
10	ISO 3810:1987	Floor Tiles of Agglomerated Cork Metheds of Test 集成软木地砖 试验方法
11	ISO 3813:1987	Floor Tiles of Agglomerated Cork Characteristics, Sampling and Packing 集成软木地砖 特性、取样和包装
12	ISO 5320:1980	Solid Wood Raw Parquet Classification of Fir and Spruce Strips 实木拼花地板 冷杉和云杉木条的分类
13	ISO 5321:1978	Coniferous Wood Raw Parquet Blocks General Characteristics 针叶拼花地板原材 一般特性
14	ISO 5323:1984	Solid Wood Raw Parquet Block General Vocabulary(Trilingual edition) 实木拼花地板和拼花地板原材 词汇(三种语言版)
15	ISO 5326:1978	Solid Wood Paving Block Hardwood Paving Blocks Quality Requirements 实木铺面木块 硬质材铺面木块 质量要求

续表

序号	标准号	标准名称
16	ISO 5327:1978	Solid Wood Paving Block　General Characteristics 实木铺面木块　一般特性
17	ISO 5328:1978	Solid Wood Paving Block　Sofewood Paving Blocks　Quality Requirements 实木铺面木块　软质铺面木块　质量要求
18	ISO 5329:1978	Solid Wood Paving Block　Vocabulary(Trilingual edition) 实木铺面木块　词汇(三种语言版)
19	ISO 5333:1978	Coniferous Wood Raw Parquet Blocks　Classification of Fir and Spruce Parquet Block 针叶树拼花地板原材　冷杉和云杉拼花地板的分类
20	ISO 5334:1978	Solid Wood Parquet　Classification of Maritime Pine Strips 实木拼花地板　海岸松木条的分类

3.7.3 中国人造板标准与国际标准的主要差异

首先，标准体系的不同。从上述标准现状来看，ISO 标准主要以基础标准、方法标准为主，重在统一术语、统一试验方法、统一评定手段，使各方提供的数据具有可比性。

其次，检测方法的不同，对于相同的检验项目国内外有不同的检测方法标准，举例说明如下。

3.7.3.1 胶合板胶合强度

(1) ISO 12466-1：1999《胶合板胶黏质量的测定》

规定必须遵循以下预处理的任一步骤

① 在（20±3)℃的水中浸泡 24h。

② 在沸水中浸泡 6h，然后在（20±3)℃的水中冷却 1h 左右，使试件的温度降到 20℃。

③ 在沸水中浸泡 4h，然后利用空气对流干燥箱在（60±3)℃上干燥 20h，然后浸泡在沸水中 4h，接着在（20±3)℃的水中冷却 1h 左右，使试件的温度降到 20℃。

④ 在沸水中浸泡（72±1)h，接着在（20±3)℃的水中冷却 1h 左右，使试件的温度降到 20℃。

在进行剪切强度测试时以等速均匀施加载荷，使试件在（30±120)s 内破坏。没有规定具体速度，同时精确至 1N。

在判断木材破坏率时，一般认为破坏经常发生在木材，或者剪切测试区域的锯槽切口之间的胶缝上。如果破坏发生在测试区域之外，或者面板表面有 50% 甚至更多的横纹破坏，那么就放弃这个结果，重新进行长度为 10mm 的剪切测试。

一旦试件的无效数量超过 20%，那就有必要重新选择样本。如果重新选择样本仍然达不到要求，那么这批试件都应该放弃。

（2）GB/T 17657—2013《人造板及饰面理化性能测试中关于胶合强度测定》

规定试件根据所属的胶合板类别分别进行处理，一般胶合板分为四大类，每一类胶合板的预处理方法如下：

① Ⅰ类胶合板：将试件放入沸水中煮 4h，然后将试件分开平放在（63±3）℃的空气干燥箱中干燥 20h，再在沸水中煮 4h，取出后在室温下冷却 10min。煮试件时应将其完全放于沸水中。

② Ⅱ类胶合板：试件放在（63±3）℃的热水中浸 3h，取出后在室温下冷却 10min。浸试件应全部放入热水中。

③ Ⅲ类胶合板：将试件浸在（30±3）℃的水中 2h，然后将每个试件分开平放在（63±3）℃的空气干燥箱中干燥 1h，取出后在室温下放置 10min。

④ Ⅳ类胶合板：将含水率符合要求的试件作干状试验。在进行剪切强度测试时，以等速对试件加荷破坏，加载速度为 10MPa/min，一般只规定破坏在（60±30）s 内发生，记下最大的破坏载荷，精确至 10N。

（3）判断木材破坏率

国内按照以下规定处理

① 如各种非正常破坏试件的胶合拉伸剪切强度值符合标准规定的指标最小值时列入统计记录，如不符合规定的最小指标值时，予以剔除不计。

② 因剔除不计的非正常破坏试件的数量超过试件的总数一半时，应另行抽样检验。

3.7.3.2　特殊化学指标和安全性能

（1）国外对特殊化学指标和安全性的规定

随着国外消费者绿色消费意识的日益加深，一些发达国家的买家为了避免因为木制品中一些化学物质对人体任何可能的负面影响而进行赔偿的风险，他们从发展中国家进口木制品时往往对一些特殊化学物质进行限量和对安全性进行规定。随着中国加入 WTO 及对外贸易的快速增长，这种情况将会越来越多。发达国家对这些化学指标和安全性能的规定主要以指令与法规的形式存在。

① 甲醛　美国国会参众二院先后通过了《复合木制品甲醛标准法案》(Formaldehyde Standards for Composite Wood Act)（S. 1660，H. R. 4805），首次确定了复合板中甲醛含量的全国性标准。美国总统奥巴马于 2010 年 7 月 7 日签署了《复合木制品甲醛标准法案》（S. 1660），该标准正式成为法律。此法案签署后成为美国联邦《有毒物质控制法案》（The Toxic Substances Control Act，TSCA）第Ⅵ章的修订版，并对复合木制品中的甲醛释放量设置了标准，特别是在美国出售、供应、提供用于出售、或者制造的硬木胶合板、刨花板以及中纤板。新的甲醛释放限量基于加州空气资源委员会（CARB）于 2007 年建立的加

州甲醛标准，并达到了美国加利福尼亚空气资源委员会（California Air Resources Board，简称 CARB）设立的最高标准，同时也吸收采用了其标签标注和第三方检测等方面的规定。具体要求见表 3-9。

表 3-9　美国木制品甲醛法案对甲醛限量要求

硬木胶合板(HWPW)、刨花板(PB)和中纤板(MDF)的甲醛释放限量标准					
方法	HWPW（带单板心）$/\times10^{-6}$	HWPW（带复合板心）$/\times10^{-6}$	PB$/\times10^{-6}$	MDF$/\times10^{-6}$	薄 MDF（<8mm）$/\times10^{-6}$
首要方法 ASTM E 1333 或次要方法 ASTM D6007	0.05				
			0.18	0.21	
			0.09	0.11	
		0.08			0.21
		0.05			0.13

欧盟理事会 1988 年 12 月 21 日关于使各成员国有关建筑产品的法律、法规和行政条款趋于一致的 89/106/EEC 指令，本指令经 1993 年 7 月 22 日的 93/68/EEC 指令修订。指令指出建筑产品只能在其符合预定用途的条件下方可投入市场。为此，它们在安装到工程中之后必须在机械强度的稳定性、防火安全、卫生、健康和环境、使用安全等方面满足指令附录规定的基本要求。对人造板甲醛的要求具体规定参考 EN 13986，检测标准为 EN 120、ENV 717-1，具体要求见表 3-10。

表 3-10　欧盟对甲醛释放量的要求（参考 EN 13986）

技术要求及试验方法			
产品	甲醛释放量要求	试验方法	
表面未处理：刨花板、定向刨花板、中密度纤维板	初始检验：≤0.124mg/m³ 空气	EN 717-1	E1 级
	工厂生产控制：≤8mg/100g 绝干板	EN 120	
	初始检验：>0.124mg/m³ 空气	EN 717-1	E2 级
	初始检验及工厂生产控制：8mg/100g 绝干板<甲醛释放量≤30mg/100g 绝干板	EN 120	
表面未处理：胶合板、实木板、贴面或饰面：刨花板、定向刨花板、中密度纤维板、胶合板、实木板、湿处理纤维板	初始检验：≤0.124mg/m³ 空气	EN 717-1	E1 级
	工厂生产控制：≤3.5mg/(m²·h)或≤5mg/(m²·h)生产后 3d 内	EN 717-2	
	初始检验：>0.124mg/m³ 空气	EN 717-1	E2 级

日本对甲醛释放量的要求较高，如对胶合板的甲醛含量的要求见日本胶合板标准 JASJPIC-EW-SE00-01，检测标准为 JISA 1460，具体要求见表 3-11。2003 年日本政府修改和制定了《建筑基准法》、《建筑基准法实施令》等有关法律法

规，严格限制室内装修材料的使用，并将散发有害物质甲醛的建筑装修材料分为 3 类，并严格限制或禁止这些建筑材料在居室内的使用。第一类为禁止使用的建筑材料；第二类为严格限制使用的装修材料；第三类为适当限制使用的装修材料。实施令还规定，第一类建筑材料是指在每平方米范围内每小时释放出的甲醛超过 0.12mg 的材料。这类建筑装修材料不得在家庭居室或宾馆的客房内使用。如果在室内装修中使用第二类装修材料，其使用总量不得超过地和墙面积的 30%。如果使用第三类装修建材，总使用量不得超过房间地面面积的 2 倍，具体要求见表 3-11。

表 3-11　日本对胶合板甲醛释放量要求

等级	平均值	最大值	使用面积
F☆☆☆☆	≤0.3mg/L	≤0.4mg/L	限制使用
F☆☆☆	≤0.5mg/L	≤0.7mg/L	适当限制使用
F☆☆	≤1.5mg/L	≤2.1mg/L	严格限制使用面积
F☆S	≤3.0mg/L	≤4.2mg/L	禁止使用(集成材)
F☆	≤5.0mg/L	≤7.0mg/L	禁止使用

注：参考 JASJPIC-EW.SE00-01。

② 有机挥发物（VOC）　在 1976 年欧盟合作行动（European Collaboration Action）的第 18 号报告的基础上，由 BSI（英国标准协会）的 CEN/TC134 弹性铺地物、纺织铺地物和层压板铺地物技术委员会制定了 prENTC134N1113 文件，文件对弹性铺地物、纺织铺地物和层压板铺地物含有的易挥发的有机化合物提出了要求，后来被国际标准化组织采用，成为 ISO/TC 219N135 标准，具体要求见表 3-12。日本在 2003 年由日本财团法人建材试验中心拟定，日本工业标准调查会、建筑技术专业委员会审查通过了 JISA 1901：2003，对建筑材料挥发有机化合物（VOC）进行了规定，具体见表 3-13。

表 3-12　弹性铺地物、纺织铺地物和层压板铺地物应当满足的技术要求

特性	在排放检测舱或检测盒中(VOC)	试验方法
在 3d 之后		
所有致癌化合物总和，见标准附录 2(1)	≤10μg/m³	EN 13419 的第 1、第 2 和第 3 部分
$TVOC_3$	≤10000μg/m³	ISO 16000-6
作为信息，报告所有的未识别的化合物总和的相当于甲苯(TOLUENE)的浓度		
根据 ISO 16000-6.2 中为极易挥发有机化合物(VVOC)和半易挥发有机化合物(SVOC)规定的公式，按照 ISO 16000-6.2 中所述的方法，作为信息，分别报告与甲苯相当的浓度		
在 28d 之后		
$TVOC_{28}$	≤1000μg/m³	EN 13419 的第 1、第 2 和第 3 部分

续表

特性	在排放检测舱或检测盒中(VOC)	试验方法
所有致癌化合物总和，见标准附录 2(1)	≤2μg/m³	ISO 16000-6
所有的可评价的化合物的 Ci/总和，见标准附录 2(2)	≤1μg/m³	
作为信息，报告所有的无法评价的化合物(及未知的 LCI_i)总和的相当于甲苯(TOLUENE)的浓度		
根据 ISO 16000-6.2 中为极易挥发有机化合物(VVOC)和半易挥发有机化合物(SVOC)规定的公式，按照 ISO16000-6.2 中所述的方法，作为信息，分别报告与甲苯相当的浓度		

注：参考 ISO/TC 219N135。

表 3-13　日本对建筑材料挥发有机化合物（VOC）的规定

化学物质名称		CAS-NO	限量指标
甲苯		108-88-3	260μg/m³
甲苯	*o*-二甲苯	95-47-6	870μg/m³
	m-二甲苯	108-38-3	
	p-二甲苯	106-42-3	
p-二氯苯		106-46-7	240μg/m³
乙苯		100-41-4	3800μg/m³
苯乙烯		100-42-5	220μg/m³
十四(烷)酸		629-59-4	330μg/m³

注：参考 JISA 1901：2003。

③ 砷、重金属　2003 年 1 月 6 日欧盟委员会发布了 2003/02/EC 指令，检测标准为 BS 5666-3：1991。指令明确了 2004 年 6 月 30 日起，欧盟强制实施这项环保指令。该指令是对 76/769/EEC 指令所作的第十次修改，是对 76/769/EEC 指令中第 20 条进行修改，规定凡是用 CCA 进行防腐处理的木材及木制品，在投放市场前，需加贴标签“内含有砷，仅作为专业或工业用途”，另外，包装上也应该加贴标签“在搬运这些木料时，请戴上手套；在切削这些木料时，请戴上口罩并保护眼睛，这些木材的废料应作为危险性废料，经过授权后进行适当处理”；经过防腐处理的木材，不得使用在下列方面：

a. 无论何种用途的家用木制品；

b. 任何可能存在皮肤接触风险的设备；

c. 农业上用于牲畜的围栏；

d. 在海水中；

e. 防腐处理过的木材可能接触到人畜使用的木制品或其半成品。

美国制定了环保署法规 EPA，RIN 2060-AG52，EPA 74.30 等，规定了油漆中重金属的含量限量。

④ 五氯苯酚　五氯苯酚是一种防腐剂，20 世纪 90 年代以前曾被广泛应用。

由于残留在木制品内的五氯苯酚在存放过程中有可能转变为对人体有害的二噁英，因而很多国家禁止使用五氯苯酚。如欧盟规定人造板中五氯苯酚的含量正常范围应小于 5×10^{-6}。参考标准为 EN 13986。

(2) 中国对特殊化学指标的规定

随着发达国家对进口木制品中特殊化学物质进行限量和对安全性进行规定，近年来，中国也对有害物质限量进行严格规定，并要求进行检测。国家质量监督总局于 2003 年和 2004 年分别发布了《关于对进出口人造板及其制品增加有害物质检测的通知》《关于对进出口木制品有害物质实施检测的补充通知》，指出进出口人造板及其制品应严格按照我国强制性标准 GB 18580—2001《人造板及制品中甲醛释放限量》和 GB 18584—2001《木家具中有害物质限量》进行检测。中国人造板及其制品中甲醛释放量试验方法及限量值与木家具有害物质限量见表 3-14 和表 3-15。另外中国还有 GB 18581—2001《室内装饰材料溶剂型木器涂料中有害物质限量》、GB 18583—2001《室内装饰材料胶粘剂中有害物质限量》标准，对相关有害物质进行了规定。

表 3-14　人造板及其制品中甲醛释放量试验方法及限量值

产品名称	试验方法	限量值	使用范围	限量标志
胶合板、装饰单板贴面胶合板、细木工板等	干燥器法	≤1.5mg/L	可直接用于室内	E1
		≤5.0mg/L	必须饰面处理后可允许用于室内	E2
饰面人造板(包括浸渍纸层压木质地板、实木复合地板、竹地板、浸渍胶膜纸饰面人造板)	气候箱法	≤0.12mg/m³	可直接用于室内	E1
	干燥器法	≤1.5mg/L		

注：参考 GB 18580—2001。

表 3-15　木家具有害物质限量

项目		限量值
甲醛释放量/(mg/L)		≤1.5
重金属含量(限色漆)/(mg/kg)	可溶性铅	≤90
	可溶性镉	≤75
	可溶性铬	≤60
	可溶性汞	≤60

注：参考 GB 18584—2001。

3.7.4　目标市场木制品标准与中国的差异

3.7.4.1　欧盟市场

(1) 欧盟主要人造板标准和地板标准

见表 3-16、表 3-17。

表 3-16 欧盟主要人造板标准

序号	标准号	标准名称
1	EN 313-1:1996	Plywood Classification and Terminology Part 1:Classification 胶合板 分级和术语 第1部分:分类
2	EN 313-2:1999	Plywood Classification and Terminology Part 2:Terminology 胶合板 分类和术语 第2部分:术语
3	EN 314-1:2004	Plywood Bonding Quality Part 1:Testmethods 胶合板 粘合质量 第1部分:试验方法
4	EN314-2:1993	Plywood Bonding Quality Part 2:Requirements(Germanversion) 胶合板 粘合质量 第2部分:要求
5	EN 322:1993	Wood-based Panels Determination of Moisturecontent(Germanversion) 人造板 含湿量测定
6	EN 323:1993	Wood-based Panels Determination of Density 人造板 密度测定
7	EN 324-1:1993	Wood-based Panels Determination of Dimensions of Boards Part 1:Determination of Thickness,Width and Length 人造板 板料尺寸测定.第1部分:厚度、宽度和长度测定
8	EN 324-2:1993	Wood-based Panels Determination of Dimensions of Boards Part 2:Determination of Squareness and Edgestraightness 人造板 板料尺寸测定 垂直度和棱边平直性测定
9	EN635-1:1994	Plywood Classification by Surface Appearance Part 1:General 胶合板 按表面外观分类 第1部分:概述
10	EN 635-2:1995	Plywood Classification by Surface Appearance Part 2:Hardwood 胶合板 按表面外观分类 第2部分:硬木
11	EN 635-3:1995	Plywood Classification by Surface Appearance Part 3:Softwood 胶合板 按表面外观分类 第3部分:软木
12	EN 635-4:1999	Plywood Classification by Surface Appearance Part 4:Parameters of ability for finishing Guideline 胶合板 外观分类 第4部分:可精外向型饰能力参数 指南
13	EN 635-5:1999	Plywood Classification by Surface Appearance Part 5:Methods for Measuring and Expressing Characteristics and Defects 胶合板 表观分类 第5部分:特性和缺陷的测量和表述方法
14	EN 636:2012	Plywood Specifications 胶合板 规格
15	EN 1072:1995	Plywood Description of Bending Properties for Structural Plywood 胶合板 结构用胶合板弯曲性能规定
16	EN 1084:1995	Plywood Formal Dehyde Release Classes Determined by the Gas Analysis Method 胶合板 甲醛释放 按气体分析法分级
17	ENV 14272:2002	Plywood Calculation Method for Some Mechanical Properties 胶合板 一些机械特性的计算方法
18	EN 309:2005	Particle boards Definition and Classification 刨花板 定义和分级
19	EN 634-2:2007	Cement Bonded Particle Boards Specifications Part 2:Requirements for OPC Bonded Particle Boards for Use Indry,Humidandexternal Conditions 水泥粘结刨花板 规范 第2部分:干燥、潮湿和室外环境中使用的OPC粘结刨花板的要求

续表

序号	标准号	标准名称
20	EN 634-1:1995	Cement-bonded Particle Boards Specifications Part 1:General Requirements 混凝土粘结木屑板 规范 第 1 部分:一般要求
21	EN 300:2006-09	Oriented Strand Boards(OSB) Definitions,Classification and Specifications 定向纤维板(OSB) 定义、分类和规范
22	EN 316:2009-07	Woodfibreboards Definition,Classification and Symbols 木纤维板 定义、分类和符号
23	EN 317:1993	Particle Boards and Fibreboards Determination of Swelling in Thickness after Immersion in Water 刨花板和纤维板 浸水厚度膨胀测定
24	EN 318:2002	Wood-based Panels Determination of Dimensional Changes Associated with Changes in Relative Humidity 人造板 相对湿度变化引起尺寸变化的测定
25	EN 319:1993	Particle Boards and Fibreboards Determination of Tensile Strength Perpendicular to the Plane of the Board 刨花板和纤维板 垂直于板面的抗拉强度测定
26	EN 320:2011	Particle Boards and Fibreboards Determination of Resistance to Axial with Drawal of Screws 刨花板和纤维板 抗螺钉轴向拔出力的测定(德文版 EN 320:2011)
27	EN 321:2001	Wood-based Panels Determination of Moisture Resistance Under Cyclic Test Conditions 人造板 循环试验条件下抗湿性测定
28	EN 382-1:1993	Fibreboards;Determination of Surface Absorption Part 1:Test Method for Dry Process Fibreboards 纤维板 表面吸湿性测定 第 1 部分:经干燥处理的纤维板试验方法
29	EN 382-2:1993	Fibreboards Determination of Surface Absorption Part 2:Test Method for Hardboards 纤维板 表面吸湿性测定 第 2 部分:硬板试验方法
30	EN 622-1:2003	Fibreboards Specifications Part 1:General Requirements 纤维板 规范 第 1 部分:一般要求
31	EN 622-2:2004	Fibreboards Specifications Part 2:Requirements for Hardboards 纤维板 规范 第 2 部分:硬质纤维板的要求
32	EN 622-3:2004	Fibreboards Specifications Part 3:Requirements for Medium Boards 纤维板 规范 第 3 部分:中硬度板的要求
33	EN 622-4:2009	Fibreboards Specifications Part 4:Requirements for Soft Boards 纤维板 规范 第 4 部分:软质纤维板要求
34	EN 622-5:2009	Fibreboards Specifications Part 5: Requirements for Dry Process Boards(MDF) 纤维板 规范 第 5 部分:干燥处理板要求(MDF)
35	EN 14323:2004	Wood-based Panels Melaminefaced Boards for Interior Uses Test Methods 人造板 内部用三聚氰胺面板 试验方法

续表

序号	标准号	标准名称
36	EN 717-1:2004	Wood-based Panels　Determination of Formal Dehyde Release　Part 1: Formal Dehyde Emission by the Chamber Method 人造板　甲醛释出的测定　第1部分:用燃烧室法测定甲醛的排放量
37	EN717-2:1994	Wood-based Panels　Determination of Formal Dehyde Release　Part 2: Formal Dehyde Release by the Gas Analysis Method 人造板　甲醛释出的测定　第2部分:按气体分析法释出甲醛
38	EN 717-3:1996	Wood-based Panels　Determination of Formal Dehyde release　Part 3: Formal Dehyde Release by the Flask Method 人造板　甲醛释放量测定　第3部分:量瓶法
39	EN 13986:2004	Wood-based Panels for Use in Construction　Characteristics, Evaluation of Conformity and Marking 建筑用人造板　特性、合格评定和标记
40	EN 120:1992	Wood-basedpanels　Determination of Formal Dehyde Content　Extraction Method Called Perforator Method 人造板　甲醛含量的测定　称为穿孔器法的萃取法

表 3-17　欧盟木地板主要标准

序号	标准号	标准名称
1	EN 13756:2002	Wood Flooring　Terminology 木地板　术语
2	CEN/TS 13810-2:2003	Wood-based Panels　Floating Floors　Part 2:Test Methods 人造板　强化地板　第2部分　试验方法
3	EN 1533:2010	Wood Flooring　Determination of Bending Strength under Staticload　Test Methods 木地板　静载荷下的弯曲强度测定　试验方法
4	EN 1534:2010	Wood Flooring　Determination of Resistance to Indentation Test Method 木质地板　耐刻痕性测定　试验方法
5	EN14762:2006-05	Wood Flooring　Sampling Procedures for Evaluation of Conformity 木地板　合格评定取样程序
6	EN 13226:2009-09	Wood Flooring　Solid Parquetelements with Grooves and/or Tongues 木地板　带舌和/或榫的实木拼花地板构件
7	EN 13227:2002	Wood Flooring　Solid Lamparquet Products 木地板　实木拼花地板制品
8	EN 13228:2011	Wood Flooring　Solid Wood over Layflooring Elements Including Blocks with an inter Locking System 木地板　包括带联锁系统的地板块的镶木地板构件
9	EN 13488:2002	Wood Flooring　Mosaicparquet Elements 木地板　镶嵌地板构件

续表

序号	标准号	标准名称
10	EN 13489:2002	Wood Flooring　Multi-layer Parquet Elements 木地板　多层拼花地板构件
11	EN 13629:2012	Wood Flooring　Solid Individual and Pre assembled Hardwood Boards 木地板　单独预安装阔叶树材地板
12	EN 13647:2011	Wood Flooring and Wood Panelling and Cladding　Determination of Geometrical Characteristics 木地板、木镶板和贴面层　几何特征的测定
13	EN 13696:2008	Wood Flooring　Test methods to Determine Elasticity and Resistance to Wear and Impactresistance 木地板　弹性、抗磨损和抗冲击测定用试验方法
14	EN 13990:2004	Wood Flooring　Solid Soft Wood Floor Boards 木地板　实心软木地板
15	EN 4761:2006+A1:2008	Wood Flooring　Solid Woodparquet　Vertical Finger, Wide Finger and Module Brick 木地板　实心木地板　直指、宽指和模块砖

（2）欧盟胶合板标准与我国的差异

欧盟的胶合板标准与我国的区别主要在于加工要求和主要理化性能指标方面。中国阔叶树材一等品与欧盟的阔叶材胶合板的加工缺陷要求的区别主要体现在：我国的表板拼接离缝、芯板叠离、凹陷、压痕、鼓包、毛刺沟痕、透胶、树脂腻子方面的要求比欧盟低，而欧盟的板边缺损要求比中国的低。

在主要理化性能指标的要求方面，中国与欧盟在胶合板的指标描述和胶合质量的测定方法都有明显的不同，尤其是在预处理方法上是有明显区别的。当我国胶合板产品出口到欧盟时，一定要依照对方的要求严格进行质量控制，以免发生不必要的纠纷。

（3）地板标准与我国的差异

① 欧盟地板标准——以浸渍纸层压地板为例　欧盟的浸渍纸层压地板标准 BS　EN 13329：2000，主要包括一般要求、分类等级要求和使用程度、附加的要求条件，具体见表 3-18～表 3-20。

表 3-18　浸渍纸层压地板一般要求

特征	要求条件	检测方法
厚度偏差(t)	公称厚度 t_n 与平均厚度 t_a 之差的绝对值≤0.50mm； 厚度最大值 t_{max} 与最小值 t_{min} 之差≤0.50mm	EN 13329 附录 A
层面净长偏差(l)	公称长度 l_n≤1500mm 时，l_n 与每个测量值 l_m 之差绝对值≤0.5mm； 公称长度 l_n>1500mm 时，l_n 与每个测量值 l_m 之差绝对值≤0.3mm	EN 13329 附录 A
层面净宽偏差(w)	公称宽度 w_n 与平均宽度 w_a 之差绝对值≤0.10mm； 宽度最大值 w_{max} 与最小值 w_{min} 之差≤0.20mm	EN 13329 附录 A

续表

特征	要求条件	检测方法
正方形构件的长度和宽度偏差($l=w$)	公称长度 l_n 与平均长度 l_a 之差绝对值≤0.10mm； 公称宽度 w_n 与平均宽度 w_a 之差绝对值≤0.10mm，长度最大值 l_{max} 与最小值 l_{min} 之差≤0.20mm，宽度最大值 w_{max} 与最小值 w_{min} 之差≤0.20mm	EN 13329 附录 A
直角度(q)	q_{max}≤0.20mm	EN 13329 附录 A
边缘不直度(s)	s_{max}≤0.30mm/m	EN 13329 附录 A
翘曲度(f)	宽度方向凹翘曲度 f_w≤0.15%，凸翘曲度 f_w≤0.20%； 长度方向凹翘曲度 f_w≤0.50%，凸翘曲度 f_w≤1.00%	EN 13329 附录 A
拼装离缝(O)	拼装离缝平均值 O_a≤0.15mm； 拼装离缝最大值 O_{max}≤0.20mm	EN 13329 附录 B
拼装高度差(h)	拼装高度差平均值 h_a≤0.10mm； 拼装高度差最大值 h_{max}≤0.15mm	EN 13329 附录 B
在相对湿度改变时尺寸的稳定性 δ_1,δ_w	δ_1 平均≤0.9mm； δ_w 平均≤0.9mm	EN 13329 附录 C
光色牢固度	蓝色度，B02 部分，不低于 6	EN ISO 105
	灰色度，A02 部分，不低于 4	EN 20105
边缘抗性	无明显的变化，用直径 11.30mm 的直钢柱测试的缺口≤0.01mm	EN 433
表面结合强度	≥1.00N/mm^2	EN 13329 附录 D

表 3-19　分类等级要求和使用程度

等级	使用程度						测试方法
	住宅用			商业用			
	轻	一般	重	轻	一般	重	
	21	22	23	31	32	33	
表面耐磨	≥900r	≥1800r	≥2500r		≥4000r	≥6000r	EN 13329 附录 E
抗冲击（见表 3-20）	IC1				IC2	IC3	EN 13329 附录 F
耐污染	4(组 1、2)；3(组 3)	5(组 1 和组 2)；4(组 3)					EN 438
表面耐香烟灼烧		4					EN 438
家具腿的影响	—		采用 O 类家具腿测试时，没有明显的磨损				EN 424
轮椅的影响	—		采用 EN 12529:1998 定义的转椅的单轮测试时，根据 EN 425 所要求的没有改变或损坏				EN 425
厚度膨胀	≤20.0%			≤18.0%			EN 13329 附录 G

表 3-20　抗冲击等级

<table>
<tr><td colspan="2" rowspan="2">抗冲击等级</td><td colspan="5">大径球测试/mm</td></tr>
<tr><td>≥800</td><td>≥1000</td><td>≥1200</td><td>≥1400</td><td>≥1600</td></tr>
<tr><td rowspan="5">小径球测试/N</td><td>≥8</td><td>无</td><td colspan="4"></td></tr>
<tr><td>≥10</td><td colspan="5">IC1</td></tr>
<tr><td>≥12</td><td colspan="3"></td><td colspan="2"></td></tr>
<tr><td>≥15</td><td rowspan="2"></td><td colspan="4">IC2</td></tr>
<tr><td>≥20</td><td></td><td colspan="3">IC3</td></tr>
</table>

② 欧盟浸渍纸层压地板标准与中国的主要质量指标差异见表 3-21。

表 3-21　欧盟浸渍纸层压地板标准与中国的主要质量指标差异

<table>
<tr><td colspan="2">项目</td><td>中国</td><td>欧盟</td></tr>
<tr><td colspan="2">判定标准</td><td>优等品、一等品、合格品</td><td>住宅用(轻、一般、重),商业用(轻、一般、重)</td></tr>
<tr><td colspan="2">构件长、宽度偏差</td><td>不单独考核</td><td>单独考核</td></tr>
<tr><td colspan="2">层面净长偏差</td><td>公称长度 l_n≤1500mm 时,l_n 与每个测量值 l_m 之差绝对值≤1.0mm;公称长度 l_n>1500mm 时,l_n 与每个测量值 l_m 之差绝对值≤2.0mm</td><td>公称长度 l_n≤1500mm 时,l_n 与每个测量值 l_m 之差绝对值≤0.5mm;公称长度 l_n>1500mm 时,l_n 与每个测量值 l_m 之差绝对值≤0.3mm</td></tr>
<tr><td colspan="2">光色牢固度</td><td>不考核</td><td>考核</td></tr>
<tr><td colspan="2">边缘抗性</td><td>不考核</td><td>考核</td></tr>
<tr><td colspan="2">家具腿的影响</td><td>不考核</td><td>住宅用(重),商业用需考核</td></tr>
<tr><td colspan="2">轮椅的影响</td><td>不考核</td><td>住宅用(重),商业用需考核</td></tr>
<tr><td colspan="2">尺寸的稳定性</td><td>≤0.5mm</td><td>≤0.9mm</td></tr>
<tr><td colspan="2">含水率</td><td>3.0%～10.0%</td><td>4.0%～10.0%</td></tr>
<tr><td rowspan="2">厚度膨胀率</td><td>要求</td><td>优等品:≤2.5%
一等品:≤4.5%
合格品:≤10.0%</td><td>住宅用:≤20.0%
商业用:≤18.0%</td></tr>
<tr><td>测试要求</td><td>取 6 个试件;
试件尺寸:长 25mm,
宽 25mm;
试件初始状态必须置于温度为 20℃±2℃,相对湿度为 65%±5%的条件下调至恒重;浸泡时间根据产品标准规定测量点在试件对角线交点处</td><td>取 2 个试件;
试件尺寸:长 150mm±1mm
宽 50mm±1mm;
一块从长方向取,另一块从宽方向取,试件初始状态必须置于温度为 23℃±2℃,相对湿度为 50%±5%的条件下调至恒重;浸泡时间 24h±15min 测量点有 6 个位置</td></tr>
<tr><td colspan="2">密度</td><td>考核</td><td>不考核</td></tr>
<tr><td colspan="2">静曲强度</td><td>考核</td><td>不考核</td></tr>
<tr><td colspan="2">内结合强度</td><td>考核</td><td>不考核</td></tr>
</table>

续表

项目		中国	欧盟
表面耐冷热循环耐划痕、耐干热、耐龟裂、耐水蒸气		考核	不考核
表面耐磨	要求	家庭用：≥6000r 公共场所用：≥9000r	家庭用：AC1（轻型），≥900r；AC2（一般），≥1800r；AC3（重型），≥2500r；商业用：AC3（轻型），≥2500r；AC4（一般），≥4000r；AC5（重型），≥6500r
	测试要求	采用砂布型号：AP180/3砂布 换砂布转数：每磨耗500r换一次	采用砂布型号：S-42砂布 换砂布转数：每磨耗200r换一次
抗冲击	测试要求	测试钢球直径为48.2mm±0.2mm；质量约324.0g±5.0g	利用大小钢球进行测试，具体见表3-20

注：参考GB/T 18102—2000和BS EN 13329：2000。

从上表可知，欧盟标准必须考核光色牢固度、边缘抗性、家具和轮椅对其的影响，中国没有这方面的要求。在表面耐磨的要求方面，欧盟的标准较为细化，测试要求欧盟与中国存在较大的差异。在吸水厚度膨胀率的测定方面，欧盟的要求比较复杂。抗冲击性能的测试方法上，中国标准只采用一种型号的钢球进行测试，而欧盟分别采用大小钢球进行测试。

3.7.4.2 日本市场

(1) 胶合板标准与我国的差异

① 日本的胶合板标准　日本关于普通胶合板的农业标准JASJPIC-EW.SE00-01对胶合板的尺寸公差、外观质量、理化性能要求进行了规定，理化性能要求具体见表3-22、表3-23。

表3-22　主要理化性能要求（1）

试件种类	平均木材破坏率/%	胶合强度/(kgf/cm^2)	胶合强度测试方法
Brich		10	试件两端固定，以不超过600kgf/min速率施压至板破碎，测出最大负载
毛山榉、橡木、枫木、榆木等		9	
连香木		8	
柳桉木和其他阔叶木		7	
针叶材		7	
	50	6	
	65	5	
	80	4	

注：1.阔叶材胶合板只需测胶合强度。
2.1kgf=9.80665N，下同。

表 3-23 主要理化性能要求（2）

测试项目	要求	测试方法
含水率	从同一样品上取下的试件的平均含水率不得高于14%（板厚小于3mm，且胶合性能与类型Ⅲ一致的，其含水率要求为16%）	含水率测量用烘干重法。烘干重是指试件在温度为100～105℃的烘箱中烘干后达到的一个恒定重量
生物耐久性（适用于标有生物耐久性的产品）	化学物吸收量的标准如下： ①用硼化合物处理的，所吸收的硼酸总量不得低于1.2kg/m³ ②用辛硫磷处理的，所吸收的辛硫磷总量不低于0.1kg/m³，不高于0.5kg/m³。用phenytrothion处理的，所吸收的phenytrothion总量不低于0.1kg/m³，不高于0.5kg/m³	用硼化物处理过的试件利用胭脂红酸溶液、硫酸亚铁溶液试验；用phoxim处理过的试件利用丙酮测试；用phenytrothion处理过的试件利用甲苯、丙酮、磷酸三辛基酯溶液测试
甲醛释放量（适用于标明甲醛释放量的产品）	甲醛释放量的平均值和最大值不得超过下列数值。Fc0等级，平均值0.5mg/L，最大值0.7mg/L；Fc1等级，平均值1.5mg/L，最大值2.1mg/L；Fc2等级，平均值5.0mg/L，最大值7.0mg/L	甲醛释放量测定采用干燥器法
侧面和横断面的加工	四角平直且较好地修饰	
翘曲、变形	允许不影响胶合板使用的翘曲和变形	
边缘弯曲	最大偏差不得大于1mm	

② 日本胶合板标准与我国的主要差异　日本胶合板标准与我国的差异主要表现在加工要求与主要理化性能指标方面。具体见表 3-24 和表 3-25。

表 3-24 日本胶合板加工要求与中国的差异

缺陷种类	检验项目	中国	日本
胶合板等级		优等品、一等品、合格品	一等品、二等品
表板拼接离缝	单个最大宽度/mm	0.5，且每米板宽内1条	颜色和纹理匹配且离缝的长度不超过板长的20%，宽度不超过0.5mm，经修补且没有交叠
	单个最大长度	板长的10%	
芯板叠离	紧贴表板的芯板叠离	单个大宽度2mm，每米板宽内2条	允许芯板重叠不超过2个，重叠部分几乎没有凹凸不平的现象且长度不得超过150mm。允许有不超过2个仅有轻微褪色和凹凸不平且宽度不超过3mm的芯板分离

续表

缺陷种类	检验项目	中国	日本
	其他各层	单个最大宽度 10mm	
凹陷、压痕、鼓包	单个最大面积/mm^2	50,1 个/m^2	允许有非常轻微的压痕或瑕疵，不允许有鼓包和褶皱
毛刺沟痕	不超过板面积/%	5,深度不得超过 0.5mm	允许有轻微的毛刺沟痕
透胶	不超过板面积/%	0.5	不考核
芯板厚度不均		不考核	考核
补片、补条	允许修补适当且填补牢固的	3 个/m^2,累计不超过板面积 0.5%,缝隙不得超过 0.5mm	允许适当修补
切槽或其他加工处理		不考核	考核
板边缺损		自公称幅面内不允许	四角平直且较好地修饰

注：1. 以中国阔叶树材一等品和日本阔叶树材一等品为例；

2. 参考 GB/T 9846—2004 和 JASJPIC-EW. SE00-01。

表 3-25 日本胶合板主要理化性能要求与中国的差异

理化性能	中国	日本
含水率/%	Ⅰ类、Ⅱ类 6～14、Ⅲ类 6～16	≤14;厚度<3mm 的Ⅲ类板≤16
生物耐久性	不考核	考核
甲醛释放量	E1 级,限量值≤1.5mg/L; E2 级,限量值≤5.0mg/L	平均值和最大值不得超过下列数值。Fc0 级,平均值 0.5mg/L,最大值 0.7mg/L; Fc1 级,平均值 1.5mg/L,最大值 2.1mg/L; Fc2 级,平均值 5.0mg/L,最大值 7.0mg/L
胶合强度	见下述文字说明	

注：参考 GB/T 9846—2004 和 JASJPIC-EW. SE00-01。

由上表可见，中国阔叶树材一等品与日本阔叶树材一等品胶合板的加工缺陷要求的区别主要体现在：表板拼接离缝方面，中国只有宽度和长度的限制，而日本还要求颜色、纹理相匹配；芯板叠离方面，中国分别就紧贴表板、其他各层的芯板叠离作出了规定，而日本则分别就芯板重叠和芯板分离作出要求。凹陷、压痕、鼓包，中国允许单个最大面积不超过 50mm^2，且不超过 1 个/m^2；日本没有明确的定量指标，而是允许有非常轻微的压痕或瑕疵，不允许有鼓包和褶皱。毛刺沟痕，中国允许不超过板面积 5%，深度不超过 0.5mm 的毛刺沟痕；而日本只定性地允许有轻微的毛刺沟痕。补片、补条，中国允许修补适当且填补牢固的 3 个/m^2，且累计不超过板面积 0.5%，缝隙不得超过 0.5mm，日本则允许适当修补，而没有具体的定量要求。板边缺损，中国自公称幅面内不允许有，日本要求四角平直且较好地修饰。透胶，中国要求不超过板面积的0.5%，而日本没有考核。切槽或其他加工处理方面，中国没有考核，而日本则要求经过较好的处理。

③ 日本胶合板胶合强度与中国差异比较

a.潮湿条件使用的胶合板 日本采用循环煮沸法或蒸汽处理测试法，中国采用在(60±3)℃的热水中浸渍3h，取出后在室温下冷却10min的方法。

b.干燥条件使用的胶合板 日本采用正常胶合强度测试法，中国采用将含水率8%～12%的试件作干状实验。

c.在不经常发生潮湿情况下使用的胶合板 日本采用冷热水浸渍剥离测试。

d.室外使用的胶合板 中国采用在沸水中煮4h，然后平放在(60±3)℃的空气对流干燥箱中干燥20h，再在沸水中煮4h，取出后在室温下冷却10min的方法。平均木材破坏率和胶合强度要求差异：

中国分树种就耐气候和耐水胶合板分别要求≥0.70MPa至≥1.00MPa的胶合强度，而所有树种的不耐潮胶合板均要求≥0.70MPa的胶合强度。

日本则对不同树种的阔叶材胶合板分别要求≥7～10kgf/cm^{2}的胶合强度而对针叶材胶合板则既要测定胶合强度也要测定平均木材破坏率。

(2) 木地板标准与我国的差异

日本胶合板检查会于1974年11月制定，并于1991年7月修订的日本农林标准(JASJPIC-EW.SE00-09)规定了单层地板材和复合地板材标准。

① 日本的单层地板材标准与我国实木地板标准的差异

a.日本的单层地板材标准，主要包括尺寸、尺寸偏差、板面质量、主要质量指标等几个方面，具体见表3-26～表3-29。

表3-26 单层地板材尺寸 mm

类别	地板板材		地板块	镶木地板块	
	直接铺地	下面铺龙骨		小木块	镶木地板块
厚度	10,12,14,15,18	14,15,18	10,12,15,18	6,8,9	
宽度	64,75,78,90,94,100,110		240,300,303	18以上	小木块宽度的整数倍
长度	240以上10	500以上10	240、300、303	木块宽度的整数倍	

表3-27 单层地板材尺寸偏差 mm

产品名	地板板材	地板块;镶木地板块
厚度	±0.3	
宽度	±0.5	
长度	+不限;−0	±0.5

表 3-28　板面质量要求

项目	表面			背面
	地板板材	地板块	镶木地板	
节子	①以阔叶树材为原料者，节子长轴直径最大不超过 14mm（7mm 以下贯通材面的活节、腐朽节、半活节 5mm 以下，其他活节、腐朽节、半活节），地板材长度在 0.5m 和 0.5m 以下，允许有两个。但节子长轴直径 3mm 以下的生长节不计算在内； ②以针叶树材为原料，制造的下面铺龙骨的地板材，节子长轴直径不超过 40mm（25mm 以下经过修补的、易脱落的死节、活节、腐朽节、半活节）。地板材长度在 2m 和 2m 以下，最多允许有 6 个。但节子长轴直径 3mm 以下的生长节不计算在内； ③以针叶树材为原料制造的直接铺地地板材，节子长轴直径不超过 40mm（30mm 以下经过修补的、活节、腐朽节、半活节）。地板材长度在 1m 和 1m 以下，最多允许有 6 个。但节子长轴直径 3mm 以下的活节不计算在内	节子长轴直径不超过 10mm（经过修补，贯通材面的活腐朽节、半活节 3mm 以下；经过修补的其他活节、腐朽节、半活节 5mm 以下），每块地板块允许有 3 个。但节子长轴 3mm 以下的活节不计算在内	节子长轴直径不超过 5mm（经过修补的活节、腐朽节、半活节 3mm 以下），每块最多只能有 1 个。而且有节子的镶木地板块数量不能超过地板块总数的 15%。但节子长轴 3mm 以下的活节不计算在内	不影响使用者，允许
项目	表面			背面
	地板板材	地板块	镶木地板	
缺陷和孔洞	轻微			
夹皮、树脂囊和树脂道	轻微			
腐朽和脆心	极轻微	无		允许有轻微
变色	轻微			
缺角	无			
开裂	极轻微	无		不显著
树脂	不显著	轻微		不影响使用
虫眼	在长度每 0.5m 或不足 0.5m，最多只能有长轴直径 2mm 以下的节子 1 个。但对于热带阔叶树材，样子不难看者不计算在内	允许一块地板块最多有长轴直径在 2mm 以下的节子 5 个	长轴直径在 2mm 以下，允许一块最多有 1 个，且有虫眼的块数在总块数中不能超过 10%	

续表

项目	表面			背面
	地板板材	地板块	镶木地板	
斜纹理	轻微			
乱纹理	不影响使用者,允许			
毛刺和毛边	无			
加工及装饰质量	良好			
纵接缝隙及其个数(仅限于纵接产品)	在长度每 0.5m 或不足 0.5m,最多只能有长轴直径 0.3mm 以下的节子 1 个			
其他缺陷	轻微		极轻微	不影响使用

表 3-29 单层地板材主要质量指标要求

项目	要求	检测方法
侧面和横断面的加工	四角方正,加工良好	
凸榫的缺损	①下面铺龙骨地板,其凸榫缺损在 1mm 以上的部分的总长度,不得超过凸榫长度的 40%; ②其他:凸榫缺损只要不影响使用即可	
弯曲、翘曲、扭曲	不影响使用者,允许	
接口不平整	允许经表面加工后的地板接口有 0.3mm 的高差,其他有 0.5mm 的高差	
含水率	窖干针叶树材低于 15%,阔叶树材低于 13%;气干针叶树材低于 20%,阔叶树材低于 17%	用绝干重量法测定
胶合强度性能	试件上同一胶合层中不开胶部分的长度应占其相应侧面长度的 2/3 以上	在(70±3)℃的温水中浸泡 2h 后,取出,放在(60±3)℃的恒温干燥器中干燥 3h
纵接胶合性能(仅适用于纵拼而成的,下面铺龙骨的地板板材)	试件结合部位无破坏发生	按照地板材厚度,试件表面朝上,加载相应重量 16mm 以下,20kg;16mm 以上,18mm 以下,30kg;18mm 以上,20mm 以下,40kg;20mm 以上,50kg
耐磨性(仅限于经过表面装饰加工的地板材)	试件表面经 500 圈磨耗后,相当于每 100 圈的失重应低于 0.15kg	把试件水平固定在试验装置上,将两块卷有砂纸的橡胶制圆盘装在上面,开始旋转,转动 500 圈后,测量试件表面的变化,并求出相当于转 100 圈时的失重,加在试件表面的总质量为 1000kg

续表

项目	要求	检测方法
防虫(仅限于经防虫处理的地板材)	浸渍深度试验: 试件各面显色部分的平均渗透深度,边材应大于5mm;心材应大于3mm。药剂保留率试验:①用硼化物处理过的地板材,硼酸含量应在0.3%以上;②用phoxim处理的试件,phoxim的含量应大于0.04%,phoxim和八氯二丙基醚的混合药剂处理过的地板材,药剂含量应大于0.024%;③用phenytrothion处理过的试件,phenytrothion的含量应大于0.07%;④用Pyridaphenthion处理过的试件,Pyridaphenthion含量应大于0.04%;⑤用Chlorpylifos处理过的试件,Chlorpylifos含量应大于0.04%	浸渍深度试验: 利用药剂显色法做药剂保留率试验:用硼化物处理的试材利用姜黄素法或胭脂红酸法;用phoxim、phenytrothion、Pyridaphenthion、Chlorpylifos处理过的试件利用丙酮测试

b. 日本单层地板材标准与我国实木地板标准的差异主要在于加工要求和主要理化性能指标要求方面，具体见表3-30。

表3-30　日本单层地板材标准与我国实木地板标准的主要差异

名称	中国	日本
标准类型	实木地板	单层地板材
判定标准	优等、一等、合格	无
弯曲、翘曲、扭曲	横弯:长度≤500mm时,允许≤0.02%; 长度>500mm时,允许≤0.03%; 宽度方向:凸翘曲度≤0.20%,凹翘曲度≤0.15%; 长度方向:凸翘曲度≤0.3%	不影响使用者,允许
拼装高度差	平均值≤0.25mm,最大值≤0.3mm	经表面加工的地板≤0.3mm,其他的≤0.5mm
厚度误差	公称厚度与平均厚度之差绝对值≤0.3mm,厚度最大值与最小值之差≤0.4mm	±0.3mm
长度误差	长度≤500mm,公称长度与每个测量值之差绝对值≤0.5mm;长度>500mm,公称长度与每个测量值之差绝对值≤1.0mm	地板板材:+不限;−0 地板块和镶木地板:±0.5mm
宽度误差	公称宽度与平均宽度之差绝对值≤0.3mm,宽度最大值与最小值之差≤0.3mm	±0.5mm
侧面和横断面的加工	不考核	考核
凸榫的缺损	不考核	考核
含水率	7%≤含水率≤各地平衡含水率(10.0%~16.4%)	13%~20%
漆板表面耐磨性	≤0.10g/100r且漆膜未磨透	≤0.15g/100r
胶合强度性能	不考核	考核

续表

名称	中国	日本
纵接胶合性能(仅适用于纵拼而成的,下面铺龙骨的地板板材)	不考核	考核
防虫(仅限于经防虫处理的地板材)	不考核	考核
漆膜附着力	考核	不考核
漆膜硬度	考核	不考核

注：参考 GB/T 15036.1—2001（以一等品为例）和 JASJPIC-EW. SE00-09（以单层板为例）。

从上表可知，日本单层地板材标准与我国实木地板标准在加工要求方面的差异：日本要求对侧面和横断面加工、凸榫的缺损进行考核，而我国无此要求。在主要理化性能指标方面，日本需考核胶合强度性能、纵接胶合性能、防虫处理，而中国无此要求。

② 日本复合地板材标准与我国实木复合地板的差异

a. 日本的复合地板材标准主要质量指标，具体见表 3-31。

表 3-31　复合地板主要质量指标要求

项目	要求	检测方法
侧面和横断面加工	四角方正,加工良好	
凸榫的缺损	下面铺龙骨的地板材,其凸榫缺损在 1mm 以上的部分的总长度,不得超过凸榫长度的 40%; 其他单层地板材的凸榫缺损,只要不影响使用即可	
弯曲、翘曲、扭曲	不影响使用者,允许	
接口不平整	允许有 0.3mm 的高差	
含水率	平均含水率≤14%	用绝干重量法测定
胶合强度性能	试件同一胶层中不开胶部分长度应占其相应侧面长度的 2/3 以上	在(70±3)℃的温水中浸泡 2h 后取出,放在(60±3)℃恒温干燥器中干燥 3h
纵接胶合性能(仅适用于纵拼而成的,下面铺龙骨的地板板材)	试件结合部位无破坏发生	按照地板材厚度,试件表面朝上,加载相应重量 16mm 以下,20kg;16mm 以上,18mm 以下,30kg;18mm 以上,20mm 以下,40kg;20mm 以上,50kg
弯曲挠度(仅适用于下面铺龙骨者)	垂直之差小于 3.5mm 者为合格	试件表面朝上,放在支架上,支点间跨度 700mm,在跨度中点放承重棒,求以试件宽度 100mm 加载 3kg 和宽度 100mm 加载 7kg 测量值之差

续表

项目	要求	检测方法
耐磨性(仅限于经过表面装饰加工的地板材)	试件表面经 500 圈磨耗后,相当于每 100 圈的失重量应低于 0.15kg	把试件水平固定在试验装置上,将两块卷有砂纸的橡胶制圆盘装在上面旋转,转动 500 圈后,测量试件表面变化,并求出相当于转 100 圈时的失重,加在试件表面的总重量为 1000kg
防虫(仅限于经防虫处理的地板材)	药剂的吸收量要达到以下标准: ①硼化合物处理的地板材中硼酸的含量应大于 1.2kg/cm^3 ②phoxim 处理的地板材 0.1kg/cm^3 <phoxim 量<0.5kg/cm^3 ③phenytrothion 处理的地板材中,0.1kg/cm^3 <phenytrothion 的含量<0.5kg/cm^3	药剂保留率试验: ①用硼化物处理过的试件利用胭脂红酸溶液、硫酸亚铁溶液试验; ②用 phoxim 处理的试件利用丙酮测试; ③用 phenytrothion 处理过的试件利用甲苯、丙酮、磷酸三辛基酯溶液测试
游离甲醛释放量(仅适用于要求表示甲醛释放量的地板材)	Fc0 级,平均值 0.5mg/L,最大值 0.7mg/L;Fc1 级,平均值 1.5mg/L,最大值 2.1mg/L;Fc2 级,平均值 5.0mg/L,最大值 7.0mg/L	按照乙酰丙酮法用分光光度法或光电比色法进行比色定量测定
吸水膨胀性(仅适用于除用胶合板、基础材或单板层积材作基材的地板中吸水膨胀显著的原料)	试件厚度超过 12.7mm 者,吸水厚度膨胀率应小于 20%;厚度超过 12.7mm 者,吸水厚度膨胀率应小于 25%	用千分尺或千分表测量试件中心厚度,精确到 0.05mm,浸入(25±1)℃的水中,没入水面下约 3cm,经过 24h 后,再测量试件相同位置的厚度

b. 日本复合地板材标准与我国实木复合地板标准的主要差异。

日本复合地板材标准与中国实木复合地板标准的差异主要表现在加工要求和主要性能指标方面,见表 3-32。

表 3-32 日本复合地板材标准与我国实木复合地板主要质量指标差异

名称	中国	日本
标准类型	实木复合地板	复合地板材
判定标准	优等、一等、合格	无
凸榫缺损	不考核	铺龙骨的地板,缺损 1mm 以上的部分≤总长度的 40%;其他的地板无要求
拼接离缝	横拼:最大单个宽度 0.2mm,最大单个长度不超过板长 10%; 纵拼:最大单个宽度 0.2mm	不考核
鼓泡、分层	不允许	良好
厚度误差	±0.5mm,公称厚度与平均厚度之差±0.5mm	±0.3mm
长度误差	±2mm	900mm 以上的,±1mm; 900mm 以下的,±0.5mm

续表

名称		中国	日本
宽度误差		≤0.1mm 净宽偏差≤0.2mm	240mm以上，±0.5mm； 240mm以下的，±0.3mm
直角度		≤0.2mm	四角方正，加工良好
拼装高度差		平均值≤0.1mm，最大值≤0.15mm	允许有0.3mm的高度差
翘曲度		宽度方向：凸翘曲度≤0.20%，凹翘曲度≤0.15%；长度凸翘曲度≤1.00%，凹翘曲度≤0.50%	不影响使用者，允许
含水率		5%～14%	≤14%
纵接胶合性能（仅适用于纵拼而成的，下面铺龙骨的地板板材）		不考核	考核
弯曲挠度（仅适用于下面铺龙骨者）		不考核	考核
防虫（仅限于经防虫处理的地板材）		不考核	考核
吸水膨胀性（仅适用于除用胶合板、基础材或单板层积材作基材的地板中吸水膨胀显著的原料）		不考核	考核
静曲强度与弹性模量		考核	不考核
漆膜附着力		考核	不考核
表面耐污染		考核	不考核
甲醛释放量	标准	≤0.12mg/m³（气候箱法）； ≤1.5mg/L（干燥器法）	Fc0级，平均值0.5mg/L，最大值0.7mg/L；Fc1级，平均值1.5mg/L，最大值2.1mg/L；Fc2级，平均值5.0mg/L，最大值7.0mg/L
	测试方法	气候箱法或干燥器法	分光光度法或光电比色法

注：参考GB/T 18103—2000（以一等品为例）和JASJPIC-EW.SE00-09。

从上表分析可知，日本复合地板材标准设置了纵接胶合性能、弯曲挠度、防虫处理、吸水膨胀性考核指标，而中国无此要求。在加工要求方面，日本规定的长度误差、厚度误差、宽度误差的标准高于中国标准（一等品），相反拼装高度差、翘曲度的要求，日本标准低于我国标准。甲醛释放量标准，日本标准高于中国标准。另外，在理化性能抽样方案和合格评定方面还是有较大的差异。

材料的取样要求：

日本的取样要求为：进行含水率试验、浸渍剥离试验、抗弯强度试验、耐磨试验、防虫处理试验、游离醛释放量试验和吸水厚度膨胀试验时，按表3-33要求取样；在进行弯曲强度试验时，按表3-34要求取样。

中国的取样要求见表3-35。

表 3-33　日本复合地板材主要理化性能检测取样要求

一个批量中地板材的个数	地板材试件取样块数	
1000 块以下 1001 块以上，2000 块以下 2001 块以上，3000 块以下 3001 块以上	2 块 3 块 4 块 5 块	除游离甲醛释放量以外，重做其他试验时，从地板材试样中取样块数要加倍

注：此表用于含水率试验、浸渍剥离试验、抗弯强度试验、耐磨试验、防虫处理试验、游离醛释放量试验和吸水厚度膨胀试验取样。

表 3-34　日本复合地板材弯曲试验取样要求

一个批量中地板材的个数	地板材试件取样块数	
1000 块以下 1001 块以上，2000 块以下 2001 块以上，3000 块以下 3001 块以上	4 块 6 块 8 块 10 块	重做试验时，试验地板材的取样块数要加倍

表 3-35　中国实木复合地板主要理化性能检测取样要求

提交检查批的成品块数量块	初检抽样数	复检抽样数
1000 块以下	2 块	4 块
1001 块以上	4 块	8 块

合格评定：日本在含水率试验、浸渍剥离试验、抗弯强度试验、弯曲试验、耐磨试验、防虫处理试验、吸水厚度膨胀试验时，用规定的方法取的试件或试验地板材中，如果数量占总数的 90%以上的试件达到该试验要求的标准，即可认为这批产品合格；如果达到试验要求的试件数量不到总数的 70%，则该批产品不合格；如果达到标准规定的试件个数占 70%～90%，则须重新加倍取样，再进行试验。试验结果中有 90%以上达到标准者为合格，达到标准者不足 90%为不合格。在检测游离甲醛释放量时，根据标准要求，与相应的平均值和最大值一致者，即认为该批量板材合格，与相应的平均值和最大值不一致时，判为不合格。

中国在进行结果评定时，当所需进行的各项理化性能检验均合格时，该批产品理化性能判为合格，否则判为不合格。

3.7.4.3　美国市场

（1）美国主要人造板标准和地板标准

见表 3-36。

表 3-36　美国主要人造板标准和地板标准

序号	标准号	标准名称
1	ASTM D1554—2010	Standard Terminology Relating to Wood-base Fiber and Particle Panel Materials 有关木质纤维板和刨花板材料的术语

续表

序号	标准号	标准名称
2	ASTM D6643—2001(2011)	Standard Test Method for Testing Wood-base Panel Corner Impact Resistance 测试人造板角冲击阻力的试验方法
3	ASTM D906—1998(2011)	Standard Test Method for Strength Properties of Adhesives in Plywood Type Construction in Shear by Tension Loading 用拉力负荷法测定胶合板结构中胶黏剂剪切强度特性的试验方法
4	ASTM D1038—2011	Standard Terminology Relating to Veneer and Plywood 有关单板和胶合板的术语
5	ASTM D3499—2011	Standard Test Method for Toughness of Wood-Based Structural Panels 胶合板韧性试验方法
6	ASTM D1037—2012	Standard Test Methods for Evaluating Properties of Wood-Base Fiber and Particle Panel Materials 纤维板和刨花板材料性能的评定方法
7	ASTM D5651—2013	Standard Test Method for Surface Bond Strength of Wood-Base Fiberand Particle Panel Materials 纤维板及刨花板材料表面黏结强度试验方法
8	ASTM D5582—2000(2006)	Standard Test Method for Determining Formal dehyde Levels from Wood Products Usinga Desiccator 用干燥器测定木制品中甲醛水平的标准试验方法
9	ASTME 1333—2010	Standard Test Method for Determining Formal dehyde Concentrations in Air and Emission Rates from Wood Products Using a Large Chamber 用大室测定空气中木制品甲醛浓度和释放速度的试验方法
10	ASTMD 5764—1997a(2013)	Standard Test Method for Evaluating Dowel-Bearing Strength of Wood and Wood-Based Products 评定木制品及人造板对榫钉的承压强度的试验方法
11	ASTMD 6007—2002(2008)	Standard Test Method for Determining Formal dehyde Concentration in Air from Wood Products Using a Small Scale Chamber 用小型室测定空气中来自木制品的甲醛浓度的标准试验方法
12	ASTMD 2394—2005(2011)	Standard Test Methods for Simulated Service Testing of Wood and Wood-base Finish Flooring 木和木质竣工地板模拟使用测试的试验方法
13	ASTMF 3008—2013	Standard Specification for Cork Floor Tile 软木地板规格
14	ANSI/HPVAEF—2012	Standard for Engineered Wood Flooring 实木复合地板标准
15	ANSI/HPVAHP-1—2009	Hardwood and Decorative Plywood 硬木和装饰胶合板

(2) 美国标准与我国的差异

美国国家标准 ANSI/HPVAEF 2002《工程木地板》是由阔叶材胶合板及单板协会提出的。该标准对工程木地板的外观质量、机械加工要求和公差、主要理化性能指标作了明确的规定，具体见表 3-37、表 3-38。

表 3-37 工程木地板未漆饰面板、芯板和背板特征及允许缺陷

特征和缺陷	未漆饰面板等级		紧邻面板且与其垂直的芯板	背板和其他芯板
	一级	特色级		
夹皮	不允许	允许①	允许	允许
整齐的纹理扭曲	允许	允许	允许	允许
裂隙	轻微,偶尔	允许	允许	允许
变色②	板内部颜色协调	允许	允许	允许
腐朽③	不允许	不允许	不允许	不允许
面板接头	紧凑,不平行度小于 3.2mm/200mm	紧凑,不平行度小于 3.3mm/200mm	不适用	不适用
腻子修饰	协调	允许	允许	允许
树脂囊	不允许	允许	允许	允许
节孔	不修补时允许最大直径 1.6mm；修补时 6.4mm	不修补时允许最大直径 3.2mm；修补时 9.5mm	虫孔及其他圆形、椭圆形口子直径不大于面板厚度的 3 倍；直径以虫孔或开口处最大直径和与最大直径处垂直方向的长度的平均值计	最大直径 50.8mm，任意 $0.095m^2$ 中累计直径不超过 102mm
针节	允许	允许	允许	允许
健全节	不允许	允许	允许	允许
迭层	不允许	不允许	不允许	不允许
矿物线	协调	允许	允许	允许
纹理粗糙	轻微,偶尔	允许	允许	允许
纹裂和轮裂	不允许	轻微	允许	允许
心材	允许	允许	允许	允许
拼缝不严	修补后协调,宽度不大于 1.6mm	修补后协调,宽度不大于 3.2mm	不得宽于 3 倍的面板厚度,最大 6.4mm	允许
沾污和污染变色	协调	允许	允许	允许
虫孔	最大直径 1.6mm；修补时允许 6.4mm	最大直径 3.2mm；修补时允许 9.5mm	允许	允许

①“允许”指不加限制；
②地板块之间的色差异是允许的；
③初腐是允许的，前提条件是木材尚未变软，而且地板的使用性能不受损害。

表 3-38　工程木地板漆饰面板特征及允许缺陷

特征和缺陷	漆饰面板等级		
	SP(专业)级	AA 级	A 级
夹皮	不修补时最大 9.5mm	不允许	修补时允许最大 0.8mm×25.4mm 或相等面积
整齐的纹理扭曲	允许[①]	允许	允许
裂隙	未修补时允许 1.6mm×76mm	不允许不修补	不允许不修补
变色[②]	允许	板内部颜色协调	板内部颜色协调
腐朽[③]	允许	不允许	不允许
接头	允许	允许	允许
腻子修补	允许	板内部颜色协调	板内部颜色协调
树脂囊	允许	不允许	不允许
节孔	小于 6.4mm	不允许	不允许
针节	允许	活节，小孔需修补，最大 3.2mm	允许
健全节	允许	不允许	活节数目不限制，开裂不大于 3.2mm
迭层	允许	不允许	不允许
矿物线	允许	漆饰时颜色加深且协调不限制；漆饰颜色较浅时允许轻微和少量	允许
纹理粗糙	允许	不允许	轻微
纹裂和轮裂	允许	不允许	不允许
心材	允许	允许	允许
拼缝不严	允许	不允许	小缝，应修补协调
沾污和污染变色	允许	漆饰颜色加深时不限制；漆饰颜色较浅时必须颜色协调	允许
虫孔	允许	修补协调不大于 3.2mm	不大于 9.5mm，须修补
特殊效果[④]	允许	允许	允许

①“允许”指不加限制，除非另有说明。制造商可以选择是否提供这些特征项，除非客户有特别要求。

②地板块之间的颜色差异是允许的。

③初腐是允许的，前提条件是木材尚未变软，而且地板的使用性能不受损害。

④特殊效果包括复古、破坏、浮雕等后加工或处理，以获得个性化的外观。

表 3-39 工程木地板机械加工要求和公差

特征和缺陷	漆饰面板等级		
	SP(专业)级	AA 级	A 级
地板和地板块宽度公差	+/−0.25mm	+/−0.25mm	+/−0.25mm
拼装高低差	0.31mm	0.38mm	0.63mm
弯曲	长度方向每 300mm 不得大于 0.18mm,任意地板块上不得大于 0.64mm	长度方向每 300mm 不得大于 0.18mm,任意地板块上不得大于 0.64mm	长度方向每 300mm 不得大于 0.23mm,任意地板块上不得大于 0.89mm
端头直角度	宽度方向上每 25mm 不得大于 0.13mm	宽度方向上每 25mm 不得大于 0.18mm	宽度方向上每 25mm 不得大于 0.23mm

注：上述加工要求旨在保证制造出的带槽榫的工程木地板有良好的机械加工质量，在足够平滑的毛地板或衬板上严格地进行铺装时能依据制造商提供的铺装说明进行适当的铺装。此机械加工要求和公差适用于预铺装工程木地板或严格进行铺装的工程木地板。

表 3-40 工程木地板理化性能主要指标

检验项目	要求	检测条件
浸渍剥离	两个试件中任一个两层之间连续剥离≤50.8mm；任一点深度≤6.4mm,宽度≤0.08mm	在 24℃±3℃水中浸泡 4h,在 49～52℃温度下烘干 19h;同时保持空气有效循环,使试件含水率(以烘箱烘干的绝干重量计)降到 8%以下。用 0.08mm 厚,12.7mm 宽的塞尺测量
含水率	5%～9%	按照《木材及木质材料含水率测定方法》(ASTM D4442—92)和《手持式水分仪使用方法和校定》(ASTM D4444—92)规定的任何方法测定含水率
甲醛释放量要求	气候箱负载频率 $0.426m^2/m^3$ ($0.13ft^2/ft^3$),箱内最大浓度 $0.25mg/m^3$ (0.20×10^{-6})	气候箱法,具体依据 ASTM 1333—96《用精确控制条件的大气候箱测试木制品中甲醛水平的试验方法》

美国工程木地板标准与中国实木复合地板标准的差异主要在于加工要求和主要理化性能指标方面。具体见表 3-39～表 3-41。

从对比可知，中国实木复合地板与美国工程木地板在主要质量指标方面存在差别外，在测试或检测方法上也有区别。以浸渍剥离为例，我国的测试与美国的测试在试件尺寸、试件数、浸渍条件、干燥条件和标准等方面都有一定的区别，此外在甲醛释放量标准与测试方法上也有明显差异。

表 3-41　美国工程木地板标准与中国实木复合地板主要质量指标差异

项目		中国	美国
标准类型		实木复合地板	工程木地板
判定标准		优等、一等、合格	一级、特色级（未漆饰）；专业级、AA 级、A 级（漆饰）
拼接离缝		横拼：≤0.5mm，最大单个长度≤板长的 20%；纵拼：≤0.5mm	≤面板厚度的 3 倍；≤6.4mm
鼓泡、分层		不允许	不考核
厚度偏差		≤0.5mm，公称厚度与平均厚度之差≤0.5mm	不考核
面层净长偏差		≤2mm	不考核
净宽偏差		≤0.1mm；净宽偏差≤0.2mm	±0.25mm
直角度		≤0.2mm	宽度方向上每 25mm 不得大于 0.23mm
拼装高度差		平均值≤0.1mm，最大值≤0.15mm	0.31～0.63mm
翘曲度		宽度凸翘曲度≤0.20%，凹翘曲度≤0.15%；长度凸翘曲度≤1.00%，凹翘曲度≤0.50%	仅长度方向要求≤0.23mm/300mm，任意地板块≤0.89mm
含水率		5%～14%	5%～9%
静曲强度和弹性模量		考核	不考核
漆膜附着力		考核	不考核
表面耐污染		考核	不考核
浸渍剥离	试件尺寸	75.0mm×75.0mm	127mm×50.8mm
	试件数	6	10 的倍数
	浸渍条件	(70±3)℃；2h	(24±30)℃；4h
	干燥条件	(60±3)℃；3h	49～52℃；19h；使试件含水率<8%
	工具	精度 0.02mm 的游标卡尺；精度 0.5mm 的钢板尺	0.08mm 厚，12.7mm 宽的塞尺
	要求	任意两层累计长度≤该胶层长度的 1/3（3mm 以下的不计）	任意两层≤50.8mm 的连续剥离；任一点深度≤6.4mm；宽度≤0.08mm

续表

项目		中国	美国
浸渍剥离	评定标准	有 5 个试件合格	通过第一次循环的≥95%，通过第三次的≥85%
甲醛释放量	标准	≤0.12mg/m^3（气候箱法）；≤1.5mg/L(干燥器法)	气候箱负载率 0.426m^2/m^3 或箱内最大浓度 0.25×10^{-6}
	测试方法	气候箱法和干燥器法	气候箱法

注：参考 GB/T 18103—2000（合格品）。

Chapter 04

第4章 涂　料

4.1 前言

进入21世纪以来，中国涂料产业迅猛发展，自2002年涂料产量突破200万吨大关，超过日本，成为世界第二大涂料生产国，此后更是以每年100万吨的巨幅迈进，进入2009年，受国家宏观政策的拉动，国内涂料产量攀升至每年755万吨，同比增幅达到14.14%。涂料主要可以分为两大类，一类是装饰涂料，另一类则是工业涂料。装饰涂料，是指在家居装饰方面所采用的涂料产品，主要分为两类，建筑涂料和家居木器漆（适合家具厂使用的家具涂料并相应地分在工业涂料中），建筑涂料则又根据应用的不同分为家居墙面漆和工程建筑涂料（主要指建筑外墙涂料）两种。工业涂料的范畴相对宽松，包括汽车、船舶集装箱、重防腐蚀化、桥梁、钢结构和混凝土等、重型机械、机床、铁路车辆、公路护栏和划线、家具和木器、玩具、家电、含粉末涂料等十几大类。涂料分类见图4-1。

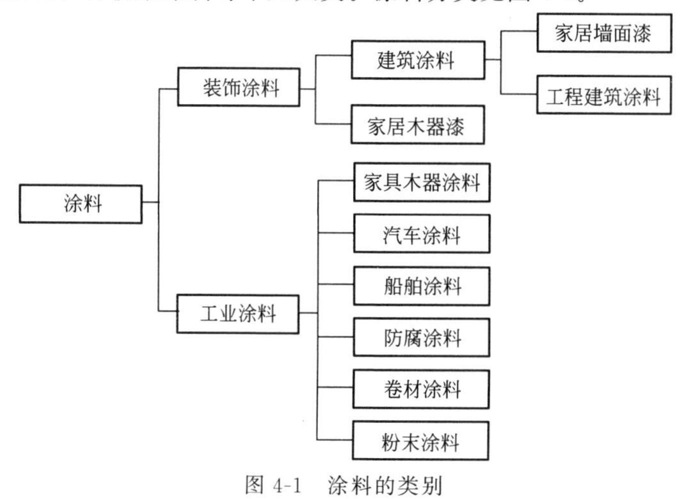

图4-1　涂料的类别

涂料中有毒有害物质主要包括总挥发性有机化合物（VOC）、游离甲醛、苯、甲苯和二甲苯、游离甲苯二异氰酸酯和重金属等。

2013年全国共检验进口涂料3万多批次，20万吨，金额约10亿美元，主要来源于日本、德国、美国、韩国、中国台湾等国家和地区，进口口岸主要集中在上海、广东、江苏、山东、深圳、天津和辽宁等。

4.2 国内外涂料法规和标准体系

4.2.1 国内工业涂料法律法规、标准体系

涂料是化学品，并且部分涂料涉及危险化学品，我国自20世纪70年代后也开始制定涉及涂料安全管理的法律法规或部门规章。目前，我国国家法律法规、条例、地方性法规等共同构成了中国化学品管理的基本框架，其中包括涉及化学品管理的宪法1项、主要法规17项，涉及化学品管理的主要法律18项，涉及化学品管理的主要行政法法规19项，涉及化学品管理的主要部门规章58项。

4.2.1.1 《涂料行业行为准则》

由中国涂料工业协会提出，经中国涂料工业协会第五届第六次理事会通过，于2006年12月1日正式实施的《涂料行业行为准则》，详细规定了行业管理、安全管理和环保管理等10条准则，重申国家对化工产业的有关禁令和产业结构条令及法律规定，涂料行业向企业提出与环保、企业健康、安全相关的VOC、HAPS的原材料限制、淘汰进程的管理规定。准则中提出的禁止或限制使用物质，如以下所列：

① 禁止使用红丹防锈颜料。推动颜、填料品种变革，减少含铅、铬、镉、锡等重金属颜、填料、助剂的使用。

② 禁止纯苯溶剂的使用。降低有毒有害芳烃溶剂的使用。

③ 限制乙二醇醚、乙二醇醚酯类系列助溶剂、成膜助剂的使用。

④ 取缔对人体和生态环境有严重影响的DDT、TBT（有机锡防污剂）的使用。

⑤ 限制具有对环境持久性、对人内分泌干扰的邻苯二甲酸酯类增塑剂的使用。

4.2.1.2 2008年涂料、无机颜料“双高”产品名录

2009年，中国涂料工业协会制定出2008年涂料、无机颜料“双高”产品名录，列为高污染、高环境风险的产品有：①部分有机锡化合物；②醋酸铅；③含苯类、苯酚、苯甲醛和二（三）氯甲烷的脱漆剂；④含烷基酚聚氧乙烯醚（APEO）的建筑涂料；⑤含异氰脲酸三缩水甘油酯（TGIC）的粉末涂料；⑥环烷酸铅、异辛酸铅、辛酸铅；⑦碱式碳酸铅；⑧铅铬黄、钼铬红；⑨四氯化碳溶

剂法氯化橡胶；⑩松香铅皂；⑪铁蓝；⑫硬脂酸铅。

4.2.1.3 国家质检总局关于进口涂料的管理规定

（1）质检总局、原外经贸部、海关总署联合发布的2001年第14号公告

2001年质检总局、原外经贸部、海关总署联合发布的第14号公告，公告内容：为保证进口石材和涂料等建筑材料的质量，保障我国人民健康，根据《中华人民共和国进出口商品检验法》的规定，现公告如下：一、自2002年1月1日起，对进口石材、涂料大类商品（HS编码名称见附件）实施法定检验；二、自2002年1月1日起，对进口石材、涂料类商品，海关凭出入境检验检疫机构出具的《入境货物通关单》验放；三、该类商品的环境控制要求必须符合国家标准《民用建筑工程室内污染环境控制规范》和国家标准《室内建筑装饰材料有害物质限量》中相关材料的有害物质的限量规定；经检验不符合国家有关限量规定的，不得销售和使用；四、对进口石材、涂料类商品的报检和出具证书等按照原国家出入境检验检疫局的有关规定执行。检验和监督管理规定等将另行发布。

（2）质检总局进口涂料检验监管工作操作程序

2002年，为进一步贯彻执行质检总局、外经贸部、海关总署2001年第14号公告和总局《进口涂料检验监督管理办法》（令第18号）的有关规定，质检总局印发了《进口涂料检验监管工作操作程序》和《进口石材检验监管工作操作程序》的通知（国质检检［2002］134号）关于进口涂料的检验监管程序如下：一、自2002年7月1日开始，对进口涂料的检验采取登记备案、专项检测制度与口岸到货检验相结合的方式。二、进口涂料备案书，由总局指定的进口涂料备案机构签发，且仅限于涂料进口报检时使用。已备案的进口涂料备案书对各入境口岸均有效。备案书由总局统一管理印制，委托中国商检研究所发放。三、进口涂料、石材检验监管收费问题另行通知。四、总局检验监管司《关于进口涂料和石材等有关检验监管问题的紧急通知》（质检检函［2001］29号）于2002年7月1日废止。

4.2.1.4 中国的涂料标准

我国涂料产品涉及安全卫生指标的强制性国家标准和其他国家标准共有27项，涵盖食品用涂料、建筑涂料、工业涂料、涂料包装等标准，涉及涂料产品类别13项，涂料环保的共同要求主要体现在重金属含量和以挥发性有机化合物等两个方面控制，具体见表4-1和表4-2。

表4-1 中国涂料标准

序号	标准号	标准名称
1	GB/T 23995—2009	室内装饰装修用溶剂型醇酸木器涂料
2	GB/T 23996—2009	室内装饰装修用溶剂型金属板涂料
3	GB/T 23997—2009	室内装饰装修用溶剂型聚氨酯木器涂料

续表

序号	标准号	标准名称
4	GB/T 23998—2009	室内装饰装修用溶剂型硝基木器涂料
5	GB/T 23999—2009	室内装饰装修用水性木器涂料
6	GB/T 9756—2009	合成树脂乳液内墙涂料
7	GB 18581—2009	室内装饰装修材料溶剂型木器涂料中有害物质限量
8	GB 24408—2009	建筑用外墙涂料中有害物质限量
9	GB 24409—2009	汽车涂料中有害物质限量
10	GB 24410—2009	室内装饰装修材料水性木器涂料中有害物质限量
11	GB 24613—2009	玩具用涂料中有害物质限量
12	GB 9682—1988	食品罐头内壁脱模涂料卫生标准
13	GB 9686—1988	食品容器内壁聚酰胺环氧树脂涂料卫生标准
14	GB 11678—1989	食品容器内壁聚四氟乙烯涂料卫生标准
15	GB 7105—1986	食品容器过氯乙烯内壁涂料卫生标准
16	GB 9680—1988	食品容器漆酚涂料卫生标准
17	GB 11676—2012	食品安全国家标准有机硅防粘涂料
18	GB 11677—2012	食品安全国家标准易拉罐内壁水基改性环氧树脂涂料
19	GB 5369—2008	船用饮水舱涂料通用技术条件
20	GB 16359—1996	放射性发光涂料的放射卫生防护标准
21	GB/T 23994—2009	与人体接触的消费产品用涂料中特定有害元素限量
22	HJ/T 414—2007	环境标志产品技术要求(室内装饰装修用溶剂型木器涂料)
23	HG/T3828—2006	室内用水性木器涂料的检测
24	HJ/T 201—2005	环境标志产品技术要求(水性涂料)
25	GB/T 23994—2009	与人体接触的消费产品用涂料中特定有害元素限量
26	GB/T23991—2009	涂料中可溶性有害元素含量的测定
27	GB 6673—2003	国家玩具安全技术规范中特定元素的迁移

表 4-2 中国涂料类别标准

序号	标准编号	标准名称
1	GB/T 25249—2010	氨基醇酸树脂涂料
2	GB 12441—2005	饰面型防火涂料
3	GB 14907—2002	钢结构防火涂料
4	GB/T 25264—2010	溶剂型丙烯酸树脂涂料
5	GB/T 25251—2010	醇酸树脂涂料
6	GB/T 25252—2010	酚醛树脂防锈涂料
7	GB/T 25258—2010	过氯乙烯树脂防腐涂料

续表

序号	标准编号	标准名称
8	GB/T 25259—2010	过氯乙烯树脂涂料
9	GB/T 25263—2010	氯化橡胶防腐涂料
10	GB/T 25271—2010	硝基涂料
11	GB/T 25272—2010	硝基涂料防潮剂
12	GB/T 25253—2010	酚醛树脂涂料
13	HG/TZ 10—2007	抗碱底漆

4.2.2　国外涂料法规和标准

4.2.2.1　美国

美国的环保署EPA、职业安全健康署OSHA等部门分别制定了有关涂料使用安全与卫生的控制法规。例如，出口到美国的涂料产品以及在美国生产的涂料产品必须执行由EPA于2003年12月11日发布的各类涂料生产的有害空气污染物国家排放标准（NESHAP），该标准对不同品种的涂料产品从原材料使用、生产过程、涂装施工技术选择、废气废水排放等多方面进行了严格要求，这一系列法规要求的关键控制项目指标是挥发性有机物（VOC）。另外，美国国会于1990修订的空气清洁法案（CAA）同样涉及涂料生产使用过程中VOC的控制。根据NESHAP和CAA以及由这两个总体性要求的标准和法案延伸制定的联邦法规，如40CFR Part59，规定了各种涂料产品VOC最高限量，从室内天花用涂料的250g/L到特殊用途涂料的800g/L不等，与我国同类标准要求相近。OSHA在2007年向WTO组织成员通报将制定法规，对气雾罐式涂料中能产生臭氧的VOC成分进行监控。除了VOC，由美国消费产品安全委员会CPSC制定的联邦法规16CFR1303规定了家具、玩具等消费产品所用的涂料中总铅含量限值（0.06%），ASTM F963—2008则给出了铅、铬、汞等8种重金属的可溶性含量与总量的测定方法与限量，同种元素的可溶限量与我国的GB 18581和GB 18582等标准规定一致。

（1）清洁空气法（CAA）及其修正案

CAA是美国环境空气质量保护的基础法律，美国环保总署（EPA）以该法作为基本依据建立了NAAQS等一系列重要法律法规作为补充，构成了联邦核心法规（CFR）。1990年通过的《清洁空气法修正案》（CAAA）要求采取严格措施，到2000年降低70%VOC排放量。在对涂料行业的控制方面，规定工业涂料的VOC（稀释后）排放限值为420g/L。CAAA列出的189种禁止或限制排放的有毒有害物质中70%为VOC，包括了甲醇、甲乙酮、甲苯等几乎所有涂料中常用的有机溶剂。

（2）新污染源行为标准（NSPS）

为促进大气污染控制技术的推广使用，减缓空气污染问题，同时考虑到技术成本、健康和环境影响、能源需求等因素，根据 1977 年《清洁空气法》制定了 NSPS，它定义了限值和对特定排放单元的检测方法及 VOC 排放限值等，目前为止已颁布的涂料行业标准有汽车和轻型卡车、金属家具、大型家电、金属线圈、饮料罐、压敏胶带和标签等表面喷涂作业 VOC 排放标准。

（3）国家有毒空气污染物排放标准（NESHAPs）

根据国会的要求，EPA 须建立标准和管理措施控制导致癌症或其他严重影响健康的危险空气污染物的来源。1992 年 7 月 16 日，EPA 公布了第一批排放有毒空气污染物源类别清单，该名单包括了工业表面涂装 VOC 污染源。为保证有效减少该类污染物，EPA 将 CAAA 列出的危险空气污染物按不同污染源制定了国家排放标准，表 4-3 给出了部分工业维护表面涂装的有机有毒空气污染物（OHAP）限制要求。为最大限度地减少 HAP 的排放，EPA 专门设立了最高可实现控制技术（MACT），通过最佳的清洁生产工艺、控制技术、操作手段等途径达到限制要求。对 HAP 污染源实行严格的空气污染削减措施。对现有污染源，①若有 30 个以上同类污染源，MACT 底线应达到最佳的前 12%企业的平均限值；②若同类污染源小于 30 个，应达到前 4 名的平均限值。对于新污染源，须达到现有同类污染源的最佳控制水平。

表 4-3　美国 OHAPs 排放标准

标准名称	涂装环节	OHAPs 含量限值/(kg/L)	
		新(或重建)污染源	已有污染源
塑料部件和产品表面喷涂 NESHAPs(2002 年)	热塑性烯烃基板	0.17	0.23
	头灯	0.26	0.45
	越野车组	1.34	1.34
	其他零部件和产品	0.16	0.16
木质家具表面喷涂 NESHAPs(2003 年)	外壁墙板和门面底漆	0	0.007
	地板	0	0.094
	室内壁板或瓦板	0.005	0.183
	其他内饰板	0	0.020
	门、窗等杂项	0.057	0.231

注：OHAPs 含量限值以 1L 涂料固体含量计。

（4）美国国家消费和商业产品 VOC 排放标准

① 建筑涂料 VOC 排放标准　EPA 对消费产品和工业产品的 VOC 释放进行的一项调查研究发现建筑涂料的 VOC 释放量约占所有消费产品和工业产品的 9%，而且建筑涂料更与人们的生活密切相关，所以该标准的制定与实施对于减少大气污染、保护生态环境有着重大意义。1999 年 9 月 13 日起，在美国生产和

配送建筑涂料将按照此标准要求执行。

② 汽车修补涂料 VOC 排放标准 1999 年 1 月 11 日以后在美国境内出售、配送的汽车如客车、货车、卡车和其他移动设备，零部件涂装涂料、修补涂料要求按照该标准执行，见表 4-4。

表 4-4 汽车修补涂料的 VOC 限值

涂料类别	VOC 含量限值/(kg/L)
预处理洗涤底漆	0.78
底漆或头二道混合底漆	0.58
封闭底漆	0.55
单层或双层面漆	0.6
多层(大于 2 层)面漆	0.63
多色面漆	0.68
特种涂料	0.84

(5) 控制技术指南 (CTG)

清洁空气法的第 183 (e) 条款要求美国环保署对消费和商业品产生的 VOC 的排放量进行管理。为了对 VOC 污染源进行监管，协助国家和地方达到空气质量标准，EPA 编制了 CTG，对船舶制造、家具、大型家电涂装等均提出了具体排放限制要求及控制措施（见表 4-5）。CTG 虽不属于法规，但各州须以此为指导文件，制定相应的法律标准，作为减排计划的一部分。

表 4-5 典型表面涂装行业 VOC

行业类别	排放限值
金属家具表面涂装(2007 年)	普通单组分、双组分涂料:0.275kg/L(烘干或自干);高光、极性、耐热、光吸收涂料:0.36kg/L(烘干)、0.34kg/L(自干);金属、预处理涂料:0.42kg/L(烘干或自然风干)
制造和修理船舶(表面涂装)(1996 年)	普通涂料:0.34kg/L;特种涂料:规定了 23 类船舶修补涂料的 VOC 含量限值
航天制造和再制造涂装(1996 年)	针对 57 类航天特种涂料制定了 VOC 含量限值,例如:底漆、防污、耐热、高光、高温、防滑涂料

(6) 美国船级社《海洋涂料检查、维护、应用规范》(以下简称《涂料规范》)

《涂料规范》旨在帮助船厂、船东、船舶运营商尽早达到《船舶压载舱保护涂层性能标准》(PSPC) 的规定。《船舶压载舱保护涂层性能标准》是国际海事组织 (IMO) 关于新建船舶压载舱防护涂层的性能标准。该标准包括涂料、涂层性能标准及造船涂装全过程质量控制要求两部分，要求海水压载舱防护涂层具有预期 15 年的使用寿命，从防护涂层膜厚、涂装施工质量控制、防护涂层性能基本要求、涂层质量评定验收、涂层资格认可试验方法、设备等各环节进行全面控制。该标准适用于 2008 年 7 月 1 日后签订建造合同、2009 年 1 月 1 日开始建造及2012年交付使用的所有500t级以上船舶。

4.2.2.2 欧盟相关指令

（1）欧盟关于限制全氟辛烷磺酸销售及使用的指令

2006年12月27日，欧洲议会和部长理事会联合发布《关于限制全氟辛烷磺酸销售及使用的指令》（2006/122/EC），该指令是对理事会《关于统一各成员国有关限制销售和使用禁止危险材料及制品的法律法规和管理条例的指令》（76/769/EEC）的第三十次修订。

全氟辛烷磺酸（perfluorooctane sulfonates，PFOS）以阴离子形式存在于盐、衍生体和聚合体中，因其防油和防水性而作为原料被广泛用于纺织品、地毯、纸、涂料、消防泡沫、影像材料、航空液压油等产品中。2002年12月，在OECD召开的第34次化学品委员会联合会议上将PFOS定义为持久存在于环境、具有生物储蓄性并对人类有害的物质。

（2）2004/42/EC号欧盟指令对色漆和清漆的最大VOC限量规定

2004/42/EC号指令由欧洲议会和理事会于2004年4月发布，规定了12类涂料和清漆以及5类汽车用漆的VOC限量，每一类涂料和清漆分为水性和溶剂型产品限量，而且分成2007年1月1日和2010年1月1日两个限期的不同要求（见表4-6）。与我国的涂料限量相比，欧盟对水性涂料在2007年后的VOC最高限量大多小于150g/L，要求普遍比我国的GB 18582—2001标准高，而2010年的标准限量则要求更高；除个别种类以外，对溶剂型涂料的VOC要求也比我国相关标准要高。

表4-6　2004/42/EC中VOC限量

产品分类	类型	第一阶段(从2007年1月1日起)限值/(g/L)	第二阶段(从2010年1月1日起)限值/(g/L)
外墙无机底材涂料	水性 溶剂型	75 450	40 430
木材或金属内外用贴框或包覆物涂料	水性 溶剂型	150 400	130 300
底漆	水性 溶剂型	50 450	30 350
粘合底漆	水性 溶剂型	140 600	140 500
特殊用途（如地）用双组分反应性功能涂料	水性 溶剂型	140 550	140 500
装饰性涂料	水性溶剂型	300 500	200 200

（3）欧盟88/378/EEC指令和EN71标准

它们对玩具产品中所用涂料的17种可溶性重金属含量进行了限定，除了没有规定总铅含量的限量以外，其余项目限量值与ASTM F963一样，与我国国标同类项目限量值一致。

（4）欧盟REACH法规

欧盟对有关涂料欧盟指令2004/42/EC、76/769/EEC指令等已经纳入REACH法规，已于2008年正式实施。截至2012年12月19日，ECHA（欧洲化学品管理署）已正式发布8批SVHC清单，自此，REACH法规高关注物质清单共有138项SVHC。涉及涂料的高关注物质有45种，详细见工业涂料法律法规、标准体系研究报告。

4.2.2.3 加拿大法规

2008年5月7日，加拿大公布建筑涂料挥发性有机化合物（VOC）浓度限量法规提案。目的是，通过规定在本法规提案目录第1（2）分项的表中确定的49种建筑涂料挥发性有机化合物限量，保护环境和加拿大人的健康。除了在法规提案中确定的例外，拟议的法规将适用于制造、进口、提供销售或在加拿大销售的普通建筑物、高性能工业维修和交通标志涂料（涂料、着色剂、油漆等）。

4.3 涂料有毒有害物质安全限量

4.3.1 中国涂料标准有害物质安全限量要求

4.3.1.1 GB 18581—2009《室内装饰装修材料溶剂型木器涂料中有害物质限量》

木器涂料标准中规定了室内装饰装修用溶剂型木器涂料对人体有害物质容许限值的技术要求、试验方法、检验规程、包装标志、安全涂装及防护等内容。溶剂型木器涂料主要包括硝基漆、聚氨酯漆和醇酸漆，其他树脂类型的木器涂料可参照使用。见表4-7。

表4-7 GB 18581—2009标准中有害物质限量要求

项目	限量值				
	聚氨酯类涂料		硝基类涂料	醇酸类涂料	腻子
	面漆	底漆			
挥发性有机化合物(VOC)含量/(g/L)≤	光泽(60°)≥80,580 光泽(60°)<80,670	670	720	500	550
苯/%≤	0.3				
甲苯、乙苯和二甲苯总和/%≤	30		30	5	30
游离二异氰酸酯(TDI、HDI)含量总和/%≤	0.4		—	—	0.4（限聚氨酯类腻子）

续表

项目		限量值				
		聚氨酯类涂料		硝基类涂料	醇酸类涂料	腻子
		面漆	底漆			
甲醇/%≤		—		0.3	—	0.3（限硝基类腻子）
卤代烃含量/%≤		0.1				
可溶性重金属含量（限色漆、腻子和醇酸清漆）/（mg/kg）≤	Pb	90				
	Cd	75				
	Cr	60				
	Hg	60				

注：卤代烃包括二氯甲烷、1，1-二氯甲烷、三氯甲烷、1，1，2-三氯甲烷、四氯甲烷。

4.3.1.2　GB 18582—2008《室内装饰装修材料内墙涂料中有害物质限量》

该标准作为国家强制性标准将于2008年10月1日起正式施行。与GB 18582—2001标准相比，该标准对水溶性内墙涂料中有害物质含量做了更加严格的限制。见表4-8。

① 增加了水性墙面腻子，并对其规定了有害物质限量值；

② 增加了苯、甲苯乙苯和二甲苯总和控制项目，规定其总和含量≤300mg/kg；

③ 挥发性有机化合物的限量值大幅度降低，规定了水性墙面涂料VOC的含量≤120g/L，水性墙面腻子VOC的含量≤15g/kg。

表4-8　GB 18582—2008标准中有害物质限量要求

项　目		限量值	
		水性墙面涂料	水性墙面腻子
挥发性有机化合物的含量（VOC）限值		120g/L	15g/kg
苯、甲苯、二甲苯、乙苯的总和/（mg/kg）		≤300	
游离甲醛/（mg/kg）		≤100	
可溶性重金属	铅/（mg/kg）	≤90	
	镉/（mg/kg）	≤75	
	铬/（mg/kg）	≤60	
	汞/（mg/kg）	≤60	

4.3.1.3　GB 24613—2009《玩具用涂料中有害物质限量》

该标准规定了玩具用涂料中对人体和环境有害的物质容许限量的要求、试验方法、检验规则和包装标志等内容，适用于各类玩具用涂料。见表4-9。

表 4-9 玩具用涂料有害物质限量的要求

项目		要求
铅含量/(mg/kg)≤		600
溶性元素①/(mg/kg)≤	锑(Sb)	60
	砷(As)	25
	钡(Ba)	1000
	镉(Cd)	75
	铬(Cr)	60
	铅(Pb)	90
	汞(Hg)	60
	硒(Se)	500
邻苯二甲酸酯类②/%≤	邻苯二甲酸二异辛酯(DEHP)、邻苯二甲酸二丁酯(DBP)和邻苯二甲酸丁苄酯(BBP)总和	0.1
	邻苯二甲酸二异壬酯(DINP)、邻苯二甲酸二异癸酯(DIDP)和邻苯二甲酸二辛酯(DNOP)总和	0.1
挥发性有机化合物(VOC)含量/(g/L)≤		720
苯③/%≤		0.3
甲苯、乙苯和二甲苯总和/%≤		30

①按产品说明书规定的比例混合各组分样品，并制备厚度适宜的涂膜。在产品说明书规定的干燥条件下，待涂膜完全干燥后，对干涂膜进行测定。粉末状涂料直接进行测定。

②液体样品，先按规定的方法测定其含量，再折算至干涂膜中的含量。粉末状样品或干涂膜样品，按规定的方法测定其含量。

③仅适用于溶剂型涂料。按产品规定的配比和稀释比例混合后测定。如稀释剂的使用量为某一范围时，应按照推荐的最大稀释量稀释后进行测定。

4.3.1.4 GB 24409—2009《汽车涂料有害物质限量》

该标准规定了乘用车、商用车、挂车、汽车、列车用原厂涂料、修补涂料和零部件涂料中对人体和环境有害的物质容许限量的要求、试验方法、检验规则、包装标志、涂装安全及防护等内容。该标准适用于除腻子、聚丙烯底材附着力促进剂（PP 水）、特殊功能性涂料（防石击涂料）以外的各类汽车涂料。

该标准中汽车涂料分为两类：A 类为溶剂型汽车涂料，分为热塑型、单组分交联型和双组分交联型；B 类为水性（含电泳涂料）、粉末和光固化等。汽车涂料产品中有害物质限量应符合表 4-10 和表 4-11 的要求。

表 4-10 A 类涂料中有害物质限量要求

涂料品种		挥发性有机化合物(VOC)含量	限用溶剂含量/%	重金属含量/(mg/kg)
热塑型	底漆、中涂、底色漆(效应颜料漆、实色漆)	≤770g/L	苯≤0.3；甲苯、乙苯和二甲苯总量≤20；乙二醇甲醚、乙二醇乙醚、乙二醇甲醚醋酸酯、乙二醇乙醚醋酸酯、乙二醇丁醚醋酸酯总量≤0.03	Pb≤1000 Cr≤1000 Cd≤100 Hg≤1000

表 4-11　B 类涂料中有害物质限量要求

涂料品种	限用溶剂含量/%	重金属含量/(mg/kg)
水性涂料 （含电泳涂料）	乙二醇甲醚、乙二醇乙醚、乙二醇甲醚醋酸酯、乙二醇乙醚醋酸酯、乙二醇丁醚醋酸酯总量≤0.03	Pb≤1000 Cr≤1000 Cd≤100 Hg≤1000
粉末、光固化涂料	—	

注：1. 对于水性涂料（含电泳涂料），涂料供应商应提供组分配比。试验时不加水，将各组分和溶剂（如产品规定，配漆时需加入）混匀后进行测试。

2. 粉末涂料可直接进行测试，光固化涂料按产品规定条件固化后测试。

4.3.1.5　HJ/T 201—2005《环境标志产品技术要求　水性涂料》

该标准规定了水性涂料类环境标志产品的定义、基本要求、技术内容和检验方法。该标准适用于各类以水为溶剂或以水为分散介质的涂料及其相关产品。见表 4-12。

表 4-12　HJ/T 201—2005 中水性涂料中有害物限量要求

产品种类	内墙涂料	外墙涂料	墙体用底漆	水性木器漆、水性防腐涂料、水性防水涂料等产品	腻子（粉状，膏状）
挥发性有机化合物的含量(VOC)限值	≤80g/L	≤150g/L	≤80g/L	≤250g/L	≤10g/kg
卤代烃（以二氯甲烷计）/(mg/kg)	≤500				
苯、甲苯、二甲苯、乙苯的总量/(mg/kg)	≤500				
甲醛/(mg/kg)	≤100				
铅/(mg/kg)	≤90				
镉/(mg/kg)	≤75				
铬/(mg/kg)	≤60				
汞/(mg/kg)	≤60				

4.3.2　国外涂料有毒有害物质的限量要求

欧盟 76/769/EEC 指令的全称是《关于统一各成员国有关限制销售和使用某些有害物质和制品的法律法规和管理条例的理事会指令》，该指令是一条重要的有关限制使用有害物质的指令，几乎涉及所有行业。指令最早于 1976 年由欧盟理事会通过，通常被称为限制指令（limitations directive），所限制的物质种类列表、要求及其所涉及的商品列于指令的附录部分。随着对各类有害物质限制的不断增加，该指令的内容也不断变化。截至 2009 年 6 月，该指令已经经历了 33 次修订（amendment），另外还对原指令已限制物质的范畴进行了 18 次补充（adaptation to technical progress)，指令经多次修订与补充形成了一个比较完善的有害物质的法规体系。指令限制的有害物质非常多，大多为无机或有机化学物质。此外，对于特定类型的产品，有专门的法规对化学品的安全限量进行规定，如关于电子电气类产品的 RoHs 指令等。

美国化学品管理的有关法律法规主要有：职业安全健康法（OSHA），联邦有害物质管理法（FHSA），毒性物质控制法（TSCA），危险物品运输法（HM-TA），毒性物质包装及危害预防法（PPA），联邦杀虫剂，杀菌剂和杀鼠剂法（FIFRA），食品，药品和化妆品法（FDCA），消费品安全法（CPSA），空气净化法（CAA），联邦水污染控制法（FWPCA），联邦环境污染控制法（FEP-CA），安全饮水法（CWA），资源保护和回收法（RCRA），附加基金修正复审法（SARA），环境保护赔偿责任法（CERCLA），石油污染法（OPA）。《美国联邦法规》(Code of Federal Regulations，简称 CFR）中对化学品安全限量也做了相应的规定。

1974 年日本颁布实施了《化学物质控制法》，1979 年《工业安全与健康法》生效，至今日本关于化学品管理的法规主要包括：《化学物质控制法》《劳动安全卫生法》《有毒有害物质控制法》《消费产品安全法》等。

4.3.2.1 电子电气产品中的涂料

(1) 欧盟要求

为限制电子电气产品使用某些有害物质，以防止产品废弃后对环境造成污染，欧盟理事会于 2003 年 1 月 23 日颁发了决议 2002/95/EC，即《限制在电子电气设备中使用某些有害物质》指令（简称 RoHS 指令）。2005 年 8 月 18 日，欧盟又以 2005/618/EC 决议的形式对 2002/95/EC 进行了补充，明确规定了六种有害物质［铅、汞、镉、六价铬、多溴联苯（PBB）、多溴联苯醚（PBDE）］的最大限量值。其中铅（Pb）、汞（Hg）、六价铬（Cr^{6+}）、多溴联苯（PBB）、多溴联苯醚（PBDE）的最大允许含量为 0.1%，镉（Cd）为 0.01%。从而解决了原有 2002/95/EC 中的争议问题。

(2) 美国要求

2006 年 12 月 29 日，美国加利福尼亚行政法规办公室批准了加利福尼亚州执行 RoHS（电子电气设备中限制使用某些有害物质）的法规（简称美国加州版 RoHS)：加州和欧盟的 RoHS 指令规定有许多相类之处，但加州 RoHS 较为宽松。例如，加州 RoHS 所管制的产品类别较少；欧盟的规例涵盖 6 种有害物质，即铅、汞、镉、六价铬、聚溴联苯（PBB）及聚溴联苯醚（PBDE），加州规例只涉及前四种重金属物质。

(3) 日本要求

日本工业标准《电子及电气设备特定化学物质的含有标示方法》，JIS C 0950：2005 (J-MOSS)，于 2005 年 12 月 20 日制定完成，于 2006 年 7 月 1 日正式生效。所有规范中的电子及电气设备所含有的特定化学物质（铅、汞、镉、六价铬、聚溴联苯、聚溴联苯醚），符合 RoHS 六项限用物质的电子及电气设备，可标示绿色「G」标示；若六项中有任何一项未符合者，则需在设备本体、设备包装箱（外箱）及目录类（使用说明书、印刷品、网站）等标示黄红色「R」标示，并在标示的下方或右方标注未符合的化学物质符号。

安全限量见表 4-13。

表 4-13　电子及电气设备有害化学物质的安全限量表（欧盟、美国、日本）

限用物质名称	指令、法规、标准及安全限量/$\times10^{-6}$					
	欧盟		美国		日本	
	限量	法规	限量	标准	限量	
铅(Pb)	RoHS 指令	1000	美国加州版 RoHS(加州 SB50 法规)	1000	JIS C 0950：2005 (J-MOSS)	1000
汞(Hg)		1000		1000		1000
镉(Cd)		100		100		100
六价铬(Cr^{6+})		1000		1000		1000
多溴联苯(PBB)		1000		—		1000
多溴联苯醚(PBDE)		1000		—		1000

4.3.2.2　家具类产品中的涂料

（1）欧盟要求

欧盟家具类产品中涂料的有害化学物质安全限量要求，见表 4-14。

表 4-14　欧盟家具建材涂料中有害化学物质安全限量要求

物质种类	指令	检测项目	安全限量
arsenic compounds 砷化合物	89/677/EEC 2003/2/EC	arsenic compounds 砷化合物	禁用
pentachlorophenol (PCP) 五氯苯酚	91/173/EEC 1999/51/EC	pentachlorophenol and its salts and esters 五氯苯酚以及盐和酯类化合物	≤0.1%
		6-chlorodibenzo-*p*-dioxin 六氯二苯并对二噁烷(H6CDD)	≤2mg/kg
creosote 杂酚油类	2001/90/EC	creosote 杂芬油；清洗用油	禁用
		creosote oil 杂酚油；清洗用油	
		distillates(coal tar)naphthalene oils 干馏油(煤焦油)，萘油	
		creosote oil，acenaphthene fraction 杂酚油，苊的馏分	
		distillates (coal tar), upper 干馏油(煤焦油)，上层馏分；重蒽油	

续表

物质种类	指令	检测项目	安全限量
creosote 杂酚油类	2001/90/EC	anthracene oil 蒽油	禁用
		tar acids,coal,crude 焦油酸,煤,原油;粗苯酚	
		creosote,wood 杂芬油,木材	
		low temperature tar oil alkaline 碱性的低温焦油;煤提取物中的碱性低温焦油	
mercury compounds 汞化合物	76/769/EEC	mercury compounds 汞化合物	禁用
cadmium and its compounds 镉及其化合物	76/769/EEC	cadmium and its compounds 镉及其化合物	禁用

（2） 美国要求

① 用含铅涂料条例（16 CFR 1303） 金属铅广泛用于制造涂料、油漆、油墨、油彩、颜料等领域，但是，由于铅对人体健康、特别是儿童身体健康的影响，各国逐渐将其纳入法规管辖范围。CPSC 依据美国消费品安全法案（CPSA），在 1978 年制定了实施条例 16 CFR Part 1303《禁用含铅油漆以及某些带有含铅油漆的消费产品》，规定在大多数供消费者使用的涂料中的铅含量（以金属铅计）不得超过涂料总质量的 0.06%。

② 危险物质和商品［管理和实施条例（16 CFR 1500）］ 16 CFR Part 1500 中与家具相关的是 1500.17 部分，也是关于含铅油漆的规定，说明了家具使用的涂料中的铅含量应符合 16 CFR Part 1303 的要求，即铅含量（以金属铅计）不得超过涂料总质量的 0.06%。

美国家具建材涂料中有害化学物质安全限量见表 4-15。

表 4-15 美国家具建材涂料中有害化学物质安全限量表

物质种类	法案或法规	检测范围	安全限量
carbon tetrachloride and mixtures containing it 四氯化碳及含有四氯化碳的混合物	16 CFR 1500.17	carbon tetrachloride and mixtures containing it 四氯化碳及含有四氯化碳的混合物	禁用
lead 铅	16 CFR 1303.1	lead-containing paint 含铅涂料	$\leqslant 90\times10^{-6}$

（3） 日本

日本的《家用产品有害物质控制法》中对家具建材涂料中有害化学物质安全限量，见表 4-16。

表 4-16　日本家具建材涂料中有害化学物质安全限量

物质种类	限量要求
benzo[*a*]anthracene 苯并[*a*]蒽	$<10\times10^{-6}$
	$<3\times10^{-6}$
benzo[*a*]pyrene 苯并[*a*]芘	$<10\times10^{-6}$
	$<3\times10^{-6}$
dibenzo[*a*,*h*]anthracene 二苯并[*a*,*h*]蒽	$<10\times10^{-6}$
	$<3\times10^{-6}$

4.3.2.3　玩具类产品中的涂料

(1) 欧盟要求

2009 年 6 月 18 日，欧盟正式通过了新玩具安全指令（2009/48/EC），规定了在玩具产品中 19 种迁移元素的限量要求。见表 4-17。

表 4-17　19 种迁移元素的限量要求

元素	液态或黏性材料/(mg/kg)	刮漆玩具材料/(mg/kg)
铝	1406	70000
锑	11.3	560
砷	0.9	47
钡	1125	56000
硼	300	15000
镉	0.5	23
铬(Ⅲ)	9.4	460
铬(Ⅳ)	0.005	0.2
钴	2.6	130
铜	156	7700
铅	3.4	160
锰	300	15000
汞	1.9	94
镍	18.8	930
硒	9.4	460
锶	1125	56000
锡	3750	180000
有机锡	0.2	12
锌	938	46000

55 种禁用（在技术上不可避免情况下允许安全限量不超过 100mg/kg）的致敏性芳香物质，以及 11 种含量超过 100mg/kg 情况下需要进行标识的致敏性芳

香物质，见表4-18、表4-19。

表4-18 55种禁用的致敏性芳香物质（限量100mg/kg）

序号	物质中文名称	物质英文名称	CAS号
1	土木香	alanroot oil(inula helenium)	97676-35-2
2	异硫氰酸烯丙酯	allylisothiocyanate	57-06-7
3	苯乙腈	benzyl cyanide	140-29-4
4	对叔丁基苯酚	4-*tert*-butylphenol	98-54-4
5	土荆芥油	chenopodium oil	8006-99-3
6	兔耳草醇	cyclamen alcohol	4756-19-8
7	马来酸二乙酯	diethyl maleate	141-05-9
8	二氢香豆素	dihydrocoumarin	119-84-6
9	2,4-二羟基-3-甲基苯甲醛	2,4-dihydroxy-3-methylbenzaldehyde	6248-20-0
10	3,7-二甲基-2-辛烯-1-醇(6,7-二氢姜酚)	3，7-dimethyl-2-octen-1-ol（6，7-dihydrogeraniol）	40607-48-5
11	4,6-二甲基-8-叔丁基香豆素	4,6-dimethyl-8-*tert*-butylcoumarin	17874-34-9
12	二甲基柠康酸	dimethyl citraconate	617-54-9
13	7,11-二甲基-4,6,10-十二碳三烯-3-酮	7，11-dimethyl-4，6，10-dodecatrien-3-one	26651-96-7
14	6,10-二甲基-3,5,9-十一碳三烯-2-酮	6,10-dimethyl-3. 5,9-undecatrien-2-one	141-10-6
15	二苯胺	diphenylamine	122-39-4
16	丙烯酸乙酯	ethyl acrylate	140-88-5
17	新鲜无花果叶及制成品	fig leaf,fresh and preparations	68916-52-9
18	反式-2-庚烯醛	*trans*-2-heptenal	18829-55-5
19	氢化松香醇		67746-30-9
20	反式-2-环己巴比妥二甲基缩醛	*trans*-2-hexenal dimethyl acetal	18318-83-7
21	反式-2-环己巴比妥二甲基缩醇		13393-93-6
22	乙氧基酚	4-ethoxy-phenol	622-62-8
23	6-异丙基-2-十氢萘酚	6-isopropyl-2-decahydronaphthalenol	34131-99-2
24	7-甲氧基香豆素	7-methoxycoumarin	531-59-9
25	4-甲氧基苯酚	4-methoxyphenol	150-76-5
26	4-对甲氧基苯基-3-丁烯-2-酮	4-(*p*-methoxyphenyl)-3-butene-2-one	943-88-4
27	1-4-甲氧基苯基-1-戊烯-3-酮	1-(*p*-methoxyphenyl)-1-penten-3-one	104-27-8
28	巴豆酸甲酯	methyl *trans*-2-butenoate	623-43-8
29	6-甲基香豆素	6-methylcoumarin	92-48-8
30	7-甲基香豆素	7-methylcoumarin	2445-83-2
31	5-甲基-2,3-己二酮	5-methyl-2,3-hexanedione	13706-86-0

续表

序号	物质中文名称	物质英文名称	CAS号
32	木香油(木香)	costus root oil(saussurea lappa clarke)	8023-88-9
33	7-乙氧基-4-甲基香豆素	7-ethoxy-4-methylcoumarin	87-05-8
34	六氢香豆素	hexahydrocoumarin	700-82-3
35	天然秘鲁香膏	peru balsam, crude[exudation of myroxylon pereirae (royle)klotzsch]	8007-00-9
36	2-亚戊基环己酮	2-pentylidene-cyclohexanone	25677-40-1
37	3,6,10-三甲基-3,5,9-十一烷三烯-2-酮	3,6,10-trimethyl-3. 5,9-undecatrien-2-one	1117-41-5
38	马鞭草油	verbena oil(lippia citriodora kunth)	8024-12-2
39	合成麝香	musk ambrette (4-*tert*-butyl-3-methoxy-2,6-dinitrotoluene)	83-66-9
40	4-苯基-3-丁烯-2-酮	4-phenyl-3-buten-2-one	122-57-6
41	戊基肉桂醛	amyl cinnamal	122-40-7
42	戊基肉桂醇	amylcinnamyl alcohol	101-85-9
43	苯甲醇	benzyl alcohol	100-51-6
44	水杨酸苄酯	benzyl salicylate	118-58-1
45	肉桂醇	cinnamyl alcohol	104-54-1
46	肉桂醛	cinnamal	104-55-2
47	柠檬醛	citral	5392-40-5
48	香豆素	coumarin	91-64-5
49	丁香酚	eugenol	97-53-0
50	香叶醇	geraniol	106-24-1
51	羟基香茅醛	hydroxy-citronellal	107-75-5
52	新铃兰醛	hydroxy-methylpentylcyclohexenecarboxaldehyde	31906-04-4
53	异丁香酚	isoeugenol	97-54-1
54	橡苔提取物	oakmoss extracts	90028-68-5
55	树苔提取物	treemoss extracts	90028-67-4

表 4-19 11种含量超过100mg/kg需要标识的致敏性芳香物质

序号	产品种类	欧盟指令	CAS号
1	玩具或玩具零部件	2009/48/EC(新玩具安全指令)	105-13-5
2	苯甲酸苄酯	benzyl benzoate	120-51-4
3	肉桂酸苄酯	benzyl cinnamate	103-41-3
4	香芽醇	citronellol	106-22-9
5	麝子油醇	farnesol	4602-84-0

续表

序号	产品种类	欧盟指令	CAS 号
6	己基肉桂醛	hexyl cinnamaldehyde	101-86-0
7	苯丙醛	lilial	80-54-6
8	右旋柠檬烯	d-limonene	5989-27-5
9	芳樟醇	linalool	78-70-6
10	辛酸甲酯	methyl heptine carbonate	111-12-6
11	α-紫罗兰酮	3-methyl-4-(2，6，6-trimethyl-2-cyclohexen-1-yl)-3-buten-2-one	127-51-5

(2) 美国要求

美国《消费品安全改进法案》(CPSIA) 已于2008年8月14日正式生效。2009年2月10日，ASTM F 963正式成为玩具强制性标准，见表4-20。

表 4-20 美国玩具安全相关规定

产品种类	法规/标准	检测项目	安全限量
玩具及其他儿童物品中含铅涂料/涂层原料	消费品安全改进法案(CPSIA)	铅	600×10^{-6}
		邻苯二甲酸酯	1000×10^{-6}
		锑	60×10^{-6}
		砷	25×10^{-6}
		钡	1000×10^{-6}
		镉	75×10^{-6}
		铬	60×10^{-6}
		铅	90×10^{-6}
		汞	60×10^{-6}
		硒	500×10^{-6}
玩具及其他儿童物品中含铅涂料/涂层原料	美国联邦法规第16部分(16 CFR 1303.2)(2008年12月19日修订)	铅	90×10^{-6}(自2009年8月14日起生效)

(3) 日本

日本对玩具的要求主要包括一些针对特殊玩具指定的法规，以及日本玩具协会的玩具安全标准ST 2002。见表4-21。

表 4-21 日本玩具中涂料安全相关规定

物质种类	欧盟指令	检测项目	安全限量
PVC油漆为原料的玩具	食品安全法	高锰酸钾	40℃水浸泡30min后，消耗量$\leqslant50\times10^{-6}$
		铅	40℃水浸泡30min后，释放量$\leqslant1\times10^{-6}$
		镉	40℃水浸泡30min后，释放量$\leqslant0.5\times10^{-6}$
		砷	40℃水浸泡30min后，释放量$\leqslant0.1\times10^{-6}$(以氧化砷计算)

续表

物质种类	欧盟指令	检测项目	安全限量
PE 油漆为原料的玩具	食品安全法	高锰酸钾	40℃水浸泡 30min 后，消耗量$\leqslant 10\times10^{-6}$
		铅	40℃水浸泡 30min 后，释放量$\leqslant 1\times10^{-6}$
		砷	40℃水浸泡 30min 后，释放量$\leqslant 0.1\times10^{-6}$（以氧化砷计算）
玩具的油漆涂层	ST 2002 标准	锑	$\leqslant 60\times10^{-6}$
		砷	$\leqslant 25\times10^{-6}$
		钡	$\leqslant 1000\times10^{-6}$
		镉	$\leqslant 75\times10^{-6}$
		铅	$\leqslant 90\times10^{-6}$
		铬	$\leqslant 60\times10^{-6}$
		汞	$\leqslant 60\times10^{-6}$
		硒	$\leqslant 500\times10^{-6}$

4.3.2.4 欧盟《化学品注册、评估、许可和限制》（REACH 法规）

欧盟对有关涂料的指令 2004/42/EC、76/769/EEC 等已经纳入 REACH 法规，已于 2008 年正式实施。截至 2012 年 12 月 19 日，ECHA（欧洲化学品管理署）已正式发布 8 批 SVHC 清单，自此，REACH 法规高关注物质清单共有 138 项 SVHC，其中涉及涂料的高关注物质有 45 种。第一批 15 项 SVHC 清单（2008 年 10 月 28 日，第一批 15 项 SVHC 正式生效），涉及涂料的高关注物质见表 4-22。

表 4-22 第一批涉及涂料的高关注物质

物质名称	CAS No.	EC No.	常见用途
邻苯二甲酸二丁基酯(DBP)	84-74-2	201-557-4	增塑剂、黏合剂和印刷油墨的添加剂

第二批 13 项 SVHC 清单涉及涂料的高关注物质见表 4-23。2010 年 1 月 13 日，ECHA 正式公布第二批 14 项 SVHC；2010 年 3 月 30 日，ECHA 又将丙烯酰胺加入第二批 SVHC 清单中；2012 年 6 月 18 日，ECHA 将第二批中在 CLP 法规下索引号为 650-017-00-8 的 2 类纤维分别整合进第 6 批，第二批清单减至 13 项。

表 4-23 第二批涉及涂料的高关注物质

物质名称	CAS No.	EC No.	常见用途
2,4-二硝基甲苯	121-14-2	204-450-0	制造染料中间体，炸药，油漆、涂料
邻苯二甲酸二异丁酯(DIBP)	84-69-5	201-553-2	树脂和橡胶的增塑剂，广泛用于塑料、橡胶、油漆及润滑油、乳化剂等工业中

续表

物质名称	CAS No.	EC No.	常见用途
铬酸铅	7758-97-6	231-846-0	可用作黄色颜料、氧化剂和火柴成分，油性合成树脂涂料印刷油墨、水彩和油彩的颜料，色纸、橡胶和塑料制品的着色剂
钼铬红(C. I. 颜料红 104)	12656-85-8	235-759-9	用于涂料、油墨和塑料制品的着色
铅铬黄(C. I. 颜料黄 34)	1344-37-2	215-693-7	用于制造涂料、油墨、色浆。文教用品、塑料、塑粉、橡胶、油彩颜料等着色
高温煤焦油沥青	65996-93-2	266-028-2	用于涂料、塑料、橡胶

第三批8项SVHC清单（2010年6月18日，ECHA又新增了8项高关注度物质SVHC）涉及涂料的高关注物质见表4-24。

表4-24　第三批涉及涂料的高关注物质

物质名称	CAS No.	EC No.	常见用途
硼酸	10043-35-3 11113-50-1	233-139-2 234-343-4	大量应用在生物杀虫剂和防腐剂、个人护理产品、食品添加剂，玻璃、陶瓷、橡胶、化肥、阻燃剂、油漆、工业油、制动液、焊接产品、电影显影剂等行业

第四批8项SVHC清单（2010年12月15日，ECHA把8种SVHC列入授权候选物质清单）涉及涂料的高关注物质见表4-25。

表4-25　第四批涉及涂料的高关注物质

物质名称	CAS No.	EC No.	常见用途
硫酸钴(Ⅱ)	10124-43-3	233-334-2	用于陶瓷釉料和油漆催干剂，生产含钴颜料和其他钴产品，也用于表面处理(如电镀)，碱性电池，还用于催化剂、防腐剂、脱色剂(如用于玻璃和陶瓷等)，还用于饲料添加剂、土壤肥料等
乙二醇单甲醚	109-86-4	203-713-7	主要用作化学中间体以及溶剂，实验用化学药品，并用于清漆稀释剂，印染工业用作渗透剂和匀染剂，染料工业用作添加剂，纺织工业用于染色助剂
乙二醇单乙醚	110-80-5	203-804-1	主要用作生产乙酸酯的中间体，以及容积、试验用化学药品。并用作假漆、天然和合成树脂等的溶剂，还可用于皮革着色剂、乳化液稳定剂、油漆稀释剂、脱漆剂和纺织纤维的染色剂等
三氧化铬	1333-82-0	215-607-8	用于金属表面精整(如电镀)、制高纯金属铬，还用作水溶性防腐剂、颜料、油漆、催化剂、洗涤剂生产以及氧化剂等

第五批7项SVHC清单（2011年6月20日，ECHA正式公布第五批7项SVHC）涉及涂料的高关注物质见表4-26。

表4-26　第五批涉及涂料的高关注物质

物质名称	CAS No.	EC No.	常见用途
乙二醇乙醚醋酸酯	111-15-9	203-839-2	用于油漆、黏合剂、胶水、化妆品、皮革、木染料、半导体、摄影和光刻过程
铬酸锶	7789-06-2	232-142-6	用于油漆、清漆和油画颜料；金属表面抗磨剂或铝片涂层之中
邻苯二甲酸二(C_7～C_{11}支链与直链)烷基酯(DHNUP)	68515-42-4	271-084-6	聚氯乙烯(PVC)塑料增塑剂、电缆和黏合剂
肼	7803-57-8；302-01-2	206-114-9	用于金属涂层，在玻璃和塑料之上；用于塑料、橡胶、聚氨酯(PU)和染料之中
1-甲基-2-吡咯烷酮	872-50-4	212-828-1	涂层溶剂、纺织品和树脂的表面处理和金属面塑料
1,2,3-三氯丙烷	96-18-4	202-486-1	脱脂剂溶剂、清洁剂、油漆稀释剂、杀虫剂、树脂和胶水

第六批20项SVHC清单（2011年12月19日，ECHA正式公布第六批20项SVHC）涉及涂料的高关注物质见表4-27。

表4-27　第六批涉及涂料的高关注物质

物质名称	CAS No.	EC No.	潜在用途
铬酸铬	24613-89-6	246-356-2	用于航空航天、钢铁和铝涂层等行业的金属表面混合物
氢氧化铬酸锌钾	11103-86-9	234-329-8	航空/航天、钢铁、铝线圈、汽车等涂层
锌黄	49663-84-5	256-418-0	汽车涂层、航空航天的涂层
甲醛与苯胺的聚合物	25214-70-4	500-036-1	主要用于其他物质的生产，少量用于环氧树脂固化剂
邻苯二甲酸二甲氧乙酯	117-82-8	204-212-6	ECHA没有收到关于这种物质的任何注册。主要用于塑料产品中的塑化剂、涂料、颜料，包括印刷油墨。
N,*N*-二甲基乙酰胺(DMAC)	127-19-5	204-826-4	用于溶剂及各种物质的生产及纤维的生产。也会被用于试剂、工业涂层、聚酰亚胺薄膜、脱漆剂和油墨去除剂

第七批13项SVHC清单（2012年06月18日，ECHA正式公布第七批13项SVHC）涉及涂料的高关注物质见表4-28。

表4-28　第七批涉及涂料的高关注物质

物质名称	CAS No.	EC No.	潜在用途
三氧化二硼	1303-86-2	215-125-8	被应用于诸多领域，如玻璃及玻璃纤维、釉料、陶瓷、阻燃剂、催化剂、工业流体、冶金、黏合剂、油墨及油漆、显影剂、清洁剂、生物杀虫剂等

续表

物质名称	CAS No.	EC No.	潜在用途
异氰尿酸三缩水甘油酯	2451-62-9	219-514-3	主要用于树脂及涂料固化剂、电路板印刷业的油墨、电气绝缘材料、树脂成型系统、薄膜层、丝网印刷涂料、模具、黏合剂、纺织材料、塑料稳定剂
替罗昔隆	59653-74-6	423-400-0	主要用于树脂及涂料固化剂、电路板印刷业的油墨、电气绝缘材料、树脂成型系统、薄膜层、丝网印刷涂料、模具、黏合剂、纺织材料、塑料稳定剂
碱性蓝 26	2580-56-5	219-943-6	用于油墨、清洁剂、涂料的生产；也用于纸张、包装、纺织、塑料等产品的着色、也应用于诊断和分析

第八批 SVHC 清单 54 项涉及涂料的高关注物质见表 4-29。（2012 年 12 月 19 日，ECHA 正式发布欧盟 REACH 法规第八批 SVHC 清单，共 54 项 SVHC）。

表 4-29　第八批涉及涂料的高关注物质

物质名称	CAS No.	EC No.	潜在用途
全氟十三酸	72629-94-8	276-745-2	油漆、纸张、纺织品、皮革等
全氟十二烷酸	307-55-1	206-203-2	油漆、纸张、纺织品、皮革等
全氟十一烷酸	2058-94-8	218-165-4	油漆、纸张、纺织品、皮革等
全氟代十四酸	376-06-7	206-803-4	油漆、纸张、纺织品、皮革等
偶氮二甲酰胺	123-77-3	204-650-8	聚合物、胶水、墨水
4-壬基(支链与直链)苯酚(含有线性或分支、共价绑定苯酚的9个碳烷基链的物质，包括UVCB物质以及任何含有独立或组合的界定明确的同分异构体的物质)	—	—	油漆、油墨、纸张、胶水、橡胶制品
对特辛基苯酚乙氧基醚(包括界定明确的物质以及 UVCB 物质、聚合物和同系物)	—	—	油漆、油墨、纸张、胶水、纺织品
氧化铅	1317-36-8	215-267-0	玻璃制品、陶瓷、颜料、橡胶
四氧化三铅	1314-41-6	215-235-6	玻璃制品、陶瓷、颜料、橡胶
碳式碳酸铅	1319-46-6	215-290-6	油漆、涂料、油墨、塑胶制品
钛酸铅	12060-00-3	235-038-9	半导体、涂料、电子陶瓷滤波器
乙二醇二乙醚	629-14-1	211-076-1	油漆、油墨、中间体
碱式乙酸铅	51404-69-4	257-175-3	油漆、涂层、脱漆剂、稀释剂
颜料黄 41	8012-00-8	232-382-1	油漆、涂层、玻璃陶瓷制品
4,4′-二氨基-3,3′-二甲基二苯甲烷	838-88-0	212-658-8	绝缘材料、聚氨酯黏合剂、环氧树脂固化剂

4.4 涂料中有害物质的检测方法

4.4.1 无机重金属的测定

4.4.1.1 涂料中的无机重金属限用物质

添加剂中一个大类是无机金属矿物，随着无机非金属填料的加入，可显著改善涂料的物理性能或是力学性能，甚至还赋予高分子体系一些特殊的功能，例如可以提高塑料的刚性、硬度和尺寸稳定性等。填料是用以改善复合材料性能（如硬度、刚度及冲击强度等），并能降低成本的固体添加剂。

通常的无机添加剂大致可分为以下几个大类：

① 无机填料　可增量、可降低成本。常用的无机填料主要有碳酸钙、云母、硅灰石、滑石、高岭土、二氧化硅、二氧化钛、硫酸钙等。

② 色母料（颜料）　主要有碳酸钙、二氧化钛，还包括了铬盐、铅盐、镉盐、汞盐等。

③ 功能填料　常见的有：增强纤维（玻璃纤维）、阻燃剂（氢氧化铝、氢氧化镁、氧化锑等）、稳定剂（铅盐、镉盐等）、加工助剂（三醋酸锑等）。

涂料中的重金属有害元素主要来自涂料生产过程中使用的各种原材料，如各种无机填料、助剂等会夹带来各种元素。这些重金属包括：汞、镉、铅、铬（六价）以及类金属砷等生物毒性显著的重金属。对人体毒害最大的有 5 种：铅、汞、铬（六价）、镉、砷。这些重金属在水中不能被分解，人饮用后毒性放大，与水中的其他毒素结合生成毒性更大的有机物。

4.4.1.2 涂料中的无机重金属的主要检测方法

目前国内外有关涂料中有害元素含量的检测方法主要有分光光度法、原子吸收光谱法（AAS）、电感耦合等离子体发射光谱法（ICP-OES）、电感耦合等离子体质谱法（ICP-MS）、原子荧光光谱法（AFS）及 X 射线荧光光谱法（XRF）等。有害元素检测可分为可溶性元素检测和元素总量检测，测试的目的不同也决定了不同的前处理方法和分析方法。

（1）电感耦合等离子体发射光谱法（ICP-OES/ICP-AES）

电感耦合等离子体发射光谱法是 20 世纪 70 年代迅速发展起来的一种分析方法，与经典光谱法相比，它具有优异的多元素同时检出能力，样品消耗少、分析速度快，可在几分钟内同时作几十个元素的定量测定，并具有很好的检出限和精密度，对于多数元素其检出限一般为 0.1～100ng/mL。当分析物含量不是很低即明显高于检出限时，其 RSD 一般可在 1%以下。ICP 发射光谱法在一般情况下分析校正曲线具有很宽的线性范围，操作简便易于掌握，特别是适用于液体样品的分析。近年来国内外许多学者在这方面作了较多的研究，ICP 发射光谱法已被广泛应用于各个领域，国内许多实验室都配备了这种分析仪器，大大提高了工作效率。许多国外标准都将其作为元素分析的基本方法之一，我国新制定和修订的涂料相关标准已经开始推荐使用这种方法。

（2）电感耦合等离子体质谱法（ICP-MS）

电感耦合等离子体质谱法（ICP-MS）是以 ICP 作为质谱的离子化源的一种质谱分析技术，与传统无机分析技术相比，ICP-MS 技术提供了更低的检出限（可达$\times 10^{-12}$级）、分析精密度高、速度快、可进行多元素同时测定，并可提供精确的同位素信息等分析特性，是目前国际上在这一领域检测水平最高的分析技术之一，是公认理想的超痕量元素分析技术。随着 ICP-MS 技术的迅速发展，已被广泛地应用于环境、材料分析等领域，许多标准已将其作为标准分析方法推荐，国外许多研究使用该法进行样品中的元素分析。以致许多国外标准都将其作为元素分析的基本方法之一，我国新制定和修订的涂料相关标准已经开始推荐使用这种方法。

4.4.1.3 涂料中重金属的主要检测标准

中国涂料中重金属测试方法的标准较多，主要有 GB 18582—2009《室内装饰装修用内墙涂料中有害元素限量》GB 18581—2009《室内装饰装修用溶剂型木器涂料中有害元素限量》HG/T 3828—2006《室内用水性木器涂料的检测》HJ/T 201—2005《环境标志产品技术要求（水性涂料）》HJ/T 414—2007《环境标志产品技术要求（室内装饰装修用溶剂型木器涂料）》、HG/TZ 10—2007《抗碱底漆标准》GB 6673—2003《国家玩具安全技术规范中特定元素的迁移》GB/T 23991—2009《涂料中可溶性有害元素含量的测定》GB/T 23994—2009《与人体接触的消费产品用涂料中特定有害元素限量》GB 24408—2009《外墙涂料中有害元素的限量》。在这些标准中都规定了测试涂料中的有害重金属元素 Pb、Cr、Cd、Hg 的限量，在 GB/T 23994—2009 中还规定了要测试 As、Ba、Sb、Se。GB 24408—2009 还规定了要测试 Cr（Ⅵ）。以 GB 24409—2009《汽车涂料中有害物质限量》的强制标准来控制汽车涂料中重金属元素的使用，同时标准还规定了四种有害重金属元素的限量值。这些标准中的重金属测试方法主要选用的是原子吸收光谱法（AAS）和氢化物发生法。

国际测试涂料中的标准主要有 EN71-3《玩具安全　第 3 部分：特定元素的迁移》规定了测试玩具用涂料中的十九种有害元素的含量（铝、锑、砷、钡、硼、镉、三价铬、六价铬、钴、铜、铅、锰、汞、镍、硒、锶、锡、有机锡、锌）。ASTM F963—2011 标准《消费者安全规范：玩具安全》规定了必须测试玩具用涂料中的八种可溶性有害元素的含量（Pb、Cr、Cd、Hg、As、Ba、Sb、Se）。

IEC 62321：2008 为国际电工委员会（IEC）制定的关于电子电气产品中限用的六种物质（铅、镉、汞、六价铬、多溴联苯、多溴联苯醚）浓度的测定程序。

综上所述，见表 4-30。

表 4-30 国内外标准重金属检测方法

序号	检测标准	检测项目	方法
1	GB 18581；GB 18582；GB 24410；HJ/T 414	可溶性重金属（铅、镉、铬、汞）	AAS 和氢化物发生原子吸收光谱
2	GB 24409—2009 汽车涂料中有害物质限量	可溶性重金属（铅、镉、汞）	AAS
		六价铬	紫外分光光度仪
3	GB 24613—2009 玩具用涂料中有害物质限量	铅	AAS 和 ICP-AES
		可溶性元素（Pb、Cr、Cd、Hg、As、Ba、Sb、Se）	AAS 和 ICP-AES
4	EN3：2013 玩具安全 第 3 部分：元素的迁移	十九种有害元素的含量（铝、锑、砷、钡、硼镉、三价铬、六价铬、钴、铜、铅、锰、汞、镍、硒、锶、锡、有机锡、锌）	ICP-AES、CVAAS GC/MS、LC-ICP-MS
5	ASTM F963—2011 标准消费者安全规范：玩具安全	可溶性元素（Pb、Cr、Cd、Hg、As、Ba、Sb、Se）	AAS 和 ICP-AES
6	关于在电子电气设备中限制使用某些有害物质的第 2011/65/EU 号指令（新 RoHS 指令）IEC 62321：2008 为国际电工委员会（IEC）制定的关于电子电气产品中限用的六种物质的浓度的测定程序	Pb、Cd、Hg 和六价铬	XRF、ICP-AES、AAS、ICP-MS 和 AFS 等

4.4.2 涂料中有机挥发物的测定

4.4.2.1 涂料中有机挥发物（VOCs）的定义

涂料中含有一定的有毒有害物质，如芳香烃、烷烃、酯类、卤代烃等，为挥发性有机物（volatile organic compounds，VOCs）。目前科学已经证明 VOCs 对人体有很大的危害性，具有很强的致癌性。挥发性有机化合物是指沸点范围在 24～260℃之间的化合物。其定义有好几种，美国 ASTM D3960—98 标准将 VOCs 定义为任何能参加大气光化学反应的有机化合物。美国联邦环保署（EPA）的定义：挥发性有机化合物是除 CO、CO_2、H_2CO_3、金属碳化物、金属碳酸盐和碳酸铵外，任何参加大气光化学反应的碳化合物。世界卫生组织（WHO）对总挥发性有机化合物（TVOC）的定义为：熔点低于室温而沸点在 50～260℃之间的挥发性有机化合物的总称。色漆和清漆领域的国际标准 ISO 4618/1—1998 和德国 DIN 55649—2000 标准对 VOCs 的定义是：原则上，在常温常压下，任何能自发挥发的有机液体或固体。同时，德国 DIN 55649—2000

标准在测定VOCs含量时又做了一个限定：即在通常压力下，初馏点或沸点低于或等于250℃的有机化合物。

4.4.2.2 涂料中有机挥发物（VOCs）的检测技术

分析检测挥发性有机化合物的方法有很多种（表4-31），近年来研究较多的有：高效液相色谱法、气相色谱法、气相色谱-质谱法、膜导入质谱法和荧光分光光度法等，另外，还有报道用超临界流体萃取-气相色谱-质谱法和脉冲放电检测器法测定挥发性有机化合物等，其中发展较快且应用较广的方法是气相色谱法和气相色谱-质谱法。

(1) 气相色谱方法

复杂未知样品的分离与分析是目前分析化学的热点和难点之一。气相色谱是用于挥发性物质分析的最常用工具，是与质谱、红外等联用的基本分离手段。挥发性有机物分析在环境研究与评价中占有重要位置，许多有毒有机物都是挥发性的。在美国EPA规定的114种有机优先检出物中就有挥发性组分45种，占40%。气相色谱几乎是分离分析这一类组分的唯一方法。气相色谱主要是利用物质的沸点、极性及吸附性质的差异来实现混合物的分离。气相色谱法测定低含量VOC时可以根据保留值进行定性分析，也可以通过峰面积来进行定量分析。气相色谱的定性分析可以通过利用已知的纯物质对照定性，或利用相对保留值、保留指数等文献数据定性，还可以采用与其他仪器联用的方法进行定性。气相色谱法可将混合物分离为单个纯组分，而红外、核磁共振、质谱等可鉴定未知物的结构，但要求被鉴定的未知物为纯组分。因此，将这两类方法联用，发挥各自的特长，是解决未知物定性问题的最有效手段。

气相色谱的定量分析，通常采用峰面积定量法。常用定量方法有：①外标法（标准曲线法），其优点是操作简便，计算方便，对进样技术和色谱条件的稳定性要求较高。②内标法是将一定量的某纯物质作为内标物，加入到准确称量的试样中，根据内标物及试样的质量以及色谱图上的峰面积计算待测组分的含量。内标法的优点是定量准确，操作条件不必严格控制，进样量也不必十分准确，缺点是每次分析时，试样及内标物都要准确称量。③归一化法，该法的优点是：分析结果与进样的准确性无关，且操作条件的变化对结果的影响较小。归一化法要求试样中所有组分全部出峰，且每一组分的校正因子已知或已测得，而涂料分析中试样比较复杂，溶剂中还可能存在无法识别的杂质峰，所以不太适用于涂料分析中。④标准加入法（亦称为峰面积加大技术）是在样品量、蒸气相温度、气相操作参数等绝对相同的条件下，采用添加待测组分纯品的办法来进行样品分析。原始样品中欲测组分的含量，可用样品中添加待测物质所引起的样品峰面积的增加来算出。需要注意的是，添加待测物质不能使基体发生变化，否则会影响待测组分的活度系数，破坏其定量关系，得到错误的定量结果。标准加入法样品制备过程与内标法类似，但计算原理则完全来自外标法，标准加入法的定量精度应该介于内标法和外标法之间。针对乳胶漆中复杂多组分的VOC体系，将乳胶漆中的VOC分成两部分：低沸点VOC组分和高沸点VOC组分。两者采用的定性和定量分析的方法有所不同。

使用气相色谱测定VOC时，检测器的选择、色谱柱的选择、进样方式的选择、色谱条件的选择、初始操作条件的确定等因素都会影响检测的结果和检测方法的选择。气相色谱的核心即为色谱柱，而色谱柱温度直接影响组分在固定相与流动相间的分配系数 K，因此柱温的选择是气相色谱分析至关重要的问题之一。柱温的选择原则是：在难分离组分得到良好分离、而保留时间适宜、且色谱峰不拖尾的前提下，尽可能采用低的柱温。同时，柱温的选择还必须考虑试样的沸点。沸点高的混合物采用较高的柱温，反之，采用较低柱温。气相色谱条件取决于被分析的产品，对不同的样品应该用已知混合物进行条件优化。进样体积和分流比应该调整到样品量不超过柱容量，且响应信号在检测器线性范围内。

（2）气相色谱-质谱法

① 近年来质谱联用技术发展迅速，随着质谱联用技术的发展，应用领域也越来越广，其灵敏度高、分析速度快、分离和鉴定同时进行等优点，使其广泛应用于化工、环境、医药等领域；

② 质谱分析法是对被测样品离子的质荷比的测定来进行分析的一种分析方法，首先对被分析的样品进行离子化，利用不同离子在电场或磁场的运动行为的不同，把离子按质荷比分开而得到质谱，通过样品的质谱和相关信息，可以得到样品的定性定量结果；

③ 质谱分析法对样品有一定的要求，进行气相色谱-质谱分析的样品应是有机溶液，水溶液中的有机物一般不能直接进行测定，须进行萃取分离变为有机溶液或采用顶空进样技术。

表4-31 国内外标准挥发性有机物的检测方法

序号	检测标准	检测项目	方法
1	GB 18581—2009 室内装饰装修材料溶剂型木器涂料中有害物质限量	挥发性有机化合物	气相色谱
		苯、甲苯和二甲苯和甲醇	气相色谱
		卤代烃	气相色谱
		游离二异氰酸酯(TDI、HDI)	气相色谱
2	GB 18582—2009 室内装饰装修材料内墙涂料中有害物质限量	挥发性有机化合物	气相色谱
		苯、甲苯、乙苯和二甲苯	气相色谱
		游离甲醛	紫外分光光度计

续表

序号	检测标准	检测项目	方法
3	GB 24408—2009 建筑用外墙涂料中有害物质限量	挥发性有机化合物	气相色谱
		苯	气相色谱
		甲苯、乙苯和二甲苯	气相色谱
		游离甲醛	紫外分光光度计
		游离二异氰酸酯(TDI、HDI)	气相色谱
		乙二醇醚及醚酯含量总和	气相色谱
4	GB 24409—2009 汽车涂料中有害物质限量	挥发性有机化合物	气相色谱
		苯	气相色谱
		甲苯、乙苯和二甲苯	气相色谱
		乙二醇甲醚、乙二醇甲醚醋酸酯、乙二醇乙醚、乙二醇乙醚醋酸酯和二乙二醇丁醚醋酸酯	气相色谱
5	GB 24410—2009 室内装饰装修材料水性木器涂料中有害物质限量	挥发性有机化合物	气相色谱
		苯	气相色谱
		甲苯、乙苯和二甲苯	气相色谱
		乙二醇甲醚、乙二醇甲醚醋酸酯、乙二醇乙醚、乙二醇乙醚醋酸酯和二乙二醇丁醚醋酸酯	气相色谱
		游离甲醛	紫外分光光度计
6	GB 24613—2009 玩具用涂料中有害物质限量	邻苯二甲酸酯	气相-质谱联用仪
		挥发性有机化合物	气相色谱
		苯	气相色谱
		甲苯、乙苯和二甲苯	气相色谱
7	ISO11890-2：2013 色漆和清漆 挥发性有机化合物(VOC)含量的测定 第2部分:气相色谱法	挥发性有机化合物	气相色谱
8	ISO 17895:2005 色漆和清漆 低VOC乳化涂料的挥发性有机化合物含量测定	挥发性有机化合物	气相色谱
9	ASTM D6886—2012 用气相色谱法对低挥发性有机化合物含量水溶性空气-干燥涂层中挥发性有机化合物形态的试验方法	挥发性有机化合物	气相色谱

续表

序号	检测标准	检测项目	方法
10	JIS K5601-5-1:2006(2006)涂料组分的试验方法　第5部分:涂料中挥发性有机化合物(VOC)含量的测定　第1节:气相色谱分析法	挥发性有机化合物	气相色谱

随着科技的不断进步，现代涂料仪器分析技术朝着准确、快速、高效的方向发展，分析技术要求具有灵敏度高，检出限低、选择性好、操作简便、分析速度快、易于实现自动化和智能化等特性。随着经济的高速发展，涂料的生产和消费量将不断地增加，完善并提高涂料中有害物质检测方法，选用合适的分析技术对帮助生产企业提高涂料产品质量、保障人体健康很有益处。

4.5 涂料检测技术和发展趋势

4.5.1 样品前处理技术和发展趋势

样品预处理是分析检测工作中非常重要的一步，所需时间约占整个分析工作时间的三分之二，经过预处理的样品，首先可起到浓缩被测痕量组分的作用，从而提高方法的灵敏度，降低最小检测极限；其次可基本消除对测定的干扰，使其在通常的检测器上能检测出来，另外样品经预处理后就变得容易保存或运输。目前，常用的样品预处理方法有溶剂解吸法、高温灰化法、混酸湿法消解、微波消解法、固相萃取法、吹扫-捕集法、顶空法、固相微萃取技术等。随着仪器分析技术的发展，样品前处理技术也朝着简单、快速、高效和自动化方向发展。

(1) 溶解吸收法

溶解吸收法是常用的涂料中可溶性元素分析的前处理方法，该方法是在模拟人体胃酸的条件下去溶解涂层中相应元素。通常是把涂料样品粉碎磨细，在恒温37℃下用0.07mol/L盐酸溶液浸泡一定时间，使可溶性元素转移到溶液中，定容后用AAS、ICP-OES或ICP-MS等仪器分析。目前国内外许多标准都对可溶性重金属提出要求，可参照的标准有EN 71-1、GB 18581、GB 246131等。

(2) 高温灰化法

高温灰化法作为一种经典的样品前处理方法，在涂料行业中运用广泛，许多国内外标准都使用此法，将涂料样品蒸发至干后在500℃左右的温度下灰化，使样品中含有的有机物分解挥发。该方法具有不限样品大小的优点，但挥发性金属易损失，回收率比较低。

（3）混酸湿法消解

混酸湿法消解也是前处理常用的方法之一，使用不同的酸和过氧化氢等试剂共同作用，把涂料样品中的有机物消解破坏。与干法灰化相比，湿法消解不容易损失金属元素，设备相对简单，不足之处是酸的用量大，高氯酸等多酸共混与有机体共存有爆炸的危险。碱性消解法比较适用于涂料中六价铬的定量测定，碱性提取液有利于降低六价铬和三价铬之间的相互氧化还原反应，提取效果比酸溶液的好。

（4）高压消解法

广泛用于电子电气设备样品中有害物质的提取，也适用于涂料中重金属的提取，样品处理相对彻底，适用于同时处理大批量样品，但处理周期稍长。碱熔法主要用于分解无机试样，是消解地质矿物样品时最常用的方法之一，可用于涂料中的颜料、填料等矿物品种的消解。

（5）微波消解法

这是近年得到发展和应用的一种有效的消解方法，利用微波特性使样品的溶解和化学反应更容易，反应更加迅速，并能有效避免样品中易挥发性痕量元素的损失，有较好的准确性。近几年许多检测研究都采用微波消解法，因此该方法有着广阔的发展前景。

（6）固相微萃取技术（solid phase microextraction，SPME）

固相微萃取技术是20世纪90年代兴起并迅速发展的新型的、环境友好的样品前处理技术，无需有机溶剂，操作简单，其与液相色谱分离技术的原理相类似，能“清洗”样品，达到纯化或浓缩样品的作用。该方法操作简便、萃取过程中不需要有机溶剂，但步骤烦琐、待测物易损失等不易采用。随着仪器分析技术的发展，样品前处理技术也朝着简单、快速、高效和自动化方向发展。

4.5.2　涂料中有毒有害物质检测技术和发展趋势

（1）分光光度法

分光光度法作为经典的分析方法之一，是将涂料样品做处理后加入不同的显色剂与待测元素作用，形成络合物或其他有色物质并测定其吸光度，根据吸光度与待测元素浓度成线性关系进行定量。许多标准都采用此法进行重金属分析，如清漆和色漆中的可溶性铅、六价铬等检测就应用分光光度法。由于许多金属元素性质接近且有些显色剂选择性差，使得分光光度法应用受到一定限制，随着新的仪器分析技术的成熟，其他传统的元素分析更多地倾向于选择原子吸收光谱法或者发射光谱法等。

（2）原子吸收光谱法（AAS）

原子吸收光谱法发展至今已经十分成熟，仪器相对简单，具有灵敏度高、检出限低、分析速度快及应用范围广等优点。火焰原子吸收法的检出限可达到×

10^{-9} 级，石墨炉原子吸收法的检出限可达到 $10^{-10}\sim10^{-14}$g。火焰原子吸收法测定中等和高含量元素的相对标准差可小于 1%，石墨炉原子吸收法的分析精度一般为 3%～5%。目前 AAS 已成为元素含量分析的常规技术，可测定的元素达 70 多个，被许多国内外标准所采纳，几乎成为现代实验室必备的分析手段之一。

(3) 原子荧光光谱法 (AFS)

原子荧光光谱法是通过测量待测元素的原子荧光强度来确定元素含量的一种分析方法，具有较低的检出限，较高的灵敏度，特别对 Cd、Zn 等元素有相当低的检出限，分别可达 0.001ng/mL 和 0.04ng/mL，现已有 20 多种元素低于原子吸收光谱法的检出限。原子荧光光谱技术相对于原子吸收光谱技术起步较晚，现在应用还有局限性，检测项目并不是很多，但原子荧光在做 Hg 和 As 等元素时具有较大的优势，可与其他光谱分析技术形成互补。李荣专等用硼氢化钾还原-原子荧光光谱法测定进口涂料中的汞，其检出限为 0.04ng/mL，汞回收率为 94.4%～101.0%。郭静卓等用氢化物原子荧光光谱法测定样品中可溶性汞含量，通过选择最佳实验条件，得到荧光强度与汞浓度在 0～10ng/mL 范围内呈线性关系，检出限为 0.0015ng/mL。谢华林等采用 L-半胱氨酸预还原法-氢化物原子荧光光谱法测定了涂料中痕量砷和锑，其砷和锑的检出限分别为 0.058μg/L 和 0.075μg/L，回收率达到 98.5%～100.3%

(4) 电感耦合等离子体发射光谱法 (ICP-OES/ICP-AES)

电感耦合等离子体发射光谱法是 20 世纪 70 年代迅速发展起来的一种分析方法，与经典光谱法相比，它具有优异的多元素同时检出能力，样品消耗少，分析速度快，可在几分钟内同时作几十个元素的定量测定，并具有很好的检出限和精密度。对于多数元素，其检出限一般为 0.1～100ng/mL。当分析物含量不是很低即明显高于检出限时，其 RSD 一般可在 1%以下。ICP 发射光谱法在一般情况下分析校正曲线具有很宽的线性范围，操作简便易于掌握，特别是适用于液体样品的分析。近年来国内外许多学者在这方面作了较多的研究，ICP 发射光谱法已被广泛应用于各个领域，国内许多实验室都配备了这种分析仪器，大大提高了工作效率。

许多国外标准都将电感耦合等离子体质谱法 (ICP-MS) 作为元素分析的基本方法之一。我国新制定和修订的涂料相关标准已经开始推荐使用这种方法。电感耦合等离子体质谱法 (ICP-MS) 是以 ICP 作为质谱的离子化源的一种质谱分析技术，与传统无机分析技术相比，ICP-MS 技术提供了更低的检出限 (可达 $\times10^{-12}$ 级)、分析精密度高、速度快、可进行多元素同时测定，并可提供精确的同位素信息等分析特性，是目前国际上在这一领域检测水平最高的分析技术之一，是公认理想的超痕量元素分析技术。随着 ICP-MS 技术的迅速发展，已被广泛地应用于环境、材料分析等领域，许多标准已将其作为标准分析方法推荐，国外许多研究使用该法进行样品中的元素分析。但是目前由于 ICP-MS 仪器价格相当昂贵，维护成本和运行费用比较高，相对于ICP-OES，其操作比较复杂，在常规分析前仍需由技术人员进行精密调整，制定方法仍需要相当熟练的技术等原因，在经济欠发达地区还无法普及其应用。

ICP-MS可以与HPLC等其他技术联用进行元素的形态等分析，其研究和应用于装饰装修用水性墙面涂料中可溶性重金属Pb、Cr、Cd、Hg的检测，其检出限为0.35～0.68μg/L，精密度和回收率分别达到4.8%～7.4%和98.8%～101.2%。

（5）X射线荧光光谱法（XRF）

作为一种无损检测分析技术，可直接对块状、液体和粉末样品进行分析，具有分析迅速，可分析元素范围广的特点，对于波长色散X射线荧光光谱仪（WDXRF）和能量色散X射线荧光光谱仪（EDXRF），检测范围为10^{-5}～100%。相对于AAS、ICP-OES、ICP-MS，这些元素测试方法，X射线荧光光谱法不需要复杂的样品前处理，目前已经成为WEEE和RoHS指令控制的有毒物质的重筛选分析技术之一，近年来的标准已经把其纳入到可选的分析方法之一，并已经被许多实验室和企业所采用。不足之处就是，定量分析需要标样，对轻元素的灵敏度低，但X射线荧光分析法作为筛选分析有害元素，对于检验检疫等部门进行大批量样品的测定具有重要意义，可以大大地加快样品的排查速度。

随着户外检测工作的需要，相继出现了便携式气相色谱仪，它可进行现场分析其数据，质量与实验室气相色谱仪的分析结果相当；可快速有效地分析空气、土壤或水中的挥发性有机化合物；通过内部泵可实现自动进样，也可向加热门注射，实现手工进样。其主要特点：五种检测器可供选择应用，先进的技术可产生实验室质量的水分析，方便灵活，且可连续在线检测。

（6）质谱联用技术

目前质谱联用技术发展迅速，随着质谱联用技术的发展，应用领域也越来越广，其灵敏度高、分析速度快，且分离和鉴定可同时进行等，使质谱技术广泛应用于化工、环境、医药等领域；质谱分析法是对被测样品离子的质荷比的测定来进行分析的一种分析方法，首先对被分析的样品进行离子化，利用不同离子在电场或磁场的运动行为的不同，把离子按质荷比分开而得到质谱，通过样品的质谱和相关信息，可以得到样品的定性定量结果；质谱分析法对样品有一定的要求，进行气相色谱-质谱分析的样品应是有机溶液，水溶液中的有机物一般不能直接进行测定，须进行萃取分离变为有机溶液或采用顶空进样技术。气相色谱-质谱联用技术的优点：分辨力高、定性准确、灵敏度高、能检测未分离的色谱峰，不用与其他色谱检测器联用，因此，气相色谱-质谱分析方法将成为检测的重要手段。

（7）高效液相色谱

这是20世纪70年代迅速发展起来的一种高效、高速和高灵敏度的分离技术，与气相色谱法相比，高效液相色谱法对试样的要求不受其挥发性的限制。高效液相色谱分为正相和反相，其中反相更为常用。用高效液相色谱法测定硝基涂料中的增塑剂，如邻苯二甲酸酯类化合物、空气中的挥发性有机化合物等。

涂料安全项目越来越多，项目限量要求也越来越高，对涂料检测技术和发展趋势提出更高的要求。只有在传统分析化学的技术上，结合实际的需求，开发准确、快速、有效的检测技术才能满足涂料工业发展的需要。

Chapter 05

第5章 陶瓷砖

5.1 前言

中国是世界上最大的陶瓷砖生产、消费和出口国。从1993年起，中国成为全球最大的陶瓷砖生产国，至2013年，中国陶瓷砖的产量、消费量和出口量占全球总量的一半以上，中国的陶瓷砖产业给全球陶瓷砖生产、消费和出口注入了巨大的活力。

在生产方面，中国目前有1400余家陶瓷砖生产企业，3500余条生产线，2013年总产量为96.90亿平方米，全行业收入3831亿元。中国各省份的陶瓷砖产量中，广东继续保持陶瓷砖生产第一大省的地位，福建紧随其后，山东、江西和辽宁则分列3～5位。随着佛山陶瓷产业转移及“遍地开花、适当布局”的陶瓷砖产业新格局的形成，中国的陶瓷砖产业发展已由高速发展期步入平稳发展期，产业的可持续发展正在步入一个新阶段。

在出口方面，中国作为世界上最大的建筑卫生陶瓷出口国，2013年出口陶瓷砖占国际市场贸易量的一半以上，产品出口到全世界二百多个国家和地区，中国产品的质量和高性价比越来越得到国外消费者的青睐。2013年，中国陶瓷砖产品出口11.5亿平方米，出口额84.8亿美元，出口平均单价6.88美元/m^2，继续保持增长态势。在出口目的国方面，前十大目的国依次为：沙特阿拉伯、美国、尼日利亚、泰国、巴西、韩国、菲律宾、阿拉伯联合酋长国、印度尼西亚和南非。在各省份陶瓷砖产品出口方面，广东省仍是最大的陶瓷砖出口省份，出口量占全国的67.26%，出口额占全国的75.89%，福建、山东和江西分别位列2～4位。

在产品方面，中国生产的陶瓷砖种类包括一次、二次及三次（多次）烧成釉面砖，彩釉地砖（含仿古砖）及外墙砖，采用渗花、大颗粒、微粉等装饰的瓷质砖（抛光和未抛光），马赛克、广场砖、劈离砖、微晶玻璃复合陶瓷砖、陶瓷干挂板、陶瓷板等约2000余种，几乎涵盖了世界上所有的产品种类。近年来，多管布料系统、薄砖和薄板制造技术、喷墨打印设备、陶瓷墨水、微晶熔块、全抛釉熔块等一大批自主研发的装备和色釉料新技术在陶瓷行业得到了广泛应用，极大地丰富了陶瓷砖的装饰效果，促进了产品的档次和技术水平的提高。自主研发的轻质陶瓷砖、陶瓷板、防静电陶瓷砖等新型功能陶瓷砖，拓展了陶瓷砖的应用领域。如今，陶瓷砖的用途已从原来的“装饰与保护建筑物、构筑物墙面及地面”拓展到建筑物幕墙以及内墙主体等建筑区域，以及对绝热、防静电等性能有特殊要求的场合。

虽然中国已是世界陶瓷砖的制造大国，技术水平已接近或达到世界先进水平。但就整体水平而言，仍有较大差距，主要表现为：关键的核心技术创新不足；产品同质化比较严重；产品结构不合理，中低档产品比例较高，高档产品比例较低；生产过程的资源和能源消耗较高，污染物排放较大等。随着原有的高投入、高消耗、高排放、低效益的发展方式的改变，通过陶瓷砖产品的薄型化、减量化和功能化，推动产业节能减排和技术进步，中国由陶瓷砖制造、消费大国向创新大国的转变将出现新局面。

5.2 陶瓷分类及主要用途

陶瓷砖是由黏土、长石和石英为主要原料制造的用于覆盖墙面和地面的板状或块状陶瓷制品，在室内外建筑的墙面和地面装饰和装修得到广泛应用。陶瓷砖的分类方法包括按成型方式和吸水率分类、按用途分类、按产品类别分类及按产品的美学效果分类等。

5.2.1 按成型方式和吸水率分类

按成型方式分类，可分为挤压砖（A类）、干压砖（B类）、其他成型方式（C）3类；

按吸水率（E）可分为低吸水率（Ⅰ类）、中吸水率（Ⅱ类）、和高吸水率（Ⅲ类）3类。

表5-1列出了ISO 13006：2012标准中陶瓷砖的分类方法，表中列出的分类是制定陶瓷砖技术要求的基础。需要注意的是，这种分类方法与产品的使用无关。

欧盟标准EN 14411：2012采用了和ISO 13006：2012相同的分类方法，具体参见表5-1。GB/T 4100—2006采用了ISO 13006：1998中的分类方法，这种分类方法和ISO 13006：2012略有不同，具体参见表5-2。

表 5-1 陶瓷砖按成型方法和吸水率（E）分类

成型方法	Ⅰ类(低吸水率) $E\leq 3\%$	Ⅱ类(中吸水率) $3\%<E\leq 6\%$	Ⅱ类(中吸水率) $6\%<E\leq 10\%$	Ⅲ类(高吸水率) $E>10\%$
A 挤压	AⅠa 类 $E\leq 0.5\%$ AⅠb 类 $0.5\%<E\leq 3\%$	AⅡa-1 类① AⅡa-2 类①	AⅡb-1 类① AⅡb-2 类①	AⅢ类
B 干压	BⅠa 类 $E\leq 0.5\%$ BⅠb 类 $0.5\%<E\leq 3\%$	BⅡa 类	BⅡb 类	BⅢ类②

①AⅡa 类和 AⅡb 类按产品不同性能分为两个部分。
②BⅢ类仅包括有釉砖，此类不包括吸水率大于 10%的干压成型无釉砖。

表 5-2 陶瓷砖按成型方法和吸水率（E）分类表

成型方法	Ⅰ类(低吸水率) $E\leq 3\%$	Ⅱ类(中吸水率) $3\%<E\leq 6\%$	Ⅱ类(中吸水率) $6\%<E\leq 10\%$	Ⅲ类(高吸水率) $E>10\%$
A 挤压	AⅠ类 $E\leq 3\%$	AⅡa-1 类① AⅡa-2 类①	AⅡb-1 类① AⅡb-2 类①	AⅢ类
B 干压	BⅠa 类 $E\leq 0.5\%$ BⅠb 类 $0.5\%<E\leq 3\%$	BⅡa 类	BⅡb 类	BⅢ类②
C 其他	CⅠ	CⅡ	CⅡ	CⅢ

①AⅡa 类和 AⅡb 类按产品不同性能分为两个部分。
②BⅢ类仅包括有釉砖，此类不包括吸水率大于 10%的干压成型无釉砖。

美国标准 ANSI A137.1—2012 中依据成型方式和吸水率分类的产品类别及吸水率范围见表 5-3。按成型方式，可分为干压砖、挤压砖和其他成型方式的砖；按吸水率（W_a）可分为瓷质（impervious）、炻瓷质（vitreous）、半瓷质（semi-vitreous）和非瓷质（non-vitreous）4 类。可以看出，其按吸水率分类的方式与国际标准有较大的差别。

表 5-3 产品类别及吸水率范围

成型方式	瓷质 $W_a\leq 0.5\%$	炻瓷质 $0.5\%<W_a\leq 3.0\%$	半瓷质 $3.0\%<W_a\leq 7.0\%$	非瓷质 $7.0\%<W_a\leq 20\%$
干压(P)	P1	P2	P3	P4
挤压(E)	E1	E2	E3	E4
其他(O)	O1	O2	O3	O4

5.2.2 按用途分类

陶瓷砖按用途可分为室内地砖、室外地砖、室内墙砖和室外墙砖，不同用途陶瓷砖有不同的性能要求。

5.2.3 其他分类方式

美国标准 ANSI A137.1—2012 中还规定了陶瓷砖的其他 2 种分类方式：按

产品类别分类和按按产品的美学效果分类。

按产品类型（tile type），可分为马赛克（mosaic tile）、挤压砖（quarry tile）、干压地砖（pressed floor tile）、上釉墙砖（glazed wall tile）、瓷质砖（po-celain tile）等5类，每种类型的产品又细分为规格产品和配件产品，这种分类方式是ANSI A137.1—2012制定技术要求的基础。

根据产品的外观、颜色、表面状态（平面或凹凸面变化）等美学效果，可分为V0、V1、V2、V3、V4共5个类别，相关的分类说明见表5-4。

表 5-4 按美学效果分类的说明

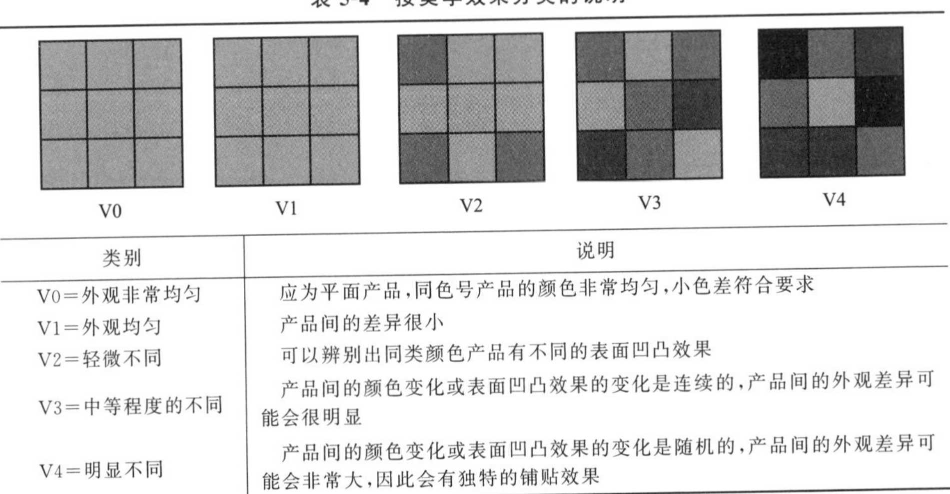

类别	说明
V0=外观非常均匀	应为平面产品，同色号产品的颜色非常均匀，小色差符合要求
V1=外观均匀	产品间的差异很小
V2=轻微不同	可以辨别出同类颜色产品有不同的表面凹凸效果
V3=中等程度的不同	产品间的颜色变化或表面凹凸效果的变化是连续的，产品间的外观差异可能会很明显
V4=明显不同	产品间的颜色变化或表面凹凸效果的变化是随机的，产品间的外观差异可能会非常大，因此会有独特的铺贴效果

5.3 国内外陶瓷砖技术法规及标准体系

5.3.1 国际标准体系

陶瓷砖的国际标准由ISO/TC 189陶瓷砖（ceramic tile）技术委员会制定。到2014年5月，ISO/TC 189已发布实施了17项陶瓷砖国际标准，包括16项测试方法标准ISO 10545-1～16和1项产品标准ISO 13006，具体见表5-5。

表 5-5 陶瓷砖的国际标准

序号	标准号	标准名称
1	ISO 10545-1:1995	Ceramic tiles Part 1: Sampling and basis for acceptance 陶瓷砖 第1部分：抽样和接收条件
2	ISO 10545-2:1995/Cor 1:1997	Ceramic tiles Part 2: Determination of dimensions and surface quality 陶瓷砖 第2部分：尺寸和表面质量的检验
3	ISO 10545-3:1995/Cor 1:1997	Ceramic tiles Part 3: Determination of water absorption, apparent porosity, apparent relative density and bulk density 陶瓷砖 第3部分：吸水率、显气孔率、表观相对密度和容重的测定

续表

序号	标准号	标准名称
4	ISO 10545-4:2004	Ceramic tiles Part 4: Determination of modulus of rupture and breaking strength 陶瓷砖 第4部分:破坏强度和断裂模数的测定
5	ISO 10545-5:1996/Cor 1:1997	Ceramic tiles Part 5: Determination of impact resistance by measurement of coefficient of restitution 陶瓷砖 第5部分:用恢复系数确定砖的抗冲击性
6	ISO 10545-6:2010	Ceramic tiles Part 6: Determination of resistance to deep abrasion for unglazed tiles 陶瓷砖 第6部分:无釉砖耐磨深度的测定
7	ISO 10545-7:1996	Ceramic tiles Part 7: Determination of resistance to surface abrasion for glazed tiles 陶瓷砖 第7部分:有釉砖表面耐磨性的测定
8	ISO 10545-8:1994	Ceramic tiles Part 8: Determination of linear thermal expansion 陶瓷砖 第8部分:线性热膨胀的测定
9	ISO 10545-9:2013	Ceramic tiles Part 9: Determination of resistance to thermal shock 陶瓷砖 第9部分:抗热震性的测定
10	ISO 10545-10:1995	Ceramic tiles Part 10: Determination of moisture expansion 陶瓷砖 第10部分:湿膨胀的测定
11	ISO 10545-11:1994	Ceramic tiles Part 11: Determination of crazing resistance for glazed tiles 陶瓷砖 第11部分:有釉砖抗釉裂性的测定
12	ISO 10545-12:1995/Cor 1:1997	Ceramic tiles Part 12: Determination of frost resistance 陶瓷砖 第12部分:抗冻性的测定
13	ISO 10545-13:1995	Ceramic tiles Part 13: Determination of chemical resistance 陶瓷砖 第13部分:耐化学腐蚀性的测定
14	ISO 10545-14:1995/Cor 1:1997	Ceramic tiles Part 14: Determination of resistance to stains 陶瓷砖 第14部分:耐污染性的测定
15	ISO 10545-15:1995	Ceramic tiles Part 15: Determination of lead and cadmium given off by glazed tiles 陶瓷砖 第15部分:有釉砖铅和镉溶出量的测定
16	ISO 10545-16:2010	Ceramic tiles Part 16: Determination of small colour differences 陶瓷砖 第16部分:小色差的测定
17	ISO 13006:2012	Ceramic tiles Definitions, classification, characteristics and marking 陶瓷砖 定义、分类、特性和标记

5.3.2 中国标准体系

至2014年5月，中国已发布实施陶瓷砖相关标准33项，包括分类术语标准1项、试验方法标准19项、产品标准13项，具体见表5-6。中国的测试方法标准GB/T 3810.1～3修改采用了ISO 10545-1～3，GB/T 3810.4～16等同采用了ISO 10545-4～16；产品标准GB/T 4100—2006修改采用了ISO 13006：1998，同时，根据中国的国情，制定了陶瓷板等一系列特殊用途陶瓷砖的标准。对于吸水率不大于0.5%的瓷质砖，还需符合3C认证的相关要求。

表 5-6 陶瓷砖的中国标准

序号	标准号	标准名称
1	GB/T 9195—2011	陶瓷砖和卫生陶瓷分类术语
2	GB/T 3810.1—2006	陶瓷砖试验方法 第1部分:抽样和接收条件
3	GB/T 3810.2—2006	陶瓷砖试验方法 第2部分:尺寸和表面质量的检验
4	GB/T 3810.3—2006	陶瓷砖试验方法 第3部分:吸水率、显气孔率、表观相对密度和容重的测定
5	GB/T 3810.4—2006	陶瓷砖试验方法 第4部分:破坏强度和断裂模数的测定
6	GB/T 3810.5—2006	陶瓷砖试验方法 第5部分:用恢复系数确定砖的抗冲击性
7	GB/T 3810.6—2006	陶瓷砖试验方法 第6部分:无釉砖耐磨深度的测定
8	GB/T 3810.7—2006	陶瓷砖试验方法 第7部分:有釉砖表面耐磨性的测定
9	GB/T 3810.8—2006	陶瓷砖试验方法 第8部分:线性热膨胀的测定
10	GB/T 3810.9—2006	陶瓷砖试验方法 第9部分:抗热震性的测定
11	GB/T 3810.10—2006	陶瓷砖试验方法 第10部分:湿膨胀的测定
12	GB/T 3810.11—2006	陶瓷砖试验方法 第11部分:有釉砖抗釉裂性的测定
13	GB/T 3810.12—2006	陶瓷砖试验方法 第12部分:抗冻性的测定
14	GB/T 3810.13—2006	陶瓷砖试验方法 第13部分:耐化学腐蚀性的测定
15	GB/T 3810.14—2006	陶瓷砖试验方法 第14部分:耐污染性的测定
16	GB/T 3810.15—2006	陶瓷砖试验方法 第15部分:有釉砖铅和镉溶出量的测定
17	GB/T 3810.16—2006	陶瓷砖试验方法 第16部分:小色差的测定
18	GB 6566—2010	建筑材料放射性核素限量
19	GB/T 13891—2008	建筑饰面材料镜向光泽度测定方法
20	GB/T 26542—2011	陶瓷地砖表面防滑性试验方法
21	GB/T 4100—2006	陶瓷砖
22	GB/T 23266—2009	陶瓷板
23	GB/T 23458—2009	广场用陶瓷砖
24	GB 26539—2011	防静电陶瓷砖
25	GB/T 27972—2011	干挂空心陶瓷板
26	JC/T 456—2005	陶瓷马赛克
27	JC/T 765—2006	建筑琉璃制品
28	JC/T 994—2006	微晶玻璃陶瓷复合砖
29	JC/T 1080—2008	干挂空心陶瓷板
30	JC/T 1095—2009	轻质陶瓷砖
31	JC/T 2195—2013	薄型陶瓷砖
32	SN/T 1570.1—2005	出口建筑卫生陶瓷检验规程 第1部分:陶瓷砖
33	HJ/T 297—2006	环境标志产品技术要求:陶瓷砖

5.3.3 欧盟标准及法规体系

至2014年5月，欧盟已发布实施陶瓷砖标准17项，包括测试方法标准16项、产品标准1项，具体见表5-7。欧盟的测试方法标准EN ISO 10545-1～16等同采用了ISO 10545-1～16，产品标准EN 14411：2012采用了ISO 13006：2012中的所有技术要求，并在此基础上增加了对防滑性能、黏结强度、防火性能、合格评定等方面的技术要求。作为一类建筑产品，出口至欧盟的陶瓷砖产品还应符合欧盟建筑法规（EU）No. 305/2011的要求。

表 5-7 陶瓷砖的欧盟标准

序号	标准号	标准名称
1	EN ISO 10545-1:1997	Ceramic tiles Part 1: Sampling and basis for acceptance 陶瓷砖 第 1 部分:抽样和接收条件
2	EN ISO 10545-2:1997	Ceramic tiles Part 2: Determination of dimensions and surface quality 陶瓷砖 第 2 部分:尺寸和表面质量的检验
3	EN ISO 10545-3:1997	Ceramic tiles Part 3: Determination of water absorption, apparent porosity, apparent relative density and bulk density 陶瓷砖 第 3 部分:吸水率、显气孔率、表观相对密度和容重的测定
4	EN ISO 10545-4:2012	Ceramic tiles Part 4: Determination of modulus of rupture and breaking strength 陶瓷砖 第 4 部分:破坏强度和断裂模数的测定
5	EN ISO 10545-5:1997	Ceramic tiles Part 5: Determination of impact resistance by measurement of coefficient of restitution 陶瓷砖 第 5 部分:用恢复系数确定砖的抗冲击性
6	EN ISO 10545-6:2012	Ceramic tiles Part 6: Determination of resistance to deep abrasion for unglazed tiles 陶瓷砖 第 6 部分:无釉砖耐磨深度的测定
7	EN ISO 10545-7:1998 /AC:1999	Ceramic tiles Part 7: Determination of resistance to surface abrasion for glazed tiles 陶瓷砖 第 7 部分:有釉砖表面耐磨性的测定
8	EN ISO 10545-8:1996	Ceramic tiles Part 8: Determination of linear thermal expansion 陶瓷砖 第 8 部分:线性热膨胀的测定
9	EN ISO 10545-9:2013	Ceramic tiles Part 9: Determination of resistance to thermal shock 陶瓷砖 第 9 部分:抗热震性的测定
10	EN ISO 10545-10:1997	Ceramic tiles Part 10: Determination of moisture expansion 陶瓷砖 第 10 部分:湿膨胀的测定
11	EN ISO 10545-11:1996	Ceramic tiles Part 11: Determination of crazing resistance for glazed tiles 陶瓷砖 第 11 部分:有釉砖抗釉裂性的测定
12	EN ISO 10545-12:1997	Ceramic tiles Part 12: Determination of frost resistance 陶瓷砖 第 12 部分:抗冻性的测定
13	EN ISO 10545-13:1997	Ceramic tiles Part 13: Determination of chemical resistance 陶瓷砖 第 13 部分:耐化学腐蚀性的测定
14	EN ISO 10545-14:1997	Ceramic tiles Part 14: Determination of resistance to stains 陶瓷砖 第 14 部分:耐污染性的测定
15	EN ISO 10545-15:1997	Ceramic tiles Part 15: Determination of lead and cadmium given off by glazed tiles 陶瓷砖 第 15 部分:有釉砖铅和镉溶出量的测定
16	EN ISO 10545-16:2012	Ceramic tiles Part 16: Determination of small colour differences 陶瓷砖 第 16 部分:小色差的测定
17	EN 14411:2012	Ceramic tiles Definitions, classification, characteristics, evaluation of conformity and marking 陶瓷砖 定义、分类、特性、合格评定和标记

5.3.4 美国标准体系

至 2013 年 6 月，美国国家标准协会（ANSI）和美国材料与试验协会（ASTM）已发布实施陶瓷砖相关标准 21 项，包括术语与定义标准 2 项、测试方法标准 18 项、产品标准 1 项，具体见表 5-8。美国标准自成体系，与国际标准有较大的差异。表 5-9 列出了美国标准与国际标准的对应关系。

表 5-8　陶瓷砖的美国标准

序号	标准号	标准名称
1	ASTM C242—2012	Standard Terminology of Ceramic Whitewares and Related Products 陶瓷及制品术语
2	ASTM F109—2012	Standard Terminology Relating to Surface Imperfections on Ceramics 与陶瓷表面缺陷相关的术语
3	ASTM C370—2012	Standard Test Method for Moisture Expansion of Fired Whiteware Products 烧结白瓷制品湿膨胀系数的标准测试方法
4	ASTM C372—1994	Standard Test Method for Linear Thermal Expansion of Porcelain Enamel and Glaze Frits and Fired Ceramic Whiteware Products by the Dilatometer Method 用热膨胀仪测定搪瓷、熔块釉和烧结白瓷制品的线性热膨胀系数的测试方法
5	ASTM C373—1988	Standard Test Method for Water Absorption, Bulk Density, Apparent Porosity, and Apparent Specific Gravity of Fired Whiteware products 烧结白瓷制品吸水率、显气孔率、表观相对密度和容重的标准测试方法
6	ASTM C424—1993	Standard Test Method for Crazing Resistance of Fired Glazed Whitewares by Autoclave Treatment 用蒸压釜测定有釉白瓷制品抗龟裂性的标准测试方法
7	ASTM C482—2002	Standard Test Method for Bond Strength of Ceramic Tile to Portland Cement Paste 瓷砖和硅酸盐水泥黏结强度的标准测试方法
8	ASTM C484—1999	Standard Test Method for Thermal Shock Resistance of Glazed Ceramic Tile 有釉砖抗热震性的标准测试方法
9	ASTM C485—2009	Standard Test Method for Measuring Warpage of Ceramic Tile 陶瓷砖翘曲度的标准测试方法
10	ASTM C499—2009	Standard Test Method for Facial Dimensions and Thickness of Flat, Rectangular Ceramic Wall and Floor Tile 方形陶瓷墙地砖边长、厚度的标准测试方法
11	ASTM C502—2009	Standard Test Method for Wedging of Flat, Rectangular Ceramic Wall and Flor Tile 方形陶瓷墙地砖楔形度的标准测试方法
12	ASTM C609—2007	Standard Test Method for Measurement of Light Reflectance Value and Small Color Differences Between Pieces of Ceramic Tile 陶瓷墙地砖小色差的标准测试方法
13	ASTM C648—2004	Standard Test Method for Breaking Strength of Ceramic Tile 陶瓷砖破坏强度的标准测试方法
14	ASTM C650—2004	Standard Test Method for Resistance of Ceramic Tile to Chemical Substances 陶瓷砖耐化学腐蚀性的标准测试方法
15	ASTM C895—1987	Standard Test Method for Lead and Cadmium Extracted from Glazed Ceramic Tile 有釉砖铅和镉溶出量的标准测试方法

续表

序号	标准号	标准名称
16	ASTM C1026—2013	Standard Test Method for Measuring the Resistance of Ceramic and Glass Tile to Freeze—Thaw Cycling 用冻融循环测试陶瓷砖和玻璃砖抗冻性的标准测试方法
17	ASTM C1027—2009	Standard Test Method for Determining Visible Abrasion Resistance of Glazed Ceramic Tile 有釉砖表面耐磨性的标准测试方法
18	ASTM C1028—2007e1	Standard Test Method for Determining the Static Coefficient of Friction of Ceramic Tile and Other Like Surfaces by the Horizontal Dynamometer Pull—Meter Method 用水平测量计拉力计法测定瓷砖及其类似表面的静摩擦系数的标准测试方法
18	ASTM C1243—1993	Standard Test Method for Relative Resistance to Deep Abrasive Wear of Unglazed Ceramic Tile by Rotating Disc 用转盘法测试无釉陶瓷砖耐磨深度的标准测试方法
19	ASTM C1378—2004	Standard Test Method for Determination of Resistance to Staining 耐污染性的标准测试方法
20	ASTM C1505—2001	Standard Test Method for Determination of Breaking Strength of Ceramic Tiles by Three—Point Loading 用三点法测试陶瓷砖破坏强度的标准测试方法
21	ANSI A137. 1—2012	American National Standard Specifications for Ceramic Tile 美国陶瓷砖标准规范

表 5-9　美国陶瓷砖试验方法标准与国际标准的对应关系

性能	国际标准试验方法	美国标准试验方法	一致性程度
长度和宽度	ISO 10545-2	ASTM C499	非等效
厚度	ISO 10545-2	ASTM C499	非等效
边直度	ISO 10545-2	ASTM C502	等效
直角度	ISO 10545-2	ASTM C502	等效
弯曲度	ISO 10545-2	ASTM C485	等效
翘曲度	ISO 10545-2	ASTM C485	等效
表面质量	ISO 10545-2	ANSI A137. 1 9. 1 9. 2 9. 4	非等效
吸水率	ISO 10545-3	ASTM C373	非等效
破坏强度	ISO 10545-4	ASTM C1501	等效
		ASTM C648	新增
断裂模数	ISO 10545-4		
抗冲击性	ISO 10545-5		
无釉砖耐磨深度	ISO 10545-6	ASTM C1243	等效
有釉砖表面耐磨性	ISO 10545-7	ASTM C1027	等效
线性热膨胀	ISO 10545-8	ASTM C372	非等效

续表

性能	国际标准试验方法	美国标准试验方法	一致性程度
抗热震性	ISO 10545-9	ASTM C484	等效
湿膨胀	ISO 10545-10	ASTM C370	非等效
有釉砖抗釉裂性	ISO 10545-11	ASTM C424	非等效
抗冻性	ISO 10545-12	ASTM C1026	非等效
耐化学腐蚀性	ISO 10545-13	ASTM C650	非等效
耐污染性	ISO 10545-14	ASTM C1378	非等效
有釉砖铅和镉溶出量	ISO 10545-15	ASTM C895	非等效
小色差	ISO 10545-16	ASTM C609	非等效
摩擦系数		ASTM C1028	新增
黏结强度		ASTM C482	新增
安装		ANSI A137.1 9.5	新增

5.4 陶瓷砖的安全要求及评价

5.4.1 概述

陶瓷砖广泛用于建筑装饰和装修，它的安全性能直接关系到消费者的健康和公众安全。随着技术的进步，陶瓷砖用途已从原有的“用于装饰与保护建筑物、构筑物墙面及地面”发展到用于建筑物幕墙以及内墙主体等建筑区域，以及一些有特殊要求的建筑场合，如防滑、绝热、防静电等，这就对陶瓷砖的安全性能提出了更为全面的要求。

欧盟建筑产品法规（EU No. 305/2011）规定，建筑产品应满足在建筑物安全、健康、耐用性、节能、环保、经济性及公众利益等方面的基本安全要求，因此，需要根据产品的用途，考虑建筑产品在机械抵抗力和稳定性、火灾安全性、卫生、健康和环境、使用安全、噪声预防、节能和保温、自然资源的可持续利用等方面的性能。作为一类广泛使用的建筑装修材料，陶瓷砖同样也应当满足这些基本安全要求。

在机械抵抗力和稳定性方面，抗弯强度、耐用性（包括抗冻性和抗热震性）等性能应符合相关技术法规的要求；

在卫生、健康和环境方面，陶瓷砖在使用过程中，不应对居住者或环境的卫生或健康造成危害，这些危害包括：危险射线的释放、有毒有害物质的溶出、废弃物对水或泥土造成污染或毒害以及表面出现水分等。因此，涉及的安全性能包括放射性、有害物质释放等。

在使用安全方面，建筑工程的设计和建造，不得在其使用或操作过程中存在不可接受的事故风险，例如滑倒、跌倒、碰撞、烧伤、触电、爆炸伤害。对于陶瓷砖而言，需要着重考虑地砖的防滑性能和墙砖的黏结强度。

虽然传统的建筑陶瓷具有良好的防火性能，但是随着科技的发展，建筑陶瓷产品中也开始使用有机高分子产品，当产品中有机高分子的含量超过一定限度时，防火性能就需要认真考虑。

对于特殊用途的功能建筑陶瓷产品，还需要考虑导热性能、导电性能等方面的特殊要求。

综上所述，陶瓷砖涉及的安全性能包括：抗弯强度、耐用性（包括抗冻性和抗热震性）、放射性、防滑性能、黏结强度、有害物质释放、防火性能、导电性能、导热性能等。

5.4.2 国际标准的相关要求

陶瓷砖国际标准 ISO 13006：2012 中与安全性能有关的要求见表 5-10。虽然 ISO 13006：2012 标准没有规定对墙砖黏结强度的技术要求和试验方法，但是为保证外墙砖与水泥砂浆黏结剂的黏结强度，规定了用水泥砂浆铺贴的外墙（包括隧道表面用墙砖）背纹的形状和深度要求。背纹应采用的形状见图 5-1，背纹深度的要求见表 5-11。

表 5-10 ISO 13006：2012 中的安全要求

项目	要求			测试方法
	类别	厚度≥7.5mm	厚度<7.5mm	
破坏强度	AⅠa	≥1300N	≥600N	ISO 10545-4
	AⅠb	≥1100N	≥600N	
	AⅡa-1	≥950N	≥600N	
	AⅡa-2	≥800N	≥600N	
	AⅡb-1	≥900N	≥900N	
	AⅡb-2	≥750N	≥750N	
	AⅢ	≥600N	≥600N	
	BⅠa	≥1300N	≥700N	
	BⅠb	≥1100N	≥700N	
	BⅡa	≥1000N	≥600N	
	BⅡb	≥800N	≥500N	
	BⅢ	≥600N	≥200N	
抗热震性	当产品可能经受热震应力时，应进行此项试验			ISO 10545-9
抗冻性	当产品用于霜冻场合时，应通过此项试验			ISO 10545-12
铅溶出量①	≤0.8mg/dm^2			ISO 10545-15
镉溶出量	≤0.07mg/dm^2			ISO 10545-15

①当有釉砖用于加工食品的工作台或墙面且在砖的釉面与食品有可能接触的场所时，应进行此项试验。

表 5-11 背纹要求

项目	要求
①高度,h;砖表面积,A	
$49\text{cm}^2 \leqslant A < 60\text{cm}^2$	$0.7\text{mm} \leqslant h \leqslant 3.5\text{mm}$
$A \geqslant 60\text{cm}^2$	$1.5\text{mm} \leqslant h \leqslant 3.5\text{mm}$ 由制造商确定
②形状	应为 ISO 13006 规定的样式(参见图 5-1)
样式一	$L_0 - L_1 > 0$
样式二	$L_0 - L_2 > 0$
样式三	$L_0 - L_3 > 0$

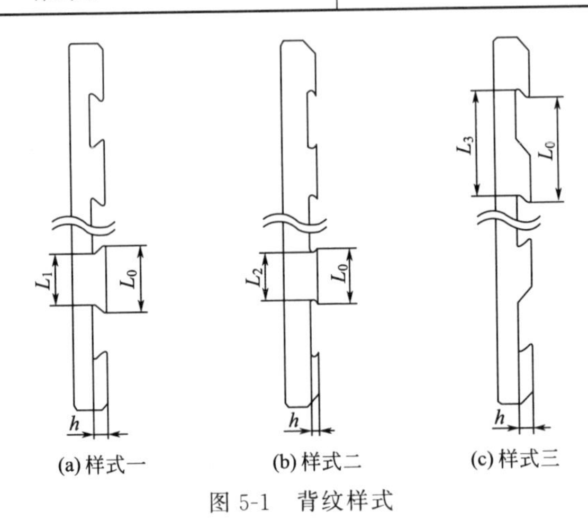

图 5-1 背纹样式

5.4.3 中国的相关要求

5.4.3.1 中国标准 GB/T 4100—2006 中的相关要求

中国陶瓷砖标准 GB/T 4100—2006 中与安全性能有关的要求见表 5-12。

在破坏强度方面，除厚度<7.5mm 的 BⅢ类陶瓷砖要求破坏强度≥350N 外，其余 AⅠb～BⅡb 等 10 个类别陶瓷砖的要求与 ISO 13006：2012 是一致的，具体参见表 5-12。在铅镉溶出量方面，GB/T 4100—2006 仅规定了试验方法，没有给出限量要求。

表 5-12 GB/T 4100—2006 中的安全要求

项目	要求	测试方法
破坏强度	符合 GB/T 4100—2006 要求	GB/T 3810.4
抗热震性	当产品可能经受热震应力时,应进行此项试验	GB/T 3810.9
抗冻性	当产品用于霜冻场合时,应通过此项试验	GB/T 3810.12
防滑性能	地砖报告静摩擦系数和试验方法	GB/T 4100—2006 附录 M
铅镉溶出量	当有釉砖用于加工食品的工作台或墙面且在砖的釉面与食品有可能接触的场所时,应进行此项试验	GB/T 3810.15

5.4.3.2 对放射性的要求

强制性国家标准 GB 6566—2010《建筑材料放射性核素限量》对建筑装修材料的分类和使用范围作了明确的规定，详见表 5-13。

表 5-13 建筑装修材料的分类及使用范围（GB 6566—2010）

类别	要求	使用范围
A 类	同时满足：$I_{Ra}\leqslant1.0$，$I_{\gamma}\leqslant1.3$	不受限制
B 类	不满足 A 类装修材料要求，但同时满足 $I_{Ra}\leqslant1.3$，$I_{\gamma}\leqslant1.9$	不可用于Ⅰ类民用建筑的内饰面，但可用于Ⅱ类民用建筑、工业建筑的内饰面及其他一切建筑物的外饰面
C 类	不满足 A、B 类装修材料要求，但满足 $I_{\gamma}\leqslant2.8$	只可用于建筑物的外饰面及室外其他用途

注：1. Ⅰ类民用建筑包括如住宅、老年公寓、托儿所、医院和学校、办公楼、宾馆等。
2. Ⅱ类民用建筑包括：商场、文化娱乐场所、书店、图书馆、展览馆、体育馆和公共交通等候室、餐厅、理发店等。

强制性国家标准 GB 50325—2010《民用建筑工程室内污染控制规范》中规定了民用建筑工程所使用的包括陶瓷砖在内的无机非金属装修材料，进行分类时，放射性指标限量应符合的要求，详见表 5-14。

表 5-14 无机非金属材料放射性指标限量（GB 50325—2010）

测定项目	限量	
	A	B
内照射指数（I_{Ra}）	$\leqslant1.0$	$\leqslant1.3$
外照射指数（I_{γ}）	$\leqslant1.3$	$\leqslant1.9$

对于建筑装修用的吸水率平均值 $E\leqslant0.5\%$ 的瓷质砖，还应通过强制性产品认证（3C 认证）。未获得强制性产品认证证书及未加施中国强制性认证标志的（3C 标志），不得出厂、销售、进口或在其他经营活动中使用。

瓷质砖产品根据其放射性水平可被认证为 A 类和 B 类，其中：

A 类产品的使用范围不受限制；

B 类产品不可用于住宅、老年公寓、托儿所、医院和学校等Ⅰ类民用建筑的内饰面，但可用于Ⅰ类民用建筑的外饰面和其他一切建筑物的内、外饰面。

A 类和 B 类产品的放射性水平应符合 GB 6566 中的相关要求。

5.4.3.3 对环保陶瓷砖的特殊要求

环境保护行业标准 HJ/T 297—2006《环境标志产品技术要求：陶瓷砖》对申请环境标志的陶瓷砖有如下特殊技术要求：

铅含量≤20mg/kg，镉含量≤5mg/kg，采用的测试方法为标准的附录 A；

内照射指数不大于 0.9，外照射指数不大于 1.2，采用的测试方法为 GB 6566；

在干燥状态下，陶瓷地砖的静摩擦系数不小于 0.6，采用的测试方法为 GB/T 4100—2006 附录 M。

5.4.3.4 对新型功能陶瓷砖的要求

对于陶瓷板等近年来发展出的新型功能陶瓷砖，表5-15～表5-19列出了相关安全性能要求和采用的试验方法。

表5-15 陶瓷板的安全性能要求（GB/T 23266—2008）

项目	要求			测试方法
破坏强度	类别	厚度≥4.0mm	厚度<4.0mm	GB/T 3810.4
	瓷质板	≥800N	≥400N	
	炻质板	≥750N	≥400N	
	陶质板	≥600N	≥400N	
抗热震性	经抗热震性试验应无裂纹、无剥落、无破损			GB/T 3810.9
抗冻性	用于冷冻环境下的产品，应进行抗冻性试验；试验后应无裂纹或剥落			GB/T 3810.12
摩擦系数	用于地面的陶瓷板，制造商应报告产品的摩擦系数和试验方法			GB/T 4100—2006 附录M
铅镉溶出量	有釉产品在与食品有可能接触时，制造商应报告铅和镉的溶出量			GB/T 3810.15
防滑坡度	用于潮湿、赤足行走的浴室、更衣室、洗衣房和卫生间等地面时，陶瓷板的防滑坡度不小于12°			GB/T 23266 6.17

表5-16 广场用陶瓷砖的安全性能要求（GB/T 23458—2009）

项目	要求	测试方法
破坏强度	≥1500N	GB/T 3810.4
抗热震性	试验后应无裂纹或破损	GB/T 3810.9
抗冻性	用于冷冻环境下的产品，经抗冻性试验后应无裂纹、无剥落或破损，强度损失量不大于20.0%	GB/T 3810.12
防滑性	防滑坡度不小于12°	GB/T 23458 5.9

表5-17 防静电陶瓷砖的安全性能要求（GB 26539—2011）

项目	要求	测试方法
破坏强度	符合GB/T 4100的要求	GB/T 3810.4
抗热震性	符合GB/T 4100的要求	GB/T 3810.9
抗冻性	符合GB/T 4100的要求	GB/T 3810.12
防静电性能	点对点电阻：$5\times10^{4}\sim1\times10^{9}\Omega$ 表面电阻：$5\times10^{4}\sim1\times10^{9}\Omega$ 体积电阻：$5\times10^{4}\sim1\times10^{9}\Omega$	GB 26539 5.2
地砖防滑性	地面用产品极限倾斜角的平均值不低于12°	GB 26542

表5-18 干挂空心陶瓷板的安全性能要求（GB/T 27972—2011）

项目	要求			测试方法
破坏强度	类别	18mm<厚度≤30mm	厚度≤18mm	GB/T 3810.4
	瓷质	报告破坏强度值		
	炻质	平均值≥4500N 单个值≥4200N	平均值≥2100N 单个值≥1900N	

续表

项目	要求	测试方法
抗热震性	经 10 次抗热震性不出现裂纹或炸裂	GB/T 3810.9
抗冻性	经 100 次抗冻性试验无裂纹或剥落	GB/T 3810.12
传热系数	根据需要报告传热系数值	GB/T 13475

表 5-19 轻质陶瓷砖的安全性能要求（JC/T 1095—2008）

项目	要求	测试方法
破坏强度	A 类：≥1300N B 类：≥1100N	GB/T 3810.4
抗热震性	试验后应无裂纹、无剥落、无破损	GB/T 3810.9
抗冻性	用于冷冻环境下的产品，应进行抗冻性试验；试验后应无裂纹、无剥落、无破损	GB/T 3810.12
铅镉溶出量	有釉产品在与食品有可能接触时，制造商应报告其铅和镉的溶出量	GB/T 3810.15
热导率	用作墙体绝热材料时，产品在 23℃ 时的热导率应不大于 0.60W/(m·K)	GB/T 10294

5.4.4 欧盟的相关要求

5.4.4.1 欧盟标准 EN 14411：2012 的相关规定

欧盟标准 EN 14411：2012 中规定了不同用途陶瓷砖应满足的基本安全要求，详见表 5-20 和表 5-21。

表 5-20 陶瓷墙砖应满足的基本要求

性能	欧洲标准的相关要求	水平/等级	试验方法/备注
防火性能	声明防火等级	A1	无需测试
有害物质释放			
①铅镉溶出量	报告检验结果	—	EN ISO 10545-15
②其他有害物质	报告检验结果	—	根据相关欧盟法规要求
黏结强度			
①水泥基黏结剂	报告检验结果	—	EN 12004 4-1
②分散型黏结剂	报告检验结果	—	EN 12004 4-2
③反应型树脂黏结剂	报告检验结果	—	EN 12004 4-3
④混凝土黏结剂	报告检验结果	—	EN 1015-12
抗热震性	应通过此项测试	—	EN ISO 10545-9
抗冻性	应通过此项测试	—	EN ISO 10545-12

注：成员国法规有要求时，需采用相应的测试方法。

表 5-21 陶瓷地砖应满足的基本要求

性能	欧洲标准的相关要求	水平/等级	试验方法/备注
防火性能	声明防火等级	$A1_{F1}$	无需测试
有害物质释放			
①铅镉溶出量	报告检验结果	—	EN ISO 10545-15
②其他有害物质	报告检验结果	—	根据相关欧盟法规要求

续表

性能	欧洲标准的相关要求	水平/等级	试验方法/备注
破坏强度	符合 EN14411 要求	—	EN ISO 10545-4
防滑性能	报告检验结果	—	CEN/TS 16165
耐用性(抗冻性)	应通过此项测试	—	EN ISO 10545-12
触感	声明表面触感	—	CEN/TS 15209

注：成员国法规有要求时，需采用相应的测试方法。

在防火性能方面，当产品中有机物含量的质量分数及体积分数均不大于1%时，按照96/603/EEC及其修订指令的要求，无需进行防火性能测试，墙砖的防火等级为$A1_F$，地砖的防火等级为$A1_{Fl}$；当产品中有机物含量的质量分数或体积分数大于1%时，通常需要按照EN 13501-1的要求进行防火性能的测试和分级。

在有害物质释放方面，用于与食品接触场合的有釉砖，其铅镉溶出量应满足84/500/EEC（2005/31/EEC修改）的要求，试验方法和限量要求见表5-22。在产品投放市场前，需按照（EC）No. 1935/2004的要求做出书面声明。如果产品及其包装中含有其他有害物质，还需符合相关法规的要求，以保证产品的安全使用。

表 5-22　铅镉溶出量限量要求及测试方法

项目	要求	试验方法
铅溶出量	$\leqslant$0. 8mg/dm^2	EN ISO 10545-15
镉溶出量	$\leqslant$0. 07 mg/dm^2	EN ISO 10545-15

在黏结强度方面，虽然EN 14411：2012中提出了对黏结强度的要求，但是推荐的试验方法是用于测定胶黏剂的黏结强度的，陶瓷砖黏结强度的试验方法尚未制定。在使用推荐的方法进行测试时，应选择适当的样品和黏结剂。

在破坏强度方面，EN 14411：2012与ISO 13006：2012的要求一致，具体参见表5-10。

5.4.4.2　对防滑性能的要求

在地面防滑方面，英国、德国等欧盟成员国制定了本国的技术法规，因此，出口至这些国家的陶瓷地砖，还需满足这些技术法规的相关要求。表5-23列出了部分欧盟成员国对地面及地面材料防滑的要求。

表 5-23　部分欧盟成员国对防滑的要求

标准/法规编号	名称	要求
英国 BS 4592-0:2006	Industrial Type Flooring and Stair Treads Common Design Requirements and Recommendations for Installation	工业地面和楼梯： 不适用于潮湿地面:CoF<0. 4 防滑地面:0. 40≤CoF <0. 60 增强防滑地面:CoF≥0. 6

续表

标准/法规编号	名称	要求
英国 UKSRG,2011	The UK Slip Resistance Group Guidelines,2011	高风险:BPN<25 中等风险:25≤BPN≤35 低风险:BPN>35
德国 BGR 181	Fußböden in Arbeitsräumen und Arbeitsbereichen mit Rutschgefahr	不同场合地面应达到的防滑等级
德国 BGI/GUV-I 8527	Bodenbeläge für nassbelastete Barfußbereiche	裸足湿滑条件下各类材料的适用范围
意大利 DM 236/89	Prescrizioni tecniche necessarie a garantire l'accessibilità, l'adattabilità e la visitabilità degli edifici privati e di edilizia residenziale pubblica sovvenzionata e agevolata, ai fini del superamento e dell'eliminazione delle barriere architettoniche	建筑地面:动摩擦系数≥0.40

注：CoF——摩擦系数；BPN——摆锤值。

5.4.4.3　对放射性的要求

1999 年，欧盟发布的 Radiation protection 112 Radiological Protection Principles concerning the Natural Radioactivity of Building Materials 中提出，建筑材料个人年有效剂量的豁免水平为 0.3mSv，对于瓷砖等特定用途或限制使用的材料，外照射指数 I 应满足的要求为：

$$I=\frac{C_{\mathrm{Ra}}}{300}+\frac{C_{\mathrm{Th}}}{200}+\frac{C_{\mathrm{K}}}{3000}\leqslant 2 \tag{5-1}$$

式中　C_{Ra}、C_{Th}、C_{K}——建筑材料中天然放射性核素镭 226、钍 232、钾 40 的放射性比活度，Bq/kg。

5.4.5　美国的相关要求

5.4.5.1　美国标准 ANSI A137.1—2012 的相关规定

美国陶瓷砖标准 ANSI A137.1—2012 中对规格陶瓷砖安全性能的要求见表 5-24。

表 5-24　ANSI A137.1—2012 中的安全要求

项目	要求		测试方法
黏结强度	≥50psi		ASTM C482
抗热震性	有釉砖应通过此项试验		ASTM C484
动摩擦系数	室外地砖:≥0.42		ANSI A 137.1—2012-9-6
破坏强度	干压地砖、挤压方砖、瓷质砖:	单个值≥225 lbf 平均值≥250 lbf	ASTM C648
	有釉墙砖:	单个值≥125 lbf 平均值≥100 lbf	
抗冻性	当产品用于霜冻场合时,应报告检验结果		ASTM C1026

注：1psi=6.895kPa；1lbf=4.45N。

5.4.5.2 对防滑性能的要求

美国是世界上最早制定地面防滑要求的国家之一，地面材料的防滑性能在美国得到高度关注，ANSI、UL 等都发布了地面防滑方面的标准和要求，出口至美国的陶瓷地砖产品，其防滑性能亦需满足这些标准法规的要求。美国的相关要求见表 5-25。

表 5-25 美国对防滑性能的要求

标准/法规编号及名称	要求
ADA Accessibility Guidelines for Buildings and Facilities	无障碍通道 SCOF：水平≥0.50；斜坡≥0.80
ANSI A1264.2—2006 Provision of Slip Resistance on Walking/Working Surfaces	工作场合地面：干燥 SCOF≥0.50
ANSI/NFSI B101.0—2012 Walkway Surface Auditing Procedure for the Measurement of Walkway Slip Resistance	A 类地面(干燥且无污染物)： 干燥 SCOF≥0.50 B 类地面(有时潮湿或有污染物)： 干燥 SCOF≥0.50 且 $m_{\mu}\geq0.60$ C 类地面(潮湿或有污染物)：$m_{\mu}\geq0.60$
ANSI/NFSI B101.1—2009 Test Method for Measuring Wet SCOF of Common Hard-Surface Floor Materials	高风险：$m_{\mu}\geq0.60$ 中风险：$0.40\leq m_{\mu}<0.60$ 低风险：$m_{\mu}<0.40$
ANSI/NFSI B101.3—2012 Test Method for Measuring Wet DCOF of Common Hard-Surface Floor Materials (Including Action and Limit Thresholds for the Suitable Assessment of the Measured Values)	低风险：$\mu_D>0.45$ (斜坡) $\mu_D>0.42$(水平) 中风险：$0.30\leq\mu_D\leq0.45$ (斜坡) $0.30\leq\mu_D\leq0.42$(水平) 高风险：$\mu_D<0.30$
UL 410—2006 Slip Resistance of Floor Surface Materials	干燥 SCOF：平均值≥0.50，单个值≥0.45

注：ADA：《Americans with Disabilities Act》(美国残疾人法案)；SCOF：静摩擦系数；m_{μ}：潮湿状态下的静摩擦系数；μ_D：潮湿状态下的动摩擦系数。

5.5 陶瓷砖检测技术分析研究

5.5.1 国内外标准的相关要求

国际标准 ISO 13006：2012 对尺寸的要求见表 5-26 和表 5-27。中国标准 GB/T 4100—2006 对挤压陶瓷砖的尺寸要求与 ISO 13006：2012 相同，具体参见表 5-26，对干压陶瓷砖尺寸的要求见表 5-28。欧盟标准 EN 14411：2012 对尺寸的要求与 ISO 13006：2012 相同，具体参见表 5-26 和表 5-27。美国标准 ANSI A137.1—2012 对规格产品的尺寸要求见表 5-29。

表 5-26 国际标准对挤压陶瓷砖的尺寸要求

类别	AⅠa、AⅠb		AⅡa-1		AⅡa-2		AⅡb-1、AⅡb-2、AⅢ	
	精细	普通	精细	普通	精细	普通	精细	普通
边长偏差 A_1	±1.0% +2mm	±2.0% +4mm	±1.25% +2mm	±2.0% +4mm	±1.5% +2mm	±2.0% +4mm	±2.0% ±2mm	±2.0% ±4mm
边长偏差 A_2	±1.0%	±1.5%	±1.0%	±1.5%	±1.5%	±1.5%	±1.5%	±1.5%
厚度偏差	±10%	±10%	±10%	±10%	±10%	±10%	±10%	±10%
边直度	±0.5%	±0.6%	±0.5%	±0.6%	±1.0%	±1.0%	±1.0%	±1.0%
直角度	±1.0%	±1.0%	±1.0%	±1.0%	±1.0%	±1.0%	±1.0%	±1.0%
中心弯曲度	±0.5%	±1.5%	±0.5%	±1.5%	±1.0%	±1.5%	±1.0%	±1.5%
边弯曲度	±0.5%	±1.5%	±0.5%	±1.5%	±1.0%	±1.5%	±1.0%	±1.5%
翘曲度	±0.8%	±1.5%	±0.8%	±1.5%	±1.5%	±1.5%	±1.5%	±1.5%

注：1. 边长偏差 A_1：每块砖的平均尺寸相对于工作尺寸的允许偏差；
2. 边长偏差 A_2：每块砖的平均尺寸相对于10块砖平均尺寸的允许偏差；
3. 厚度偏差：每块砖厚度的平均值相对于工作尺寸厚度的允许偏差；
4. 有"%"和"mm"的要求时，应同时满足。

表 5-27 国际标准对干压陶瓷砖的尺寸要求

类别	BⅠa、BⅠb、BⅡa、BⅡb			BⅢ		
	7cm≤N<15cm	N≥15cm		7cm≤N<15cm	N≥15cm	
	/mm	/%	/mm	/mm	/%	/mm
边长偏差 A_1	±0.9	±0.6	±2.0	±0.75	±0.5	±2.0
厚度偏差	±0.5	±5	±0.5	±0.5	±10	±0.5
边直度	±0.75	±0.5	±1.5	±0.5	±0.3	±1.5
直角度	±0.75	±0.5	±2.0	±0.75	±0.5	±2.0
中心弯曲度	±0.75	±0.5	±2.0	+0.75/−0.5	+0.5/−0.3	+2.0/−1.5
边弯曲度	±0.75	±0.5	±2.0	+0.75/−0.5	+0.5/−0.3	+2.0/−1.5
翘曲度	±0.75	±0.5	±2.0	±0.75	±0.5	±2.0

注：1. N：名义尺寸；
2. 边长偏差 A_1：每块砖的平均尺寸相对于工作尺寸的允许偏差；
3. 厚度偏差：每块砖厚度的平均值相对于工作尺寸厚度的允许偏差；
4. 有"%"和"mm"的要求时，应同时满足。

表 5-28 中国标准对干压陶瓷砖的尺寸要求

类别	BⅠa、BⅠb、BⅡa、BⅡb				BⅠa		BⅢ	
	S≤90	90<S≤190	190<S≤410	S>410	S>1600	抛光砖	无间隔凸缘	有间隔凸缘
边长偏差 A_1	±1.2%	±1.0%	±0.75%	±0.6%	±0.5%	±0.5%	±0.75%[1] ±0.5%[2]	+0.6% −0.3%
边长偏差 A_2	±0.75%	±0.5%	±0.5%	±0.5%	±0.4%	±0.4%	±0.5%[1] ±0.3%[2]	±0.25%
厚度偏差	±10%	±10%	±5%	±5%	±5%	±5%	±10%	±10%
边直度	±0.75%	±0.5%	±0.5%	±0.5%	±0.3%	±0.2% ±2mm	±0.3%	±0.3%

续表

类别	BⅠa、BⅠb、BⅡa、BⅡb				BⅠa		BⅢ	
	$S\leqslant 90$	$90<$ $S\leqslant 190$	$190<$ $S\leqslant 410$	$S>410$	$S>1600$	抛光砖	无间隔凸缘	有间隔凸缘
直角度	±1.0%	±0.6%	±0.6%	±0.6%	±0.5%	±0.2% ±2mm	±0.5%	±0.3%
中心弯曲度	±1.0%	±0.5%	±0.5%	±0.5%	±0.4%	±0.2% ±2mm	+0.5% −0.3%	+0.5% −0.3%
边弯曲度	±1.0%	±0.5%	±0.5%	±0.5%	±0.4%	±0.2% ±2mm	+0.5% −0.3%	+0.5% −0.3%
翘曲度	±1.0%	±0.5%	±0.5%	±0.5%	±0.4%	±0.2% ±2mm	±0.5%	±0.5%

①边长 $l\leqslant 12$cm 时；
②边长 $l>12$cm 时。
注：1. S：产品表面积，cm^2；
2. 边长偏差 A_1：每块砖的平均尺寸相对于工作尺寸的允许偏差；
3. 边长偏差 A_2：每块砖的平均尺寸相对于10块砖平均尺寸的允许偏差；
4. 厚度偏差：每块砖厚度的平均值相对于工作尺寸厚度的允许偏差；
5. 有“%”和“mm”的要求时，应同时满足。

表5-29 美国标准对规格产品的尺寸要求

产品类别	马赛克	挤压砖	干压砖		上釉墙砖		瓷质砖	
			普通	磨边	普通	磨边	普通	磨边
名义尺寸	±10.00%	±2.00%	±3.00%	−3.00% +2.00%	±2.00%	±2.00%	±3.00%	−3.00% +2.00%
尺寸偏差	±5.00%	±0.75% ±2.3mm	±0.50% ±2.0mm	±0.25% ±0.8mm	−0.30% +0.40% −1.0mm +1.3mm	±0.25% ±0.8mm	±0.50% ±2.0mm	±0.25% ±0.8mm
边弯曲度	±1.00%	±1.50% ±4.6mm	±0.75% ±2.0mm	±0.40% ±1.3mm	−0.30% +0.40% −1.3mm +1.8mm	−0.30% +0.40% −1.0mm +1.3mm	±0.75% ±2.0mm	±0.40% ±1.3mm① ±1.8mm②
中心弯曲度	±0.75%	±1.00% ±4.3mm	±0.50% ±2.0mm	±0.40% ±1.8mm	±0.40% ±1.3mm	−0.30% +0.40% −1.0mm +1.3mm	±0.50% ±2.0mm	±0.40% ±1.8mm
边直度	±2.00%	±1.00% ±3.1mm	±0.50% ±2.0mm	±0.25% ±0.8mm	±0.40% ±1.3mm	±0.25% ±0.8mm	±0.50% ±2.0mm	±0.25% ±0.8mm
直角度	±2.00%	±1.00% ±3.1mm	±0.50% ±2.0mm	±0.25% ±0.8mm	±0.40% ±1.3mm	±0.25% ±0.8mm	±0.50% ±2.0mm	±0.25% ±0.8mm
厚度偏差	0.76mm	1.27mm	1.02mm	1.02mm	0.79mm	0.79mm	1.02mm	1.02mm

①面积小于或等于24in×24in的砖；
②面积大于24in×24in的砖。
注：1. 名义尺寸：单件样品表面尺寸与名义尺寸的偏差；
2. 尺寸偏差：单件样品表面尺寸与平均尺寸的偏差；
3. 厚度偏差：砖的最大平均厚度与最小平均厚度之间的偏差，不适用于凹凸表面或砖底不平的产品；
4. 有“%”和“mm”的要求时，应同时满足。

5.5.2　尺寸

陶瓷砖尺寸的检测包括长度、宽度、厚度、边直度、直角度、表面平整度的检测。每种类型取10块整砖进行测量。

5.5.2.1　长度和宽度的测量

（1）仪器

游标卡尺或其他适合测量长度的仪器。

（2）步骤

ISO 10545-2：在离砖角点5mm处测量砖的每条边长，测量值精确到0.1mm。

ASTM C499：在离砖角点6.4～12.7mm处测量砖的每条边长，测量值精确到0.025mm。

（3）结果表示

正方形砖的平均尺寸是四条边测量值的平均值。试样的平均尺寸是40次测量值的平均值。长方形砖尺寸以对边两次测量值的平均值作为相应的平均尺寸，试样长度和宽度的平均尺寸分别为20次测量值的平均值。

以“%”表示每块砖尺寸的平均值相对于名义尺寸的偏差。

以“%”或“mm”表示每块砖尺寸的平均值相对于工作尺寸的偏差。

以“%”或“mm”表示每块砖尺寸的平均值相对于10块试样尺寸的平均值的偏差。

5.5.2.2　厚度的测量

（1）仪器

测头直径为5～10mm的螺旋测微器或其他合适的仪器。

（2）步骤

ISO 10545-2：对表面平整的砖，在砖面上画两条对角线，测量四条线段每段上最厚的点，每块试样测量4点，测量值精确到0.1mm。对表面不平整的砖，垂直于一边在砖面上画四条直线，四条直线距砖边的距离分别为边长的0.125、0.375、0.625和0.875倍，在每条直线上的最厚点测量厚度。

ASTM C499：在离砖角点6.4～19mm处测量砖的厚度，测量值精确到0.025mm。

（3）结果表示

对每块砖以4次测量值的平均值作为单块砖的平均厚度。试样的平均厚度是40次测量值的平均值。

以“%”或“mm”表示每块砖的平均厚度与砖厚度工作尺寸的偏差。

以“mm”表示砖的最大平均厚度与最小平均厚度之间的偏差。

5.5.2.3 边直度和直角度的测量

(1) 定义

边直度：在砖的平面内，边的中央偏离直线的偏差。这种测量只适用于砖的直边（见图 5-2），边直度用“mm”或“%”表示。

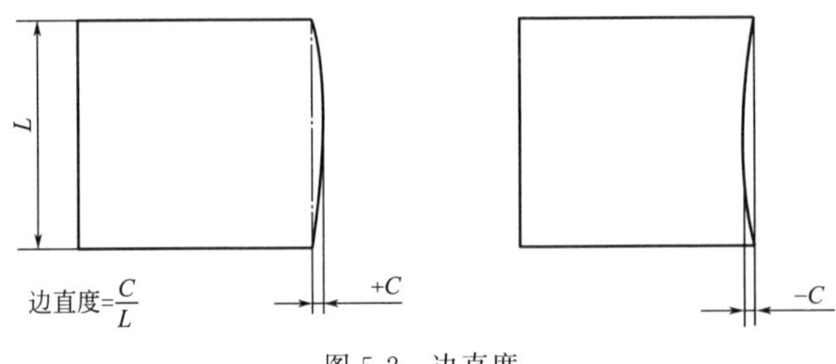

图 5-2 边直度

直角度：将砖的一个角紧靠着放在用标准板校正过的直角上（见图 5-3），该角与标准直角的偏差。直角度用“mm”或“%”表示。

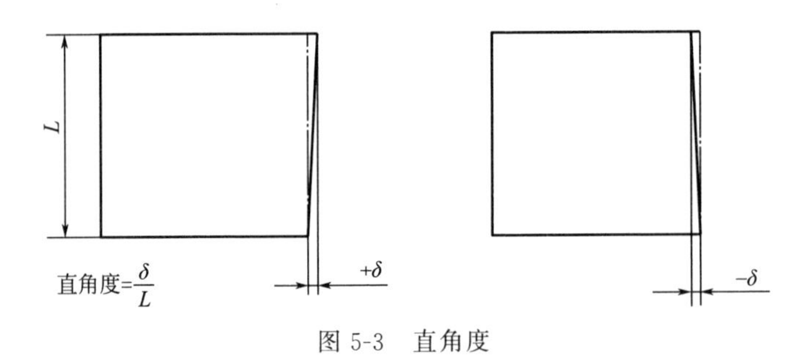

图 5-3 直角度

(2) 仪器

图 5-4 所示的仪器或其他合适的仪器，其中分度表（D_F）用于测量边直度，分度表（D_A）用于测量直角度。

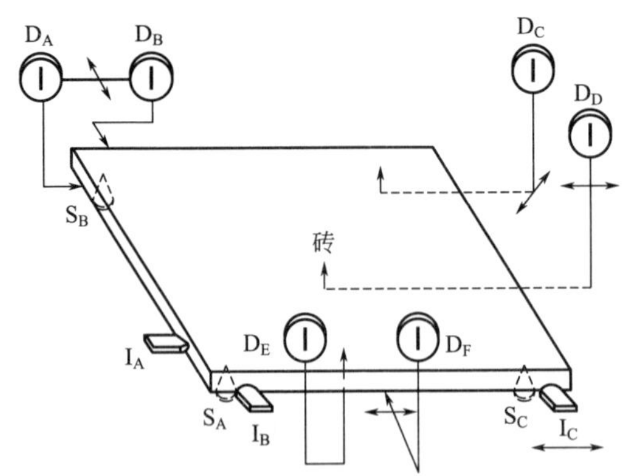

图 5-4 测边直度、直角度和平整度的仪器

标准板，有精确的尺寸和平直的边。

(3) 步骤

选择尺寸合适的仪器，当砖放在仪器的支承销（S_A，S_B，S_C）上时，使定位销（I_A，I_B，I_C）离被测边每一角点的距离为5mm（见图5-4）。将合适的标准板准确地置于仪器的测量位置上，调整分度表的读数至合适的初始值。取出标准板，将砖的正面恰当地放在仪器的定位销上，记录分度表读数。如果是正方形砖，转动砖的位置得到4次测量值。每块砖都重复上述步骤。如果是长方形砖，分别使用合适尺寸的仪器来测量其长边和宽边的边直度和直角度。测量值精确到0.1mm。

(4) 结果表示

按式(5-2)计算用百分比表示的边直度：

$$边直度=\frac{C}{L}\times 100\% \tag{5-2}$$

式中 C——测量边的中央偏离直线的偏差，mm；

L——测量边长度，mm。

按式(5-3)计算以百分比表示的直角度：

$$直角度=\frac{\delta}{L}\times 100\% \tag{5-3}$$

式中 δ——在距角点5mm处测得的砖的测量边与标准板相应边的偏差值，mm；

L——砖对应边的长度，mm。

(5) 其他测试方法

对于边长小于100mm和边长大于600mm的砖，中国标准GB/T 3810.2—2006采用下列方法测量边直度和直角度：

将砖竖立起来，在被测量边两端各放置一个相同厚度的平块，将钢直尺立于平块上，测量边的中点与钢直尺间的最大间隙，该间隙与平块的厚度差即为边直度的偏差值。

对于边长小于100mm的砖用直角尺和塞尺测量直角度，将直角尺的两边分别紧贴在被测角的两边，根据被测角大于或小于90°的不同情况，分别相应地在直角尺根部或砖边与直角尺的最大间隙处用塞尺测量其间隙，其间隙即为直角度的偏差值。

对于边长大于600mm的砖，分别量取两对边长度差和对角线长度差，直角度的偏差值用长度差来表示。

5.5.2.4 平整度的测量（弯曲度和翘曲度）

(1) 定义

表面平整度：由砖的表面上3点的测量值来定义。有凸纹浮雕的砖，如果表面无法测量，可能时应在其背面测量。

中心弯曲度：砖面的中心点偏离由 4 个角点中的 3 点所确定的平面的距离［见图 5-5(a)］。

边弯曲度：砖的一条边的中点偏离由 4 个角点中的 3 点所确定的平面的距离［见图 5-5(b)］。

翘曲度：由砖的 3 个角点确定一个平面，第 4 角点偏离该平面的距离［见图 5-5(c)］。

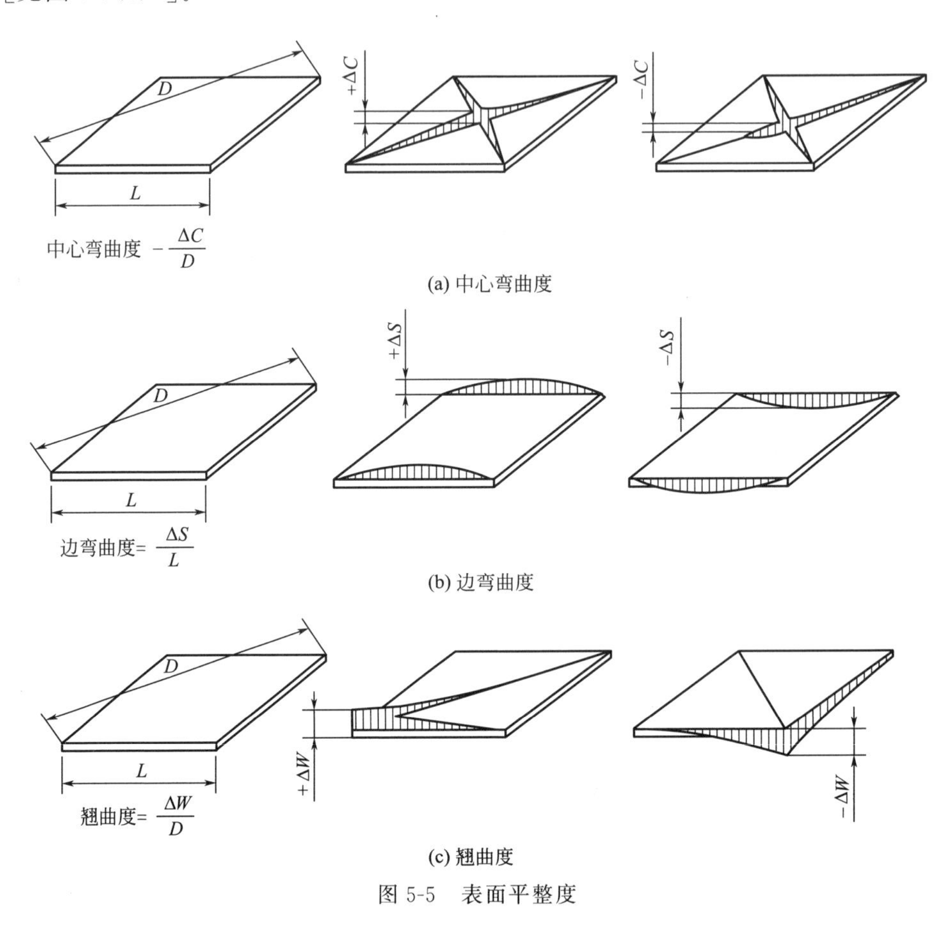

(a) 中心弯曲度

(b) 边弯曲度

(c) 翘曲度

图 5-5 表面平整度

(2) 仪器

用图 5-4 所示的仪器或其他合适的仪器，测量表面平滑的砖，采用直径为 5mm 的支撑销（S_A，S_B，S_C）。对其他表面的砖，为得到有意义的结果，应采用其他合适的支撑销。

使用一块理想平整的金属或玻璃标准板，其厚度至少为 10mm。

(3) 步骤

选择尺寸合适的仪器，将相应的标准板准确地放在 3 个定位支承销（S_A，S_B，S_C）上，每个支撑销的中心到砖边的距离为 10mm，外部的两个分度表

（D_E，D_C）到砖边的距离也为 10mm，调节 3 个分度表（D_D，D_E，D_C）的读数至合适的初始值。取出标准板，将砖的釉面或合适的正面朝下置于仪器上，记录 3 个分度表的读数。如果是正方形砖，转动试样，每块试样得到 4 个测量值，每块砖重复上述步骤。如果是长方形砖，分别使用合适尺寸的仪器来测量。记录每块砖最大的中心弯曲度（D_D），边弯曲度（D_E）和翘曲度（D_C），测量值精确到 0.1mm。

（4）结果表示

中心弯曲度以“mm”或与对角线长的百分比表示；

边弯曲度以“mm”或“%”表示，以“%”表示时，长方形砖以与长度和宽度的百分比表示；正方形砖以与边长的百分比表示；

翘曲度以“mm”或与对角线长的百分比表示。

5.5.3　吸水率的测定

5.5.3.1　原理

将干燥砖置于水中吸水至饱和，用砖的干燥质量和吸水饱和后质量计算吸水率。

水饱和方式多采用真空法和煮沸法，国际标准 ISO 10545-3 采用了煮沸法和真空法两种水饱和方法，其中煮沸法适用于陶瓷砖分类和产品说明，真空法适用于除分类以外吸水率的测定；美国标准 ASTM C373 则只采用了煮沸法。

5.5.3.2　国际标准 ISO 10545-3：1995/Cor 1：1997

（1）样品

每种类型取 10 块整砖进行测试。

如每块砖的表面积大于 0.04m^2 时，只需用 5 块整砖进行测试。

如每块砖的质量小于 50g，则需足够数量的砖，使每个试样质量达到 50～100g。

（2）干燥

将砖放在（110±5）℃的烘箱中干燥至恒重，冷却至室温，按表 5-30 的测量精度称量和记录每块砖的干重（m_1）。

表 5-30　砖的质量测量精度

砖的质量 $m1$/g	测量精度/g
50≤$m1$≤100	0.02
100<$m1$≤500	0.05
500<$m1$≤1000	0.25
1000<$m1$≤3000	0.50
$m1$>3000	1.00

(3) 水饱和

煮沸法：将砖竖直地放在盛有蒸馏水或去离子水的加热器中，使砖互不接触。砖的上部和下部应保持有5cm深度的水。在整个试验中都应保持高于砖5cm的水面。将水加热至沸腾并保持煮沸2h。然后切断热源，使砖完全浸泡在水中冷却至室温，并保持（4±0.25）h。也可用常温下的水或制冷器将样品冷却至室温。将一块浸湿过的麂皮用手拧干，放在平台上轻轻地依次擦干每块砖的表面，对于凹凸或有浮雕的表面应用麂皮轻轻地擦去表面水分，然后称重，记录每块试样的称量结果。保持与干燥状态下的相同精度（见表5-30）。

真空法：将砖竖直放入真空容器中，使砖互不接触，加入足够的水将砖覆盖并高出5cm。抽真空至（10±1）kPa，并保持30min后停止抽真空，让砖浸泡15min后取出。将一块浸湿过的麂皮用手拧干。将麂皮放在平台上依次轻轻擦干每块砖的表面，对于凹凸或有浮雕的表面应用麂皮轻快地擦去表面水分，然后立即称重并记录［$m_{2(b,v)}$］，与干砖的称量精度相同（见表5-30）。

(4) 结果表示

计算每一块砖的吸水率$E_{(b,v)}$，用干砖的质量分数（%）表示，计算公式如下：

$$E_{(b,v)}=\frac{m_{2(b,v)}-m_1}{m_1}\times100\% \tag{5-4}$$

5.5.3.3 中国标准GB/T 3810.3—2006

中国标准GB/T 3810.3—2006的修改采用了国际标准，不同之处在于修改了对样品的要求：当砖的边长大于200mm且小于400mm时，可切割成小块，但切割下的每一块应计入测量值内；若砖的边长大于400mm时，至少在3块整砖的中间部位切取最小边长为100mm的5块试样。

5.5.3.4 美国标准ASTM C373—2014

(1) 样品

至少取5块有代表性的试样进行测试。试样表面无釉，质量不少于50g。

(2) 干燥

将试样放在150℃的烘箱中干燥至恒重，冷却至室温，称量和记录每块砖的干重（D），精确到0.01g。

(3) 水饱和

煮沸法：将砖竖直地放在盛有蒸馏水或去离子水的加热器中，使砖互不接触。将水加热至沸腾并保持煮沸5h。然后切断热源，使砖完全浸泡在水中冷却至室温，并保持24h。用湿的无绒床单或棉布轻轻擦去试样表面多余的水分，称量和记录每块砖的水饱和后的重量（M），精确到0.01g。

(4) 结果表示

计算每一块砖的吸水率 A，用干砖的质量分数（%）表示，计算公式如下：

$$A=[(M-D)/D]\times 100\% \tag{5-5}$$

5.5.4　破坏强度和断裂模数的测定

5.5.4.1　原理

以适当的速率向砖的表面正中心部位施加压力，测定砖的破坏荷载、破坏强度、断裂模数。

国际标准 ISO 10545-4 采用了 3 点法测量陶瓷的破坏强度和断裂模数；美国标准 ASTM C648 则采用单点法测量陶瓷砖的破坏强度，方法原理、设备要求上存在较大差异。

5.5.4.2　国际标准 ISO 10545-4：2004

(1) 试样

应用整砖检验，但是对超大的砖（即边长大于 300mm 的砖）和一些非矩形的砖，有必要时可进行切割，切割成可能最大尺寸的矩形试样，其中心应与切割前的中心一致。在有疑问时，用整砖比用切割过的砖测得的结果准确。每种样品的最小试样数量见表 5-31。

表 5-31　最小试样量

砖的尺寸 K/mm	最小试样数量
$K\geqslant 48$	7
$18\leqslant K<48$	10

用硬刷刷去试样背面松散的黏结颗粒。将试样放入 (110±5)℃ 的干燥箱中干燥至恒重。然后将试样放在密闭的干燥箱或干燥器中冷却至室温。需在试样达到室温至少 3h 后才能进行试验。

(2) 步骤

将试样置于支撑棒上（见图 5-6 和表 5-32），使釉面或正面朝上，试样伸出每根支撑棒的长度为 l（见表 5-32 和图 5-7）。

对于两面相同的砖，例如无釉马赛克，以哪面向上都可以。对于挤压成型的砖，应将其背肋垂直于支撑棒放置，对于所有其他矩形砖，应以其长边垂直于支撑棒放置。

对凸纹浮雕的砖，在与浮雕面接触的中心棒上再垫一层厚度与表 5-32 相对应的橡胶层。中心棒应与两支撑棒等距，以 (1±0.2) N/ (mm^2 · s) 的速率均匀地增加荷载，记录断裂荷载 F。

表 5-32　棒的直径、橡胶厚度和长度 l　　mm

砖的尺寸(K)	棒的直径(d)	橡胶厚度(t)	砖伸出支撑棒外的长度(l)
$K \geqslant 95$	20	5±1	10
$48 \leqslant K < 95$	10	2.5±0.5	5
$18 \leqslant K < 48$	5	1±0.2	2

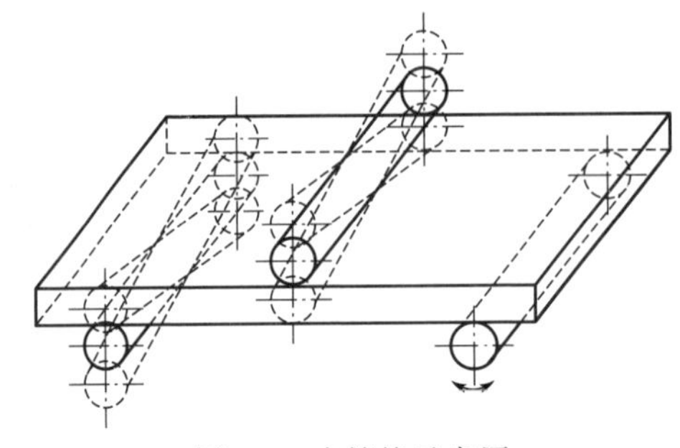

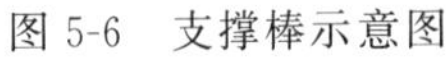

图 5-6　支撑棒示意图

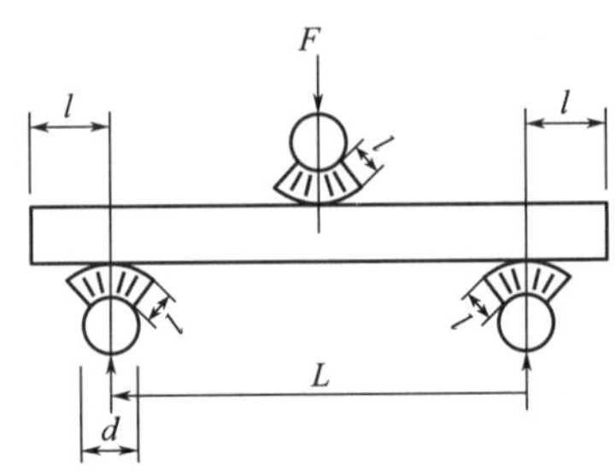

图 5-7　试样放置示意图

(3) 结果表示

只有在宽度与中心棒直径相等的中间部位断裂试样，其结果才能用来计算平均破坏强度和平均断裂模数，计算平均值至少需要 5 个有效的结果。如果有效结果少于 5 个，应取加倍数量的砖再做第二组试验，此时至少需要 10 个有效结果来计算平均值。

破坏强度（S）以牛顿（N）表示，按式（5-6）计算：

$$S=\frac{FL}{b} \tag{5-6}$$

式中　F——破坏荷载，N；

L——两根支撑棒之间的跨距，mm；

b——试样的宽度，mm。

断裂模数（R）以牛顿每平方毫米（N/mm^2）表示，按式（5-7）计算：

$$R=\frac{3FL}{2bh^2}=\frac{3S}{2h^2} \tag{5-7}$$

式中　F——破坏荷载，N；

L——两根支撑棒之间的跨距，mm；

b——试样的宽度，mm；

h——试验后沿断裂边测得的试样断裂面的最小厚度，mm。

记录所有结果，以有效结果计算试样的平均破坏强度和平均断裂模数。

5.5.4.3　美国标准 ASTM C648—2004

(1) 试样

通常采用整砖检验。对超大的砖和一些非矩形的砖，有必要时可进行切割，切割成可能最大尺寸的试样，以便安装在仪器上检验。其中心应与切割前砖的中心一致。

试样的数量不少于 10 块。如需进行重复测试，则重复测试的样品数量为首次测试样品数量的 2 倍。

（2）步骤

用硬刷刷去试样背面松散的黏结颗粒，将试样正面向上置于试验机的支撑台（见图 5-8）上，试样的中心位置与钢压头的中心位置一致，固定好试样。对于两面相同的砖，例如无釉砖，哪面向上均可。对于有方向性底纹的砖，应使其背肋或凹槽平行于支撑台的边缘。

以 3600～4900N/min 的速率均匀地增加荷载，直至试样破碎。记录破坏强度。

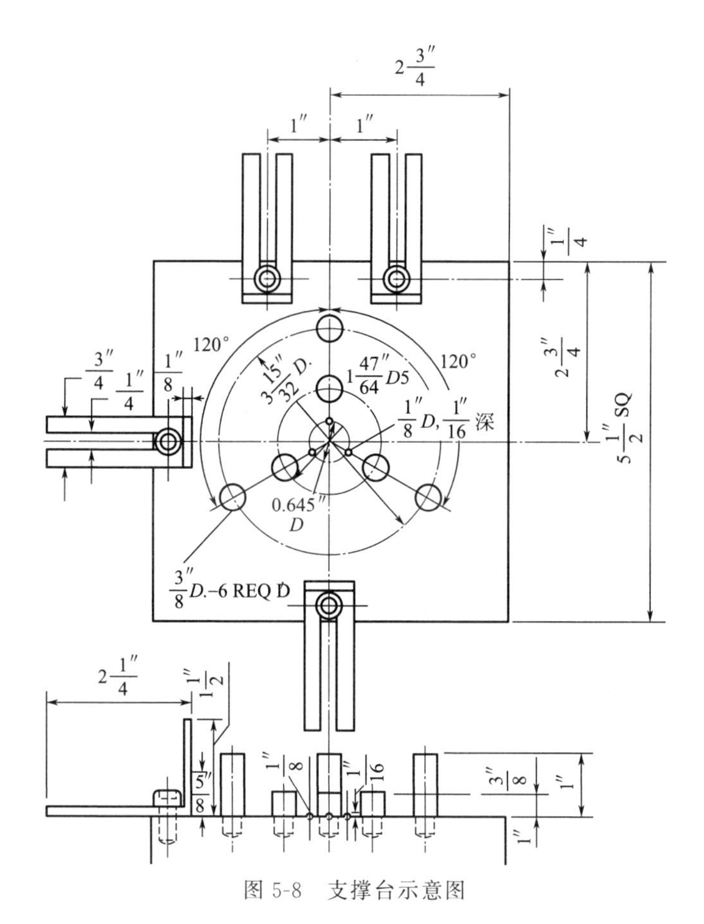

图 5-8 支撑台示意图

（3）结果表示

计算试样的平均破坏强度。

有明显离群的单个值时，应按 ASTM E178 的要求剔除离群值、计算平均值。

若离群值的个数超过样本总数的 20%，应进行重复测试，以重复测试的结果计算试样的平均破坏强度。

5.5.5 抗冲击性

5.5.5.1 测试原理

把一个钢球由一个固定高度落到试样上并测定其回跳高度，以此测定恢复系数。用恢复系数来确定陶瓷砖的抗冲击性

5.5.5.2 试样

（1）试样的数量

分别从 5 块砖上至少切下 5 片 75mm×75mm 的试样。实际尺寸小于 75mm 的砖也可以使用。

（2）试验部件

试验部件是用环氧树脂黏合剂将试样粘在制好的混凝土块上制成。

（3）混凝土块

混凝土块的体积约为 75mm×75mm×50mm，用这个尺寸的模具制备混凝土块或从一个大的混凝土板上切取。在试验部件安装之前用湿法从混凝土板上切下的混凝土试块，应在温度为（23±2）℃和湿度为（50±5）%RH 的条件下至少干燥 24h 方能使用。

（4）试验部件的安装

在制成的混凝土块表面上均匀地涂上一层 2mm 厚的不含增韧成分的环氧树脂黏合剂。将规定的试样正面朝上压紧到黏合剂上，将多余的黏合剂刮掉。试验前使其在温度为（23±2）℃和湿度为（50±5）%RH 的条件下放 3d。

如果瓷砖的面积小于 75mm×75mm，可放一块瓷砖使它的中心与混凝土的表面相一致，然后用瓷砖将其补成 75mm×75mm 的面积。

5.5.5.3 测试方法

用水平旋钮调节落球设备（图 5-9）以使钢架垂直；将试验部件放到电磁铁的下面，使从电磁铁中落下的钢球均落到被紧固定位的试验部件的中心；将试验部件放到支架上，将试样的正面向上水平放置；使钢球从 1m 高处落下并回跳；通过合适的探测装置测出回跳高度（精确至 1mm）进而计算出恢复系数（e）。

另一种方法是让钢球回跳两次，记下两次回跳之间的时间间隔（精确到毫秒级）。算出回跳高度，从而计算出恢复系数。

任何测试回跳高度的方法或两次碰撞的时间间隔的合适的方法都可应用。

检查砖的表面是否有缺陷或裂纹，所有在距 1m 远处未能用肉眼或平时戴眼镜的眼睛观察到的轻微的裂纹都可以忽略。记下边缘的磕碰，但在瓷砖分类时可予忽略。

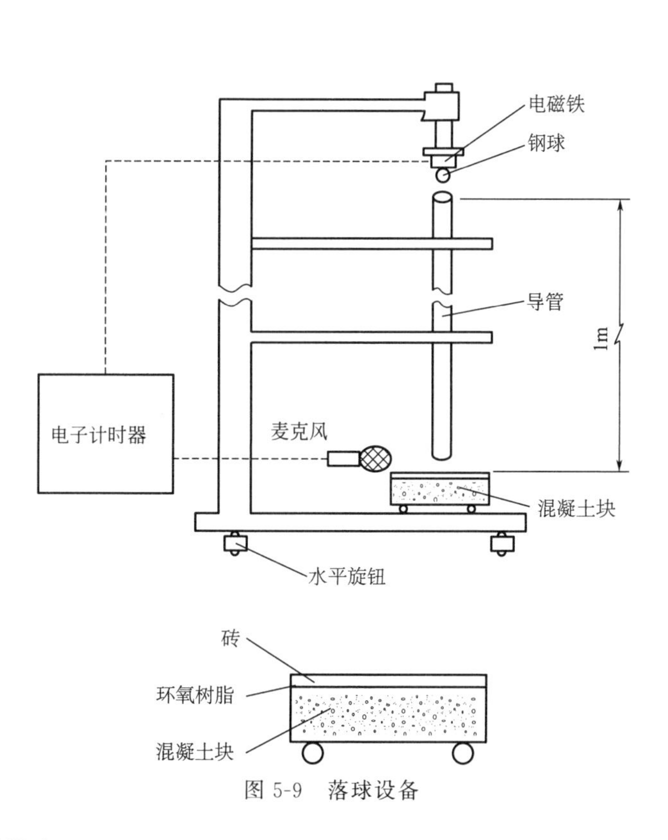

图 5-9　落球设备

5.5.5.4　结果表示

测量回跳高度时，恢复系数（e）用式（5-8）计算：

$$e=\sqrt{\frac{h_2}{h_1}} \tag{5-8}$$

式中　h_2——回跳的高度，cm；

h_1——落球的高度，cm。

测量时间间隔时，回跳高度用式（5-9）计算：

$$h_2=122.6T^2 \tag{5-9}$$

式中　T——两次的时间间隔，s。

5.5.5.5　校准

用厚度为（8±0.5)mm 未上釉且表面光滑的 Bla 类砖（吸水率 $E \leqslant 0.5\%$），安装成 5 个试验部件，按照测试方法中的步骤进行试验。回跳平均高度（h_2）应是（72.5±1.5）cm，恢复系数为 0.85±0.01。

5.5.5.6　国内外标准的相关要求

国际标准、中国标准和欧盟标准对抗冲击性的要求为：对抗冲击性有特别要求的场所应进行此项试验。一般轻负荷场所要求的恢复系数是 0.55，重负荷场所则要求更高的恢复系数。

5.5.6 无釉砖耐磨深度

5.5.6.1 测试原理

在规定条件和有磨料的情况下通过摩擦钢轮在砖的正面旋转产生的磨坑，通过测定磨坑的长度测定无釉砖的耐磨性。

5.5.6.2 试样

采用整砖或合适尺寸的试样做试验。如果是小试样，试验前，要将小试样用黏结剂无缝地粘在一块较大的模板上。试样应干净、干燥，样品数量不少于5块。

5.5.6.3 测试方法

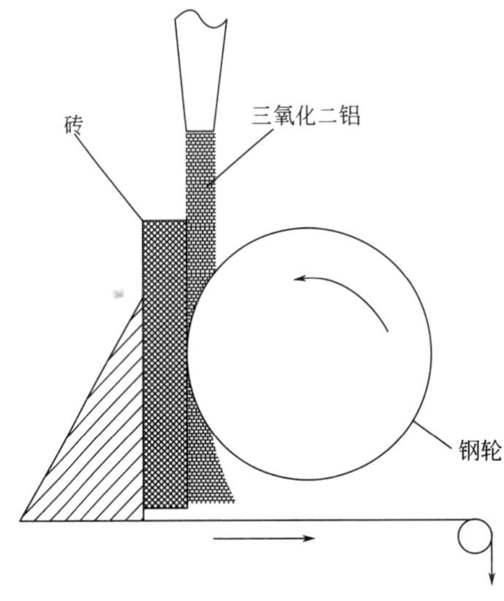

图5-10 耐磨深度试验机

(1) 压力调校

耐磨试验机（见图5-10）压力调校用F80（ISO 6486-1）刚玉磨料150r后，产生弦长为（24±0.5)mm的磨坑。石英玻璃作为基本的校准物，也可用浮法玻璃或其他适用的材料。当摩擦钢轮损耗至最初直径的0.5%时，必须更换磨轮。

(2) 研磨

将试样夹入夹具，样品与摩擦钢轮成正切，保证磨料均匀地进入研磨区。磨料给入速度为（100±10）g/100r。

摩擦钢轮转150r后，从夹具上取出试样，测量磨坑的弦长L，精确到0.5mm。每块试样应在其正面至少两处成正交的位置进行试验。如果砖面为凹凸浮雕时，对耐磨性的测定就有影响，可将凸出部分磨平，但所得结果与类似砖的测量结果不同。

磨料不能重复使用。

(3) 结果表示

耐深度磨损以磨料磨下的体积V(mm^3)表示，它可根据磨坑的弦长L按以下公式计算：

$$V=\left(\frac{\pi\alpha}{180}-\sin\alpha\right)\frac{hd^2}{8} \tag{5-10}$$

$$\sin\frac{\alpha}{2}=\frac{L}{d} \tag{5-11}$$

式中 α——弦对摩擦钢轮的中心角，见图5-11，(°)；

d——摩擦钢轮的直径，mm；

h——摩擦钢轮的厚度，mm；

L——弦长，mm。

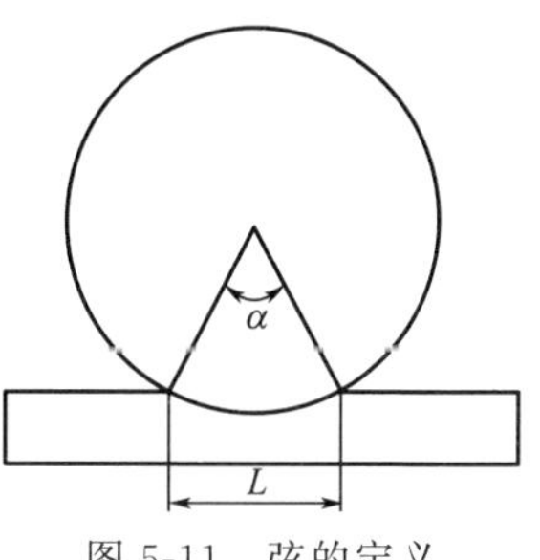

图 5-11　弦的定义

5.5.6.4　国内外标准的相关要求

国际标准 ISO 13006：2012 对各类陶瓷砖耐磨深度的要求见表 5-33。欧盟标准 EN 14411：2012 和中国标准 GB/T 4100—2006 等同采用了 ISO 13006：2012 中对耐磨深度的技术要求，具体参见表 5-33。美国标准 ANSI A137.1—2012 对各类陶瓷砖耐磨深度的要求见表 5-34。

表 5-33　国际标准对陶瓷砖耐磨深度要求

产品类别	最大磨损体积/mm^3
AⅠa,AⅠb	275
AⅡa-1	393
AⅡa-1	541
AⅡb-1	649
AⅡb-2	1062
AⅢ	2365
BⅠa,BⅠb	175
BⅡa	345
BⅡb	540

表 5-34　美国标准对陶瓷砖耐磨深度要求

产品类别	最大磨损体积/mm^3
P1,E1,O1	175
P2	225
E2,O2	275
P3	345
E3,O3	393
E4,O4	2365
P4	不要求

5.5.7　有釉砖表面耐磨性

5.5.7.1　测试原理

砖釉面耐磨性的测定，是通过釉面上放置研磨介质并旋转，对已磨损的试样与未磨损的试样进行观察对比，评价陶瓷砖耐磨性的方法。

5.5.7.2　试样

（1）试样的种类

试样应具有代表性，对于不同颜色或表面有装饰效果的陶瓷砖，取样时应注意能包括所有特色的部分。试样的尺寸一般为 100mm×100mm，使用较小尺寸的试样时，要先把它们粘紧固定在适宜的支承材料上，窄小接缝的边界影响可忽略不计。

(2) 试样的数量

试验要求用11块试样，其中8块试样经试验供目视评价用。每个研磨阶段要求取下一块试样，然后用3块试样与已磨损的样品对比，观察可见磨损痕迹。

(3) 试样准备

试验前，样品釉面应清洗并干燥。

5.5.7.3 测试方法

(1) 研磨介质

每块试样放置的研磨介质为：ϕ5mm钢球70.0g、ϕ3mm钢球52.5g、ϕ2mm钢球43.75g、ϕ1mm钢球8.75g；F80刚玉磨料3.0g；去离子水或蒸馏水20mL。

(2) 步骤

将试样釉面朝上夹紧在金属夹具（图5-12）下，从夹具上方的加料孔中加入研磨介质，盖上盖子防止研磨介质损失，耐磨试验机（图5-13）的预调转数为100r、150r、600r、750r、1500r、2100r、6000r和12000r。达到预调转数后，取下试样，在流动的水下冲洗，并在（110±5)℃的烘箱内烘干。如果试样被铁锈污染，可用体积分数为10%的盐酸擦洗，然后立即用流动水冲洗、干燥。将试样放入观察箱中，用一块已磨试样，周围放置3块同型号未磨试样，在300lx照度下，距离2m，高1.6m，用肉眼（平时戴眼镜的可戴眼镜）观察对比未磨和经过研磨后的砖釉面的差别。注意不同的转数研磨后砖釉面的差别，至少需要三种观察意见。

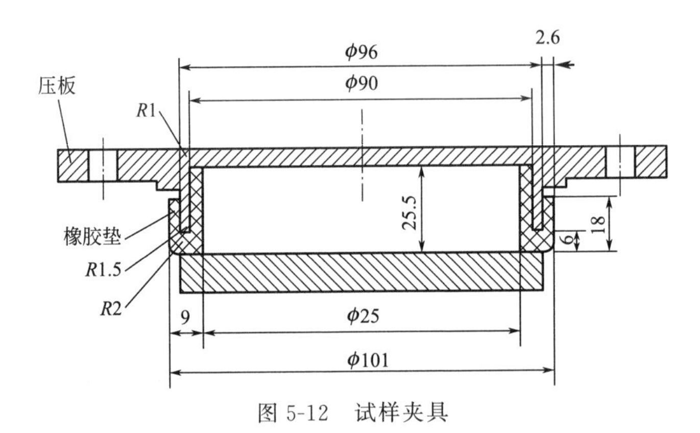

图5-12 试样夹具

在观察箱内目视比较（见图5-14)，当可见磨损在较高一级转数和低一级转数比较靠近时，重复试验检查结果，如果结果不同，取两个级别中较低一级作为结果进行分级。

对已通过12000r数级的陶瓷砖，应紧接着根据相关标准的规定进行耐污染试验。

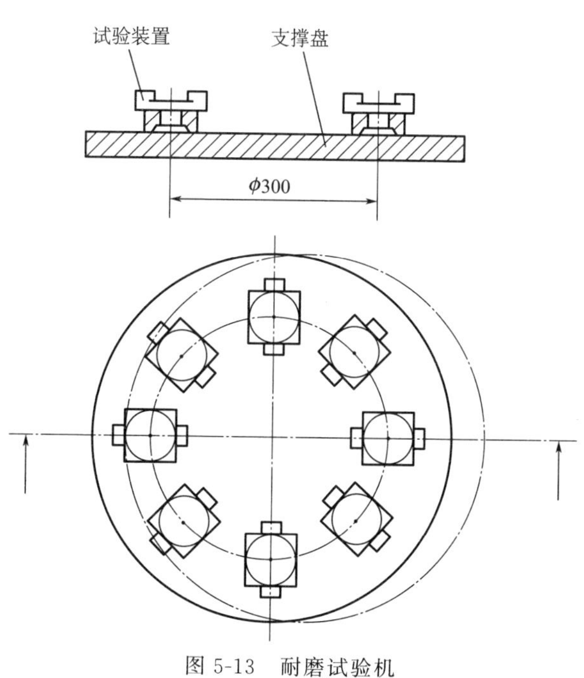

图 5-13　耐磨试验机

试验完毕，钢球用流动水冲洗，再用含甲醇的酒精清洗，然后彻底干燥，以防生锈。

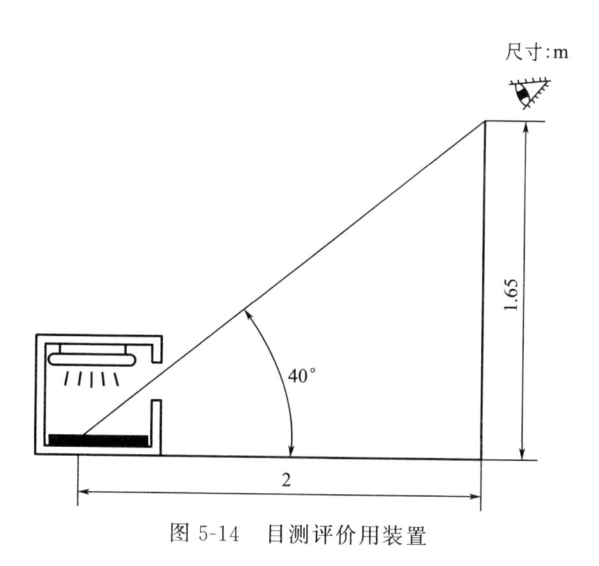

图 5-14　目测评价用装置

（3）结果分级

试样根据表 5-35 进行分级。国际标准、欧盟标准和中国标准采用阿拉伯数字表示级别，美国标准采用罗马数字表示级别。

表 5-35　有釉陶瓷砖耐磨性分级

可见磨损的研磨转数/r	级别
100	0(0)
150	1(Ⅰ)
600	2(Ⅱ)
750,1500	3(Ⅲ)
2100,6000,12000	4(Ⅳ)
>12000 且通过耐污染性试验	5(Ⅴ)

注：括号内为美国标准 ASTM C1027—2009 中的级别表示方式。

5.5.7.4　国内外标准的相关要求

不同耐磨等级有釉地砖使用范围的指导性建议见表 5-36。

表 5-36　有釉地砖使用范围的指导性建议

耐磨等级	建议使用范围
0(0)	不建议用于地面
1(Ⅰ)	磨损不频繁的家居场合
2(Ⅱ)	家居场合
3(Ⅲ)	磨损频繁的家居场合或磨损不频繁的商业场合
4(Ⅳ)	商业场合
5(Ⅴ)	磨损频繁的商业场合

5.5.8　线性热膨胀系数

5.5.8.1　国际标准 ISO 10545-8：1994

(1) 试样的制备

从一块砖的中心部位相互垂直地切取两块试样，使试样长度适合于测试仪器；试样的两端应磨平并互相平行；如果有必要，试样横断面的任一边长应磨到小于 6mm，横断面的面积应大于 $10mm^2$；试样的最小长度为 50mm。对施釉砖不必磨掉试样上的釉。

(2) 测试方法

试样在（110±5)℃干燥箱中干燥至恒重，然后将试样放入干燥器内冷却至室温；用游标卡尺测量试样长度，精确到 0.1mm，将试样放入热膨胀仪内并记录此时的室温；在最初和全部加热过程中，测定试样的长度，精确到 0.01mm，测量并记录在不超过 15℃间隔的温度和长度值；加热速率为（5±1)℃/min。

(3) 结果表示

线性热膨胀系数 α_1 用 10^{-6} 每摄氏度表示（10^{-6}/℃），精确到小数点后第一位，按式(5-12)表示：

$$\alpha_1=\frac{1}{L_0}\times\frac{\Delta L}{\Delta t} \tag{5-12}$$

式中 L_0——室温下试样的长度，mm；

ΔL——试样在室温和100℃之间的增长，mm；

Δt——温度的升高值,℃。

5.5.8.2 美国标准ASTM C372—2012

(1) 试样的制备

试样的长度不小于5.1mm，横截面积不大于2.9cm^2，试样的两端应磨平并互相平行；试样应保持干燥；试样长度的测量精度为0.1%。

(2) 测试方法

室温下，将试样放入热膨胀仪的加热炉中，直到试样温度与炉温达到平衡；记录此时的室温和试样的长度；以不超过3℃/min的速率加热试样；测量并记录在不超过25℃间隔的温度和长度值。

(3) 结果表示

平均线性热膨胀系数α按式(5-13)表示：

$$\alpha_1=\frac{0.01}{T_2-T_1}\times\left(\frac{L_2-L_1}{L_0}\times 100+A\right) \tag{5-13}$$

式中 α——从T_1到T_2（$T_1<T_2$）的平均线性热膨胀系数，mm/（mm·℃）；

L_0——T_0时试样的长度（$20℃\leqslant T_0\leqslant 30℃$），mm；

L_1——T_1时试样的长度，mm；

L_2——T_2时试样的长度，mm；

A——热膨胀仪的校正系数。

5.5.9 抗热震性的测定

5.5.9.1 测试原理

通过试样在15℃和145℃之间的10次循环来测定整砖的抗热震性。

5.5.9.2 试样

至少用5块整砖进行试验。

国际标准允许将超大的砖（即边长大于400mm的砖）切割后进行试验；如需切割，切割尺寸应尽可能大，且切割砖的中心应与整砖的中心一致；在有疑问时，用整砖比用切割过的砖测定的结果准确；美国标准不允许使用切割砖。

5.5.9.3 测试方法

(1) 试验准备

用肉眼观察试样表面（平常戴眼镜的可戴上眼镜），在距试样25～30cm处，光源照度约300lx的条件下观察试样的可见缺陷。所有试样在试验前应没有缺陷，可用合适的染色溶液（如含有少量湿润剂的1%亚甲基蓝溶液）对待测试样进行测定前的检验。

(2) 热震循环

吸水率不大于10%(质量分数)的陶瓷砖，垂直浸没在(15±5)℃的冷水中，并使它们互不接触；吸水率大于10%(质量分数)的有釉砖，使其釉面朝下与(15±5)℃的低温水槽上的铝粒接触。将样品在低温下15min后，立即移至(145±5)℃的烘箱内重新达到此温度后保持20min后，立即将试样移回低温环境中。重复进行10次上述过程。

(3) 试验后试样的检查

然后用肉眼(平常戴眼镜的可戴上眼镜)，在距试样25～30cm处，光源照度约300lx的条件下观察试样的可见缺陷。为帮助检查，可将合适的染色溶液(如含有少量湿润剂的1%亚甲基蓝溶液)刷在试样的釉面上，1min后，用湿布抹去染色液体。

(4) 结果表示

报告试样的吸水率、浸没方式以及试验后出现可见缺陷试样的数量。

5.5.10 湿膨胀

5.5.10.1 原理

通过将砖浸入沸水或水蒸气中以加速湿膨胀发生，并测定其长度变化比。

国际标准和美国标准中采用的膨胀发生方法是不同的。国际标准ISO 10545-10采用沸水加热以加速湿膨胀发生，美国标准则采用蒸汽加热以加速湿膨胀的发生。

5.5.10.2 国际标准ISO 10545-10：1995

(1) 试样

试样由5块整砖组成，如果测量装置没有整砖长，应从每块砖的中心部位切割试样，按照测量装置的尺寸要求准备试样，试样的最小长度为100mm，最小宽度为35mm，厚度为砖的厚度，对挤压砖来说，试样长度方向应沿挤压方向。

(2) 前处理

将试样放入焙烧炉中，以150℃/h升温速率重新焙烧，升至(550±15)℃，在(550±15)℃保温2h，让试样在炉内冷却。当温度降至(70±10)℃时，将试样放入干燥器中，在室温下保持24～32h。如果试样在重烧后出现开裂，另取试样以更慢的加热和冷却速率重新焙烧。

测量每块试样相对镍钢标准块的初始长度，精确到0.5mm，3h后再测量试样一次。

(3) 沸水处理

将装有去离子水或蒸馏水的容器加热至沸，将试样浸入沸水中，应保持水位高度超过试样至少5cm，使试样之间互不接触，且不接触容器的底和内壁，连续煮沸24h。从沸水中取出试样并冷却至室温，1h后测量试样长度，3h后再测量一次，记录测量结果。

（4）结果表示

对于每个试样，计算沸水处理前的两次测量值的平均数、沸水处理后两次测量的平均数，然后计算两个平均值之差。

湿膨胀用mm/m表示时，由式(5-14)计算：

$$\frac{\Delta L \times 1000}{L} \tag{5-14}$$

式中 ΔL——沸水处理前后两个平均值之差，mm；

L——试样的平均初始长度，mm。

5.5.10.3 美国标准ASTM C370—2012

（1）试样

至少需要5块试样。

试样应为无釉棒状，长度为76～102mm。试样应从样品的中心部位切割，厚度为2.5～19mm。试样的两端应平行，磨平并抛光。

试样从焙烧炉或干燥器中取出后应立即测量长度。

（2）测试步骤

测量每块试样的初始长度（L_1），精确到0.003mm。

将试样放入蒸压釜中，试样放置在水的上方。使蒸压釜中的压力逐渐升高，在45～60min内达到150psi（1MPa），保持压力5h后，迅速打开卸压阀，将蒸汽降至大气压。从蒸压釜中取出试样，在不超过110℃的温度下烘干至恒重，冷却至室温，测量试样的长度（L_2），精确到0.003mm。

为减少温度变化引起的试样膨胀对测试结果的影响，测量初始长度时的温度和测量蒸压釜处理后的长度时温度应尽可能一致。

（3）结果表示

对于每件试样，由式(5-15)计算湿膨胀：

$$O=\frac{L_2-L_1}{L_1}\times 100\% \tag{5-15}$$

式中 O——湿膨胀，%；

L_1——试样的初始长度，mm；

L_2——蒸汽处理后试样的长度，mm。

5.5.11 有釉砖抗釉裂性

5.5.11.1 测试原理

抗釉裂性是使砖在蒸压釜中承受高压蒸汽的作用，通过釉面染色来观察砖的釉裂情况。

5.5.11.2　国际标准 ISO 10545-11：1994

（1）试样

至少取 5 块整砖进行试验。对于大尺寸砖，为能装入蒸压釜中，可进行切割，但对所有切割片都应进行试验。切割片应尽可能得大。

（2）测试步骤

首先用肉眼（平常戴眼镜的可戴上眼镜），在 300lx 的光照条件下距试样 25～30cm 处观察砖面的可见缺陷，所有试样在试验前都不应有釉裂。可用适宜的染色液作釉裂检验。除了刚出窑的砖，和作为质量保证的常规检验外，其他试验用砖应在（500±15)℃的温度下重烧，但升温速率不得大于 150℃/h，保温时间不少于 2h。

将试样放在蒸压釜内，试样之间应有空隙。使蒸压釜中的压力逐渐升高，1h 内达到（500±20）kPa，（159±1)℃，并保持压力 2h。然后关闭汽源，对于直接加热式蒸压釜则停止加热，使压力尽可能快地降低到试验室大气压，试样在蒸压釜中冷却 0.5h。将试样移出到试验室大气中，单独放在平台上，继续冷却 0.5h。

在试样釉面上涂刷适宜的染色液，如含有少量润湿剂的 1%亚甲基蓝溶液。1min 后用湿布擦去染色液。检查试样的釉裂情况。

（3）结果表示

试验后产生釉裂的数量以及对釉裂的描述。

5.5.11.3　美国标准 ASTM C424—2012

（1）试样

至少取 10 块整砖进行试验。

表面积大于 152mm×152mm 或 152mm×200mm 时，取 5 件样品进行测试。为能装入蒸压釜中，可进行切割，但对所有切割片都应进行试验。切割片应尽可能得大。

（2）测试步骤

将试样放在蒸压釜内，试样之间应有空隙。使蒸压釜中的压力逐渐升高，在 45～60min 内达到设定压力，保持压力 1h。保压期间，实际压力与设定压力之间的偏差不超过±2psi（±14kPa)。

保压时间到，停止加热，迅速打开卸压阀，将蒸汽降至大气压。如果确认卸压太快会导致卸压阀破损，可在 30min 缓慢卸压，如有此种情况应在测试报告中注明。打开蒸压釜，让试样在蒸压釜内冷却 0.5h 后，取出，在室温下继续冷却 0.5h。

检查试样的釉裂情况。可用墨水或其他适宜的染色液辅助进行釉裂检验。

（3）测试压力

设定初始压力为 50psi（345kPa)，在此压力下，若有试样未产生釉裂，重复上述测试步骤，增加 50psi（345kPa）的压力，测试未产生釉裂样品的抗釉裂性，直至压力达到 250psi（1.7MPa）或所有的试样产生釉裂。两次釉裂测试的时间间隔不大于 24h。

产品规范中对测试压力有要求时，直接进行规定压力的测试。ANSI A137.1—2012 中规定的测试压力为 150psi（1MP），测试次数为 1 次。

（4）结果表示

记录每个测试压力（a）下出现釉裂的试样数量（b），按式(5-16) 计算样品的平均釉裂压力：

$$平均釉裂压力=\frac{\sum ab}{n} \tag{5-16}$$

式中　a——测试压力；

b——该压力下出现釉裂的试样数量；

n——试样的总数量。

5.5.11.4　国内外要求

仅有釉砖需要进行抗釉裂测试。试验后，所有样品均不应出现釉裂或裂纹。

5.5.12　抗冻性

5.5.12.1　测试原理

陶瓷砖浸水饱和后，在规定的高低温温度之间进行冻融循环。

国际标准规定的冻融循环温度为－5℃以下至 5℃以上，砖的各表面须经受至少 100 次冻融循环。

美国标准规定的冻融循环温度为－3～＋5℃，砖的各表面须经受至少 300 次冻融循环。

5.5.12.2　国际标准 ISO 10545-12：1995/Cor 1：1997

（1）试样

使用不少于 10 块整砖，并且其最小面积为 0.25m^2，对于大规格的砖，为能装入冷冻机，可进行切割，切割试样应尽可能得大。砖应没有裂纹、釉裂、针孔、磕碰等缺陷，如果必须用有缺陷的砖进行检验，在试验前应用永久性的染色剂对缺陷做记号，试验后检查这些缺陷。砖在（110±5)℃的干燥箱内烘干至恒重，记录每块干砖的质量（m_1）。

（2）测试步骤

砖冷却至环境温度后，将砖垂直地放在抽真空装置内，使砖与砖、砖与该装置内壁互不接触。抽真空装置接通真空泵，抽真空至（40±2.6)kPa。在该压力下将（20±5)℃的水引入装有砖的抽真空装置中浸没，并至少高出 50mm。在相同压力下至少保持 15min，然后恢复到大气压力。用手把浸湿过的麂皮拧干，然后将麂皮放在一个平面上。依次将每块砖的各个面轻轻擦干，称量并记录每块湿砖的质量（m_2）。

以不超过 20℃/h 的速率使砖降温到 −5℃以下。砖在该温度下保持 15min。砖浸没于水中或喷水直到温度达到 5℃以上。砖在该温度下保持 15min。

重复上述循环 100 次。如果将砖保持浸没在 5℃以上的水中，则此循环可中断。称量试验后的砖质量（m_3），再将其烘干至恒重，称量试验后砖的干质量（m_4）。

100 次循环后，在距离 25～30cm 处、大约 300lx 的光照条件下，用肉眼检查砖的釉面、正面和边缘，对通常戴眼镜者，可以戴眼镜检查。在试验早期，如果有理由确信砖已遭到损坏，可在试验中间阶段检查并及时作记录。记录所有观察到砖的釉面、正面和边缘损坏的情况。

(3) 结果表示

每件样品的初始吸水率 E_1，用质量分数（%）表示，由式(5-17) 求得：

$$E_1 = \frac{m_2 - m_1}{m_1} \times 100\% \tag{5-17}$$

式中 m_2——每块湿砖的质量，g；

m_1——每块干砖的质量，g。

每件样品的最终吸水率 E_2，用质量分数（%）表示，由式(5-18) 求得：

$$E_2 = \frac{m_3 - m_4}{m_4} \times 100\% \tag{5-18}$$

式中 m_3——试验后每块湿砖的质量，g；

m_4——试验后每块干砖的质量，g。

每件样品试验前的缺陷，以及冻融试验后砖的釉面、正面和边缘的所有损坏情况；

100 次循环试验后试样的损坏数量。

5.5.12.3 美国标准 ASTM C1026—2013

(1) 试样

使用 5 块试样。表面积大于 76mm×76mm 的样品，应从样品的中部切取面积为(76±6)mm×(76±6)mm 的试样。试样应无裂纹、釉裂、针孔、磕碰等缺陷。

(2) 测试步骤

① 干燥 将试样放入（150±5)℃的干燥箱内干燥 24h，在干燥器中冷却至砖不烫手的温度，称量并记录每块干砖的质量（W_1），精确至 0.01g。

② 水饱和 将试样竖直地放在盛有蒸馏水或去离子水的加热器中，使试样互不接触。将水加热至沸腾并保持煮沸 5h，期间水应完全浸没试样。停止加热，使试样完全浸泡在水中冷却至室温，并保持 24h。在进行冻融循环试验前，继续将试样浸没在水中。

③ 试样放置 将试样正面向上排列在冷冻盆底部的架子上，架子应保持水

平。调节架子的高度，使得试样与冷冻盆底部的距离为6～25.4mm。向冷冻盆中注入自来水，调节溢流装置的高度，使冷冻盆内的水位高度在冷冻过程中保持在试样厚度约1/2的位置，不可完全浸没试样。

④ 冻融循环　设定设备的温度循环为－3～＋5℃。调整冷冻机的降温速率，在3～6h内将温度降至（－3±0.25)℃。当温度达到（－3±0.25)℃时，启动水泵，向冷冻盆内注入（16±11)℃的自来水并完全浸没试样。当温度达到（5±0.25)℃时，水泵停止工作。开始下一次冻融循环。重复上述循环300次。

⑤ 试验后的试样检查300次循环后，将试样放入（150±5)℃的干燥箱内干燥24h，在干燥器中冷却，称量并记录每块干砖的质量（W_F），精确至0.01g。在距离（250±13)mm处、至少300lx的光照条件下，用肉眼仔细检查每件试样是否有裂纹、破裂、剥离等缺陷。记录所有观察结果。

（3）结果表示

按式(5-19）计算每块试样的质量损失率，用“%”表示：

$$质量损失率=\frac{W_I-W_F}{W_I}\times 100\% \tag{5-19}$$

式中　W_I——试验前试样的质量，g；

W_F——试验后试样的质量，g。

报告试验后产生破损的试样数量。有裂纹、剥落、破裂等缺陷或质量损失率超过0.5%的试样为产生破损的试样。注意区分试样的釉裂和裂纹，釉裂试样不属于破损试样。

5.5.12.4　国内外要求

对于明示用于霜冻场合的产品，应通过抗冻性试验。

5.5.13　耐化学腐蚀性

5.5.13.1　测试原理

试样直接受试液的作用，经一定时间后观察并确定其受化学腐蚀的程度。

5.5.13.2　国际标准ISO 10545-13：1995

（1）测试溶液

① 家庭用化学药品　氯化铵溶液，100g/L。

② 游泳池盐类　次氯酸钠溶液20mg/L（由约含质量分数为0.13活性氯的次氯酸钠配制）。

③ 低浓度酸和碱（L）

a. 体积分数为0.03的盐酸溶液，由浓盐酸（ρ=1.19g/mL）配制。

b. 柠檬酸溶液，100g/L。

c. 氢氧化钾溶液，30g/L。

④ 高浓度酸和碱（H）

a. 体积分数为 0.18 的盐酸溶液，由浓盐酸（ρ=1.19g/mL）制得。

b. 体积分数为 0.05 的乳酸溶液。

c. 氢氧化钾溶液，100g/L。

（2）试样

① 试样的数量每种试液使用 5 块试样。试样必须具有代表性。试样正面局部可能具有不同色彩或装饰效果，试验时必须注意应尽可能地把这些不同部位包含在内。

② 试样的尺寸

a. 无釉砖：试样尺寸为 50mm×50mm，由砖切割而成，并至少保持一个边为非切割边。

b. 有釉砖：必须使用无损伤的试样，试样可以是整砖或砖的一部分。

③ 试样准备　用适当的溶剂（如甲醇），彻底清洗砖的正面。有表面缺陷的试样不能用于试验。

（3）无釉砖测试步骤

① 试液的应用　将试样放入干燥箱，在（110±5）℃下烘干至恒重。然后使试样冷却至室温。将试样垂直浸入盛有试液的容器中，试样的浸深为 25mm。试样的非切割边必须完全浸入溶液中。盖上盖子，在（20±2）℃的温度下保持 12d。12d 后，将试样用流动水冲洗 5d，再完全浸泡在水中煮 30min 后从水中取出，用拧干但还带湿的麂皮轻轻擦拭，随即在（110±5）℃的干燥箱中烘干。

② 试验后的分级　在日光或人工光源约 300lx 的光照条件下（但应避免直接照射），距试样 25～30cm，用肉眼（平时戴眼镜的可戴上眼镜）观察试样表面非切割边和切割边浸没部分的变化。如果色彩有轻微变化，则不认为是化学药品腐蚀。

按变化情况，可划分为下列等级：

a. 对于家庭用化学药品和游泳池盐类：

A 级：无可见变化。

B 级：在切割边上有可见变化。

C 级：在切割边上、非切割边上和表面上均有可见变化。

b. 对于低浓度酸和碱：

ULA 级：无可见变化。

ULB 级：在切割边上有可见变化。

ULC 级：在切割边上、非切割边上和表面上均有可见变化。

c. 对于高浓度酸和碱：

UHA 级：无可见变化。

UHB 级：在切割边上有可见变化。

UHC 级：在切割边上、非切割边上和表面上均有可见变化。

（4）有釉砖测试步骤

① 试液的应用

在圆筒（用硅硼玻璃或其他合适材料制成、带盖）的边缘上涂一层3mm厚的密封材料（如橡皮泥），然后将圆筒倒置在有釉表面的干净部分，并使其周边密封。从开口处注入试液，液面高为（20±1)mm。试验过程的环境温度应保持(20±2)℃。

试验耐家庭用化学药品、游泳池盐类和柠檬酸的腐蚀性时，使试液与试样接触24h，移开圆筒并用合适的溶剂彻底清洗釉面上的密封材料。

试验耐盐酸溶液和氢氧化钾溶液腐蚀性时，使试液与试样接触4d，每天轻轻摇动装置一次，并保证试液的液面不变。2d后更换溶液，再过2d后移开圆筒并用合适的溶剂彻底清洗釉面上的密封材料。

② 试验后的分级　经过试验的表面在进行评价之前必须完全干燥。在釉面的未处理部分用铅笔划几条线并用湿布擦拭线痕。如果铅笔线痕可以擦掉，采用标准分级法进行评价；如果铅笔线痕擦不掉，采用目测分级法进行评价。

a.标准分级法　按图5-15所示分级系统进行分级。

目测初评：用肉眼（平时戴眼镜的可戴上眼镜）以标准距离25cm的视距从各个角度观察被测表面与未处理表面有何表观差异，如反射率或光泽度的变化。光源可以是日光或人工光源（照度约为300lx），但避免日光直接照射。观测后如未发现可见变化，则进行铅笔试验。如有可见变化，即进行反射试验。

铅笔试验：在试验表面和非处理表面上用铅笔划几条线。用软质湿布擦拭铅笔线条，如果可以擦掉，则为A级；如果擦不掉，则为B级。

反射试验：调整砖的位置，使灯光同时落在处理和非处理面上，灯光在砖表面上的入射角约为45°，砖和光源的间距为（350±100)mm。评价的参数为反射清晰度，如果反射清晰，则定为B级；如果反射模糊，则定为C级。此试验对某些釉面是不适合的。特别是对无光釉面。

b.目测分级　对于家庭用化学药品和游泳池盐类：

GA（V）级：表面无可见变化。

GB（V）级：表面有明显变化。

GC（V）级：原来的表面部分或全部有损坏。

对于低浓度酸和碱：

GLA（V）级：表面无可见变化。

GLB（V）级：表面有明显变化。

GLC（V）级：原来的表面部分或全部有损坏。

对于高浓度酸和碱：

GHA（V）级：表面无可见变化。

GHB（V）级：表面有明显变化。

GHC（V）级：原来的表面部分或全部有损坏。

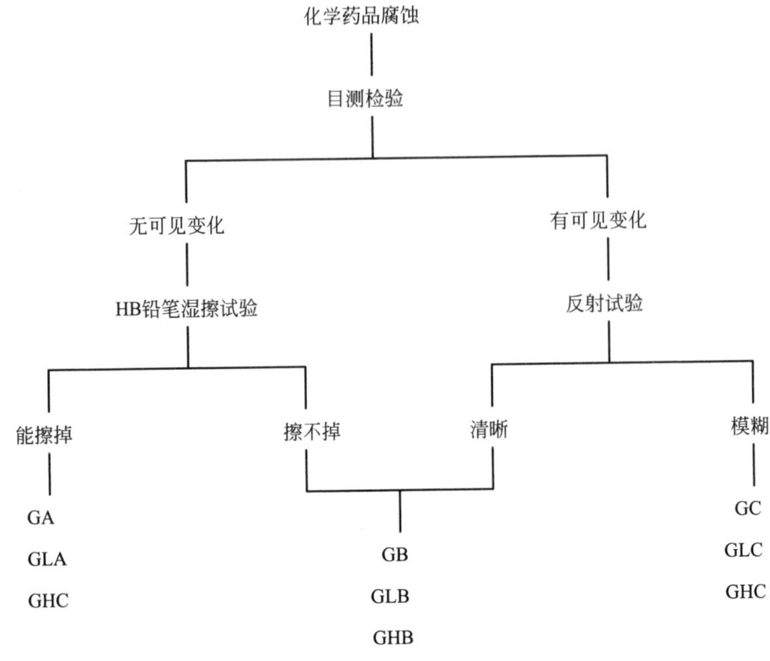

图 5-15　耐腐蚀级别划分表

5.5.13.3　美国标准 ASTM C650—2009

(1) 测试溶液

① 家庭用化学药品及清洁剂

a. 醋酸溶液，3%（体积分数）；

b. 醋酸溶液，10%（体积分数）；

c. 氯化铵溶液，100g/L；

d. 柠檬酸溶液，30g/L；

e. 柠檬酸溶液，100g/L；

f. 乳酸溶液，5%（体积分数）；

g. 磷酸溶液，3%（体积分数）；

h. 磷酸溶液，10%（体积分数）；

i. 氨基磺酸溶液，30g/L；

j. 氨基磺酸溶液，100g/L。

② 游泳池盐类　次氯酸钠溶液，20mg/L（由约含质量分数为 0.13 活性氯的次氯酸钠配制）。

③ 酸和碱

a. 盐酸溶液，3%（体积分数）；

b. 盐酸溶液，18%（体积分数）；

c. 氢氧化钾溶液，30g/L；

d. 氢氧化钾溶液，100g/L。

（2）试样

每种试液使用 1 块试样。试样必须具有代表性。试样正面局部可能具有不同色彩或装饰效果，试验时必须注意应尽可能把这些不同部位包含在内，必要时，可以使用更多的试样。

试样尺寸为 50mm×50mm，由砖切割而成。试验前，用适当的溶剂（如甲醇），彻底清洗砖的正面。

（3）测试步骤

将试样放入干燥箱，在（110±5）℃下烘干至恒重。然后使试样冷却至室温。

向 ϕ20mm×150mm 的玻璃试管中注入 20mL 测试溶液。将试样的测试面向下，贴紧试管管口，同时抓紧试样和试管，迅速倒转试样和试管，使砖在下，试管的底部朝上。将砖和试管小心放置在平整的桌面上，保持 24h。

24h 后，移除试管及测试溶液，在流动水中冲洗试样 10min，去除试样上残留的测试溶液，必要时，可用柔软的刷子来清洗。试样清洗干净后，在（110±5）℃下彻底烘干，冷却到室温。

（4）试验后的分级

目测初评：用肉眼（平时戴眼镜的可戴上眼镜）在距离试样 25cm 处从各个角度观察被测表面与未处理表面的色彩或结构是否有差异。如有可见变化，则记录检验结果为“affected”。未发现可见变化，则进行铅笔试验。

铅笔试验：在试验表面和非处理表面上用铅笔划几条线。用软质湿布擦拭铅笔线条，如果试验表面的铅笔线条可以擦掉，则为“unaffected”；如果擦不掉，则为“affected”。对于非处理表面和试验表面的铅笔线条都擦不掉的试样，铅笔试验方法不适用。

5.5.13.4　国内外要求

国际标准 ISO 13006：2012 对陶瓷砖耐化学腐蚀性的要求见表 5-37。中国标准 GB/T 4100—2006 和欧盟标准 EN 14411：2012 对耐化学腐蚀性的要求与 ISO 13006：2012 相同，具体参见表 5-37。

表 5-37　对耐化学腐蚀性的要求（ISO 13006：2012）

测试溶液	要求
耐低浓度酸和碱	制造商应明示耐化学腐蚀性等级
耐高浓度酸和碱	报告检验结果
耐家庭化学试剂和游泳池盐类	不低于 B 级

美国标准 ANSI A137.1—2012 中要求报告样品的耐化学腐蚀性等级，耐化学腐蚀性等级的划分方法参见表 5-38。

表 5-38 耐化学腐蚀性等级的划分方法（ANSI A137.1—2012）

耐化学腐蚀性等级	试验后表面有变化的最大试样数量
A	0
B	1
C	2
D	3
E	≥4

5.5.14 耐污染性

5.5.14.1 测试原理

将试液和材料（污染剂）与砖正面接触，使其作用一定时间，然后按规定的清洗方法清洗砖面，观察砖表面的可见变化来确定砖的耐污染性。

5.5.14.2 国际标准 ISO 10545-14：1995/Cor 1：1997

（1）污染剂

以下所列出的仅是污染剂的基本例子。经相关各方的同意，也可采用其他的污染剂。

易产生痕迹的污染剂（膏状物）：轻油中的绿色污染剂、轻油中的红色污染剂（仅对绿色表面的砖）；

可发生氧化反应的污染剂：质量浓度为 13g/L 的碘酒；

能生成薄膜的污染剂：橄榄油。

（2）试样

每种污染剂使用 5 块试样。可使用整砖或切割砖。试验砖的表面应足够大，以确保可进行不同的污染试验。若砖面太小，可以增加试样的数量。

试验前彻底地清洗砖面，对于表面经过防污处理的砖，应采用合适的方法去除砖表面的防污剂。将试样放入干燥箱，在（110±5)℃的干燥箱内烘干至恒重，然后冷却至室温。

（3）清洗程序

程序 A：用温度为（55±5)℃的流动热水清洗砖面 5min，然后用湿布擦净砖面。

程序 B：用普通的不含磨料的海绵或布在弱清洗剂（不含磨料、pH=6.5～7.5）中人工擦洗砖面，然后用流动水冲洗，用湿布擦净。

程序 C：用机械方法在强清洗剂（含磨料、pH=9～10）中清洗砖面，如可用下述装置清洗：用硬鬃毛制成直径为 8cm 的旋转刷，刷子的旋转速度大约为 500r/min，盛清洗剂的罐带有一个合适的喂料器与刷子相连。将砖面与旋转刷子相接触，然后从喂料器加入清洗剂进行清洗，清洗时间为 2min。清洗结束后用流动水冲洗并用湿布擦净砖面。

程序 D：试样在合适的溶剂中浸泡 24h，然后使砖面在流动水下冲洗，并用湿布擦净砖面。若使用任何一种溶剂能将污染物除去，则认为完成清洗步骤。

（4）测试步骤

将 3～4 滴污染剂涂布在被试验的砖面上，并保持 24h。为使试验区域接近圆形，放一个直径约为 30mm 的中凸透明玻璃筒在试验区域的污染剂上。

将处理后的试样按清洗程序（程序 A、程序 B、程序 C 和程序 D）进行清洗。试样每次清洗后在（110±5)℃的干燥箱中烘干，然后目测观察砖面的变化(通常戴眼镜的可戴眼镜观察)，目测时距离砖面 25～30cm，照度约为 300lx，可用日光或人造光源，但需避免阳光的直接照射。如使用易产生痕迹的污染剂，只报告色彩可见的情况。如果污染不能去掉，则进行下一个清洗程序。

（5）结果分级

按耐污染性试验的结果，陶瓷砖表面耐污染性分为 5 级，见图 5-16。

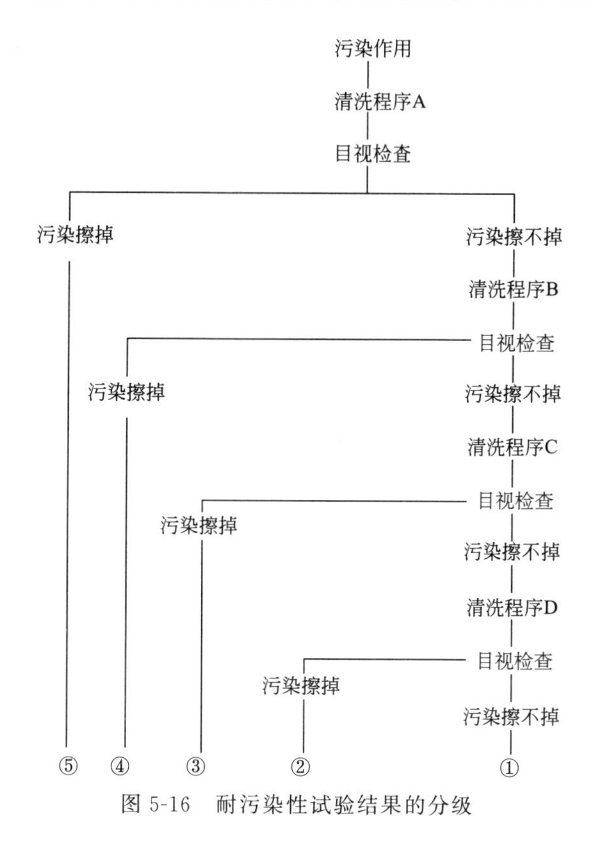

图 5-16　耐污染性试验结果的分级

5.5.14.3　美国标准 ASTM C1378—2004

（1）污染剂

① 填缝剂，不含沙。深色砖用浅色填缝剂，浅色砖用深色填缝剂；

② 碳素墨水；

③ 防水墨水；

④ 水性墨水；

⑤ 高锰酸钾溶液，1%；

⑥ 亚甲基蓝溶液，1%；

⑦ 可根据使用环境的要求，采用其他合适的污染剂，指定污染剂和试样接触的时间和温度。

(2) 试样

每种试液使用1块试样。试样必须具有代表性。试样正面局部可能具有不同色彩或装饰效果，试验时必须注意应尽可能把这些不同部位包含在内。

试样尺寸为50mm×50mm，由砖切割而成。试验前，用适当的溶剂（如甲醇），彻底清洗砖的正面。

(3) 污染剂的应用

将试样放入干燥箱，在(110±5)℃下烘干至恒重。然后使试样冷却至室温。

向ϕ20mm×150mm的玻璃试管中注入5mL污染剂。将试样的测试面向下，贴紧试管管口，同时抓紧试样和试管，迅速倒转试样和试管，使砖在下，试管的底部朝上。将砖和试管小心放置在平整的桌面上。保持24h。

对于粉状的污染剂，如填缝剂，在试验前用蒸馏水或去离子水混合成表面光滑的膏状物，将膏状物放置在试样的中央（不可完全覆盖试样），用布覆盖膏状物。保持24h。

(4) 清洗

24h后，移除试管及测试溶液，按清洗程序（与ISO 10545-14相同，参见5.5.14.2）进行清洗。试样每次清洗后在(110±5)℃的干燥箱中烘干，如果污染不能去掉，则进行下一个清洗程序。

试样清洗干净后，在(110±5)℃下彻底烘干，冷却到室温。

(5) 结果分级

用肉眼从各个角度观察被测表面与未处理表面是否有差异，目测时距离砖面25cm，照度约为300lx。如有可见变化，则记录检验结果为“affected”；未发现可见变化，则记录检验结果为“unaffected”。

5.5.14.4 国内外要求

国际标准ISO 13006：2012对耐污染性的要求见表5-39。中国标准GB/T 4100—2006、欧盟标准EN 14411：2012对耐化学腐蚀性的要求与ISO 13006：2012相同，具体参见表5-39。美国标准ANSI A137.1—2012中要求报告样品的耐污染性等级。耐污染性等级的划分方法参见表5-40。

表5-39 对耐污染性的要求（ISO 13006：2012）

陶瓷砖类别	要求
有釉砖	不低于3级
无釉砖	报告检验结果

表 5-40　耐化学腐蚀性等级的划分方法（ANSI A137.1—2012）

耐污染性等级	试验后表面有污染物留存的试样数量
A	0
B	1
C	2
D	3
E	≥4

5.5.15　有釉砖铅和镉溶出量

5.5.15.1　测试原理

陶瓷砖有釉的表面与乙酸溶液相接触。用适当的方法测定溶出于溶液中的铅和镉的含量。

5.5.15.2　国际标准 ISO 10545-15：1995

（1）试样

至少取 3 件整砖进行试验。洗净试验的砖表面，使之没有可能影响试验性能的油脂或其他物质。为了保证洁净，应用现成的、含有少量去污剂的水充分地洗涤，并用二级蒸馏水漂洗，然后沥干或用柔软的清洁布揩干洗净以后（应注意避免触摸釉的表面），把大约 6mm 宽的聚硅氧烷密封胶涂于围绕釉表面的整个周边。保证用肉眼看条状物是完整的，并与围绕釉表面的整个周边相接触。同样应保证条状物足够的高度，使加入的乙酸溶液能有足够的体积。聚硅氧烷密封胶的最小高度应在釉面以上 4mm。让密封胶干燥一个晚上。

以“dm^2”为单位测量和计算试验的表面积 A。

（2）浸泡

在温度为（20±2）℃的房间内，将试样放置在水平表面上，用量筒将 4%的乙酸溶液注满由聚硅氧烷密封胶条状物所形成的容器中。将防渗盖置于试样上以防止污染和蒸发。这样做的一种简便的方法见图 5-17。

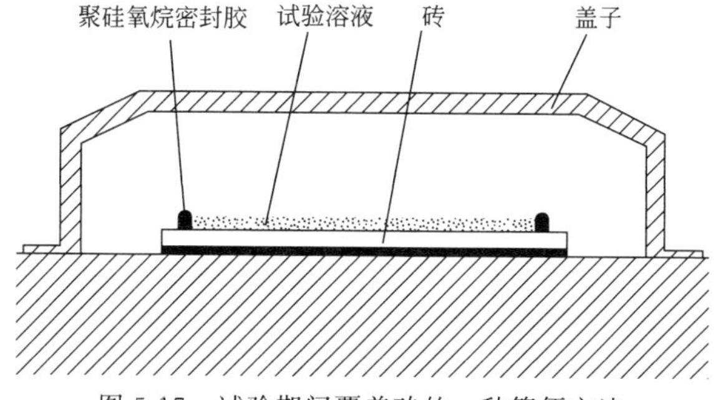

图 5-17　试验期间覆盖砖的一种简便方法

试验期间的环境温度应保持在（20±2）℃，并避免试验装置被太阳光直接照射或接近其他热源。24h 以后，取掉盖子，将乙酸全部汲出以保证溶液的均匀性，并取出部分溶液用于分析。

(3) 铅和镉溶出量的测定

采用适当的方法测定铅和镉的溶出量。原子吸收分光光度法就是一种适当的方法。

(4) 结果表示

单位面积 $\rho_A(M)$ 的铅(Pb) 和镉(Cd) 溶出量用"mg/dm^2"表示，其计算公式如下：

$$\rho_A(M)=\rho(M)\times\frac{V}{1000}\times\frac{1}{A} \tag{5-20}$$

式中 $\rho_A(M)$ ——金属溶出量（铅或镉），mg/dm^2；

ρ (M) ——金属 M 在提取液中的浓度，mg/L；

V——加在砖上的乙酸体积，mL；

A——试验的表面面积，dm^2。

5.5.15.3 美国标准 ASTM C895—87

(1) 试样

取 6 件相同的试样进行试验。

用清洁剂洗净试验的砖表面，用自来水冲洗干净后，用蒸馏水漂洗，沥干。

(2) 浸泡

将圆筒（用硅硼玻璃制成，尺寸大约为 ϕ80mm×60mm）放置在试样表面上，边缘上涂不含铅镉的聚硅氧烷密封胶，向圆筒内注入 4%的乙酸溶液，每 6.45cm^2 注入 25mL，记录每个圆筒内加入乙酸的体积。用玻璃器皿遮盖圆筒，以防溶液蒸发。在 (22±2)℃的温度下浸泡 24h，浸泡期间应保持黑暗。24h 以后，取掉盖子，将乙酸全部汲出以保证溶液的均匀性，并取出部分溶液用于分析。

(3) 工作标准溶液的制备

用乙酸稀释 1000×10^{-6} 的硝酸铅标准溶液，最终浓度为 0.5×10^{-6}、10×10^{-6}、15×10^{-6} 和 20×10^{-6}。

用乙酸稀释 1000×10^{-6} 的硝酸镉标准溶液，最终浓度为 0.0×10^{-6}、0.3×10^{-6}、0.5×10^{-6} 和 1.0×10^{-6}、1.5×10^{-6}、2.0×10^{-6}。

(4) 铅和镉溶出量的测定

采用原子吸收分光光度法测定溶液中的铅和镉的溶出量。

用原子吸收分光光度计测定工作标准溶液的吸光度-浓度（$\times10^{-6}$）标准曲线，在相同的仪器工作条件下测定溶液中的铅和镉的浓度。待测溶液中铅的浓度超过 20×10^{-6} 或镉的浓度超过 2.0×10^{-6} 时，可将待测溶液稀释后再上机测试。

(5) 结果表示

用（$\times10^{-6}$）表示每块试样的铅镉溶出量。

5.5.16 小色差

5.5.16.1 国际标准 ISO 10545-16：2010

(1) 测试原理

对参照标准试样及具有相同颜色的被测试样进行色度测量，并计算其色差。

(2) 测试仪器

用于颜色测量的仪器应为反射光谱光度计或三刺激值式色度计。仪器的几何条件应与CIE规定的四种照明与观察条件中的一种一致。仪器的几何条件按惯例表示为照明条件/观察条件。四种允许的几何条件以及它们的缩写为45/垂直(45/0)，垂直/45（0/45)、漫射/垂直（d/0）和垂直/漫射（0/d)。如采用漫射几何条件的仪器（d/0或0/d)，测量应包括镜面反射成分。0/d条件下的样品法线与照明束间的夹角以及d/0条件下的样品法线与观察光束之间的夹角不应超过10°。

(3) 试样

参照试样：取一块或多块包含相同颜料或颜料组合和陶瓷砖作为试样样品，以避免同色异谱的影响。一般至少应取5块有代表性的样品。但如果砖的数量有限，应使用最具代表性的。

被测试样：应使用统计方法确定随机选取有代表性砖的数量，不得少于5块样品。

试样制备：用粘有化学纯级异丙醇的湿布清洁被测样品表面，用不起毛的干布或不含荧光增白剂的纸巾将表面擦干。

(4) 试验步骤

按仪器说明书操作仪器，允许一定的预热时间。连续交替地快速测量参考标准试样及被测样品，每块砖测得3个读数。记录上述读数，并使用每块砖3次测量的平均值计算色差。

(5) 结果表示

按ISO 105-J03给出的公式（照明/观察条件为D65/10°)，通过X、Y、Z值计算每一试样的CIELAB的L^*、a^*、b^*、C_{ab}^*及H_{ab}^*值。

按ISO 105-J03给出的公式计算CIELAB色差ΔL^*、Δa^*、Δb^*、ΔC_{ab}^*及ΔH_{ab}^*。

按ISO 105-J03中的步骤计算被测试样与参照试样间的CMC分色差值ΔL_{CMC}、ΔC_{CMC}和ΔH_{CMC}。

按ISO 105-J03：2009中3.3给出的公式计算以CMC（$l:c$）为单位的CMC

色差（ΔE_{CMC}）。对高光泽光滑表面的釉面陶瓷砖常用的明度彩度比为 1.5∶1。

上述参数通常可由色彩分析软件直接计算获得。

5.5.16.2 美国标准 ASTM C609—2014

（1）测试仪器

用于颜色测量的仪器应为光谱光度计。测试数据可用数学方法转换为 CIE 的三刺激值，即 X、Y、Z 值。5 次独立测试的色差值 ΔE 的重复性 σ 不大于 0.2 单位。

（2）试样

试样的尺寸通常为 108mm×108mm，不同型号的仪器对样品尺寸可能有所不同。

按 ANSI A137.1—2012 抽样表的要求抽取规定数量的样品。

用粘有乙醇的湿布清洁被测样品表面，用不起毛的干布或不含荧光增白剂的纸巾将表面擦干。对于吸水率大于 0.5%的无釉砖，测试前应在 93℃下干燥 1h，在干燥器中冷却至室温。

（3）试验步骤

按仪器说明书操作仪器，允许一定的预热时间。用仪器随附的工作标准校准仪器。连续快速测量待测样品，每块砖测得 3 个读数。记录上述读数，并使用每块砖 3 次测量的平均值计算色差。

（4）结果表示

按 ASTM C609—07 中给出的公式，通过 X、Y、Z 值计算每一试样的 L、a、b 值。

以每组试样 L、a、b 值的最大值作为理论样品 MAX 的 L_{MAX}、a_{MAX}、b_{MAX} 值；

以每组试样 L、a、b 值的最小值作为理论样品 MIN 的 L_{MIN}、a_{MIN}、b_{MIN} 值；

按下式计算 MAX 和 MIN 样品之间的 ΔL、Δa、Δb、ΔE。

$$\Delta E=\sqrt{(\Delta L)^2+(\Delta a)^2+(\Delta b)^2} \tag{5-21}$$

$$\Delta L=L_{MAX}-L_{MIN} \tag{5-22}$$

$$\Delta a=a_{MAX}-a_{MIN} \tag{5-23}$$

$$\Delta b=b_{MAX}-b_{MIN} \tag{5-24}$$

5.5.16.3 国内外要求

ISO 13006：2012 对纯色砖小色差的要求见表 5-41。欧盟标准 EN 14411：2012 对小色差的要求与 ISO 13006：2012 相同，具体参见表 5-41。

中国标准 GB/T 4100—2006 对纯色有釉砖小色差的要求为：$\Delta E_{CMC}<0.75$。

美国标准 ANSI A137.1—2012 对 V0 级陶瓷砖小色差的要求为：$\Delta E\leqslant 3.0$。

表 5-41　对小色差的要求（ISO 13006：2012）

陶瓷砖类别	要求
有釉砖	$\Delta E_{CMC}<0.75$
无釉砖	$\Delta E_{CMC}<1.0$

5.5.17　光泽度

5.5.17.1　测试原理

利用光反射原理对试样的光泽度进行测量。即：在规定入射角和规定光束的条件下照射试样，得到镜向反射角方向的光束。

5.5.17.2　测试方法

（1）测试条件的选择

GB/T 13891—2008《建筑饰面材料镜向光泽度测定方法》标准规定了采用 20°、60°和 85°几何条件测定建筑饰面材料镜向光泽度的试验方法。各种建筑饰面材料测定镜向光泽度均采用 60°几何条件。为提高分辨程度，当采用 60°几何条件测定材料的镜向光泽度大于 70 光泽单位时，可采用 20°几何条件；当采用 60°测定材料的镜向光泽度小于 10 光泽单位时，可采用 85°几何条件。

（2）测试步骤

在光泽度计开机稳定后，使用零标准板检查，调节零点。若无调零装置，则使用零标准板检查零点，如果读数不在（0±0.1）光泽单位内，在以后的读数中要减去偏移数。

按光泽度计所附的高光板的光泽度值设定示值。测量光泽度计所附的中或低光泽板，可得示值的变量，其值不超过 1 光泽单位，方可使用；否则光泽度计及其所付的工作板须送检。

对光泽度计进行检查，符合标准后，按图 5-18 的测点位置进行光泽度测定。

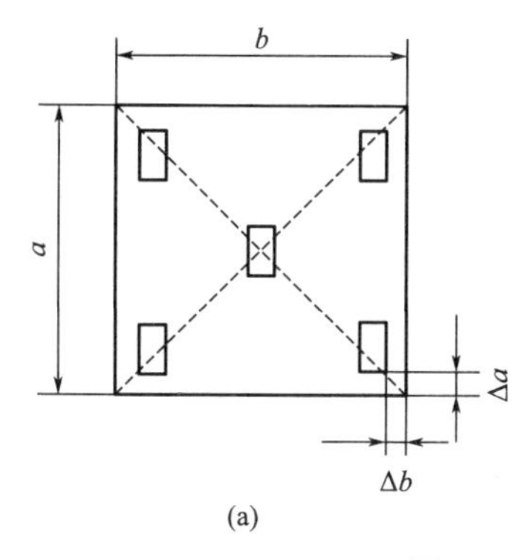

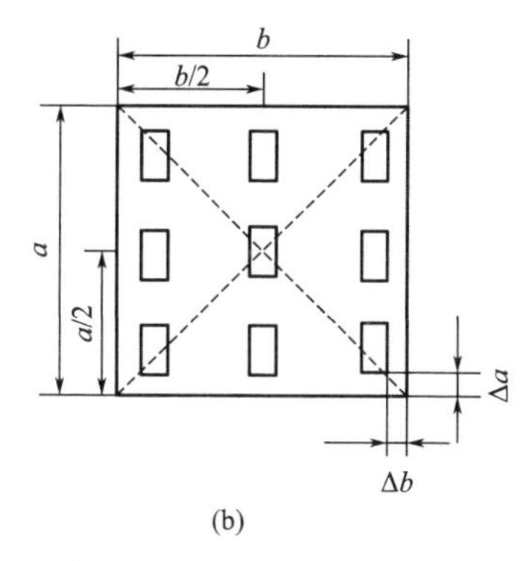

图 5-18　测点布置示意图

Δa、Δb—光泽度计边缘与试样边缘的距离，陶瓷砖为 30mm

陶瓷砖等规格不大于600mm×600mm的试样，5个测点，即板材（砖）中心与四角定4个测点；规格大于600mm×600mm的试样，9个测点，即四周边3个测点，中心1个测点。

在每组试样测量中应该保持相同的几何角度。

（3）结果表示

取5点或9点的算术平均值作为该试样的试验结果，计算精确至0.1光泽单位。如最高值与最低值超过平均值的10%的数值应在其后的括弧内注明。

以每组试样的平均值作为被测建筑饰面材料的镜向光泽度值。

（4）校准要求

在同一实验室内，同一试样表面重复测定所测得的平均值之差应不超过1光泽单位；在生产现场应不超过2光泽单位。

5.5.17.3 国内外要求

中国标准GB 4100—2006要求抛光砖的光泽度不小于55光泽单位。

5.6 陶瓷砖安全要求的最新检测技术

5.6.1 防滑性能

防滑性能的测试是一个非常复杂的过程，测试过程必须确定下列参数：测试面的材质，例如4S橡胶；测试条件，例如干燥或潮湿；测试方法例如静滑块法、动滑块法等。由于各种测试方法和标准的测试参数不尽相同，所以不同测试方法（标准）得到的结果可能是没有可比性的。目前陶瓷地砖防滑性能测试的国际标准还没有建立，中国、美国已发布了陶瓷砖防滑性能的测试方法标准，欧盟及其成员国多采用地面材料防滑性能的测试方法，没有发布专门的陶瓷防滑性能测试方法标准。目前国内外已开发出70余种测试方法或仪器，其中得到广泛应用的方法包括静滑块法、动滑块法、摆锤法和倾斜平台法（又称斜坡法、步行者法）。基于这4种方法原理，各国建立了相关的测试方法标准和评价准则，中国、美国和欧盟成员国常用的陶瓷砖防滑性能测试方法标准包括：

中国标准：GB/T 4100—2006附录M《摩擦系数的测定》（静滑块法）；

美国标准：ASTM C1028—2007e1 Standard Test Method for Determining the Static Coefficient of Friction of Ceramic Tile and Other Like Surfaces by the Horizontal Dynamometer Pull-Meter Method（静滑块法）；

美国标准：ANSI A137.1—2012 Specification for Ceramic Tiles（动滑块法）；

英国标准：BS 7976-2：2002＋A1：2013 Pendulum Testers Method of Operation（摆锤法）；

德国标准：DIN 51097—1992 Testing of Floor Coverings　Determination of the Anti-slip Properties　Wet-loaded Barefoot Areas，Walking Method　Ramp Test（倾斜平台法）。

德国标准：DIN 51130—2014 Testing of Floor Coverings　Determination of the Anti-slip Properties　Workrooms and Fields of Activities with Slip Danger，Walking Method　Ramp test（倾斜平台法）。

5.6.1.1　中国标准 GB/T 4100—2006 附录 M

（1）测试原理

中国标准 GB/T 4100—2006 附录 M 规定了陶瓷地砖表面的静摩擦系数测定方法。该法测试的是陶瓷砖表面与 4S 橡胶之间的静摩擦系数。在干燥或潮湿条件下，用适当方式测定滑块组件与陶瓷地砖表面之间产生运动所需的水平力，并计算相应的静摩擦系数。

（2）仪器

测力系统：用于测试在砖面上拉动一个滑块时所需用力（测力系统见图 5-19）包括：分度值不小于 2.45N 的水平型拉力计、44.1N 的重块以及 IRD 硬度为 90±2 的 4S 橡胶。

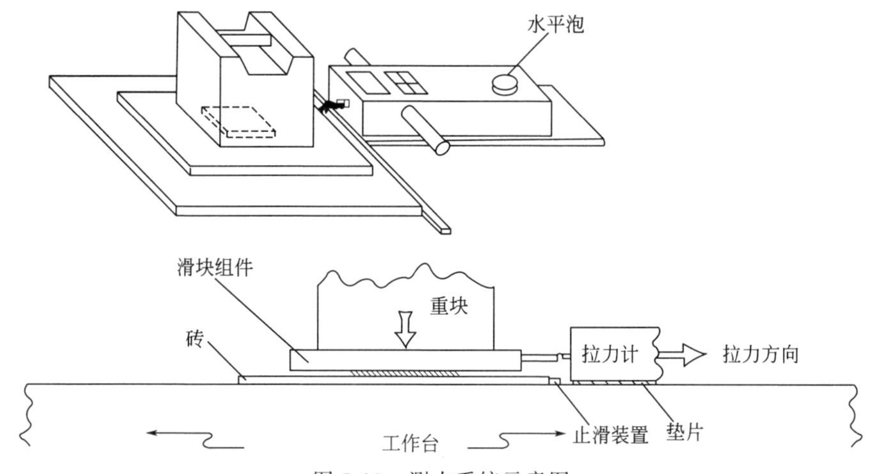

图 5-19　测力系统示意图

滑块组件：将一块尺寸为 75mm×75mm×3mm 的 4S 橡胶块粘在一块尺寸为 200mm×200mm×20mm 的胶合板上组成滑块组件，胶合板的一侧边上固定着一个环形螺钉，用于与拉力计连接。

位于砖工作表面以下用来阻止砖滑动的固定架。

典型的测试设备见图 5-20。

（3）试样

应取 3 件样品；样品表面积不小于 100mm×100mm。测试小规格砖时，应

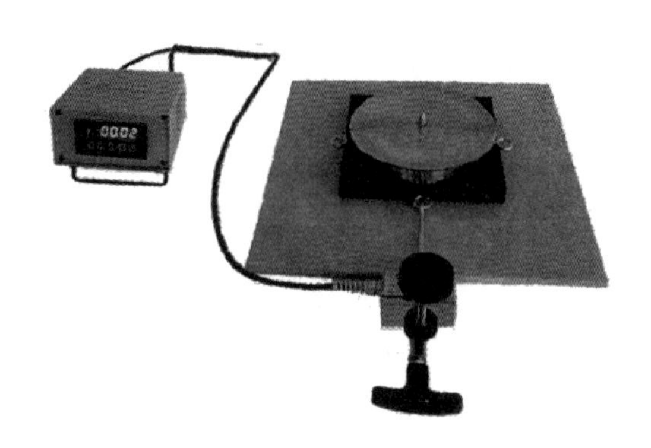

图 5-20　静摩擦系数测定仪

把它们铺贴成一个合适的平面；用中性清洁液洗净砖表面，待砖表面完全洗净干燥后再进行试验。

（4）测试步骤

① 滑块的准备　将一张 400 号碳化硅砂纸平铺在台面上，沿水平方向拉动滑块组件，使其表面的 4S 橡胶在砂纸上移动的距离约为 100mm；将滑块在水平面内转过 90°，再重复上述打磨过程共计 4 次。以上步骤为一个完整过程。用软刷刷去碎屑，必要时重复以上过程直至完全去除 4S 橡胶表面的光泽。

② 毛玻璃校正板的准备　将尺寸较大的玻璃板放在可限制其运动的平面上，在其表面上撒 2g 碳化硅磨粒并滴几滴水。用边长为 100mm 的玻璃板作为研磨工具，使其在大玻璃板上做圆周运动直至大玻璃板表面完全变成半透明状态。必要时需更换新的磨料和水重复以上过程。用清洁剂清洗半透明毛玻璃板，然后擦净其表面并在空气中干燥。

③ 校准　将滑块组件放在已经在工作台面上就位的毛玻璃校正板上，用垫片调整校正板和拉力计的高度使滑块组件环首螺钉与拉力计的挂钩处于同一水平面上。将重量为 44.1N 的重块放在滑块组件中央。沿水平方向拉动滑块组件测定使滑块组件产生滑动趋势时所需的拉力，记录拉力读数。总共拉动 4 次，每次拉动方向均与上次相差 90°。

摩擦系数校正值计算公式：

$$\mathrm{COF}=\frac{R_{\mathrm{d}}}{nW} \tag{5-25}$$

式中　R_{d}——4 次拉力读数之和，N；

n——拉动次数（4 次）；

W——滑块组件加上 44.1N 重块的总重，N；

COF——摩擦系数校正值。

如果 4S 橡胶面打磨得均匀，4 个拉力读数应基本一致，且校正值应在 0.75±

0.05 范围内。在测试 3 个样品之前和之后均应重复校正过程并记录结果。如果前后的校正值相差超过±0.05，则整个测试过程应该重做。操作人员在每测试 3 个样品之前和之后均应校正测试设备和检查操作过程，以确保获得较高的测试一致性。

④ 测试过程（干法）　洗净并烘干每块砖的测试表面，将待测砖放在工作台面上并紧靠限制其活动的固定架，刷去所有的碎屑。

将滑块组件放在待测砖的测试面上，将 44.1N 的重块放在滑块组件上部的中央部位。用拉力计测定沿水平方向使组件产生滑动趋势时所需的拉力，记录拉力读数。

每次测试 3 个测试面或样品，每个测试面上要拉动组件 4 次，每次拉动的方向与上次相差 90°，总计获得 12 个计算静摩擦系数所需的读数，记录所有的读数。

每测试完一个测试面或样品后均应检查 4S 橡胶面，如果其表面显示出光泽或刮痕，则按步骤①重复打磨过程。

⑤ 测试过程（湿法）　首先用蒸馏水液润湿样品表面，按干法测试过程（步骤④）进行测试。每次测试均应保证砖面始终湿润。

（5）结果表示

用下列公式计算测试面的静摩擦系数值：

干法：

$$F_d=\frac{R_d}{nW} \tag{5-26}$$

湿法：

$$F_w=\frac{R_w}{nW} \tag{5-27}$$

式中　F_d——干燥表面的静摩擦系数值；

F_w——湿润表面的静摩擦系数值；

R_d——干法 4 次拉力读数之和，N；

R_w——湿法 4 次拉力读数之和，N；

n——拉动次数（4 次）；

W——滑块组件加上 44.1N 重块的总重，N。

5.6.1.2　美国标准 ASTM C1028—2007e1

美国标准 ASTM C1028—2007e1 规定了用水平拖拉法测试陶瓷砖及其类似表面静摩擦系数的测试方法。该法测试的是陶瓷砖表面与 Neolite 橡胶（或类似材料）之间的静摩擦系数。在干燥或潮湿条件下，用适当方式测定滑块组件与陶瓷地砖表面之间产生运动所需的水平力，并计算相应的静摩擦系数。

（1）仪器

测力计：量程不小于 100lbf（1lbf＝4.44822N，下同），精度为 0.1lbf，能

记录测试过程拉力的峰值。

重块：质量为22kg，可以是尺寸大约为ϕ6in×8in的圆柱形，或是底部尺寸约为6in×8in的立方体。配重块的重量应保持稳定，且重量分布均匀。

滑块：将尺寸为3in×3in×0.125in的Neolite橡胶块粘在一块尺寸为8in×8in×0.75in的6061-T6铝合金板（或类似材料）上组成的滑块。

（2）试样

样品表面积不小于102mm×102mm。测试小规格砖时，应把它们铺贴成一个合适的平面。

（3）测试方法

① 滑块的准备　将一张400号碳化硅砂纸固定在平整的表面上（如玻璃板），沿水平方向用10～20lb（1lb=0.453592kg，下同）的力拉动滑块组件，使其在砂纸上移动的距离约为102mm。用软刷刷去橡胶表面以及砂纸上的碎屑。将滑块在顺时针旋转90°，再重复上述打磨过程。8次打磨为一个循环。重复以上过程直至完全去除橡胶表面的光泽。

② 校准（干燥状态）

a. 每次试验前均应进行校准。

b. 清理干净校准砖的测试面。

c. 试验前按①中的方法打磨滑块4个循环（每个方向8次，共32次）。

将滑块放在校准砖的测试面上，将50lb的重块放在滑块组件上部的中央部位。用拉力计测定沿水平方向使组件产生滑动趋势时所需的最大拉力，记录拉力计读数。每个测试面上要拉动组件4次，每次拉动的方向与上次相差90°。

按式(5-28) 计算干燥状态下的校正系数：

$$X_D=0.86-\frac{R_D}{nW} \tag{5-28}$$

式中　X_D——干燥状态下的校正系数；

R_D——干法下4次拉力读数之和，lbf（N）；

n——拉动次数（4次）；

W——滑块加上重块（50lbf）的总重，lbf（N）。

③ 测试程序（干法）　将滑块放在待测样品的测试面上，将50lb的重块放在滑块组件上部的中央部位。用拉力计测定沿水平方向使组件产生滑动趋势时所需的最大拉力，记录拉力计读数。每个测试面上要拉动组件4次，每次拉动的方向与上次相差90°。

每次测试3个测试面或样品，以12次的读数计算静摩擦系数。

④ 校准（湿法）

a. 每次试验前均应进行校准。

b. 试验前按①中的方法打磨滑块4个循环（每个方向8次，共32次）。将滑块放入蒸馏水中浸泡 5min。

c. 用蒸馏水饱和校准砖测试面，按②中的步骤进行测试，在测试过程中，校准砖的测试面应保持在水饱和状态。

按式(5-29) 计算潮湿状态下的校正系数：

$$X_{W}=0.51-\frac{R_{W}}{nW} \tag{5-29}$$

式中 X_{W}——潮湿状态下的校正系数；

R_{W}——湿法下 4 次拉力读数之和，lbf（N）；

n——拉动次数（4 次）；

W——滑块加上重块（50lbf）的总重，lbf（N）。

⑤ 测试程序（湿法） 用蒸馏水饱和待测样品的测试面，按③中的步骤进行测试，测试过程中，待测样品的测试面均应保持在水饱和状态。

（4）结果表示

用下列公式计算测试面的静摩擦系数：

干法：

$$F_{D}=\frac{R_{D}}{nW}+x_{D} \tag{5-30}$$

湿法：

$$F_{W}=\frac{R_{W}}{nW}+X_{W} \tag{5-31}$$

式中 F_{D}——干燥表面的静摩擦系数值；

F_{W}——潮湿表面的静摩擦系数值；

R_{D}——干法 12 次拉力读数之和，lbf（N）；

R_{W}——湿法 12 次拉力读数之和，lbf（N）；

n——拉动次数（12 次）；

X_{D}——干燥状态下的校正系数；

X_{W}——潮湿状态下的校正系数；

W——滑块加上重块（50lbf）的总重，lbf（N）。

（5）应注意的问题

值得注意的是，虽然 GB/T 4100—2006 附录 M 和 ASTM C 1028—2007e1 测试的都是静摩擦系数，由于测试使用的滑块、配重和校准物和采用的校准程序不同，因此结果没有可比性。

5.6.1.3 美国标准 ANSI A137.1—2012

虽然 ASTM 发布了用水平拖拉法测试陶瓷及其类似表面静摩擦系数的标准 ASTM C1028 以及采用 James Machine 测试抛光表面静摩擦系数的标准 ASTM D2047，但是随着防滑研究的深入，越来越多的美国研究人员认为，上述静摩擦系数的测试模拟的是人静止时的滑倒过程，测试数据可能不能反映地面材料的真实防滑能力，因此只适合用于工厂的质量控制。考虑到滑倒或摔倒等安全事故多发生在人行走时，因此采用动摩擦系数能更有效地评价地面材料的防滑性能。基于这一理念，美国标准 ANSI A137.1—2012 修改采用了 ANSI/NFSI B101.3—2012 中动摩擦系数的测试方法，规定了室外用陶瓷地砖动摩擦系数的测试方法。

（1）仪器

BOT 3000 自动测试仪（参见图 5-21）。

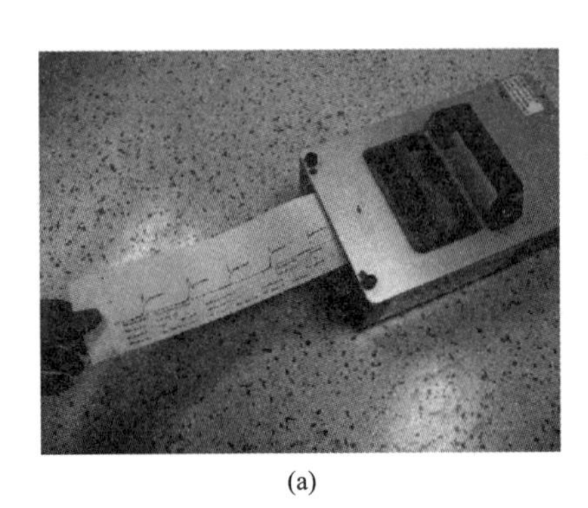

(a)

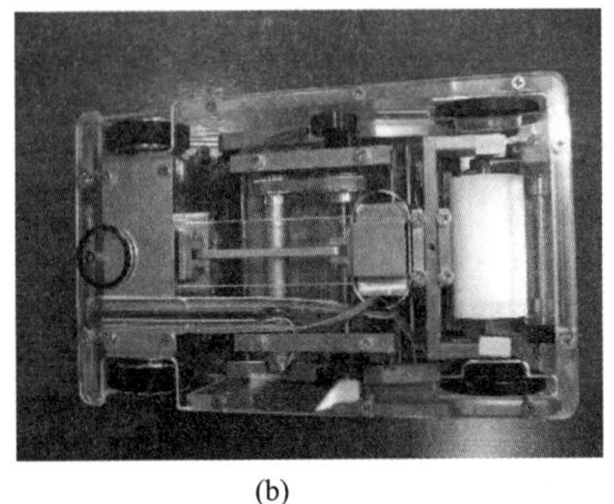

(b)

图 5-21　BOT 3000 自动测试仪

SBR 橡胶：新橡胶的材质应符合表 5-42 的要求。当橡胶厚度小于 2.5mm 时，不能继续使用。

表 5-42　SBR 橡胶的材质要求

性能	要求
厚度/mm	4.0±0.2
密度/(g/cm^3)	1.23±0.02
硬度(ShoreA)	95±3
拉伸强度/MPa	＞10
弹性/%	＞250
耐磨性/mm^3	＜250

（2）试样

应取 3 件样品。样品的尺寸小于 4in×4in 时，可用足够的样品黏结在坚固的底面上，黏结后的测试面积不小于 10in×10in，黏结时不能使用填缝剂。对于表面有纹理的样品，选取的 3 件样品应能包含所有类型的纹理，如果纹理的类型多于 3 种，则每种类型的纹理均应选择 1 件有代表性的样品。

（3）测试方法

① 滑块橡胶的打磨　将 400 目防水碳化硅砂纸切成长度为 9inch、宽度为 1.5in 的长条，用多用途水性黏结剂将砂纸黏贴在打磨装置上（参见图 5-22）。待砂纸干透并牢固粘贴在打磨装置后备用。安装好滑块，使滑块橡胶与砂纸紧密接触。旋转滑块，在砂纸上前后打磨橡胶，直至除去橡胶表面的磨痕。用软刷刷

去橡胶表面的碎屑后备用。

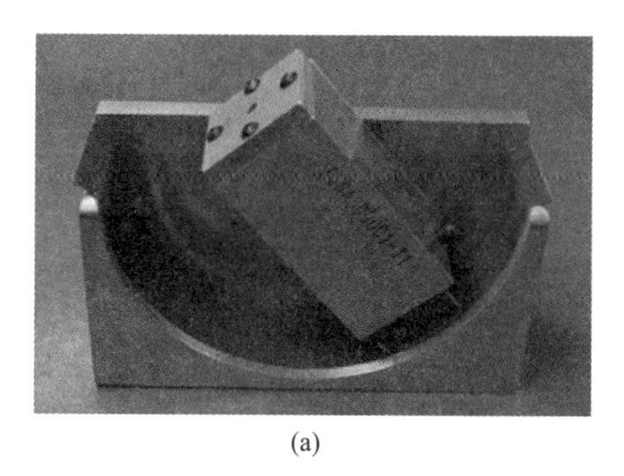

(a)

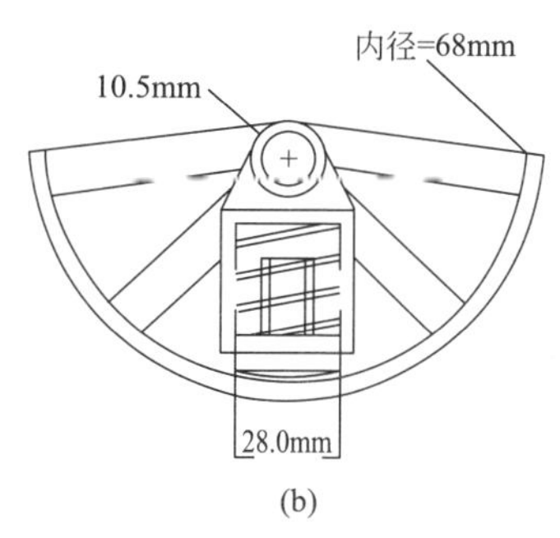

(b)

图 5-22　打磨装置

② 校准　用抛光机去除校准砖表面的污染物，用温水洗净，在空气中晾干或擦干。将 3 件校准砖边部靠拢排成一行，放置在坚固的台面上，用 0.5%的十二烷基磺酸钠溶液完全润湿待测表面，用 BOT3000 测试中间校准砖的动摩擦系数（DCOF）。如果 DCOF 值在 0.28～0.31 之间，则可进行样品测试，否则应重新打磨滑块橡胶。若多次打磨橡胶后测试值仍不符合要求，则需更换滑块或重新清洁校准砖。

③ 测试步骤（湿法）

a. 用抛光机去除待测样品表面的污染物，用温水洗净，在空气中晾干或擦干。

b. 将待测样品放置在坚固的表面上，用 0.5%的十二烷基磺酸钠溶液完全润湿待测表面，用 BOT3000 测试 DCOF 值。旋转 180°、90°、180°测试另外 3 个方向的 DCOF 值。如果测试过程出现泡沫，应彻底清洁和干燥 BOT3000 底部的轮子后重新进行测试。记录每个方向的测试结果，计算 4 个方向测试值的算术平均值。

c. 重复上述步骤，测试其余试样的动摩擦系数。在测试每件试样前，均应按①的步骤打磨滑块。测试结束后，按①的步骤打磨滑块，按②中的步骤测试校准砖的 DCOF 值，如果 DCOF 值不在 0.27～0.32 之间，应查找原因，改进后重新进行测试。

④ 测试步骤（干法）　按①～③中的步骤测试干燥状态下的动摩擦系数。测试时无需用 0.5%的十二烷基磺酸钠溶液润湿测试表面。采用干法测试时，校准砖的 DCOF 值应为 0.67～0.73。

（4）结果表示

报告每块试样的 DCOF 值以及所有试样 DCOF 值的算术平均值。试样的 DCOF 值大于 1.00 时，表示为≥1.00。

5.6.1.4　英国标准 BS 7976-2：2002+A1：2013

英国标准 BS 7976-1～3 规定了用摆锤法测试表面防滑性能的仪器要求、测试方法和校准要求。摆锤法最早在英国用于道路表面摩擦系数的测定，由于可信度高，逐渐被70余个国家和地区所采纳，而且应用范围也由道路表面扩展到建筑地面以及石材、木材等类别地面材料。在BS 7976-1～3标准的基础上，发展了多个防滑测试方法标准，如中国的GB 28635—2012中的附录G、欧盟CEN/TS 16165中的方法C、美国的ASTM E303—93、澳洲的AS 4586—2013中的方法B等。

(1) 测试原理

该标准应用“摆的位能损失等于安装于摆臂末端橡胶片滑过样品表面时，克服表面等摩擦所做的功”这一基本原理，来计算橡胶片和待测表面的摩擦系数。该标准可以测试干燥和潮湿状态下的摩擦系数。

(2) 仪器

摆式摩擦系数测试仪，符合BS 7976-1：2002+A1：2013标准的要求，仪器结构示意图见图5-23，主要参数如下：

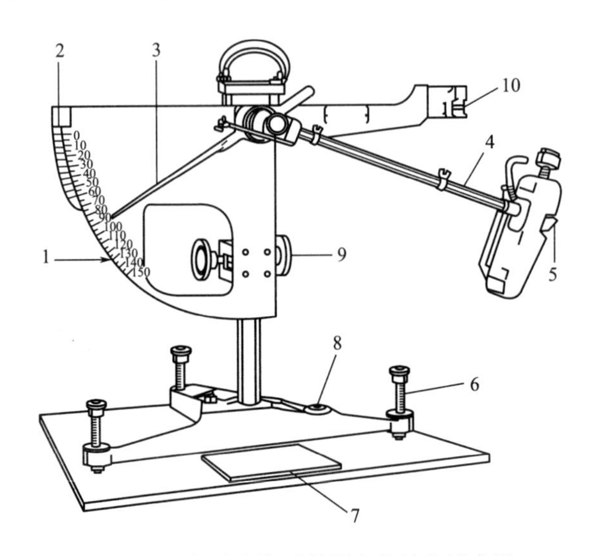

图5-23 摆式摩擦系数测定仪结构示意图

1—C刻度表盘（126mm滑行距离）；2—F刻度表盘（76mm滑行距离）；3—指针；4—摆臂；5—滑块；6—水平螺钉；7—样品固定装置；8—水平泡；9—垂直升降螺钉；10—释放开关

① 滑块橡胶端部距摆动中心的距离为(514±6)mm。

② 摆臂和滑块的总质量为(1500±30)g。

③ 摆动中心至摆的重心距离为(410±5)mm。

④ 滑块的总质量为(35±5)g，与水平面的接触角为(26±3)°，对测试面的正向静压力为24.5N；滑块橡胶的尺寸为：(76.0±1.0)mm×(25.4±1.0)mm×(6.35±0.50)mm（宽×长×厚）；滑块橡胶的材质应符合表5-43的要求；滑块橡胶应在25℃以下避光保存。

⑤ 指针质量不大于85g。

表 5-43 滑块橡胶材质要求

滑块橡胶类型	IRHD 硬度	弹性/%	
4S 橡胶	96±2	5℃	21±2
		23℃	24±2
		40℃	28±2
TRL 橡胶	55±5	0℃	43±49
		10℃	58±65
		20℃	66±73
		30℃	71±77
		40℃	74±79

（3）测试方法

① 测试准备

a. 测试前，检查并调整好仪器。测量并记录测试表面温度的温度，精确至1℃。将摆式摩擦系数测定仪放置在坚固的平面上，调节水平。

b. 空摆试验并调零升高的摆臂，让摆臂可以自由摆动。将摆臂和指针放至右侧水平释放位置，按下释放开关，摆锤向左运动，摆到最高位置往回摆时，用手接住摆锤，指针应停留在刻度盘上的 0 刻度点，如果不在刻度点，可以调节指针机构，直至连续 3 次空摆试验后指针停留在 0 刻度点位置。

c. 调节摆臂的高度，使得滑块橡胶的宽边与测试表面完全接触，滑块在测试表面的滑行距离为（126±1）mm（参见图 5-24）。

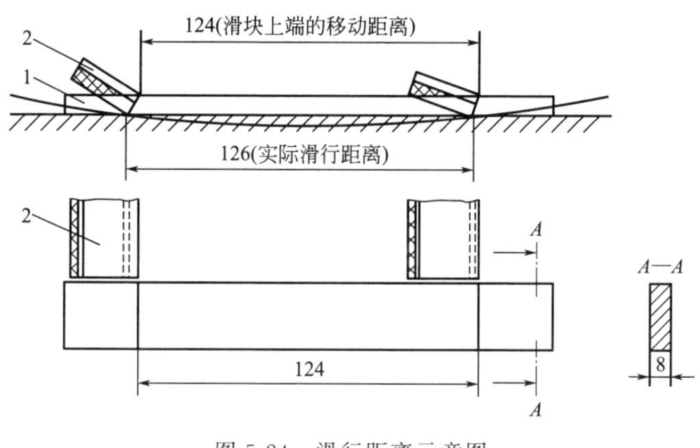

图 5-24 滑行距离示意图

1—直尺；2—滑块

② 滑块的准备

a. 调节摆臂高度，将滑块的滑行距离调至（126±1）mm（参见图 5-25）。

b. 新滑块使用前应在干燥或潮湿的 400 目碳化硅砂纸上滑行 10 次。采用 4S 橡胶测试光滑表面 PTV 值时，滑块还应在潮湿的精密研磨砂纸（3M 261X/

3MIC或类似材料）表面滑行20次

c. 滑块的工作边磨损或有损坏，应至少在干燥或潮湿的400目碳化硅砂纸上滑行3次，直至滑块的工作边均匀、光滑。采用4S橡胶测试光滑表面PTV值时，滑块还应在潮湿的精密研磨砂纸上滑行20次。

d. 滑块工作边的宽度达到4mm时（参见图5-25），该滑块不能用于测试。

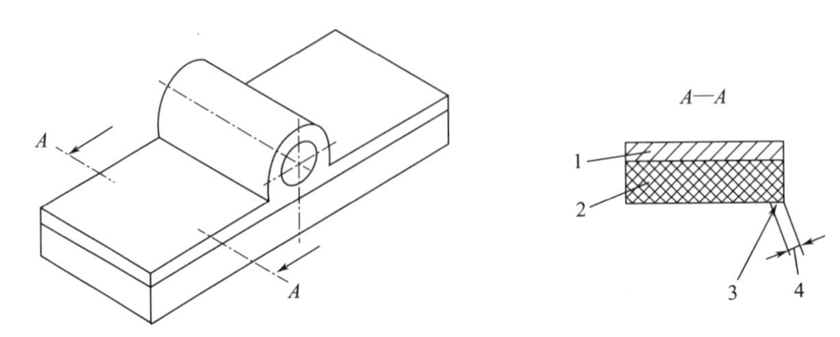

图5-25　滑块示意图

1—滑块橡胶；2—铝支撑板；3—工作边；4—工作边宽度

③ 测试步骤（干燥状态）

a. 彻底清洁干燥待测表面。

b. 将摆臂固定在右侧悬臂上，使摆臂处于水平释放位置。将指针调至停止（stop）位置。按下释放开关，使摆在测试表面滑过，在摆臂回摆与测试面接触前，接住摆臂，记录读数。在不与测试表面接触的情况下，将摆臂、指针回复至摆动开始前的位置。

c. 重复上述步骤，直至得到8个测试值。

④ 测试步骤（潮湿状态）

a. 测试前，清洁样品，完全润湿待测表面。

b. 将摆臂固定在右侧悬臂上，使摆臂处于水平释放位置。将指针调至停止（stop）位置。按下释放开关，使摆在测试表面滑过，在摆臂回摆与测试面接触前，接住摆臂，记录读数。在不与测试表面接触的情况下，将摆臂、指针回复至摆动开始前的位置。

c. 重复上述步骤，直至得到8个测试值。

⑤ 仪器核查试验后，应进行空摆试验，检查指针是否指向刻度表零点。如指针位置与零点相差超过1个单位，应按①b中的方法调零后，重新进行样品测试。测试后检查指针位置与零点是否相差超过1个单位。如果超过1个单位，则该仪器不能使用。

（4）结果表示

以最后的5个测试值的算术平均值作为样品的PTV值，修约至1。

采用TRL滑块橡胶时，按表5-44的要求对PTV值进行修正。

表 5-44　采用 TRL 滑块橡胶时的温度修正要求

测试表面温度/℃	PTV 修正值
8～11	−3
12～15	−2
16～18	−1
19～22	0
13～28	+1
29～35	+2

5.6.1.5　德国标准 DIN 51097：1992

德国标准 DIN 51097 规定了用倾斜平台测试裸足湿滑条件下地面材料的防滑性能的方法，该法模拟其实际使用环境，能较好地反映地面材料在实际使用过程的防滑性能。DIN 51097 最早在德国得到应运，其后多个国家和地区采用 DIN 51097 的原理建立了陶瓷、塑胶等多种类型地面材料防滑性能的测试方法标准，如中国的陶瓷砖防滑性能测试方法标准 GB/T 26542—2011、欧盟 CEN/TS 16165 中的方法 A、澳大利亚 AS 4586：2013 中的方法 C 等。

（1）测试原理

两个测试者，赤足，脸朝下，保持垂直的姿势，在安装了试样的试验板上，轮流向前向后运动行走，实验过程中试样上流过连续且一致的测试液体。此实验板与水平面之间的角度按恒定速度增加，直至测试者的运动出现不安全的迹象。得到的动态临界角用于评估防滑等级。

（2）仪器设备

测试装置是长 2000mm、宽 600mm，平整、抗变形的平台，其长度方向在方向 0°～45°之间可调。角度测量装置安装在测试装置的侧面，且测试者难以见到，该测试装置上的角度计可显示平台与水平面之间的倾斜角，精度为 1°。

为了确保测试者的安全，测试装置的长度方向应有围栏。

（3）测试人员

测试人员为裸足成年人，测试开始前，其双脚应在测试液体中润湿至少 10min。测试人员应有安全防护装置，在测试区自由行走时不会受到跌倒的伤害。

（4）测试溶液

测试溶液为 1g/L 的中性润湿剂溶液。测试液体在测试前使用自来水直接配制，在配制后 1h 内使用。

（5）试样

测试面的尺寸大约为 100cm×50cm，由待测样品铺贴而成。所选样品应具有代表性。样品的表面有方向性或为粗糙表面，铺贴时应使其最小防滑系数的方向与人行走方向一致；表面没有方向性或表面不粗糙的矩形样品，铺贴时应使其短边与测试装置的旋转轴方向平行。测试前应清洁测试表面，移除制造过程的杂质、污物、萃取剂以及粗糙边缘。

(6) 测试方法

测试过程中试样上流过连续且一致的测试液体。液体的流速为(6±1)L/min。对于吸水的地面材料,应先把表面充分润湿,以保证测试表面在测试过程中表面始终保持润湿状态。

测试者保持垂直的姿势,脸向下,看着安装了试样的试验板,在该板上,轮流向前向后运动行走,步长为光脚长的一半。试验板由水平状态开始,以大约1°/s的速率增加倾斜角。动态临界角,即测试者能够安全行走的极限角度,应通过在临界值附近反复增加或降低倾斜角来确定。

样品的动态临界角由2位测试者,每人4次的测试结果来确定。每次测试时,样品均应由水平状态开始倾斜。

(7) 结果表示

计算8次动态临界角测试值的算术平均值。如果单个值与平均值的偏差超过2°,应重复测试,计算16次动态临界角测试值的算术平均值。

(8) 分级

根据动态临界角平均值,按表5-45划分所测地面材料的防滑等级。

表5-45 基于动态临界角平均值的防滑性能分级

动态临界角平均值	防滑等级
≥12°	A
≥18°	B
≥24°	C

5.6.1.6 德国标准DIN 51130:2014

德国标准DIN 51130规定了用倾斜平台测试油性条件下地面材料的防滑性能的方法,该法模拟其工业场合有油污的环境,测试结果能较好地反映地面材料在实际使用过程的防滑性能。德国标准DIN 51130中的测试原理和测试要求也为欧盟、澳大利亚等国家和地区采用,如欧盟CEN/TS 16165中的方法B、澳大利亚AS 4586—2013中的方法D等。

(1) 测试原理

两个测试者,穿着标准测试鞋,或赤足,脸朝下,保持垂直的姿势,在表面附有润滑油的实验板上轮流向前向后运动行走。此实验板与水平面之间的角度按恒定速度增加,直至测试者的运动出现不安全的迹象。得到的动态临界角用于评估防滑等级。主观因素对动态临界角的影响,可以通过校准过程来限制。

(2) 仪器设备

① 试验装置

a.试验装置是长2000mm、宽600mm,水平的可旋转平台,其长度方向在方向0°~45°之间可调。驱动装置能带动平台以最大每秒1°的速度转动,提升动作由测试者控制,可选择为连续的运动或是0.5°的步进运动。平台应当坚固,测试者在平台上行走时角度的变化不超过1°。

b. 测试装置上的角度计可显示平台与水平面之间的倾斜角，精度为0.2°。在测试过程中，测试者不能看到角度及角度计的读数。

c. 为了确保测试者的安全，在该装置的四周有围栏。

d. 典型测试装置的示意见图5-26。

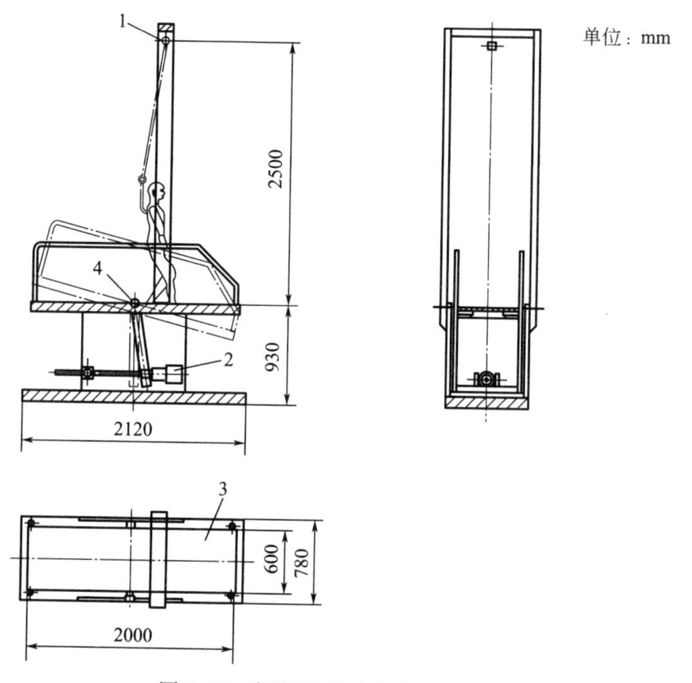

图5-26　倾斜平台试验装置示意图

1—吊索；2—驱动装置；3—测试区；4—角度计

② 个人防护装置　测试人员应有必要的安全防护装置，在测试区自由行走时不会受到伤害。

③ 吊索　有足够的长度和牢固度，安装在测试装置的高度方向，长度为(1000±100)mm，吊索与个人防护装置连接，保护测试者在测试区自由行走时不会受到伤害。

④ 测试鞋　测试鞋鞋底的IRHD硬度为73±5，硬度按ISO 868测定，鞋底纹路与图5-27相似。测试鞋首次使用前应用400目碳化硅砂纸彻底打磨鞋跟。用软刷刷去碎屑。测试前，应用润滑油润湿鞋底至少10min。测试结束后，清洁鞋底，在干燥、无油的环境保存。不得使用汽油或有机溶剂清洗鞋底。

图5-27　测试鞋鞋底纹路

⑤ 测试用润滑剂　使用黏度级为 SAE 10W30 的机油。机油应保存在密封容器中，以防止黏度发生变化。

⑥ 校准板　校准板 St-Ⅰ，St-Ⅱ 和 St-ⅢA 的动态临界角分别为 11.2°，17.9°和 24.9°。

(3) 样品

测试板的尺寸大约为 100cm×50cm，由样品铺贴而成，所选样品应具有代表性。表面清洁、干燥、无破损。样品的表面有方向性或为粗糙表面，应通过预测试来确定样品的最小防滑系数的方向，铺贴时应使其最小防滑系数的方向与人行走方向一致；表面没有方向性或表面不粗糙的矩形样品，铺贴时应使其长度方向与人行走方向一致。样品的铺贴应尽可能模拟实际使用时的铺贴过程。试验前应清洁干净测试表面，移除杂质、污垢、萃取剂以及粗糙边缘。

(4) 测试方法

要素：测试环境、测试鞋鞋底，润滑剂以及测试表面温度应保持在（23±5)℃。

测试前，将（200±20）mL/m^2 的机油均匀地涂布在测试面上，测试鞋鞋底也应刷上相同的机油。

两个测试者，脸朝下，保持垂直的姿势，在安装了样品的测试板上，轮流向前向后运动行走，步长为半个鞋长或光脚长的一半。测试表面的倾斜度应以平均 1°/s 的速率从水平位置开始增加。测试者行走安全极限的角度（临界角）应通过在此角度附近重复上升、下降的实验来确定。从水平位置开始的临界角测定应进行 3 次，在第 2 次或第 3 次行走前均应将润滑剂均匀涂布在测试面上。

(5) 校准（测试人的选择和熟悉）

① 校准板　用校准板 St-Ⅰ，St-Ⅱ 和 St-Ⅲ 进行校准，校准板 St-Ⅰ，St-Ⅱ 和 St-Ⅲ 的动态临界角（用 $\alpha_{S,St\text{-}Ⅰ}$，$\alpha_{S,St\text{-}Ⅱ}$，和 $\alpha_{S,St\text{-}Ⅲ}$ 表示）和标准偏差见表 5-46。

表 5-46　校准板的动态临界角和标准偏差

校准板	动态临界角 $\alpha_{S,i}$/(°)	偏差 CrD_{95}/(°)
St-Ⅰ	8.7	3.0
St-Ⅱ	17.3	3.0
St-ⅢA	27.3	3.0

② 校准过程在每天测试样品之前，每个测试人（j）都应按基本测试步骤的要求测定校准板 St-Ⅰ，St-Ⅱ 和 St-ⅢA 的动态临界角，计算平均动态临界角 $\alpha_{K,St\text{-}Ⅰ,j}$，$\alpha_{K,St\text{-}Ⅱ,j}$ 和 $\alpha_{K,St\text{-}ⅢA,j}$。

按式(5-32)计算 $\Delta\alpha_{i,j}$：

$$\Delta\alpha_{i,j}=\alpha_{S,i}-\alpha_{K,i,j}\ (i=ST\text{-}Ⅰ, ST\text{-}Ⅱ, St\text{-}ⅢA) \tag{5-32}$$

$|\Delta\alpha_{i,j}|\leqslant CrD_{95}$，该测试人可进行样品测试，

$|\Delta\alpha_{i,j}|>CrD_{95}$，该测试人不能进行样品测试。

（6）结果表示

分别计算每个测试人动态临界角测试值的算术平均值（$\alpha_{0,j}$）。

根据动态临界角（$\alpha_{0,j}$）的算术平均值，按表5-47分别计算每个测试人动态临界角测试值的修正值（D_j）。

表5-47 修正值计算公式

条件	修正值计算公式
$\alpha_{0,j}<\alpha_{K,St\text{-}Ⅰ,j}$	$D_j=\Delta\alpha_{St\text{-}Ⅰ,j}\times\frac{1}{\sqrt{2}}$
$\alpha_{K,St\text{-}Ⅰ,j}\leqslant\alpha_{0,j}<\alpha_{K,St\text{-}Ⅱ,j}$	$D_j=\left[\Delta\alpha_{St\text{-}Ⅰ,j}+(\Delta\alpha_{St\text{-}Ⅱ,j}-\Delta\alpha_{St\text{-}Ⅰ,j})\frac{\alpha_{0,j}-\alpha_{K,St\text{-}Ⅰ,j}}{\alpha_{K,St\text{-}Ⅱ,j}-\alpha_{K,St\text{-}Ⅰ,j}}\right]\times\frac{1}{\sqrt{2}}$
$\alpha_{K,St\text{-}Ⅱ,j}\leqslant\alpha_{0,j}<\alpha_{K,St\text{-}ⅢA,j}$	$D_j=\left[\Delta\alpha_{St\text{-}Ⅱ,j}+(\Delta\alpha_{St\text{-}ⅢA,j}-\Delta\alpha_{St\text{-}Ⅱ,j})\frac{\alpha_{0,j}-\alpha_{K,St\text{-}Ⅱ,j}}{\alpha_{K,St\text{-}ⅢA,j}-\alpha_{K,St\text{-}Ⅱ,j}}\right]\times\frac{1}{\sqrt{2}}$
$\alpha_{0,j}\geqslant\alpha_{K,St\text{-}ⅢA,j}$	$D_j=\Delta\alpha_{St\text{-}ⅢA,j}\times\frac{1}{\sqrt{2}}$

计算每个测试人的临界角，公式如下：

$$\alpha_j=\alpha_{0,j}+D_j \tag{5-33}$$

计算平均临界角，公式如下：

$$\alpha_{ges}=\frac{\alpha_1+\alpha_2}{2} \tag{5-34}$$

（7）结果分级

按表5-48的要求进行防滑等级评定。

表5-48 防滑等级评定

动态临界角 α	防滑等级
$6°<\alpha_{ges}\leqslant10°$	R9
$10°<\alpha_{ges}\leqslant19°$	R10
$19°<\alpha_{ges}\leqslant27°$	R11
$27°<\alpha_{ges}\leqslant35°$	R12
$\alpha_{ges}>35°$	R13

5.6.2 放射性核素

5.6.2.1 基本概念

（1）放射性活度

放射性活度用符号A表示。它是指一定量的放射性原子核在单位时间内衰变掉的数目。

$$A=\frac{dN}{dt} \tag{5-35}$$

放射性活度的国际单位制（SI）单位是贝可勒尔，简称贝可（Bq），1Bq 表示在 1s 内有一个放射性原子核发生了衰变，即

$$1Bq=1/s \tag{5-36}$$

（2）放射性比活度

放射性的比活度，用符号 C 表示，是指物质中某种核素的放射性活度除以该物质的质量之比值。

$$C=\frac{A}{m} \tag{5-37}$$

式中 C——放射性比活度，Bq/kg；

A——核素的放射性活度，Bq；

m——物质的质量，kg。

（3）内照射指数 I_{Ra}

内照射指数（I_{Ra}）是指建筑材料中天然核素镭 226 的放射性比活度与规定的限量值之比值。中国标准 GB 6566—2010 中规定的内照射指数的表达式为：

$$I_{Ra}=\frac{C_{Ra}}{200} \tag{5-38}$$

式中 I_{Ra}——内照射指数；

C_{Ra}——建筑材料中天然放射性核素镭 226 的放射性比活度，Bq/kg；

200——仅考虑内照射情况下，本标准规定的建筑材料中天然放射性核素镭 226 的放射性比活度限量，Bq/kg。

（4）外照射指数 I_{γ}

外照射指数（I_{γ}）指建筑材料中天然核素镭 226、钍 232 和钾 40 的放射性比活度分别与其单独存在时规定的限量值之比值的和。中国标准 GB 6566—2010 中规定的外照射指数的表达式为：

$$I_{\gamma}=\frac{C_{Ra}}{370}+\frac{C_{Th}}{260}+\frac{C_{K}}{4200} \tag{5-39}$$

式中 I_{γ}——外照射指数；

C_{Ra}，C_{Th}，C_{K}——建筑材料中天然放射性核素镭 226、钍 232、钾 40 的放射性比活度，Bq/kg；

370，260，4200——仅考虑外照射情况下，本标准规定的建筑材料中天然放射性核素镭 226、钍 232 和钾 40 在其各自单独存在时的放射性比活度限量，Bq/kg。

5.6.2.2 测试方法

（1）测试原理

建筑材料放射性比活度的测量采用低本底多道伽玛能谱法被测样品中的放射性比活度。射线进入探头，形成电脉冲信号，该脉冲信号的幅度与射线的能量成

正比，信号经放大器放大成型和 ADC 变换后送入计算机，得到样品的多道能谱。能谱是一个混合谱，本质上是由^{226}Ra、^{223}Th、^{40}K 的单一核素谱按一定比例线性相加而成的。仪器通过用^{226}Ra 标准源、^{232}Th 标准源、^{40}K 标准源对系统进行刻度，把这 3 种标准源的谱图作为标准谱存入分析软件库中，利用标准谱数据，通过软件解谱的方法把样品混合谱解成单一的核素能谱，从而分析出样品中核素比活度。

(2) 测试步骤

随机抽取样品 2 份，每份不少于 2kg。一份密封保存，另一份作为检验样品。

将检验样品破碎，磨细至粒径不大于 0.16mm。将其放入与标准样品几何形态一致的样品盒中，称重（精确至 1g）、密封、待测。

当检验样品中天然放射性衰变链基本达到平衡后，在与标准样品测量条件相同情况下，采用低本底多道 γ 能谱仪对其进行镭 226、钍 232 和钾 40 比活度测量。

(3) 结果表示

报告样品中镭 226、钍 232 和钾 40 的放射性比活度以及相应的放射性指数。

5.6.3 黏结强度

随着我国城市建设的快速发展，建筑物外墙采用陶瓷砖装饰越来越普遍，但是与此同时也引发了因陶瓷砖脱落导致人身伤害或财产损失的事故。是否会产生陶瓷砖脱落现象，取决于陶瓷砖-铺贴剂-基体三者之间的黏结强度。为保证使用安全性，欧美的陶瓷砖标准中均提出了对黏结强度的要求。目前欧盟还没有建立陶瓷砖黏结强度试验方法，相关测试需参照陶瓷墙地砖黏结剂标准 EN 12004 进行，美国则制定了陶瓷砖和水泥黏结强度的测试方法标准 ASTM C482—2002，在此介绍如下。

5.6.3.1 测试原理

用纯水泥将陶瓷砖背部与基体黏结，在一定的环境条件下养护后，在砖的一边以规定的速率均匀加力，直至黏结层破裂。

5.6.3.2 设备和材料

① 强度试验机：应有适宜的灵敏度及量程，能通过适宜的夹具以（1.4±0.1）MPa/min 的加载速率向陶瓷砖施加剪切力。试验机的精度为 1.0%。

② 模具、合适的夹具（图 5-28）和插销。

③ 水泥（ASTM C150 I 类）、熟石灰（ASTM C207 S 类）和标准砂（符合 ASTM C185 第 9 部分的要求）。

5.6.3.3 试样

(1) 试样数量

每种试样所需的数量见表 5-49。

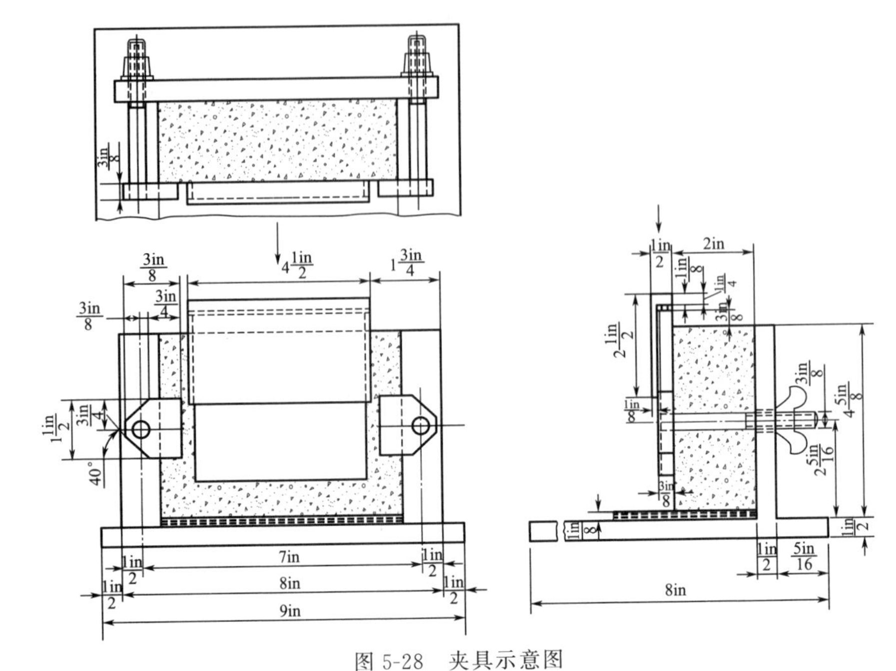

图 5-28　夹具示意图

表 5-49　试样数量

试样表面尺寸 L/mm	试样数量
L<25	20
25≤L<38	15
38≤L<57	10
L≥57	5

(2) 试样制备

边长大于 108mm 的试样，应将其切割成 102mm×102mm；有间隔凸缘、边缘不平整或是非方形的试样，应从距边缘 6.4mm 的部位切割，切割边平行于背纹，且光滑、平直。

切割后的砖洗净，在 110℃±5℃下干燥 4h，冷却至室温，除去待黏结面的灰尘。

将试样浸入水中至少 0.5h。取出试样，晾干或擦干表面水分。使用水溶性黏结剂安装的、吸水率大于 3%的试样，浸水前应在流动的水中仔细将安装介质和黏结剂完全去除，以防止污染黏结面。

5.6.3.4　测试方法

(1) 试验部件的制备

按以下比例制备基体用混凝土混合物：

对于吸水率大于 7%的试样，水泥、熟石灰、干标准砂和水的重量比为：1∶0.25∶3.3∶0.55；对于吸水率不超过 7%的试样，水泥、干标准砂和水的重量比为：1∶3.3∶0.55；

混凝土混合物充分混合后用瓦刀拌和到模具中，在震动台上振实90s。刮平表面多余的砂浆，不要在混凝土基体表面镘平、搅捣或修整。刮平后1～1.5h内铺贴试样。

按重量比1∶0.36的比例，混合均匀通过No.200目（75μm）的水泥和水，将混合物（即黏结剂）均匀涂布在试样的黏结面上，涂层厚度为0.8～1.6mm，涂层应均匀、连续且填满黏结面上的所有凹坑。

将试样铺贴在混凝土基体上，每块混凝土基体上铺贴的试样数量为试样总数量的1/5（例如：试样总数为20块，则每块混凝土基体放置的试样数量为4块）。试样应铺贴在混凝土基体的中央，一边紧靠模具长边外缘凸起的光滑金属块。混凝土基体上铺贴的试样超过1块时，试样之间的间隔不少于3.2mm。

轻敲试样，使其与混凝土基体100%接触。仔细清除试样四周以及试样之间多余的黏结剂。在任何情况下，都不能破坏混凝土基体的表面平整。

在样品铺贴时，应注意：

① 长方形试样应使其长边与加载方向平行；

② 非矩形试样铺贴时应对称于其中垂线，并在直边加载；

③ 背纹有方向性的试样应使背纹方向与加载方向平行。

（2）养护

用湿布和聚乙烯薄膜覆盖试件，湿法养护16～24h后脱模，再在（21±2)℃、大于等于90%RH的环境条件下再养护6d（试件脱模后立即用不透气的薄膜或金属片覆盖即可达到大于等于90%RH的湿度要求）。

（3）黏结强度测试

从不透气的薄膜或金属片中取出试件，迅速将试件沿边缘放入夹具中，受力边向上。在试件左右边缘与夹具间垫3.2mm厚的毛毡，夹紧试件。将带有试件的夹具放入强度试验机中，在试样的受力边放上合适的插销，插销和砖边之间垫3.2mm厚的毛毡。插销应放置在受力边的中心位置，且长度不少于受力边长度的70%。以（1.4±0.1）MPa/min的加载速率施加剪切力，直至黏结层破裂。

5.6.3.5 结果表示

按下式计算黏结强度：

$$B=\frac{P}{A} \tag{5-40}$$

式中 B——黏结强度，MPa；

P——破坏载荷，N；

A——黏结面积，mm^2。

Chapter 06

第6章 卫生陶瓷

6.1 前言

我国是卫生陶瓷的生产大国。作为我国的传统制造产业，卫生陶瓷产量每年持续增长。近年来受国际金融危机等影响，卫生陶瓷产量增速有所放缓。2013年全国卫生陶瓷总产量2.06亿件（20621万件），相对2012年产量19971万件，增长3.3%，增幅稍有下降。2013年全国各省数据统计中，产量排在前三的依然是河南（6466万件）、广东（5996万件）、河北（2717万件），前三省的卫生陶瓷产量占全国总产量的73.46%。

在出口方面，2013年卫生陶瓷出口量约占全国总产量的近三成，中国出口的卫生陶瓷超过全球贸易总量三分之一以上。2013年全国出口卫生陶瓷约6100万件，同比增长10.5%。卫生陶瓷的平均出口单价32.64美元/件，均价比上年增长15.71美元，价格上涨幅度92.79%。出口卫生陶瓷中约二分之一流向欧、美、日等发达国家和地区，前十个主要国家或地区分别是美国（占总出口量的27.46%，增长12.08%），韩国（9.77%，增长5.54%），尼日利亚（4.58%，增长12.19%），加拿大（4.55%，增长1.69%），英国（3.89%，增长27.60%），菲律宾（3.19%，减少13.02%），沙特阿拉伯（2.56%，增长16.11%），澳大利亚（2.41%，增长9.86%），马来西亚（2.28%，增长179.68%），西班牙（2.02%，增长23.48%）。这十个国家（或地区）的出口占全国卫生陶瓷出口量的62.71%，其中前5个地区的出口量约占总量的50.25%。广东省卫生陶瓷出口量和出口额继续保持全国第一，分别为40.83%和59.80%；河北省位居第二，分别为32.63%和17.27%；福建省依然位居第三，为7.07%和4.05%；随后为山东省（4.44%和3.35%）、河南（3.75%和1.50%）。

在产品创新上，卫生陶瓷产品的创新主要集中在产品节水、产品智能化与产品外观设计方面。生产技术方面主要是自动化、智能化的设备比例越来越多，绝大部分卫生陶瓷的生产制造企业大量使用了隧道窑烧成设备，使整个生产过程机械化、自动化水平不断提高。

在产业格局上，卫生陶瓷目前仍然以广东（潮州、佛山等）、河南（长葛、洛阳等）、河北（唐山及周边）三大省份为主。

在国家政策方面上，“十一五”期间国家发布了两个强制性国家标准，理论上这两个强制性标准是每个陶企都必须严格遵守的。一个是陶瓷行业的强制性国家标准 GB 21252《建筑卫生陶瓷单位产品能源消耗限额标准》，2008 年 6 月 1 日开始实施；另一个标准是国家标准《陶瓷工业污染物排放标准》，是 2010 年 3 月 18 日环境保护部常务会议审议并在原则上通过的八项国家污染物排放标准之一，由环境保护部 2010 年 9 月 10 日批准，2010 年 9 月 27 日发布，2010 年 10 月 1 日起实施。这是一个由环境保护部与国家质量监督检验检疫总局共同发布的强制性国家标准。《陶瓷工业污染物排放标准》对陶瓷烧成的排放作出了严格的规定，特别对氮氧化物（以 NO_x 计）的排放提出了具体限额要求，这在陶瓷行业是第一次，此前行业从未对氮氧化物有关注；标准对喷雾干燥与陶瓷烧成烟气颗粒物的排放浓度限额大幅提高，大大超过了国家《工业窑炉大气污染物排放标准》中的二级排放标准最高允许排放浓度。

2011 年 3 月 27 日国家发展和改革委员会发布 2011 版《产业结构调整指导目录》，并宣布自 2011 年 6 月 1 日起实施，其中与卫生陶瓷行业相关的项目有：

鼓励类：一次冲洗用水量 6L 及以下的坐便器、蹲便器、节水型小便器及节水控制设备开发与生产。

限制类：60 万件/年以下的隧道窑卫生陶瓷生产线。

淘汰类：建筑卫生陶瓷土窑、倒焰窑、多孔窑、煤烧明焰隧道窑、隔焰隧道窑、匣钵装卫生陶瓷隧道窑。

落后产品：一次冲洗用水量 9L 以上的便器。

综上所示，节能降耗成为整个卫生陶瓷行业的发展趋势。

6.2 卫生陶瓷的定义、分类和用途

6.2.1 卫生陶瓷的定义

卫生陶瓷是一种传统的陶瓷制品，是指由黏土、长石和石英为主要原料，经混练、成型、高温烧制而成用作卫生设施的有釉陶瓷制品。

6.2.2 卫生陶瓷的分类和用途

(1) 按材料性质分类

可分为瓷质卫生陶瓷、炻质卫生陶瓷和陶质卫生陶瓷等3类材质的卫生陶瓷。

(2) 按用途分类

可分为坐便器、洗面器、小便器、蹲便器、净身器、洗涤槽、水箱和小件卫生陶瓷等。

6.3 国内外卫生陶瓷技术法规及标准体系

6.3.1 中国标准体系

至2014年5月，中国已发布实施卫生陶瓷相关标准10项，具体见表6-1。中国的卫生陶瓷标准修改采用ASME A112.19.2/CSA B45.1，同时根据中国的国情，制定了一系列关于卫生陶瓷节水要求的标准和卫生陶瓷在环保、电子化方面的标准。

表6-1 卫生陶瓷的中国标准

序号	标准号	标准名称
1	GB 6952—2005	卫生陶瓷
2	GB 25502—2010	坐便器用水效率限定值及用水效率等级
3	GB 28377—2012	小便器用水效率限定值及用水效率等级
4	GB 30717—2014	蹲便器用水效率限定值及用水效率等级
5	GB/T 23131—2008	电子坐便器
6	CJ 164—2002	节水型生活用水器具
7	GB/T 18870—2011	节水型产品通用技术条件
8	SN/T 1570.2—2005	出口建筑卫生陶瓷检验规程 第2部分:卫生陶瓷
9	HJ/T 296—2006	环境标志产品技术要求:卫生陶瓷
10	GB/T 9195—2011	陶瓷砖和卫生陶瓷分类术语

6.3.2 欧盟标准及法规体系

欧盟在卫生陶瓷标准系列上的划分与中国标准差异较大，它将卫生陶瓷按照材料、尺寸、产品功能等划分。至2014年5月欧盟已发布实施卫生陶瓷标准11项，具体见表6-2。作为一类建筑产品，出口至欧盟的卫生陶瓷产品还应符合欧盟建筑法规（EU）No.305/2011的要求。

表 6-2　卫生陶瓷的欧盟标准

序号	标准号	标准名称
1	BS 3402—1969	卫生陶瓷质量要求
2	EN 31:2011	洗面器　连接尺寸
3	EN 33:2011/AC:2013	坐便器　连接尺寸
4	EN 35:2000	带喉面的立柱式妇洗器　连接尺寸
5	EN 36:1998	带喉面的壁挂式妇洗器　连接尺寸
6	EN 80:2001	壁挂式小便器　连接尺寸
7	EN997:2012	带整体存水弯的坐便器
8	EN 14528:2007	妇洗器功能要求和测试方法
9	EN 14688:2006	卫生洁具:洗手盆 功能要求和测试方法
10	EN 13407:2006	壁挂式小便器 功能要求和测试方法
11	EN 13310:2003	厨房洗涤槽 功能要求和测试方法

6.3.3　美国/加拿大标准体系

至 2014 年 5 月，美国机械工程师协会（ASME）、美国环保署和加拿大 Veritec 机构已发布实施卫生陶瓷相关标准 4 项，具体见表 6-3。2013 年美国修订了 ASME A112.19.2、ASME A112.19.14 和 MaP 标准，增加了高效节水型坐便器在功能方面的要求。

表 6-3　卫生陶瓷的美国标准

序号	标准号	标准名称
1	ASME A112.19.2—2013/CSA B45.1-13	卫生洁具
2	ASME A112.19.14—2013	双冲水装置的六升水坐便器
3	MaP	MaP 测试,第 5 版,2013 年 3 月
4	HET	带水箱座便器的 WaterSense®要求,2011

6.3.4　澳洲标准体系

至 2014 年 5 月，澳大利亚发布实施卫生陶瓷相关标准 7 项，具体见表 6-4。澳大利亚将标准按照材料、产品类别划分，与欧盟标准体系类似。

表 6-4　卫生陶瓷的澳洲标准

序号	标准号	标准名称
1	AS 1976—1992	卫生陶瓷
2	AS 4023—1992	非瓷质卫生设施
3	AS 1172.1—2005	卫生洁具第一部分:坐便器
4	AS/NZS 1730—1996	洗手盆
5	AS/NZS 6400—2005	用水效率的评定和标签要求
6	AS/NZS 3982—1996	小便器
7	AS 1172.2—1999//Amdt1/2002/Amdt2/2005	用水量为 6/3L 或等效水量的坐便器　第 2 部分:水箱

6.3.5 其他国家标准体系

卫生陶瓷没有国际标准，各国标准之间的差异性较大。由于各国技术水平和消费习惯的差异，表现在产品标准上也有许多不同。表6-5列出我国卫生陶瓷主要出口国家和地区的相关标准，包括马来西亚、沙特阿拉伯、菲律宾、泰国、新加坡、日本、南非、中国台湾地区等。

一些发展中国家，如尼日利亚、肯尼亚、厄瓜多尔、黎巴嫩等成为新兴市场正蓬勃兴起，对卫生陶瓷的需求量也很大。这些国家大多没有自己的国家标准，出口到这些国家的产品需要满足欧盟或美国等标准的要求。

表6-5 卫生陶瓷的其他国家标准

序号	标准号	标准名称
1	MS 147:2001	卫生陶瓷质量要求
2	MS 1522:2011	卫生陶瓷坐便器要求
3	MS 795-1:2011	坐便器冲洗水箱技术要求
4	SASO 1024/1998(GS 1013/1998)	卫生洁具　通用要求的测试方法
5	SASO 1025/1998(GS 1012/1998)	卫生洁具　通用要求
6	SASO 1473/2008	卫生洁具　西方坐便器
7	SASO 1474/1999(GS 1428/2002)	卫生洁具　西方坐便器测试方法
8	SASO GSO EN 14528:2011	妇洗器　功能要求和测试方法
9	SASO GSO EN 14688:2011	卫生洁具:洗手盆　功能要求和测试方法
10	SASO 1258/1998(GS 945/1997)	卫生洁具　东方坐便器
11	SASO 1259/1998(GS 946/1997)	卫生洁具　东方坐便器测试方法
12	PNS 156:2010	卫生洁具
13	TISI 792—2554	卫生陶瓷　坐便器
14	SS 42:1971	卫生陶瓷质量要求
15	SS 378:1996	用水量4.5L以下的节水型坐便器水箱
16	SS 379:1996	与用水量4.5L以下的节水型水箱配套的瓷质坐便器
17	JIS A 5207:2011	卫生洁具　便器　洗面器类
18	SANS 497:2011	釉面陶瓷卫生洁具
19	SANS 1733:2011	低用水量型坐便器系统
20	CNS 3220—2010	卫生陶瓷器　水洗马桶
21	CNS 3221—2010	卫生陶瓷器检验法
22	CNS 3220-1—2010	卫生陶瓷器　水箱
23	CNS 3220-2—2010	卫生陶瓷器　小便器
24	CNS 3220-3—2010	卫生陶瓷器　洗面盆
25	CNS 3220-4—2010	卫生陶瓷器　厨房洗涤槽
26	CNS 3220-5—2010	卫生陶瓷器　化验盆
27	CNS 3220-6—2010	卫生陶瓷器　下身盆
28	CNS 3220-7—2010	卫生陶瓷器　拖布盆

6.4 卫生陶瓷的安全要求及评价

6.4.1 概述

卫生陶瓷作为一种典型的建筑装修材料广泛应用于卫生间和厨房，它的安全和卫生性能直接关系到使用者的健康和安全。

欧盟建筑产品法规（EU No.305/2011）规定，建筑产品应满足在建筑物安全、健康、耐用性、节能、环保、经济性及公众利益等方面的基本安全要求，因此，需要根据产品的用途，考虑建筑产品在机械抵抗力和稳定性、火灾安全性、卫生、健康和环境、使用安全、噪声预防、节能和保温、自然资源的可持续利用等方面的性能。作为一类广泛使用的建筑装修材料，卫生陶瓷同样也应当满足这些基本安全要求。

在机械抵抗力和稳定性方面，荷载、寿命等性能应符合相关技术法规的要求。

在卫生、健康和环境方面，卫生陶瓷在使用过程中，不应对居住者或环境的卫生或健康造成危害，这些危害包括：有毒有害物质的溶出、废弃物对水或泥土造成污染或毒害以及表面出现水分等。因此，涉及的安全性能包括防虹吸、密封性、有害物质释放、噪声等。

在使用安全方面，建筑工程的设计和建造，不得在其使用或操作过程中存在不可接受的事故风险，例如滑倒、跌倒、碰撞、烧伤、触电、爆炸伤害。对于卫生陶瓷而言，需要着重考虑卫生陶瓷的溢流、用水量和冲洗功能等。

对于特殊用途的卫生陶瓷产品，如电子坐便器，还需要考虑电器安全等方面的特殊要求。

综上所述，卫生陶瓷涉及的安全性能包括：荷载、寿命、防虹吸、有害物质释放、溢流、用水量和冲洗功能、电器安全、噪声等。

6.4.2 中国标准的相关要求

6.4.2.1 中国标准 GB 6952—2005 中的相关要求

中国卫生陶瓷标准 GB 6952—2005 中与安全性能有关的要求见表 6-6。

表 6-6　GB 6952—2005 中的安全要求

项目	要求
耐荷重性	壁挂式坐便器和落地式坐便器应能承受 2.2kN 的荷重； 洗面器应能承受 1.1kN 的荷重； 小便器应能承受 0.22kN 的荷重； 洗涤槽应能承受 0.44kN 的荷重

续表

项目	要求
防虹吸	所配套的冲水装置应具有防虹吸功能
洗面器、洗涤槽和净身器溢流功能	溢流试验，应保持5min不溢流
便器用水量	节水型坐便器用水量不超过6L，节水型蹲便器用水量不超过8L，节水型小便器用水量不超过3L，最大用水量不得超过规定值1.5L，双挡坐便器的小挡排水量不得大于大挡排水量的70%
便器冲洗功能	便器在规定用水量下满足相关冲洗功能的要求；双挡坐便器还应满足洗净功能、污水置换功能和水封回复功能的要求
电器安全	电子坐便器应满足GB 4706.1和GB 4706.53的相关要求
坐便器冲洗噪声	冲洗噪声的累计百分数声级 L_{50} 应不超过55dB，累计百分数声级 L_{10} 应不超过65dB

6.4.2.2 对环保卫生陶瓷的特殊要求

环境保护行业标准HJ/T 296—2006《环境标志产品技术要求：卫生陶瓷》对申请环境标志的卫生陶瓷有如下特殊技术要求：

内照射指数不大于0.9，外照射指数不大于1.2，采用的测试方法为GB 6566；

铅含量≤20mg/kg，镉含量≤5mg/kg，采用的测试方法为标准的附录A；

小便器最大用水量不超过3L，坐便器最大用水量不超过6L，蹲便器最大用水量不超过8L，按照GB 6952中规定的方法进行检测；

卫生陶瓷生产过程中产生的工业废渣回收利用率达到70%以上。

6.4.2.3 对节水性能的特殊要求

我国对便器产品节水性能的要求日益提高，表6-7和表6-8列出了坐便器和小便器产品用水效率限定值及用水效率等级的要求。

表6-7　坐便器用水效率等级指标

用水效率等级			1级	2级	3级	4级	5级
用水量/L	单挡	平均值	4.0	5.0	6.5	7.5	9.0
	双挡	大挡	4.5	5.0	6.5	7.5	9.0
		小挡	3.0	3.5	4.2	4.9	6.3
		平均值	3.5	4.0	5.0	5.8	7.2

表6-8　小便器用水效率等级指标

用水效率等级	1级	2级	3级
冲洗水量/L	2.0	3.0	4.0

6.4.2.4 对电子坐便器的特殊要求

电子坐便器作为一种近年来日益流行的新型功能产品，其安全性能要求见表6-9。

表 6-9　GB 23131—2008 中的安全要求

项目	要求
清洁率	电子坐便器的清洁率不小于 95%
整机耗电量	储热式冲洗装置每个工作周期耗电量不大于 0.100kW·h； 快热式冲洗装置每个工作周期耗电量不大于 0.120kW·h

6.4.3　欧盟的相关要求

6.4.3.1　欧盟坐便器标准 EN 997：2012 的相关规定

欧盟坐便器标准 EN 997：2012 中规定了不同类别的坐便器应满足的基本安全要求，详见表 6-10 和表 6-11。

表 6-10　一类坐便器应满足的安全要求

项目	要求
用水量	4L,5L,6L,7L,9L;双冲坐便器小冲用水量不超过大冲的 2/3
防虹吸	水封深度不低于 50mm
冲洗功能	坐便器应满足表面冲洗、卫生纸冲洗、塑料球冲洗、溅水、后续水等功能检测项目和吸水率等材料测试的要求
荷载	坐便器在 4kN 荷载下 1h 无破损和其他缺陷
密封性	坐便器和水箱连接应保证密封
阀可靠性	排水阀应密封,寿命试验后功能完好
耐久性	满足上述要求即符合耐久性要求

表 6-11　二类坐便器应满足的安全要求

项目	要求
用水量	用水量不超过 6L,双冲坐便器小冲用水量不超过大冲的 2/3； 坐便器应有水位线标记,具备充分的溢流能力； 冲水装置耐化学试验后无漏水
防虹吸	具备防虹吸功能;水封深度不低于 50mm
冲洗功能	坐便器应满足固体物排放、卫生纸冲洗、污水置换、表面冲洗等功能检测项目
荷载	坐便器在 4kN 荷载下 1h 无破损和其他缺陷
密封性	冲水装置分别满足耐物理机械性能和化学性能的要求
阀可靠性	冲水装置寿命试验后功能完好
耐久性	满足上述要求即符合耐久性要求

6.4.3.2　欧盟小便器标准 EN 13407：2006 的相关规定

欧盟标准 EN 13407：2006 中规定了不同类别的小便器应满足的基本安全要求，详见表 6-12 和表 6-13。

表 6-12　一类小便器应满足的安全要求

项目	要求
防虹吸	水封深度不低于 50mm
可清洗性	小便器应满足表面冲洗、塑料球冲洗、溅水、排水性等功能检测项目和吸水率等材料测试的要求
荷载	坐便器在 1.00kN 荷载下 1h 无破损和其他缺陷
耐久性	满足上述要求即符合耐久性要求

表 6-13　二类小便器应满足的安全要求

项目	要求
防虹吸	水封深度不低于 75mm
可清洗性	易清洗
荷载	坐便器在 1.00kN 荷载下 1h 无破损和其他缺陷
耐久性	满足上述要求即符合耐久性要求

6.4.3.3　欧盟洗手盆标准 EN 14688：2006 的相关规定

欧盟标准 EN 14688：2006 中规定了洗手盆应满足的基本安全要求，详见表 6-14。

表 6-14　洗手盆应满足的安全要求

项目	要求
可清洗性	洗手盆器在 1.5kN 荷载下 1h 无破损和其他缺陷
荷载	易清洗
溢流能力	具备相应的溢流级别
耐久性	满足上述要求即符合耐久性要求

6.4.3.4　欧盟妇洗器标准 EN 14528：2007 的相关规定

欧盟标准 EN 14528：2007 中规定了妇洗器应满足的基本安全要求，详见表 6-15。

表 6-15　妇洗器应满足的安全要求

项目	要求
荷载	妇洗器在 4kN 荷载下 1h 无破损和其他缺陷
可清洗性	易清洗
溢流能力	具备相应的溢流级别
耐久性	满足上述要求即符合耐久性要求

6.4.4　美国/加拿大的相关要求

美国/加拿大标准 ASME A112.19.2—2013 /CSA B45.1—2013 中规定了卫生陶瓷产品包括坐便器、小便器、洗手盆、妇洗器等应满足的基本安全要求，详见表 6-16。

表 6-16 ASME A112.19.2—2013 /CSA B45.1—2013 中的安全要求

项目	要求
耐载	壁挂式坐便器应能承受 2.2kN 的荷重； 洗面器应能承受 1.1kN 的荷重； 小便器应能承受 0.22kN 的荷重
防虹吸	所配套的冲水装置应具有防虹吸功能
洗面器、洗涤槽和净身器溢流功能	溢流试验，应保持 5min 不溢流
便器用水量	高效节水型坐便器用水量不超过 4.8L； 低用水量型坐便器用水量不超过 6.0L
便器冲洗功能	便器在规定用水量下满足颗粒和球冲洗、表面冲洗、混合介质冲洗、排水管道输送特征、溢流、废物排放、污水置换等冲洗功能的要求

对于双冲坐便器，还应满足 ASME A112.19.14—2013 的基本安全要求，详见表 6-17。

表 6-17 ASME A112.19.14—2013 中的安全要求

项目	要求
用水量	小冲用水量不超过 4.1L
冲洗功能	坐便器在规定用水量下满足污水置换、卫生纸冲洗等冲洗功能的要求

6.4.5 澳洲的相关要求

6.4.5.1 澳洲坐便器标准 AS 1172.1—2005 的相关规定

澳洲坐便器标准 AS 1172.1—2005 规定了坐便器应满足的基本安全要求，详见表 6-18。

表 6-18 AS 1172.1—2005 中的安全要求

项目	要求
用水量	用水量应满足 AS 1172.2 中的相关要求
冲洗功能	坐便器在规定用水量下满足卫生纸冲洗、固体物排放、漏水、溅水、表面冲洗等冲洗功能的要求
荷载	坐便器在 400kg 荷载下 1h 无破损和其他缺陷

6.4.5.2 澳洲小便器标准 AS/NZS 3982—1996 的相关规定

澳洲小便器标准 AS/NZS 3982—1996 规定了小便器应满足的基本安全要求，详见表 6-19。

表 6-19 AS/NZS 3982—1996 中的安全要求

项目	要求
用水量	用水量应满足 AS 3500.1 中的相关要求
冲洗功能	坐便器在规定用水量下满足表面冲洗、溅水等冲洗功能的要求
荷载	小便器在 30kg 荷载下 1h 无破损和其他缺陷

6.4.5.3 澳洲洗手盆标准 AS/NZS 1730—1996 的相关规定

澳洲洗手盆标准 AS/NZS 1730—1996 规定了洗手盆应满足的基本安全要求，详见表 6-20。

表 6-20 AS/NZS 1730—1996 中的安全要求

项目	要求
荷载	洗手盆在 30kg 荷载下 1h 无破损和其他缺陷

6.4.5.4 对节水性能的特殊要求

澳洲对便器产品的用水量有着严格的要求，AS/NZS 6400—2005 根据不同产品的用水量划分了节水等级，详见表 6-21。

表 6-21 AS/NZS 6400—2005 中分等要求

产品类型	水消耗量单位	分等						
		0 星(警告)	1 星	2 星	3 星	4 星	5 星	6 星
坐便器	L（平均冲水量）	不适用	大于 4.5 而不大于 5.5	大于 4.0 而不大于 4.5	大于 3.5 而不大于 4.0	大于 3.0 而不大于 3.5	大于 2.5 而不大于 3.0	不大于 2.5

6.5 卫生陶瓷检测技术分析研究

6.5.1 吸水率

6.5.1.1 中国标准 GB 6952—2005

(1) 制样

由同一件产品的三个不同部位上敲取一面带釉或无釉的面积约为 3200mm^2、厚度不大于 16mm 的一组试样，每块试片的表面都应包含与窑具接触过的点，试样也可在相同品种的破损产品上敲取。

(2) 试验步骤

将试样置于 (110±5)℃的烘箱内烘干至恒重（m_0），即两次连续称量之差小于 0.1g，称量精确至 0.01g。将已恒重试样竖放在盛有蒸馏水的煮沸容器内，且使试样与加热容器底部及试样之间互不接触，试验过程中应保持水面高出试样 50mm。加热至沸，并保持 2h 后停止加热，在原蒸馏水中浸泡 20h，取出试样，用拧干的湿毛巾擦干试样表面的附着水后，立刻称量每块试样的质量（m_1）。

(3) 计算

试样的吸水率按下式计算：

$$E=\frac{m_1-m_0}{m_0}\times 100\%$$

（4）试验结果

以所测三块试样吸水率的算术平均值作为试验结果，修约至小数点后一位。

（5）技术要求

瓷质卫生陶瓷产品的吸水率 $E \leqslant 0.5\%$；陶质卫生陶瓷产品的吸水率 $8.0\% \leqslant E < 15.0\%$。

6.5.1.2　美国/加拿大标准 ASME A112.19.2—2013/CSA B45.1—2013

（1）制样

试样应包括三块从要求试验产品上取来的试验碎片，每块试验碎片的表面都应包含与窑具接触过的点。如果需要进行重新试验或者重新验证，则容许使用从同一天烧制的废品中取样以免破坏成品。每个样品应有大约 3，200mm^2 无上釉表面，厚度不超过 16mm。

（2）样品处理

样品按照下列程序处理：

① 试件在（110±5）℃温度条件下烘干至恒定重量；

② 存放在干燥箱内进行冷却直至达到室温为止；

③ 称重每块试样，精度为 0.01 克，记为 W_0。

（3）试验步骤

按照下列程序测试吸水率：

① 称重的试样存放在盛有蒸馏水的容器内，并进行支撑，使其不与被加热的容器底部接触；

② 煮 2h，接着浸泡 18h。

③ 用毛巾擦干每块试样，去除水分，重新称重，精度 0.01 克，记为 W_f。

（4）计算

试样的吸水率按下式计算：

$$\text{吸水率} = \frac{W_f - W_0}{W_0} \times 100\%$$

式中　W_f——浸入水中后试件的最终质量；

W_0——干燥后的试件原来质量。

（5）技术要求

瓷质试样平均吸水率不应超过 0.5%，陶质试样平均吸水率不应超过 15%。

6.5.1.3　欧盟标准 BS 3402—1969（R2010）

（1）制样

试样应包括三块从要求试验产品上取来的碎片，每个样品大约 10，000mm^2，至少一面有釉。试件应在（110±5）℃温度条件下烘干至恒定质量，并存放在干燥箱内进行冷却，直至达到室温为止。

（2）试验步骤

每块试样放在天平上进行称重，精度为0.01g。称重的试样存放在可抽真空的容器内，抽真空至30mmHg（1mmHg=133.322Pa，下同）并保持1h，然后加蒸馏水至该容器中，并保持该真空度，直到所有试样全部被水覆盖。然后恢复到大气压，把试样取出放在水浴锅中煮20min，冷却，让试样保持在水浴锅中过夜。然后取出试样，用毛巾擦干每块试样，去除水分，重新称重，精度0.01g。

（3）计算

吸水率计算公式为：

$$吸水率=\frac{W_2-W_1}{W_1}\times 100\%$$

式中　W_1——干燥后的试件原来的质量；

W_2——浸入水中后试件的最终质量。

（4）技术要求

平均值不超过0.50%，单个值不超过0.75%。

6.5.1.4　欧盟标准 EN 997：2012

（1）测试材料和设备

天平，精确到0.05g；烘箱，温度控制在（110±5）℃；硅胶干燥器；麂皮；带温控装置的水浴；蒸馏水；镊子；刷子。

（2）测试步骤

准备3块一面有釉的样品，无釉区域的面积约30cm²，最大厚度约12mm；将样品在110℃下烘（180±5）min；让样品在干燥器中冷却；称重，精确至0.05g，表示为m_0；用镊子将样品放在水浴中，加蒸馏水，确保样品不互相接触；加热至沸，煮沸（120±5）min，停止加热，自然冷却至室温，保持（20±1）h；用镊子取出样品，用麂皮擦干；称重，表示为m_1。

（3）计算

吸水率计算公式为：

$$E=\frac{m_1-m_0}{m_0}\times 100\%$$

计算三块试样吸水率的平均值，报告单个值和平均值。

（4）技术要求

吸水率平均值不超过0.5%。

6.5.1.5　欧盟标准 EN 13407：2006

（1）测试材料和设备

天平，精确到0.05g；烘箱，温度控制在（105±2）℃；硅胶干燥器；麂皮；蒸馏水；镊子；水浴锅。

(2) 测试步骤

准备3块一面有釉的样品，无釉区域的面积大约$30cm^2$，最大厚度大约12mm；将样品在105℃下烘干（180±5）min；让样品在干燥器中冷却；称重，精确至0.05g，表示为m_0；用镊子将样品放在水浴中，加蒸馏水，确保样品不互相接触；加热至沸，煮沸（120±5）min，停止加热，自然冷却至室温，保持（20±1）h；用镊子取出样品，用麂皮擦干，称重，表示为m_1。

(3) 计算

吸水率计算公式为：

$$E=\frac{m_1-m_0}{m_0}\times 100\% \tag{6-1}$$

计算3块试样吸水率的平均值，报告单个值和平均值。

(4) 技术要求

吸水率平均值不超过0.75%，单个值不超过1.00%。

6.5.1.6 澳洲标准 AS 1976—1992

(1) 测试设备

带干燥剂的干燥器；电子天平，精确度±0.005g；真空泵；计时器。

(2) 制样

试样包括3块从要求试验产品上取来的碎片，每个样品大约（10000±100)mm^2。

(3) 测试步骤

试件在（110±5)℃温度条件下烘干至恒定质量，并存放在干燥器内进行冷却，直至达到室温为止。每块试样放在天平上进行称重m_1，精确到为0.01g。称重的试样存放在可抽真空的容器内，抽真空至30mmHg并保持1h，然后加蒸馏水至该容器中，并保持该真空度，直到所有试样全部被水覆盖。然后恢复到大气压，把试样取出放在水浴锅中煮20min，试样保持在水浴锅中至少16h。然后，用毛巾擦干每块试样，去除水分，重新称重m_2。

(4) 计算

吸水率计算公式为：

$$m=\frac{m_2-m_1}{m_1}\times 100\%$$

(5) 技术要求

吸水率单个值不超过0.75%，平均值不超过0.50%。

6.5.1.7 澳洲标准 AS 4023—1992

(1) 测试设备

带干燥剂的干燥器；电子天平，精确度±0.005g；真空泵；计时器。

(2) 制样

试样包括 3 块从要求试验产品上取来的碎片，每个样品大约 (10000±100)mm^2。

(3) 测试步骤

试件在 (110±5)℃温度条件下烘干至恒定重量，并存放在干燥器内进行冷却，直至达到室温为止。每块试样放在天平上进行称重 m_1，精确到为 0.01g。称重的试样存放在可抽真空的容器内，抽真空至 30mmHg 并保持 1h，然后加蒸馏水至该容器中，并保持该真空度，直到所有试样全部被水覆盖。然后恢复到大气压，把试样取出放在水浴锅中煮 20min，试样保持在水浴锅中至少 16h。然后，用毛巾擦干每块试样，去除水分，重新称重 m_2。

(4) 计算

吸水率计算公式为：

$$E=\frac{m_2-m_1}{m_1}\times 100\%$$

(5) 技术要求

吸水率技术要求见表 6-22。

表 6-22 非瓷质陶瓷材料分级

材料	吸水率/%	颗粒尺寸/mm
半瓷质	0.6～8.0	—
粗陶	8.0～15.0	1.0～1.5
精陶	8.0～15.0	0.1～0.2

6.5.2 抗釉裂

6.5.2.1 中国标准 GB 6952—2005

(1) 制样

在一件产品的不同部位敲取面积不小于 3200mm^2、厚度不超过 16mm 且一面有釉的 3 块无裂试样。

(2) 试验步骤

将试样浸入无水氯化钙和水质量相等的溶液中，且使试样与容器底部互不接触，在 (110±5)℃的温度下煮沸 90min 后，迅速取出试样并放入 2～3℃的冰水中急冷 5min，然后将试样放入加 2 倍体积水的墨水溶液中浸泡 2h 后查裂并记录。

(3) 技术要求

经抗裂试验应无釉裂无坯裂。

6.5.2.2 美国/加拿大标准 ASME A112.19.2—2013/CSA B45.1—2013

（1）制样

取厚度不超过16mm，面积大小3200mm^{2}的上釉表面。

（2）试验步骤

试样浸入浓度为50%的无水氯化钙水溶液中，然后在温度为（110±3）℃下保持90min。

取出试样，并立即浸在温度在2～3℃的冰水中。将试样浸泡在1%亚甲基蓝染料溶液中12h，通过查看蓝色染料渗透情况，检查裂缝情况，不允许有龟裂存在。

（3）要求

试验后应无裂纹。

6.5.2.3 欧盟标准 BS 3402—1969（R2010）

（1）制样

试样应包括三块从要求试验产品上取来的碎片，每个样品大约25000mm^2，至少一面有釉，确保试样无裂纹等缺陷。

（2）试验步骤

将试样放置在蒸气压力为0.33～0.35MN/m^{2}的容器中保持10h，然后冷却至室温，在有颜色的溶液中浸泡几个小时，检查试样有无裂纹出现。

（3）技术要求

试验后无釉裂。

6.5.2.4 澳洲标准 AS 1976—1992

（1）测试设备

保持蒸汽压330～360kPa的压力容器；盛染色液的容器；计时器。

（2）制样

试样包括3块从要求试验产品上取来的碎片，每个样品大约（25000±150）mm^2，至少一面有釉，试样无裂纹等缺陷。

（3）测试步骤

将试样放置在蒸气压力为330～360kPa的容器中保持10h，然后冷却至室温，在有颜色的溶液中浸泡至少7h，检查试样有无裂纹出现。

（4）技术要求

试验后无釉裂。

6.5.2.5 澳洲标准 AS 4023—1992

（1）测试设备

盛无水氯化钙和热水的容器；盛冰水的容器；盛染色液的容器；计时器。

（2）制样

试样包括3块从要求试验产品上取来的碎片，每个样品大约（3200±20）mm^2，厚度不超过16mm，至少一面有釉。确保试样无裂纹等缺陷。

(3) 测试步骤

将试样浸入无水氯化钙和水质量相等的溶液中，且使试样与容器底部互不接触，在(110±3)℃的温度下煮沸1.5h后，迅速取出试样并放入2～3℃的冰水中，然后将试样放人1%的甲基蓝溶液中12h后查裂并记录。

(4) 技术要求

试验后无釉裂。

6.5.3 耐化学腐蚀

6.5.3.1 欧盟标准 BS 3402—1969 (R2010)

(1) 试验步骤

8块试样，每块不小于75mm×25mm×6mm，其中一个试样作为控制样品，其他7块试样按照表6-23处理。

表6-23 卫生陶瓷耐化学腐蚀

溶液名称	浓度/%	时间/h	温度/℃
醋酸溶液	10	16	100
柠檬酸溶液	10	16	100
清洁剂	0.15	48	60
盐酸溶液	1∶1	48	15～21
氢氧化钠溶液	5	0.5	60
硬脂酸钠溶液	0.15	48	60
硫酸溶液	3	16	100

(2) 技术要求

将控制样品对比测试样品肉眼观察时无反射系数降低。

6.5.3.2 澳洲标准 AS 1976—1992

(1) 测试设备

合适的容器用于盛样品和溶液；加热装置；带干燥剂的干燥器；回流冷凝器或其他合适的补偿装置；计时器。

(2) 制样

7块试样，每块面积(2000±50)mm^2。

(3) 测试步骤

1个试样作为控制样品，其他6块试样按照表6-24处理。

表6-24 耐化学腐蚀试样处理

溶液名称	浓度/%	时间/h	温度/℃
醋酸溶液	10	≥16	100±5
柠檬酸溶液	10	≥16	100±5
盐酸溶液	1∶1,相对密度1.18	≥48	15～21

续表

溶液名称	浓度/%	时间/h	温度/℃
氢氧化钠溶液	5	≥0.5	60±5
硬脂酸钠溶液	0.15	≥48	60±5
硫酸溶液	3	≥16	100±5

（4）技术要求

将控制样品对比测试样品肉眼观察时无反射系数降低。

6.5.3.3　澳洲标准 AS 4023—1992

（1）测试设备

合适的容器用于盛样品和溶液；加热装置；带干燥剂的干燥器；回流冷凝器或其他合适的补偿装置；计时器。

（2）制样

7 块试样，每块面积（2000±50）mm^2。

（3）测试步骤

1 个试样作为控制样品，其他 6 块试样按照表 6-25 处理。

表 6-25　耐化学腐蚀试样处理

溶液名称	浓度/%	时间/h	温度/℃
醋酸溶液	10	≥16	100±5
柠檬酸溶液	10	≥16	100±5
盐酸溶液	1∶1,相对密度 1.18	≥48	15～21
氢氧化钠溶液	5	≥0.5	60±5
硬脂酸钠溶液	0.15	≥48	60±5
硫酸溶液	3	≥16	100±5

（4）技术要求

将控制样品对比测试样品肉眼观察时无反射系数降低。

6.5.4　耐污染

欧盟标准 BS BS 3402—1969（R2010）：

（1）试验步骤

2 块试样，每块不小于 75mm×25mm×6mm，一块用于耐污染试验，将有釉的一面清洗干净，烘干，釉面朝上放置。表 6-26 中 6 种化学试剂滴在试样表面，溶液直径不小于 10mm，让其干燥，用湿毛巾擦干残留物。

表 6-26　卫生陶瓷耐污染性能

序号	化学试剂	浓度
1	甲基蓝溶液	0.5%
2	过氧化氢溶液	3%
3	四氯化碳	—

续表

序号	化学试剂	浓度
4	氢氧化钠溶液	10%
5	醋酸戊酯	—
6	碘酒	13g/L

另外一块用于烟头燃烧试验。将有釉的一面清洗干净，烘干，釉面朝上放置。一根点燃的香烟放置在釉面上，保持15min后移走。用湿毛巾擦干残留物。

(2) 技术要求

试验后无污染物残留。

6.5.5 便器用水量、水封深度和水封回复

6.5.5.1 中国标准 GB 6952—2005

(1) 试验装置

冲洗功能试验装置，具有满足试验要求的供水系统及水量、水压等参数监测系统，试验装置至少应满足图6-1便器冲洗功能试验装置示意图。

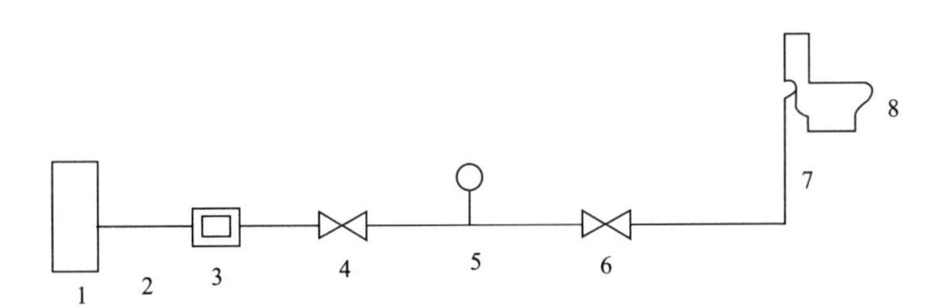

(a) 用水箱便器冲洗功能试验装置系统示意图

1—供水系统：供水压力在0.05~0.55MPa可调，动压60 kPa下，流量不小于11.4 L/min；2—管路：管径不小于19mm(3/4in)；3—流量计；4—阀门：19mm(3/4in)球阀或类似阀门；5—测压装置量程0～700kPa；6—阀门：19mm(3/4in)球阀，用于开关控制；7—软管；8—被测便器

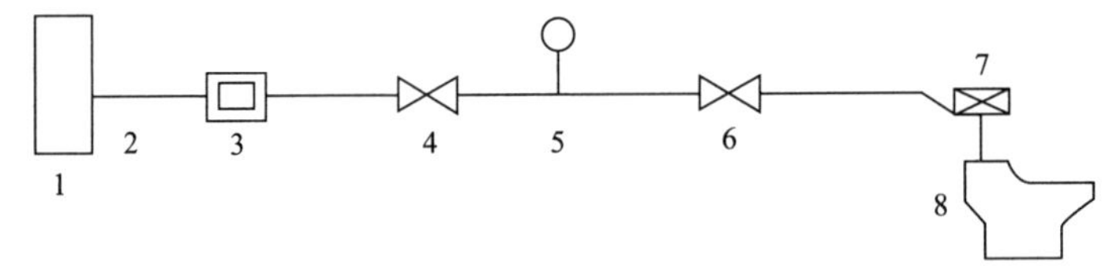

(b) 用冲洗阀便器冲洗功能试验装置系统示意图

1—供水系统：供水压力在0.14～0.55MPa可调；2—管路管径不小于38mm(3/2in)；3—流量计；4—阀门；5—测压装置量程0～700kPa；6—球阀；7—冲洗阀；8—被测便器

图6-1　便器冲洗功能试验装置示意图

(2) 试验压力

在表6-27规定的供水压力下测定便器用水量。

表 6-27　便器用水量试验压力（静压力）　MPa

<table>
<tr><td>便器类型</td><td colspan="2">大便器</td><td>小便器</td></tr>
<tr><td>冲水装置</td><td>水箱(重力)式</td><td>压力式</td><td>冲洗阀</td></tr>
<tr><td rowspan="3">试验压力</td><td>0.14</td><td rowspan="2">0.24</td><td rowspan="2">0.17</td></tr>
<tr><td>0.35</td></tr>
<tr><td colspan="3">0.55</td></tr>
</table>

（3）测试步骤

将被测便器安装在冲洗功能试验装置上，连接后各接口应无渗漏，清洁洗净面和存水弯，并冲水使便器水封充水至正常水位；

在规定的任一试验压力下按产品说明调节冲水装置至规定用水量，其中水箱（重力）冲水装置应调至水箱工作水位标志线；

按正常方式启动冲水装置，记录一个冲水周期的用水量和水封回复；保持冲水装置此时的安装状态，调节试验压力，分别在各规定压力下连续测定三次，报告各试验压力下用水量的算术平均值和总的算术平均值；

记录每次冲水后的水封回复，若一次冲水周期完成后，排污口出现溢流，则表明水封完全回复，水封回复值与水封值相同；若无溢流出现，则用水封尺测量回复水封的深度。

若生产厂对产品有特殊要求，则按产品说明和包装上的明示压力进行测定。

（4）技术要求

便器平均用水量应符合表 6-28 规定，坐便器和蹲便器在任一试验压力下，最大用水量不得超过规定值 1.5L，双挡坐便器的小挡排水量不得大于大挡排水量的 70%。

表 6-28　便器用水量　L

坐便器	普通型(单/双挡)	9
	节水型(单/双挡)	6
蹲便器	普通型	11
	节水型	8
小便器	普通型	5
	节水型	3

6.5.5.2　美国/加拿大标准 ASME A112.19.2—2013/CSA B45.1—2013 和 ASME A112.19.14—2013

（1）试验水温度和试验装置标准化

试验用水温度 18～27℃，根据 ASME A112.19.2 中要求，静压在 140kPa±7kPa 的条件下，调节控制流量的球阀，使动压在 55kPa±4kPa 时，流量 11.4L/min±1 L/min，恢复到原来静压设定值，标准化完成。

(2) 坐便器试验压力

坐便器测试试验静态压力见表 6-29。

表 6-29　坐便器冲水功能试验静态试验压力　　kPa (psi)

试验号	试验项目	重力和冲水水箱式坐便器	冲水阀坐便器	
			虹吸式	喷射式
1	水封深度	140(20)	240(35)	310(45)
2	水封回复	140(20)	240(35)	310(45)
3	冲水量	140(20)	240(35)	310(45)
		350(50)	240(35)	310(45)
		550(80)	550(80)	550(80)
4	颗粒	140(20)	240(35)	310(45)
5	表面冲洗	140(20)	240(35)	310(45)
6	混合介质	140(20)	240(35)	310(45)
7	输送	140(20)	240(35)	310(45)
8	重力式水箱溢流	550(80)	—	—
9	废物排放试验	350(50)	350(50)	350(50)
10	水位稳定性试验	140(20)	550(80)	550(80)
11	进水阀关闭增压	140(20)	550(80)	—
12	重力式水箱调节	140(20)	550(80)	—
13	更换密封圈后重力式水箱调节	140(20)	550(80)	—

注：当设备制造商要求一个更高的最低运行压力时，最低压力可以替换上述表格注明的最低试验压力。

(3) 坐便器水封深度的测定

① 测量器具　图 6-2 介绍了一种确定存水弯水封深度的设备。其他工具，例如钢卷尺或者钢直尺，其中一头固定垂直水平件，也可以使用。

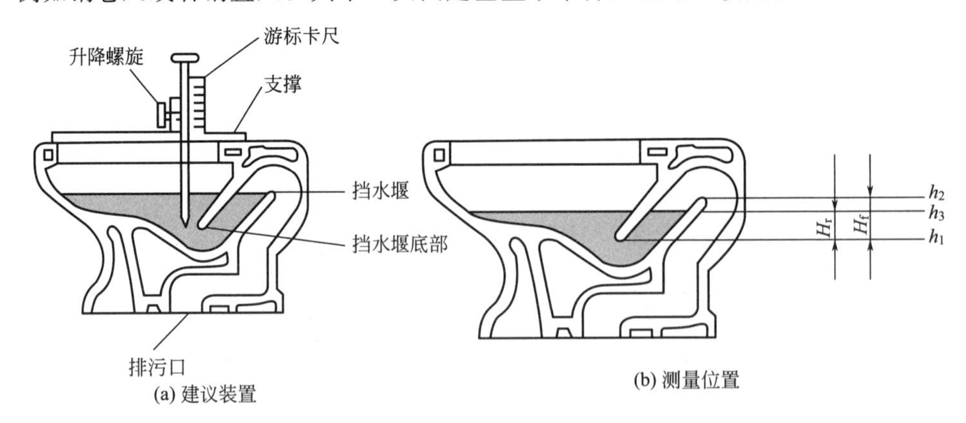

图 6-2　水封深度建议测量装置和测量位置示意图

② 试验步骤　将探头降低直至水平元件接触存水弯挡水堰底部，记录相应的刻度值 h_1。然后缓缓提高到与整个存水弯水封的水表面脱开位置。慢慢将水倒入坐便器中，直至坐便器有滴水现象表示有轻微溢出为止，从而确定坐便器已达到整个存水弯水封深度。当滴水现象停止时对探头进行调节，使得相应的点在水表面位置。记录相应刻度值 h_2。整个存水弯水封深度 $H_f=h_2-h_1$。

③ 技术要求　水封深度应不小于 51mm。

(4) 坐便器水封回复的测定

① 测量器具　同水封深度测试器具。

② 试验步骤　冲洗坐便器，坐便器完成整个冲水周期；每次冲水周期后，应调整探头，使得点正好在水表面，相应的深度值记录为 h_3。剩余存水弯水封值应根据公式进行计算：$H_r=h_3-h_1$。重复 10 次。

③ 技术要求　水封回复应不小于 51mm。

(5) 坐便器用水量的测定

① 试验装置　使用一个接收容器，以不超过 0.25L 容积增量变化方法，或者放置在一个增量读数不超过 0.25L 的称重传感器上进行校正。

使用一个读数刻度不超过 0.1s 的秒表或者电子计时器来测量时间。其他可使用的测量容积的仪器应在 0.25L 内。

② 试验步骤　记录静压情况，然后启动冲水装置，并保持不超过 1s，同时开始用秒表计时。当主冲水完成后，记录在容器中收集的水量（主要冲水量）。并且水量（总冲水量）在发生了超出存水弯继续补水（残余水量）停止后，再次进行记录。总的冲洗水量应计算精确到 0.25L。当进水阀完全关闭，秒表或者计时器停止，记录这段时间（冲水周期）。超出存水弯继续补水（残余水量）的量通过从总冲洗水量减去主要冲水量来确定。如果没有残余水量，对存水弯水封回复和存水弯水封深度进行测量并进行记录。表 6-29 中规定了每种试验压力重复测试以获得 3 组数据。

③ 试验报告　静态压力、冲水周期、主冲水量和总冲水量以及残余水量（如果有）都应以类似表 6-30 的格式进行报告。

表 6-30　冲洗水量和冲水周期试验

静态压力/kPa(psi)	试验顺序	冲洗水量/L(gal)			冲水周期/s	存水弯水封回复(是/否)	如果存水弯水封没有回复,H_r
		主冲水量	总冲水量	冲水后			
	1						
	2						
	3						
	平均总用水量：				平均冲水周期：		
	1						

续表

静态压力/kPa(psi)	试验顺序	冲洗水量/L(gal)			冲水周期/s	存水弯水封回复(是/否)	如果存水弯水封没有回复，H_r
		主冲水量	总冲水量	冲水后			
	2						
	3						
	平均总用水量：				平均冲水周期：		
	1						
	2						
	3						
	平均总用水量：				平均冲水周期：		

④ 技术要求　平均总用水量不超过：

a. 高效型坐便器：4.8Lpf（1.28gpf）；

b. 低用水量型坐便器：6.0Lpf（1.6gpf）；

c. 半冲用水量不超过 4.1L。

(6) 小便器试验压力

小便器测试中试验静态压力见表 6-31。

表 6-31　小便器冲水功能试验静态试验压力　　kPa（psi）

试验项目	压力
表面冲洗	175(25)
污水置换	175(25)
用水量	175(25)和 550(80)

(7) 小便器水封深度

① 试验装置　同坐便器水封深度的试验装置。

② 试验步骤　将探头降低直至水平元件接触存水弯挡水堰底部，记录相应的刻度值 h_1。然后缓缓提高到与整个存水弯水封的水表面脱开位置。慢慢将水倒入小便器中，直至小便器有滴水现象表示有轻微溢出为止，从而确定小便器已达到整个存水弯水封深度。当滴水现象停止时对探头进行调节，使得相应的点在水表面位置。记录相应刻度值 h_2。整个存水弯水封深度 $H_f=h_2-h_1$。

③ 试验报告　报告整个存水弯水封深度。

④ 技术要求　水封深度应不小于 51mm。

(8) 小便器用水量的测定

① 试验装置　使用一个接收容器，以不超过 0.25L 容积增量变化方法，或者放置在一个增量读数不超过 0.25L 的称重传感器上进行校正。其他可使用的测量容积的仪器应在 0.25L 内。

② 试验步骤　记录静压情况，然后启动冲水装置。当主冲水完成后，记录

在容器中收集的水量（主要冲水量）。并且水量（总冲水量）在发生了超出存水弯继续补水（残余水量）停止后，再次进行记录。总的冲洗水量应计算精确到0.25L。超出存水弯继续补水（残余水量）的量通过从总冲洗水量减去主要冲水量来确定。表6-32中规定了每种试验压力应重复测试以获得三组数据。

③ 试验报告　静态压力、主冲水量和总冲水量以及残余水量（如果有）以表6-32的格式进行报告。

表6-32　小便器冲洗水量

<table>
<tr><th rowspan="2">静态压力
/kPa(psi)</th><th rowspan="2">试验
顺序</th><th colspan="3">冲洗水量/L</th><th rowspan="2">存水弯水封回复
(是/否)</th></tr>
<tr><th>主冲洗量</th><th>总冲洗量</th><th>冲洗后</th></tr>
<tr><td rowspan="4"></td><td>1</td><td></td><td></td><td></td><td></td></tr>
<tr><td>2</td><td></td><td></td><td></td><td></td></tr>
<tr><td>3</td><td></td><td></td><td></td><td></td></tr>
<tr><td colspan="5">平均总用水量：</td></tr>
<tr><td rowspan="4"></td><td>1</td><td></td><td></td><td></td><td></td></tr>
<tr><td>2</td><td></td><td></td><td></td><td></td></tr>
<tr><td>3</td><td></td><td></td><td></td><td></td></tr>
<tr><td colspan="5">平均总用水量：</td></tr>
</table>

④ 技术要求　平均总用水量不超过：

a. 高效型小便器：1.9Lpf（0.5gpf）；

b. 低用水量型小便器：3.8Lpf（1.0gpf）。

6.5.5.3　欧盟标准EN 997：2012和EN 13407：2006

（1）坐便器用水量的测定

① 测试设备　水箱或其他冲水装置，按照生产商的说明书安装在水平面上；收集冲洗水的测量容器；供水装置；水封测量装置。

② 测试步骤

a. 一类坐便器　安装坐便器在水平面上，配套坐便器安装冲洗水箱在便器上。通过进水阀水箱进水，预冲后存水弯进满水，通过进水阀进水至水位线，关闭供水。启动全冲冲水装置，收集冲出的水，重复上述步骤3次，记录收集到的用水量，计算3次冲水平均值。对于双冲坐便器，按照上述步骤测试小冲用水量3次。

b. 二类坐便器　连接供水至水箱，进水至水位线，启动冲水装置3次，完成3次冲水。水箱进水至水位线，关闭供水。启动冲水装置，收集冲出的水，记录收集到的水的体积。重复上述步骤4次，5次测试中随机测量和记录水封深度2次。对于双冲坐便器，按照上述步骤测试小冲用水量5次。

③ 技术要求

a. 一类坐便器　名义用水量和供水类型一类坐便器用水量需满足表 6-33 和表 6-34 的要求。

表 6-33　独立供水的坐便器用水量

类型	名义用水量/L	测试用水量/L
9	9	8.9～9.0
7	7	6.9～7.0
6	6	5.9～6.0
5	5	4.5～5.0
4	4	3.9～4.0

表 6-34　分体坐便器和连体坐便器用水量

<table>
<tr><th>类型</th><th>名义用水量/L</th><th>测试用水量/L</th><th>半冲用水量/L</th></tr>
<tr><td>9</td><td>9</td><td>7.6～9.0</td><td rowspan="5">不超过名义用水量的 2/3</td></tr>
<tr><td>7</td><td>7</td><td>6.5～7.5</td></tr>
<tr><td>6</td><td>6</td><td>5.5～6.4</td></tr>
<tr><td>5</td><td>5</td><td>4.5～5.4</td></tr>
<tr><td>4</td><td>4</td><td>3.5～5.0</td></tr>
</table>

b. 二类坐便器　二类坐便器用水量应满足：

全冲：每次用水量不超过 6L；

半冲：半冲用水量不超过全冲用水量 2/3。

(2) 坐便器水封深度的测定

① 测试步骤　安装好坐便器，冲洗一次，测量从水封水表面到水道入口最高点的垂直距离。

② 技术要求　水封深度应不小于 50mm。

(3) 小便器用水量的测定

四种类型的小便器的用水量和流速要求见表 6-35。

表 6-35　小便器用水量和流速要求

<table>
<tr><th rowspan="3">类型</th><th colspan="4">冲洗装置</th></tr>
<tr><th colspan="2">符合标准附录 A 冲洗阀(C)</th><th>符合标准附录 B 的手动冲洗水箱(A)</th><th>符合标准附录 C 的自动冲洗水箱(B)</th></tr>
<tr><th>用水量/L</th><th>流速/(L/s)</th><th>用水量/L</th><th>用水量/L</th></tr>
<tr><td>Ⅰ</td><td rowspan="4">>0.5≤5.0</td><td>0.3～0.6</td><td rowspan="4">>0.5≤5.0</td><td rowspan="2">—</td></tr>
<tr><td>Ⅱ</td><td>0.1～0.4</td></tr>
<tr><td>Ⅲ</td><td>≤0.2</td><td rowspan="2">>0.5≤4.5</td></tr>
<tr><td>Ⅳ</td><td>0.1～0.6</td></tr>
</table>

(4) 小便器水封深度的测定

① 测试步骤　冲洗小便器 2 次，测量水封深度。

② 技术要求　类型Ⅰ和Ⅱ小便器水封深度不少于 50mm。

6.5.5.4 澳洲标准 AS 1172.1—2005 和 AS 1172.2—1999

(1) 水封

每个坐便器须有挡水堰，产生最小深度为 45mm 的水封。

(2) 用水量的测定

① 测试步骤　预冲 3 次，进水阀进水至自动关闭，关闭供水阀门，将用水量值清零，按下冲水按钮冲水，记录用水量的数值。对于双冲坐便器，大冲 1 次，小冲 4 次，5 次测试用水量的平均值为最终坐便器用水量。

② 技术要求　排水量应满足表 6-36 要求。

表 6-36　坐便器排水量　　L

水箱类型	全冲	半冲	平均用水量
双冲			
9/4.5	8.0～9.5	4.0～4.5	4.5～5.5
6/3	5.5～6.5	3.0～3.5	3.5～4.0
4.5/3	4.3～4.7	2.8～3.2	3.1～3.5
单冲			
6	≤6		
4	≤4		

6.5.6 坐便器冲洗功能

6.5.6.1 中国标准 GB 6952—2005

(1) 试验装置

① 冲洗功能试验装置　同 6.5.5.1 中坐便器用水量测试用冲洗功能试验装置。

② 排水管道输送特性试验装置　按图 6-3 的规定安装，其中与坐便器排污口连接的排水管道采用内径为 100mm 的透明管，用 90°弯管连接横管，排水横管的长度为 18m，顺流坡度为 0.020，下排式坐便器排污口至横管中心的落差为 200mm。

(2) 试验压力

防溅污性试验在表 6-27 中规定的最高试验压力下进行，其他冲洗功能试验在表 6-27 中规定的最低试验压力下进行。

(3) 冲洗功能试验步骤

① 墨线试验　将洗净面擦洗干净，在坐便器水圈下方 25mm 处沿洗净面画一条细墨线，启动冲水装置观察、测量残留在洗净面上墨线的各段长度，并记录各段长度和各段长度之和。连续进行 3 次试验，报告 3 次测试残留墨线的总长度平均值和单段长度最大值。

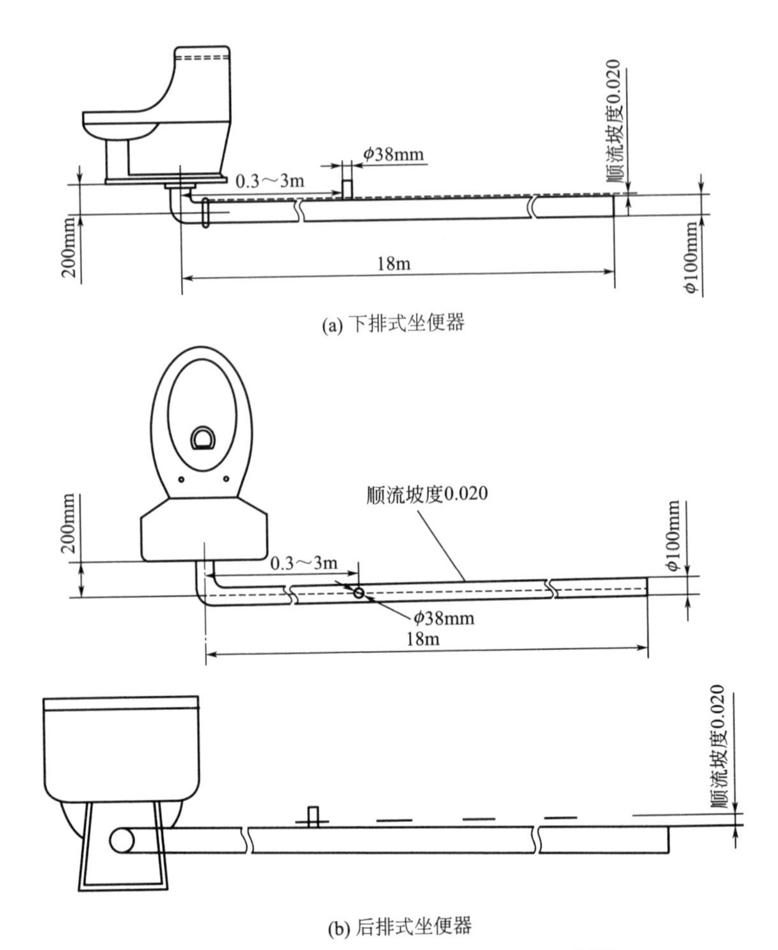

(a) 下排式坐便器

(b) 后排式坐便器

图 6-3　排水管道输送特性试验装置示意图

② 球排放试验　将 100 个直径为（19±0.4）mm、质量为（3.01±0.15）g 的实心固体球轻轻投入坐便器中，启动冲水装置，检查并记录冲出坐便器排污口外的球数，连续进行 3 次，报告 3 次冲出的平均数。

③ 颗粒排放

a. 试验介质　65g（约 2500 个）直径为（3.80±0.25）mm，厚度为（2.64±0.38）mm 的圆柱形聚乙烯颗粒；100 个直径为（6.35±0.25）mm 的尼龙球，100 个尼龙球的质量应在 15～16g 之间。

b. 试验步骤　将试验介质放入坐便器存水弯中，启动冲水装置，记录首次冲洗后存水弯中的可见颗粒数和尼龙球数。进行 3 次试验，在每次试验之前，应将上次的颗粒冲净。报告 3 次测定的平均数。

④ 污水置换试验

a. 染色液：用约 80℃的自来水配制浓度为 5g/L 的亚甲蓝溶液。

b. 标准液：在试验条件下将坐便器冲洗干净，完成正常进水周期后，将

30mL 染色液倒入便器水封中，搅拌均匀，由水封水中取 10mL 溶液至容器中。测定坐便器大挡冲水时，加水稀释至 1000mL（标准稀释率为 100）；测定坐便器小挡冲水时，加水稀释至 170mL（标准稀释率为 17），混匀后移入比色管中作为标准液待用。

c. 冲洗数次，使便器中有色液全部排出，至水封中水为清水。将 30mL 染色液倒入便器水封中，搅拌均匀，启动冲水装置冲水，冲水周期完成后，将便器内的稀释液装入与装标准液同样规格的比色管中，目测与标准液的色差：

若比标准液颜色深，则记录稀释率小于标准稀释率；

若与标准液颜色相同，则记录稀释率等于标准稀释率；

若比标准液颜色浅，则记录稀释率大于标准稀释率。

⑤ 排水管道输送特性试验

a. 试验介质　100 个直径为（19±0.4）mm、质量为（3.01±0.15）g 的实心固体球。

b. 试验步骤　将 100 个固体球放入坐便器中，启动冲水装置冲水，观察并记录固体球排出的位置。测定 3 次。

c. 试验记录　球在沿管道方向传送的位置分为八组进行记录，代表不同的传输距离。将 18m 排水横管分为 6 组，由 0～18m 每 3m 为一组，残留在坐便器中的球为一组，冲出排水横管的球为一组。

d. 试验结果计算

加权传输距离＝每组的总球数×该组平均传输距离

所有球总传输距离＝加权传输距离之和

球的平均传输距离＝所有球总传输距离÷总球数

示例：为便于理解，在表 6-37 中列出一例排水管道输送特性试验结果记录。

表 6-37　排水管道输送特性试验结果记录表

组别	第一次	第二次	第三次	每组总球数	平均传输距离/m	加权传输距离/m
坐便器内	5	2	7	14	0	0
0～3m	14	22	15	51	1.5	76.5
3～6m	8	9	6	23	4.5	103.5
6～9m	5	2	4	11	7.5	82.5
9～12m	2	0	3	5	10.5	52.5
12～15m	5	8	2	15	13.5	202.5
15～18m	9	12	7	28	16.5	462
排出管道	52	45	56	153	18	2754
总球数	3×100＝300					
所有球总传输距离＝各加权传输距离之和：3733.5m						
球的平均传输距离：12.4m						

⑥ 防溅污性试验

用3块厚度为10mm的小垫块将一块至少500mm×500mm的透明模板支垫在坐便器坐圈上面，使其和坐圈上表面之间有10mm的间隙。启动冲水装置冲水，观察并记录模板上直径大于5mm的水滴数。测试5次，报告最大值。

(4) 技术要求

单挡坐便器和双挡坐便器的全冲水应在规定用水量下满足以下冲洗功能的要求；双挡坐便器小挡冲水应在规定用水量下满足洗净功能、污水置换功能和水封回复功能的要求。

① 洗净功能　每次冲洗后累积残留墨线的总长度不大于50mm，且每一段残留墨线长度不大于13mm。

② 固体物排放功能

a. 球排放　球排放试验，3次试验平均数应不少于85个。

b. 颗粒排放　颗粒排放试验，连续3次试验，坐便器存水弯中存留的可见聚乙烯颗粒3次平均数不多于125个(5%)，可见尼龙球三次平均数不多于5个。

③ 污水置换功能　污水置换试验，稀释率应不低于100。对于双挡式冲水坐便器，还应进行小挡冲水的污水置换试验，稀释率应不低于17。

④ 水封回复功能　每次冲水后的水封回复都不得小于50mm。

⑤ 排水管道输送特性　管道输送特性试验，球的平均传输距离应不小于12m。

⑥ 防溅污性　防溅污性试验，不得有水溅到模板上，直径小于5mm的溅射水滴或水雾不计。

6.5.6.2　美国/加拿大标准 ASME A112.19.2—2013/CSA B45.1—2013 和 ASME A112.19.14—2013

(1) 试验装置

① 冲洗功能试验装置　冲洗功能试验装置同6.5.5.2。

② 排水管道输送特征试验装置　硬塑料或者玻璃管道，长18m，坡度2%，具体见图6-4。

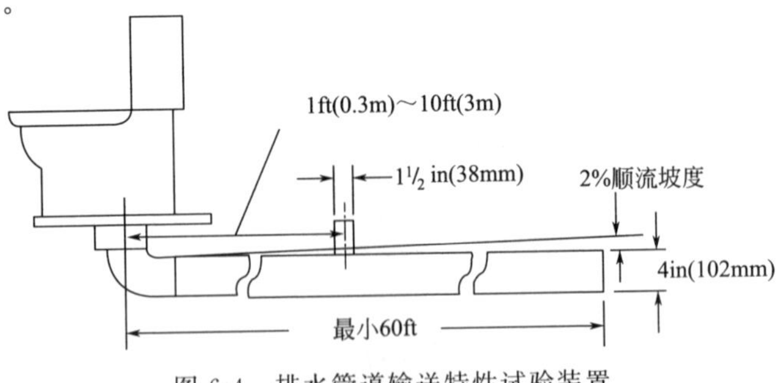

图6-4　排水管道输送特性试验装置

1ft=0.304785m，下同

（2）试验压力

坐便器冲洗功能试验静态压力见表6-29。

（3）冲洗功能试验步骤 ASME A112.19.2—2013/CSA B45.1—2013

① 颗粒和球体冲洗

a. 试验介质　(65±1)g（大约2500颗粒）圆片高密度聚丙烯（HDPE）颗粒，直径（4.2±0.4)mm，厚度（2.7±0.3)mm，平均容积密度（951±10）kg/m^3；

100个尼龙球，直径（6.35±0.25)mm，平均容积密度（1170±20）kg/m^3，100个尼龙球质量在（15.5±0.5)g之间。

b. 试验步骤　颗粒在开始试验前冲洗一次。试验介质加到坐便器中，球体容许沉淀在坐便器底部。启动冲水装置，并保持不超过1s。首次冲水完成后，记录残留在坐便器中可见的颗粒和球体，观察并记录水封回复情况，重复上述步骤获得3组数据。

c. 试验报告　冲水后残留在坐便器中可见的颗粒和球体数量使用表6-38进行报告。

表6-38　颗粒和尼龙球试验

试验顺序号	首次冲水后残留在坐便器内的颗粒和球体数量		存水弯水封回复？（是/否）	如果存水弯水封没有回复，H_r
	颗粒物	尼龙球		
1				
2				
3				

② 表面冲洗

a. 试验介质　用水溶性记号笔画一根墨线，墨水颜色应与被试验坐便器形成强烈对比。

b. 试验步骤　冲洗表面应用中性的液体洗涤剂擦干净，然后对表面进行晾干。用记号笔在冲洗表面坐便器边缘下25mm位置绕圆周画线。启动冲水装置并保持不超过1s，在冲水过程中以及冲洗后观察墨线。冲水周期完成后，对残留墨线长度进行测量，同时记录它们大约在坐便器的位置（见图6-5），重复上述步骤获得3组数据。

c. 试验报告　残留墨线的数量和长度以表6-39的方式进行报告。

表6-39　表面冲洗

试验顺序	分段数	位置象限	单个分段长度/mm	余留分段总长度/mm
1		A		
		B		
		C		
		D		

续表

试验顺序	分段数	位置象限	单个分段长度/mm	余留分段总长度/mm
2		A		
		B		
		C		
		D		
3		A		
		B		
		C		
		D		
单个最大长度：				
平均总长度：				

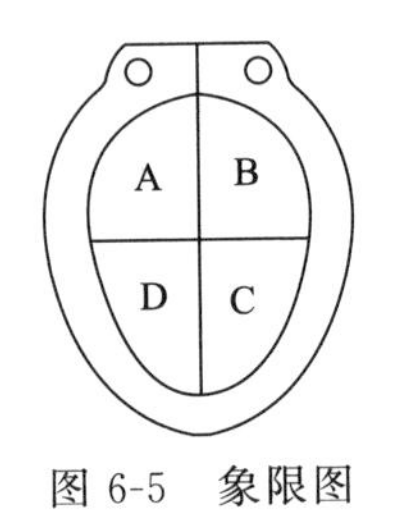

图 6-5 象限图

③ 混合介质

a. 试验介质

(a) 白色合成透气聚亚安酯海绵，尺寸 20mm × 20（± 1）mm ×28（±3)mm，密度（17.5±1.7）kg/m^3。使用前海绵浸在水中 10min。每次试验都应使用新的海绵，每个海绵允许使用 4 次，每次测试海绵数量为 20 块。

(b) 带光泽的牛皮纸，尺寸（190±6）min×(150±6)mm，每令 15lb，486 张。牛皮纸在手掌中揉皱纸，形成一个直径大约 25mm 的纸球。将纸球放在盛水的单独容器中直至完全浸透。每次测试纸球数量为 8 个。

b. 试验步骤　将 20 个新渗透水海绵，放置在被试验的坐便器内，放置时海绵在水中挤压，尽量去除海绵中的空气，使水渗透海绵中。慢慢地用水重新加注入坐便器中，以确保水封深度。将 8 个完全吃透水的纸球一个接一个放进坐便器中，尽量均匀分布。启动冲水装置并保持不超过 1s。冲水完成后，记录排出的海绵和纸球数量。再次启动冲水装置并保持不超过 1s，记录排出的海绵和纸球数量。重复上述步骤直至获得 4 组数据。

c. 试验报告　报告首次冲水后排出的海绵和纸球数量和第 2 次冲水后排放的海绵和纸球数量。试验结果的记录建议参见表 6-40。

表 6-40　混合介质试验

试验顺序	介质排放，首次冲洗				介质排放，第二次冲洗			
	排出的数量			存水弯水封回复？（是/否）	排出的数量			存水弯水封恢复？（是/否）
	棉球	球体	总数		棉球	球体	总数	
1								
2								
3								
4								

④ 排水管道输送特性

a. 试验介质　100 个聚丙烯球，质量 (298±10)g，球直径 (19±0.4)mm，密度 (833±16)kg/m^3。

b. 试验步骤　将 100 个聚丙烯球放入坐便器内，启动冲水装置并保持不超过 1s，观察和记录每个球的传输距离。重复上述步骤直至获得 3 组数据。在重复步骤前，应将测试样品和管路中的所有球全部清除。

c. 试验报告　冲水后的球位置以表 6-41 的八种分类之一进行记录，八种分类代表了各种排水管路下冲距离。类型包括留存在坐便器或者存水弯的球体，排出 18m 管路的球体，每增加 3m 管路为一种类型（0～3m，3～6m 等）。

冲水后按表 6-41 记录每种类型的球数量。重复上述试验步骤直至获得 3 次数据。

为了计算加权传输距离，首先将 3 次的试验相同类型的数据加在一起，以获得一种类型的总数量。然后，每种类型的总球数乘以下相应的平均传输距离。

任何留在坐便器或者存水弯中的球体都被认为是零传输距离。在每一段 3m 管路段中的球体应认为是已经从存水弯传输了该段的平均距离（例如：在 3～6m 段中的球体应认为已经传输 4.5m，任何从 18m 长的管路冲出的球体应被认为是已经传输了 18m）。

平均传输距离应是总的球体数除以加权传输距离（3 次×100 个球体＝300 个球）。试验结果报告建议格式参见表 6-41。

表 6-41　排水管道输送特征试验记录

分类	首次试验	第二次	第三次	总球体数三次试验	平均传输距离/m	加权传输距离/m
坐便器内					0	
0～3m					1.5	
3～6m					4.5	

续表

分类	首次试验	第二次	第三次	总球体数 三次试验	平均传输 距离/m	加权传输 距离/m
6～9m					7.5	
9～12m					10.5	
12～15m					13.5	
15～18m					16.5	
排出管道					18	
总球数	100	100	100	300	—	
平均传输距离						

⑤ 重力式水箱溢流

a. 试验步骤　静态压力调整到550kPa，供水阀打开，水箱进水阀保持在全开流量下5min。

b. 试验报告　观察并报告任何渗漏或者水排出到测试水箱外部的情况。

⑥ 废物排放试验

a. 试验介质

(a) 7个试验介质，满足下列要求：

豆瓣酱（35.5%水、33.8%豆瓣酱、18.5%米饭和12.2%盐，密度1.15g/mL±0.1g/mL）；

每个试体（50±4）g，圆柱形；

长度：100mm±13mm，

直径：25mm±6mm；

每次测试介质的总质量为350g±10g。

(b) 介质可以带或不带乳胶套管，带乳胶套管的试验介质应用不润滑的乳胶避孕套包裹并满足下列要求：

用直径1mm的尼龙绳绑住两头使介质不开裂或变硬；

介质储藏应放置在干燥的环境内；

试验过程中水温控制在15℃±10℃；

使用介质进行测试时应至少完成3次冲洗；

试验介质完成100次冲洗后丢弃；

试验介质损坏后不得使用；

试验介质包含少量空气，或者试验介质处于漂浮状态不得使用。

(c) 4个松散的卫生纸球，满足下列要求：

每个纸球由6节单层卫生纸制成；

褶皱后纸球直径在51～76mm；

每节卫生纸尺寸为114mm×114mm或等效面积；

单层卫生纸应满足吸水性和强度测试。

b. 试验步骤

（a）将静水压力调至350kPa±14kPa；

（b）水箱液位调至生产商标定水位；

（c）试验开始至少预冲3次；

（d）试验时进水温度18～27℃；

（e）如有需要调节水箱中水位至适当位置；

（f）7个试验介质通过引导器自由垂直落下；

（g）移开引导器，将4个纸球扔在喉面中心；

（h）等待10s±1s，启动冲洗；

（i）记录合格或者不合格，如果任何一种排放物残留在洗净面或存水弯、或水封回复不到50mm都认为是不合格；

（j）将试验样品喉面和存水湾冲洗干净并且水封完全回复；

（k）重复上述试验步骤4次。

⑦ 水位稳定性试验　试验步骤：

a. 将水箱放置在水平的试验台上，并安装进水阀，进水压力调节至140kPa±14kPa（20psi±2psi）或生产商指定压力；

b. 启动冲水装置，记录进水结束后的水箱水位；

c. 增加进水压力至410kPa；

d. 启动冲洗；

e. 进水结束后测量水箱水位；

f. 增加进水压力至550kPa±14kPa（80psi±2psi），重复上述步骤，记录进水结束后的水箱水位。

⑧ 进水阀关闭增压试验　试验步骤：

a. 将水箱放置在水平的试验台上，并安装进水阀，进水压力调节至140kPa±14kPa（20psi±2psi）或生产商指定压力；

b. 启动冲水装置，记录进水结束后的水箱水位；

c. 在升压速度不少于69kPa/s的条件下，从140kPa±14kPa增加至410kPa（60psi），然后调至550kPa（80psi），记录水箱中水位变化。

⑨ 重力式水箱调节测试　试验步骤：

a. 坐便器安装在水平测试平台上，所有可调节的水箱浮桶组件设置为最大用水量（位移调节功能可能会增加坐便器冲洗量），注意不应破坏任何水箱配件；

b. 水箱中水位设定在低于溢流管最高点的（6±2）mm处；当水箱设置了内部溢流而没有溢流管时，设置水位至内部溢流最高点下方（6±2）mm处或生产商指定的水位线，选择两者中较高的水位；

c. 设置供水静压在（0.55±0.01）MPa；

d. 启动冲水装置，并保持不超过1s，以精度不低于±0.25L的器具接收冲出水量；

e. 记录冲出的总用水量；

f. 重复步骤5次；

g. 设置供水静压在（0.14±0.01）MPa或生产商推荐的最低压力，重复上述试验步骤；

h. 双冲坐便器测试需包括大冲和小冲模式。

⑩ 更换密封圈后重力式水箱调节测试　试验步骤：

a. 坐便器安装在水平测试平台上，所有可调节的水箱浮桶组件设置为最大用水量（位移调节功能可能会增加坐便器冲洗量），注意不应破坏任何水箱配件；

b. 拆除排水阀初始密封圈，以标准密封圈代替，调节水箱配件至最大用水量状态；

c. 水箱中水位设定在低于溢流管最高点的（6±2）mm处；当水箱设置了内部溢流而没有溢流管时，设置水位至内部溢流最高点下方（6±2）mm处或生产商指定的水位线，选择两者中较高的水位；

d. 设置供水静压在（0.55±0.01）MPa；

e. 启动冲水装置，并保持不超过1s，以精度不低于±0.25L的器具接收冲出水量；

f. 记录冲出的总用水量；

g. 重复步骤5次；

h. 设置供水静压在（0.14±0.01）MPa或生产商推荐的最低压力，重复上述试验步骤；

i. 双冲坐便器测试需包括大冲和小冲模式。

（4）技术要求 ASME A112.19.2—2013/CSA B45.1—2013

① 颗粒和球体冲洗　3次冲水，每次冲水后坐便器中可见的聚乙烯颗粒不超过125个，聚乙烯球体数不超过5个。

② 表面冲洗　每次冲洗后累积残留墨线的总长度不大于50mm，且每一段残留墨线长度不大于13mm。

③ 混合介质　计算4次试验中效果最好的3次结果的平均值，第1次应从排污口排出至少22个混合介质，第2次混合介质应全部冲出。

④ 排水管道输送特性　平均传输距离应最少为12.2m。

⑤ 重力式水箱溢流　重力式水箱溢流装置应能够达到当进水阀完全打开时的充分排水。

⑥ 废物排放试验　5次冲洗试验中，试验介质至少4次全部冲出并且水封回

复完全。

⑦ 水位稳定性试验　进水阀在3个进水压力下液位差不超过±12mm，3次试验中不得有水进入溢流管或流出水箱。

⑧ 进水阀关闭增压试验　在静压力持续变化时，进水阀在关闭状态下水位偏差不超过±12mm，且水不进入溢流管或流出水箱。

⑨ 重力式水箱调节测试　通过调节浮桶确定水箱水量上限，当浮桶调节到最大水位时，最大用水量（两个压力下5次测试的平均值）不应超过以下数值：

a. 单挡：6.4L；

b. 双挡：大冲7.6L；小冲5.3L。

⑩ 更换密封圈后重力式水箱调节测试　通过调节浮桶确定水箱水量上限，当浮桶调节到最大水位时，最大用水量（两个压力下5次测试的平均值）不应超过以下数值：

a. 单挡：6.4L；

b. 双挡：大冲7.6L；小冲5.3L。

（5）冲洗功能试验步骤 ASME A112.19.14—2013

① 污水置换

a. 试验步骤　5g亚甲基蓝粉加入1L水容器内进行充分混合。清洗测试坐便器并进行冲水，使其完成一个冲水循环。将30mL染色溶液加到坐便器水中，并充分混合。从坐便器中抽取10mL水溶液至容器，加水稀释至170mL（即稀释比例为17∶1），该溶液为标准液。将标准液放入试管或者比较瓶中作为控制样品。坐便器进行冲水并清洁，以确保去除所有染色溶液。被试验的坐便器加入30mL染色溶液并进行混合，启动冲水装置，冲水完成后将坐便器中的稀释溶液加入试管或者比较瓶，并与控制样品进行比较，记录相对于控制样品较深颜色的试验样品。重复上述试验步骤至获得3组数据。

b. 试验报告　试验样品的颜色与控制样品的颜色进行比较，试验报告应指出试验样品比控制样品颜色淡或者相同（合格），或者深（不合格）。

② 卫生纸冲洗

a. 试验介质　4个纸球，纸球由6节单层卫生纸制成。4个制成的纸球要求松散，直径为51～76mm。测试用纸的尺寸为114mm×114mm或等效面积。单层卫生纸要分别满足吸水性和湿拉伸强度要求。

（a）吸水率试验　用测试用纸做成一个长度为测试用纸标准尺寸6倍的双层的纸条，将其紧紧缠绕在直径为50mm的PVC管上。将缠绕的纸筒从管子上滑离。将纸筒向内部折叠得到一个直径大约为50mm的纸球。将这个纸球垂直慢慢放入水中。记录纸球完全湿透并浸入水面所需的时间，要求纸球浸入水面的时间不大于3s。

（b）湿拉伸强度试验　用一个直径为50mm的PVC管来作为支撑卫生用纸

的支架。将一张单层卫生用纸放于支架上，将支架倒转使纸浸于水中5s，然后将支架从水中取出，放回到原始的垂直位置。将一个直径为8mm，质量2g±0.1g的钢球轻轻放在湿纸的中间，保持3s，支撑钢球的纸不能有任何撕裂。

b.试验步骤　4个纸球从喉面上方丢在坐便器水中，让其完全浸湿，浸湿后5s内启动冲洗装置冲洗，观察有无卫生纸残留在便器中。重复上述试验步骤至获得3组数据。

(6) 技术要求 ASME A112.19.14—2013

① 污水置换　污水置换稀释率不低于17∶1。

② 卫生纸冲洗　冲洗后没有卫生纸残留在便器中。

6.5.6.3　欧盟标准EN 997：2012

(1) 一类坐便器试验步骤

① 锯末测试

a.测试介质　20g干锯末。

b.测试步骤　预冲一次坐便器，将20g锯末尽量均匀地洒在坐便器冲洗面上，启动冲水装置，测量残留在洗净面上未冲净的锯末面积。重复上述步骤5次。

对于无冲水孔的坐便器，则把测试区域定于水面积到上缘面下方的85mm处。

② 卫生纸冲洗

a.测试介质　单层卫生纸，测试浸湿时间为5～30s，尺寸140mm×100mm，密度$(30\pm10)g/m^3$。

b.测试步骤　12节卫生纸（对于婴儿坐便器，6节卫生纸）一个接一个松散地揉过，14～18s内一个接一个地放在坐便器中，最后一节卫生纸丢下后的2s内启动冲水装置，检查坐便器中有无残留的卫生纸。重复上述步骤5次。

③ 50个塑料球测试

a.测试介质　50个不吸水的球，每个质量(3.7 ± 0.1)g，直径(20 ± 0.1)mm。

b.测试步骤　50个塑料球放在坐便器中，启动冲水装置，检查残留在坐便器中的塑料球个数。重复上述步骤5次。

④ 溅水测试

a.测试介质　遇水后变颜色的纸。

b.测试步骤　纸放置在坐便器边缘一圈，凸出200mm。启动冲水装置，记录有无水溅到纸上。

⑤ 后续水测试

a.测试介质　4个固体物（如果是儿童坐便器，2个固体物）。固体物准备过程具体见EN 997中附录E。

b. 测试步骤 4 个固体物（如果是儿童坐便器，2 个固体物）一个接一个地放置在坐便器，启动冲水装置。如果是直冲式坐便器，按照图 6-6 放置固体物。

重复上述步骤 10 次。

如果 10 次中有 8 次 4 条固体物全部冲出，且后续水不小于 2.5L 或者 10 次中平均后续水不小于 2.8L，则认为通过；

如果 20 次中有 16 次固体物全部冲出，且后续水不小于 2.5L 或者 20 次中平均后续水不小于 2.8L，则认为通过。

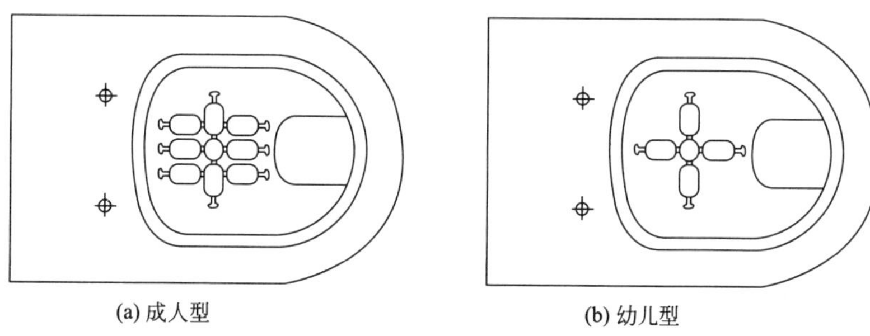

图 6-6 直冲式坐便器固体物放置示意图

（2）一类坐便器技术要求

① 通用要求 表 6-42 列出了不同名义用水量的冲洗功能要求。

表 6-42 不同名义用水量的冲洗功能要求

名义用水量	表面冲洗	卫生纸冲洗	50 个塑料球冲洗	溅水	后续水
9L	×	×	×	×	
7L	×	×	×	×	
6L	×	×		×	×
5L	×	×		×	×
4L	×	×	×	×	

② 表面冲洗 5 次冲洗中未冲净面积的平均值不大于 $50cm^2$。

③ 卫生纸冲洗 5 次冲洗中至少 4 次，12 个纸垫全部冲出坐便器。对于婴儿坐便器，5 次冲洗中至少 4 次，6 个纸垫全部冲出坐便器。

④ 塑料球冲洗 5 次冲洗，每次 50 个球，至少 85%的球冲出坐便器。

⑤ 溅水 冲水水滴不会溅到便器边缘外面和弄湿地板，小水滴不计。

⑥ 后续水 每次冲水过程中后续水不能少于 2.5L 或者 2.8L。

（3）二类坐便器试验步骤

① 固体物排放和后续水

a. 测试设备 连接水箱的坐便器；4 条固体物，准备过程具体见 EN 997 中附录 E；称量装置；电子感应器，用于感应固体物；收集固体物和排出水的容器；计时器，精确到±0.05s；指引装置，见图6-7；供水装置。

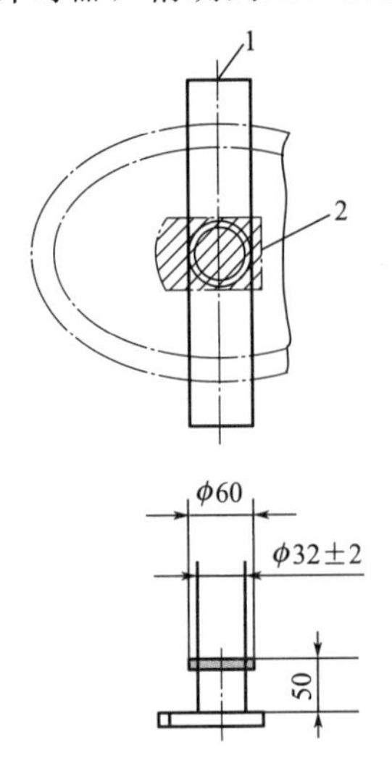

图6-7　指引装置示意图
1—指引装置置于水封排污口中心；
2—水封面

b.测试步骤　按照生产商说明书设置产品到全冲模式，进水至水位线，关闭供水系统，启动冲水装置，测量总冲水量。用指引装置将4条固体物放到坐便器中，启动冲水装置，记录后续水量。根据需要，重复上述步骤5次或者9次。

② 半冲纸排放

a.测试设备　水箱，按照生产商的说明书安装在水平面上；卫生纸，按照附录D测试浸湿时间为(15±10) s，每节尺寸140mm×100mm，密度(30±10) g/m^3；供水系统，压力位(0.15±0.01) MPa。

b.测试步骤　根据生产商说明书让水箱进水，启动冲水装置2次，完成两个完整的冲水周期。根据生产商说明书将样品设置在半冲模式，将6节松散揉过的卫生纸在14～18s内放置在坐便器中，最后一节卫生纸丢下后的2s内启动冲水装置，检查坐便器中有无残留的卫生纸。根据需要，重复上述步骤5次或者9次。

③ 污水置换

a.测试设备　水箱，按照生产商的说明书安装在水平面上；5g/L的$KMnO_4$溶液；分光光度计；液体抽吸装置；供水系统。

b.测试步骤

(a) 全冲：按照生产商说明书设置产品到全冲模式，进水至水位线，关闭供水系统。用液体抽吸装置移走存水弯中的水，加$KMnO_4$溶液至水封深度，启动冲水装置。冲水完成后，将存水弯中液体作为样品在分光光度计测量，记录其浓度。根据需要，重复上述步骤4次或者9次。

(b) 半冲：将冲水设置到半冲模式，根据需要，重复全冲模式测试步骤5次或者10次。

④ 锯末试验

a.测试设备　连接冲水装置的坐便器，按照生产商说明书的要求安装在水平面上；干锯末；2mm筛；供水系统。

b.测试步骤　按照生产商说明书设置产品到全冲模式，进水至水位线，关闭供水系统。预冲一次坐便器，将20g过筛的锯末尽量均匀地洒在坐便器冲洗面上，启动冲水装置，测量残留在洗净面上未冲净的锯末面积。重复上述步骤4次。

(4) 二类坐便器技术要求

① 固体物排放和后续水　开始6次，或10次中至少有8次，4条固体物完

全冲出坐便器；每次冲水过程中后续水不能少于全冲用水量的40%。

② 半冲纸排放 开始6次，或10次中至少有8次6个纸垫全部冲出坐便器。

③ 污水置换

a. 全冲：开始5次，或者10次中至少有9次每次冲水后污染物浓度≤1%；

b. 半冲：开始5次，或者10次中至少有9次每次冲水后污染物浓度≤6%。

④ 锯末试验 5次冲洗中未冲净面积的平均值不大于50cm^2。

6.5.6.4 澳洲标准AS 1172.1—2005

(1) 试验步骤

① 全冲-卫生纸测试 将6个尺寸为(140±5)mm×(115±5)mm、密度为40g/m^{3}纸，通过揉纸器将纸揉成球，并把球同时放入坐便器喉面水中，关闭供水阀门，5～10s后启动全冲按钮，冲洗完毕后检查是否全部冲出，重复3次。

② 半冲-卫生纸测试 将相连的6节[每节尺寸为(115±5)mm×(100±5)mm]单层的卫生纸揉成一团置于喉面水中，关闭供水阀门，5～10s后启动半冲按钮，重复3次。

③ 固体污物测试 将坐便器置于卫生陶瓷冲洗功能及后续水试验机操作台上，与水源连接，通过引导器将4个试体放入喉面水中，启动冲洗按钮，观察4个试体是否全部冲出并记录后续水数值。重复10次，取其平均后续水值。如果不合格，继续做10次，取其20次平均后续水平均值。

④ 漏水及容量测试 将坐便器排水口堵住，启动全冲，观察喉面水位是否溢出，连接是否漏水。

⑤ 溅水测试 将透明板放置在坐便器坐圈上方，关闭水源启动全冲，检查板上是否有水滴溅出，重复5次。

⑥ 表面冲洗测试 将20g通过2mm筛的锯末，均匀地洒在距坐便器喉面孔下方50mm的区域，关闭水源，启动全冲，检查是否有残留，重复3次。

⑦ 半冲-污水置换测试 坐便器存水弯中的水全部吸出，将配好的0.5g/L的高锰酸钾溶液倒入存水弯直至溢出，关闭水源启动半冲，冲水完毕后从存水弯吸取适量液体通过分光光度计，测定其浓度和稀释率，重复3次，取平均值。

(2) 技术要求

① 全冲-卫生纸测试 3次测试中至少有2次能将坐便器内所有的卫生纸冲出。

② 半冲-卫生纸测试 3次测试中至少有2次能将坐便器内所有的卫生纸冲出。

③ 固体污物测试 10次连续的测试中至少有8次能将坐便器内4个固体物冲出，后续水不少于2.5L。如果坐便器初始10次测试未通过，接着10次测试，20次测试中至少16次后续水不少于2.5L。

④ 漏水及容量测试　坐便器内不能有水溢出或者与排污管相连的移位器或其他连接装置不得漏水。

⑤ 溅水测试　坐便器内不得有水溅到地板上。

⑥ 表面冲洗测试　坐便器喉面孔下方50mm及以下的区域不得有锯末残留。

⑦ 半冲-污水置换测试　冲水后，坐便器中染料的浓度低于7%。

6.5.7 小便器冲洗功能

6.5.7.1 中国标准 GB 6952—2005

(1) 试验装置

同6.5.5.1中坐便器用水量测试用冲洗功能试验装置。

(2) 试验压力

小便器冲洗功能试验在表6-27中规定的最低试验压力下进行。

(3) 冲洗功能试验步骤

① 洗净功能　将洗净面擦洗干净，在小便器洗净面1/2处沿洗净面画一条细墨线，启动冲水装置。观察、测量残留在洗净面上墨线的各段长度并记录各段长度和各段长度之和。连续进行三次试验，报告3次测试残留墨线的总长度平均值和单段长度最大值。

② 污水置换试验　同6.5.6.1中坐便器污水置换功能测试方法。

(4) 技术要求

① 洗净功能　进行墨线试验，每次冲洗后累积残留墨线的总长度不大于25mm，且每一段残留墨线长度不大于13mm。

② 污水置换功能　带存水弯的小便器进行污水置换试验，稀释率应不低于100。

6.5.7.2 美国/加拿大标准 ASME A112.19.2—2013/CSA B45.1—2013

(1) 试验装置

冲洗功能试验装置同6.5.5.2。

(2) 试验压力

小便器冲洗功能试验静态压力见表6-31。

(3) 冲洗功能试验步骤

① 表面冲洗

a. 试验器具　用水溶性记号笔画一根墨线，墨水颜色应与被试验坐便器形成强烈对比。

b. 试验步骤　将洗净面擦洗干净，在小便器后壁，从喉面至水封面间距离的1/3处画一水平直线，此线沿内侧壁延长50%的距离。如果特殊设计，没有规定内侧壁，则沿保护罩顶部内侧点，画一根参考线，启动冲水装置，观察、测量残留在洗净面上墨线的各段长度并记录各段长度和各段长度之和。连续进行3

次试验，报告3次测试残留墨线的总长度平均值和单段长度最大值。

c. 试验报告　报告残留墨线段的数量和长度。建议使用表6-43的格式。

表6-43　小便器墨线试验

静态压力/kPa(psi)	试验顺序号	冲洗后残留墨线		
		分段数量	单个分段长度/mm	余留分段总长度/mm
	1			
	2			
	3			
平均总长度				

② 污水置换

a. 试验介质和试验器具　5g亚甲基蓝粉或者亮极蓝染料；两个干净的容器，用于混合测试和控制溶液。

b. 试验步骤　5g亚甲基蓝粉加入1L水容器内进行充分混合，作为测试溶液。清洗测试小便器并进行冲水，使其完成一个冲水循环。将30mL测试溶液加到小便器水中，并充分混合。从小便器中抽取10mL水溶液至1L容器，对于高效节水型小便器至170mL的容器中［即稀释比例为100∶1或17∶1（针对高效节水型小便器）］，该溶液为标准液。将标准液放入试管或者比较瓶中作为控制样品。小便器进行冲水并清洁，以确保去除所有测试溶液。被试验的小便器加入30mL测试溶液并进行混合，启动冲水装置，冲水完成后将小便器中的稀释溶液加入试管或者比较瓶，并与控制样品进行比较，记录相对于控制样品较深颜色的试验样品。重复上述试验步骤至获得3组数据。

c. 试验报告　将试验样品的颜色与控制样品的颜色进行比较，试验报告应指出试验样品比控制样品颜色淡或者相同（合格），或者深（不合格）。

（4）技术要求

① 表面冲洗　冲洗后残留墨线总长度平均值不超过25mm，任何单个线段不超过13mm。

② 污水置换　稀释溶液颜色应淡于或等于控制溶液颜色。

6.5.7.3　欧盟标准EN 13407：2006

（1）冲洗功能试验步骤

① 锯末冲洗

a. 测试设备　不带喉面孔的小便器，如图6-8的模板；干锯末；2mm筛。

b. 测试步骤

（a）带喉面孔的小便器，测试区域为喉面孔至存水弯之间；

（b）不带喉面孔的小便器，按照图6-8的模板画界线；

（c）测试前打湿测试表面，将锯末尽量均匀地洒在小便器冲洗面上，启动冲洗装置，冲洗后测量残留在洗净面上未冲净的锯末面积。重复上述步骤5次。

② 塑料球冲洗

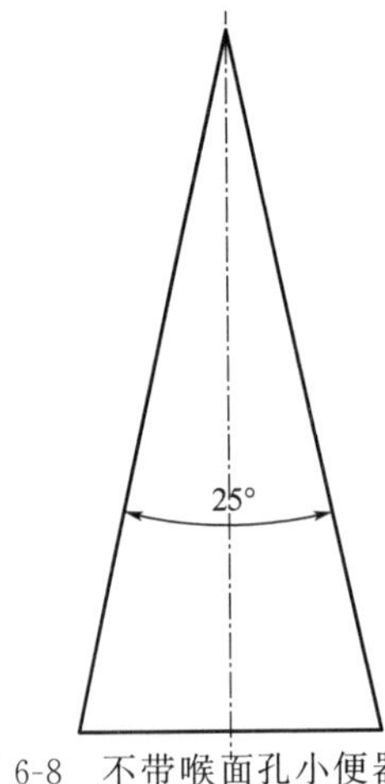

图 6-8 不带喉面孔小便器的测试模板

a. 测试介质 3 个聚乙烯球，每个质量为 (3.7±0.2)g，直径 (20±0.2)mm。

b. 测试步骤 将 3 个聚乙烯球放在小便器中，启动冲水装置，检查冲出小便器的球个数，将残留在存水弯中的球冲出。重复上述测试 5 次。

③ 溅水测试 冲洗水箱型小便器，采用标准中要求的最大用水量；冲洗阀型小便器，采用标准中要求的最大流速冲洗小便器，检查有无水溅出。

④ 排水性能 冲洗阀型小便器，测试采用表 6-35 中最大流速，保持最少 2min；冲洗水箱型小便器，测试采用表 6-35 中最大用水量，记录有无水流出小便器。

(2) 技术要求

① 锯末冲洗 5 次冲洗中未冲净面积的平均值不大于 $80cm^2$。测试区域如下：

带喉面孔的小便器：喉面孔至水面积区域；

不带喉面孔小便器，如图 6-9 所示：

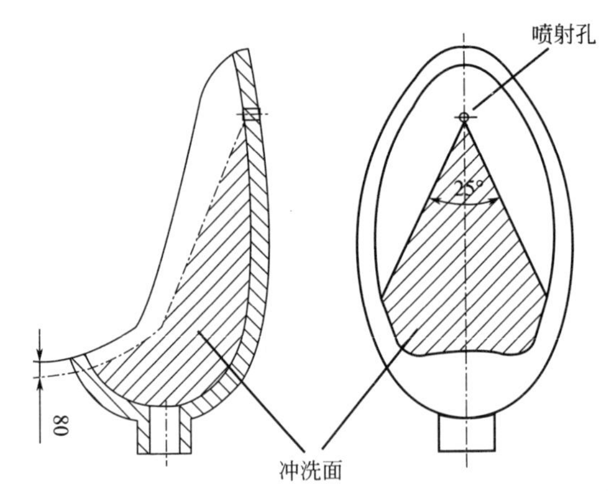

图 6-9 测试区域不带喉面孔通过喷射孔完成冲洗的小便器

② 塑料球冲洗 5 次冲洗中每次至少有两个塑料球冲出排污管。

③ 溅水 冲水水滴不会溅出便器边缘并弄湿地面。

④ 排水性能 没有水冲出便器喉面。

6.5.7.4 澳洲标准 AS/NZS 3982—1996

(1) 试验步骤

① 立式挡板小便器

a. 根据说明书安装小便器；

b. 擦拭干净表面；

c. 测量存水弯液位；

d. 连接小便器至冲洗水箱或冲洗装置；

e. 以不超过 2.5L 的用水量冲洗，冲洗距离 600mm。

② 单人壁挂式小便器

a. 根据要求安装小便器；

b. 擦拭干净表面；

c. 测量存水弯液位；

d. 连接小便器至冲洗水箱；

e. 以不超过 2.5L 的用水量冲洗，冲洗距离 600mm。

③ 溅水测试

a. 将水箱或冲洗装置和排水管与小便器连接；

b. 冲洗水箱或冲洗装置，立式小便器用水量不超过 2.5L、最大冲洗距离 600mm；壁挂小便器用水量不超过 2.5L。

(2) 技术要求

① 立式挡板小便器　小便器应能冲洗到高于地面或底部至少 900mm 的墙壁区域。

② 单人壁挂小便器　喷射型小便器，小便器应能冲洗到低于喷射口下方 130mm 的区域；框边型小便器，小便器应能冲洗到低于出水口下方 50mm 的区域。

③ 溅水　小便器冲洗过程中不能有水溅到地面。

6.5.8 蹲便器冲洗功能

中国标准 GB 6952—2005。

(1) 试验装置

同 6.5.5.1 中坐便器用水量测试用冲洗功能试验装置。

(2) 试验压力

溅污性试验在表 6-27 中规定的最高试验压力下进行，其他冲洗功能试验在表 6-27 中规定的最低试验压力下进行。无存水弯蹲便器进行功能试验时，应装配所配套的存水弯。

(3) 冲洗功能试验步骤

① 墨线试验　将洗净面擦洗干净，将市售墨水在蹲便器冲洗水圈 30mm 处画一条细墨线，启动冲水装置，观察、测量残留墨线长度并记录，连续测试 3 次，报告 3 次测试残留墨线的总长度平均值。

② 排放功能　试验介质：4 条人造试体，具体参数见图 6-10。

将四个试体一起放到便器冲洗面上，立即冲水，观察并记录排出便器外的试体个数，测试 3 次，报告 3 次排出便器外的试体总数。

③ 防溅污性试验　用 3 块厚度为 25mm 的垫块将一块至少 600mm×500mm 的

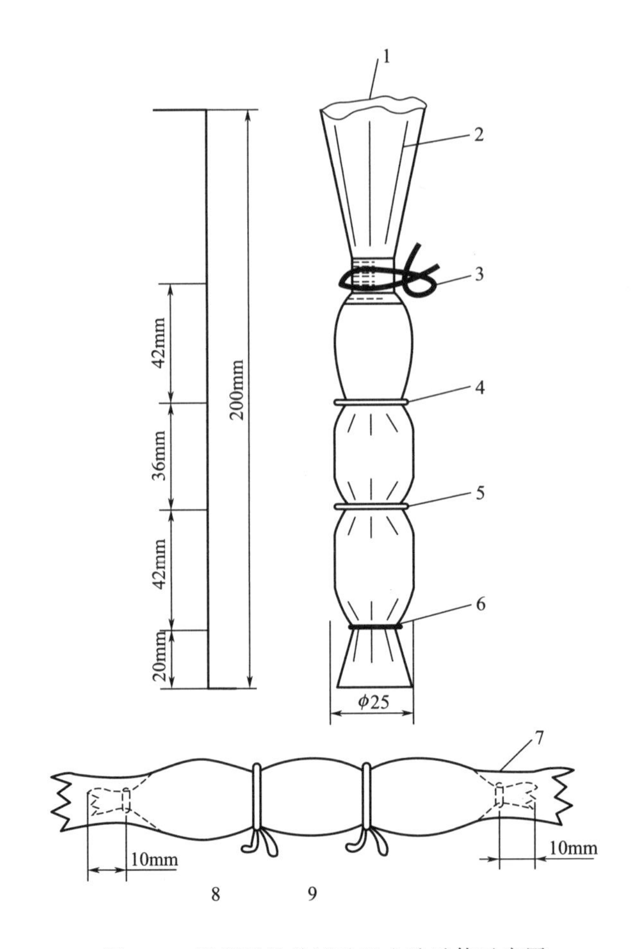

图 6-10 蹲便器排放试验用人造试体示意图

1—37mL 水；2—人造肠衣：长约 230mm，直径 ϕ25mm；3—扎紧细线；4，5—O 形圈：规格 10×1.8；6—扎紧细线；7—纱布外套：医用纱布；8，9—纱布套绑线

透明模板支垫在蹲便器圈面上，使其和便器圈上表面之间有 25mm 的间隙。启动冲水装置冲水，观察并记录模板上直径大于 5mm 的水滴数。测试 5 次，取最大值。

（4）技术要求

① 洗净功能 进行墨线试验，每次冲洗后不得有残留墨线痕迹。

② 排放功能 测定 3 次，试体排出排污口总数应不少于 9 个。

③ 防溅污性 进行防溅污性试验，不得有水溅到模板上，直径小于 5mm 的溅射水滴或水雾不计。

6.5.9 洗手盆溢流

6.5.9.1 中国标准 GB 6952—2005

（1）试验步骤

将洗面器或洗涤槽或净身器按使用状态安放，将水嘴的供水流量调至

0.15L/s，关闭排水口，从水开始流入溢流孔计时，保持 5min，记录 5min 内有水开始溢出洁具的时间，若 5min 无溢流，停止试验并记录。

（2）技术要求

设有溢流孔的洗面器、洗涤槽和净身器进行溢流试验，应保持 5min 不溢流。

6.5.9.2 美国/加拿大标准 ASME A112.19.2—2013/CSA B45.1—2013

（1）试验步骤

测试样品应配置标准机械排污配件，洗面器水平放在试验台上。关闭排污口，供水调整到设备的供水流量和压力符合 ASME A112.18.1 洗面器龙头最大试验流量要求。记录水开始流入溢流孔直至水开始漫出的时间。从水流入溢流孔至水漫出，其持续时间应不少于 5min。

（2）技术要求

测试样品应 5min 无溢流。

6.5.9.3 欧盟标准 EN 14688：2006

（1）试验步骤

① 洗手盆按生产商说明书水平安装；

② 关闭排水口；

③ 调节供水流量，水位稳定后 60s 记录该流量。

（2）技术要求

① 带溢流孔洗手盆　洗手盆应防逆流，流速级别见表 6-44。

表 6-44　流速级别

流速级别	流速/(L/s)
CL 25	0.25
CL 20	0.20
CL 15	0.15
CL 10	0.10
CL 00	见不带溢流孔技术要求

② 不带溢流孔洗手盆　排水口不关闭或地板集水沟结构允许洗手盆不带溢流孔，该洗手盆流速级别为 CL 00。

6.5.10 荷载

6.5.10.1 中国标准 GB 6952—2005

（1）试验步骤

① 试验一般要求

a. 对壁挂式卫生陶瓷产品进行荷重试验时应按产品安装说明将产品安装在试验台上进行试验，如果生产厂随产品提供支撑装置，应用配套的支撑装置进行试验，支撑装置在试验中应可观察到。

b. 落地式坐便器、立柱式洗面器、浴缸及淋浴盆应水平安放在试验台上进行试验。

c. 试验板及各类产品的受力部位见图 6-11 和图 6-12。

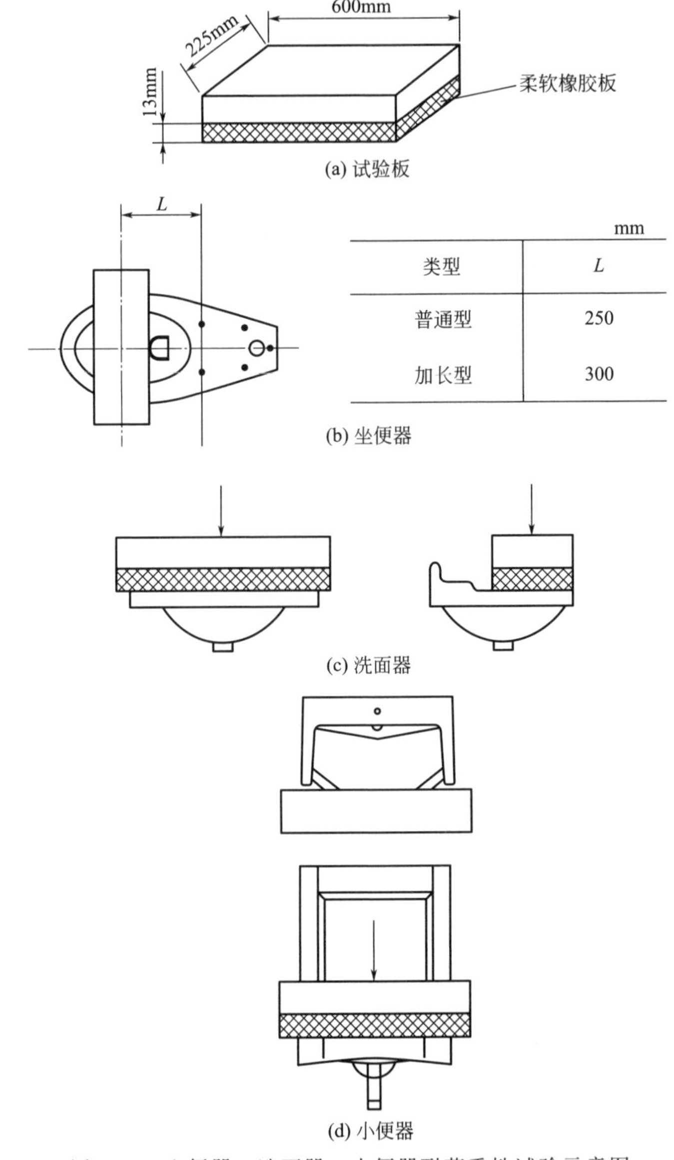

mm

类型	L
普通型	250
加长型	300

图 6-11　坐便器、洗面器、小便器耐荷重性试验示意图

② 坐便器、洗面器、小便器耐荷重性试验方法　试验板表面面积为 600mm×225mm 的钢板，且在一面贴有厚度为 13mm 的橡胶垫。将试验板平放在被测产品上且使橡胶面紧贴被测面。缓慢向试验板垂直施加荷重，使被测产品所承受的总荷重达到规定值，保持 10min，观察并记录有无变形或可见结构的破损。

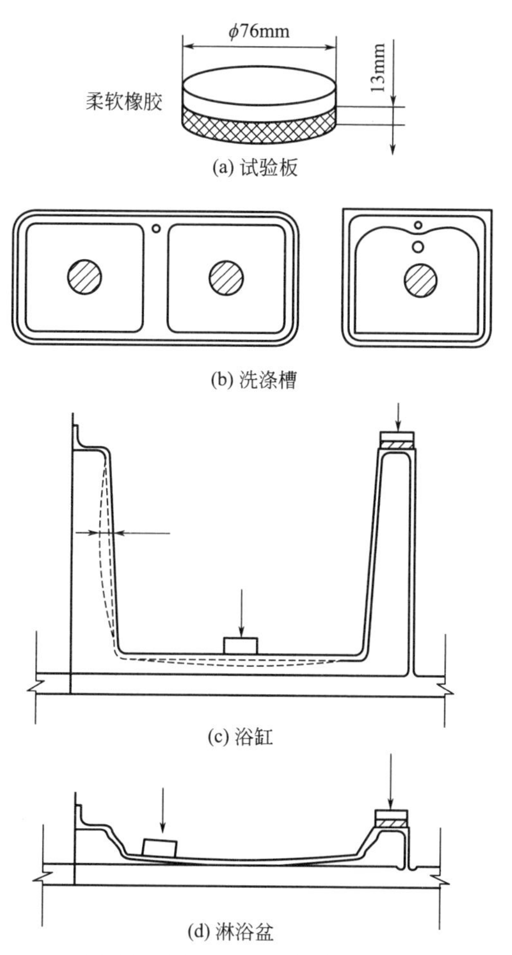

(a) 试验板

(b) 洗涤槽

(c) 浴缸

(d) 淋浴盆

图 6-12　洗涤槽、浴缸、淋浴盆耐荷重性试验示意图

③ 洗涤槽耐荷重性试验方法　试验板直径为 76mm 的钢板，且在一面贴有厚度为 13mm 的橡胶垫。将试验板平放在被测产品冲洗底面中心部位，且使橡胶面紧贴被测面，垂直施加荷重，使被测产品所承受的总荷重为 0.44kN，保持 10min，观察并记录有无变形或可见结构的破损。

④ 浴缸耐荷重性试验方法　试验板为直径 76mm 的钢板，且在一面贴有厚度为 13mm 的橡胶垫。

a. 垂直面耐荷重性试验　将试验板分别平放在被测产品冲洗底面中心部位和上边沿表面，且使橡胶面紧贴被测面，垂直施加荷重，使产品所承受的总荷重为 1.47kN，保持 10min，观察并记录有无变形或可见结构的破损。

b. 内侧面耐荷重性试验　通过试验板，用压力弹簧测力计分别对四个内侧面中部施加 0.22kN 的荷重，保持 3min，观察并记录有无变形或可见结构的破损。

⑤ 淋浴盆耐荷重性试验方法　试验板为直径 76mm 的钢板，且在一面贴有

厚度为13mm的橡胶垫。将试验板分别平放在被测产品冲洗底面中心部位和上边沿表面，且使橡胶面紧贴被测面，垂直施加荷重，使产品所承受的总荷重为1.47kN，保持10min，观察并记录有无变形或可见结构的破损。

(2) 技术要求

① 壁挂式坐便器和落地式坐便器应能承受2.2kN的荷重。

② 洗面器应能承受1.1kN的荷重。

③ 小便器应能承受0.22kN的荷重。

④ 洗涤槽应能承受0.44kN的荷重。

⑤ 浴缸底面应能承受1.47kN的荷重；侧面应能承受0.22kN的荷重；

⑥ 淋浴盆应能承受1.47kN的荷重。

上述被测洁具按规定进行测试后无变形或任何可见破损。

6.5.10.2 美国/加拿大标准 ASME A112.19.2—2013/CSA B45.1—2013

(1) 试验步骤

① 壁挂式卫生洁具安装通用要求　所有的壁挂式卫生陶瓷产品应根据制造厂安装说明的要求固定在稳固的试验台上。支撑装置在整个试验过程中保持暴露状态。如果制造厂提供产品的支撑装置，则应用配套的支撑装置进行试验。

② 壁挂式坐便器　包括加载板重量荷载2.2kN，普通型坐便器加载在离盖板孔254mm位置，加长型坐便器加载在离盖板孔305mm位置。

③ 壁挂式洗手盆　1.1kN荷重加载在洗手盆前边缘。

④ 壁挂式小便器　0.22kN荷重加载在小便器前部上表面。

(2) 技术要求

卫生洁具和支撑装置应承受荷重10min没有破损和可见结构破损。

6.5.10.3 欧盟标准

(1) 坐便器 EN 997：2012

① 试验步骤　壁挂式坐便器按生产商的说明书安装好，非陶瓷材质的落地式坐便器按照生产商的说明书固定在平面上，将(4.00±0.05)kN的力加载在横截面为100mm×100mm的横梁上1h，横梁放置在坐便器的中心。见图6-13。

② 技术要求　壁挂式坐便器和非陶瓷材质的落地式坐便器在(4.00±0.05)kN的荷重下无裂纹或永久变形。

(2) 小便器 EN 13407：2006

① 试验步骤　将小便器按生产商的说明书安装好，将(1.00±0.01)kN的力加载在产品前端中心1h，如图6-14所示。

② 技术要求　样品在(1.00±0.01)kN的荷重下无裂纹或永久变形。

(3) 洗手盆 EN 14688：2006

① 试验步骤　洗手盆按生产商的说明书安装好，将(1.50±0.01)kN的力加载在横截面为100mm×100mm的横梁上1h，横梁位置见图6-15。

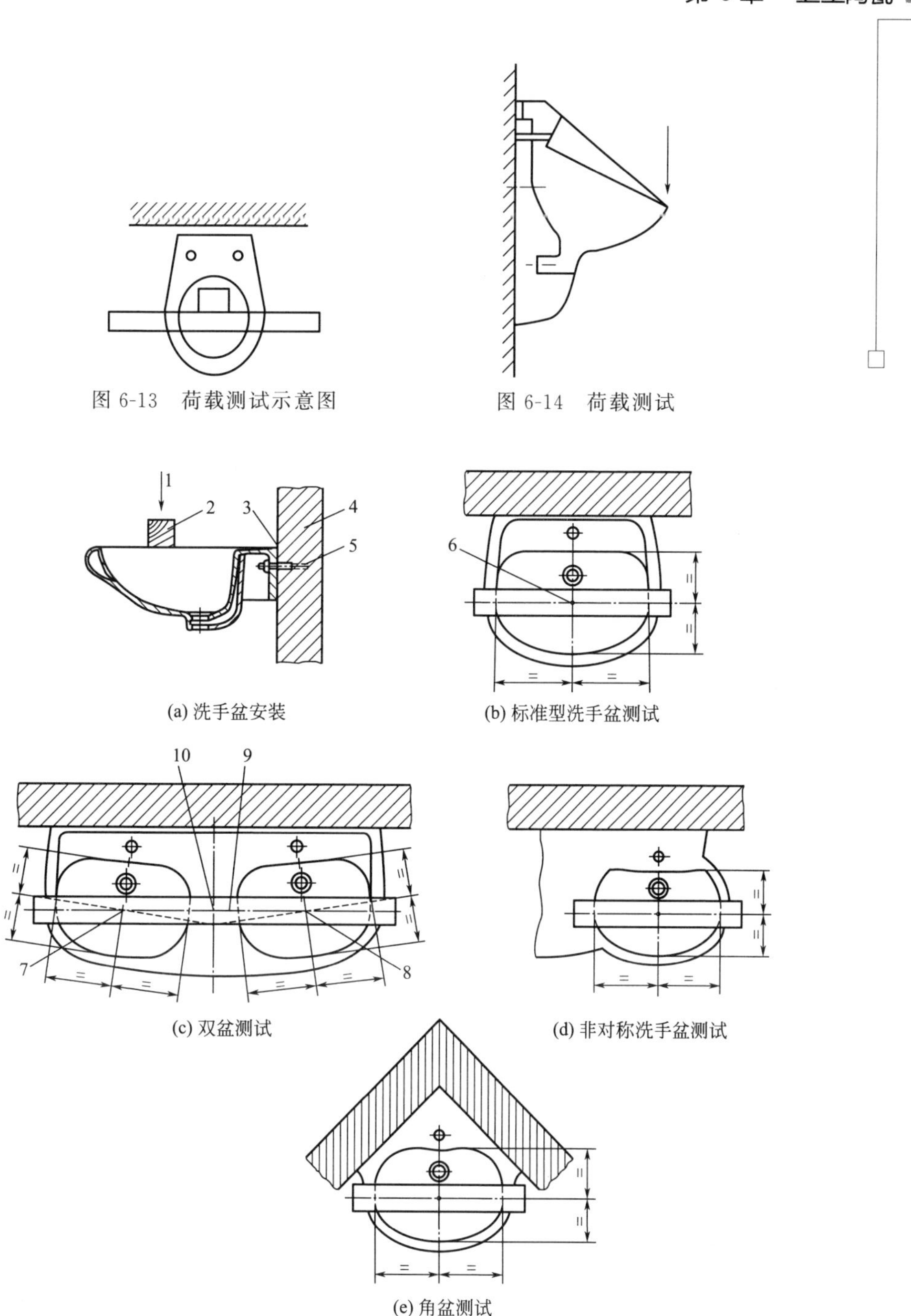

图 6-13　荷载测试示意图

图 6-14　荷载测试

(a) 洗手盆安装

(b) 标准型洗手盆测试

(c) 双盆测试

(d) 非对称洗手盆测试

(e) 角盆测试

图 6-15　荷载试验横梁位置示意图

1—荷载（1.50±0.01)kN；2—横截面为 100mm×100mm 的横梁；3—垫层；4—墙；5—螺杆，螺母和垫片；6—产品几何中心；7—左边盆几何中心；8—右边盆几何中心；9—外边缘至盆几何中心的中心位置；10—加载位置

② 技术要求　试验后，壁挂式洗手盆应无裂纹或永久变形。

(4) 妇洗器 EN 14528：2007

① 试验步骤　壁挂式妇洗器按生产商的说明书安装好，将 (4.00±0.1)kN 的力加载在横截面为 100mm×100mm 的横梁上 1h，横梁位置图 6-16。

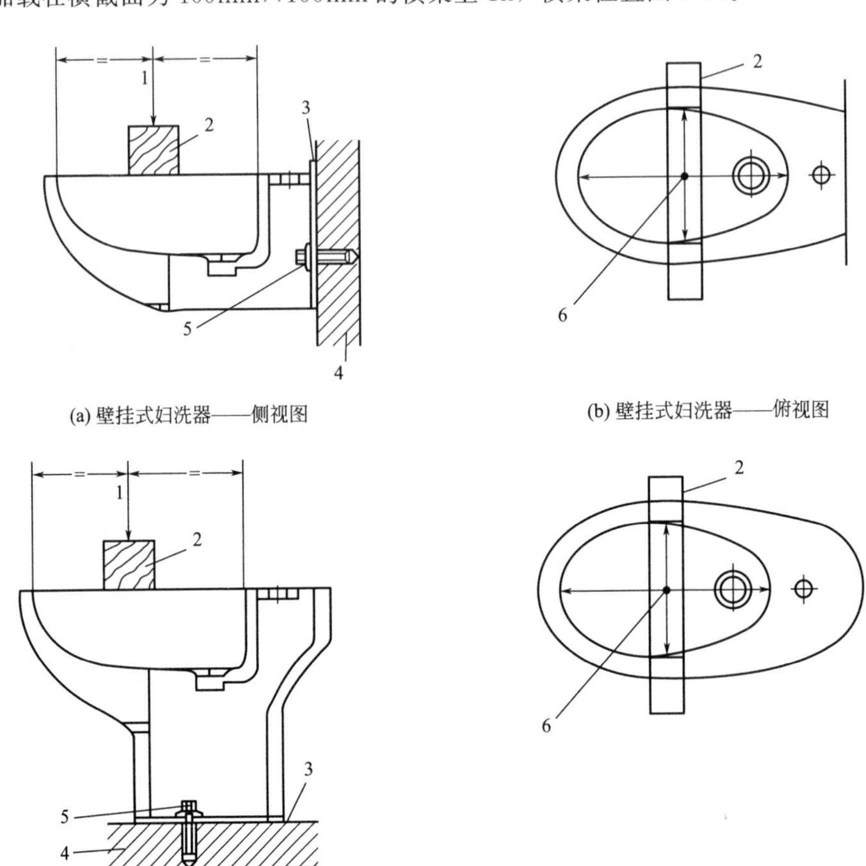

图 6-16　荷载试验横梁位置示意图

1—荷载 (4.00±0.1)kN；2—横截面为 100mm×100mm 的横梁；3—垫层；4—墙或者地；5—螺杆，螺母和垫片；6—产品几何中心

② 技术要求　不锈钢和壁挂式妇洗器在 (4.00±0.1)kN 的荷重下无裂纹或永久变形。

6.5.10.4　澳洲标准

(1) 坐便器 AS 1172.1—2005

① 试验步骤　根据说明书安装坐便器，将一块至少 40mm 厚的木板，置于至少需要覆盖坐便器 75%的区域，两端至少超出 25mm，施加 400kg 的力保持 60min，检查是否变形或开裂。

② 技术要求　坐便器和支撑架（如果有），应能支撑负载，不得有断裂、裂痕或损坏。

（2）小便器 AS 3982—1996

① 试验步骤

a. 堵住排污口并用室温水加满小便器存水弯；

b. 施加（30+1.0）kg 的荷载在小便器前端中心位置，保持（120^{+5}_{-0}）s；

c. 120s 后，小便器应无开裂、渗漏或其他缺陷；

d. 移走荷载、排出存水弯的水后变形不超过 1mm。

② 技术要求　小便器应无开裂和渗漏现象。

6.5.11　耐急冷急热性

6.5.11.1　洗手盆 EN 14688：2006

（1）测试设备

热水提供，温度（70±2)℃；冷水提供，温度（15±2)℃；内径为 10mm 的冷热水管道；支撑洗手盆的装置；热电偶，量程 0～100℃，精度±1℃；流量计，测量范围（0.1±0.01）L/s。

（2）测试步骤

① 打开排水口；

② 供水系统符合下列要求：水落在洗手盆底部，围绕排水口周围直径为(110±5)mm，供水管道末端离盆底部（80±5)mm；

③ 以（0.1±0.01)L/s 流速供热水（90±1)s；

④ 停止供水（30±1）s；

⑤ 以（0.1±0.01）L/s 流速供冷水(90±1）s；

⑥ 停止供水（30±1）s；

⑦ 重复上述步骤 1000 次；

⑧ 洗手盆内部表面擦干；

⑨ 距离为 600mm，光照强度为 150lx 下目视检查有无出现影响其使用的缺陷。

（3）技术要求

试验后洗手盆应不出现影响其使用的缺陷。

6.5.11.2　洗涤槽 EN 13310：2003

（1）测试设备

热水提供，温度 95℃；冷水提供，温度 15℃；连接冷热水的排水管；内径为 10mm 的冷热水管道；支撑洗涤槽的装置；热电偶，量程 0～100℃，精度±1℃；流量计，测量范围（0.1±0.01)L/s。

(2) 测试步骤

① 测试洗涤槽排水口保持关闭；

② 供水系统符合下列要求：供水管道末端离洗涤槽底部 (80±5)mm，冲洗区域在围绕排水口直径为 (110±5)mm 的范围内；

③ 以 (0.1±0.01)L/s 流速提供热水 (90±1)s，温度 (90±2)℃；

④ 停止供水 (30±1) s；

⑤ 以 (0.1±0.01) L/s 流速提供冷水(90±1) s,温度 (15±2)℃；

⑥ 停止供水 (30±1) s；

⑦ 重复上述步骤 1000 次；若洗涤槽是陶瓷材质循环 5 次后停止；

⑧ 用海绵或刷子涂上 100g/L 的亚甲基蓝溶液后涂在测试样品上，并保持 5min；清洗干净后检查测试样品表面是否有变化；

⑨ 距离为 60cm，光照强度为 150lx 下目视检查有无出现影响其使用的缺陷。

(3) 技术要求

试验后洗涤槽表面应不出现影响其使用的缺陷，例如裂纹、分层等缺陷。

6.5.12 耐磨性

洗手盆 EN 14688：2006。

(1) 试验装置

ISO 9352 描述的测试装置，包括：

① 校准板，材质为轧制锌板，厚度 (0.8±0.1)mm；

② 砂纸：宽 12.7mm、长度约 160mm，密度 70～100g/m^3，氧化铝粉颗粒大小能通过 63～100μm 之间的筛孔；

③ 如果砂纸没有黏合剂，可以用双面胶带代替。

(2) 试样

① 从同类型同型号的不同洗手盆上切取 3 块试样。

② 样品可以是直径大约 130mm 的圆形或边长大约 120mm、对角线长大约 130mm 的方形，样品中心有一个直径 6mm 的孔。

③ 试样应平整。当测试样品不能从测试洗手盆切割而来，允许从与洗手盆相同工艺的其他样本上获取。测量试样表层厚度。

(3) 试验步骤

① 用黏合剂和双面胶在磨轮上粘上砂纸，确保磨轮表面全部覆盖砂纸同时不能重叠。

② 检查砂纸是否合适：测试盘上夹紧轧制锌板，开启吸尘装置，旋转 500r。擦洗干净锌板称重，精确至 1mg。用新的砂纸取代已用过的砂纸，夹紧锌板，放低磨轮，开启吸尘装置，在锌板上再次旋转 500r，擦洗干净锌板再次称重，

精确至 1mg。质量损失应（130±20）mg。不允许使用超出上述范围的砂纸。

③ 安装两个磨轮到试验装置上，每个磨轮加载重 250g，计数器清零。

④ 夹紧测试样品到测试台，确保样品表面平整。放下磨轮接触测试样品，保证磨轮接触点与旋转轴心等距离。开启吸尘装置，样品开始旋转。

⑤ 每 100 次旋转需更换砂纸。

⑥ 750 次旋转后停止试验。

⑦ 观察 3 块测试样品表层是否被磨损。

（4）技术要求

耐磨试验后，最表层不能被磨掉。

6.5.13　耐刮伤性

洗手盆 EN 14688：2006。

（1）试验装置

画痕试验装置包括：

① 带有显示水平状态（如水平尺）的试验设备；

② 自由旋转的支撑装置，旋转方向与支撑面垂直；

③ 臂，用于支撑金刚石，臂应水平安装；臂的高度可调节，以保证测试样品时臂的水平；

④ 合适的加载方式；

⑤ 金刚石刮头，圆锥形，金刚石的轴垂直于测试样品，顶端 45°±0.5°。圆锥的顶端应是半球形，半径（0.09±0.001）mm，金刚石的几何尺寸应确认，应有 360°的旋转自由度。如果测量到金刚石顶端超过 0.001mm 的曲率不规则性应停止使用。所有金刚石顶端每 1000 次测试后应重新确定；

⑥ 显微镜或类似的测量仪器，精度 5μm。

（2）样品

从测试洗手盆底部切割测试样品。测试样品应平整。当测试样品不能从测试洗手盆切割而来，允许从与洗手盆相同工艺的其他样本上获取。测量测试样品表层厚度。测试样品在（23±2）℃、湿度（50±5）%条件下 24h。当使用显微镜时，在测试样品表面涂上彩色墨水。

（3）测试步骤

① 调整臂高度，当金刚石刮头放置在测试样品上时臂保持水平。抬起臂保持在垂直位置，锁紧测试样品防止滑动。放下臂使金刚石刮头接触测试样品；

② 加载（10±0.1）N；

③ 开始旋转直至产生 3～4cm 长刮痕；

④ 测量刮痕深度，按照 50%刮痕宽度来计算。测量样品四条边中间位置表层厚度并求平均值。

（4）技术要求

耐刮伤试验后，刮痕不超过0.1mm或者最表层总厚度。

6.5.14 坐便器冲洗噪声

中国标准GB 6952—2005。

（1）试验方法

冲洗噪声按GB/T 3768的规定进行检验。

（2）技术要求

坐便器冲洗噪声，冲洗噪声的累计百分数声级L_{50}应不超过55dB，累计百分数声级L_{10}应不超过65dB。

6.5.15 防虹吸功能

6.5.15.1 中国标准GB 6952—2005

（1）试验方法

① 水箱配件防虹吸试验按JC 987的规定进行。

② 冲洗阀防虹吸试验按JC/T 931的规定进行。

（2）技术要求

所配套的冲水装置应具有防虹吸功能。

6.5.15.2 欧盟标准EN 997：2012

按照BS 1212中第三部分的条款15或者第四部分的条款17测试应无逆流。

6.5.16 耐久性

欧盟标准EN 997：2012。

（1）一类坐便器

排水阀可靠性：① 测试设备　冲洗水箱；自动制动系统，控制力在25～30N之间，速度在5cm/s；供水温度7～25℃.

② 测试步骤　如果有几个水位供选择，测试在冲洗水箱的最高水位完成。进水至工作水位；通过制动系统启动冲水装置；排水阀自动关闭后补水；单冲装置，重复上述步骤50000次（Ⅰ类）或者200000次（Ⅱ类），双冲装置，重复上述步骤37500次小冲和12500次大冲（Ⅰ类）或150000次小冲和50000次大冲（Ⅱ类）；循环完成后2h，检查排水阀密封性。

③ 技术要求

a. 寿命试验后排水阀应能正常工作。

b. 试验后排水阀15min之内漏水滴数不超过3滴。

c. 试验后冲洗装置的任何部件及连接应无破损或者永久变形。

（2）二类坐便器

① 冲洗装置耐物理性和密封性：

a. 测试设备 水箱，按照生产商的说明书安装在水平面上；自动制动系统；供水系统，保持静压（0.15±0.01）MPa；遇湿会变色的纸。

b. 测试步骤 连接供水，对于单冲坐便器，启动冲水装置，水箱补水。进行长期漏水测试，纸上有3滴或以上水滴视为漏水。接着启动自动控制系统，进行短期漏水测试，在2次，5次，10次，50次，100次，500次，1000次，10000次和后面接着的每个10000次循环后检查冲水装置，直到200000次测试完成。然后进行长期漏水测试，如果测试中观察到有3次漏水，测试终止。重新选择4个样品进行上述步骤测试。

对于双冲坐便器，启动全冲冲水装置，水箱补水。进行长期漏水测试，纸上有3滴或以上水滴视为漏水。按照3次小冲和1次大冲的顺序继续进行短期漏水测试，在2次，5次，10次，50次，100次，500次，1000次，10000次和后面接着的每个10000次循环后检查冲水装置，直到200000测试完成。然后进行长期漏水测试，如果测试中观察到有3次漏水，测试终止。重新选择4个样品进行上述步骤测试。

c. 技术要求

（a）试验后冲洗装置的任何部件及连接应无破损或者永久变形。

（b）试验后排水阀15min之内漏水滴数不超过2滴。

（c）冲洗装置不允许超过2滴漏水。漏水应为看见超过3滴独立的水滴。如果第一次冲洗装置出现漏水，接着测试的4个冲洗装置均应满足要求。

② 冲洗装置耐化学性能

a. 测试设备 称重装置，分辨率0.1g，精确度±0.05g；千分尺，分辨率0.1mm，精确度±0.05mm；测试溶液，含氯的漂白剂。

b. 测试步骤 拆开冲水装置，测量所有密封件的重量和尺寸，重新装好，放置在测试溶液中，保证溶液盖过冲水装置100mm，保持（90±2）d，将冲水装置从溶液中取出，用干净的水清洗。接着进行3000次耐物理性循环试验和长期漏水试验，检查有无漏水。

c. 技术要求 试验后，应符合下列要求：

（a）尺寸变化不超过1mm或5%；

（b）重量变化不超过1g或5%；

（c）无可见物理性能改变；

（d）功能无退化。

冲洗装置接着3000次耐物理性和密封性试验，应无漏水。

6.6 卫生陶瓷各国标准差异性分析

6.6.1 概述

由于各国技术水平和消费习惯的差异，表现在产品标准上也有许多不同。目前卫生陶瓷没有国际标准，各国标准之间的差异性较大。

6.6.2 美国/加拿大标准与中国标准差异分析

美国/加拿大标准与中国标准相比，其差异主要体现在以下六个方面：

(1) 用水量的测试方法

用水量测试时，美国/加拿大标准要求按下按钮保持不超过1s，中国标准没有此要求。

(2) 重要尺寸

由于各国给排水标准的不同，表现在连接尺寸的要求上有差异。例如排污口安装距，美国/加拿大标准有：254mm，305mm，356mm；中国标准有：下排式坐便器305mm，400mm，200mm，后排式坐便器100mm，180mm。此外，洗面器、净身器的供水口尺寸和排水口尺寸均有较大差异。

(3) 水封面积

美国标准为不小于125mm×100mm，中国标准为不小于100mm×85mm，美国/加拿大标准严于中国标准。

(4) 冲洗介质

美国/加拿大标准中采用的冲洗介质有：颗粒和尼龙球、海绵和牛皮纸、卫生纸、甲基蓝；中国标准中采用的冲洗介质有：颗粒和尼龙球、甲基蓝、100个实心固体球。

(5) 坐便器冲洗噪声

中国标准增加了坐便器冲洗噪声的技术要求，美国标准中没有该项要求。

(6) 其他

美国/加拿大标准中有对代用材料隔热水箱的技术要求，中国标准没有此要求。

6.6.3 欧盟标准与中国标准差异分析

6.6.3.1 坐便器欧盟标准与中国标准差异分析

欧盟标准与中国标准相比，坐便器的差异主要体现在以下几个方面：

(1) 用水量和水封回复

用水量测试时，中国标准要求供水打开，而欧盟标准要求供水关闭，此外用水量测试时压力也不一样。测试方法的差异导致用欧盟标准测试的用水量比用中国标准测试的用水量小。水封回复方面，欧盟标准测试冲落式坐便器时水封能回复，而虹吸式坐便器，由于进水阀没有补水，导致水封不能完全回复。因此建议出口欧盟的坐便器尽量选择冲落式。

(2) 固体物排放和后续水

欧盟标准有此项要求，而中国标准则没有此要求。

(3) 荷载

欧盟标准中对荷载的要求是施加压力 4.0kN 并保持 1h，而中国标准中是施加压力 2.2kN 并保持 10min。欧盟标准的要求远远高于中国标准的要求。

(4) 配件配套性

坐便器是一个配套产品，其配件是坐便器不可分割的一部分，配件的功能直接影响坐便器的使用、安全和卫生。欧盟标准对坐便器配套性有严格的要求，包括进水阀必须满足 BS 1212 的要求、具有防虹吸功能、水箱必须有永久性的水位线标识、必须配有溢流管并对其高度有严格的要求、排水阀化学耐久性、排水阀物理耐久性。

(5) 连接尺寸

由于给排水标准的不同，欧盟标准和中国标准对坐便器尺寸的要求也不同，连接尺寸直接影响到坐便器的安装。

6.6.3.2 洗手盆欧盟标准与中国标准差异分析

(1) 连接尺寸

洗手盆的连接尺寸主要包括排水口尺寸和龙头孔尺寸。连接尺寸关系到洗手盆的安装，不同的国家管道标准不同，导致对连接尺寸的要求也不同。GB 6952 的要求是排水口直径 41～47mm，排水口深度 45～57mm，欧盟标准的要求是排水口直径 43～48mm，排水口深度 40～45mm。龙头孔尺寸 GB 6952 的要求是中间龙头孔直径 35mm±3mm，两边龙头孔直径 30mm±2mm（4 寸）和 35mm±3mm（8 寸），两边龙头孔距离 102mm±3mm（4 寸）和 200mm±6mm（8 寸），供水孔表面安装平面直径应不小于（供水孔直径+9)mm；欧盟标准的要求是中间龙头孔直径 35_{-1}^{+2}mm，两边龙头孔直径 30_{0}^{+2}mm，龙头孔厚度≤18mm，两边龙头孔距离 200mm±4mm。

(2) 溢流

洗手盆应具有一定的溢流功能以防止在水龙头持续打开时水从洗手盆溢出。GB 6952 要求洗手盆应在 9L/min 的流速下至少保持 5min 水不漫出洗手盆，欧盟标准则有 0.10L/s（CL10）、0.15L/s（CL15）、0.20L/s（CL20）、0.25L/s（CL25）四种不同流速供生产厂家选择，标准要求是在相应的流速下水位稳定后 60s 内水不漫出洗手盆。

（3）荷载

EN 14688 中对荷载的要求是施加压力 1.5kN 并保持 1h，而 GB 6952 中对荷载的要求是施加压力 1.1kN 并保持 10min，欧盟标准的要求高于我国国家标准的要求。

（4）耐急冷急热性能

洗手盆使用过程中经常会受到冷热水的冲击，长久的冲击可能导致产品表面产生微裂纹等缺陷影响其使用，有些产品甚至炸裂严重威胁到使用者的安全。EN 14688 对洗手盆耐急冷急热性能有严格的要求，具体是洗手盆在一定的流速下经受（70±2）°C 的热水和（15±2）°C 的冷水的循环冲击，循环次数为 1000 次，循环完成后检查洗手盆是否出现影响其使用的功能退化和微裂纹等缺陷。这一检测项目在 GB 6952 中没有要求。

（5）耐化学性能

洗手盆使用过程中经常会接触到酸、碱和污染物，长久的腐蚀可能导致表面褪色、污染物难清洗，影响其美观。欧盟国家非常重视这项性能，EN 14688 对洗手盆的耐化学性能有严格的要求，具体是在（23±5）℃环境温度下，把下列溶液［10%醋酸，5%的 NaOH，70% C_2H_5OH，NaClO 溶液（含 5%活性氯），1%甲基蓝溶液，170g/L 的 NaCl 溶液］滴在试样表面，盖上表面皿，保持（2±0.25）h，然后用蒸馏水清洗干净，观察试样是否出现变化。GB 6952 没有这一项要求。

（6）耐磨和耐刮伤

洗手盆使用过程中经常会碰到刮伤和磨损，如果耐磨和耐刮伤性能不好，将影响其美观和使用。欧盟国家非常重视洗手盆这方面的性能，EN 14668 中明确规定，耐刮伤测试，洗手盆的刮伤深度不能超过 0.1mm，耐磨测试，试样表层不能被磨损掉。GB 6952 没有这一项要求。

6.6.3.3 小便器欧盟标准与中国标准差异分析

EN 13407 把小便器划分为一类和二类。类别不同，标准的要求不同，一类的要求远远高于二类。EN 13407 对小便器的要求主要是：水封深度、表面冲洗、塑料球冲洗、溅水、排水、吸水率、荷载等。EN 13407 和 GB 6952 在测试介质和测试方法上的要求也有所不同。

6.6.4 澳洲标准与中国标准差异分析

澳大利亚将坐便器标准划分为材料标准（AS 1976—1992）、坐便器标准（AS 1172.1—2005）和水箱标准（AS 1172.2—1999），AS 1976 对材料的技术要求有表面质量、吸水率、抗釉裂、耐化学性能，检测方法与中国标准相比存在很大差异，具体见表 6-45。

表 6-45 陶瓷材料检测方法比较

检测项目	AS 1976—1992	GB 6952—2005
表面质量	300lx，观察距离 0.5～0.6m	1100lx，距离 0.6m
吸水率	真空＋煮沸法	煮沸法
抗釉裂	蒸压釜法	急冷急热法
耐化学性能	经化学试剂处理后表面无可见变化	无要求

AS 1172.1 对坐便器的冲洗功能要求有水封深度、卫生纸冲洗、表面冲洗（锯末）、污水置换、防溅污性、漏水和容量测试、固体物排放和后续水。冲洗功能采用的介质和测试方法与欧盟标准类似。澳大利亚标准中水封深度的要求为不低于 45mm，低于大多数国家标准要求的 50mm。AS 1172.2 对水箱有以下技术要求：用水量、水箱前驱力、水箱变形和漏水、进水阀防虹吸功能、进水阀和排水阀寿命、排水阀耐化学性能等。上述技术要求采用的测试方法与欧盟标准类似，特别要注意的是澳大利亚在用水量的计算方法上与其他国家标准截然不同。澳大利亚标准中双挡坐便器的平均用水量是 1 次大冲用水量和 4 次小冲用水量的平均值，其他国家标准则是分别计算大冲和小冲用水量的平均值。坐便器的用水量与澳大利亚政府强制实行的水效率标签制度（WELS）直接联系，在 WELS 认证中评定用水星级时应特别注意双挡坐便器平均用水量的计算方法。

澳大利亚对进入其市场的坐便器有严格的认证要求，分别为 WaterMark 和 WELS。WaterMark 是应用于给排水、管道系统的澳洲认证标志，认证采用的标准有 AS1172.1—2005、AS1172.2—1999、AS1976—1992、ATS5200.016—2005、ATS5200.017—2005。WELS 是澳洲的水效率标签制度，采用的标准为 AS/NZS 6400—2005，两者都有严格的合格评定程序，其采用的标准与中国标准差异也较大。要想通过这些认证，必须按照澳洲标准的要求生产和检测，并联系有资质的机构申请认证，只有通过认证的产品才能顺利进入其市场。

6.6.5 沙特标准与中国标准差异分析

沙特阿拉伯将坐便器划分为技术要求标准和测试方法标准。材料的技术要求主要有表面质量、吸水率、抗釉裂、耐化学腐蚀、耐污染和烟头燃烧、耐磨性。其中吸水率测试采用两种方法，真空＋煮沸法和煮沸法，两种方法均要求吸水率不大于 0.5%，真空＋煮沸法和澳大利亚标准相同，煮沸法与中国标准类似。值得注意的是沙特阿拉伯标准中耐磨性测试是所有其他国家标准中均没有的项目，具体要求是：用莫氏硬度为 6 的长石粉在釉面上测试后，表面无缺陷出现。沙特阿拉伯标准对坐便器功能的要求主要有尺寸、用水量、表面冲洗、颗粒排放、球排放、污水置换、危险水位、过球、防溅污性、漏水和荷载。冲洗功能采用的测试方法与美国/加拿大标准类似，采用的冲洗介质存在差异。此外，尺寸要求上沙特阿拉伯标准与其他标准也存在差异。

6.6.6 其他国家

一些发展中国家，如尼日利亚、肯尼亚、厄瓜多尔、黎巴嫩等成为新兴市场正蓬勃兴起，对卫生陶瓷的需求量也很大。这些国家大多没有自己的国家标准，出口到这些国家的产品需要满足欧洲或美国等标准的要求。

6.7 卫生陶瓷安全要求的最新检测技术

6.7.1 概述

近年来随着卫生陶瓷行业的迅速发展和人民消费水平的不断提高，卫生陶瓷新产品和新技术层出不穷，主要体现在节水性、智能化、功能化等方面。随着新产品和新技术的出现，卫生陶瓷的检测技术也不断更新。本节主要介绍近年来卫生陶瓷安全要求的最新检测技术。

6.7.2 高效节水型坐便器最大功能检测

随着坐便器产品的用水量越来越少，出现了高效节水型坐便器的概念。目前高效节水型坐便器用水量一般不超过 4.8L。为了更加有效地评估高效节水型坐便器的冲洗功能，一种采用特制豆瓣酱并加上若干卫生纸作为冲洗介质的最大功能检测在美国、加拿大使用并被消费者广泛接受。该测试能更好地模拟人体排泄物，并通过市场调查统计出了美国和加拿大居民每天的排泄物质量。美国标准“Water Sense Specification for Tank—Type Toilets”（简称 HET 测试）和加拿大标准“Maximum Performance Testing Toilet Fixture Performance Testing Protocol”（简称 MaP 测试）分别规定了高效节水型坐便器最大功能测试的技术要求和测试方法，其中 HET 测试要求在用水量不超过 4.8L 下，坐便器需通过至少 350g 的测试试体；加拿大标准要求在用水量不超过 6L 下，评估坐便器冲出的最大介质质量。测试试体准备过程和需满足的性能如下：

① 测试用豆瓣酱性能满足：35.5%水，33.8%黄豆，18.5%米饭，12.2%盐，密度为 (1.15±0.10)g/mL。

② 使用合适的工具将豆瓣酱做成质量 (50±4)g，豆瓣酱用肠衣包裹，长度 (100±13)mm，直径 (25±6)mm 的测试试体，准备过程见图 6-17。

(a) (b) (c) (d)

图 6-17　试体准备过程

6.7.3　智能马桶检测

智能马桶起源于美国，用于医疗和老年保健，最初设置有温水洗净功能，后经日本、韩国的卫浴公司逐渐引进技术开始制造。智能马桶的功能经过几年的发展现在已经集洗便、妇洗、座圈加热、温水冲洗、暖风烘干、除菌、除臭、音乐影视、夜光照明等功能于一体。

智能马桶的检测除了普通马桶的常规功能检测外，还涉及电气安全方面的检测，主要包括标志和说明、对触及带电部件的防护、功率和电流、发热、泄漏电流和电气强度、瞬态过电压、耐潮湿、耐久性、电气间隙、爬电距离、固体绝缘等。

智能马桶主要检测标准有：

① GB/T 23131—2008《电子坐便器》；

② JG/T 285—2010《坐便洁身器》；

③ GB 4706.53—2008《家用和类似用途电器的安全　坐便器的特殊要求》；

④ IEC 60335-2-84：2005《家用和类似用途电器的安全　坐便器的特殊要求》。

6.7.4 与饮用水接触的卫生洁具毒性测试

使用时与饮用水接触的卫生洁具产品关系到使用者的健康、安全和卫生，国外特别是发达国家近年来非常重视这些产品的性能，先后制定了与饮用水接触产品的标准，并多次修订提高了部分检测项目的限量要求。

与饮用水接触的卫生洁具产品毒性测试主要项目有：

① 水的味道；

② 水的外观；

③ 水中微生物的生长；

④ 水萃取液的诱变活动；

⑤ 重金属萃取，包括锑、砷、钡、镉、铬、铜、铅、汞、钼、镍、硒、银等重金属细胞毒素活动。

目前欧洲、美国、澳洲等国的毒性测试标准主要有：

① AS 4020—2005《使用时与饮用水接触的产品》；

② BS 6920 系列标准；

③ NSF 61—2012《饮用水部件对健康的影响》；

④ GB/T 17219—1998《生活饮用水输配水设备及防护材料卫生安全评价规范》。

6.7.5 便器用水效率与等级

澳大利亚早在 2005 年就颁布了 AS/NZS 6400—2005《水效率产品　分等和标识》标准，标准根据用水产品用水量规定了节水产品的分等要求，共有 0 星、1 星、2 星、3 星、4 星、5 星共 6 个星级，星级越高表示产品越节水。节水产品包括：花洒、洗碗机、洗衣机、坐便器、小便器、水嘴、流量控制器。

2010 年我国也颁布了 GB 25502—2010《坐便器用水效率限定值及用水效率等级》标准，标准规定了坐便器的用水效率限定值、节水评价值、用水效率等级、技术要求和试验方法。该标准依据产品用水量的大小，划分为 1、2、3、4、5 五个等级，1 级表示用水效率最高，5 级表示用水效率最低。

2012 年我国又颁布了 GB 28377—2012《小便器用水效率限定值及用水效率等级》标准，规定了小便器的用水效率限定值、节水评价值、用水效率等级、技术要求和试验方法。

Chapter 07

第7章 壁纸

7.1 壁纸的分类及其主要用途

随着人们生活水平的不断提高，对生活环境提出更高的要求，要求舒适，美观、安全。办公地点、宾馆、酒店、娱乐场所、家居等地方几乎都进行装修装饰工程。在室内视觉范围中，墙面和人的视线垂直，处于最为明显的地位，同时墙体是人们经常接触的部位，所以墙面的装饰对于室内装饰具有十分重要的意义。墙面的装饰形式大致有以下几种：抹灰装饰、贴面装饰、涂刷装饰、卷材装饰。随着工业的发展，可用来装饰墙面的卷材越来越多，如：塑料壁纸、墙布、玻璃纤维布、人造革、皮革等，这些材料的特点是使用面广，灵活自由，色彩品种繁多，质感良好，施工方便，价格适中，装饰效果丰富多彩，是室内装饰中大量采用的材料。

壁纸在使用过程中有着得天独厚的优点，它具有相对不错的耐磨性、抗污染性，便于保洁等特点，特别是壁纸具有很强的装饰效果，不同款式的壁纸搭配往往可以营造出不同感觉的个性空间，让家变得更加生动。新型壁纸在质感、装饰效果和实用性上，都有着内墙涂料难以达到的效果。

壁纸因其图案的丰富多彩和使用的方便快捷而受到广泛的欢迎，是应用最广的内墙装饰材料之一。随着建筑技术本身的发展，壁纸的种类和质量也处在不断的变化更新之中。现在有些壁纸引进了高科技含量，与建筑的整体融合更加紧密，以下介绍壁纸的分类：

7.1.1 按基材材质分类

7.1.1.1 纸基壁纸

采用优质疏伐木所制成的木浆纸（草浆纸的弹性和韧性较木浆纸差）为基材，然后在纸基上复合各种材料。因生产工艺成熟，国内外许多壁纸厂家都采用纸基为壁纸基材。

7.1.1.2 玻璃纤维基壁纸

玻璃纤维是一种性能优异的无机非金属材料。生产玻璃纤维的主要原料为石英砂，生产工艺大致分两类：一类是将熔融玻璃直接制成纤维；一类是将熔融玻璃先制成直径20mm的玻璃球或棒，再以多种方式加热重熔后制成直径为3～80μm的特细纤维。这类壁纸的主要特点是防腐、防潮、隔热、吸声、阻燃、减震、物理强度高，但是玻璃纤维对皮肤和呼吸道会产生刺激性，目前只有极少厂家仍采用此种材料。

7.1.1.3 无纺布基壁纸

这类壁纸以非织造布（也称无纺布）为基材。无纺布是一种非织造布类，它是直接用短纤维或长丝通过气流或机械成形的方式结成网状或薄片结构，然后经过水刺、针刺、热轧等不同工序加工成型。

适用于无纺布的纤维原料种类很多，主要有天然纤维和化学纤维两大类。为了制得不同性能、用途和风格的无纺布，还可以使用高性能特种纤维和功能化、差别化纤维。无纺基材的优点是韧性好、透气、防水、环保，并且安装时对墙面的要求较低。

在无纺布材料中，以长纤维丝经湿法工艺加工而成的丝绒纤维具有更好的机械强度、柔韧性和抗变形能力，因此丝绒纤维壁纸具有更好的物理强度和空间稳定性。如果用丝绒纤维作为壁纸表层，则会表现出较强的丝质肌理。

7.1.1.4 布基壁纸

此类壁纸以纺织布作为基材。生产过程一般以棉纤维或合成纤维制成经纬线，然后在表面喷涂PVC糊状树脂或粘贴PVC面层，然后再进行常规印刷和压花。这类壁纸虽然性能优异，但是成本较高，常常用于星级宾馆、写字楼等工程。

7.1.2 按表面覆盖物分类

7.1.2.1 纯纸壁纸

这类壁纸在平整的纸质基材上直接压花或印花，纸质基材分加厚单层纸和双层纸，目前越来越多的产品采用双层纸复合技术来达到更好的印刷效果。纯纸壁纸的主要特点是透气性佳、环保性能良好、色彩生动鲜亮。

7.1.2.2 PVC壁纸

(1) PVC涂层壁纸（以纯纸、无纺布或纺布为基材）

以纯纸、无纺布、纺布等为基材，在基材表面喷涂PVC糊状树脂，再经印花、压花等工序加工而成。这类壁纸经过发泡处理后可以产生很强的三维立体感，并可制作成各种逼真的纹理效果，如仿木纹、仿锦缎、仿瓷砖等，有较强的质感和较好的透气性，能够较好地抵御油脂和湿气的侵蚀，可用在厨房和卫生间，适合于几乎所有家居场所。

(2) PVC胶面壁纸（以纯纸或织物为基材）

此类壁纸是在纯纸底层（或无纺布、纺布底层）上覆盖一层聚氯乙烯膜，经复合、压花、印花等工序制成。该类壁纸印花精致、压纹质感佳、防水防潮性好、经久耐用、容易维护保养。这类壁纸是目前最常用、用途最广的壁纸，可以广泛应用于所有的家居和商业场所。

7.1.2.3 无纺布壁纸

这类壁纸在各种不同类型的无纺材料表面直接印刷，基材又分单层无纺布和双层无纺布两种，两者都可以直接在其表面压花、印花或压印花。这种壁纸的特点是色泽柔和、手感柔软、透气性和抗撕扯性好，并有良好的空间稳定性（即抗涨缩性能）；施工时对墙面的要求不高，使用寿命很长，并且在二次装修时可以将整张壁纸撕揭下来而不会损害墙体。

7.1.2.4 天然织物壁纸

天然织物壁纸采用天然材料如草、木材、树叶、石材、竹或者珍贵树种木材切成薄片或细丝后黏附在纯纸或无纺基材表面而制成；目前许多厂家也采用先将真丝、羊毛、棉、麻等纤维制作成一张很薄的面层，然后再将其黏合在纸基或无纺基层上制成织物壁纸。这种壁纸的特点是风格淳朴自然、富有浓郁的自然气息、环保性能高、无塑料味、不带静电，透气性好。

7.1.2.5 金属质感壁纸

金属质感壁纸是以金色和银色为主要色彩，通过真空镀膜等工艺，结合普通壁纸生产工艺在壁纸表面达到金、银、铜、锡、铝等金属材料的质感。主要特点是有光亮的金属质感和反光性、性能稳定、不变色、价值较高、防火、防水等。

7.1.2.6 特殊材料壁纸

生产厂家为了满足客户的不同需求而生产的具有特殊装饰效果或特殊功能的壁纸。一种是采用PU（聚氨酯）颗粒、云母、砂岩、喷砂、水晶等材料通过胶液黏合在壁纸表面制成，能够产生特殊的装饰与视觉效果；另一种是将一些功能性物质如硅藻土、负离子材料等添加在壁纸生产过程中，此类产品能够产生调湿、保湿、抗菌、防霉、净化空气等特殊功能。

7.2 中国纸产业（进出口量）概况

近年来，我国壁纸的进出口量稳步提高，以下是对中国壁纸的进出口的种类、数量、进出口国别以及进出口壁纸在国内地区的分布情况加以统计分析。

7.2.1 中国的不同种类壁纸近几年的进出口情况

7.2.1.1 中国纸类壁纸的进出口量的统计

2010～2012年纸类壁纸进出口量见图7-1和图7-2。

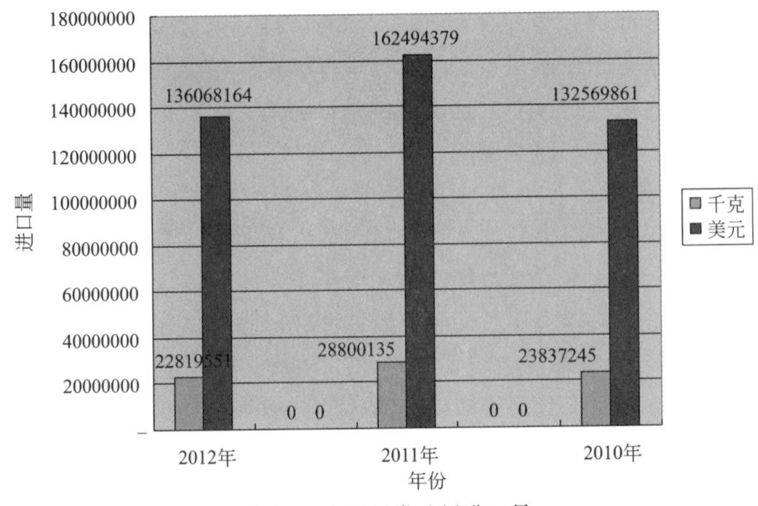

图 7-1 中国纸类壁纸进口量

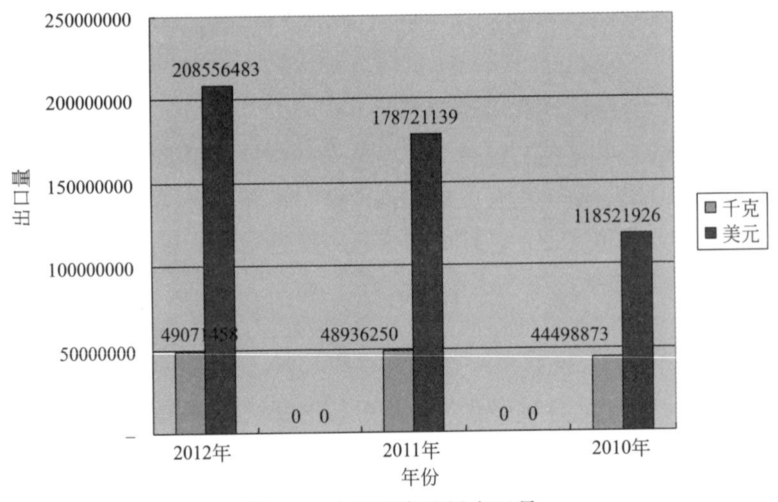

图 7-2 中国纸类壁纸出口量

中国近几年纸类壁纸的进出口量见图 7-1 和图 7-2。纸类壁纸是我国最大的进出口壁纸种类，由图可以看出我国纸类壁纸的进口量基本稳定，2010～2012 年每年进口约 2300t，货值约 1.5 亿美元；出口方面纸类壁纸货值逐年有所提高，2012 年出口约 4900t，货值已经超过 2 亿美元。

7.2.1.2 中国氯乙烯塑料类壁纸的进出口量的统计

2010～2012 年氯乙烯塑料类壁纸进出口量见图 7-3 和图 7-4。

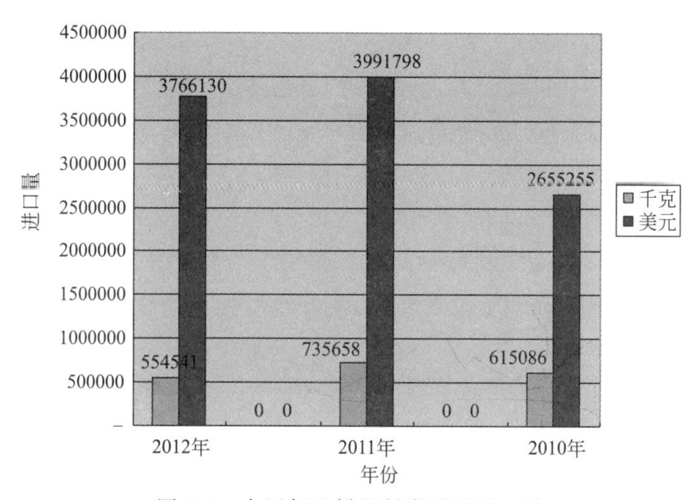

图 7-3 中国氯乙烯塑料类壁纸进口量

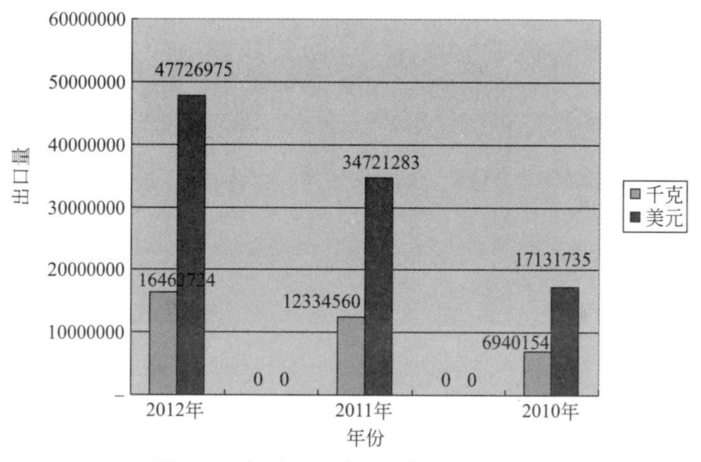

图 7-4 中国氯乙烯塑料类壁纸出口量

中国近几年氯乙烯塑料类壁纸的进出口量见图 7-3 和图 7-4。该类壁纸的进口量及货值基本持平，2010～2012 年进口每年约 75t，货值约 500 多万美元；出口方面出口量及货值均逐年提高，2012 年出口 1646t，货值 4770 万美元。

7.2.1.3 其他塑料类壁纸的进出口量的统计

中国 2010～2012 年其他塑料类壁纸的进出口量见图 7-5 和图 7-6。该类壁纸的进口量及货值逐年提高，2012 年进口约 29t，货值约 370 万美元；出口方面出口量波动较为明显，近几年在 800～1370t 之间。

7.2.1.4 纺织类壁纸进出口量的统计

中国 2010～2012 年纺织类壁纸的进出口量见图 7-7 和图 7-8。该类壁纸的进口量及货值逐年提高，2012 年进口约 41t，货值约 726 万美元；出口方面出口量及货值逐年减少，2012 年进口量约 73t，货值约 1000 万美元。

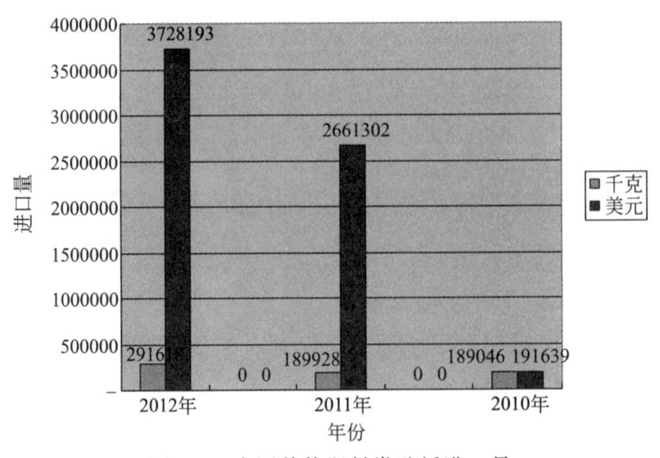

图 7-5　中国其他塑料类壁纸进口量

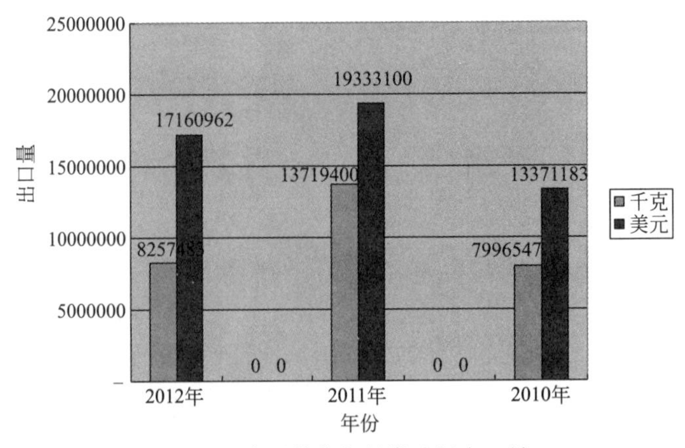

图 7-6　中国其他塑料类壁纸出口量

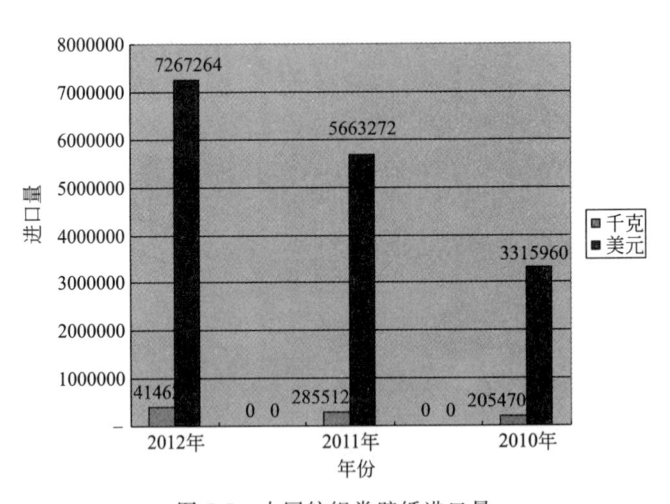

图 7-7　中国纺织类壁纸进口量

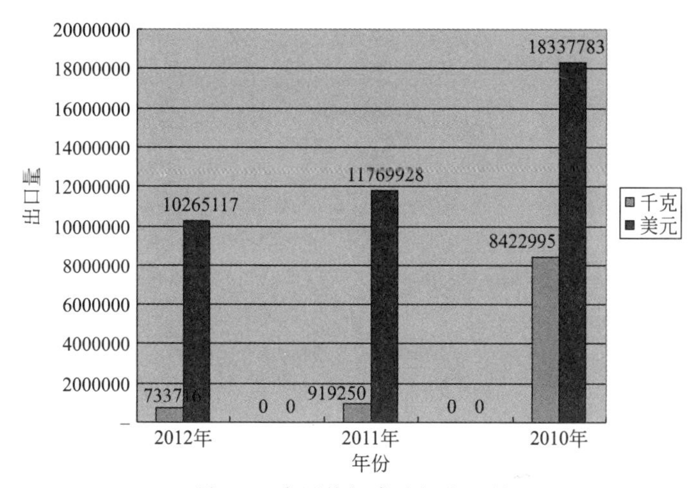

图 7-8 中国纺织类壁纸出口量

7.2.2 我国主要的壁纸进出口国家及国内壁纸进出口主要地区的分布情况

7.2.2.1 纸类壁纸

2012 年度我国纸类壁纸进口、出口国别见图 7-9 和图 7-10，我国纸类壁纸主要进口国是美国、韩国、德国、日本、意大利、英国等，约占我国该类壁纸进口额 80%左右。进口该类壁纸的地区主要集中于上海、北京、辽宁等地区。我国壁纸出口基地主要集中于广东、浙江、江苏等地区，主要出口到伊朗、美国等国家。

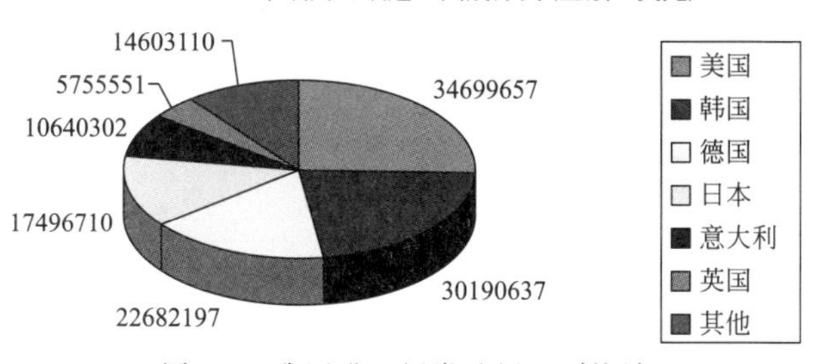

图 7-9 我国进口纸类壁纸国别统计

7.2.2.2 氯乙烯塑料类壁纸

2012 年度我国氯乙烯塑料类壁纸进口、出口国别见图 7-11 和图 7-12，我国氯乙烯塑料类壁纸主要进口国是美国，韩国等，仅美国就约占我国该类壁纸进口额 70%左右。进口该类壁纸的地区主要集中于广东等地区。我国纸类壁纸出口基地主要集中于广东、浙江、江苏等地区，主要出口俄罗斯、土耳其、乌克兰等国家。

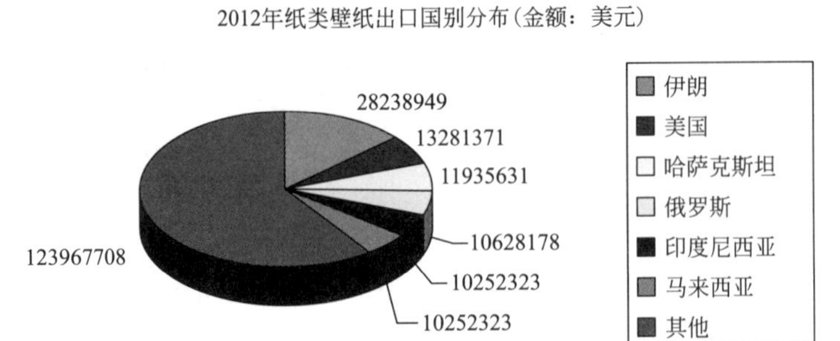

图 7-10 我国出口纸类壁纸国别统计

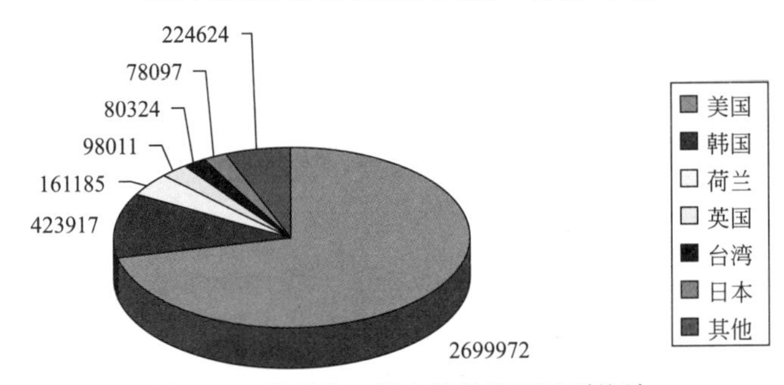

图 7-11 我国进口氯乙烯类壁纸国别统计

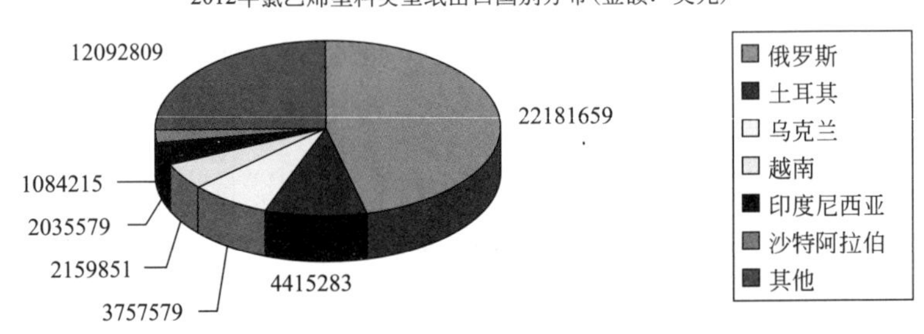

图 7-12 我国出口氯乙烯类壁纸国别统计

7.2.2.3 其他塑料类壁纸

2012 年度中国其他塑料类壁纸进口、出口国别见图 7-13 和图 7-14，我国其他塑料类壁纸主要进口国是美国、西班牙等，仅美国就约占我国该类壁纸进口额 90%左右。进口该类壁纸的地区主要集中于福建、上海、北京等地区。我国其他塑料类壁纸出口基地主要集中于广东、浙江、江苏等地区，主要出口到印度尼西亚、马来西亚、美国等国家。

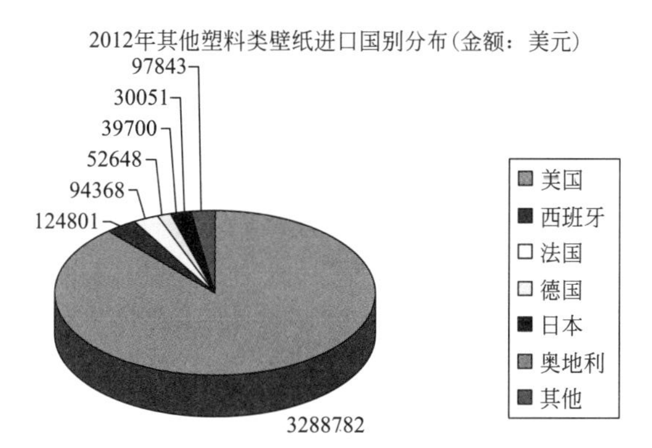

图 7-13　我国进口其他塑料类壁纸国别统计

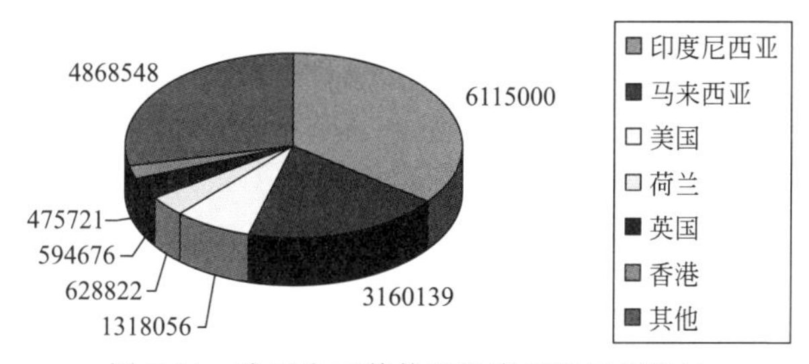

图 7-14　我国出口其他塑料类壁纸国别统计

7.2.2.4　纺织类壁纸

2012 年度中国纺织类壁纸进口、出口国别见图 7-15 和图 7-16，我国纺织类壁纸主要进口国是美国，意大利、比利时、德国等。进口该类壁纸的地区主要集中于上海、北京、广东等地区。我国纺织类壁纸出口基地主要集中于浙江、江苏、上海等地区，主要出口到美国、英国、俄罗斯、比利时等国家。

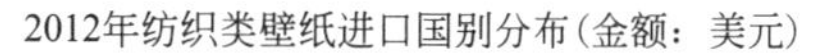

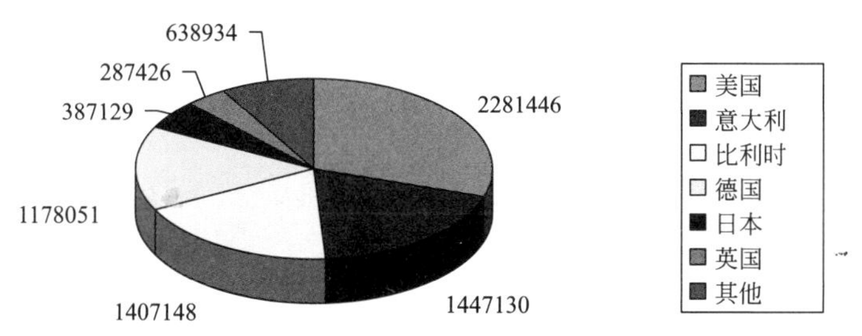

图 7-15　我国进口纺织类壁纸国别统计

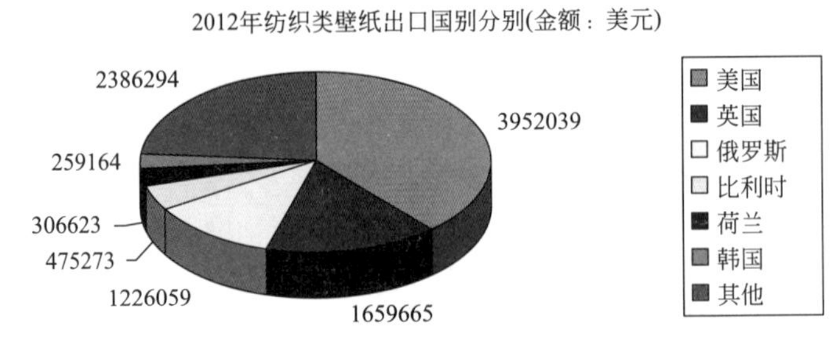

图 7-16　我国出口纸类壁纸国别统计

7.3　壁纸的安全要求评述

壁纸随着世界经济文化的发展而不断发展变化。目前以纸或无纺布为基材，聚氯乙烯为面层的壁纸，在全世界的使用率占到70%左右。我国的壁纸工业起源于20世纪80年代，80年代中后期，是我国壁纸工业发展的兴盛时期。现在不少国内企业重视先进技术的消化、吸收，不断提高自身素质，产品被广泛地应用于宾馆、饭店和家庭的室内装饰装修中。随着人类对于休闲、舒适和环境绿色化的要求，人们对墙纸的要求更加高。壁纸在生产加工过程中由于使用原材料、生产工艺等会使壁纸中含有重金属、甲醛、氯乙烯单体等有害物质。此外，壁纸的印花染料、防腐剂、阻燃剂也是有害物质的来源之一。因此，必须对壁纸中有毒有害物质进行限定。同时一款合格的壁纸产品也要符合消费者使用的期望，使用性能必须符合相应的产品质量标准的要求。壁纸产品环保方面主要要求包括以下几个方面：

7.3.1　对禁用物质的要求

产品中不得人为添加邻苯二甲酸酯类增塑剂、乙二醇醚类、卤代烃、苯、甲苯、二甲苯、乙苯、含氟发泡剂及含铅、镉稳定剂等对人体有害的物质。

7.3.2　生产壁纸所用的油墨必须为水性油墨

对水性油墨有害物限值要求主要包括挥发性有机化合物、甲醇和氨及其化合物、苯系物及可溶性重金属等。

7.3.3　生产壁纸所用胶黏剂的控制

室内建筑装饰装修用胶黏剂分为溶剂类、水基型、本体型三大类，根据不同类型的胶黏剂类型，分别有游离甲醛、苯、总挥发有机物等有毒有害物质限量的要求。

7.3.4 壁纸表面涂布液的控制

壁纸表面大部分采用聚氯乙烯作为涂层材料，环保要求中针对于聚氯乙烯涂层要求不得大于300g/m^2。

7.3.5 壁纸中的有害物质的限定

壁纸在生产加工过程中由于使用原材料、生产工艺等会使壁纸中含有重金属、甲醛、氯乙烯单体等有害物质。此外，壁纸的印花染料、防腐剂、阻燃剂也是有害物质的来源之一。

7.3.6 对壁纸燃烧性能进行控制

壁纸中一般需要添加各种阻燃剂，因此会增加壁纸燃烧时的发烟量和烟气毒性，从而对室内人员构成新的威胁。

7.4 壁纸的生态和环保认证

7.4.1 CE认证

CE标志是一种安全认证标志，被视为制造商打开并进入欧洲市场的护照。CE代表欧洲统一（Conformite Europeenne）。凡是贴有“CE”标志的产品就可在欧盟各成员国内销售，无须符合每个成员国的要求，从而实现了商品在欧盟成员国范围内的自由流通。2013年7月1日起，欧盟颁布的建筑产品法规Regulation（EU）No 305/2011（简称CPR）将全面取代原来的建筑产品CPD指令，进入强制实施阶段。墙纸CE认证根据EN 15102：2007Decorative Wallcoverings Roll and Panel Form Products检测标准进行认证。

EN 15102：2007《卷状、平板状墙体装饰覆盖物的测试要求》中墙体装饰覆盖物包括：内墙、天花板、隔断的墙纸、壁纸、墙布等。机构自行加附，或授权制造商或其在欧共体的代理商负责加附。对特别危险的产品，指令中规定由强制性认可认证机构进行产品样品试验和（或）质量体系认可的，均应先取得评定认可，才能获准使用欧盟CE认证标志。

墙纸CE认证进行如下初步测试评估：

Reaction to Fire：EN 13501-1；

Release of Formaldehyde：EN 12149，Test C；

Heavy Metals and Specific Elements：EN 12149，Test A；

Release of Vinyl Chloride Monomer：EN 12149，Test B。

正确使用CE标志：

① 根据指令关于使用欧盟CE认证标志应通过何种合格评定模式的要求、合格评定的原则和93/465/EEC号理事会指令，在八种认证模式中选取合适的模式。

② 根据指令要求采取自我评定或申请第三方评定或强制申请欧共体通知程序认可认证机构评定后，编制制造商自我评定的一致性声明和（或）认可认证机构的CE证书，作为可以或准许使用欧盟CE认证标志的前提条件。

③ 由制造商按有关指令规定在通过规定模式的合格评定后，自行制作或加附CE标志及有关指令规定的附加信息。

④ 有关指令规定应在CE标志部位，接着加附认可认证机构的识别编号时，应由执行合格评定的认可认证机构自行加附，或授权制造商或其在欧共体的代理商负责加附。对特别危险的产品，指令中规定由强制性认可认证机构进行产品样品试验和（或）质量体系认可的，均应先取得评定认可，才能获准使用欧盟CE认证标志。

7.4.2 中国环保认证

它是由中国建筑装饰装修材料协会经过对企业提供相关的企业质量，环境管理体系认证资料，合法的企业经营相关资料，正常的生产状态，及提供符合GB 18585《室内装饰装修材料壁纸中有害物质限量》标准的检测报告审核确认为无毒害（绿色）室内装饰材料，发放证书和铜牌。

7.4.3 ISO 14025国际Ⅲ型

ISO 14025标准属于评价产品标准，该标准属于技术报告阶段（W1），它把ISO14040系列生命周期评估标准，即如何从产品的市场调研、设计开发制造、流通、使用、用后处置到再生利用的整个生命周期，评价资源利用是否合理，控制污染的程度，以求达到资源利用最有效，无污染，废物还可以再生利用目的，从而最终解决了环境问题。通过ISO 14025国际Ⅲ型环境标志认证，企业进行环境标志审核和声明公告，展示其产品的所有质量、环保特性、优势。

7.4.4 IGI优质墙纸

IGI是国际墙纸协会（International Wallcovering Association）的简称。该组织成立于1950年，总部在比利时，是一个世界性的墙纸协会。现有75个成员，都是在世界墙纸行业举足轻重的企业。壁纸生产企业可以申请加入IGI协会，经过权威机构的严格测试，产品符合欧洲有关标准，特别是环保方面的标准，产品才能获得IGI的优质墙纸证书。

7.4.5 ISO 14001环保认证

ISO 14001环境管理体系——规范及使用指南是国际标准化组织于1996年9月1日正式颁布的环境管理体系标准。ISO 14001环境管理体系认证是遵循自愿原则，适应环境保护的外部要求组织通过制定环境方针、环境目标，作出有关法律规定和持续改进的承诺，并寻求通过外部第三方认证机构的评审或审核，实现和证实自身公司（组织），基于其环境方针、目标、指标，控制其环境因素所取得的可测量的环境管理体系结果水平。其表现为防污染、治污染，最大限度地节省资源，保持环境与经济发展相协调，持续发进。

7.4.6 ISO 9001：2000质量认证

ISO 9001：2000版标准是在2000年底发布，通过ISO 9001：2000版的质量管理体系的认证，企业以提高组织（或公司）的运作能力，促进参与国际贸易，使任何机构和个人可以有信心从世界各地得到组织（公司）。任何期望的产品，它遵从以顾客为关注焦点，领导作用，全员参与过程方法，管理的系统方法，持续必进，基于事实的决策方法和与供方互利的关系的八项质量管理原则。使组织（公司）满足顾客要求的产品需求和期望，并能够提供持续满足要求的产品的能力。

7.5 国内外主要技术标准分析研究

国际上大多数国家或地区对壁纸产品提出了产品质量技术要求及环境保护的要求。以下介绍主要的国家或地区针对壁纸产品的相关标准的内容。

7.5.1 日本标准

日本将壁纸和涂料归类于一个标准作出技术要求，主要是执行JIS A6921—2003《装修用壁纸和墙面涂料》，其中主要技术要求见表7-1。

表7-1 日本壁纸技术要求

<table>
<tr><th colspan="3">试验项目</th><th>技术要求</th></tr>
<tr><td colspan="3">褪色性/号</td><td>4以上</td></tr>
<tr><td rowspan="4">耐摩擦性/级</td><td rowspan="2">干燥摩擦</td><td>纵向</td><td rowspan="2">4以上</td></tr>
<tr><td>横向</td></tr>
<tr><td rowspan="2">湿润摩擦</td><td>纵向</td><td rowspan="2">4以上</td></tr>
<tr><td>横向</td></tr>
</table>

续表

试验项目		技术要求
遮蔽性/级		3 以上
施工性		不得有粘贴不牢或剥离现象
湿润抗张强度/(N/15mm)	纵向	5.0 以上
	横向	
甲醛释出量/(mg/L)		0.2 以下
硫化污染性/级		4 以上

其中褪色性检测依据 JIS K 7362《塑料　暴露在透过玻璃的日光下、自然气候老化或实验室光源下颜色改变和性能变化的测定》进行检测，根据实际应用情况通过日光照射造成老化，判定试验后的褪变色程度。

耐摩擦性检测是依据 JIS L0849—2013《染色耐摩擦牢度的试验方法》进行检测，用壁纸与白色棉布进行摩擦试验，分别利用干、湿布进行试验，目测判定对白棉布的染色程度。

遮蔽性检测是在壁纸的内面紧贴一层遮盖性灰色膜（灰色的板状物），左右移动，目测判定透过表面的可见程度。规定不能透过壁纸轻易看到壁底的颜色。

施工性是将试样使用特定的胶黏剂黏合于样板上，数小时后观察壁纸的黏合情况。

湿润抗张强度检测是考虑到壁纸进行施工时施加胶水的水分会导致壁纸强度下降，所以规定拉动伸展时，壁纸不得出现意外破损。依据 JIS P8113：2006《纸和纸板　拉伸强度测定　第 2 部分：恒定拉伸法》在试验样品上，加入代替黏结剂的水分，通过拉伸试验机拉伸进行测定。

甲醛释出量检测是依据 JIS A1902-1：2006《建筑产品用挥发性有机化合物和醛的排放测定　取样、试样制备和试验条件　第 1 部分：板、壁纸和地板材料》进行，在称为干燥器的容器内放入蒸馏水和试样，测量被水吸收的甲醛量。

硫化污染性（级）是将试样放入硫化氢饱和水溶液中浸泡，通过 JIS L0805《评定染色用灰度》灰卡来确定等级。

壁纸的胶黏剂的安全要求在 JIS A6922：2003《装修和装饰用壁纸和墙面涂料黏合剂》给出规定。

7.5.2　欧盟标准

欧盟地区是壁纸的主要产区，对壁纸的安全环保性能及物理性能都有较高的要求。欧盟地区执行的壁纸类产品主要标准是 EN 233：1999《卷式壁纸　成品壁纸　聚乙烯壁纸和塑料壁纸规范》，其中有毒有害物质的要求见表 7-2。

表 7-2 壁纸中的有害物质限量值 mg/kg

有害物质名称		限量值
重金属(或其他)元素	钡	≤1000
	镉	≤25
	铬	≤60
	铅	≤90
	砷	≤8
	汞	≤20
	硒	≤165
	锑	≤20
①Sb 的限量不适用于阻燃特性墙面壁纸的评估报告； ②As 的限量不适用于抗真菌及细菌的墙纸		
氯乙烯单体		≤0.2
甲醛		≤120

该标准还将壁纸分为三个种类，并分别对尺寸规格进行了要求。

壁纸的耐洗性能根据 EN 12956：1999《滚涂型墙壁涂料 尺寸、平直性、防水性和可洗涤性的测定》进行测试。

壁纸的耐光色牢度根据 EN ISO 105-B02：2002《纺织品 色牢度试验 第B02 部分：耐人工光色牢度：氙弧灯试验》进行检测。

有毒有害物质根据 EN 12149：1997《滚涂型墙壁涂料 重金属、某些其他可萃取元素转移的测定，氯乙烯—单体含量及甲醛释放量测定》进行检测。

标准 EN 266：1992《墙壁贴面卷料 墙壁贴面织物规范》对纺织面料壁纸的规格尺寸、色牢度、洁净力、黏合力以及壁纸的标签符号作出了相应的规定。

7.5.3 我国台湾地区标准

我国台湾地区和我国大陆经济贸易紧密相连，台湾地区执行的壁纸标准技术要求与日本标准较为类似。其主要壁纸标准为 CNS 11491—1997《壁纸》，主要技术要求见表 7-3。

表 7-3 我国台湾地区壁纸主要技术要求

试验项目			标准要求
褪色性/级			4 以上
耐摩擦性/级	干摩擦	纵向	4 以上
		横向	
	湿摩擦	纵向	4 以上
		横向	

续表

试验项目		标准要求
遮蔽性/级		3 以上
施工性		不得有粘贴不牢或剥离现象
湿润抗张强度/[N/15mm(kgf/15mm)]	纵向	2.0(0.2)以上
	横向	
甲醛释出量/(mg/L)		2 以下
防焰性	馀焰时间/s	5 以下
	馀尽时间/s	15 以下
	炭化长度/mm	150 以下

注：1. 如需规定耐硫化污染性质，可依标准第 8.7 节之规定进行硫化污染性试验，若品质在 4 级以上，即可在产品上标示“耐硫化污染”字样。

2. 本品之长度方向及宽度方向分别称为纵向及横向，在摩擦性试验时，若无明显之纵横向差异，可就任意一方向做试验。

依据 CNS 3845《耐碳弧灯光染色坚牢度检验法》进行褪色性能试验，依据 CNS 1499《耐摩擦色坚牢度检验法》进行耐摩擦试验，依据 CNS 1354《纸及纸板之抗张强度及伸长率试验法》进行湿润抗张强度测试，依据 CNS 10760《加工处理纸及纸板防焰性试验》进行防焰性能测试。

台湾地区对壁纸的检测方法标准还有 CNS 11492—1986《壁纸检验法》，CNS 3311—1980《聚氯乙烯塑料壁纸检验法》。

CNS 11196—1985《壁纸施工用淀粉系黏着剂》和 CNS 11197—1985《壁纸施工用淀粉系黏着剂检验法》对壁纸的胶黏剂提出了技术要求。

7.5.4 中国壁纸标准

目前我国有关壁纸的标准主要有强制性国家标准 GB 18585—2001《室内装饰装修材料壁纸中有害物质限量》，以及推荐性行业标准 QB/T 4034—2010《壁纸》，QB/T 3805—1999《聚氯乙烯壁纸》。目前正在制定的国家标准 GB/T 30129—2013《壁纸原纸》。

7.5.4.1 GB 18585—2001《室内装饰装修材料壁纸中有害物质限量》

本标准是国家强制性标准，标准对壁纸中的有害物质限量有严格的要求，具体见表 7-4。

表 7-4 壁纸中的有害物质限量值 mg/kg

有害物质名称		限量值
重金属(或其他)元素	钡	≤1000
	镉	≤25
	铬	≤60
	铅	≤90

续表

有害物质名称		限量值
重金属(或其他)元素	砷	≤8
	汞	≤20
	硒	≤165
	锑	≤20
氯乙烯单体		≤1.0
甲醛		≤120

7.5.4.2 QB/T 3805—2009《聚氯乙烯壁纸》

本标准适用于以纸为基材，以聚氯乙烯为面层，经压延或涂布以及印刷、轧花或发泡而制成的聚氯乙烯壁纸。具体见表7-5～表7-7。

表7-5 壁纸外观质量要求

名称＼等级	优等品	一等品	合格品
色差	不允许有	不允许有明显差异	允许有差异，但不影响使用
伤痕和皱折	不允许有		允许基纸有明显折印，但壁纸表面不许有死折
气泡	不允许有		不允许有影响外观的气泡
套印精度	偏差不大于0.7mm	偏差不大于1mm	偏差不大于2mm
露底	不允许有		允许有2mm的露底，但不允许密集
漏印	不允许有		不允许有影响外观的漏印
污染点	不允许有	不允许有目视明显的污染点	允许有目视明显的污染点，但不允许密集

表7-6 壁纸物理性能指标

项目			指标		
			优等品	一等品	合格品
退色性/级			>4	≥4	≥3
耐摩擦色牢度试验/级	干摩擦	纵向	>4	≥4	≥3
		横向			
	湿摩擦	纵向	>4	≥4	≥3
		横向			
遮蔽性/级			4	≥3	
湿润拉伸负荷/(N/15mm)		纵向	>2.0	≥2.0	
		横向			
黏合剂可拭性		横向	20次无外观上的损伤和变化		

注：可拭性是指粘贴壁纸的黏合剂附在壁纸的正面，在黏合剂未干时，应有可能用湿布或海绵拭去，而不留下痕迹。

表 7-7 壁纸的可洗性

使用等级	指标
可洗	30 次无外观上的损伤和变化
特别可洗	100 次无外观上的损伤和变化
可刷洗	40 次无外观上的损伤和变化

7.5.4.3 QB/T 4034—2010《壁纸》

本标准适用于纯纸壁纸、纯无纺纸壁纸、纸基壁纸、无纺纸基壁纸。具体见表 7-8～表 7-10。

表 7-8 成品壁纸外观质量要求

项目	规定		
	优等品	一等品	合格品
色差	不应有明显差异		允许有差异，但不影响使用
伤痕和皱折	不应有		允许基材有轻微折印，但成品表面不应有死折
气泡	不应有		不应有影响外观的气泡
套印精度	偏差不大于 1.5mm		偏差不大于 2mm
露底	不应有		露底不大于 2mm
漏印	不应有		不应有影响外观的漏印
污染点	不应有	不应有目视明显的污染点	允许有目视明显的污染点，但不应密集

表 7-9 成品纸基壁纸和无纺纸基壁纸的物理性能指标

指标名称			规定					
			优等品		一等品		合格品	
			纸基壁纸	无纺纸基壁纸	纸基壁纸	无纺纸基壁纸	纸基壁纸	无纺纸基壁纸
褪色性/级			>4		≥4		≥3	
耐摩擦色牢度/级	干摩擦	纵向	>4		≥4		≥3	
		横向						
	湿摩擦	纵向	≥4		3～4		≥3	
		横向						
遮蔽性①/级			4		3			
湿润拉伸负荷/(kN/m)≥	纵向		0.33	0.67	0.20	0.53	0.13	0.33
	横向							
黏合剂可拭性②（横向）			20 次无外观上的损伤和变化					

续表

指标名称		规定					
		优等品		一等品		合格品	
		纸基壁纸	无纺纸基壁纸	纸基壁纸	无纺纸基壁纸	纸基壁纸	无纺纸基壁纸
可洗性[3]	可洗	30次无外观上的损伤和变化					
	特别可洗	100次无外观上的损伤和变化					
	可刷洗	40次无外观上的损伤和变化					

①对于粘贴后需再做涂饰的产品，其遮蔽性不作考核。

②可拭性是指粘贴壁纸的黏合剂附在壁纸的正面，在黏合剂未干时，应有可能用湿布或海绵拭去，而不留下明显痕迹。

③可洗性是壁纸在粘贴后的使用期内可洗涤的性能。

表7-10 纯纸壁纸和纯无纺纸壁纸的物理性能指标

指标名称			规定					
			优等品		一等品		合格品	
			纯纸壁纸	纯无纺纸壁纸	纯纸壁纸	纯无纺纸壁纸	纯纸壁纸	纯无纺纸壁纸
褪色性/级			>4		≥4		≥3	
耐摩擦色牢度/级	干摩擦	纵向	>4		≥4		≥3	
		横向						
	湿摩擦	纵向	≥4		3～4		≥3	
		横向						
遮蔽性[1]/级			4		3			
湿润拉伸负荷/(kN/m)≥		纵向	0.53	1.00	0.33	0.67	0.20	0.53
		横向						
吸水性/(g/m²)≤			20.0		50.0		50.0	
伸缩性/%≤			1.2	0.6	1.2	1.0	1.5	1.5
黏合剂可拭性[2](横向)			20次无外观上的损伤和变化					
可洗性[3]	可洗		30次无外观上的损伤和变化					
	特别可洗		100次无外观上的损伤和变化					

①对于粘贴后需再做涂饰的产品，其遮蔽性不作考核。

②可拭性是指粘贴壁纸的黏合剂附在壁纸的正面，在黏合剂未干时，应有可能用湿布或海绵拭去，而不留下明显痕迹。

③可洗性是壁纸在粘贴后的使用期内可洗涤的性能。

7.5.4.4 墙纸难燃性能

按照GB 50222—95《建筑内部装修设计防火规范》的装饰材料按其燃烧性能的分类、分级的规定，把墙纸直接粘贴在A级基材（不燃材料）上时，可作为B1级装修材料使用。要求同时符合GB 8624—2012《建筑材料及制品燃烧性能分级》中的燃烧性能和GB/T 8626—2007《建筑材料可燃性能试验方法》所规定的指标、平均剩余长度按 GB/T 8625—2005《建筑材料难燃性试验方法》测试和烟密度等级按 GB/T 8627—2007《建筑材料燃烧或分解的烟密度试验方法》测试的规定要求。GB 50222—95 标准规定：单位质量小于 300g/m^2 的纸质、布质壁纸，当直接粘贴在 A 级基材上时，可作为 B1 级装修材料使用。具体见表 7-11。

表 7-11　装修材料燃烧性能等级

等级	装修材料燃烧性能
A	不燃性
B1	难燃性
B2	可燃性
B3	易燃性

Chapter
08

第8章 其他装饰材料

8.1 概述

室内装饰材料按材质分，有塑料、金属、陶瓷、玻璃、木材、无机矿物、涂料、纺织品、石材等种类。本节所述的“其他装饰材料”，主要是指非建筑用铝合金装饰型材、装饰用铝塑复合板、石膏板、聚氯乙烯卷材地板、混凝土外加剂等。

8.1.1 非建筑用铝合金装饰型材

非建筑用铝合金装饰型材是指以改善视觉效果为主要目的的装饰用铝合金热挤压型材。铝及铝合金塑性加工成形方法很多，分类标准也不统一。目前，最常见的是按工件在加工时的温度特征和工件在变形过程中的应力-应变状态来进行分类。按工件在加工过程中的温度特征，铝及铝合金加工方法可分为热加工、冷加工和温加工；按工件在变形过程中的受力与变形方式（应力-应变状态），铝及铝合金加工可分为轧制、挤压、拉拔、锻造、旋压、成形加工及深度加工等。

8.1.2 装饰用铝塑复合板

铝塑复合板（又称铝塑板）是由多层材料复合而成，上下层为高纯度铝合金板，中间为低密度聚乙烯芯板，并与黏合剂复合为一体的轻型墙面装饰材料。其分解结构自上而下分别是：保护膜层、氟碳树脂光漆层、氟碳树脂面漆层、氟碳树脂底漆层、防锈高强度合金铝板层、阻燃无毒塑料芯材层、防锈高强度合金铝板层、防腐保护膜处理层、防腐底漆层。铝塑板规格为1220mm×2440mm，分为单面和双面两种，单面较双面价格低，单面铝塑板的厚度一般为3～4mm，双面铝塑板的厚度为6～8mm。

铝塑板融合了铝及塑料两种材料的性能优点，具有易于加工成形、耐候、耐蚀、耐冲击、防火、防潮、隔热、隔声、抗震性能好等特点。它能缩短工期、降低成本。它可以切割、裁切、开槽、带锯、钻孔、加工埋头，也可以冷弯、冷折、冷轧，还可以铆接、螺栓连接或胶合黏结等。其外部经过特种工艺喷涂塑料，色彩艳丽丰富，长期使用不褪色、不变形，尤其是防水性能较好。

目前材料市场上铝塑板的种类繁多，室内室外各种颜色、各种花式令人目不暇接，是一种很常见的装饰材料。由于材料性能上的诸多优势，被广泛应用于各种建筑装饰上，如天花板、包柱、柜台、家具、电话亭、电梯、店面、广告牌、防尘室壁材、厂房壁材等，同天然石材、玻璃幕墙并称三大幕墙材料之一，还被应用于汽车、火车箱体的制造、飞机、船舶的隔间壁材、设备、仪器的外箱体等。在室内装饰装修中，应用同样广泛，如客厅、卧室、厨房、卫生间等。

8.1.3 石膏板

石膏板是以石膏为主要原料，加入纤维、胶黏剂、稳定剂，经混炼压制、干燥而成，具有防火、隔声、隔热、轻质、高强、收缩率小等特点，且稳定性好、不老化、防虫蛀、施工简便。

石膏板基本分为装饰石膏板、纸面石膏板、嵌装式装饰石膏板、耐火纸面石膏板、耐水纸面石膏板和吸声用穿孔石膏板六大类。

8.1.3.1 装饰石膏板

装饰石膏板以建筑石膏为主要原料，掺入适量增加纤维、胶黏剂等，经搅拌、成型、烘干等而制成的不带护面纸的装饰板材，具有重量轻、强度高、防潮、防火等性能。装饰石膏板为正方形，其棱边断面形状有直角形和倒角形两种，不同形状拼装后装饰效果不同。

根据板材正面形状和防潮性能的不同，装饰石膏板分为普通板和防潮板两类。普通装饰石膏板用于卧室、办公室、客厅等空气湿度小的地方，防潮装饰石膏板则可以用于厨房、厕所等空气湿度大的地方。

8.1.3.2 纸面石膏板

纸面石膏板以建筑石膏板为主要原料，掺入适量的纤维与添加剂制成板芯，与特制的护面纸牢固粘连而成。具有重量轻、强度高、耐火、隔声、抗震性能好、便于加工等特点。石膏板的开关以棱边角为特点，使用护面纸包裹石膏板的边角形态有直角边、45°倒角边、半圆边、圆边、梯形边。

8.1.3.3 嵌装式装饰石膏板

嵌装式装饰石膏板是以建筑石膏为主要原料，掺入适量的纤维增强材料和外加剂，与水一起搅拌成均匀的料浆，经浇注、成型、干燥而成的不带护面纸的板材。板材背面四边加厚，并带有嵌装企口。板材正面为平面、带孔或带浮雕图案。

8.1.3.4　耐火纸面石膏板

耐火纸面石膏板以建筑石膏为主要原料，掺入适量耐火材料和大量玻璃纤维制成耐火芯材，并与耐火的护面纸牢固地粘连在一起。

8.1.3.5　耐水纸面石膏板

耐水纸面石膏板是以建筑石膏为原料，掺入适量耐水外加剂制成耐水芯材，并与耐水的护面纸牢固地粘连在一起。

8.1.3.6　吸声用穿孔石膏板

吸声用穿孔石膏板是以装饰石膏板和纸面石膏板为基础板材，并有贯通于石膏板正面和背面的圆柱形孔眼，在石膏板背面粘贴具有透气性的背覆材料和能吸收入射声能的吸声材料等。吸声用穿孔石膏板的棱边形状有直角形和倒角形两种。

石膏板的特点概述见表 8-1。

表 8-1　石膏板的特点概述

序号	特点	特点概述
1	生产能耗低、效率高	生产同等单位的石膏板的能耗比水泥节省 78%，且投资少，生产能力大，便于大规模生产，国外已经有年生产量可达 4000 万平方米以上的生产线
2	质量轻	用石膏板作隔墙，重量仅为同等百度砖墙的 1/15，砌块墙体的 1/10，有利于结构抗震，并可有效减少基础及结构主体造价
3	保温隔热	由于石膏板的多孔结构，其热导率为 0.16W/(m^2·K)，与灰砂砖砌块[1.1W/(m^2·K)]相比，其隔热性能具有显著的优势
4	防火性能好	由于石膏芯本身不燃，且遇火时在释放化合水的过程中会吸收大量的热，延迟周围环境温度的升高，因此，石膏板具有良好的防火阻燃性能。经国家防火检测中心检测，石膏板隔墙耐火极限可达 4h
5	隔声性能好	石膏板隔墙具有独特的空腔结构，大大提高了系统的隔声性能
6	装饰功能好	石膏板表面平整，板与板之间通过接缝处理形成无缝表面，表面可直接进行装饰
7	可施工性好	仅需裁纸刀便可随意对石膏板进行裁切，施工非常方便，用它做装饰，可以摆脱传统的湿法作业，极大地提高施工效率
8	居住功能好	由于石膏板具有独特的“呼吸”性能，可在一定范围内调节室内湿度，使居住舒适
9	绿色环保	纸面石膏板采用天然石膏及纸面作为原材料，绝不含对人体有害的石棉(绝大多数的硅酸钙类板材及水泥纤维板均采用石棉作为板材的增强材料)
10	节省空间	采用石膏板作墙体，墙体厚度最小可达 74mm，且可保证墙体的隔声、防火性能

8.1.4 聚氯乙烯卷材地板

塑料地板具有质轻、尺寸稳定、施工方便、经久耐用、脚感舒适、色泽艳丽美观、耐磨、耐油、耐腐蚀、防火、隔声及隔热等优点。

聚氯乙烯卷材地板是以聚氯乙烯树脂为主要原料，并加入适当助剂，在片状连续基材上，经涂敷工艺而成的。该卷材的配料特点是少加填料而多加增塑剂的成分，因而卷材质地柔软、有弹性、脚感好，但表面耐热性较差。聚氯乙烯卷材地板主要用于建筑物内一般的地面和楼面铺设。带基材的聚氯乙烯卷材地板是带有基材、中间层和表面耐磨层的连续片状地面或楼面铺设材料。其产品分两种：带基材的发泡聚氯乙烯卷材地板，代号为FB；带基材的致密聚氯乙烯卷材地板，代号为CB。其宽度有1800mm、2000mm，每卷长度20mm、30mm，总厚度有1.5mm、2mm。

8.1.5 混凝土外加剂

混凝土外加剂又称混凝土附加剂、混凝土添加剂，在砂浆、混凝土拌和时或拌和前掺入的、掺量一般不大于水泥重量5%，能按要求改善砂浆、混凝土性能的材料。

按化学成分分类有：

① 无机物类　包括各种无机盐、一些金属单质、少量氧化物和氢氧化物，大多用作早强剂、速凝剂、着色剂及加气剂等；

② 有机物类　种类很多，其中极大部分属于表面活性剂，有阴离子、阳离子、两性离子、非离子型表面活性剂。

按主要功能分为四类：

① 改善混凝土混合料流变性能，如各种减水剂、引气剂和泵送剂等；

② 调节混凝土凝结时间、硬化速度，如缓凝剂、早强剂和速凝剂等；

③ 改善混凝土耐久性，如引气剂、防水剂和阻锈剂等；

④ 改善混凝土其他性能，如膨胀剂、防冻剂、着色剂等。

8.2 非建筑用铝合金装饰型材的质量安全要求及检测技术

我国的国家推荐性标准《非建筑用铝合金装饰型材》（GB/T 26014—2010）规定了非建筑用铝合金装饰型材的要求、试验方法、检验规则和标志、包装、运输、储存及质量证明证书。其对“非建筑用铝合金装饰型材”的定义为“以改善视觉效果为主要目的的装饰用铝合金热挤压型材”。

8.2.1　产品的分类

装饰型材的分类及代号如表 8-2 所示。

表 8-2　装饰型材的分类及代号

分类依据	分类	代号
按表面处理方式分类	基材	JC
	氧化材	YH
	电泳材	DY
	粉末喷涂材	PT
按力学性能分类	侧重强度要求	LQ
	侧重塑性要求	LS
	非受力要求	LY
按耐盐雾腐蚀等级分类	Ⅰ类	FⅠ
	Ⅱ类	FⅡ
	Ⅲ类	FⅢ
	Ⅳ类	FⅣ
按使用环境分类	室内装饰用	SN
	室外装饰用	SW
按膜厚级别分类	A	HA
	B	HB
	C	HC

型材标记按产品规格（型材代号×定尺长度）、表面处理方式、颜色、膜厚级别、力学性能类别、耐盐雾腐蚀等级、使用环境的顺序表示。标记示例如下：

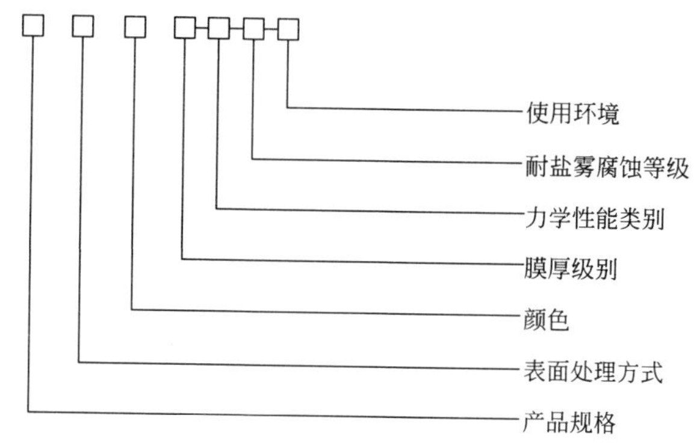

例如，某型材的标记为："ZSC001×6000YH 银白 HA-LY-FI-SN"，则表示该型材的产品规格代号为 ZSC001，定尺长度为 6000mm，表面处理方式为阳极氧化，颜色为银白色，膜厚级别为 A，力学性能类别为非受力要求，耐盐雾腐蚀

等级为Ⅰ类，供室内装饰使用。

8.2.2 力学性能要求

LQ类装饰型材（侧重强度要求的装饰型材）的室温力学性能应符合表8-3中的规定，其他牌号的室温力学性能由供需双方商定，并在合同中注明。

表8-3 LQ类装饰型材的室温力学性能

合金牌号	壁厚/mm	拉伸试验结果			
		抗拉强度 $(R_m)/(N/mm^2)$	规定非比例延伸强度 $(R_{P0.2})/(N/mm^2)$	断后伸长率/%	
				A	A_{50mm}
		不小于			
6005	≤6.5	260	215	—	7
6060	≤5	160	120	—	6
	>5～25	140	100	8	6
6061	≤16	240	205	9	7
6063	≤3	175	130	—	6
	>3～25	160	110	7	5
6063A	≤10	200	160	—	5
	>10～25	190	150	6	4
6463	≤50	150	110	8	6
6463A	≤12	150	110	—	6

LS类装饰型材（侧重塑性要求的装饰型材）的室温力学性能应符合表8-4的规定，其他牌号的室温力学性能由供需双方商定，并在合同中注明。

表8-4 LS类装饰型材的室温力学性能

合金牌号	壁厚/mm	拉伸试验结果			
		抗拉强度 $(R_m)/(N/mm^2)$	规定非比例延伸强度 $(R_{P0.2})/(N/mm^2)$	断后伸长率/%	
				A	A_{50mm}
		不小于			
6005	≤6.5	210	172	—	9
6060	≤5	128	96	—	8
	>5～25	112	80	10	8
6061	≤16	192	164	11	9
6063	≤3	140	104	—	8
	>3～25	128	88	9	8

续表

合金牌号	壁厚/mm	拉伸试验结果			
		抗拉强度 (R_m)/(N/mm^2)	规定非比例延伸强度 ($R_{p0.2}$)/(N/mm^2)	断后伸长率/%	
				A	A_{50mm}
		不小于			
6063A	≤10	160	128	—	6
	>10～25	162	120	8	5
6463	≤50	120	88	10	8
6463A	≤12	120	88	—	8

8.2.3　力学性能的检测方法

装饰型材的拉伸试验按 GB/T 228—2002 的规定进行，断后伸长率按 GB/T 228—2002 中的 11.1 条仲裁，拉伸试验的试样按 GB/T 16868 规定制取。

现行国家推荐性标准 GB/T 16865—1997《变形铝、镁及其合金加工制品拉伸试验用试样》，该标准规定了变形铝、镁及其合金加工制品拉伸试验用试样的定义、符号、型号、尺寸、尺寸允许偏差和试样的选取及制备等。试验用试样一般分为不经机械加工的全截面试样和经机械加工的横截面为矩形、圆形和弧形的试样。经机械加工的试样又分为带头部和不带头部两种。不带头部试样主要用于材料尺寸或加工条件受限制时；仲裁试验时，一般采用带头部试样。

GB/T 228—2002 已被 GB/T 228.1—2010 所取代，为修改采用的国际标准 ISO 6892-1：2009（英文版）《金属材料　拉伸试验　第 1 部分：室温试验方法》。试验系用拉力拉伸试样，一般拉至断残裂，测定相应的力学性能。除非另有规定，试验一般在室温 10～35℃范围内进行。对温度要求严格的试验，试验温度应为 23℃±5℃。

8.2.4　化学成分的规定

装饰型材的化学成分应符合 GB/T 3190 的规定。现行国家推荐性标准 GB/T 3190—2008《变形铝及铝合金化学成分》，修改采用的是国际标准 ISO 209：2007（英文版）。其除了规定变形铝及铝合金的化学成分应符合要求之外，还特别规定了食品行业用铝及铝合金材料应控制 w（Cd＋Hg＋Pb＋Cr^{6+}）≤0.01%、w（As）≤0.01%；电器、电子设备行业用铝及铝合金材料应控制 w（Pb）≤0.1%、w（Hg）≤0.1%、w（Cd）≤0.01%、w（Cr^{6+}）≤0.1%。

8.2.5　化学成分的分析方法

化学成分分析采用 GB/T 20975 或 GB/T 7999 规定进行，仲裁时采用 GB/T

20975 规定进行，化学成分分析取样方法应符合 GB/T 17432 的规定。

现行国家推荐性标准 GB/T 17432—1998《变形铝及铝合金 化学成分分析取样方法》。其中规定的选样原则为：生产厂在铝及铝合金铸或铸轧稳定阶段选取代表其成分的样品。仲裁时在产品上取样。代表整批或整个订货合同的样品，应随机选取。在保证其代表性的情况下，样品的选取应使材料损耗最小。需方可用拉断后的拉力试样作为选取的样品。

现行国家推荐性标准 GB/T 20975 是一系列标准，分别是 GB/T 20975.1～GB/T 20975.25，共计 25 个分析方法标准，其分析元素和方法如表 8-5 所示。

表 8-5 铝及铝合金化学分析方法

标准号	分析元素	分析方法	标准号	分析元素	分析方法
GB/T 20975.1—2007	汞	冷原子吸收光谱法	GB/T 20975.13—2008	钒	苯甲酰苯胺分光光度法
GB/T 20975.2—2007	砷	钼蓝分光光度法	GB/T 20975.14—2008	镍	丁二酮肟分光光度法、火焰原子吸收光谱法
GB/T 20975.3—2008	铜	新亚铜灵分光光度法、火焰原子吸收光谱法、电解重量法	GB/T 20975.15—2008	硼	离子选择电极法、胭脂红分光光度法
GB/T 20975.4—2008	铁	邻二氮杂菲分光光度法	GB/T 20975.16—2008	镁	CDTA 滴定法、火焰原子吸收光谱法
GB/T 20975.5—2008	硅	重量法、钼蓝分光光度法	GB/T 20975.17—2008	锶	火焰原子吸收光谱法
GB/T 20975.6—2008	镉	火焰原子吸收光谱法	GB/T 20975.18—2008	铬	萃取分离-二苯基碳酰二肼分光光度法、火焰原子吸收光谱法
GB/T 20975.7—2008	锰	高碘酸钾分光光度法	GB/T 20975.19—2008	锆	二甲酚橙分光光度法、偶氮胂Ⅲ分光光度法
GB/T 20975.8—2008	锌	EDTA 测定法、火焰原子吸收光谱法	GB/T 20975.20—2008	镓	丁基罗丹明 B 分光光度法
GB/T 20975.9—2008	锂	火焰原子吸收光谱法	GB/T 20975.21—2008	钙	火焰原子吸收光谱法
GB/T 20975.10—2008	锡	苯基荧光酮分光光度法、碘酸盐(滴定)法	GB/T 20975.22—2008	铍	依莱铬氰兰 R 分光光度法
GB/T 20975.11—2008	铅	火焰原子吸收光谱法	GB/T 20975.23—2008	锑	碘化钾分光光度法
GB/T 20975.12—2008	钛	二安替吡啉甲烷光度法、过氧化氢分光光度法、铬变酸分光光度法	GB/T 20975.24—2008	稀土总量	三溴偶氮胂分光光度法、草酸盐重量法

现行国家推荐性标准 GB/T 7999—2007《铝及铝合金光电直读发射光谱分析方法》，该标准适用于分析棒状或块状铝及铝合金试样中硅、铁、铜、锰、镁、铬、镍、锌、钛、镓、钒、锆、铍、铅、锡、锑、铋、锶、铈、钙、磷、镉、砷、钠 24 个元素的光电直读发射光谱测定。分析方法为：将加工好的试样用激发系统激发发光，经分光系统色散成光谱，对选用的内标线和分析线由光电转换系统及测量系统进行光电转换并测量，根据相应的标准样品制作的分析曲线计算出分析试样中各元素的含量。

8.2.6　铝合金装饰型材的质量认证要求

目前铝合金窗、铝木复合窗、铝塑复合窗可以进行建筑门窗节能性能标识认证。

建筑门窗节能性能标识是一种信息性标识，仅对标准规格门窗的传热系数、遮阳系数、空气渗透率、可见光透射比等节能性能指标进行客观描述，简称“门窗标识”或“标识”。

门窗标识工作是依据原建设部于 2006 年 12 月 29 日印发的《建筑门窗节能性能标识试点工作管理办法》（建标［2006］319 号）而实施的，目的是保证建筑门窗产品的节能性能，规范市场秩序，促进建筑节能技术进步，提高建筑物的能源利用效率。

门窗标识通过客观反映门窗具体节能性能的指标，向建设方、消费者、工程技术人员和政府提供衡量门窗综合指标的一把尺子，以此判断门窗节能性能的优劣。根据标识，建设方和设计人员可以选择符合要求的门窗，购房者可以了解门窗的节能品质，建筑节能主管部门和监督部门可以判定门窗是否满足节能要求。

对于工程中采用的获得标识的门窗，可以不受规格尺寸的限制，通过随机检测玻璃、检查框的断面构造和节点、验算节能性能指标，并将结果与标签的内容进行核对，就很容易地复验出工程中采用的产品是否与标签一致。同时，上述复验手段比产品进场抽样检测更便捷，费用也低廉。门窗标识能够客观反映门窗的性能指标且容易复验，这样可以有效区分门窗产品的优劣，能够防范建筑门窗的鱼龙混杂、良莠不分，从而规范建筑门窗市场、保证门窗行业的健康发展。

住房和城乡建设部标准定额研究所负责组织实施标识试点工作，接受建设部的监督。地方建设主管部门负责本行政区域的标识试点工作的推广、实施与监督。建筑门窗节能性能标识专家委员会负责承担标识试点中技术性的评审、指导、咨询等工作。建筑门窗节能性能标识实验室负责企业生产条件现场调查、产品抽样和样品节能性能指标的检测与模拟计算，出具《建筑门窗节能性能标识测评报告》。

门窗标识中所包含的产品信息有：

① 编号（证书编号和产品标签编号）；

② 发证日期、有效期（截止日期）；

③ 框材、隔热材料、密封条等的基本描述；

④ 不同玻璃配置（最多五种配置）对应的窗户性能指标（传热系数、遮阳系数、空气渗透率、可见光透射比）；

⑤ 产品适宜地区（推荐使用的地区）。

8.2.7 铝合金装饰型材国标与欧标的区别

欧标铝型材同国标铝型材两种型材的不同之处主要在截面形状的区别和型材槽的区别。

① 槽型不同　在型材的固定连接时型材槽里放置不同的螺母；国标型材槽放置普通方螺母，欧标型材需放置专用异型螺母。

② 型材边角倒角不同　国标型材四个边角倒角很小，基本是直角；欧标型材四个边角有较大的圆弧倒角。

8.3 普通装饰用铝塑复合板的安全要求及检测技术

铝塑复合板是以经过化学处理的涂装铝板为表层材料，用聚乙烯塑料为芯材，在专用铝塑板生产设备上加工而成的复合材料。铝塑复合板本身所具有的独特性能，决定了其广泛用途：它可以用于大楼外墙、帷幕墙板、旧楼改造翻新、室内墙壁及天花板装修、广告招牌、展示台架、净化防尘工程。铝塑复合板在国内已大量使用，属于一种新型建筑装饰材料。我国现行的国家推荐性标准 GB/T 22412—2008 题名为《普通装饰用铝塑复合板》，规定了普通装饰铝塑复合板的术语和定义、分类、规格尺寸及标记、要求、试验方法、检验规则、标志、包装、运输、储存及随行文件等，主要适用于室内外普通装饰用的铝塑复合板，不适用于建筑幕强用铝塑复合板。

8.3.1 产品的分类和标记

按装饰板的燃烧性能分为普通型和阻燃型，按装饰面层工艺分为涂层型和覆膜型。

普通型的代号为 G；阻燃型的代号为 FR；氟碳树脂涂层装饰面的代号为 FC；聚酯树脂涂层装饰面的代号为 PET；丙烯酸树脂涂层装饰面的代号为 AC；覆膜装饰面的代号为 F。

其标记方法为按装饰板的产品名称、分类、装饰面、规格尺寸、铝材厚度以及标准编号顺序进行标记。例如，某铝塑复合板的标记为："普通装饰用铝塑复合板 FR PET 2440×1220×40.40GB/T 22412—2008"，则表示该板名为普通装饰用铝塑复合板，规格为 2440mm×1220mm×4mm、铝材厚度为 0.40mm、表面为聚酯树脂涂层装饰面的阻燃型装饰板。

8.3.2 铝塑复合板的主要技术要求

铝塑板主要技术指标包括：耐冲击性、弯曲强度、剥离强度、热变形温度、耐热水性、燃烧性能、烟毒危险性能等。

8.3.2.1 耐冲击性

GB/T 22412—2008 规定装饰板的耐冲击性应≥20 kg·cm。按 GB/T 1732 的规定进行试验，冲击锤的质量为 1kg，冲头直径为 12.7cm，试件装饰面朝上，通过调节不同的冲击高度，测量冲击后试件涂层既无开裂或脱落、正背面铝材也无明显裂纹的最大冲击高度，以该高度值乘以冲锤重量作为试验值。以全部试验值中的最低值作为试验结果。

冲击试验器如图 8-1 所示，由下列各件组成：座 1；嵌于座中之铁砧 2；冲头 3；滑筒 4；重锤 5 及重锤控制器。

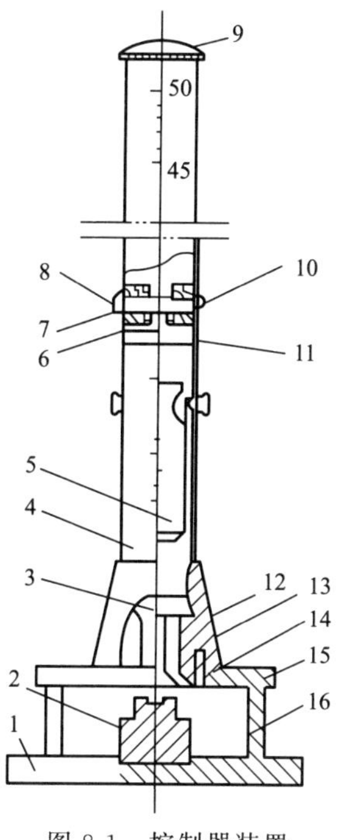

图 8-1　控制器装置

控制器装置由下列部件组成：制动器器身 6；控制销 7；控制销螺钉 8；制动器固定螺钉 10 及定位标 11；横梁 15 用两根柱子 16 与座相联；在横梁中心装有压紧螺帽 12；冲头可在其中移动，用螺钉 14 将圆锥 13 连接在横梁上。滑筒之一端旋入锥体中，而另一端则为盖 9；滑筒中的重锤可自由移动，重锤借控制装置固定，并可移动凹缝中的固定螺钉，将其维持在范围内的任何高度上。滑筒上有刻度以便读出重锤所处位置。

将涂漆试板漆膜朝上平放在铁砧上，试板受冲击部分距离边缘不少于15mm，每个冲击点的边缘相距不得少于15mm。重锤借控制装置固定在滑筒的某一高度，按压控制钮，重锤即自由地落于冲头上。提起重锤，取出试板。记录重锤落于试板上的高度。同一试板进行三次冲击试验。用4倍放大镜观察，判断试件涂层是否开裂或脱落、正背面铝材是否有明显裂纹。

8.3.2.2 弯曲强度

GB/T 22412—2008规定装饰板的弯曲强度应≥标称值。测量弯曲强度的材料试验机要求能以恒定速率加载，示值相对误差不大于±1%，试验的最大荷载应在试验机示值的15%～90%。

弯曲强度的试验方法为：用游标卡尺测量试件中部的宽度和厚度，将试件居中放在弯曲装置上，按图8-2所示的三点弯曲方法时行加载直至达到最大载荷值。跨距为170mm，加载速度为7mm/min，压辊及支辊的直径为10mm。

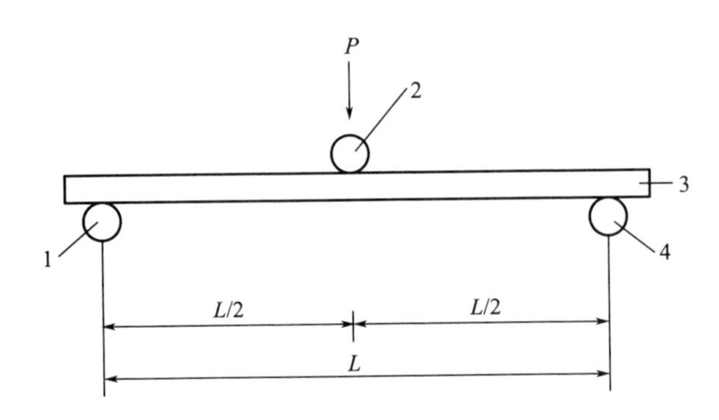

图8-2 弯曲强度检测示意图

1—下支辊；2—上压辊；3—试样；4—下支辊

弯曲强度按公式
$$\sigma=1.5\times\frac{P_{max}L}{bh^2}$$

式中 σ——弯曲强度，MPa；

P_{max}——最大弯曲载荷，N；

L——跨距，mm；

b——试件中部宽度，mm；

h——试件中部厚度，mm。

以6个试件为一组，测量正面向上纵向、正面向上横向、背面向上纵向、背面向上横向各组试件的弯曲强度，分别以各组试件的弯曲强度的算术平均值作为该组的试验结果。

8.3.2.3 剥离强度

GB/T 22412—2008规定装饰板的剥离强度的平均值≥4.0N/mm，最小值≥3.0N/mm。剥离强度按 GB/T 2790 的规定进行，以 6 个试件为一组，分别测量正面纵向、正面横向、背面纵向、背面横向各组试件中每个试件的平均剥离强度和最小剥离强度。分别以各组试件的平均剥离强度的算术平均值和最小剥离强度中的最小值作为该组的试验结果。

现行国家推荐性标准 GB/T 2790—1995《胶黏剂 180°剥离强度试验方法 挠性材料对刚性材料》，其测试原理为：将胶接试样以规定的速率从胶接的开口处剥开，两块被粘物沿着被粘面长度的方向逐渐分享。通过挠性被粘物所施加的剥离力基本上平等于胶接面。

拉伸试验装置是具有适宜的负荷范围，夹头能以恒定的速率分离并施加拉伸力的装置，该装置应配备有力的测量系统和指示记录系统。力的示值误差不超过 2%。整个装置的响应时间应足够地短，以不影响测量的准确性为宜，即当胶接试样被破坏时，所施加的力能被测量到。试样的破坏负荷应处于满标负荷的 10%～80%之间。

将挠性被粘试片的未胶接的一端弯曲 180°，将刚性被粘试片夹紧在固定的夹头上，而将挠性试片夹紧在另一夹头上。注意夹头间试样准确定位，以保证所施加的拉力均匀地分布在试样的宽度上。开动机器，使上下夹头以恒定的速率分离。夹头的分离速度为 (100±10)mm/min。记下夹头的分离速率和当夹头分离运行时所受到的力，最好是自动记录。继续试验，直到至少有 125mm 的胶接长度被剥离。注意胶接破坏的类型，即黏附破坏、内聚破坏或被黏物破坏。

对于每个试样，从剥离力和剥离长度的关系曲线上测定平均剥离力，以“N”为单位。计算剥离力的剥离长度至少要 100mm，但不包括最初的 25mm，可以用划一条估计的等高线或用测面积法来得到平均剥离力。如果需要更准确的结果，还可以使用其他适当的方法。记录下在这至少 100mm 剥离长度内的剥离力的最大值和最小值，计算相应的剥离强度值。计算公式为：

$$\sigma_{180^\circ}=\frac{F}{B}$$

式中　σ_{180°——180°剥离强度，kN/m；

F——剥离力，N；

B——试样宽度，mm。

计算所有试验试样的平均剥离强度、最小剥离强度和最大剥离强度，以及它们的算术平均值。

8.3.2.4　热变形温度

GB/T 22412—2008 规定装饰板的热变形温度应≥85℃。以加热前后试件中点“挠”度的相对变化量达到 0.25mm 时的温度作为试件的热变形温度。试件平放，所加试验载荷应使试件的最大弯曲正应力达到 1.82MPa，其计算按公式

$$P=1.213\times\frac{bh^2}{L}$$

式中 P——试验载荷，N；

L——跨距，mm；

b——试件中部宽度，mm；

h——试件中部厚度，mm；

1.213——常数，MPa。

其余按 GB/T 1634.2 的规定进行试验。以 6 个试件为一组，分别测量正面向上纵向、正面向上横向、背面向上纵向、背面向上横向各组试件的热变形温度，分别以各组试件的测量值和算术平均值作为该组的试验结果。

现行国家推荐性标准 GB/T 1634.2—2004《塑料负荷变形温度的测定第 2 部分：塑料、硬橡胶和长纤维增强复合材料》，其测量原理为：标准试样以平入或侧立方式承受三点弯曲恒定负荷，使其产生 GB/T 1634 相关部分规定的其中一种弯曲应力。在匀速升温条件下，测量达到与规定的弯曲应变增量相对应的标准挠度时的温度。

8.3.2.5 耐热水性

GB/T 22412—2008 规定装饰板的耐热水性应为无变化。试验方法为将试件浸没在 98℃±2℃蒸馏水中恒温 2h，试验中应避免试验过程中试件相互接触和窜动。然后让试件在该蒸馏水中自然冷却到室温，取出试件擦干，目测试件有无鼓泡、开胶、剥落、开裂及涂层变色等外观上的异常变化，然后按照 GB/T 1720（仲裁法）或 GB/T 9286 进行附着力试验，以全部试验值中的最小值作为试验结果。距离试件边缘不超过 10mm 内的铝材与芯材的开胶可忽略不计。

现行国家推荐性标准 GB/T 1720—79《漆膜附着力测定法》，其测定方式为用工具在板上划出圆滚线划痕，以四倍放大镜检查划痕并评级。现行国家推荐性标准 GB/T 9286—1998 题名为《色漆和清漆　漆膜的划格试验》，其测定方式为以直角网格图形切割涂层穿透至底材来评定涂层从底材上脱离的抗性。

8.3.2.6 燃烧性能

GB/T 22412—2008 规定阻燃性铝塑板的燃烧性能不能低于 C，其测试方法按 GB 8624 的规定行。

现行国家强制性标准 GB 8624—2006《建筑材料及制品燃烧性能分级》，其中规定的 C 级标准的要求见表 8-6。

表 8-6　C 级标准要求

等级	试验标准	分级判据	附加分级
C	GB/T 20284	FIGRA≤250W/s 且 LFS<试样边缘且 THR_{600s}≤15MJ	产烟量[②]且燃烧滴落物/微粒[③]

续表

等级	试验标准	分级判据	附加分级
C	GB/T 8626① 点火时间=30s	60s 内 $F_s \leqslant 150$mm	产烟量②且燃烧滴落物/微粒③
	GB/T 20285		产烟毒性④

①火焰轰击制品的表面和（如果适合该制品的最终应用）边缘。

②在试验程序的最后阶段，需对烟气测量系统进行调整，烟气测量系统的影响需进一步研究。由此导致评价产烟量的参数或极限值的调整。

s1=SMOGRA$\leqslant 30m^2/s^2$ 且 $TSP_{600s} \leqslant 50m^2$；s2=SMOGRA$\leqslant 180m^2/s^2$ 且 $TSP_{600s} \leqslant 200m^2$；s3=未达到 s1 或 s2。

③d0=按 GB/T 20284 规定，600s 内无燃烧滴落物/微粒；

d1=按 GB/T 20284 规定，600s 内燃烧滴落物/微粒持续时间不超过 10s；

d2=未达到 d0 或 d1；

按照 GB/T 8626 规定，过滤纸被引燃，则该制品为 d2 级。

④t0=按 GB/T 20285 规定的试验方法，达到 ZA1 级；

t1=按 GB/T 20285 规定的试验方法，达到 ZA3 级；

t2=未达到 t0 或 t1。

表 8-6 中的 FIGRA 是用于分级的燃烧增长速率指数，对于 C 级，FIGRA=$FIGRA_{0.4mJ}$，表示总发热量临界值为 0.4mJ 以后，试样热释放速率与受火时间的比值的最大值；LFS 表示火焰在试样长翼上的横向传播；THR_{600s} 表示试样受火于主燃烧器最初 600s 内的总热释放量；F_s 表示燃烧长度，单位为 mm；SMOGRA 是烟气生成速率指数，表示试样产烟率与所需受火时间的比值的最大值；TSP_{600s} 表示试样受火于主燃烧器最初 600s 内的总烟气产生量，单位为 m^2。

现行国家推荐性标准 GB/T 20284—2006《建筑材料或制品的单体燃烧试验》，为等同采用 EN 13823：2002（英文版）。单体燃烧试验装置包括燃烧室、试验设备（小推车、框架、燃烧器、集气罩、收集器和导管）、排烟系统和常规测量装置。其试验原理为：由两个成直角的垂直翼组成的试样暴露于直角底部的主燃烧器产生的火焰中，火焰由丙烷气体燃烧产生，丙烷气体通过砂盒燃烧器并产生（30.7±2.0）kW 的热输出。试样的燃烧性能通过 20min 的试验过程来进行评估。性能参数包括：热释放、产烟量、火焰横向传播和燃烧滴落物及颗粒物。在点燃主燃烧器前，应利用离试样较运的辅助燃烧器对燃烧器自身的热输出和产烟量进行短时间的测量。一些参数测量可自动进行，另一些则可通过目测法得出。排烟管道配有用以测量温度、光衰减、O_2 和 CO_2 的摩尔分数以及管道中引起压力差的气流的传感器。这些数值是自动记录的并用以计算体积流速、热释放速率（HRR）和产烟率（SPR）。对火焰的横向传播和燃烧滴落物及颗粒物可采用目测法进行测量。其试验步骤为：将试样安装在小推车上，主燃烧器已位于集气罩下的框架内，按规定的步骤依次进行试验，直至试验结束。整个试验步骤应在试样从状态调节室中取出后的 2h 内完成。

现行国家推荐性标准 GB/T 8626—2007《建筑材料可燃性试验方法》，为等同采用ISO 11925-2：2002（英文版）。该标准规定了在没有外加辐射条件下，用小火焰直接冲击垂直放置的试样以测定建筑制品可燃性的方法。其试验步骤为：点燃位于垂直方向的燃烧器，待火焰稳定。调节燃烧器微调阀，并采用规定的测量器具测量火焰高度，火焰高度应为（20±1）mm。应在远离燃烧器的预设位置上进行该操作，以避免试样意外着火。在每次对试样点火前应测量火焰高度。沿燃烧器垂直轴线将燃烧器倾斜45°，水平向前推进，直至火焰抵达预设的试样接触点。试样可能需要采用表面点火方式或边缘点火方式，或这两种点火方式都要采用。对于非基本平整制品和按实际应用条件进行测试的制品，应按照规定的表面点火和边缘点火方式进行点火，并在试验报告中详尽阐述使用的点火方式。如果在对第一块试样施加火焰期间，试样并未着火就熔化或收缩，则按特定的熔化收缩制品的试验程序进行试验。

8.3.2.7　烟毒危险性能

现行国家推荐性标准GB/T 20285—2006《材料产烟毒性危险分级》，该标准规定了材料产烟毒性危险评价的等级、试验装置及试验方法。其方法学原理为：采用等带载气流、稳定供热的环形炉对质量均匀的条形试样进行等速移动扫描加热，可以实现材料的稳定热分解和燃烧，获得组成物浓度稳定的烟气流。同一材料在相同产烟浓度下，以充分产烟和无火焰的情况时为毒性最大。对于不同材料，以充分产烟和无火焰情况下的烟气进行动物染毒试验，按实验动物达到试验终点所需的产烟浓度作为判定材料产烟毒性危险级别的依据，所需产烟浓度越低的材料产烟毒性危险越高，所需产烟浓度越高的材料产烟毒性危险越低。按级别规定的材料产烟浓度进行试验，可以判定材料产烟毒性危险所属的级别。材料的产烟毒性危险分为3级：安全级（AQ级）、准安全级（ZA级）和危险级（WX级）；其中，AQ级又分为AQ1级和AQ2级，ZA级又分为ZA1级、ZA2级和ZA3级。不同级别材料的产烟浓度指标见表8-7。

表8-7　材料产烟毒性危险性分级

级别		安全级(AQ)		准安全级(ZA)			危险级(WX)
		AQ1	AQ2	ZA1	ZA2	ZA3	
浓度/(mg/L)		≥100	≥50.0	≥25.0	≥12.4	≥6.15	<6.15
要求	麻醉性	实验小鼠30min染毒期内无死亡(包括染毒后1h内)					
	刺激性	实验小鼠在染毒后3d内平均体重恢复					

以材料达到充分产烟率的烟气对一组实验小鼠按表中规定级别的浓度进行30min染毒试验，根据试验结果做如下判定：若一组实验小鼠在染毒期内（包括染毒后1h内）无死亡，则判定该材料在此级别下麻醉性合格；若一组实验小鼠

在 30min 染毒后不死亡及体重无下降或体重虽有下降，但 3d 内平均体重恢复或超过试验时的平均体重，则判定该材料在此级别下刺激性合格；以麻醉性和刺激性皆合格的最高浓度级别定为该材料产烟毒性危险级别。

8.3.3　铝塑复合板的质量认证要求

铝塑复合窗目前可以进行建筑门窗节能性能标识认证，关于建筑门窗节能性能标识认证的内容如前所述。

欧盟的建筑产品指令 89/106/EEC 中所指的“建筑产品”是指任何以永久性方式包括在建筑工程内的任何产品，建筑工程包括建筑物和土建工程。产品范围主要包括：混凝料、水泥、管道、屋顶材料、木板、沥青混合料、地板、下水道设备、砖块、玻璃、门窗、结构金属产品、热绝缘产品、防水材料、结构木料、交通信号指示，路灯，固定消防设备，散热板，室内加热器，烟囱等。但获得欧盟 CE 认证的前提是必须有协调标准，然后根据协调标准的要求来做相关的测试及认证。由于目前尚未发现适合铝塑复合板的协调标准，或者近似的协调标准，因此铝塑板虽然属于建材产品，但是不属于 CE 认证范畴。

8.4　纸面石膏板的安全要求及检测技术

现行国家推荐性标准 GB/T 9775—2008《纸面石膏板》，修改采用了国际标准 ISO 6308：1980（英文版）。该标准规定了纸面石膏板的术语和定义、分类与标记、要求、试验方法、检验规则、标志、包装、储存和运输，适用于建筑物中用作非承重内隔墙体和吊顶的纸面石膏板，也适用于需经二次饰面加工的装饰纸面石膏板的基板。

8.4.1　分类和标记

纸面石膏板按其功能分为：普通纸面石膏板、耐水纸面石膏板、耐火纸面石膏板以及耐水耐火纸面石膏板四种，其代号分别为 P、S、H、SH。

纸面石膏板按棱边形状分为：矩形（代号 J）、倒角形（代号 D）、楔形（代号 C）和圆形（代号 Y）四种。

纸面石膏板的标记顺序依次为：产品名称、板类代号、棱边开头代号、长度、宽度、厚度以及本标准编号。

如某石膏板的标记为“纸面石膏板 PC 3000×1200×12.0 GB/T 9775—2008”，则表示该产品是名称为纸面石膏板，长度为 3000mm，宽度为 1200mm，厚度为 12.0mm，具有楔形棱边形状的普通纸面石膏板。

8.4.2 纸面石膏板的主要技术要求

纸面石膏板主要技术指标包括：断裂荷载、硬度、抗冲击性、遇火稳定性等。

8.4.2.1 断裂荷载

GB/T 9775—2008《纸面石膏板》规定板材的断裂荷载应不小于表8-8中的规定。

表8-8 断裂荷载

板材厚度/mm	断裂荷载/N			
	纵向		横向	
	平均值	最小值	平均值	最小值
9.5	400	360	160	140
12.0	520	460	200	180
15.0	650	580	250	220
18.0	770	700	300	270
21.0	900	810	350	320
25.0	1 100	970	420	380

将样品预先放置于电热鼓风干燥箱中，在（40±2)℃的温度条件下烘干至恒重（试件在24h的质量变化率应小于0.5%），并在温度（25±5)℃、相对湿度(50±5)%的实验室条件下冷却至室温。

把试件旋转于板材抗折试验机的支座上。其中，纵向断裂荷载试件（试件代号Z）下面朝下放置；横向断裂荷载试件（试件代号H）正面朝上放置。支座中心距350mm。在跨距中央，通过加荷辊沿平行于支座的方向施加荷载，加荷速度控制在（4.2±0.8）N/s，直至试件断裂。记录板材荷载最大值，并计算五张板材的断裂荷载平均值。以五张板材的平均值以及最小值作为该组试样的断裂荷载。精确至1N。

8.4.2.2 硬度

GB/T 9775—2008《纸面石膏板》规定板材的棱边硬度和端头硬度应不小于70N。

把经干燥和恒温恒湿预处理后的试件横向垂直侧立，然后用夹具夹紧。在试件厚度中心线上按图8-3布置3个测点。由压力试验机以（4.2±0.8）N/s的加荷速度，通过钢针（见图8-3）向试件加荷，直至钢针插入深度达到13mm时，记录每个试件在试验过程中的3个硬度最大值，并以5个试件硬度最大值的平均值作为该组试样的端头硬度值，精确至1N。

8.4.2.3 抗冲击性

GB/T 9775—2008《纸面石膏板》规定经冲击后，板材背面应无径向裂纹。

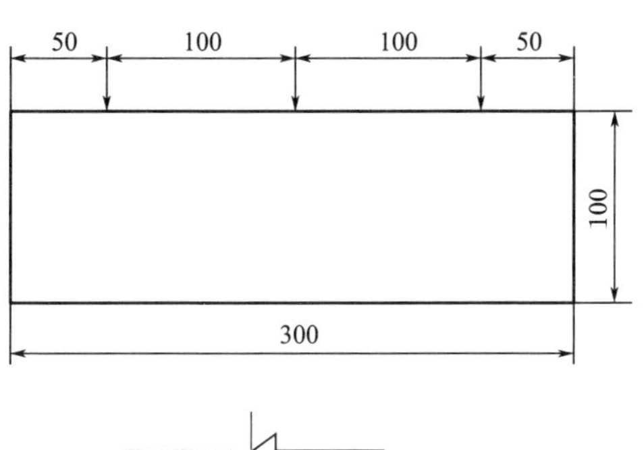

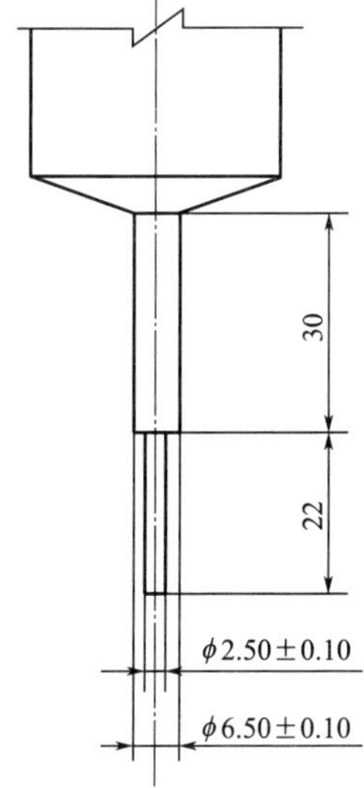

图 8-3　测点位置图（单位：mm）

在抗冲击性试验仪的底盘内装有细度为 0.5mm 的砂子，并用刮尺刮平。把经干燥和恒温恒湿预处理后的试件正面朝上，平放置于砂子表面。使钢球从表 8-9 中所规定的高度自由落在试件的两对角线交叉点上（见图 8-4）。取出试件，记录试件背面裂纹情况，以 5 张板材最严重情况作为该组试样的抗冲击性的结果。

表 8-9　钢球高度

板材厚度/mm	钢球高度 H/mm
9.5	500
12	600
15	700
18	800
21	900
25	1000

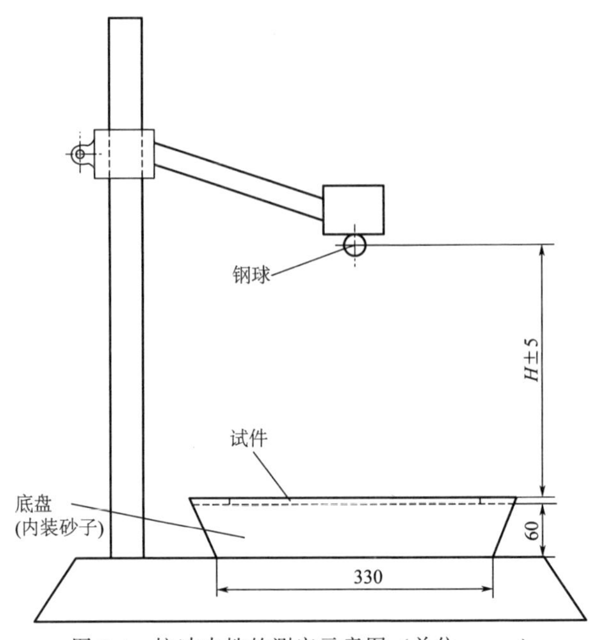

图 8-4　抗冲击性的测定示意图（单位：mm）

8.4.2.4　遇火稳定性（仅适用于耐火纸面石膏板和耐水耐火纸面石膏板）

GB/T 9775—2008《纸面石膏板》规定板材的遇火稳定性时间应不少于 20min。

试件按照图 8-5 所示钻孔，再经过干燥和恒温恒湿预处理。用支杆将试件竖起悬挂于两个喷火口中间，喷火口与试件的表面垂直。用液化石油气作为热源向遇火稳定性测定仪的两只燃烧器供气，燃烧器喷火口距板面为 30mm。按表 8-10 中的规定在试件下端悬挂荷载（见图 8-6），点燃燃烧器。用两支镍铬-镍硅热电偶在距板面 5mm 处测量温度。试验初期应在不使试件晃动的情况下，去除掉落在热电偶上的、已炭化的护面纸。通过调节，在 3min 内把温度控制在 (800±30)℃，试验过程中一直保持此温度。从试件遇火开始计时，至试件断裂破坏。记录每个试件被烧断的时间，以 5 个试件中最小值作为该组试样的遇火稳定性。精确至 1min。

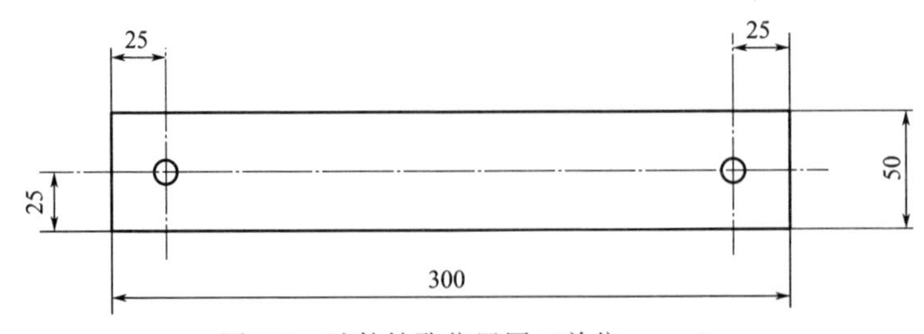

图 8-5　试件钻孔位置图（单位：mm）

表 8-10　悬挂的荷载

板材厚度/mm	悬挂的荷载/N
9.5	7
12.0	10
15.0	12
18.0	15
21.0	17
25.0	20

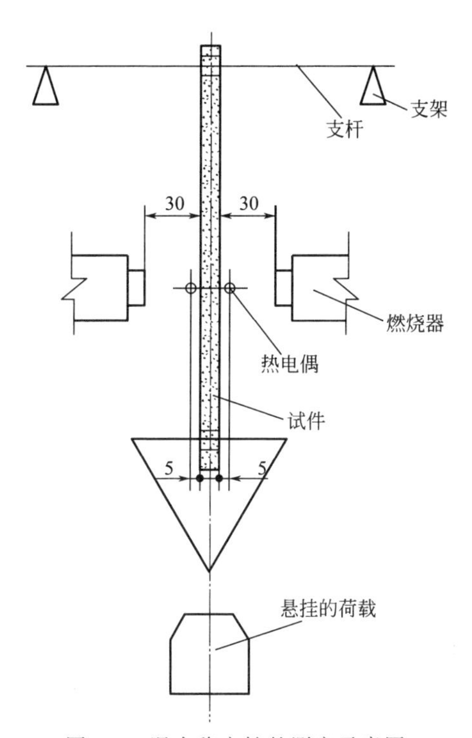

图 8-6　遇火稳定性的测定示意图

8.4.3　石膏板的质量认证要求

石膏板出口欧盟需进行 CE 认证，根据用途，石膏板在 CE 认证的时候，会用到以下协调标准：

EN 520《石膏板　定义，要求和测试方法》；

EN 12859《石膏板　定义，要求和测试方法》；

EN 13964《悬吊天花板　要求和测试方法》；

EN 14190《再加工的石膏板　定义，要求和方法》；

EN 14246《悬吊天花板的石膏元件　定义，要求和测试方法》。

石膏板欧盟 CE 认证必须由欧盟委员会认可的具备资质能力的机构进行测试或认证。石膏板 CE 认证的基本要求是防火和抗断，至于隔声、防水等指标，取决于生产商的宣示。测试项目包括：尺寸测量、抗压性能、隔声、防火、导热、表面吸水、密度、受潮、耐刻、有害物质、释放热膨胀系数，单位重量热变形温度，热传导系数、弯曲性能、拉伸性能、燃烧扩展度、散烟度、光泽度、涂膜厚度附着力等。

8.5 聚氯乙烯卷材地板的安全要求及检测技术

"PVC 地板"就是指采用聚氯乙烯材料生产的地板。具体就是以聚氯乙烯及其共聚树脂为主要原料，加入填料、增塑剂、稳定剂、着色剂等辅料，在片状连续基材上，经涂敷工艺或经压延、挤出或挤压工艺生产而成。PVC 地板是当今世界上非常流行的一种新型轻体地面装饰材料，也称为"轻体地材"，是一种在欧美及亚洲的日韩广受欢迎的产品，风靡国外，从 20 世纪 80 年代初开始进入中国市场，至今在国内的大中城市已经得到普遍的认可，使用非常广泛，比如家庭、医院、学校、办公楼、工厂、公共场所、超市、商业、体育场馆等各种场所。

目前我国标准体系中关于聚氯乙烯卷材地板的国家标准主要有 GB/T 11982.1《聚氯乙烯卷材地板第 1 部分：带基材的聚氯乙烯卷材地板》、GB/T 11982.2《聚氯乙烯卷材地板第 2 部分：有基材有背涂层聚氯乙烯卷材地板》、GB 18586—2001《室内装饰装修材料聚氯乙烯卷材地板中有害物质限量》。

GB/T 11982《聚氯乙烯卷材地板》与 EN 651：1996《弹性地板带发泡层的聚氯乙烯地板技术要求》的一致性为非等效，主要差异为适用范围不同、外观质量要求不同、耐磨性试验方法不同、对有害物质限量要求不同。GB/T 11982 主要规定了外观、尺寸允许偏差、物理性能、有害物质限量等技术要求，其中的 GB/T 11982.1 规定物理性能指标有：单位面积质量为－10%～13%，纵、横向加热尺寸变化率≤0.40%，加热翘曲≤8mm，色牢度≥3 级，纵、横向抗剥离力平均值≥50N/50mm，单个值≥40N/50mm，残余凹陷 *G* 值≤0.35mm，*H* 值≤0.20mm，耐磨性 *G* 值≥1500r，*H* 值≥5000 转，有害物质限量应符合 GB 18586 的规定。GB/T 11982.2 规定合格品的物理性能指标有：耐磨层厚度不小于 0.10mm，残余凹陷在总厚度≤3mm 时，应≤0.30mm，总厚度≥3mm 时，应≤0.40mm，加热长度变化率不大于 0.40%，翘曲度不大于 5mm，磨耗量不大于 0.0040g/cm^2，褪色性不小于 5 级，层间剥离力不小于 25N，降低冲击声不小于 10dB（仅 FBF）。

现行国家强制性标准 GB 18586—2001《室内装饰装修材料聚氯乙烯卷材地板中有害物质限量》。该标准规定了聚氯乙烯卷材地板（又称聚氯乙烯地板革）

中氯乙烯单体、可溶性铅、可溶性镉和其他挥发物的限量、试验方法、抽样和检验规则，适用于以聚氯乙烯树脂为主要原料并加入适当助剂，用涂敷、压延、复合工艺生产的发泡或不发泡的、有基材或无基材的聚氯乙烯卷材地板，也适用于聚氯乙烯复合铺炕革、聚氯乙烯车用地板。该标准要求自 2002 年 7 月 1 日起，市场上停止销售不符合该国家标准的产品。

8.5.1　氯乙烯单体限量

GB 18586—2001 规定卷材地板聚氯乙烯层中氯乙烯单体含量应不大于 5mg/kg。氯乙烯单体含量的测定要求从试样的聚氯乙烯层切取 0.3～0.5g，按 GB/T 4615—1984 规定测定氯乙烯单体含量。

现行国家推荐性标准 GB/T 4615—2008《聚氯乙烯树脂　残留氯乙烯单体含量的测定　气相色谱法》，该标准对应于 ISO 6401：1985（E），与 ISO 6401：1985（E）的一致性为非等效。该标准规定了两种采用顶空气相色谱法测定聚氯乙烯（PVC）中残留氯乙烯单体（RVCM）含量的方法，即方法 A（液上顶空气相色谱法）和方法 B（固上顶空气相色谱法）。方法 A 适用于氯乙烯均聚及共聚树脂及其制品中残留氯乙烯单体含量的测定；方法 B 适用于氯乙烯均聚树脂（聚氯乙烯）中残留氯乙烯单体含量的测定。对于氯乙烯均聚树脂，方法 B 为仲裁法。方法 A 最低检出量为 0.5mg/kg，方法 B 最低检出量为 0.1mg/kg。

方法原理如下。

液上顶空气相色谱法（方法 A）：将试样在密封的玻璃瓶中溶解或悬浮在适宜的溶剂中，经一定时间的加热调节使氯乙烯在气液两相之间达到平衡，气体自顶空取出，注入气相色谱中，组分在柱中得到分离并经氢火焰离子化检测器（FID）检出。

固上顶空气相色谱法（方法 B）：将试样密封于玻璃瓶中，经一定时间的加热调节使氯乙烯在气固两相之间达到平衡，气体自顶空取出，注入气相色谱仪中，组分在柱中得到分离并经 FID 检出。

（1）试剂与材料

① 氯乙烯（VCM），纯度＞99.5％。

② 氯乙烯标准气，市售含氮气、空气或氦气的已知浓度的氯乙烯标准气。

③ *N*，*N*-二甲基乙酰胺（DMAC），在测试条件下不含与氯乙烯的色谱保留时间相同的任何杂质。

④ 氮气，纯度满足气相色谱分析要求，使用前需经过净化处理。

⑤ 氢气，纯度满足气相色谱分析要求，使用前需经过净化处理。

⑥ 空气，应无腐蚀性杂质，使用前需经过净化处理。

（2）仪器

① 气相色谱仪，具备自动进样装置或手动进样装置。

② 氢火焰离子化检测器。

③ 色谱柱，所使用的色谱柱应能使试样中杂质与氯乙烯完全分开。

④ 数据处理系统，或等效系统，用于采集及处理气相色谱信号。

⑤ 恒温器，可控制在（70～90)℃±1℃。

⑥ 气密注射器，1mL、5mL 或其他适宜体积。

⑦ 微量注射器，10μL、100μL、200μL 或其他适宜体积。

⑧ 玻璃样品瓶及盖，（25±0.5） mL，使用温度 70℃，耐压 0.05MPa。带密封垫和金属螺旋密封帽，密封垫中不能产生对氯乙烯的干扰峰。

⑨ 玻璃样品瓶及密封盖，（23.5±0.5） mL，使用温度 90℃，耐压 0.05MPa。带密封垫和金属螺旋密封帽，密封垫中不能产生对氯乙烯的干扰峰。

⑩ 天平，精确至 0.0001g。

⑪ 天平，精确至 0.01g。

⑫ 磁力搅拌器。

（3） 分析步骤

① 方法 A

a. 标准气的制备　在 25mL 样品瓶中放几颗玻璃珠，盖紧密封盖后称量，精确至 0.0001g。用气密注射器取 5mL 氯乙烯气体（取气时注射器先用氯乙烯气体洗两次）注入样品瓶中称量，精确至 0.0001g。摇匀后静置 10min，立即使用。

该标准气浓度 c_1 可按式（8-1）计算，单位为 μg/mL：

$$c_1=\frac{W_2-W_1}{V_1+V_2}\times10^6 \tag{8-1}$$

式中　W_1——样品瓶的质量，g；

W_2——放进玻璃珠的样品瓶注入 5mL 氯乙烯气体后的质量，g；

V_1——样品瓶的体积，mL；

V_2——加入氯乙烯气体的体积，mL。

b. 标准样的配制　在两个系列各 3 个 25mL 样品瓶中，用气密注射器分别精确注入 3mL DMAC，再用微量注射器分别精确注入适宜体积（如 5μL、10μL、30μL）标准气摇匀待用。每个标准瓶中氯乙烯的质量 W_{VCM} 按式（8-2）计算，单位为 μg：

$$W_{VCM}=c_1V\times10^{-3} \tag{8-2}$$

式中　c_1——标准气的浓度，μg/mL；

V——加入的标准气的体积，μL。

c. 试样溶液的制备　迅速称取 0.3～0.5g 试样，精确至 0.1mg。置于 25mL 样品瓶中，再放入一根 ϕ2mm×20mm 镀锌的铁丝，立即密封。

将上述样品瓶放在磁力搅拌器上，在缓慢搅拌下，用气密注射器精确注入

3mL DMAC，使试样溶解。

d. 试样的平衡　将标准样瓶和试样瓶一起置于恒温器中，于（70±1)℃恒温 30min 以上，使氯乙烯在气液两相中达到平衡。

e. 测定　注射器应预先恒温到与试样溶液相同的温度。依次从平衡后的标准样和试样瓶中，采用自动进样装置或手动采用气密注射器迅速取出 1mL 液上气体，注入色谱仪，通过数据处理系统记录氯乙烯的峰面积。

当试样中 RVCM 含量过高或过低时，可根据实际情况适当降低或增加上部气体取样体积，但要确保有一个含量相近的标准样，且标准样与试样要取相同量的气体，在仪器同一灵敏度下分析。

f. 结果表示　试样中残留氯乙烯单体含量 c_{RVCM}（mg/kg）按式（8-3）计算：

$$c_{RVCM}=\frac{A_1W_{VCM}}{A_2W} \tag{8-3}$$

式中　A_1——试样中氯乙烯的峰面积的数值，mm^2；

A_2——与试样峰面积相近的标准样的峰面积的数值，mm^2；

W_{VCM}——与试样峰面积相近的标准样中 VCM 的质量，μg；

W——试样的质量，g。

每一试样进行两次测定，以两次测定值的算术平均值为测试结果。

② 方法 B

a. 标准气的配制　在 23.5mL 样品瓶中放几颗玻璃珠，用气密注射器取出 5mL 氯乙烯气体（取气时注射器先用氯乙烯气体洗两次），注入已密封的样品瓶中，其浓度 c_2（mL/mL）按式（8-4）计算：

$$c_2=\frac{V_2}{V_1+V_2} \tag{8-4}$$

式中　V_1——样品瓶的体积，mL；

V_2——加入的氯乙烯气体的体积，mL。

b. 标准样的配制　在两个系列各 3 个 23.5mL 样品瓶中，用微量注射器分别精确注入适宜体积（如 35μL、70μL、200μL）标准气，每个标准样品中 VCM 含量 c_{VCM} 按式（8-5）计算，单位为 μL/L：

$$c_{VCM}=c_2\times\frac{V}{V_3}\times10^3 \tag{8-5}$$

式中　c_2——标准气中氯乙烯的浓度（体积分数），mL/mL；

V——加入的标准气的体积，μL；

V_3——所用样品瓶的体积，mL。

c. 试样制备　迅速称取约 4g 试样，精确至 0.01g，置于 23.5mL 样品瓶中，并立即密封。

d. 样品的平衡　将标准样瓶和试样瓶一起置于恒温器中，于（90±1)℃恒温 60min 以上，使氯乙烯在气固两相中达到平衡。

e. 测定　依次从平衡后的标准样瓶和试样瓶中，采用自动进样装置或手动采用气密注射器迅速取出 1mL 上部气体，注入色谱仪，通过数据处理系统记录氯乙烯的峰面积。

当试样中 RVCM 含量过高或过低时，可根据实际情况适当降低或增加上部气体取样体积，但要确保有一个含量相近的标准样，且标准样与试样要取相同量的气体，在仪器同一灵敏度下分析。

f. 结果表示　试样中残留氯乙烯单体（RVCM）含量 c_{RVCM}（mg/kg）按式(8-6)计算：

$$c_{RVCM}=\frac{A_1}{(A_2/c_{VCM})}\left(4.257768\times10^{-3}+\frac{6.095721\times10^{-2}}{W}\right) \tag{8-6}$$

式中　A_1——试样中氯乙烯的峰面积，mm^2；

A_2——与试样峰面积相近的标准样的峰面积，mm^2；

c_{VCM}——与试样峰面积相近的标准样中 VCM 含量的数值，μL/L；

W——试样的质量，g。

每一试样进行两次测定，以两次测定值的自述平均值为测试结果。

应用公式（8-6）时的测试条件如下：室温，(22±2)℃；平衡温度，(90±1)℃；大气压力，(750±10)mmHg；样品瓶体积，(23.5±0.5）mL；样品含水量，低于 0.5%。

8.5.2　可溶性重金属

GB 18586—2001 规定卷材地板中不得使用铅盐助剂；作为杂质，卷材地板中可溶性铅含量应不大于 $20mg/m^2$。卷材地板中可溶性镉含量应不大于 $20mg/m^2$。

8.5.2.1　仪器和试剂

原子吸收光谱仪（石墨炉），测定铅的波长为 283.3nm，测定镉的波长为 228.3nm；分析天平（感量 0.0001g）；盐酸 c（HCl）=0.07mol/L；去离子水；硝酸铅。

8.5.2.2　试样的制备

使干净的卷材地板处于平面状态，沿产品宽度方向均匀裁取 10mm×100mm 的长方形试样 2 块，将其分别分为 10mm×10mm 的 10 块，分别加入 25mL 1mol/L 盐酸溶液，浸泡 24h 后，用去离子水定容至 50mL，将浸泡液过滤，待测。同时制备空白溶液。

8.5.2.3　铅标准曲线绘制

称取 1.598g 硝酸铅，用 20mL 盐酸 c(HCl) = 0.07mol/L 溶解，移入 1000mL 容量瓶中，用去离子水稀释至刻度，充分摇匀（1mL 溶液含有 1mg

铅）。分别移取 0mL，2.0mL，4.0mL，6.0mL，8.0mL 于 100mL 容量瓶中，用去离子水稀释至刻度，配成含铅量为 0μg/mL，20μg/mL，40μg/mL，60μg/mL，80μg/mL 的标准溶液。

取 10μL 标准溶液进样，用石墨炉原子吸收分光光度计测定其吸光度值，以标准溶液铅浓度为横坐标，以相应吸光度值减去空白试验溶液吸光度值为纵坐标，绘制标准曲线。

8.5.2.4　镉标准曲线绘制

称取含有 1.000g 镉（准确至 1mg）的规定纯度的水溶性镉盐于 1000mL 容量瓶中，用盐酸溶液 $c(HCl)=0.07mol/L$ 溶解，稀释至刻度，充分摇匀（1mL 此标准溶液含有 1mg 镉）。分别移取 0mL，2.0mL，4.0mL，6.0mL，8.0mL 于 100mL 容量瓶中，用去离子水稀释至刻度，配成含镉量为 0μg/mL，20μg/mL，40μg/mL，60μg/mL，80μg/mL 的标准溶液。

取 10μL 标准溶液进样，用石墨炉原子吸收分光光度计测定其吸光度值，以标准溶液镉浓度为横坐标，以相应吸光度值减去空白试验溶液吸光度值为纵坐标，绘制标准曲线。

8.5.2.5　试样测定

按标准曲线绘制的操作步骤，测定试样浸泡液的吸光度，供稿标准曲线求得试样浸泡液中可溶性铅、可溶性镉的含量。

8.5.2.6　计算

$$x_1=1000(a_1-a_0)\times\frac{V_2}{V_1} \tag{8-7}$$

式中　x_1——试样中重金属含量，mg/m^2；

a_1——从标准曲线上查得的试样浸泡液的重金属含量，mg/mL；

a_0——空白液重金属含量，mg/mL；

V_1——试样浸泡液实际进样体积，mL；

V_2——试样浸泡液总体积，mL。

结果以 2 个试样的自述平均值表示，保留 2 位有效数字。

8.5.3　挥发物

GB 18586—2001 规定卷材地板中挥发物的限量见表 8-11。

表 8-11　挥发物的限量　g/m^2

发泡类卷材地板中挥发物的限量		非发泡类卷材地板中挥发物的限量	
玻璃纤维基材	其他基材	玻璃纤维基材	其他基材
≤75	≤35	≤40	≤10

挥发物含量的测定：

仪器和设备：电热鼓风干燥箱，分析天平（感量 0.0001g）。

使卷材地板处于平展状态，沿产品宽度方向均匀截取形状为 100mm×100mm 的试样 3 块，试样按 GB/T 2918—1998 中 23/502 级环境条件进行 24h 状态调节。

称量试样精确到 0.0001g。

调节电热鼓风干燥箱至 100℃±2℃，将试样水平置于金属网或多孔板上，试样间隔至少 25mm，鼓风以保持空气循环。试样不能受加热元件的直接辐射。

6h±10min 后取出试样，将试样在 GB/T 2918—1998 中 23/502 级环境条件放置 24h 后称量（精确至 0.0001 g）。

按公式（8-8）计算挥发物的含量：

$$x_2=\frac{m_1-m_2}{S} \tag{8-8}$$

式中 x_2——挥发物的含量，g/m^2；

m_1——试样试验前的质量，g；

m_2——试样试验后的质量，g；

S——试样的面积，m^2。

结果以 3 个试样的自述平均值表示，保留 2 位有效数字。

现行国家推荐性标准 GB/T 2918—1998《塑料试样状态调节和试验的标准环境》，为等同采用国际标准 ISO 291：1997，该标准中规定的 23/502 级环境条件是指空气温度为 23℃，相对湿度为 50%，温度容许偏差为±2℃，相对湿度容许偏差为±10%。

8.6 混凝土外加剂的安全要求及检测技术

现行国家强制性标准 GB 18588—2001《混凝土外加剂中释放氨的限量》，该标准规定了混凝土外加剂中释放氨的限量，适用于各类具有室内使用功能的建筑用、能释放氨的混凝土外加剂，不适用于桥梁、公路及其他室外工程用混凝土外加剂。该标准规定自 2002 年 7 月 1 日起，市场上停止销售不符合该国家标准的产品。

8.6.1 混凝土外加剂中释放氨的限量

GB 18588—2001 中规定的混凝土外加剂中释放氨的量≤0.10%（质量分数）。

8.6.2 取样和留样

在同一编号外加剂中随机抽取 1kg 样品，混合均匀，分为两份，一份密封保存三个月，另一份作为试样样品。

8.6.3　试验方法

8.6.3.1　试验原理

混凝土外加剂中释放氨的测定方法为“蒸馏后滴定法”，其原理为：从碱性溶液中蒸馏出氨，用过量硫酸标准溶液吸收，以甲基红-亚甲基蓝混合溶液为指示剂，用氢氧化钠标准滴定溶液滴定过量的硫酸。

8.6.3.2　试剂和设备

蒸馏水或等纯度的水；盐酸：1+1 溶液；硫酸标准溶液：$c(\frac{1}{2}H_2SO_4)=0.1mol/L$；氢氧化钠标准滴定溶液：$c(NaOH)=0.1mol/L$；甲基红-亚甲基蓝蓝混合指示剂：将 50mL 甲基红乙醇溶液（2g/L）和 50mL 亚甲基蓝乙醇溶液（1g/L）混合；广泛 pH 试纸；氢氧化钠；实验室常见器皿和设备，如分析天平、玻璃器具等。

8.6.3.3　分析步骤

（1）试样的处理

① 固体试样需在干燥器中放置 24h 后测定，液体试样可直接称量。

② 将试样搅拌均匀，分别称取两份各约 5g 的试料，精确至 0.001g，放入两个 300mL 烧杯中。对于可水溶的试料，向上述烧杯中加入水，移入 500mL 玻璃蒸馏器中，控制总体积 200mL，备蒸馏；对于含有可能保留有氨的水不溶物的试料，向上述烧杯中加入 20mL 水和 10mL 盐酸溶液，搅拌均匀，放置 20min 后过滤，收集滤液至 500mL 玻璃蒸馏器中，控制总体积 200mL，备蒸馏。

（2）蒸馏

在备蒸馏的溶液中加入数粒氢氧化钠，以广泛试纸试验，调整溶液 pH>12，加入几粒防爆玻璃珠。

准确移取 20mL 硫酸标准溶液于 250mL 量筒中，加入 3～4 滴混合指示剂，将蒸馏器馏出液出口玻璃管插入量筒底部硫酸溶液中。

检查蒸馏器连接无误并确保密封后，加热蒸馏。收集蒸馏液达 180mL 后停止加热，卸下蒸馏瓶，用水冲洗冷凝管，并将洗涤液收集在量筒中。

（3）滴定

将量筒中溶液移入 300mL 烧杯中，洗涤量筒，将洗涤液并入烧杯。用氢氧化钠标准滴定溶液回滴过量的硫酸标准溶液，直至指示剂由亮紫色变为灰绿色，消耗氢氧化钠标准滴定溶液的体积为 V_1。

（4）空白试验

在测定的同时，按同样的分析步骤、试剂和用量，不加试料进行平等操作，测定空白试验氢氧化钠标准滴定溶液消耗体积（V_2）。

8.6.3.4 计算

混凝土外加剂样品中释放氨的量，以氨（NH_3）质量分数表示，按下式计算：

$$X_{氨}=\frac{(V_2-V_1)c\times 0.01703}{m}\times 100\%$$

式中 $X_{氨}$——混凝土外加剂中释放氨的量，%；

c——氢氧化钠标准溶液浓度的准确数值，mol/L；

V_1——滴定试料溶液消耗氢氧化钠标准溶液体积的数值，mL；

V_2——空白试验消耗氢氧化钠标准溶液体积的数值，mL；

0.01703——与 1.00mL 氢氧化钠标准溶液［c(NaOH)＝1.000mol/L］相当的以克表示的氨的质量；

m——试料质量的数值，g。

取两次平等测定结果的算术平均值为测定结果。两次平等测定结果的绝对差值大于 0.01%时，需重新测定。

参 考 文 献

[1] 王新，黎庆翔，刘世远，等.国内外木制品家具技术法规与标准.北京：经济管理出版社，2009：40.

[2] 16 CFR Part 1632.

[3] 16 CFR Part 1633.

[4] 美国消费品安全法案修正案.

[5] 英国家具及家饰防火安全条例.

[6] BS 5852—2006.

[7] ANSI/BIFMAX 5.1—2011.

[8] ANSI/BIFMA X 5.4—2005.

[9] ANSI/BIFMA X 5.5—2008.

[10] ANSI/BIFMA X 5.3—2007.

[11] ANSI/BIFMA X 5.9—2004.

[12] ASTM F1427—2013.

[13] 周晓燕.胶合板制造学.北京：中国林业出版社，2012：211.

[14] 张洋.纤维板制造学.北京：中国林业出版社，2012：130.

[15] 梅长彤.刨花板制造学.北京：中国林业出版社，2012：192.

[16] 尹满新.木地板生产技术.北京：中国林业出版社，2014：303.

[17] 毛秋芳，吴盛富.我国胶合板行业存在问题剖析 [J].中国人造板，2015，253 (8)：1.

[18] 林宣益.国内外建筑涂料现状和发展趋势 [J].上海涂料，2011，49 (2)：35-41.

[19] 徐创霞，卢晓煌，廖志华，等.室内环境污染物的来源、危害及防治措施 [J].四川建筑科学研究，2008，34 (1)：213-215.

[20] GB 18581—2001.

[21] GB 18582—2001.

[22] GB 18583—2001.

[23] GB 18582—2008.

[24] GB 18583—2008.

[25] GB 18581—2009.

[26] 冯世芳.修订后的GB18581标准与现行标准的主要差异 [J].涂料工业，2009，39 (11)：57-59.

[27] HJ/T 201—2005.

[28] HJ/T 414—2007.

[29] GB 24408—2009.

[30] GB 24410—2009.

[31] Directive 2009/544/EC.

[32] Directive 2009/543/EC.

[33] ISO 11890-1：2007.

[34] ASTM D3960—2002 .

[35] ISO 11890-2：2006.

[36] ISO 17895：2005.

[37] 彭菊芳.涂料产品中的VOC定义及测定方法 [J].涂料工业，2004，34 (1)：30-33.

[38] 尹虹.2013年全国建筑卫生陶瓷发展综述.陶瓷信息，2014，18 (4).

[39] 同继锋，苑克兴. 我国建筑卫生陶瓷产业的发展和科技创新 [J]. 陶瓷，2010，11：16-19.

[40] GB/T 9195—2011.

[41] ISO 13006：2012.

[42] EN 14411：2012.

[43] GB/T 4100—2006.

[44] ISO 13006：1998.

[45] ANSI A137. 1—2012.

[46] GB/T 23266—2009.

[47] GB/T 27972—2011.

[48] JC/T 1095—2009.

[49] Regulation (EU) No 305/2011 of the European Parliament and of the Council of 9 March 2011 laying down harmonized conditions for the marketing of construction products and repealing Council Directive 89/106/EEC.

[50] 肖景红，梁柏清，罗喆等. 陶瓷砖安全性能评价 [J]. 中国陶瓷，2011，9：37-40.

[51] GB 6566—2010.

[52] GB 50325—2010.

[53] CNCA-12C-050：2004.

[54] HJ/T 297—2006.

[55] GB/T 23458—2009.

[56] GB 26539—2011.

[57] 肖景红，梁柏清，刘亚民，等. 建筑卫生陶瓷产品加施 CE 标志的要求和方法 [J]. 中国陶瓷，2007，7：29-31.

[58] BS 4592-0：2006.

[59] The UK Slip Resistance Group Guidelines，2011.

[60] DM 236/89.

[61] Radiation protection 112 Radiological Protection Principles concerning the Natural Radioactivity of Building Materials.

[62] 肖景红，梁柏清，刘亚民，等. 美国陶瓷砖标准解析 [J]. 陶瓷，2010，4：51-54.

[63] ADA Accessibility Guidelines for Buildings and Facilities.

[64] ANSI A1264. 2—2006.

[65] ANSI/NFSI B101. 0—2012.

[66] ANSI/NFSI B101. 1—2009.

[67] ANSI/NFSI B101. 3—2012.

[68] UL 410—2006.

[69] ISO 10545-2：1995/Cor 1：1997.

[70] ASTM C499—2009.

[71] ASTM C485—2009.

[72] ASTM C502—2009.

[73] ISO 10545-3：1995/Cor 1：1997.

[74] ASTM C373—1988.

[75] ISO 10545-4：2004.

[76] ASTM C648—2004.

[77] ISO 10545-5：1996/Cor 1：1997.

[78] ISO 10545-6：2010.

[79] ISO 10545-7：1996.

[80] ISO 10545-8：1994.

[81] ASTM C372—1994.

[82] ISO 10545-9：2013.

[83] ISO 10545-10：1995.

[84] ASTM C370—2012.

[85] ISO 10545-11：1994.

[86] ASTM C424—1993.

[87] ISO 10545-12：1995/Cor 1：1997.

[88] ASTM C1026—2013.

[89] ISO 10545-13：1995.

[90] ASTM C650—2004.

[91] ISO 10545-14：1995/ Cor 1：1997.

[92] ASTM C1378—2004.

[93] ISO 10545-15：1995.

[94] ASTM C895—1987.

[95] ISO 10545-16：2010.

[96] ASTM C609—2007.

[97] GB/T 13891—2008.

[98] 肖景红，梁柏清，袁芳丽等.陶瓷地砖防滑性能的测试与评价 [J].中国陶瓷，2009，10：54-56.

[99] 肖景红，梁柏清，李燕锋等.陶瓷地砖静摩擦系数试验方法研究 [J].中国陶瓷，2012，8：30-33.

[100] ASTM C1028—07e1.

[101] BS 7976-1：2002＋A1：2013.

[102] BS 7976-2：2002＋A1：2013.

[103] DIN 51097—1992.

[104] DIN 51130—2013.

[105] ASTM C482—2002.

[106] 宫卫.2013 中国建筑卫生陶瓷与卫生洁具行业进出口分析. 陶瓷信息，2014-5-9 (5).

[107] 尹虹.2014 年中国陶瓷行业竞争力报告（精选).陶城报，2014-5-23 (21).

[108] 尹虹.2013 年全国建筑卫生陶瓷发展综述. 陶瓷信息，2014-4-18 (4)

[109] 宫卫. 2013 中国建筑卫生陶瓷与卫生洁具行业进出口分析. 陶瓷信息，2014-5-9 (5).

[110] GB 6952—2005.

[111] GB 25502—2010.

[112] GB 28377—2012.

[113] GB 30717—2014.

[114] GB/T 23131—2008.

[115] CJ 164—2002.

[116] GB/T 18870—2011.

[117] SN/T 1570. 2—2005.

[118] HJ/T 296—2006.

[119] GB/T 9195—2011.

[120] ASME A112. 19. 2—2013/CSA B45. 1—2013.

[121] ASME A112.19.14—2013.

[122] BS 3402—1969.

[123] EN 31：2011.

[124] EN 33：2011.

[125] EN 35：2000.

[126] EN 36：1998.

[127] EN 80：2001.

[128] EN 997：2012.

[129] EN 14528：2007.

[130] EN 14688：2006.

[131] EN 13407：2006.

[132] EN 13310：2003.

[133] AS 1976—1992.

[134] AS 4023—1992 .

[135] AS 1172.1—2005.

[136] AS 1172.2—1999.

[137] AS/NZS 6400—2005.

[138] AS/NZS 3982—1996.

[139] AS/NZS 1730—1996.

[140] 袁芳丽，梁柏清，赵江伟，等.卫生洁具出口欧盟应注意的问题 [J]. 陶瓷，2009，226（6）：53-55.

[141] 袁芳丽，梁柏清，赵江伟，等.坐便器出口时应注意的问题 [J]. 中国陶瓷：2010，259（6）：29-31.

[142] Regulation（EU）No 305/2011 of the European Parliament and of the Council of 9 March 2011 laying down harmonized conditions for the marketing of construction products and repealing Council Directive 89/106/EEC.

[143] JIS A6921：2003.

[144] EN 233：1999.

[145] CNS 11491—1997.

[146] GB 18585—2001.

[147] QB/T 4034—2010.

[148] QB/T 3805—1999.

[149] GB/T 30129—2013.

[150] GB 50222—1995.

[151] GB/T 26014—2010.

[152] GB/T 228.1—2010.

[153] GB/T 3190—2008.

[154] GB/T 17432—1998.

[155] GB/T 7999—2007.

[156] GB/T 22412—2008.

[157] GB/T 2790—1995.

[158] GB/T 1634.2—2004.

[159] GB 8624—2006.

[160] GB/T 20284—2006.
[161] GB/T 8626—2007.
[162] GB/T 20285—2006.
[163] GB/T 9775—2008.
[164] GB 18586—2001.
[165] GB/T 4615—2008.
[166] GB/T 2918—1998.
[167] GB 18588—2001.